普通高等教育"十一五"国家级规划教材

U0261047

新编科学技术史教程

刘兵 鲍鸥 游战洪 杨舰 主编

山东科学技术出版社
·济南·

图书在版编目（CIP）数据

新编科学技术史教程 / 刘兵等主编 . -- 济南：山东科学技术出版社，2022.2
ISBN 978-7-5723-1155-0

Ⅰ . ①新… Ⅱ . ①刘… Ⅲ . ①科学技术 – 技术史 – 世界 – 教材 Ⅳ . ① N091

中国版本图书馆 CIP 数据核字（2022）第 024836 号

新编科学技术史教程
XINBIAN KEXUE JISHUSHI JIAOCHENG

责任编辑：杨　磊
装帧设计：侯　宇

主管单位：山东出版传媒股份有限公司
出 版 者：山东科学技术出版社
　　　　　地址：济南市市中区舜耕路 517 号
　　　　　邮编：250003　电话：（0531）82098088
　　　　　网址：www.lkj.com.cn
　　　　　电子邮件：sdkj@sdcbcm.com
发 行 者：山东科学技术出版社
　　　　　地址：济南市市中区舜耕路 517 号
　　　　　邮编：250003　电话：（0531）82098067
印 刷 者：济南百禾彩印有限公司
　　　　　地址：济南市市中区西十里河东街 107-3 号
　　　　　邮编：250022　电话：（0531）87915789

规格：16 开（184 mm×230 mm）
印张：31　字数：614 千
版次：2022 年 2 月第 1 版　印次：2022 年 2 月第 1 次印刷
定价：98.00 元

内容简介

  本书叙述了从古到今科学技术知识及其相关活动的演进和发展,以及这种演进和发展的文化与文明背景;并展现了其在世界观、方法论,以及在社会生活中所引起的广泛变革,是一部内容丰富的通史性教科书。本书以科学史学科的前沿视野,分四编对科学技术史的主要发展脉络进行了系统总结,主要内容分为:第一编古代科学与技术;第二编近代科学的形成与产业的兴起;第三编现代科学技术的拓展;第四编科学技术与社会。

  本书可作为高校各专业研究生和本科生学习科学技术史的参考教材,也可供其他对科学技术史感兴趣的读者阅读。

出 版 说 明

科学史的教学，在清华大学有着悠久的历史传统。随着学术研究的深入，以及教学发展的需要，科学史教材的编写也面临着新的发展和挑战。2006 年，刘兵、杨舰、戴吾三主编的《科学技术史二十一讲》由清华大学出版社出版。它是一本以讲座与传统教材相结合的体例编写的科学史教材。出版后，《科学技术史二十一讲》在教学应用过程中获得了较好的反响，除一直在清华大学的科学史教学中被使用之外，它也为国内其他一些高等院校作为科学史教材所使用。《科学技术史二十一讲》因此获得了清华大学和北京市的优秀教材奖励。

但是，通过这些年的教学实践，我们觉得《科学技术史二十一讲》仍有诸多值得改进之处。为此，我们组织编写了这本作为普通高等教育"十一五"国家级规划教材的《新编科学技术史教程》，可以说它是过去那本《科学技术史二十一讲》的升级版。

这本《新编科学技术史教程》对原来《科学技术史二十一讲》的基本内容做了较多的修订和完善，增加了更多的内容，使之更具有时代性和前沿性。这也体现了编写者在科学史教材编写中和教学实践上的创新和努力。

本教程由多人集体合作写成（实际上现在国际上一些通史性的著作也多采用由多人合写的方式）。编写者以清华大学的老师为主，也邀请了国内其他高校和研究机构的科学史教学人员和研究人员参与，各章的作者均为对相关章节内容有深入研究的专家。本教程的具体编写人员与编写的章节如下：

导论、第三十章，刘兵；第一章，戴吾三；第二章、第六章，蒋劲松；第三章、第九章，冯立昇；第四章，魏露苓；第五章、第十一章，游战洪；第七章、第八章，杨舰；第十章，张黎；第十二章、第十七章，刘立；第十三章，吴燕；第十四章，刘华杰；第十五章、第二十三章，雷毅；第十六章、第十八章，李艳平；第十九章、第二十八章，曾国屏、王程輶;第二十章,刘益东;第二十一章,马栩泉;第二十二章,李成智;第二十四章,杨仕健、雷毅;第二十五章,李正风、尹雪慧;第二十六章,鲍鸥、魏露苓、杨舰;第二十七章,鲍鸥;第二十九章,鲍鸥、游战洪;第三十一章,章梅芳;第三十二章,任玉凤。

任何一本教材,都需要在教学实践中经受检验,也都需要在教学实践的过程中不断修改和完善。我们希望这本教材的使用者,能对此教材今后的修订提出宝贵的意见和建议。

编写者

2011 年 3 月

* *

从本教程于 2011 年出版,到现在,已经超过了 10 年的时间,目前在市场上已经基本上买不到了。近些年来,一些原来使用本教程作为教材的院校,在开设科学史类课程时,也因买不到本教程而只好使用影印本或转用其他教材。尽管已有 10 年,但与目前市面上类似的科学史教材相较,我们觉得这本科学史教程在编写结构和内容上还是有一些独特之处的,尤其是因为编写了带有科学编史学意味的第四编"科学技术与社会",使其突破了传统科学史教材的某些局限,更有理论色彩,也更适于在通识类课程中作为教材,进而有利于促进教材使用者对科学、技术与社会之关系,以及对科学史本身之发展的思考。

现在,承蒙山东科学技术出版社赵猛社长的厚爱,此教程得以在山东科学技术出版社再次出版。在此,谨向赵猛社长致以诚挚的谢意。在这次出版中,我们对原书进行了细致地再校订,修正了原来版本中存在的若干讹误,奉献给读者。

编写者

2022 年 1 月

CONTENTS
新编科学技术史教程
目录

导　论

第一节　科学史概说

科学史,是研究科学的历史发展的一门学科。正像人类的各种活动均有其历史一样,科学的发展,也有它的历史。

讲到科学史,首先涉及对"历史"概念的理解。事实上,"历史"是一个多义的概念。英语的 history(历史)一词至少可以在两种层次上来理解。首先,在最常见的用法中,它指人类的过去。而在专业性的用法中,它或是指人类的过去,或是指对人类过去的本质的探索。同时,不论是在通常的用法中还是在专业的用法中,这一概念也还指对于过去所发生的事件的说明和描述,也即由人所写出的"历史"。当然,需要注意的是,仅仅对于一个事件的各个方面做出按时间顺序的说明还不一定是真正的历史。

至于谈到科学史,则除了历史的概念之外,还涉及"科学"(science)的概念。"科学"同样也是一个有多重含义的概念。在对此做专门研究的科学哲学界,对于什么是科学,也一直是争论的焦点问题,而且尚无为所有科学哲学家一致认可的对"科学"的定义。但是,在一般的理解中,"科学"至少有两层含义。其一,是被看作关于自然的经验陈述和形式陈述的集合,是在时间中某一给定时刻构成公认的科学知识的理论与数据,是典型的已完成的产品。在另一层含义中,科学是由科学家的活动或行为所构成的,也就是说,它是作为人类的一类行动,而不论这类行动是否带来了关于自然的、真的、客观的知识。一般地讲,在科学史家所关注、所研究的"科学史"中所涉及的"科学",主要是后一种意义上的科学,当然,也不能将前一种意义上的科学完全地排斥出科学史领域。

要学习科学史,自然需要对于什么是科学史有所理解。这种理解,一方面是通过不断地对于具体科学史的学习而得到;另一方面,也可以先以历史的方法,通过对于科学史这门学科本身的发展的了解,来得到一种粗略的概念。因为科学史在其长期的发展过程中,从形态、研究方法、侧重点到总的科学史观都经历了种种变化。正像有专家认为,理

1 ◀◀◀

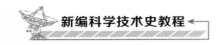

解科学的最好方式之一是学习科学史一样,通过对于科学史这门学科的历史发展的考察,也会有助于我们更加深入地理解科学史本身。

第二节 科学史学科的历史发展简述

一、科学史与中国

中国的史学传统源远流长。在众多古代史书中,很早就有了与科学史有关的史料记载。从宋代开始,还出现了像周守忠的《历代名医蒙术》这样的医史著作;而到了清代,甚至有了像由阮元等人撰写的《畴人传》这样专门的天文学家、数学家传记专著(其中并有若干重要的西方科学家之传)。有人认为,我国学者对科学史(主要是中国科学史)的真正研究(而不仅仅是对史料的汇集和简单记述),始于 20 世纪前后。[①] 近代科学产生于西方,一般认为,与近代科学诞生直接相关的文化传统也是西方的。相应地,科学史在其作为一门学科这种意义上,也应该是产生于西方的文化土壤。因此,在概要地回顾科学史的发展时,我们可以暂时集中关注科学史在西方的发展。当然,这并不是说在中国的历史上绝无科学史的工作。

二、科学史的早期发展

如果从分类的角度而言,可以说科学史是历史学的一个子分支。当然,对于科学史与历史学的关系,直到 20 世纪才开始有人予以认真地考虑,而在相当长的时间中,一般的历史学与科学史的发展彼此几乎没有联系。西方的历史学源于古希腊,但科学史最初的形态亦出现于古希腊时期。几乎从一开始,历史的描述和分析就伴随着科学(当然是广义的科学)的发展。早在公元前 5 世纪,古希腊的希波克拉底(Hippocrates,约前 460—前 377)就已描述了到他那个时代为止的医学发展的历史[就医学史来说,生活在公元前 2 世纪的古罗马名医盖仑(Claudius Galenus of Pergamum,前 199—前 129)也做过类似的工作]。公元前 4 世纪,亚里士多德(Aristotle,前 384—前 322)在其著作中,就经常从对其所讲述课题的历史回顾开始论述,他在《形而上学》一书中留下了关于早期希腊哲学的历史研究。当他想要谈论原子与虚空的问题时,他就先描述原子论的历史,并在想象中与已去世的德谟克里特(Democritos,约前 460—前 370)进行讨论。亚里士多德的这种

---

①郭金彬、王渝生:《自然科学史导论》,258～259 页,福州,福建教育出版社,1988。

历史方法还影响了逍遥学派,例如,他的学生、植物学家德奥弗拉斯特(Theophrastos,前372—前287)就创立了搜集汇编和注释古代希腊哲学家著作这种历史撰写的方式。尤其应当提到的是生活在公元前 4 世纪的埃德谟(Eudmos),他甚至撰写过天文学史和数学史。遗憾的是,这些著作都已遗失,只是从古代末期和中世纪初期其他一些人的著作中,我们才知道其片断。事实上,当古希腊的数学家们想要解决问题时,一种很自然的方法就是从说明这个特殊课题的历史开始,这被看成是问题的一个内在组成部分。再后一些,在公元 5 世纪,普洛克劳斯(Proclus,412—485)曾撰写过欧几里得几何学的历史,在公元 6 世纪,辛普利修斯(Simplicius,490—560)撰写了关于亚里士多德自然哲学著作的注释,并对更早期的自然哲学家们的观点也给了说明。

　　到中世纪时,一些阿拉伯的学者也对科学的历史表现出了兴趣,例如,在 11 世纪,赛义德·阿尔·安达卢西(Said al-Andalusi)在其撰写的科学史中,就已将世界各国的科学作为一个整体来考虑,强调了科学的整体性概念、科学的国际定义和科学作为一种智力冒险的重要性。此后,在 13 世纪左右,一些埃及、叙利亚的学者们也对科学史表现出了相当大的兴趣。[①]

　　在 16—17 世纪,伴随着近代科学的产生,有关科学史方面的著作开始不断增多。其中尤其重要的是帕拉塞尔苏斯(Paracelsus,约 1493—1541)的信徒们在医学史和化学史方面的著作,如丹麦化学家和医生博里修斯(Olaus Borrichius,1626—1690)于 1668 年写成的化学史。这些著作与当时宗教、医学和化学的改革运动有着密切的联系。此外,此期间斯普拉特(Thomas Sprat,1635—1713)的《皇家学会史》(1667)的出现也与当时的形势有关,它是为了保护皇家会员免受鼓吹亚里士多德哲学的人士的攻击,以辩护的方式写成的。在 1673 年,英国数学家沃利斯(John Wallis,1616—1703)关于几何学的历史与实践的论著,被称作英国第一部严肃的数学史著作。而沃顿(William Wotton,1666—1726)于 1694 年出版的《对古代与近代学术的反思》一书,虽然涉及了人类知识的主要领域,但特别关注一些科学学科,其中尤以对生命科学的论述最为出色,包括对血液循环的发现和近代解剖学的发展的论述。它被称作英语中在很大程度上致力于科学史的最早的单卷本著作。[②]

　　当然,从现代的观点来看,上述这些早期的工作还只能算是科学史的雏形,实际上,直到 18 世纪之前,对于科学史细致的、系统的研究几乎还不存在。因此,从古希腊到

[①]S. N. Sen, Changing Patterns of the History of Science, *Science and Culture*, 31(1965), No. 5, pp. 214-219.

[②]H. Guerlac, The Landmarks of the Literature, *The Times Literary Supplement*, 1974(Apr. 26), pp. 449-450.

18世纪以前,可以说是科学史发展的史前时期。

三、学科史的出现

从18世纪开始,伴随着启蒙运动和近代科学的兴起,人们将历史看作一种工具,认为它在反对古老的封建秩序的斗争中非常重要。18世纪文化的特征是科学与进步,是把科学看作社会进步的源泉,这种对科学与进步的强烈信念也反映在当时的科学史著作中。在启蒙时期科学史的标志是:在科学与社会问题方面出现了一种朴素的乐观主义。随着科学的发展,人们感到,如果不懂科学的历史,就不可能理解科学,因为只有了解一门科学的历史,才能使一个对这门科学感兴趣的人知道,在此之前人们已做了些什么工作,以及还留下什么要去做。这个时期的科学史也不是一种现代意义上对科学发展真正的历史透视,而更多强调对有关课题的编年细节与概览,科学史研究的典型做法是选择某一个已经确立的学科或学科分支作为对象,并描述构成了该学科当代主题的各种因素是在何时、何地形成以及怎样形成的。在这种背景下,一些细致的学科史研究开始出现。

要追溯学科史的发展,可以沿着两条不同的线索。一条线索是,从更早的时期以来,甚至从古代开始,许多专业学术文献和著作中就包含有叙述该学科历史的章节。而到了18世纪之后,随着科学的蓬勃发展,科学家们更经常地在其著作中包含了"历史导言"部分,而且当时这样做是为了将自己的工作置于该学科的历史传统背景中,以强调其独创性和重要性。例如,达尔文(Charles Robert Darwin,1809—1882)在其《物种起源》后期的版本中,就对从拉马克(Jean Baptiste Lemarck,1744—1829)到他自己在进化概念上的贡献给出了历史的说明;类似的例子还有像拉格朗日(Joseph Louis Lagrange,1736—1813)在其数学著作中、赖尔(Charles Lyell,1797—1875)在其地质学著作中对历史的叙述。从18世纪以来,这种传统一直被继承下来。今天,在许多科学专著和教科书中,仍常常是以"历史导言"作为开始,这种"历史"主要是为了叙述和理解专著中所涉及的专业内容而服务的。它们也常常包括一些重要的观点,因而对于科学史的研究者们来说,这种"历史导言"是一类重要的文献,但由于作者是科学家而非专业的科学史家,所以,从现代的某种观点来看,一些科学史家不认为它们是真正意义上的科学史,或至少以为需要批判地阅读才行。

学科史发展的另一条线索是,从18世纪中叶开始,出现了一批对一些专业学科的发展作了较系统研究的著作。当然,作者们仍是科学家,而不是(而且在当时也还没有)职业科学史家。在这些开创性的研究中,首推以发现氧气而闻名的英国化学家普里斯特利(Joseph Priestley,1733—1804)的两部著作——《电学的历史与现状》(1767)和《关于视觉、光和颜色发现的历史与现状》(1772)。法国数学家蒙蒂克拉(Jean Étienne Montucla，1725—1799)的《数学史》(1758)是到当时为止对此课题最详尽、准确的研究。事实上，此书包括了力学、天文学、光学和音乐的内容，因为当时这些学科被认为是数学的分支。这些研究著作还包括法国天文学家巴伊(Jean Sylvain Bailly，1736—1793)的《古代天文学史》(1775)和《近代天文学史》(3卷，1779—1782)。像这样一些著作在今天的科学史研究中还常常为人们所参考使用。普里斯特利本人曾表述过他研究科学史的动机，他认为，与欧洲文明的任何其他特征相比，除了它综合性的力量之外，科学更能以进步的思想使启蒙运动让人满意，历史显示出来的这种进步不仅令人愉快，而且更为道德，人们可以从历史中学到，过去的伟大发现并非是无与伦比的天才们的工作，而是由像他们自己一样的人们所做的工作。①

但是，此时的科学史还不具有自身独立的价值标准，而是更多地要为当时的需要服务，例如，普里斯特利更把科学史看作对尚未解决的问题已研究到了什么程度的一种估量，而巴伊则认为科学史往往是关于我们已做了些什么，以及我们还能够做些什么的报告而已。此外，从18世纪末期到19世纪初期，一批德国的学者们对学科史的发展也做出了重要的贡献，写出了一批较有影响的著作。在后来的发展中，我们尤其可以提到著名的科学家、科学哲学家和科学史家马赫(Ernst Mach，1838—1916)所撰写的《力学史评》(1883)、《热学史评》(1896)和《物理光学史评》(1921)等学科史著作。马赫的史学著作最突出的特点，是将科学、哲学和史学的思考融为一体。

这样一种学科史的研究传统直到今日也仍未中断，其发展的趋势是研究得更加深入、更加细致。当然，其与19世纪以前的学科史相比，在研究方法、目的等方面又是相当不同的。

四、综合性科学史的出现

就科学史的总体发展来看，一个重大的转折是综合性科学史的出现。要追溯这一转变的渊源，首先可以从哲学观点对于科学史研究的影响谈起。

早在17世纪，培根(Francis Bacon，1561—1626)就指出，对于那些想要发现人类理性本质和作用的人来说，学习历史是有目的的。培根的研究者罗西(P. Rossi)曾评论说："按照培根的观点，如果我们想建立一种符合当代需要的新哲学，那么，我们必须首先获

---

① A. R. Hall, Can the History of Science be History? *British Journal for the History of Science*, 4(1969), No. 15, pp. 207-220.

得一种坚实的知识，即关于我们所要取代的哲学的起源和信仰的知识。因此，在进步和增长中，他引申出来一种历史探究的方法，就是把现存的每一种哲学都作为一个整体，通过它的发展以及它同产生它的那个时代的联系来进行描述。"①

　　在 19 世纪，出现了第一部综合科学史，即英国科学史家休厄耳（William Whewell，1794—1866）的《归纳科学的历史》（1837）。从综合史的角度，有时人们评价说这是近代最早的一本科学史著作，它在整个维多利亚时代都保持了经典的地位。这本书的书名也反映了休厄耳对培根的观点的信奉，即强调以观察和实验为基础的科学——归纳的科学。休厄尔试图对归纳科学的历史发展做出综合的估价。但他的科学史是在许多甚至当时就已过时了的二手文献基础上写成的，是一种为了哲学的目的而写的科学史，他的目的是要发展一种对于科学的哲学理解，试图以历史为基础，从中提出一种准确的科学方法论，而不是要在历史背景中去理解科学。此外，休厄耳的《归纳科学的历史》虽然表面上是一部综合科学史，包括有许多的科学学科的历史发展，但他这部著作实际上并未将所有这些科学作为一个有机的整体，而只不过是将各门科学的历史汇集、堆砌在一起而已，还不能算是严格现代意义上的综合科学史。在休厄耳之后，这种以哲学为主要目的的科学史在 19 世纪后期有了更进一步的发展。像马赫、奥斯特瓦尔德（Friedrich Wilhelm Ostwald，1853—1932）、贝特洛（Berthelot，Pierre Engène Marcelin，1827—1907）和皮埃尔·莫里斯·玛丽·迪昂（Pirre-Maurice-Marie Duhem，1861—1916）这样一些信奉实证主义哲学观点的杰出科学家和科学史家，他们一方面具有专业的知识；另一方面又出于哲学的动机而进行科学史研究，并将这两者出色地结合起来。顺便可以提到的是，迪昂的一个重要贡献是纠正了休厄耳对中世纪的看法，强调了中世纪对现代科学起源的重要意义。

　　综合科学发展的另一线索可以从法国实证主义者孔德（Auguste Comte，1798—1857）讲起。美国的科学史学科奠基人乔治·萨顿（George Sarton，1884—1956）甚至评价说："应该把奥古斯特·孔德看作科学史的创始人，或者至少可以说他是第一个对于科学史具有清晰准确（如果不是完全的话）认识的人。"②因为孔德在 1830—1842 年出版的《实证哲学教程》中，明确提出了三个基本思想：①像实证哲学这样一部著作，如果不紧紧依靠科学史是不可能完成的；②为了要了解人类思想和人类历史的发展，就必须研究不同科学的进化；③仅仅研究一个或多个具体学科是不够的，必须从总体上研究所有学科

---

　　① A. R. Hall, Can the History of Science be History? *British Journal for the History of Science*，4(1969)，No. 15, pp. 207-220.

　　② 乔治·萨顿：《科学的生命》，刘珺珺译，27 页，北京，商务印书馆，1987。

的历史。由此可见,与实证主义的哲学纲领相一致,孔德强调了统一的科学和统一的、综合性的科学史。作为孔德的纲领的实践者,在这方面首先做出了重要贡献的,是 19 世纪中叶出生的法国科学史家坦纳里(Paul Tannery,1843—1904),坦纳里本人对科学史进行了大量的深入研究,而且认真地区分了学科史与综合科学史(或称"通史")的区别。他强调指出,科学是一般人类历史的一个内在组成部分,而不仅仅是从属于特殊科学的一系列科学学科,科学通史并不仅仅是许多专科史的一种汇总或精练,科学通史将涉及的问题是:科学的社会环境、各学科之间的关系、科学家的传记、科学的交流和科学的教育,等等。由于他的贡献,坦纳里在综合性科学史的意义上被称为"第一位科学史家"。

五、独立的科学史学科的形成

要使科学史变成一门独立的学科,除了在史学思想和研究方法方面的准备之外,还需要将分散的研究活动变得有组织,并使科学史的研究和教学变成一种专门的职业。到 19 世纪末 20 世纪初时,已经有许多迹象表明科学史开始形成一门独立的学科。对于科学史的发展、对于确立了科学史作为一门独立学科的地位做出最大贡献的,应该说是萨顿这位杰出的科学史家。在科学史作为一门现代的、独立的专业学科的意义上,萨顿是真正的奠基者。

萨顿于 1884 年出生于比利时。他早期对于文学、艺术和哲学有很大兴趣,先是在根特大学学习哲学,但很快就转学自然科学。他学习了化学、结晶学和数学,在 1910 年立志献身于科学史的研究。萨顿的第一个创举是在 1912 年办起了综合性的科学史杂志《爱西斯》(*Isis*)。1913 年,该杂志创刊号正式由出版社出版发行。到目前为止,这份杂志仍是科学史领域中最权威的杂志之一。

萨顿在哲学上受到了实证主义者孔德的极大影响,可以说他是孔德和坦纳里的继承者,并将这两位先行者的理想付诸实施。他坚信科学史是唯一可以反映人类进步的历史。正是由于有这种信念以及他最高的目标——建立以科学为基础的新人文主义,即科学的人文主义,萨顿将整个一生都贡献给了科学史的事业。他一生共写有 300 多篇论文和札记、15 部著作,编写了 79 篇科学史研究文献的目录(这种编写详尽文献目录的传统至今仍为《爱西斯》杂志所继续,成了科学史家们重要的索引工具)。1915 年,萨顿到了美国,并在那里继续他的奋斗。在萨顿等人的努力下,1924 年在美国建成了以学科为基础的学会——科学史学会。由于萨顿相信科学史研究最根本的原则是统一性原则,认为自然界是统一的,科学是统一的,人类是统一的。他本人还着手撰写《科学史导论》,以期实现他所追求的综合性科学史。

　　萨顿对于使科学史成为一门独立学科所做出的另一重大贡献,是他致力于建立科学史的教学体系。从 1920 年起,他开始在美国哈佛大学开设系统的科学史课程,他不但为科学史课程的建设和科学史学位研究生的培养做出了开创性的贡献,而且也对科学史教学的意义和目的、对科学史教师的要求以及科学教学的许多具体技术性问题都做了大量的论述。

　　从 20 世纪初科学史作为一个独立学科的确立到现在,国际上科学史研究人员的队伍、有关机构、刊物的数目、科学史教学的普及程度、科学史研究的方法和理论以及科学史研究的领域等都有了极大的发展。例如,在 1983 年《爱西斯》刊载的《科学史指南》专刊中,所提到的与科学史有关的刊物就达 100 种,[1]而这份清单还并不是十分完备的,目前发表科学史论文的刊物的数目又有了很大的增加。尤其是,目前的科学史早已超越了萨顿的时代。从孔德到坦纳里到萨顿,占主导地位的主要是一种实证主义的科学史观,人们对科学史研究已经受到了这种传统研究的局限。美国科学史家和科学哲学家托马斯·库恩(Thomas Samuel Kuhn,1922—1996)曾说:"科学史家由于去世不久的乔治·萨顿在建立科学史专业中的作用,对他极为感谢,但他所传播的科学史专业的形象继续造成了许多损害,即使这种形象早就被摈弃了。"[2]此外,英国科学史家霍尔(A. Rupert Hall,1920—2009)的一段论述也是有代表性的:

　　　　现在我们大大超过坦纳里的最重要的一点,就是认识到,尽管实证主义对编史学可以有很大的帮助,但它也可以有很大的危害,就像它对坦纳里本人的专业的影响一样。它是一种帮助,因为它能认识到成就的一种时间次序的意义;它是一种危害,因为它完全忽视了在科学中的主观性和理论的负载,更不用说带有特性的要素了。实证主义与优秀的常识完全一致,但是也与对历史的最精细结构的轻视相符合。它太容易产生编年史了,并且在受过训练的人们中鼓舞了这样的信念:科学是必须理解的,而历史是某种人们总可以查出来的东西。[3]

　　在有限的篇幅中,是不可能一一讨论在萨顿之后科学史在各个方面详细发展情况的。但在这里回顾一下撒克里(Arnold Thackray,1939—　　)在其有关科学史现状的综述中所总结的科学史研究的核心领域,或许可使读者对目前科学史研究的范围有一个初步的印象。这些领域包括:①科学的社会根源与社会史;②科学革命;③古代与中世纪的科

①R. E. Goodman, Guide to Scholarly Journals, *Isis*: *Guide to the History of Science*, 1983, pp. 71-85.

②托马斯·S. 库恩:《必要的张力》,纪树立、范岱年、罗慧生等译,147～148 页,福州,福建人民出版社,1981。

③A. R. Hall, Can the History of Science be History? *British Journal for the History of Science*, 4(1969), No. 15, pp. 207-220.

学;④在非西方文化中的科学;⑤国别研究;⑥学科史;⑦科学与宗教;⑧科学、医学与技术;⑨科学哲学、科学心理学和科学社会学;⑩"伟人"研究。① 虽然,对这些核心领域的罗列是撒克里个人的看法,但它也大致地反映了目前国际上科学史家们的主要兴趣所在。

第三节　内史与外史

如前所述,萨顿虽然对于将科学史建立成为一个独立的学科做出了重要的贡献,但他的那种研究方法和历史观却在科学史界没有延续多长时间,而且对于后来科学史家们的实际工作影响不大。尤其是在谈到对于美国在萨顿之后新成长起来的一代科学史家们的实际影响时,我们不能不提到科瓦雷(Alexander Koyré,1892—1964)的名字。科瓦雷是一位作为俄国移民的法国科学史家,他具有引人注目的哲学研究背景。从 20 世纪 30 年代起,他对于科学史的研究,尤其是以其名著《伽利略研究》(1939)为代表,开创了"观念论"(idealist)的科学史研究传统。这种传统视科学在本质上是理论性的,是对真理的探索,而且是有着"内在和自主的"发展的探索。20 世纪 50 年代以后,科瓦雷的著作逐步地被译成英文,加上他在美国的讲学活动,使这种观念论的科学史研究传统在美国的科学史家中产生了巨大而深远的影响。

虽然像萨顿等人也曾提到要注意科学发展的社会文化背景,但他们没有在这些方面进行认真、系统的研究。按照现代的划分标准,不论是萨顿的那种实证主义科学史,还是科瓦雷式的观念论科学史,都属于标准的"内史"范畴,与之相应的科学史观可以称为内史论。按内史论进行研究的科学史家认为科学主要是一种至高无上的、理性的、抽象的智力活动,而与社会的、政治的和经济的环境无关。他们关注的是科学自身独立的发展,注重科学发展中的概念框架、方法程序、理论的阐述、实验的完成以及理论与实验的关系等,关心科学事实在历史中的前后联系。在某种程度上,对于比较成熟的科学学科来说,按这种方式来进行历史研究也许相对更合适些,因为成熟的科学学科本身的发展相对具有更大一些的自主性和独立性。内史虽然忽视了外部环境对科学发展的影响,但这并不一定意味着这种研究方式就很容易,事实上,以这种方式从事历史研究的科学史家们要对所研究的科学问题有深刻的理解。这种科学的内史对于科学教学来说,也有重要的意义。在内史研究传统下,产生了许多出色的成果。

---

①A. Thackray, History of Science, In P. T. Durbin, ed. *A Guide to the Culture of Science*, *Technology, and Medicine*, pp. 3-69, The Free Press, 1980.

与内史论的观点相对,在 20 世纪的科学史发展中,外史论的观点逐步兴起,形成了一种新的研究传统。按照库恩在为《国际社会科学百科全书》(1968)所写的科学史条目中的看法,外史论就是指"把科学家的活动作为一个更大文化范围中的社会集团来考虑",主要的三种形式是研究科学制度史、科学思想史,以及以通过前两种研究的结合来考察某一地理区域中的科学,以加深人们对科学的社会作用和背景的理解。[①] 按照目前更广义的理解,外史论认为社会、文化、政治、经济、宗教、军事等环境对科学的发展有影响,这些环境影响了科学发展的方向和速度,因此在研究科学史时,要把科学的发展置于更复杂的背景中。

伴随 20 世纪 50 年代以后美国科学史的职业化运动(在对科学史的发展的研究中,这是一个极为值得注意的转折),对科学的外史研究越来越蓬勃发展起来。随着这种新的发展趋势,新的问题也接踵而来。因为,在科学史这门学科早期发展中,人们撰写的科学史基本上是内史,只有当 20 世纪出现了外史论的观点和以这种观点指导而写出的外史著作后,内史与外史的区别才出现,人们开始将这两种不同的研究方式对立起来。正如库恩所说:怎样把这二者结合起来,也许就是这个学科现在所面临的最大挑战。

当然,内史和外史有着明显的区别,它们研究的角度不同,关注的重点也不同,但它们各自都具有自身的价值和重要性,这一点在前面已经分别论述了,因此并不能简单地说谁优谁劣。尤其是,在许多情况下,内史与外史可以说是一种人为的划分,但另一方面,内史与外史显然又都有着自己的不足和片面之处。只有通过两者相互补充,才可能使我们对科学的发展获得一种全面的透视。不同的研究者由于工作的目的、思想方式及所受的训练不同,在科学史研究中对内史研究和外史研究的侧重也有所不同。就内史而言,科学的发展与社会、文化、军事、经济等外部环境密切相关,但科学的发展也在一定的程度上具有相对独立性,尤其是当读者的兴趣和着眼点主要放在科学自身的内容时。因此,"如果认识到内史论只不过是由历史学家们为其自身的目的和方便而发明的一种分类的话,那么,作为一种非教条的方法,内史论仍将在科学史中继续作为一种必不可少的传统"[②]。但总的来说,外史论的观点对于当代科学史家是颇有吸引力的,它代表了科学史发展的一个方面,人们正变得越来越注重外史的研究。"虽然关于历史方法的争论从未达成最终的一致,但在当代的编史学中,社会史似乎提供了最有影响的研究方法,也就

---

① 托马斯·S.库恩:《必要的张力》,纪树立、范岱年、罗慧生等译,108~113 页,福州,福建人民出版社,1981。

② W. Bynum, et al eds., *Dictionary of the History of Science*, p. 211, Princeton University Press, 1981.

是说,众多的历史学家相信社会史提供了通向实在的最佳途径。"①从前面我们所引撒克里总结的目前科学史研究的中心领域的清单中,我们也可以看出这种趋势。

国内曾有研究者将科学史的外史研究之动因进行了总结②,认为简要地可以归纳为三个方面,即:

①科学史研究自身深入发展的需要;

②科学史研究者拓展新的研究领域的需要;

③将人类文明视为一个整体,着眼于沟通自然科学与人文科学。

除了这些动因之外,我们也还可以指出,科学史中外史的研究,更是一种对科学的更全面的理解,更关注科学的发展与社会因素之不可分割的关系的结果。与内史相比,科学史的外史研究使得科学史的人文特色得以更加鲜明地展示出来。

我们还可以简要地提到,对于那种萨顿式的将科学史视为客观知识的理性积累的实证主义科学史观更加有力的挑战,在某种程度上可以说是由美国科学哲学家和科学史家库恩在 20 世纪 60 年代出版的名著《科学革命的结构》所提供的。随着多数科学史家对实证主义科学史观的抛弃,科学史领域又生发出了所谓"与境主义"(contextualist,既包括内史的,也包括外史的)、"后现代主义"、"社会建构论"、"女性主义"、"后殖民主义"等形形色色的新的科学史观与研究方法。对于这些更新的发展,这里就只能是点到为止了。

第四节　科学史的功能

为什么要学习科学史?对于科学史的学习者来说,这是一个首先需要回答的问题。当然,相关地,为什么要研究科学史,也是与之相关的。这个问题,也就是科学史功能问题,或者说,是研究和学习科学史的目的的问题。

关于科学史的功能,在学界,不同的时期有着不同的说法。例如,克拉(Helge Kragh,1944—　)就曾在其《科学编史学导论》一书中,总结了历史上有代表性的若干观点③,例如:

①科学史可以对今天的科学研究产生有益的影响;

①R. Jones, The Historiography of Science: Retrospect and Future Challenge, In: M. Shortland, A. Warwick, eds., *Teaching the History of Science*, British Society for the History of Science, 1989, pp. 80-99.

②江晓原主编:《简明科学技术史》,8 页,上海,上海交通大学出版社,2001。

③H. Kragh, *An Introduction to the Historiography of Science*, pp. 32-37, Cambridge University Press, 1987.

②科学史可以增进我们对今天所拥有的科学的赏识；

③科学史可以在科学和人文的鸿沟间架构桥梁；

④科学史可以满足一些科学家要了解科学理论的起源的愿望，并在此过程中获得智力和美学的愉悦；

⑤科学史可以对于一些"元"科学研究（如科学哲学和科学社会学）起到一种背景的重要功能；

⑥科学史可以在展示科学知识的真正本质方面有一种重要的辩证的功能；

⑦科学史可以反映科学的人性；

……

当然，克拉还提到了科学史也具有意识形态功能等。在我国，过去也曾对于中国科学史的研究与学习，提出过其宣传爱国主义的功能等。同时，更多地在一些专业人士中，也有人认为，并不需要对科学史的功能以实用性的目标来进行辩护，而倡导一种"为历史而历史"的态度。

其实，对于以上提到的科学史的那些功能，不同的学者也有不同的看法，对于各种说法，也都有着不同的批评和辩护。例如，在一篇专门讲述科学史学科状况的文章中，美国科学史家库恩就明确地指出："在与科学史相关的领域中，最少有重要影响的看来就是科学研究本身。科学史的鼓吹者们常常把他们的学科描述成一个被遗忘了的思想和方法的丰富宝库，其中的一些可以很好地解决当代的科学。当一个新概念或新理论在科学成功地被使用时，某些从前被忽视的先例常常在该领域的早期文献中被发现出来。很自然会问道，专注于历史能不能加速革新。但几乎可以肯定，答案是不能。供研究的材料数量少，缺乏合适的分类索引以及在预期和实际革新之间不可捉摸但常常极为巨大的差异，所有这一切综合起来使人想到，再发明而非再发现依然是科学中新东西的最有效的来源。"[1]像这样的对于我们通常以一种朴素的理解而赋予科学史的功能的否定，其实并不就是对这门学科的研究之意义的否定。虽然科学史的研究极少对科学研究本身产生直接的影响，但即使仍然关注这个方面的话，如果不那么急功近利地看，间接的、更深层的影响仍是可能的。而且，科学史的作用更突出地表现在其他一些方面。因而，就今天的现实来看，就科学史的功能问题，我们还是可以把一些我们大致可以接受的说法和我们自己的观点进行一些梳理和总结。就此而言，科学史的功能可以分为四类[2]：

---

① 库恩：《科学史》，载吴国盛编：《科学思想史指南》，18～19 页，成都，四川教育出版社，1997。

② 刘兵：《科学史的功能与生存策略》，载《自然科学史研究》，2000(1)，8～9 页。

（1）科学史具有帮助人们理解科学本身和认识应如何应用科学的功能。也就是说，科学史可以带来对于科学本身以及与其内外相关因素更全面、更深刻的认识。

（2）科学史具有作为其他相关人文学科之基础的功能，也即作为诸如像科学哲学、科学社会学等相关学科的知识背景、研究基础，或者说认识平台。

（3）科学史具有教育功能，特别是其在一般普及性教育方面的功能。这包括对人类自身的认识和对两种文化之分裂的弥合。而科学史在科学教育中的功能，相对说来还一直存在有较多的争议。

（4）科学史具有作为科学决策之基础的功能。在这方面，国外近年来逐渐兴起的科技政策史的研究尤为值得我们关注。

至于像那种强调在意识形态方面的功能，诸如像对宣传爱国主义的作用，或作为其他前提已不容修改的观点的佐证等，对于此学科来说，显然是不应被认可的，而且，强调这样的功能也将极易导致像以今天的成败和标准来评判过去的科学史的研究，从而导致对历史的曲解。

因为就未来可能的发展前景来说，关注、强调并突出科学史研究对于决策的意义，和将与科学史在经济和体制方面得到更大、更多的支持关系重大，所以对此，仍然有必要指出的是，我们应该清楚地意识到这种意义的限度，也就是说，科学史研究对于决策主要是一种"背景"和"借鉴"的意义，而绝非准确地预测或指导的意义。对此要有清醒的认识，要区分基础性的学术积累对此功能的重要性，以及此项功能在实际意义上的有限性，因为为了科学史学科的生存，此项功能可能被过分夸大，但我们不应在此过程中自欺欺人。

此外，还应特别重视的是那种认为科学史并无"实际"或"实用"的功能，并相应地提倡"为历史而历史"的观点。其实，像这样的观点也正是为众多西方科学史家所持有的。虽然过分倡导这种观点在短期内显然不利于科学史学科的生存，但就其长远发展来说，它对于保持科学史的学术水准却是至关重要的。尽管在现实中它可能不是充分条件，却显然是一种必要条件。一个学科维持其高水准，对于其长远的发展是不可缺少的基础，否则，即使在短期内可以繁荣一时，长远一些就必然会走向衰落。在科学史这门学科中，这种基础性研究与应用性研究的关系，很有些类似于纯数学与应用数学之间的关系。

讲述以上这些与科学史学科有关的理论问题，是为了帮助读者对科学史有更好的理解，可以在相对理性的基础上进行学习。在有了这些有关科学史的最基础性的理论准备之后，当我们开始学习科学技术史的具体内容时，读者就可以尝试着把它们应用到所学的内容里，尝试着对所学的内容进行分类，并尝试着进行一些独立的思考了。

参考文献

1. 刘兵:《克丽奥眼中的科学——科学编史学初论》(增订版),上海,上海科技教育出版社,2009。
2. 赫尔奇·克拉夫:《科学史学导论》,任定成译,北京,北京大学出版社,2005。

进一步阅读材料
1. 乔治·萨顿:《科学的历史研究》,陈恒六、刘兵等编译,上海,上海交通大学出版社,2007。
2. 刘兵:《新人文主义的桥梁》,上海,上海交通大学出版社,2007。

第一编

古代科学与技术

　　早在18世纪时，欧洲一度兴起中国热，出版了不少介绍中国的著作。但是，西方汉学家的研究多侧重于文史，较少系统地介绍中国的科学技术。西方科学史家则不懂中文，对中国的科学技术并不了解。因此，大多数西方人只知道中国是造纸、印刷术、指南针、火药四大发明的发源地，此外似乎就没有什么重要的发明了。他们认为中国人只懂技术，没有可称之为科学的东西，近代科学起源于西方。他们也不相信中国科学对西方产生过影响。英国哲学家弗兰西斯·培根(Francis Bacon,1561—1626)称赞"印刷术、火药、指南针这三项发明对于彻底改造近代世界并使之与古代及中世纪划分开来，比任何宗教信念、任何占星术的影响或任何征服者的成功所起的作用更大"[1]，但他至死也不知道所有这些都是中国人的发明。

　　曾几何时，中国人自己对古代的科学成就也不甚了解。1840年鸦片战争后，中国长期落后挨打，一部分知识分子因而过于自卑，觉得中国在各种科学技术的发明上都不如西方，甚至认为什么也没有。20世纪初，一些著名的中国学者也认为中国古代没有科学，从1915年任鸿隽在《科学》创刊号上发表《说中国无科学的原因》、1922年冯友兰在《国际伦理学杂志》上用英文发表《为什么中国没有科学——对中国哲学的历史及其后果的一种解释》到1944年竺可桢发表《中国古代为什么没有产生自然科学》，可见一斑。[2]即使到了20世纪50年代初，很多刚入校的理工科大学生在旧中国念完中学后，也只知道古希腊

---

　　[1]罗伯特·K.G.坦普尔：《中国：发明与发现的国度——中国的100个世界第一》，英文版序言，陈养正、陈小慧、李耕耕等译，7页，南昌，21世纪出版社，1995。
　　[2]江晓原：《中国古代有无科学的争论及其意义——兼评〈西方科学的起源〉》，载《上海交通大学学报(社会科学版)》，2002(1)：12。

的欧几里得及其几何学、阿基米德及其定律,而不知道中国古代科学家有谁。

近现代东西方学者为什么会产生这样的误解呢?不言而喻,一说到科学,人们首先想到的是欧洲的近代科学,16、17世纪的科学革命建立了近代自然科学体系。在人们的潜意识中,真正意义上的科学是指近代在欧洲产生的科学理论、科学知识、实验方法、科学组织、科学活动、科学分类等东西,现代科学体系是在欧洲近代科学的基础上建立起来的。

至于西方科学的起源,则首先要追溯到古希腊的自然哲学。古希腊自然哲学形成了独特的理性自然观:把自然看作一个独立于人的对象而从整体看待;把自然界看作有规律且可以认识的对象;力图用哲学的概念和语言来把握自然界的规律。恩格斯在评价古希腊的科学成就时就强调,如果要追溯理论自然科学的一般原理发生、发展的历史,就不得不回到希腊人那里去。[①]

美国威斯康星大学的科学史教授林德伯格(Dayid C. Lindberg,1935—)在《西方科学的起源》中采用宽泛的、具有包容性的、非狭义的、具有排斥性的科学概念,提出追溯的历史年代越久远,科学概念就越宽泛,但是无论怎样宽泛,也只是将埃及和美索不达米亚的数理方法以及古希腊时期的自然哲学纳入其中。

不过,辉煌的古希腊科学并没有直接飞跃到近代的科学革命。随着蛮族入侵,罗马帝国崩溃,古希腊罗马文化荡然无存,基督教在欧洲占统治地位,中世纪成了欧洲历史上漫长的黑暗时代。中世纪自然科学发展缓慢,唯有日用技术没有失传,反而不断进步。在中世纪的黑暗中,还有一道夺目的闪光,就是在欧洲诞生了大学。中世纪中后期兴起的大翻译运动帮助欧洲人从阿拉伯文献中找回了失传已久的古希腊哲学文献。古希腊科学经过中世纪几百年的沉寂之后,开始积聚和焕发力量,文艺复兴和近代科学革命也就为期不远了。

古希腊的科学传统无疑奠定了近代科学的基础,科学的欧洲中心主义其实不无道理。然而,同样毋庸置疑的是,在人类早期文明中,在世界上其他地方,还诞生了比古希腊文明更辉煌灿烂的古代文明。在古两河流域、古埃及、古玛雅、古印度和古中国的文明中,还创造了更精湛的日用技术,发现了更独特的科学知识,建造了更宏大的传世工程。

例如,英国皇家科学院院士李约瑟博士(Joseph Needham,1900—1995)主编多卷本英文版的《中国科学技术史》(Science And Civilisation In China),从1954年开始由剑桥大学出版社陆续出版,第一次以令人信服的史料和证据,全面而又系统地阐明了四千年来中国科学技术的发展历史,展示了中国在古代和中世纪科技方面的成就及其对世界文明所做的贡献。

还需要指出的是,古希腊文明的建立吸收了其他文明的成就。古希腊人的科学研究

[①] 恩格斯:《自然辩证法》,30～31页,北京,人民出版社,1971。

是在融会贯通古埃及和古两河流域的科学成就的基础上发展起来的；中世纪中后期，当古希腊的科学传统在欧洲逐渐复苏时，欧洲还获得了阿拉伯世界的古代科技知识和中国古代的四大发明。当然，古代的科技交流和商贸往来不像今天这么密切和深入，更多是通过战争来实现传播的。

在不同的古文明地区，科学的发展并不完全相同。例如，英国剑桥大学的"古代科学和哲学"讲席教授利奥伊德（Geoftrey Lloyd，1933—　）在比较古巴比伦、中国和希腊观测天空的不同经验时就发现：一方面，国家的支持、制度的建立，如中国的钦天监那样，为研究带来了巨大的好处，给研究者提供了稳定的职位，然而这样的制度也可能抑制创新，国家利益决定着议程，研究者有可能思想僵化；另一方面，没有类似中国的制度保证，研究者没有稳定的职业，如古希腊的学者那样，但是个人可以更自由地选择自己的研究项目，反而发展了严格证明和逻辑推理的科学方法。[1]

因此，探寻科学技术的各种起源，证明和展示各古文明的科技成就，既不是为了驳倒欧洲中心主义，也不单是为了弘扬爱国主义和民族自豪感，而是通过揭示各古文明自古形成的经验传统，可以更好地理解现代科技在这些曾经创造过辉煌文明的国家和地区发展的特点。

---

[1] G.利奥伊德：《论科学的"起源"》，载《自然科学史研究》，2001(4)：290～301页。

第一章

古代文明中的技术与科学萌芽

现代科学技术的发展犹如滚滚洪流，势不可挡。要问这一切是怎么发生的？早期的科学知识和技术工艺是如何孕育的？说来并没有明确的答案。就像研究大江大河要追溯源头一样，古代科学史研究也需要探寻早期的"涓涓细流"。

需要说明两点：一是在人类文明早期，技术应用早于科学知识出现，因而按历史的逻辑，我们要先了解古代技术，再了解古代科学；二是科学技术的起源与"人类文明的起源"（注意与"人类的起源"概念区别）关联。按 19 世纪美国人类学家摩尔根（Lewis Henry Morgan，1818—1881）的观点，人类文明阶段从标音字母的发明和文字的使用开始。20 世纪有学者认为，早期文明还应包括有一定规模的城市、金属工具使用等要素。以这样的理解，英国著名历史学家阿诺尔德·约瑟·汤因比（Arnold Joseph Toynbee，1889—1975）统计出人类曾有过 21 种文明（后来扩展为 31 种）。遗憾的是，大多数文明都已衰亡消逝。

学术界公认，对后世产生重要影响的是如下几大文明：古两河流域、古埃及、古希腊、古印度和古中国。再有，最近半个世纪以来古玛雅文明也开始受到重视。古希腊、古印度和古中国文明的内容见其他章节，这里主要介绍古两河流域、古埃及和古玛雅文明中的技术与科学知识。

第一节　古两河流域的技术与科学萌芽

发源于今土耳其境内的亚美尼亚高原的幼发拉底河和底格里斯河，由西北蜿蜒东南流入波斯湾，两大河流经的土地孕育出古代的两河流域文明。在两河流域古老的土地上,相继有苏美尔人、阿卡德人、亚摩利人、喀西特人等建立的王国,到公元前 6 世纪,这里为波斯人所占据,并入波斯帝国的版图,从此两河流域文明终结。数千年中,以苏美尔人和亚摩利人的影响最大。亚摩利人于公元前 19 世纪中期统一了两河流域南部,以巴比伦城(在今伊拉克首都巴格达以南)为中心建立了古巴比伦王国,稍后在两河流域北部,崛起了以亚述尔城为基地的亚述王国。古巴比伦强盛了两百年后衰落,先是喀西特人统治,公元前 13 世纪又被亚述人占领。公元前 10 世纪的亚述王国辉煌数世,一朝灭亡再无声息。18 世纪末期以来,诸多的考古发现和文献破译,使我们得以重新认识两河流域昔日的文明。

一、古两河流域的技术

古代两河流域的农耕技术发展较早,与农业密切相关的水利受到重视;手工业中的陶器、玻璃制作和黄金加工富有特色。

1. 水利与农业

农业生产在两河流域出现较早,大河水利不仅是这里农业经济的命脉,甚至也促成了这一地区奴隶制王国的建立。公元前 30 世纪中期,在两河流域南部首次出现了阿卡德王国,王国建立后即展开大规模的水利渠道网的建设,当时的主渠最宽达 75 英尺(约 23 米),绵延数英里,还有与主渠连接的数百条支渠。古巴比伦王国是两河流域经济繁荣的时期,第六代国王汉谟拉比在位时制定著名的法典——《汉谟拉比法典》,法典中多条内容都与水利有关,即以国家法律的形式保障水利设施的合理利用。

畜耕是发展农业生产的重要标志之一。两河流域的先民用牛和驴代替人力牵犁耕地。最早使用的犁为木石结构,即在木制的犁架上装配石制犁头,后来冶铜业发展,便采用铜犁头。用畜力代替人力拉犁,有利于深翻土地,提高效率。在两河流域,还发明了一种畜力牵引的播种机具,这在当时是一种先进农具。

当时主要的粮食作物是小麦和大麦,蔬菜和水果也多有种植,如葡萄、椰枣、无花果都是适宜种植而又为人们所喜爱的水果。

2. 制陶、玻璃技术

两河流域孕育出古老的陶器,并历经兴衰和东、西方的交会,制陶形成某些鲜明的特征,如曲线造型、重复式图案、对称结构和生动的色彩。距今 5 000—4 000 年前在两河流域的哈斯苏(Hassuna)和萨马拉(Sammara)出现的刻花黑陶器是这一时期的杰作。大约同一时期,用快轮制作的彩陶在这些地区发展,出产的陶器起初是几何图案,后来引入写实的动植物及人物图案。有代表性的陶器是用复杂的细小线条、自然及几何的重复图案装饰的大型平盘,烧制成的轻巧器物。这些陶器厚度不同,用光亮的棕色、黄褐色、红色和黑白对比色土绘制。

玻璃最早出现于两河流域地区,距今已有五千多年的历史。当地的陶工在制作陶器中发现,用石英砂和天然碱(碱酸钠)混合在高温中熔化后,能产生一种光彩夺目的物质,由此启发有意识地选择原料,加工成玻璃器。

玻璃器初始的制作是"型芯法":先用沙和黏土做出器物造型,而后用金属棒的一头撑着,浸入玻璃熔液中旋转,使之附上一层厚薄均匀的玻璃熔液,还可以熔上其他颜色的玻璃,或趁热用工具刻画波纹,冷却后除去沙土即成容器。这种工艺最早在两河流域广为运用,以后传到东地中海地区和埃及。后来也常用"铸造法",分模浇、模压和模烧三种。其中"模烧"法稍复杂一些,先用耐烧的材料做出内、外模子,然后把玻璃碎片或玻璃棒的切片填充在内、外模子间,高温加热后,玻璃片会熔化充溢其中,冷却后除去模子,再加以打磨即成。

3. 金属技术

在两河流域,青铜器的大量出现是在古巴比伦王国时期(约前 16 世纪),考古所见不乏制作精美的装饰物。值得注意的是该地区的铜矿资源并不丰富,当时主要靠贸易手段从外地输入。

因为铁的熔点比铜高,冶铜技术达到一定阶段时才出现炼铁。古人最早用过陨铁,但陨铁稀少,被称为"天堂里的金属"。留传下来的文物可见用陨铁敲砸而成的饰物镶嵌有黄金的边。据说亚美尼亚山区的基兹温达人最早发明了炼铁,距今四千多年前炼出了铁。原始的炼铁方法是块炼法,即把成块的富铁矿石放在炉内烧至半熔状,然后取出锤炼,经过多次反复而炼成铁,因为这样的铁质地松软,杂质较多,故称为海绵铁。随着冶铁技术的改进,铁器发展起来,并逐渐取代了青铜器的地位,这个转变大约在公元前7 世纪。

两河流域出产黄金。由于绝大部分黄金都是天然金,因而黄金的生产几乎只是一个人力组织而不是冶炼技术提高。黄金主要用于装饰品,由于它抗腐蚀,非常耐久,这样黄金就可以不断地重复使用,今天所见到的许多古代金器,很可能就是用过多次的。

黄金容易加工,许多金器用很薄的金片或金叶制成。把金片切成方块,一块压一块地叠起来,每两片中间夹一薄片动物皮张。叠好的金片再用锤敲打,使之变得更薄,而皮子则防止金片相互粘到一起。这一工艺过程反复进行多次,直到每一叠金片都变成百分之几毫米厚的金叶为止。19 世纪末以来,不断有考古发现黄金文物。1989 年,在亚述帝国都城(今伊拉克摩苏尔对岸)一个墓葬中出土黄金制品达 440 件,总重量约 51 磅。其中有一顶奇异的王冠,形若葡萄树,其上饰有葡萄藤,还有带翅的裸体女神。

4. 建筑技术

古两河流域有一些大型建筑遗址留存至今,使我们可了解当时的建筑技术和推知关联的技术水平。早期主要的建筑材料是木材和泥砖,少用石块,泥砖一般不经烧制,有时用火烘烤,使用这些材料的建筑难于长期保存。后来逐步采用石材和烧制砖。在公元前7世纪的新巴比伦王国时期,建筑技术达到顶峰。尼布甲尼撒二世统治时期(前604—前562),巴比伦城是当时世界上数一数二的壮观的城市,该城有内外三道城墙,共有塔楼三百多座,在穿过市区的幼发拉底河上有石墩桥梁,贯通全城的笔直大道上铺砌了白色、玫瑰色的石板,主要城门的北门墙上有用琉璃砖砌的美丽图案。

二、古两河流域的科学萌芽

古两河流域的人们在生产劳动和生活中,逐渐形成对自然的认识,孕育出科学知识的萌芽,这体现在天象观察、时间划分、计算、几何、防病治病和对动植物的认识方面。

1. 天象观测与历法

日月出没,星辰运行。当古人发现季节的变化与天文现象有关,开始有意识地观察天象时,最早的天文学就诞生了。为了合理地安排农事和日常活动,历法逐步被建立起来。月亮的盈亏容易被观察,两河流域的人们很早就以月亮盈亏的周期确定"月"。他们注意到该周期约为29天半。因此,他们把一个月定为29天或30天,大小相间,一年十二个月即为354日,这个数值比实际数值小,所以每隔几年就要加一个闰月,即有些年份有十三个月。他们还把七天作为一个星期,又把一天分为12个小时,每小时60分,每分60秒。今天实际上仍然沿用这种计时法,不过现在是一天24个小时,分和秒也都缩短了一半。

在两河流域出土有大量的刻满楔形文字的泥板,上面有不同时期的天文观测记录。出土的泥板记录了公元前19世纪和公元前18世纪在古基什城观察金星(即所谓的伊西塔的星辰)的升落情况。

到公元前8世纪左右,古巴比伦人对天象的观测已十分精确。他们利用自己复杂的数学知识,积累了大量的天文记录,他们能够预测日食和月食以及星辰的运动,如他们测得土星的会合周期为378.06日,今测值为378.09日;他们测得木星的会合周期为398.96日,今测值为398.88日等。他们对恒星也进行了认真的观测,绘成了世界上最早的星图。他们还把黄道附近的一些恒星划分为若干星座并予以命名,这些名称一直沿用至今。

2. 数学知识

数学源于古代财物分配、贸易和天文学计算的需要,在两河流域地区很早萌发了数学。两河流域的计数法是十进制与六十位制并用,为了计算方便,两河流域的数学家还编制了许多数学表。在出土的泥板上,我们可见乘法表、倒数表、平方表、立方表、平方根表、立方根表等,其中的倒数表一直计算到60^9这样大数的倒数。两河流域的数学家在代数学方面的工作很有成绩,他们不但能解一元一次方程、多元一次方程,也能解一些一元二次方程,甚至一些较为特殊的三次方程和四次方程。一块泥板的记载表明,他们竟然解了这样一个指数方程:$(1+0.2)^x=2$,得出 $x=3.8$ 的正确答案。在几何学方面,他们知道半圆的圆周角是直角,所用的圆周率为 $\pi=3.125$,把周角分为 $360°$,$1°$分为 $60'$,$1'$分为 $60''$,这种方法一直为后世所沿用。

3. 医学知识

医学知识的发展有一个从经验到理性的缓慢过程,早期有巫术迷信的纠缠。从所留存的医学文献可见,医疗技术越是发展,它和巫术迷信的关系越远离,科学的成分增加。迄今所见两河流域涉及医学的泥板书有 800 多块,《汉谟拉比法典》有许多条文与医疗有关。如规定施行手术成功时应付施手术者多少钱,因医术不良发生医疗事故时应受到处罚等,学术界认为这是世界上最早的医疗立法,同时也表明当时医生已有相对独立的职业。从记载有关医学的泥板书中可以看到,当时的医生采用药物、按摩等许多方法治病,所用的植物药物有 150 多种,一些动物的油脂也被制成为药膏用于治疗。在泥板的记载中有咳嗽、胃病、黄疸、中风、眼病等许多疾病的名称。

与医学有关的生物学知识也是逐步积累的。在两河流域的泥板书上可以看到约 100 多种动物和 250 种植物的名称,表现出一定的分类。

第二节　古埃及的技术与科学萌芽

非洲的尼罗河自南向北流向地中海,在它广阔的三角洲即今埃及的土地上,产生了古埃及文明。尼罗河每年一次泛滥,给农民的土地带来一份礼物——深棕色的淤泥。埃及在古代叫 Kemet,也就是黑色土地的意思,指的就是河水的恩赐。在古埃及地区,数千年间基本上都由古埃及人统治,一共经历了三十多个王朝,至公元前 525 年,沦为波斯帝国的一部分。公元前 30 年,古埃及落入罗马帝国之手,成为罗马帝国的一个省。从此古埃及文明慢慢湮没于尘沙之中,甚至不久后连它独特的语言也失传了。直到 18 世纪末,拿破仑的远征军来到埃及,逐步揭开这段尘封的历史,还原了古埃及的辉煌。

一、古埃及的技术

古埃及地区的农耕技术与尼罗河密切联系;手工业中的陶器制作、黄金加工富有特色;建筑技术以金字塔兴建为代表,散发着永恒的魅力。

1. 水利与农业

古埃及的农业生产与尼罗河息息相关。那时尼罗河地区的降雨比现在要充沛得多,在河的两边形成了土壤肥沃的河谷地。为了有效灌溉和减少洪涝,自第一王朝起便把尼罗河水利系统置于中央政府管辖之下,王朝的官吏还负责对尼罗河的水情和水位变化作经常性的观测记录。相传第一王朝第一王美尼斯的一大功绩即是建造了孟菲斯城外的大坝和水库。后来,历代的国王和官吏也多以治水作夸耀。

古埃及的畜耕发展比较早。用畜力代替人力,有利于提高效率,促进农作物种植。早期使用的犁也是木石结构,后来随铜器冶铸,逐渐采用铜犁头。古埃及地区主要的粮食作物为小麦和大麦,种植蔬菜有胡萝卜、葱、蒜、黄瓜、莴苣等多种。这里饲养的牲畜主要有牛、羊、驴、马。

2. 金属技术

比之古两河流域地区,古埃及的铜器冶铸要晚一些。从古埃及墓葬中的壁画和浮雕可以大致了解当时的冶铜情况。其中一个技术关键是改进鼓风提高炉温,由绘画资料可见,早先工匠是用嘴借助管子吹风,后来发明了一种脚踏鼓风器,使鼓风效率提高。古埃及留下的铜器不少,不乏制作精美的装饰物。值得注意的是当地的铜矿资源并不丰富,铜料需从外地输入,古埃及人为了获得邻近地区的铜矿甚至不惜发动战争。

古埃及出产黄金,黄金容易加工,流传和发掘所见古埃及的黄金器物,造型丰富,做工精美,极具特色。1922 年,在古埃及第十八王朝年轻法老图坦卡蒙(Tutenkhamon,约前 1333—前 1323 在位)墓中出土了金面罩、金棺等大量黄金器物,令世人惊叹。其中如棺椁上装饰的黄金秃鹫标志,它的翅膀由 250 个单独的饰件组成,羽毛上镶了彩色玻璃,可见工艺的精湛和复杂。

3. 造船技术

尼罗河水滚滚北流,而那里却总有向南吹拂的逆水风,这成为古埃及发展造船的有利因素。从古埃及的一些壁画上可见当时的造船情景和许多船只的图形。20 世纪 50 年代,出土了一艘碎裂的古船(被称为"胡夫木船"),经过文物工作者的努力,胡夫木船被修复,使人们窥见古埃及工匠的专业技术和工艺水平。该船总长近 150 英尺(约 46 米),船上建有一个靠近船尾的舱室,船身中部左右各五只划桨,在船尾有一只桨舵。船体采用了双层重叠式结构固定,窄木条直接用在两层厚木板之间连接,没有榫口,起到密封作用,解决了漏水之忧。根据船身窄细和圆锥形的船首、船尾,可知这艘船模仿的是纸莎草形木筏的造型,那种木筏的特点是用芦苇把木筏的两头紧紧捆扎起来并且向上翘。

据文献记载,古埃及人为了发展水路交通,在公元前 7 世纪即开始开凿沟通红海和地中海的运河(即今苏伊士运河的前身),这一浩大的工程终于在波斯人统治时期完成。

4. 建筑技术

在古埃及,由于石材易得,人们多用石料建筑,留存后世的遗迹也多。为世人惊叹的有众多的金字塔,其中最著名的是第四王朝(前 26 世纪)法老胡夫和他的儿子哈夫拉的金字塔。胡夫金字塔底为正方形,边长约 232 米;共砌石 210 层,高约 146.5 米;料石总计230 万块,每块的平均重量为 2.5 吨。这些石块都经过认真打制,角度精确,石块间未施灰泥,砌缝严密。金字塔内有甬道、阶梯、墓室等复杂结构。关于建造金字塔的劳力,近年考古发现提出新观点,是招募来的热诚的工匠(非先前认为是奴隶和战俘),由国家粮库供应他们口粮。在那些巨大的石块上,常能见到那些做出特殊贡献的施工队刻写下炫耀的称号,如胜利之队、特别能干之队或能工巧匠之队。

古埃及留存下来的许多神庙建筑也非常惊人。尼罗河畔的卡纳克有一座约建于公元前 14 世纪的神庙,其主殿矗立着 134 根巨大的圆柱形石柱,其中最大的 12 根石柱,直径约为 3.6 米,高约 21 米,巍峨壮观,令人惊叹。

二、古埃及的科学萌芽

古埃及人书写主要用纸莎草,相对说来不如泥板书易于保存,因而与古两河流域的泥板文献比较,古埃及留存的天象观测记录和数学知识要少。古埃及人在几何学方面的成就明显,在医学方面独有特色。

1. 数学知识

今人对古埃及人在数学方面的工作了解不多,这可能是纸草书不如泥板书能长期保存的缘故。古埃及人记数采用十进制,他们也能解一些代数方程,有简单的一元二次方程。当时有一种"加倍法",即采取对一个数二倍,再二倍的方法来进行乘法运算,若配合罗马式数字系统,运算起来快捷。相对说来,古埃及人在几何学的成绩更大一些,这与尼罗河每年泛滥,过后需要重新丈量土地以确定归属和赋税等因素有关,这也是几何学在古埃及发展的重要原因之一。古埃及人得到了非常精确的 π 值(256/81,或 3.160 5,而巴比伦数学和《圣经》上才有一个粗略值 3)。他们也有用计算平截头正方锥体体积的公式,和今天我们所用的公式完全一致。虽然所见古埃及人留存的数学文献不多,但是古埃及人的大金字塔和神庙建筑表明,那些石块、圆柱的尺寸无疑是经过计算的,建筑的整体是要周密考虑的,没有一定的数学知识,这些巨大的工程不可能完成。

2. 医学知识

从古埃及保存的文献看,传世有一些医学纸草书,比较完整的有六七部。最大的当属"埃伯斯纸草书"之作,它宽 30 厘米,长 20.2 米,约完成于第十八王朝(前 1584—前 1320)。该书记述了许多病的症状和治疗方法,包括内科、眼科、妇科等许多方面,也有一些外科的内容,还记有解剖学、生理学和病理学方面的一些知识,所载药方达 877 个。该书虽有巫术迷信成分,但医学内容占主体。古埃及人有制作木乃伊的传统,要用到多种药物进行处理,涉及解剖知识和防腐知识,这对后世有重要的影响。

古埃及人对动物也作过许多解剖,他们用以表示内脏的象形文字大多都似动物的器官。古埃及人也积累了有关生物学的知识,对动物作了世界上最早的分类。还值得注意的是他们在实践中已经知道当椰枣树开花时进行人工授粉以增加椰枣的产量,虽然还不能认为他们已有关于植物性别的真正知识。

第三节　玛雅文明的技术与科学萌芽

玛雅文明是美洲古代文明的杰出代表,以印第安玛雅人而得名,主要分布在墨西哥南部、危地马拉、巴西、伯利兹以及洪都拉斯和萨尔瓦多西部地区。玛雅文明在农业、天文、艺术、建筑等方面成就显著。公元前400年左右建立早期奴隶制国家,公元3—9世纪为繁盛期,15世纪衰落,最后为西班牙殖民者所摧毁,此后长期湮没在热带丛林中。直到19世纪,西方探险家深入此地调查,逐渐撩开它神秘的面纱。

一、玛雅文明的技术

玛雅人的农业技术富有特色,主要种植玉米和豆类,并因地制宜发展了集约型湿地耕作。手工艺方面,在制陶器、琢制玉器上有杰出表现。建筑以神庙金字塔为代表,其气势和造型让人敬畏。

1. 水利与农业

玛雅文明很大一部分范围属于低地。在20世纪70年代以前,研究玛雅文明的考古学家都不相信玛雅文明与治水之间有什么联系,但是,由于在今伯利兹的普尔特洛塞湿地(Pulltrouser Swamp)上发现了许多玛雅人的工程设施,灌溉面积达741英亩(约300公顷),学者们在观念上才有了根本性转变。地处低地的玛雅农业面对的问题不是水太少,而是水太多。玛雅人的解决办法是在抬高的田块(在普尔特洛塞,每一田块高3英尺,宽15~30英尺,长325英尺)上种植,在田块之间挖出排水沟和泄水道。这些工程可以排除耕地里的积水,沉积在排水沟里的淤泥还可充作肥料。这套排涝系统表明,玛雅人有能力生产出足够的农产品来供养大量人口。这种形式独特的集约型湿地农业,成为玛雅文明是依靠水利为支撑的有力证据。

农业上玛雅人以玉米和豆类为主食,所以又称之为"玉米文明",无牛猪羊饲养,几乎没有畜牧业的痕迹。

2. 玉器制作

玉石因其美丽、罕见而为玛雅人所推崇,并成为王权的象征。考古发现玛雅人制作的大量玉器,这成为有别于两河流域、古埃及文明的一大特点,而与中华文明有相似之处。当时加工玉器非常不易,玛雅人用粗线加上湿沙在玉石的表面来回摩擦形成深槽,如此把大块的玉石割成两半,再割成四份或薄片。而后用木锯和骨质钻来雕琢线条、花纹和其他图案。有时玉的粉末也被用来当作磨蚀剂。做成的玉器磨光则用甘蔗或葫芦的纤维,这些植物的细胞内存有细小的硅石。

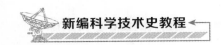

大量的玉石在被加工成人物或动物造型之前先被琢成斧头形状。学者们推测玛雅工匠可能常把玉切割成有实用价值的形状,以便把其中的一些加工成工具。只稍作雕琢,这些颜色和质地均佳的玉块就被加工成护身符或小雕像。

3. 建筑技术

考古发现,几乎玛雅的所有城市都建有许多大型建筑,尤以神庙金字塔最多,其中具有代表性的是蒂卡尔的神庙金字塔群,气势宏伟,高达 180 英尺(约 55 米)。这些神庙由三部分组成,带有陡峭台阶的金字塔底座,设有房间的内殿和建在内殿顶层、直指苍天、仅起装饰作用的"发冠状屋脊"。

公元前 600 年前后,蒂卡尔还是一座不起眼的村庄,但在随后的几个世纪里,它的规模不断扩大,到公元 6—8 世纪,它在低地地区中部成为一座占据绝对优势的城市。自 20 世纪 50 年代起,经过 30 多年的考古发掘,发现这座宏大的城市占地足有 25 平方英里(约 65 平方千米),而在清理出的 6 平方英里(约 15.5 平方千米)的面积上,就出土了 3000 多座建筑和 200 多座纪念碑。迷宫似的宫殿、宏大的神庙展示了这座城市的磅礴气势,诸神、装饰奇异的君主和臣子的雕像都表明了这个城市的等级森严。

二、玛雅文明的科学萌芽

在长期的生产劳动和生活中,玛雅人观察自然,研究自然,创造了象形文字,创造了以 20 为基数的计数制,发展出复杂的历法体系。

1. 数学知识

玛雅人使用 20 为基数的计数制,用点表示 1,用短横划表示 5。选择 5 为单位和以 20 为基数的计数制,可能对应着人的 5 个手指和总共 20 个手指及脚趾。

总之,玛雅人创造了一种具有代表 0 的符号的位值系统。他们用这种计数制可以表示非常大的数。当时玛雅人没有办法表示分数,但他们像古巴比伦人一样编制出乘法表来帮助计算。玛雅人的数学技巧更多是与数字命理学、祭祀天文学和一种复杂的历法系统有关。

2. 天象观测

早在远古时期,玛雅祭司就开始研究天体的运转,捕捉神在天空中留下的痕迹。他们笃信观察到的天象是神祇传下来的旨意。

玛雅人特别崇拜金星,相应地观测也特别仔细。耀眼的金星在太阳前升起,随太阳落下,玛雅人视其为太阳的孪生兄弟和战神。玛雅的历法祭司认为金星不仅是晨星还是晚星,并准确地计算出金星运行周期为 584 天,他们还在阳历、金星运转轨迹和卜卦历的基础上创立了金星历。其周期长达 104 年,相当于 65 个金星周期和 146 个妊娠周期。

据研究者认为,玛雅人很可能也为火星和水星编制过天文表。对存留的一些雕刻解读,表明玛雅人也认识木星对占星术的重要性;另外,某些恒星也有其特殊意义。总之,玛雅人进行非常专业的研究,无论在观测精度上还是在专业技能上,都使今天的研究者感到惊讶。

3. 历法历算

玛雅人的历法和计时方法非常复杂,它们混杂着同时使用 4～5 种计时系统。

在玛雅人使用的历法中,最重要的是所谓的"卓尔金历"(Tzolk′in),即 260 天的一个神圣循环(一些研究者认为 260 天可能与人妊娠期有关),而这 260 天又分为 13 个包括有 20 天的周期。后来,玛雅人又发展出与此有关更复杂的循环,它们是 260 的倍数。另外,玛雅人还使用一种"圣年历"(Vague Year),这种历法一年有 18 个月,每月 20 天,加上 5 个忌日,总共是 365 天。玛雅人没有采取办法去弥补与实际太阳年相差的那四分之一天,因此,同古埃及的情形一样,他们的"圣年历"便会渐渐不合时令。为了把"卓尔金历"与"圣年历"两种历法协调起来,玛雅人搞出一种被称为历轮(calendar round)的装置,非常巧妙地把 365 天的循环与 260 天的循环结合在一起。这种历轮转动起来,两个循环轮就犹如一台大时钟里的两个齿轮相互啮合转动,每过 52 年再回到原位置。转动的历轮就像是一台能够预言未来的奇妙机器。大循环中的每一天都有一个名字,联系着各式各样的预兆;而专门的神职人员就用这种历轮进行占卜,从事研究,预言未来事。

玛雅人还另外使用一种太阴历和第四种计时方法,那是一种连续计算天数的方法,叫作长计日法(long count)。这种长计日法采用了最少为 1 天、最多几乎为 400 年的 6 个时间单位来逐日计算天数。它的起始日,据计算是公元前 1314 年 8 月 13 日(也有说是 1313 年);而世界的末日,根据长计日法的预测,是公元 2012 年 12 月 23 日。美国电影《2012》正是借用了玛雅人的这种预测,制造了轰动全球的视觉效应。

参考文献

1. 詹姆斯·E. 麦克莱伦第三:《世界史上的科学技术》,王鸣阳译,上海,上海科技教育出版社,2003。
2. 戴尔·布朗:《美索不达米亚——强有力的国王》,李旭影,等译,北京,华夏出版社,2002。
3. 戴尔·布朗:《辉煌、瑰丽的玛雅》,张燕译,北京,华夏出版社,2002。

第二章

古希腊与科学的源头

古希腊人对自然兴趣之专注令人咋舌，古希腊人的科学奠定了西方科学的基础，树立了西方科学独有的风格，所以希腊人探索自然的科学成就是科学史上传奇的一页，永远让后人激赏、兴奋乃至困惑。同时，古希腊人科学探索中的偏颇，古希腊科学与近代实验科学的本质不同，又总是会迫使我们进一步关注近代科学传统中来自东方以及中世纪宗教文化等不同传统的贡献。

第一节　古希腊自然哲学学派的兴起

我们在科学史上经常谈到的古希腊，并不仅仅指今天作为欧盟成员国之一的希腊所在地区，古代希腊的范围要大很多。因为早在 3 000 多年前，希腊人就越出希腊半岛，向海外进行大规模的移民，所以大希腊地区实际上指的是包括希腊半岛本土、爱琴海东岸的爱奥尼亚地区、南意大利地区以及克里特岛等广大地域。

从今天世界的主流文化看，希腊人的贡献和影响是其他古代文明难以企及的。尽管古希腊文明在发生的时间上无法与古埃及、古巴比伦、古印度、美索不达米亚等文明古国相提并论，古希腊人的文明也有许多致命的缺陷，古希腊人并没有做出什么了不起的技术发明，也没有留下多少宏伟的惊世工程，但是希腊人的伟大贡献是创造了西方科学和哲学的伟大传统。

从公元前 500 年左右开始，希腊就开始出现了最早的哲学，这也是最早系统的理论化的科学的开始。希腊哲学是以对自然的系统研究开始的。虽然希腊人的科学研究是继承和融会了古埃及和两河流域等东方地区的科学成就基础上发展起来的，但古希腊人强调理性,强调逻辑,重视真理本身价值的态度,使得原先零散的、实用的自然知识成为一种对于世界的体系化的理性建构。自然哲学,关于自然界及其内在本质的哲学研究,在古代指的是自然知识的总汇和统称,其目的是获得自然界的完整图像。

古希腊自然哲学在人类历史上第一次形成了独具特色的理性自然观:把自然看作一个独立于人的对象加以整体地看待;把自然界看作有规律且可以认识的对象;力图用哲学的概念和语言来把握自然界的规律。

古希腊人独特的科学成就及其传统之产生有其自然和社会等各方面的条件。在进入铁器时代,实现文化变革之时,古希腊人最为成功。在自然条件方面,古希腊地区港口众多,适于航海和贸易,为向古希腊本土之外的陆地和岛屿移民提供了方便。希腊殖民地从本土到小亚细亚沿岸,延伸到埃及、西西里、意大利南部和直布罗陀海峡两岸,构成了一条连绵不断的链条。这些殖民地与不同传统、风俗、制度的民族经常接触,吸收其他文化的精髓非常方便,同时殖民地也没有丧失和希腊文化的母体的联系。

航海和贸易的发达、经济的繁荣、城市的兴起,给古希腊人创造新文化提供了坚实的物质基础。亚里士多德(Aristotle,前384—前322)在《形而上学》说,哲学和科学的发展需要三个必不可少的条件:好奇、闲暇和自由。幸运的是,希腊人具备全部三种条件。好奇,是指人们纯粹为了摆脱无知而进行研究,并非是由于外在的功利性目标驱使。这样可以保证科学研究的系统性和纯粹性,知识的探求不至于因为暂时的"无用"而被搁置。闲暇和自由是保证好奇心的重要社会条件。闲暇要求社会上有相当一批人不需要为衣食担忧,不必从事繁重的体力劳动,从而好奇心不至于为生活的压力所压制。而自由则是强调在探索知识的过程中,不必因为政治、习俗等因素的影响而受到限制。

古希腊人的奴隶制为自由民提供了闲暇,而希腊的城邦民主制则为科学研究提供了非常宝贵的自由。希腊人的殖民传统,使得传统习俗受到削弱,为思想自由提供了条件。而希腊独特的地理环境使得希腊难以建立类似中国那样的大一统国家,也为不同思想流派的自由争鸣提供了可能。但是最重要的还是希腊文化中可贵的对知识和真理的不懈追求,这种对知识本身的渴望并不是人类历史上其他民族在具备了闲暇和自由时都能表现出来的。

虽然希腊科学的理性传统对后世影响极大,但是希腊的科学也是有严重局限性的。最重要的是,希腊科学过度重视理性,而轻视经验。希腊科学重视理论建设,而轻视知识的应用;重视理论科学,轻视技术研究。这当然也是和希腊的奴隶制度对劳动的蔑视紧密相关的。

一、米利都学派

公元前6世纪,古希腊科学和哲学首先从处于小亚细亚的希腊殖民地爱奥尼亚地区兴起,这里距离古希腊本土、古埃及和古巴比伦都不远。叙利亚和路底亚的许多商路都与爱奥尼亚相连,它还是希腊本土与克里特文化联系的一个纽带,所以容易吸收各种文化的影响。

第一个自然哲学家和科学家是泰勒斯(Thales,约前624—前546),他是商人、政治家、工程师、数学家和天文学家。他曾经游学埃及和巴比伦,学习了那里的天文学、几何学与哲学,曾经预言过日食,把埃及经验性的测量土地的几何学变成了希腊演绎的几何学,并且证明了一些几何定理。据说他写过关于春分、秋分和冬至、夏至的书,观测到了太阳运行速度并不均匀,还发现了小熊星座等。

作为第一位自然哲学家,他的主要思想体现在"万物本源是水"这句名言中。罗素在《西方哲学史》中说,所有学习哲学史的学生当学到第一位哲学家的理论时都不禁有所失望,但是他说关键不是这句话说的内容,重要的是说话的方式。它是人类第一次用理性的方式寻求万物的统一本质,也就是要透过气象万千的现象去寻找共同的普遍因素,再从这一普遍本质来说明更多的现象,包括过去经验中没有接触过的现象。这是科学研究的基本思路,体现了理性思维的特点。更进一步地,它是用自然内部的因素来解释自然现象,而不是像神话或者宗教那样诉诸超自然或者自然之外的神灵、精神,这样人类就可以通过经验来批评和改进科学知识,而不是像神话和宗教那样难以取得确定的知识进步。所以这句话本身虽然很粗糙,但是它开创了一种很有前途的研究传统。

泰勒斯将万物本源定位于水,倒并不奇怪。水的形态多变,适合作为一种解释各种现象的普遍原则。另外,水对于生命的极端重要性也是给人以深刻印象的。再加上泰勒斯所生活的地区处于海洋包围之中,对水的存在的普遍性应该有很深的感性体验。此前许多民族关于洪水的古老传说估计也提供了重要思想背景。泰勒斯提出大地是个浮在水面的扁平的盘子,地震是由水的运动造成的。水蒸气滋养地上的万物,也滋养着整个宇宙,包括天上的日月星辰。在这里,万物本源的理论被用来构造宇宙的模型。

泰勒斯的弟子阿那克西曼德(Anaximander,前610—前546),是第一个把已知的世界绘成地图的人。他首先认识到天空是围绕北极星旋转的,所以他提出可见的天空是完整球体的一半,大地是一个圆柱体,处于宇宙中心。他认为整个宇宙有一个演化的过程,生物也是演化的,如动物是从海泥中产生的,人是从鱼衍生的等。但是一切万物,包括天体在内,都要毁灭,复归于原始未分的混沌状态。所以他理解的万物始基是浑朴未分的"无定形",内部蕴涵着分化的可能性,可以产生一切具体物质的形态。

阿那克西曼德的学生阿那克西米尼(Anaximenes,约前588—约前525),认为万物的始基是"气"。灵魂就是气,火是稀薄的气,气凝聚时就变成了水,继续凝聚就变成了土,进一步就成了石头。这样把事物的质的区别归结为量的差别,也是科学研究常用的思路。他认为大地和行星都浮游在空气中,仿佛世界也是在呼吸着的。

泰勒斯、阿那克西曼德、阿那克西米尼三位有师承关系的学者构成了最早的自然哲学学派——米利都学派,其特点是寻找构成万物的基本材料。这种从物质结构来解释自然现象的思路在古希腊原子论乃至近代科学中都大行其道,产生了深刻的影响。

二、毕达哥拉斯学派

与此相对,毕达哥拉斯学派则更重视对于事物的形式研究。它与米利都学派构成了相辅相成的两大研究路线,在后世西方科学中共同发挥了积极的作用。毕达哥拉斯学派是希腊哲学史乃至整个西方哲学史上一个奇特的案例。它首先是一个秘密宗教团体。毕达哥拉斯(Pythagoras,约前580至前570之间—约前500)出生于萨莫斯,约于公元前530年移居意大利南部的克罗顿。年轻时四处游学,曾在埃及长期学习,学习的主要内容是数学和宗教知识,学成后到克罗顿开始聚众讲学,最后发展了一个高度组织化的带有政治、伦理关怀的秘密宗教教派。由于教派的教义是秘不外传的,所以人们对学派内部的情形了解不多,不知道具体成就是谁做出来的,只能笼统地归之于毕达哥拉斯教派。他们一度在南意大利许多城邦掌权,后来于公元前500年左右受到对手的攻击,作为教派的毕达哥拉斯学派覆灭。但是教派中有少数人幸免于难,并且逐渐将教义传播出来。

毕达哥拉斯学派在学术上的成就主要是数学,他们大大地推进了演绎方法在几何学上的运用,并按照逻辑顺序建立了某种体系,证明了著名的毕达哥拉斯定理,发现并证明了三角形内角之和等于$180°$,研究了相似形的性质,发现平面可以用正方形、等边三角形及正六边形填满。毕达哥拉斯应该是数论的创始人。通过将数理解为在沙滩上的石子,他们发现了所谓三角形数、正方形数和正多边形数的规律,总结发现了三角形数与正方形数的求和规律。他们研究了质数、递进数列以及他们认为美的一些比例关系,如算术平均值、几何平均值、调和平均值等。在研究数字的因数时,他们提出了完全数(数等于其因数之和)、盈数(数超过因数之和)、亏数(数小于因数之和)、亲和数(两数分别等于对方因数之和)等概念。

毕达哥拉斯学派认为,决定音乐和谐关系的是合乎比例的数量关系。传说毕达哥拉斯在街上听到铁匠铺里打铁声非常悦耳,发现与铁锤的重量有关,回来后经实验发现,琴弦受力不同,其音调高低不同,如受力为2:1,则音相差八音程;3:2,则为五音程;4:3,则为四音程。现代物理学家乔治·伽莫夫(George Gamow,1904—1968)对此给予了高度的评价,"这一发现大概是物理定律的第一次的数学公式的表示,完全可以认为是今天所谓理论物理学的第一步"[①]。

从哲学和科学发展的角度看,毕达哥拉斯学派最伟大的贡献还不是那些具体的数学

[①]乔治·伽莫夫:《物理学发展史》,4页,北京,商务印书馆,1981。

和科学成就,而是其对数的高度重视。他们认为万物皆数,数是万物的本源。他们说具体的事物固然可以用水、气之类的东西来解释,但是抽象的事物如"正义""理性"或者"灵魂"之类的存在就难以解释了。只有用抽象的原则来进行解释才比较合理。更进一步地,他们发现了万物之中都有某种数量关系。这样用抽象的形式来解释世界,与米利都学派只能用质料来解释相比,是认识能力的一次伟大进步。毕达哥拉斯学派率先提出宇宙和谐的观念。据说他们最早使用 cosmos(原意秩序)来指称宇宙,意思是说宇宙万物本质上是和谐的,而这种和谐的具体表现就是各种比例关系,例如黄金分割之类。从原来认为是一片混沌的世界到认为世界是有秩序、有规律,而且表现为比例关系,这是认识史上一次大的飞跃。

毕达哥拉斯学派认为万物都是数,这个数当时理解就是整数,所以无理数的发现引起了他们的不安。据说他们把发现了 $\sqrt{2}$ 不能为任何整数比的西帕苏斯(Hippasus,约前500)扔进了大海,后来他们证明了 $\sqrt{2}$ 确实就是无理数。从此以后,希腊数学走上了以几何学为中心的道路。

在天文学方面,毕达哥拉斯学派首先提出大地是一个球体,并且宇宙也是一个球体,它是由一组同心圆球所构成的,每层天球都是天体运动的轨道。宇宙的中心是中心火,所有的天体都围绕它运动。当时所知道的天体共有 9 个。他们为了达到 10 这个完美的数字,提出还有一个与地球相对的天体叫"对地"。我们看不到它,是因为它在中心火的另一侧;我们看不到中心火,是因为我们居住在地球上背对着中心火的一侧。这个高度几何化的宇宙模型为希腊的数理天文学奠定了基础。

毕达哥拉斯学派之所以如此强调数学的研究,在很大程度上是因为其宗教的追求。他们信奉灵魂轮回的教条,他们努力的目标是要净化灵魂,让灵魂从肉体的束缚中解脱出来。而数学的研究,现象背后数的和谐关系的发现,尤其是只有通过心灵才能聆听天体的谐音,可以帮助人类净化灵魂,实现解脱。在这里,我们看到科学与宗教在探索宇宙人生奥秘上某些奇妙的一致性。

三、赫拉克利特

赫拉克利特(Heraclitus,约前536—前470)是西方哲学史上辩证法思想的奠基人。他是伊奥尼亚地方的爱菲索人。他恃才傲物,愤世嫉俗,文字晦涩难懂,古希腊时即以"晦涩哲人"名世,但文笔非常优美。他的主要观点是强调世界的永恒变化,而且并无神灵主宰。他说:"这个有秩序的宇宙(COSMOS)对万物都是相同的,它既不是神也不是人创造的,它过去、现在和将来永远是一团永恒的活火,按照一定的分寸燃烧,按照一定的分寸熄灭。"他认为万物皆流、无物常驻。他曾经说过:"太阳每天都是新的。人不能两次踏入同一条河流。"

维尔纳·海森伯(Werner Heisenberg,1901—1976)对于赫拉克利特火的隐喻给予了很高的评价:"但是变化本身并不是质料因,因而在赫拉克利特的哲学中用火来代表它,把它当作一个基本元素,它既是物质,又是一种动力,在这里我们可以看到,现代物理学在某些方面非常接近赫拉克利特的学说。如果我们用'能量'一词来替换'火'一词,我们差不多就能用我们现在的观点一字不差地来重述(赫拉克利特)的命题。"[①]

他认为事物内部的对立冲突矛盾是事物发展变化之动力,"对立产生结合,从不一致的音调里产生出完美的和谐;一切事物都是通过斗争产生的"。他说:"应该领悟:战争是普遍的,斗争就是正义,一切事物都是由斗争产生的。战争是一切之父,它使一些人成为神,另一些人成为奴隶,另一些人成为自由人。"

值得注意的是,赫拉克利特非常强调逻各斯,轻视经验感觉。他说:"逻各斯尽管万物都根据这个逻各斯生成,而我又按其本性划分每一事物并说明它为什么是这样,但是人们像毫无经验一样。如果不听从我而听从这个逻各斯,就会一致说万物是一,就是智慧。"实际上他可能是古希腊哲学史上第一个强调理性认识和感性认识差别,并强调理性认识重要性的人。而且逻各斯的词根是言语,所以他开创了希腊哲学和科学重视逻辑,重视概念界定,重视理论构建的传统。这和中国文化强调语言不足以表达真理的态度,重视体悟言外之意、弦外之音的传统迥然不同。例如,《道德经》云:"道可道,非常道,名可名,非常名。"孔子云:"天何言哉?"

恩格斯把赫拉克利特当作希腊辩证世界观的代表,他说:"当我们深思熟虑地考察自然界或人类历史或我们自己的精神活动的时候,首先呈现在我们眼前的,是一幅由种种联系和相互作用无穷无尽地交织起来的画面,其中没有任何东西是不动的和不变的,而是一切都在运动、变化、产生和消失。这个原始的素朴的但实质上正确的世界观是古希腊哲学的世界观,而且是由赫拉克利特第一次明白地表述出来的:一切都存在,同时又不存在,因为一切都在流动,都在不断变化,不断地产生和消失。"[②]

四、爱利亚学派

赫拉克利特强调万物常变,而爱利亚学派却针锋相对主张变化只是假象,不变才是本真。这看上去似乎是相互对立,其实不妨认为两者相辅相成。巴门尼德(Parmenides,约前520—前445),是西方哲学史上形而上学的鼻祖,创立了存在论(Ontology,或译本体论),这是西方哲学发展史上一次非常重要的突破。它表明科学和哲学研究不能仅仅停

---

①W.海森伯:《物理学和哲学》,范岱年译,28页,北京,商务印书馆,1984。
②《马克思恩格斯选集》,第3卷,60页,北京,人民出版社,1972。

留在变动不居的现象的描述上,必须要透过现象来认识事物不变的本质,要真正认识和理解变化,必须要把握作为变化之主体的存在。这种把握不是借助于感觉器官进行的,是要借助理性才能进行。所以真理是通过思想获得的,感官只能获得意见。他说,"作为思想和作为存在是一回事情"。意思是说,思想与存在同一。其内涵是说:思想是可靠的,感觉不可靠。因为,思想可以对存在进行理论的论证,而感觉则只根据感官接触到的材料进行猜测,提供意见。所谓思想和存在是同一的,还意味着感觉和非存在是一致的。因为如果要用感觉看存在,存在就是没有的,而非存在是有的;用思想去想非存在,非存在就是虚假的,没有真实信念的;用思想去想存在就是真实可靠的。这里他把现象明确说成虚幻不实的非存在,鲜明体现出他对现象和本质的巨大差别的强调。从此以后,西方科学和哲学一直高举理性认识旗帜,注重现象背后本质的研究,强调从变化万端的现象中寻找不变量或不变者。

针对变动不居、纷繁多样的现象世界,巴门尼德认为,"存在者不是产生出来的,也不能消灭。存在者是连续不可分的'一'。存在者是不动的"。这些看似极端荒谬的言论,只有在现象背后的本质层次上才能理解其价值。可以说,巴门尼德的工作使得西方的科学和哲学具有了真正的深度,具有了超越表面现象的研究能力。如果说像赫拉克利特那样对变化现象的描述在不同的文化当中并不鲜见的话,巴门尼德的创见确实是很有希腊特色的重要成果。

巴门尼德的惊世骇俗的言论,与所有人的直观都不符合,所以受到大家的批评是可以想见的。然而他的弟子芝诺勇敢地接受挑战,试图完成似乎不可能的任务,用严格的逻辑推理证明:存在者是不动的,存在者是"一"。这就是哲学史著名的芝诺悖论。

芝诺(Zeno,约前490—约前430),爱利亚本地人。他为巴门尼德辩护的策略是应用归谬法,即如果坚持与巴门尼德不同的观点必然会导致自相矛盾。他的论证大体思路举例如下:

反对多的论证,有几种路径,有一种是这样的:如果事物是多,它们必定在数量上或者是有限的,或者是无限的,但不可能既是有限的,又是无限的。

如果事物是多,它们必定是和它们存在的一样多,既不多一点也不少一点。但是如果它们正是和它们存在的一样多,它们在数量上就是有限的。

如果事物是多,它们在数量上就是无限的。因为在那些存在的东西之间总还有别的东西,而在那些东西之间还会再有别的东西。所以事物是无限的。

这样承认事物是多,则事物既是有限的,又是无限的,所以事物不可能是多,只能是一。

反对运动的论证有四种之多,它们分别是:

①移动位置的东西在到达目的地之前必须到达途程的一半,而此一半路途到达前又

必须到达一半的一半,这样的程序是无限的,而有限时间是无法实现无限多的程序的,所以任何东西都不可能到达其想要达到的位置。

②希腊人中跑的最快的阿基里斯追不上乌龟。因为当阿基里斯赶上乌龟原先的位置时,乌龟又已经向前爬了一小段路程;而当阿基里斯再赶到乌龟新的位置时,乌龟又向前爬了一小段距离,这样的过程也是无限的、不可穷尽的,所以阿基里斯追不上乌龟。

③飞矢不动。飞行的箭任何时候都只能占据它那一时刻所占据的空间,不多不少,不前不后,也就是说它是静止的。每一时刻都是如此,它如何能动呢?

④运动场。(略)

这些论证的结果显然是错误的,但是问题在于这些论证是利用了大家共同接受的假定,按照大家可以接受的规则推出的。所以,它的价值在于揭示了我们平常习焉不察的思维方式中其实是有漏洞的,或者说我们使用的概念本身是包含着矛盾的。芝诺只是揭示了概念中固有的矛盾,并非是凭空制造了矛盾。

因此,辩证法大师黑格尔对芝诺大加赞赏,他说:"芝诺的出色之点是辩证法。他是爱利亚学派的大师,在他那里,爱利亚学派的纯思维成为概念本身的运动,成为科学的纯灵魂——他是辩证法的创始者。"①芝诺的意义在于,赫拉克利特对事物的观察还停留在感觉现象上,发现了一些对立统一和互相转化的现象;而芝诺不仅看到了一与多、运动和静止、有限和无限等是相互矛盾的,并且看到多、运动、有限本身也包含着矛盾。更重要的是,这种矛盾不是感官经验所能把握的,而是依据当时自然哲学和数学得到的成就,靠巴门尼德奠定的理论思维和逻辑推论才能认识的。芝诺论证的最大特点,就是诉诸理性的思维,正是一种主观的辩证意识,造成概念的运动和矛盾,靠理性思维揭示本质领域的矛盾。

五、恩培多克勒

恩培多克勒(Empedocles,约前495—约前435),生于西西里的阿格里根顿。他既是政治家和演说家,也是医生、诗人、哲学家,流传下来的作品是诗歌。他认为严格说来,既没有生成,也没有毁灭,只有混合与分离。他提倡四根说,万物由四种元素所组成,即火(照耀万物的宙斯)、气(哺育万物的赫拉)、土(地狱神埃多涅乌 Aidoneus)、水(西西里水神涅司蒂 Nestis)。这些因素的组合与分离是靠了爱和恨两种力量。

他说,他们通过"爱"的结合生成万物,通过"恨"的分解使得事物消亡。宇宙之初,爱的力量融合一切,出现混沌之球(sphere)。后来争的力量崛起,从混沌中分离出以太(天空),接着是火(太阳),是土,土中有水,水和土一起形成大地,水被火蒸发产生气,火和气

①黑格尔:《哲学史讲演录》,第1卷,272页,北京,商务印书馆,1959。

又形成星辰,宇宙万物由此化生。

在恩培多克勒这里,我们发现他已经开始用多元素代替单一元素来解释世界,并且用元素的组合而不是元素本身的形态变化来解释变化的现象了。在某种程度上,可以说是原子论的先驱。

六、原子论

原子论是希腊科学和哲学中最为接近于近代科学理论的成就。留基伯(Leukippos,约前 500—约前 440)与德谟克里特(Dēmocritos,约前 460—约前 370)所创立。前者据说来自米利都,曾在爱利亚跟随芝诺学习,后在阿布德拉建立原子论学派。这个学派最为著名的人物是德谟克里特。德谟克里特生于色雷斯沿岸的阿布德拉商业城,周游各地,著作宏富,涉及物理学、形而上学、伦理学和历史学,还是一个出色的数学家。他被后人称为经验的自然科学家和希腊人中第一个百科全书式的学者。

原子论者同意爱利亚学派的观点,认为绝对的变化是不可能的,实在在本质上是永恒的、不可毁灭的和不变的。但与此同时,他们又同意变化确实是在发生的,万物也在不停地运动。他们相信,如果没有空洞的空间,或者如果没有巴门尼德称之为非存在的东西,那么运动和变化就难以想象。所以他们下结论说,确实存在着"非存在",这就是虚空。虚空虽然不像有形体的存在那样,但是它同样是实在的。

而存在不像爱利亚学派认为的那样是"一",相反它是"多"。许许多多极小的原子在虚空中的组合与分离是世界上生住坏灭各种现象的真正原因。原子和虚空作为存在和非存在,都是构造自然万物的本原。原子是构造万物的基本粒子,虚空为原子提供位移运动的场所。其中原子是不可分割的,不可穿透的,即它内部不再有空间,是实实在在的。所有的原子性质都一致,它们只有量的差别,即形状、大小、重量、排列、位置等的差别。

原子论的意义在于,它开始用抽象的物质实体而不是用某一种特定属性的物质来解释世界,这样在解释力上要强得多,否则总是会遇到以火解释水,或以水解释火这样必须解释对立属性的尴尬局面。另外,通过原子的量的差别来解释现实世界中质的差别,便于克服杂多在性质上的冲突,使得从统一性出发具体解释世界的多样性得以成功。这也是后来西方科学研究的基本思路,因为只有将质的差别转化为量的差别,统一性才能真正实现。这也是后来西方科学之所以如此依赖数学的重要原因。原子论的解释方式还开创了以微观结构解释宏观现象的路线,这种思路在近代科学中大行其道,也推动了还原论的发展。

七、苏格拉底

苏格拉底(Socrates,约前 469—前 399)生于雅典,父亲是雕刻匠,母亲是助产士,虽然父母是穷人，但在文化发达的雅典，他有机会发展他的才智。他推动了希腊哲学的转型，即从自然哲学过渡为伦理学，将哲学从自然拉回到人间。因此，苏格拉底常常被认为是反对科学研究的，但是他是古希腊第一个从逻辑思想方面研究概念定义的思想家，归纳思想是他从事概念定义的逻辑手段，他研究了什么是定义，如何做正确的定义，以及定义的功能作用等。概念定义和归纳论证是科学思维方式的基本要素，是科学研究的出发点。从这个角度看，苏格拉底对于西方科学的发展是有重要贡献的。

苏格拉底在谈到为什么他对经验观察不感兴趣时，提道："我决定格外小心以免遭到那些在日食时观看太阳的人们所遭到的不幸。除非他们只看反照在水中的影子或其他类似的事物，不然有些人定要损坏眼睛。我想到这类危险，害怕如果我用眼睛观察事物或借助于其他感官来把握事物，我的灵魂之眼会致盲。所以我想最好还是去进行推理，在推理中寻找存在物的真理。"在这里，苏格拉底将希腊人推崇理性知识、贬斥经验知识的特点表现得淋漓尽致。

苏格拉底的名言"我只知道自己一无所知"，广为传颂，但我们往往只理解为一种谦虚的言辞，未能抓住其思想的独特内容。苏格拉底说，他向许多专业人士请教，例如向政治家请教什么是善，向诗人、画家请教什么是美，结果这些自以为拥有知识的人只能告诉他，善的具体行为和美的具体事物，无法告诉他普遍的善和美是什么，善和美的本质是什么。"我就对自己说：我比这个人有智慧；虽然我们两个人都不真正知道善的和美的东西，但他并不知道，却自以为知道，而我既不知道，也不自以为知道。看起来，正是在不知道的事情也不自以为知道这一点上，我比这个人要有智慧些。"苏格拉底强调只有对普遍原则的把握才算是真正的知识，给西方科学和哲学的发展指明了方向。

八、柏拉图

苏格拉底的思想主要是经弟子柏拉图的对话录流传下来的。柏拉图（Plato，约前427—前347）与他的老师不同，出生于雅典世家，受到了良好的教育，年轻时立志从事政治。但后来苏格拉底因所谓"腐蚀青少年"的罪名于公元前399年被民主政体判处死刑，这个事件对他影响很大，他离开了雅典，到埃及、小亚细亚、意大利游历，与毕达哥拉斯学派的后人有深入的交流，认真学习了他们的理论，受到很大影响。公元前387年，柏拉图在外游学10年左右后回到雅典，在雅典郊外阿卡德穆（Academus）处开设了著名的学园。这是欧洲历史上第一所综合性的传授知识、进行学术研究、提供政治咨询以及培养学者和政治人才的学校。这所学校对西方的学术产生了巨大的影响。学园直到公元529年才被关闭，持续了900年之久。以后西方各国的主要学术研究机构都沿袭它的名称Academy。柏拉图在西方哲学和科学上的影响极大，以至于艾尔弗雷德·诺恩·怀特海（Alfred North Whitehead，1861—1947）曾说过，整个西方哲学史都是柏拉图的注脚。

柏拉图的学园为许多城邦的政治家提供政治咨询并帮助他们立法,柏拉图还派遣学生参与各城邦的立法和政治活动,所以从这个角度上看,柏拉图是想通过学园传播自己的政治哲学,希望通过学生来实现自己的政治理想,与中国孔子的做法大体相同。但是区别在于柏拉图特别重视科学知识的传授和训练。据说,在柏拉图学园门上写着"不懂几何者不得入内",这充分反映了柏拉图的教育思想,也是其哲学观念理念论的最大特点所在。

受毕达哥拉斯学派很深的影响,柏拉图对感觉经验比较轻视,注重理性所把握的理念世界。正如现实中的三角形,不管是用什么材质做的,都不可能十分标准;可是我们要研究三角形的规律,不应该通过感官经验对现实的三角形进行测量,而是应该利用纯粹的逻辑推理。而且现实的三角形是否标准还要通过来自抽象的三角形的知识进行判断。同理,柏拉图认为,要推行理想的政治,政治家必须要对善、公正等理念有所认识才可以。这种认识应该通过理性的运作,而非经验的研究可以获得。正是在这层意义上,他认为只有精通哲学者才可治国。几何学的意义就在于它能够帮助学生领会到如何超越感官经验的层次来把握抽象的理念,或者说几何学是一种帮助人们掌握哲学思维方式的手段。

所以,柏拉图哲学的核心是其理念论。他所谓的理念是同个别事物分离的永恒不变地独立存在的一种本体,而流动变易的自然事物只是对理念的模仿与分有。他认为:"如果世界确实是完美的,创造者确实是善良的,那么很明显,他必定是观照那永恒的范型的。否则(这是一个不虔诚的假设),他便注视那生灭不已的事物。"所以他强调理念对于现实事物的优先关系。与此相关的是他坚持理性对于感觉的优先性,"处于同一存在状态的东西,是理性的思想所把握;处于变动和生灭的过程而从未实在的东西,是无理性的感觉对象"。

在宇宙论中,柏拉图认为作为创造者的神以混沌为质料,使之与空间结合,并以理念为范型,创造出整个宇宙系统和自然界。柏拉图学派的研究传统是强调通过理性来把握事物的形式关系,轻视质料的。所以,在学园中数学、数理、天文学非常受到重视。他本人在数学上是否做出具体的贡献不很清楚,但是他极力鼓励学生钻研数学,以至于公元前4世纪时的几乎所有重要的数学工作几乎都是柏拉图的朋友和学生完成的。他在《理想国》一书中认为未来统治者们应该学习的学科前几门按照次序应该是:算术、几何、天文、立体几何。柏拉图学园研究了立体几何,证明了许多新的定理,他们研究了棱柱、棱锥、圆柱和圆锥,并且知道正多面体只能有五种。柏拉图学园重要的数学贡献是柏拉图的再传弟子梅内赫莫斯(Menaechmus,前380—前320)作的圆锥曲线,他用垂直于锥面母线的平面来切割锥面,对于不同夹角的圆锥,可以得到抛物线、椭圆以及双曲线的一支。

在天文学研究方面,柏拉图反对人们满足于用眼睛观看和记录天体运行的轨迹,认为应该只把天空的图画当作说明图,要像研究几何学那样研究天文学,而不管天空中的那些可见事物。他深信天体是最高贵和神圣的,所以其运动方式一定是均匀的圆周运动。但是天文观测的结果却告诉我们,有的星体运动不规则。柏拉图提出一个解决方法,就是设法将看上去不规则的运动拆解为不同的均匀圆周运动的叠加,这就是著名的"拯救现象"方法。

他的学生欧多克斯(Eudoxus,前408—前355)是古希腊时代伟大的数学家之一。他按照柏拉图建议的方法,构造了一个同心球叠加的天文模型。按照这个模型,每个天体都由一个天球带动着沿球的赤道运动,而这个天球的轴两端固定在第二个天球上,第二个天球又可以固定在第三个上。通过这样组合,欧多克斯发现3个球足以模拟日月的运动,4个球则可以模拟行星的运动,五大行星与日、月以及恒星,总共需要27个天球。只要适当地选取天球的旋转轴、旋转速度以及球半径等参数,就可以使得这个体系比较准确地模拟当时所观测到的天体运动情况了。欧多克斯的工作在符合观测资料方面还有不足,但是这种方法后来一直是西方天文学家们所使用的基本方法,只不过在具体细节方面有所改进而已。

虽然柏拉图过分轻视感觉经验这一点与近代科学的精神颇有抵牾,但是他强调数学的作用,强调演绎推理,重视理想化方法,也是近代科学传统非常重要的组成部分。

九、亚里士多德

亚里士多德(Aristotle,前384—前322)是柏拉图学园最出色的弟子,虽然他后来构造了自己的独特体系,在许多地方与柏拉图的风格明显不同。也许这就是亚里士多德的名言"我爱我师,更爱真理"的现身说法吧。他出生于希腊北部的斯塔吉拉(Stageira),父亲是马其顿国王的御医。17岁进入学园学习,直到柏拉图去世后才离开,长达20年之久。公元前343年起,担任13岁的马其顿王子亚历山大的私人教师,这位王子后来成为著名的征服者亚历山大大帝。公元前335年,亚里士多德回到雅典,成立了自己的吕克昂(Luceion)学校,创建了著名的逍遥学派,其得名是因为他常和学生们一起边散步边讨论学术。

与柏拉图喜爱综合研究的风格相比,亚里士多德更像是一位分门别类研究的近代科学家。他的著作涉及力学、物理学、数学、逻辑学、气象学、植物学、动物学、心理学、伦理学、文学、形而上学、经济学等领域,几乎囊括了当时人类的一切学科。

如果说柏拉图本质上是一位数学家,关注的是超越经验世界之上的理念世界的话,那么亚里士多德本质是一位物理学家,更加重视经验研究。他认为事物的本质就内在于事物本身之中,而非离开具体事物之外有一个什么独立的本质或理念。他的哲学就是要通过经验研究来寻找包含在现象中的本性和原因。因此，他发展了一套"物理学"，以探求事物之道理。

但是，从现代学科分类的角度上讲，他在生物学方面的造诣也许最大。他的研究方法与近代生物学家非常接近。他总是亲自观察生物，亲自解剖动物，特别重视搜集第一手资料来进行研究。他的研究也得到了他的学生亚历山大大帝的有力支持。亚历山大大帝命令手下在征服异域时，如果发现什么希腊所没有的动植物，都要设法采集标本，送给亚里士多德进行研究。因此，亚里士多德的生物学研究水准最高，大多数成果为近代生物学所接纳，成为人类知识宝库的重要组成部分。

亚里士多德对于我们今天称之为物理学现象的研究，在很大程度上也是采用了生物学的思路。例如，他把物体的运动理解为性质的变化。在他看来，轻重、上下这些范畴，首先是性质的不同，因此我们今天读他的《物理学》往往难以理解他的思路。在他看来，地上的物体都是由土、水、火、气四种元素所构成。地上物体都有其天然的位置，所有的物体都要回到其天然位置的倾向。例如，土、水比较重，其天然位置在下；火、气比较轻，其天然位置在上，因此含土、水元素较多者具有向下运动的倾向，而含火、气较多的物体则具有向上运动的倾向。越重的物体之所以下落越快，是因为其所包含的重元素较多。

除这种由于物体本性所决定的运动之外，还有受到外力作用的受迫运动，这是由推动者施与被动者的，一旦推动者停止推动，运动则会立刻停止。例如马车，一旦马停止拉动，则车立刻停止前进。在不同的物体当中，亚里士多德认为越重的物体包含越多的土和水的元素，物体也就越卑贱，反之越轻的物体就越尊贵。

天上的天球与天体自然要比地上的物体尊贵得多。天地的界线是以月亮所在的天球划界的。月下世界为地，物体由四种元素组合而成，所以物体有生灭变化。而月上世界则仅仅由所谓的第五元素即以太组成，所以是永恒不变、非常完美的。其运动方式也和月下世界不一样，地上物体是直线运动，而天上星球则是做最为完美的均匀圆周运动。在构造天文学体系方面，亚里士多德也是采用欧多克斯用天球组合的方法来解释天体的运动。但是与柏拉图仅仅"拯救现象"不同，亚里士多德试图给出一个物理的解释，即他认为最外层的天球作为原动天，它的运动传给里层的天球，这样一层层传动进来，很有秩序，不会发生混乱，依次来解释天体运动的来源。为此，他在原有的天球体系又加了几十个天球。

在对自然进行研究时，亚里士多德对此前的自然哲学进行了系统的整理、批评和综合，系统地提出了四因说，成为希腊自然哲学的集大成者。过去的自然哲学家在解释自然现象时，往往只从一个特定的角度解释，只有亚里士多德才提出要做出全面的解释必须从四个方面进行：质料因——事物由什么东西形成；形式因——事物按照什么形式形成；动力因——事物形成的动力是什么；目的因——事物为什么而形成。米利都学派注重质料因,毕达哥拉斯学派注重形式因,恩培多克勒注重动力因等,大家各执一词,到了亚里士多德才形成了一次伟大的综合。

亚里士多德对于科学发展的最大贡献也许是他系统地总结了科学研究的方法论与逻辑学。逻辑学在他手上达到了一个非常成熟的高度,以至于直到数理逻辑兴起之前,西方2000年逻辑学都没有太大的发展。亚里士多德对归纳法和演绎法都进行了系统的研究,可是由于其演绎法(尤其是三段论)的成就和影响太大,人们往往忽视了他在归纳法上的贡献。

柏拉图和亚里士多德两位最伟大的希腊哲学家和科学家,开创了两种不同的研究风格,对后世影响极大。整个中世纪的神学可以说就是柏拉图和亚里士多德两种哲学的角力。有哲学家称,每一个在西方科学和哲学传统中进行研究的学者,在本质上不是柏拉图,就是亚里士多德。

十、希波克拉底

希腊医学的巅峰是希波克拉底(Hippocratēs,约前460—前377),他出生于科斯的一个医生世家,他不仅有家学渊源,而且到处游学,是智者高尔吉亚(Gorgias,约前483—前375)的学生,也是原子论者德谟克里特的朋友。由于接受了希腊自然哲学的影响,希波克拉底更加彻底地清洗了医学的巫术成分,构建了理性的医学理论。他提出人具有四种体液,即血液、黄胆汁、黑胆汁以及黏液。这四种体液支配了人的生理活动,它们必须平衡、调和,否则人就会生病。长期以来,四种体液学说主导了西方的医学实践活动,构成了西方医学的理论基础。

希波克拉底不仅医术高超,而且医德高尚,由于他的医学上的成就以及声誉,雅典特别授予他这位外邦人以雅典荣誉公民的称号。他在医学教育上也很有影响,在他周围形成了一个很有影响的医学学派。他还首创了著名的希波克拉底誓言,直到今天西方医学院学生毕业时仍然以此宣誓,保证自己要全心全意为病人着想,要捍卫医生的荣誉等。

第二节　希腊化时期的科学

希腊化时期,应该从公元前336年亚历山大的东征开始算起。亚历山大在短短十余年的时间里,就建立了一个横跨欧亚非的庞大帝国,这个帝国从北部非洲一直到印度、巴基斯坦、阿富汗一带。虽然在亚历山大死后不久帝国分裂,但是东征给东方各国带去的希腊文化的影响却长期留存下来了。当然东方的文化,包括科学、宗教、巫术也因此而传到了希腊世界。希腊化时期的科学发展就是建立在这样一种国际化的文化交流基础上的。

希腊古典时期的科学与哲学是高度结合在一起,以至于我们很难把它们彻底分开,但是到了希腊化时期,科学的进一步发展使得科学已经开始具有独立的品格了。确定的、有限度的问题与哲学问题分开单独研究。从我们今天的角度看,希腊化时期的科学更具有近代科学的专业化特点。在希腊化时期的科学成就中,主要是希腊成分的科学,但是巴比伦的天文学成就也被介绍到希腊世界,随之而来的是巴比伦的占星术。

一、学术中心亚历山大城

希腊化时期的科学中心无疑是非洲埃及的亚历山大城,它位于尼罗河的出海口,是个港口城市。亚历山大公元前323年病逝之后,帝国分裂为三,其中之一是托勒密一世(Ptolemaios Ⅰ,前305—约前283年在位)统治的埃及,亚历山大城就是首都。托勒密本人曾在亚历山大门下求学,他非常重视希腊学术事业的发展,以政府的力量支持学术发展,创造了希腊科学发展的黄金时代。

托勒密王朝对于学术发展的最大贡献在于创建了世界上当时规模最大的,也是第一个由国家筹建支持的综合性的学术结构——缪赛昂(Museum)。缪赛昂后来意为博物馆,其本意是祭祀智慧女神缪斯的寺庙,但是亚历山大城的缪赛昂不仅包括了收藏文物和标本的博物馆,还有动物园、植物园、天文台与实验室,与现在的博物馆不同,倒是很像现在的科学院。

其中,最令人惊叹的是其庞大的图书馆,藏书竟然高达70万部之多,在当时是世界上最大的图书馆。埃及纸草较多,这是亚历山大收藏图书的有利条件,但是最重要的还是托勒密王朝的高度重视和支持。他们出重金雇用一批人专门抄写书籍,据说当时王朝下令,所有到亚历山大港的船只必须将其携带的所有书籍上交检查,如发现有图书馆没有的书,则马上抄录,留下原件,只将抄写件还给原主。仅从此一端就可以看出统治者对学术发展的重视程度。由于埃及当时经济发达,亚历山大城成为当时世界上最大的文化中心,各国学者都到这里交流进修,更加促进了学术的发展。缪赛昂持续了600年,但是学术上的鼎盛期只有最初的100年左右,那是因为后来的统治者逐渐丧失了对于学术的兴趣。

二、欧几里得及其《几何原本》

欧几里得(Euclid,约前330—前275),他可能曾在柏拉图的学园学习过,可以肯定的是在公元前300年左右,他在亚历山大城居住并在此授徒开讲。他所编辑的《几何原本》共13卷,以其内容翔实、逻辑严谨著称,长期以来一直是几何学习的标准教科书,到19世纪该书已出版了一千多个不同文字的版本,堪与《圣经》媲美。《几何原本》中的内容大多是前人已经证明了的,但是对于公理的特定的选择,把定理按照一定的次序排列起来,以及一些定理的证明,都应该归功于欧几里得。

需要指出的是,《几何原本》的内容不仅包括了我们今天学习的初等几何和立体几何,还包括了数论、穷竭法、比例等方面的内容。穷竭法是后来发展起来的微积分思想的早期来源,而美国数学家莫里斯·克莱因(Morris Klme,1908—1992)甚至认为欧几里得关于面积和体积的工作比艾萨克·牛顿(Isaac Newton,1643—1727)和戈特弗里德·威廉·莱布尼茨(Gottfried Wilhelm Leibniz,1646—1716)更加严格。[①] 后来让几何学家们头疼不已的第五公设正是欧几里得提出的,仅从这点就可以看出其眼光之敏锐。

三、阿里斯塔克及其日心说

阿里斯塔克(Aristarchos,约前310—前230)是第一个提出日心说的天文学家,据说在吕克昂学校中学习过,后来来到亚历山大城进行天文学研究。他提出恒星不动,其视运动是由于地球运动所造成的结果,月亮绕地球运动,自己不发光,只反射太阳光。他还测量过太阳和月亮与地球之间的距离的比例。由于日心说的观点过于大胆超前,再加上许多问题当时没有办法回答,所以当时的天文学家们没人接受他的观点。

四、阿基米德

阿基米德(Archimedes,前287—前212)应该是希腊科学史上最伟大的科学家了。他的父亲是一位天文学家,他生于西西里岛的一个希腊殖民地叙拉古(Syracuse),青年时代去亚历山大城学习,后来回到叙拉古,但一直与亚历山大保持密切联系。他在数学、天文学和物理学(尤其是力学)方面都有出色的成就。他善于理论联系实际,是古代把数学和力学结合得最好的人。他发现了浮力定律、杠杆原理,发明了滑轮起重机和螺旋推进器。他创立的穷竭法是微积分的基础,他应用穷竭法计算了 π 的值。他制作了一个利用水力驱动的天象仪,可以模拟天体运动,演示日食和月食的产生。

他的死亡预示了希腊文化的命运。罗马人在攻入叙拉古城时,他正在沙盘上画数学图形,一个罗马士兵向他喝问,他过于专注而没有理会,因此被杀害,虽然罗马主将事前曾下令士兵不得杀害阿基米德。罗马人后来为他建造了一个陵墓,墓碑上铭刻了他的一个著名定理。

五、阿波罗尼乌斯和希帕恰斯

阿波罗尼乌斯(Appollonius,前262—前190)生于小亚细亚西北部的拍加(Perga),

---

①M.克莱因:《古今数学思想》,张理京、张锦炎译,94页,上海,上海科学技术出版社,1979。

青年时代去亚历山大城向欧几里得门人学习数学,后来在亚历山大城研究数学。他著有8卷本的《圆锥曲线》,其中共含有487条定理,证明了在 $q<0$、$q>0$、$q=0$ 时,锥线方程 $y^2=2px+qx^2$ 分别为椭圆、双曲线和抛物线,在这一领域1500年左右的时间里,其他学者没有什么新进展。在天文学方面,他创立了本轮—均轮体系,后来被希帕恰斯继承。

希帕恰斯(Hipparchus,约前190—前125)出生于小亚细亚西北部的尼西亚,在亚历山大城受过教育后离开了。据说他到了爱琴海的罗得岛,在那儿建了一个观象台,制造了许多观测仪器,做了大量的观测工作。他编制了一幅星图,第一次引入了星等的概念。通过比较前人对恒星的记录,他发现恒星在整体移动,因此确定北天极在作缓慢的圆周运动。

他是希腊最伟大的天文学家,其主要贡献是创立了球面三角学,使得希腊天文学从定性的几何模型变成了定量的数学描述,从而使得天文观测更加有效地成为构造宇宙模型的组成部分。他制定了一个比较精确的三角函数表,便于人们实际使用。他第一次全面应用三角函数,推演出有关定理,而且将平面三角应用到球面上,这样就能够计算出行星在球面上的位置变化。

六、埃拉托色尼

地理学家埃拉托色尼(Eratosthenes,约前276—前194)曾在柏拉图学园求学,担任过亚历山大图书馆馆长。他根据当时的地理学知识对地球周长进行了一次科学测量,结果是周长为39690千米,直径约为12800千米,与今天的值很接近。他所写的《地理学》一书记载了许多测量方法和计算结果,流传后世,影响深远。

七、技术与科学应用

托勒密王朝执行亚历山大大帝提倡的民族融合政策,不同种族与民族的人可以自由进入亚历山大城混居。古代希腊社会的阶级差别崩溃了。再加上远程的航海和贸易,以及专门为了解外部世界而组织的远征考察队所带来的知识,使得希腊文明受到外部更多的影响。亚历山大城的航海贸易需要更多的地理知识、更好的报时方法和航海技术。与此同时,商业竞争也使得人们更加注重物质材料、生产效能,注意改进技术。古典希腊时期被人们所轻视的工艺技术又得到了重视,培训技术的学校也开办起来了。

亚历山大城的机械设备,即使是按现代标准看也是令人惊讶的。例如,当时普遍使用从井槽来抽水的水泵、滑车、渔具、联动齿轮、与现代汽车使用的相差不多的里程计等。

每年宗教节日里,都有用蒸汽推动的车通过城市的街道。水力被用来弹奏乐器。人们发明新的机械仪器来做更加精密的天文测量。

对于声和光现象有着比过去更深刻的理解。他们知道光的反射定律,对折射也有经验体会,并利用这些知识来设计镜子和透镜。在这段时间里,第一次出现了关于冶金的著作,所包含的化学知识比埃及和希腊学者过去知道的知识要丰富很多。医学也很发达,其中原因之一是古典希腊时期不允许的人体解剖现在可以进行了。总之,技术和科学应用比古典希腊时期有了很大的发展。

恩格斯对希腊的科学成就评价极高。他说:"在希腊哲学的多种多样的形式中,差不多可以找到以后各种观点的胚胎、萌芽。因此,如果理论自然科学想要追溯自己一般原理发生和发展的历史,它也不得不回到希腊人那里去。"[①]

希腊的科学虽然也有其不足,但其在人类发展史上的地位是不可怀疑的。

参考文献

1. 贝尔纳:《历史上的科学》,伍况甫等译,北京,科学出版社,1959。
2. W.C.丹皮尔:《科学史及其与哲学和宗教的关系》,李珩译,张今校,北京,商务印书馆,1989。
3. 吴国盛:《科学的历程》(上、下),北京,北京大学出版社,1997。
4. 乔治·萨顿:《科学的生命》,刘珺珺译,北京,商务印书馆,1987。
5. 莱昂·罗斑:《希腊思想和科学精神的起源》,陈修斋译,段德智修订,桂林,广西师范大学出版社,2003。
6. 梯利:《西方哲学史》,北京,商务印书馆,1975。
7. 莫里斯·克莱因:《古今数学思想》,张理京、张锦炎译,上海,上海科学技术出版社,1979。
8. 汪子嵩、范明生、陈村富、姚介厚:《希腊哲学史》,北京,人民出版社,第一卷,1997,第二卷,1993。
9. 詹姆斯·E.麦克莱伦第三、哈罗德·多恩:《世界科学技术通史》,王鸣阳译,上海,上海科技教育出版社,2007。
10. 友松芳郎:《综合科学史》,陈云奎译,吴熙敬校,北京,求实出版社,1989。

进一步阅读材料
1. 科林·A.罗南:《剑桥插图世界科学史》,周家斌、王耀杨等译,济南,山东画报出版社,2009。
2. 江晓原:《科学史十五讲》,北京,北京大学出版社,2006。
3. 雷·斯潘根贝格、黛安娜·莫泽:《科学的旅程》,郭奕玲、陈蓉霞、沈慧君译,陈蓉霞校,北京,北京大学出版社,2008。
4. 陈方正:《继承与叛逆:现代科学为何出现于西方》,北京,生活·读书·新知三联书店,2009。

[①]恩格斯:《自然辩证法》,30~31页,北京,人民出版社,1971。

第三章

伊斯兰科学技术的崛起

　　伊斯兰文化是指 7 世纪伊斯兰教兴起后，崛起于阿拉伯半岛，建立在横跨亚、非、欧三洲的阿拉伯帝国统治下各民族所开创的文化。通常所谓伊斯兰国家的科学技术也指阿拉伯科学技术。在伊斯兰国家和地区，科学技术的发展是诸多民族共同创造的成果，他们包括阿拉伯人、波斯人、花剌子模人、塔吉克人、希腊人、叙利亚人、摩尔人和犹太人，等等。正像伊斯兰教是这一文化圈的主要宗教一样，阿拉伯文也是其官方语言。由于当时的科技著作大都是用阿拉伯文撰写的，因此一般也称为阿拉伯科学技术。

　　伊斯兰教兴起后，阿拉伯部落很快统一，形成了一股强大的军事力量。穆罕默德的继承人称哈里发，是集宗教、军事、政治大权为一身的国家首领。第一任哈里发时已建立起了统一的阿拉伯国家。不到一个世纪的时间，阿拉伯人就占领并统治了几乎整个比利牛斯半岛、所有地中海沿岸的非洲国家、近东地区、高加索和中亚细亚，形成了一个幅员辽阔的阿拉伯大帝国。其第一个王朝倭马亚王朝（661—750）的建立，标志着阿拉伯世界的征服事业告一段落，进入内部整合、发展阶段。倭马亚王朝在我国历史上被称为白衣大食国。公元 750 年，这一王朝又被推翻，取而代之的是阿拔斯王朝（750—1258）。我国历史上称之为黑衣大食国。不久，前朝后裔又在西班牙建立了一个独立王国——后倭马亚王朝，这样形成东、西两个帝国。我国历史上称之为东大食和西大食。东大食的首都是巴格达，西大食的首都是科尔多瓦（Cordoba）。

　　伊斯兰教兴起的初期，人们关注的重点是建立新的伊斯兰国家政权。在建立起强大的国家后，开明君主和精英阶层很快就关心起文化和科学来。东、西两个帝国都很重视发展科学事业。东帝国首都巴格达是当时除中国以外的世界科学文化中心，那里设有学院、图书馆、天文台等机构。在阿拉伯帝国的统治下，被征服的民族很快转向伊斯兰教。

同时,阿拉伯语很快成为各国通行的语言,在知识界成为学术交流的工具,这和中世纪西方各国把拉丁语作为通用语言一样。阿拉伯帝国辽阔的疆域包括不少古代文明的发祥地,又与中国、印度、罗马等文化昌盛的大国接壤。在继承和交流科学文化的基础上,阿拉伯人和帝国境内其他各族人民共同创造了别具一格的新文化,为人类文明做出了重大贡献。

阿拔斯王朝的前几代哈里发积极支持和提倡科学研究,很多杰出的科学家被召到巴格达,许多希腊及印度的天文学、数学、医学著作被译成阿拉伯文。第二代哈里发阿尔·曼苏尔(Al-Mansur,707—775)曾邀请印度数学家到巴格达,这时不少印度数学书被译成阿拉伯文,印度数码就是这时被引入阿拉伯数学的。第四代哈里发阿尔·马蒙(Al-Mamun,786—833)是一位科学爱好者,他创立了一个名为"智慧馆"的学术机构,附设有藏书丰富的图书馆,还附设一座天文台。这是自公元前 3 世纪亚历山大博物馆之后最重要的学术机构,云集了来自不同地区的学者和翻译家。在马蒙的直接支持下,托勒密的天文数学著作《大汇编》、欧几里得的《几何原本》等被译成阿拉伯文。阿拔斯王朝还与东罗马的希腊人建立了联系,从拜占庭收买到许多希腊手稿,并译成阿拉伯文。从 8 世纪至 9 世纪中叶,大批古代科学书籍被译成阿拉伯文,其中包括欧几里得、阿基米德、阿波罗尼、海伦、托勒密和丢番图等人的著作。有些著作以后又被多次翻译,不少文献被重新校订、勘误、增补和注解。阿拉伯文译本使大量希腊科学文献得以保存,后来希腊原著大多散佚,欧洲人是在阿拉伯人那里又重新发现古希腊学术的。就这样,东西方的科学文化被融合在一起,出现了一个学术繁荣时期。

阿拉伯人在引进希腊科学与印度科学的同时,也开始了自己的研究工作。马蒙时期,有的学者就写了数学和天文学著作,代表人物是阿尔·花剌子模(Al-Khowari Zmi,约 780—850),他的代数和算术著作 12 世纪被译成拉丁文,对欧洲数学产生了很大影响。此后又产生了不少著名天文学家和数学家,如阿尔·巴塔尼、阿布尔·维法、阿尔·比鲁尼、奥玛尔·海雅姆等,他们分别在三角、算术、代数等方面做出了重要贡献。

从 9 世纪起,阿拉伯帝国境内出现了许多独立的封建政权。从阿拔斯王朝最早分裂出去的国家是建立在中亚细亚地区的萨曼王朝(819—1005),它以布哈拉为政治和科学文化中心。这一王朝持续了约 200 年的时间,其间涌现出众多的优秀学者和科学家,其中最杰出的代表人物是大科学家阿维森纳(Avicenna,980—1037)。10 世纪初,在突尼斯一带建立了法提玛王朝(Fatimid,909—1171),我国历史上称之为绿衣大食。10 世纪末,这个王朝在阿尔·哈基姆(Al-Hakim,约 985—1021)统治时期迁都埃及开罗后,在开罗形成了一个伊斯兰科学中心。在那里工作过的著名科学家有天文学家伊本·尤努斯(Ibn Yunis,952—1009)和物理学家阿尔·哈曾(Al-Hazen,965—1038)。此外,后倭马亚王朝在 10 世纪也迎来了它的全盛期,以科尔多瓦为中心的科学文化十分繁荣。10 世纪前后,在伊斯兰文化圈形成了数个文化中心,科学技术的发展非常显著。

　　1055 年,塞尔柱土耳其人占领巴格达。1000—1300 年,基督教十字军东侵,把穆斯林逐出圣地。13 世纪初,成吉思汗率蒙古部队西征。13 世纪中叶,成吉思汗之孙旭烈兀再次率兵西征,占领了原来阿拉伯哈利发在亚洲的所有领土。1258 年,旭烈兀攻入巴格达,并建立了伊儿汗国。旭烈兀攻占巴格达后,在附近的马拉加城建立了一座规模很大的天文台,由著名天文学家兼数学家纳速拉丁·图西(Nasiral-Din al-Tusi,1201—1274)主持工作。十四五世纪出现了另一个蒙古帝国——帖木耳帝国。蒙古统治者在征服这些地区后,皈依了伊斯兰教,接受了阿拉伯文化。帖木耳帝国的首都撒马尔罕是当时伊斯兰国家的科学中心,聚集了很多有名的天文学家和数学家。其中,最杰出的数学家是阿尔·卡西(约 1436 年出生),他在算术、代数、三角、几何等方面都有贡献。

　　从 12 世纪开始,阿拉伯科学连同希腊科学一起经北非的地中海沿岸逐渐传入西班牙和欧洲,对欧洲数学的发展产生了重要影响。古希腊的原著失传后,它们的阿拉伯文译本成为欧洲人了解希腊数学的主要源泉,因此阿拉伯人在保存和传播古代科学遗产方面做出了重大贡献。与此同时,阿拉伯人自己也开创了一个独具特色的伊斯兰科学文化的时代。到了 11 世纪,形成了大马士革、撒马尔罕、开罗、西西里、科尔多瓦等多个伊斯兰科学文化中心,学者辈出,百家争鸣,创造了庞大的学术文化体系,他们出色的科学工作使欧洲人大开眼界。阿拉伯人还在东西科学交流中扮演了特殊的角色,中国和印度古代科学技术的不少重要成果在中世纪传入阿拉伯世界,并通过阿拉伯再传入欧洲,对欧洲近代科学的兴起起到了促进作用。因此,阿拉伯科学在世界科学史上占有重要的位置。

第一节　伊斯兰的数学

　　阿拉伯数学是从翻译希腊数学开始的,首先被翻译的重要著作是欧几里得的《几何原本》。不久,印度数学家婆罗摩笈多(Brahmagupta,约 598—660)的著作被译成阿拉伯文,随后,阿基米德、阿波罗尼奥斯、门纳劳斯、海伦、托勒密和丢番图等许多希腊学者的数学著作先后被译成阿拉伯文。在翻译过程中,许多典籍文献被重新校订、考证和增补,这样,大量的数学知识得以保存和进一步传播,从而使古代数学文化遗产重获新生。

　　十进位值制计数法的传播与阿拉伯世界也有着密切的关系。阿拉伯人原来只有数词,没有数的记号,在征服埃及和叙利亚之后才使用希腊字母计数法。8 世纪末,印度数码、十进位值制计数法及算术运算传入伊斯兰世界。因为当时印刷术还没有发明,书籍全用手抄,字体因人因地而异,出入很大。在埃及、叙利亚和伊朗等国形成了东阿拉伯数字,而在比利牛斯半岛一带形成了西阿拉伯数字。12 世纪以后,两种形式逐渐合流(以西阿拉伯数字为主体），并开始传入欧洲，又经过几百年的演变，这种数字成为现今我们使用的印度—阿拉伯数码。印度数字及其计数法主要是通过著名数学家花剌子模的算术著作传入欧洲的。

阿拉伯数学在经历翻译时期之后，进入了兴盛时期，出现了许多著名的数学家，其中花剌子模是阿拉伯第一位伟大的数学家。他出生于花剌子模城（现乌兹别克斯坦共和国黑瓦城附近），应阿尔·马蒙之邀到智慧馆工作，并居住在巴格达。花剌子模一生著述较多，内容涉及数学、天文、地理、历史等方面，以数学和天文学成就最为突出。他的数学著作流传下来的只有《印度数字的计算法》及《还原和对消计算》两部。前者是一部用阿拉伯语在伊斯兰世界介绍印度数字和计数法的算术著作，我们今天唯一能见到的是 14 世纪中叶的拉丁文译本，保存在剑桥大学图书馆。在这本书中，花剌子模叙述了十进位值制计数法及其运算法则，特别提出"0"号及"0"号在十进位值制计数法中的应用及其乘法性质，论述了分数运算法则。它以"Dixit Algoritmi..."开头，后人根据译文的内容，把它定名为《印度数字的计算法》。"Algoritmi"本是花剌子模的名字，后来竟演变成表示任何系统和计算程序的"算法"的专业术语。

《还原和对消计算》（阿拉伯书名为 *al-jabr w'al muqâbala*，约 825）是花剌子模著名的代数学著作。"还原"的意思是说在方程的一边去掉一项，就必须在另一边加上这一项，使之恢复平衡；"对消"是指把方程两端相同的项消去或合并同类项。12 世纪，这部书被译成拉丁文，后被简称"*algebrae*"，译为汉语，即《代数学》。这就是代数学这门学科名称的来源。《代数学》系统地讨论了一次方程或二次方程的解法，花剌子模讲述的解法程序相当于给出了求根公式，他还指出了其解法的普遍性。他已经知道二次方程有两个根，但他只取正根。他还给出了方程解法的几何证明，这些证明深受希腊几何学的影响。花剌子模还讨论了实际应用计算问题和阿拉伯民族特有的遗产继承问题。花剌子模的"还原"与"对消"作为数学的基本方法，被长期保留下来，他的工作为代数学提供了发展方向。因此，他被誉为"代数学之父"。

代数学作为解方程的学说，在奥马尔·海雅姆（Omar Khayyam，1044—1123）的《代数学》中达到了新的高度。该书把一次方程、二次方程、三次方程加以分类，并规定了方程的次数以及它们的排列。他还对三次方程作了系统的研究。海雅姆采用几何方法解决代数问题，认为只有圆锥曲线才能解三次方程。他明确地把代数学定义为解方程的科学，海雅姆的定义一直保持到 19 世纪末。

阿拉伯人还解决了大量的不定方程问题。艾布·卡米勒（Abu Kamil，约 850—930）就写过专门论述线性不定方程整数解的著作，讨论了方程有唯一解、无解和多组解三种情形。他所举的 6 个例子均以中国古代算书《张邱建算经》中百鸡问题的形式出现。印度 9 世纪的数学家也曾研究过百鸡问题。中国数学史家猜测，百鸡问题可能是从中国经

印度传入阿拉伯国家的。

　　阿拉伯数学家在三角学方面也有重要贡献,他们在印度人和希腊人工作的基础上发展了三角学。他们引进了几种新的三角量,揭示了它们的性质和关系,建立了一些重要的三角恒等式,给出了球面三角形和平面三角形的各种解法,编制了更为精密的三角函数表。土库曼学者哈巴士(Habash al-Hasib,约卒于 870 年)最早把正切和余切作为直角三角形两条直角边的比来研究。他利用日晷仪确定了正切和余切的值,制造了每隔 1 度的正切表和余切表。哈巴士之后,最重要的是巴塔尼和比鲁尼的工作:阿尔·巴塔尼(Al-Battani,约 858—929)发现了球面三角中重要的余弦定理,给出了平面各种斜三角形的解法等;阿尔·比鲁尼(Al-Biruni,973—1048)在他的天文学著作《马苏德天文学和占星学原理》(1030)中给出了三角学的独立篇章,对三角学的内容和方法加以总结。系统而完整地论述三角学的著作是 13 世纪由学者纳速拉丁完成的。他的《论完全四边形》在三角学史上具有重要意义,非常完整地建立了三角学的系统,从基本概念开始论述到所有类型问题的解法,特别指出球面三角与平面三角的重要差异。这部著作使三角学脱离天文学而成为数学的独立分支,对三角学在欧洲的发展有很大影响。一般认为,德国数学家雷格蒙塔努斯(Regiomontanus Johannes,1436—1476)的工作是欧洲三角学的开始,但他的著作比纳速拉丁的工作要晚两个世纪。

　　阿拉伯在几何学方面的成就不及代数和三角。但也有两项几何学工作值得称道:一是塔比·伊本·库拉(Thglbit ibn Quna,约 826—901)、奥马尔·海雅姆和纳速拉丁等学者对平行公设所做的研究推动了平行线理论的发展,他们的工作在非欧几何学前史中占有重要位置;另外一项是海雅姆所创立的用圆锥曲线来解三次方程的几何方法,其实质是把代数与几何结合起来解决问题,可视为解析几何学的先驱性工作。

　　继纳速拉丁之后,伊斯兰世界最杰出的数学家是阿尔·卡西。他的《算术之钥》和《圆周论》是两部重要的数学著作。前者详细论述了十进分数的理论,并得到了任意自然数幂的二项式展开式;后者给出了圆周率 π 的十分精彩的计算程序,结果精确到 17 位数字。这是当时世界上最好的 π 值纪录。

第二节　伊斯兰的天文学

　　伊斯兰天文学,一般指 7 世纪伊斯兰教兴起后直到 15 世纪左右各伊斯兰文化地区的天文学。阿拉伯人早期除接受了巴比伦和波斯的天文学遗产以外,还引进了印度的天文学,编制星表是最主要的工作。阿拔斯王朝时期翻译了克罗狄斯·托勒密(Claudius Ptolemaeus,约 90—168)著的《天文学大成》等希腊天文学书籍,奠定了进一步发展的基础。

9世纪前期,阿拔斯王朝在巴格达建立了天文台,著名天文学家有阿尔·法甘尼(Al-Farghānī,?—861)等在那里工作。法甘尼著有《天文学基础》一书,对托勒密学说作了简要的介绍。贾法尔·阿布·马舍尔著《星占学巨引》,后来在欧洲传播甚广,是1486年奥格斯堡第一批印刷的书籍之一。塔比·伊本·库拉发现岁差常数比托勒密提出的每百年移动一度要大;而黄赤交角从托勒密时的23°51′减小到23°35′。把这两个现象结合起来,他提出了颤动理论(the theory of trepidation),认为黄道和赤道的交点除沿黄道西移以外,还以四度为半径,以四千年为周期,作一小圆运动。为了解释这个运动,他又在托勒密的八重天(日、月、五星和恒星)之上加上了第九重。塔比·伊本·库拉的颤动理论,曾为后来许多穆斯林天文学家所采用,但是他的继承者巴塔尼倒是没有采用。现在知道这种理论是错误的。8—9世纪,穆斯林天文学家还撰写了有关浑仪、平仪、星盘和日晷的书籍,掌握了希腊化时期的天文仪器制造技术。阿尔·巴塔尼(Al-Battānī,约858—929)是一位伟大的天文学家,伊斯兰天文学中的重要贡献,许多是属于他的。巴塔尼生于美索不达米亚西北部哈兰附近,卒于今巴勒斯坦境内的基斯堡。家族信奉萨比教,熟知天文学和占星术。他本人从877年开始在拉卡城做过长达41年的天文观测工作,并据此改进了古希腊托勒密《天文集》中的若干数据。他最著名的发现是太阳远地点的进动。他的全集《论星的科学》被译为多种文字在欧洲广泛流传。在天文计算和三角学方面,他用三角学取代几何方法,改进了托勒密的天文计算,在球面三角学方面有重要贡献[①]。书中的天文成就包括较精密的年长度、季长度、黄赤交角及岁差的值,地球远日点的运动等,指出发生日环食的可能性,这些成果被尼古拉·哥白尼(Nicolaus Copernicus,1473—1543)大量吸收到《天体运行论》中。他在天文计算中引入正切和余切概念。将一根杆子立在地上,日影长度叫"直阴影";将杆子水平插在墙上,则杆在墙上的阴影叫"反阴影",这两个词演变成余切和正切。他用半弦代替古希腊人的整弦,制作了30°~90°相隔1°的正弦表和余弦表(约920)。

比巴塔尼稍晚的阿卜杜拉·拉哈曼·苏菲(Abd-al-Rahman Al Sufi,903—986)所著《恒星之书》一书,被认为是伊斯兰观测天文学的三大杰作之一。书中绘有精美的星图,星等是根据他本人的观测画出的,因而它是关于恒星亮度的早期宝贵资料,现在世界通用的许多星名,如Altair(中文名牛郎星)、Aldebaran(中文名毕宿五)、Deneb(中文名天津四)等,都是从这里来的。此后的著名天文学人物是阿布·瓦法(Abūal-Waf,约940—997),他曾对黄赤交角和分至点进行过测定,为托勒密的《天文学大成》写过简编本。

在法提玛王朝工作过的最著名的天文学家是伊本·尤努斯(Ibn Yunis,1009年卒),他编撰了《哈基姆天文表》,其中不但有天文观测数据,而且有计算的理论和方法。书中

[①]伊东俊太郎:《文明における科学》,94页,东京,劲草书房,1976。

汇编了自 829 年至 1004 年间阿拉伯天文学家和他本人的许多观测记录,包括 977 年和 978 年他在开罗所做的日食观测,以及 979 年所做的月食观测,为近代研究月球的运动提供了重要天文学资料。他还用正交投影的方法解决了许多球面三角学的问题。

后倭马亚王朝最早的天文学家是科尔多瓦的查尔卡利(Arzachel,1029—1087)。他的最大贡献是于 1080 年编制了《托莱多天文表》。这个天文表的特点是其中包括有关仪器结构与用法的说明,特别是对阿拉伯人特有的仪器——星盘有详细的说明。《托莱多天文表》还对托勒密体系作了较大的修正,以一个椭圆形的均轮代替水星的本轮。由此引发了反托勒密的思潮,这种思潮由阿芬巴塞(Avempace,1095—1138)发端,为阿布巴克尔和阿尔·比特鲁吉(Al-Bitrūji,? —1200)所继承。他们反对托勒密的本轮假说的理由是,行星必须环绕一个真正物质的中心体,而不是环绕一个几何点运行。因此,他们就以亚里士多德所采用的欧多克斯的同心球体系作为学说基础,提出一种旋涡运动理论,认为行星的轨道呈螺旋形。1252 年,信奉基督教的西班牙国王阿尔方斯十世召集许多阿拉伯和犹太天文学家,编成《阿尔方斯天文表》。也有学者认为这个表基本上是《托莱多天文表》的新版。

与此同时,中亚一带的伊斯兰天文学家阿尔·比鲁尼(Al-Biruni,973—1048)提出了地球绕太阳旋转的学说。比鲁尼生于咸海南部的花剌子模,卒于伽色尼(今阿富汗加兹尼)。曾随天文学家艾布纳苏学习,17 岁即开始从事测量工作,并制作了一些测量工具,测量内容包括各地的纬度、月食、地球大小等。后来又到印度等地旅行和居住,认真整理和总结过当地的科学成就,特别是数学方面的成果。他在写给著名医学家、天文爱好者阿维森纳的信中,曾经说到行星的轨道可能是椭圆形而不是圆形。

1272 年,伊尔汗国建立马拉加天文台(在今伊朗西北部大不里士城南),并任命担任首相职务的天文学家纳速拉丁·图西主持天文台工作。这个天文台拥有来自中国和西班牙的学者,他们通力合作,用了 12 年时间,完成了一部《伊尔汗历数书》(也称《伊尔汗天文表》)。《伊尔汗历数书》中测定岁差常数为每年 51′,相当准确。纳速拉丁对托勒密体系进行了批评,并提出了自己的新设想:用一个球在另一个球内的滚动来解释行星的视运动。在马拉加天文台安装有当时世界上先进的天文仪器。

马拉加天文台的天文仪器制造技术可能在当时还传到了中国。元朝在上都(今内蒙古自治区正蓝旗境内)建有回回司天台,来自中亚的穆斯林天文学家札马鲁丁(Jamāl al-Din,? —1291 年后)被元世祖任命为提点(相当于台长)。回回司天台由西域天文学家用伊斯兰天文仪器进行观测,并负责每年编印回历供政府颁发。

《元史·天文志》中较详细记载了札马鲁丁制作的 7 件天文仪器的形制、结构和用途,名称都是阿拉伯语的音译。①"咱秃哈剌吉",为托勒密式的黄道浑仪,用来测定天体的黄道经纬度。②"咱秃朔八台",为托勒密式的长尺,用来测定任意方向上天体的天顶距。③"鲁哈麻亦渺凹只",是一种测量太阳过赤道时的位置的仪器,用来确定春分、秋分的时刻。④"鲁哈麻亦木思塔余",是测量太阳过子午线时的位置的仪器,用作确定冬至、夏至的时刻。⑤"苦来亦撒麻",即天球仪。⑥"苦来亦阿儿子",即地球仪,在中国出现的第一个反应经纬度和地球概念的地球仪。⑦"兀速都儿剌不",即星盘,是一种测量天体高度的仪器。尽管这些仪器未能与中国传统天文学很好地结合起来,但是元代天文学家郭守敬(1231—1316)设计的某些天文仪器受到了其中有些仪器的启发和影响。①

一百多年后,帖木儿的孙子乌鲁伯格又在撒马尔罕建立一座天文台。乌鲁伯格(Ulugh Beg,1394—1449)是一位出色的天文学家。他在天文台安装了半径达40米的巨型象限仪和其他仪器。在他的领导和参加下,天文台对一千多颗恒星进行了长时间的位置观测,据此编成了《新古拉干历数书》(今通称《乌鲁伯格天文表》)。这是托勒密后第一种独立的星表,代表了16世纪第谷(Tycho Brahe,1546—1601)以前最高的天文观测水平。

第三节　伊斯兰的物理学和机械技术

伊斯兰科学家在物理学方面的工作主要是在光学和力学方面,光学方面成就最为突出的科学家是阿尔·哈曾(Al-Hazen,965—1038)。阿尔·哈曾是从伊拉克的巴士拉来到埃及为法提玛王朝工作的学者,曾与伊本·尤努斯同时在开罗从事科学活动。他留下了许多天文学和光学著作,其中最重要的是《论光学》一书。该书增进了有关眼球构造和视觉光学原理方面的知识。阿尔·哈曾反对欧几里得、托勒密和其他一些学者关于人的视觉的学说。对于人眼观察物体,以往人们普遍认为,人能看到物体,是因为眼睛发出光线经物体又反射了回来。阿尔·哈曾指出,光线来自所观察的物体而不是眼睛,人的眼睛并不发射光线,人之所以能够看到物体,是因为物体反射了太阳光线到人眼里。阿尔·哈曾的认识在光学史上无疑是重要的突破。

《论光学》一书还讨论了透镜成像原理。阿尔·哈曾对放大镜的实验研究实际已接近了凸透镜的近代理论。他研究了球面像差、透镜的放大率、反射与折射以及大气光学现象。对于光的一般折射现象,他指出,托勒密给出的在给定界面上入射角与折射角成正比的定律,只是在小角度的情况下才是正确的。② 阿尔·哈曾的著作后被译成拉丁文,通过罗吉尔·培根(Roger Bacon,约1214—约1294)和开普勒(Johannes Kepler,1571—1630)的介绍,对欧洲科学的发展产生了很大的影响。

与阿尔·哈曾同时代的一些伊斯兰学者也有一些物理学方面的工作。如阿尔·比

①陆思贤、李迪:《元上都天文台与阿拉伯天文学之传入中国》,载《内蒙古师范大学学报(自然科学版)》,1981,1,80~89页。
②矢岛佑利:《アラビア科学の話》,110~111页,东京,岩波书店,1974。

鲁尼曾测量过一些宝石和金属的比重,他的书留下了金、银和宝石等 18 种固体的比重测定值。12 世纪的物理学者阿尔·哈吉尼(Al-Khazini,11—12 世纪)写了《智慧秤》一书,在阿尔·比鲁尼工作的基础上对比重进行了研究,比较准确地测定了金(19.05)、汞(13.56)、铜(8.66)、铁(7.74)、锡(7.32)、铅(11.32)和温水(1.00)、热水(0.958)、冰点冷水(0.956)、海水(1.041)及人血(1.033)的比重。[①] 阿尔·哈吉尼原为奴隶,被解放出来后成为学者,是一位出色的天文学家。他的物理工作除进行比重测定外,在毛细现象、杠杆原理、时间测量和重力理论等方面均很有建树。

在力学和机械学方面,班努·穆萨(Banu Musa)兄弟于 9 世纪完成的《机械之书》(*Kitab al-Hiyal*,*The Book of Ingenious Devices*)是一部更重要的著作。班努·穆萨兄弟在继承了古希腊成果的基础上,又有所发展和创新。书中介绍了 100 多种机械,其中约有 75 种是他们自己设计的。该书对水车有详细的讨论,其中包括班努·穆萨兄弟自己发明的喷水横冲式水车,它是由从下面喷出的几个喷流驱动的,表明当时已知轴流原理。书中不仅对水车有清楚的描述,而且包含了许多高水平的自动机械。

伊斯兰早期继承了古希腊的水力计时机械(水钟)制造技术,到了 11 世纪,在这方面有了许多重要的发展,研制了许多水力驱动的大型计时机械。在阿尔·穆拉迪(Al-Muradi)于 11 世纪写的阿拉伯语机械著作中,有关于水钟的记述。根据这部唯一的手稿残本,还难以完全搞清楚其构造原理。但可以肯定,通过塞风壶的虹吸作用,可以实现大型水钟的运行。水力动力和运动的传递可以通过复杂的齿轮和行星齿轮等机构实现,其中还用到了汞。据记载,11 世纪,阿尔·宰尔嘎里(Al-Zarqali,1029—1087)在托莱多的塔古斯河岸边建造了两个大型水钟。12 世纪中叶穆罕默德·萨阿里(Muhammad al-Sa'ati)在大马士革东门建造了标志性的水钟。在阿尔·哈吉尼的《智慧秤》中,描绘了两个天平式钟,作为中心的万能天平 24 小时运转支点将铁杆分成长度不等的臂,带有虹吸装置的泄水型水钟挂在短臂的一侧,重量不同的两个可动锤挂在带刻度的长臂一侧。随着水从水钟中不断流出,为保持杠杆平衡,两个锤沿着刻度移动,无论什么时刻都能知道大锤和小锤的位置。阿尔·雅扎里(Al-Jazari)于 12 世纪所著《机械技术的理论和实践概要》一书对古代到当时的许多重要机械都有论述,其中也包括他自己独创的机械装置,其中对水钟的内部构造和工作原理有较详细的描述。[②]

雅扎里在书中批评了那些对自己设计的实用性不经检验就著书立说的作者,认为没有通过实验验证的产业科学都是可疑的科学。他在著作中特别叙述了严谨校正的顺序。例如,在设计流量调节器的过程中,他先开始通过实验对以前的 3 个设计进行检查。他

①矢岛佑利:《アラビア科学の話》,114 页,东京,岩波书店,1974。

②艾哈迈德·优素福·哈桑、唐纳德·R.希尔:《伊斯兰技术简史》,梁波、傅颖达译,46～54 页,北京,科学出版社,2010。

感到对这些设计都不满意,于是制造自己的东西,多次反复进行实验,最终达到了期望的目标。他设计了多种流体机械和自动喷泉装置。

雅扎里之后的时代,伊斯兰的传统机械技术被很好地继承下来。泰基艾丁(Taqi al-Din)15 世纪中叶写的有关机械的著作中,可以明显地看出受到雅扎里和其前辈直接的影响。但泰基艾丁同样不满足于只是扮演对前辈发明创造进行描述的角色,他同样意识到自己做出发明的重要性。他论述到,希腊的书籍已不再使用,销声匿迹,因为这些著作没能与实际很好结合在一起。他承认自己在很大程度上依赖自己的直接老师。但在其著作中,泰基艾丁对自己的发明,常常清楚地写道"这是笔者的发明之一""下面这件东西是为了实现这个目的由我发明的"等。[①]

第四节　伊斯兰的炼金术

伊斯兰早期的实用化学主要与炼金术和冶金、制药等技术有关。阿拉伯炼金术出现在 8 世纪阿拔斯王朝,最初从不同来源获得有关的知识。由于西方古希腊文化和东方中国、印度等的文化这时都输入了伊斯兰世界,因此,阿拉伯炼金术既受到希腊哲学、炼金术以及波斯的学术思想影响,也受到了中国炼丹术的影响。炼金家主要目标都是要把贱金属变为黄金,或要炼成能医一切疾病的"仙丹"。尽管他们的钻研以失败告终,两个目标无法实现,但却因此得到许多可靠的化学知识,并发现了许多有用的药品。经阿拉伯炼金家之手,炼金术被发展成为实用化学,并对欧洲中世纪后期的化学发展产生了直接的影响。

后世的阿拉伯炼金术士一般认为他们的开山祖师是哈利德·伊本·牙两德(Khalid ibn Yazid)。史书记载,哈利德是倭马亚王朝的一位王子,生卒年代大约是 665—704 年,但关于他的工作只是一些传说,缺乏史料依据。阿拉伯早期炼金术的真正代表人物应当是查比尔·伊本·哈扬(Jabir ibn Hayyan,约 721—约 815)。哈扬是一位学识渊博的医生,著有《物性大典》《七十书》《东方水银》等书。他的这些著作为阿拉伯炼金术奠定了基础。后来穆斯林的伊斯梅利亚派编成了一部包罗万象的巨典——《查比尔文集》,据说汇集了查比尔·伊本·哈扬所写的各种著作,其中包括研究炼金术、占星术、宇宙论和神秘主义的著作。

《查比尔文集》包括炼金术理论和实践两方面的内容。其基本思想的渊源,可以追溯到亚历山大里亚的希腊炼金术士,甚至可以上溯到亚里士多德的学说。其中"物质"概念

[①]艾哈迈德·优素福·哈桑、唐纳德·R.希尔:《伊斯兰技术简史》,梁波、傅颖达译,13 页,北京,科学出版社,2010。

的基础,就是基于亚里士多德的冷、热、干、湿四要素学说,组成物质的四要素两两互相配合,便形成各种不同的金属,并使它们具有相应的特性。例如,黄金与白银的内质是冷和干,只要使白银内质中的冷干比例调整得与黄金一样,就能使它变成黄金。要想实现这样的结果,必须使用所谓的"点金药"。"点金药"这种东西,在希腊书中从未提到过,而中国炼丹家却经常谈到它。在中国炼丹术中,制取"点化药"正是其主要目标之一。由此可知,中国炼丹术和希腊炼金术在伊斯兰世界融合了。考虑到中国炼丹家认为硫黄属"阳",汞属"阴";而希腊哲人认为硫黄含有热和干的内质,汞含有冷和湿的内质,所以查比尔提出硫和汞是构成各种金属甚至于各种物质的基本成分。

《查比尔文集》的思想体系明显地超越了亚里士多德的学说,认为四大要素都是非常具体的、实在的性质,可以从物体中分离出来,按一定比例结合,可再次形成物体。因此,炼金术士的任务被确定为:测定它们在物体中所占的比例,设法将它们提炼出来,使它们各以适当的数量彼此结合,以生成他们预期得到的产物。所以这些"素"实质上就是查比尔追求的"点金药"。查比尔设法从物质实体中游离出四要素所采取的手段是蒸馏。这是查比尔炼金术直接涉及的化学操作。查比尔的著作中论述了对一大批动物性物料的分解蒸馏。他注意到这类物质被蒸馏的结果几乎总是生成气体、易燃物、液体和灰烬,结果正与气、火、水、土一一对应,与四元素的观念正相吻合。因此,他相信通过连续的蒸馏过程,就能将各种性质的要素即"点金药"分离出来。既然将这些纯粹的要素按适当的数量互相结合既可得到预期的物质,也可用来调整某物质中各要素的比例,使之转变成另一物质,所以查比尔认为这些"纯素"可用来"治疗患病的"金属,亦即不完美的金属,使之达到黄金的完善程度。他做了大量实验,企图将普通金属转变为贵金属。

查比尔·伊本·哈扬对硫和汞的研究达到了很高的水平,提出了所有的金属皆能由硫和汞按不同比例组成的炼金学说。他一生从事炼金术和医学研究,注意实验技术的研究,改进了古代的煅烧、蒸馏、升华、熔化和结晶等方法。他的工作丰富了金属、矿物、盐类等方面的知识。他的大量著作(包括许多冒名的拉丁文著作)传入欧洲,对中世纪欧洲的发展有着较大影响,直到十七八世纪近代化学开始时仍在流传。

伊斯兰炼金术的第二位大师是阿尔·拉兹(Al-Razi,约860—925)。他是波斯人,拉丁名叫拉茨(Rhazes)。他是一位杰出的伊斯兰医生,其大部分著作是有关医学方面的,但他也非常关心炼金术和化学,在研究中运用了前所未见的研究方法。他的著作以《秘典》(也译作《秘中之秘》)最为驰名,该书实为一部关于化学工艺制作、配方的书。虽然他也相信金属可能相互演变,但他首先是一位重视实际的化学家。该书共分3个部分,分别讨论了物质、仪器和方法。对物质的分类法与查比尔大体相似。书中载有各类物质的大量配方。例如,由硫黄、石灰合成多硫化钙,由苏打和生石灰制造苛性钠及氨水,非常翔实,是化学史上的珍贵资料。阿尔的著作中对炼金术士使用的仪器设备作过详细的介绍,其中包括风箱、坩埚、勺子、铁剪、烧杯、平底蒸发皿、沙浴、焙烧炉、锉等。他的著作对后世阿拉伯和欧洲炼金家都有很大影响。

与查比尔·伊本·哈扬和阿尔·拉兹都认同金属衍变具有现实的可能性有所不同,10 世纪伊斯兰世界杰出的医生阿维森纳(Avicenna,980—1037)对金属衍变说持否定观点。他认为不可能使金属的种类发生任何真正的转化,只能造出出色的仿制品。炼金家可能除去金属的大部分缺陷和杂质,但那种染了色的金属实质上并没有发生变化,只是由于那些外来的性质在金属中占了优势。阿维森纳对许多化学现象进行过研究,其观测资料被收录于《医药手册》一书中。他探讨了矿物的分类,把它们划分为岩石、可熔物、硫和盐四大类。汞被划入可熔物,即金属类,并认为"它是有延展性物体的基本成分","因为所有金属都可以熔化为'汞'"。按照他的见解,一切金属都是由汞和硫黄及决定金属本质的其他成分所组成的;汞是金属的精英,硫使金属外观有可变性。

伊斯兰世界的炼金术与中国古老炼丹术之间,存在着许多相似之处。以制作可使人"长生不老",同时又具有"点铁成金"效能的药剂"神丹"为目的,是中国炼丹术的特点;金属可以互相"转化",也是中国古代炼金家的基本理论。阿拉伯炼金术士所追求的耶黎克色(elixir)或哲人石,正与中国炼丹家所追求的"神丹"相同,而他们也同样相信金属可以互相转化,不过是把古希腊的物质组成学说加上去,用以解释"转化"的机理而已。此外,阿拉伯炼金术所用的药品大部分与中国炼丹术相同,并且使用"中国金属"(khar sini)、"中国铜"、中国产的输石(tutia),以及中国使用已久而不为西方所知的硇砂等物,这些事实也证明阿拉伯炼金术曾经直接受到中国炼丹术的影响。

伊斯兰炼金术在 10 世纪又有了很大的进展,后来传到科尔多瓦哈里发王朝统治下的西班牙,在那里出现了一批炼金术士,并写了不少有关炼金术的书。从这些炼金术著作来看,他们的工作已出现原始的化学定量倾向。11—13 世纪,虽然伊斯兰炼金家继续写了不少著述和古典的注释,但并没有为炼金术增加多少新的内容。这时由于神秘主义思想盛行,阿拉伯人未能把炼金术发展成为一门真正的科学。但是,他们把这门古老的方术传入了欧洲,在那里经过一番传播和发展后,成为近代化学发生和发展的基础。

第五节　伊斯兰的医药学

阿拉伯医学是在继承希腊和印度医学的基础上发展起来的。像阿拉伯的其他学问一样,阿拉伯的医学工作也始于翻译活动。阿拔斯王朝时期,希波克拉底(Hippokrates of Kos,约前 460—前 377)和盖仑(Claudius Galen,约 129—200)的医学著作和其他一些希腊医药学著作被译成了阿拉伯文。当时,主持医学翻译工作的是著名学者休南·伊本·依沙克(Hunain Isaq,809—873)。依沙克本人也写了许多著作,其中最负盛名的是

《医学问答》。阿拉伯早期的医学也受到印度医学的影响。阿利·伊本·塔巴利(Ali ibn Tabali)在 9 世纪中叶写了一部名为《智慧的乐园》的医书。这是早期的医学百科全书之一,其中有两章的内容介绍印度医学和药物学。

10 世纪前后,伊斯兰世界的医学进入了繁荣时期。这一时期出现了大批卓越的医学家和医生,他们的工作显示出了创新精神和独立性。阿尔·拉兹是其中的杰出代表人物之一,他流传下来的医学著作有三部非常重要。第一部是有关实用医学的百科全书式著作《医学集成》(或译《医学撮要》《医学纲要》),西方文献称之为《全书》。这是一部巨著,包括了 10 世纪伊斯兰世界的各种知识,对当时新的医学知识和医疗经验作了比较系统的总结。第二部著作是《献给阿尔曼苏的医书》,分为 10 篇,讨论了各种重要的医学内容。其中有两篇尤为重要,第七篇论述一般外科,第九篇论述各种疾病的治疗,后来成为欧洲大学里医学生的标准读本,常与盖仑的医书合在一起刊印。第三部著作是论天花的著作——《说疫》,该书是最早从医学上对天花和麻疹进行正确区别的著作。阿尔·拉兹的著作在几个世纪里被东西方的医生学习,并作为权威的经典加以引述。

在伊斯兰医学家中,对后世影响更大的是阿维森纳。他是中世纪伊斯兰世界最伟大的医生,也是世界医史上杰出的医生之一。阿维森纳原名伊本·西拿(Ibn Sinā)。980 年生于布哈拉附近的哈梅森(今属乌兹别克斯坦),1037 年卒于哈马丹(在今伊朗)。他自幼受到良好教育,18 岁在医学界显露头角。因治愈萨曼王朝努哈·伊本·曼苏尔王子的病,被获准使用皇家图书馆各种稀有书籍。阿维森纳博学多闻,除医学外,在哲学、文学、法学等领域都有成就。他一生历经几度兴衰。伽色尼的马哈茂德战胜萨曼王朝后,他流亡在外,曾任行政官员,曾被囚禁,几遭暗杀,仍坚持学术工作。一生的最后 14 年在伊斯法罕度过,终因生活放荡不羁和过度疲劳而去世。

阿维森纳一生著作甚丰,据说有 90 多种,其中最著名的是《医典》。该书约有 100 万字,分为 5 大卷,每卷内容又分若干章。第一卷总论叙述医学理论,第二卷论药物,第三卷按身体部位叙述疾病和治疗方法,第四卷论全身病,第五卷论药剂的制备和配合,还论述了生命、疾病和死亡。医学理论主要还是以希波克拉底的四体液学说为基础,但就其医学内容看来,也吸收了东方的医学,如中国的医学和印度的医学。[①] 在治疗方面,阿维森纳很重视药物治疗,《医典》用了很大的篇幅讨论药物治疗问题。他不但采用了希腊、印度的药物,还收载了中国产的药物。他还采用了泥疗、水疗、日光疗法和空气疗法。在诊断方面,他很注意切脉,将脉搏区别为 48 种。药物学部分介绍了 760 多种药物的性能和用途。书中有大量化学方面的知识和论述,包括作者对矿物组成和金属组成的看法。他把矿物划分为岩石、可熔物、硫和盐四类,认为金属由硫、汞及决定金属本质的其他成

---

① 朱明、王东伟:《中医西传的历史脉络——阿维森纳〈医典〉之研究》,载《北京中医药大学学报》,2004(1)。

分组成,汞是金属的精英,硫使金属外观有可变性。

12世纪,《医典》由长期在西班牙工作的翻译家克雷莫纳的杰拉德(Gerard of Cremona,1114—1187)译成拉丁文,经犹太学者注释后,流行于欧、亚两洲。十五六世纪,曾多次出版,长期被阿拉伯语国家和欧洲医校用为教材,被长期传播和引用,成为医药学的经典。

阿拉伯药物学和制备药物的工艺方面也很有成就。不仅发现了许多对人类有用的物质和医疗上有用的化合物,还设计并改进了很多实验操作方法,如蒸馏、升华、结晶、过滤等。这些都丰富了药物制剂的方法,并促进了药房事业的发展。

<h2 align="center">参考文献</h2>

1. 纳忠、朱凯、史希同:《传承与交融:阿拉伯文化》,杭州,浙江人民出版社,1993。

2. 艾哈迈德·优素福·哈桑、唐纳德·R.希尔:《伊斯兰技术简史》,梁波、傅颖达译,北京,科学出版社,2010。

3. Encyclopedia of the History of Science, Technology and Medicine in Non-Western Cultures, Kluwer Academic Publishers, 1997.

第四章

印度的古代科学

印度是四大文明古国之一。印度人是崇尚智慧的人。不论是印度河流域文明时期、吠陀时代、列国时代及其后来的相当长的历史时期,还是穆斯林进入之后,印度人对古代文化与科学技术都有过突出贡献。在不同的历史时期,印度与东西方有过频繁的贸易往来,还先后遭到波斯、马其顿以及许多伊斯兰国家和民族的入侵。贸易者与入侵者分别带去了异域文化与科技,这在客观上也促进了印度古代科技与文化的交流与发展。

第一节　印度河流域文明中的科学技术

在现今巴基斯坦境内一个叫"哈拉帕"的地方,英国人发现了古城遗址。经过缜密的发掘研究之后,英国考古界于 1924 年向世界宣布:这是一个久远的未知年代的人们创造的高水平的文明——哈拉帕文明(前 2500—前 1700)。发现哈拉帕遗址之后,印度的历史向前延长了一千年。哈拉帕文明的区域,主要是在印度河流域,所以又叫"印度河流域文明"。它属于大河岸边的文明,是由发达的农业支撑的文明,有青铜器和象形文字,有港口和对外贸易,相关遗址一百多处。黑皮肤的达罗毗荼人是该文明的缔造者。

考古发现,哈拉帕文明遗址下面,有旧石器时代的手斧、刮削器、尖状器、箭头。有新石器时代的大量抛光石器、陶器,包括圆形的水壶、水罐、钵、花瓶、网坠;还有栽培谷物,家养动物狗、母牛、公牛、山羊等的遗存。金属开始少量使用。进入哈拉帕文化阶段之后,印度在农牧业、城市建筑、医学、数学、工艺技术等方面取得辉煌成就。

一、农业与牧业

在哈拉帕文明遗址中,研究人员发现众多农作物的遗存,有小麦、大麦、椰枣、豆类、蔬菜、水果、胡麻、芝麻、棉花、芥籽等。当时使用的农具有锄、镰刀、耙,还有用树枝做成的耕犁。同时出土的牧业遗存有牛、羊、驼、猫、狗、猪、鸡、驴、水牛等。哈拉帕文明遗址中出土的印章上,有耕牛的图案,画的是肩背上有突出隆起的牛品种。遗址中还出土了陶质的牛车模型。公元前2500年左右的牛车模型,与今天巴基斯坦和印度境内农村仍在使用的牛车有惊人的相似之处。[①]　正是当时这一地区的农业足够发达,才有能力支撑起这样高度发达的古老文明。

二、城市建筑

印度河流域的古老文明总体水平很高,城市规划得井井有条。哈拉帕文明遗址中,城市的房屋和街道排列得如同一个大棋盘。建筑或铺地用的砖瓦有统一形制和尺寸,如同标准件。房屋有大有小,每套房都有独立的浴室,还有统一的下水道。城堡高大而坚固,市区街道整齐,像是先规划、后建设而成的。古代印度人在印度河边取泥、脱坯,放在窑中烧制。烧成的砖形状按4∶3∶1的比例制成,历经数千年不坏。[②]　每户的排水沟与统一的排水网相连,污水进入下水道,最后排入河中。

三、医学

在哈拉帕文明时期,古代印度人就已经萌发了原始的卫生观念,开始积累原始的医学和生理学方面的知识。遗址中出土的人头骨上有打出的孔,表明这曾经是一次难度较大的脑外科手术。

四、手工业技术

哈拉帕文明时期的手工业技术包括冶金、纺织、宝石加工、造船等。当时印度人的冶金技术已经达到相当的水平,能够冶炼的金属有金、银、铜、锡、铅,用金属做成矛、箭镞、匕首等器物。[③]　但是,哈拉帕文明的缔造者不懂铁。

哈拉帕文明遗址中有纺锤、纺轮、染缸出土。从哈拉帕遗址出土的印章上的人像可以看出,古印度人穿的是有图案的织物。研究表明,这些织物就是棉布。在5000多年前甚至更早,古印度人就种植了棉花,并且有了棉纺业。在美索不达米亚的文献中提到棉花是从印度进口的。古希腊史学家希罗多德说,印度有一种野生的树,能长出羊毛,其美观和质地都比羊身上的毛还好。印度人用它来做衣服。显然,这就是指棉花。考古学家

①赵伯乐:《永恒涅槃——古印度文明探秘》,14~23页,昆明,云南人民出版社,1999。
②杨俊明、张齐政:《古印度文化知识图本》,163~165页,广州,广东人民出版社,2007。
③杨俊明、张齐政:《古印度文化知识图本》,163~165页,广州,广东人民出版社,2007。

在哈拉帕古城的遗址中找到了一些有关棉花的痕迹。例如,在一个彩陶容器的内表面,有大量素面织物的印纹,在出土的一些金属器物上,也鉴定出棉线和织物包裹的痕迹。[①]

哈拉帕文明遗址中出土有各种饰品,如珠子、半宝石等,还有陶器和很精美的印章。在摩亨爵达罗遗址出土的 3 000 年前的项链,是用金珠子、玛瑙珠、碧石、珠滑石珠和绿石珠组合而成的。在手工艺品的制造场所遗址中,发现了石砧、坩埚、铜铸模、青铜钻,还有数百颗处于不同制造阶段的红玉髓、水晶、碧玉、蛋白石等。这表明在哈拉帕文明时期,人们有很高的手工艺水平,生产也呈现集约化。

哈拉帕文明遗址中,有一古港口,叫作洛萨港。河流和近海是古印度贸易的重要通道。他们根据近海和河流的区别,在内河使用平底船。当时河船的形制在现代巴基斯坦境内的河上仍然可以看到,这种船非常适合在印度河及其支流中行驶。[②]

五、数学

当时的印度尚没有产生出数学这个学科,但是,在建筑和工艺制造中,处处都用得到数与形的概念。考古学家还在哈拉帕文化的遗址中发现了大量用石头做成的砝码,有方形的,也有圆形的。经过考证,这是世界上最早的量器之一。古印度人最早的量器是在阿拉赫迪纳发现的立方体燧石量器,它有着复杂的二进制和十进制的算术基础。在阿拉赫迪纳出土了 7 个量器,其比例为 1∶2∶4∶8∶16∶32∶64。二进制变为十进制的量器比为 160∶200∶300∶640,接着跳到 1 600∶3 200∶6 400∶8 000∶12 800。[③]

哈拉帕文明在大约公元前 1700 年的时候走了下坡路。稍后,印度河-恒河平原来了雅利安人,另一个类型的文明开始兴起。但是,哈拉帕文明的成果并没有消失,而是融进了新的文明当中。

第二节 吠陀时代的科学技术

大约从公元前 1600 年起,游牧的雅利安人陆续迁徙到印度次大陆。他们长着白皮肤,有着高身材、高鼻深目,与欧洲人相同。他们在这块土地上创建的文明一直延续至今。该文明的特点是:梵语——印度的国语印地语的祖先;《吠陀》——印度上古文献的总集;婆罗门教——吸收了佛教很多东西之后,演变为现今印度的国教——印度教;种姓制——印度社会所独有的等级制。

《吠陀》不是一时之作,而是先口头流传,后记录到书面的。公元前 1500—前 800 年

①酉代锡、陈晓红:《失落的文明:古印度》,141～142 页,上海,华东师范大学出版社,2003。
②酉代锡、陈晓红:《失落的文明:古印度》,144 页,上海,华东师范大学出版社,2003。
③酉代锡、陈晓红:《失落的文明:古印度》,52～53 页,上海,华东师范大学出版社,2003。

是《吠陀》形成的时期,在印度称之为"吠陀时代"。印度的古代科技以农业、医学、天文学和算学见长,吠陀时代的印度科技就已经显示出这样的特点。

一、农业

雅利安人来到印度次大陆之后,先活动在印度河流域,后来又将活动范围逐渐扩展到恒河平原和德干高原。他们原本是游牧民族,发现印度次大陆特别适合农业生产之后,便逐渐从事起农业。他们继承了哈拉帕文明中的农业成果,还加入了自己的强项——与养马有关的技术,这是哈拉帕文明时代印度农业技术中所没有的。

二、医学

印度的传统医学是自成体系的,如同传统中医一样,至今仍在发挥很好的保健与治疗作用。在吠陀时代,印度的医学叫"阿输吠陀"(Ayurveda,或称为"阿育吠陀"),意思是"关于生命的知识",被认为是吠陀的分支之一。

在四部《吠陀》中最迟的一部《阿闼婆吠陀》中,已有许多医学方面的材料。不过,当时的医学和巫术还混为一谈。人们认为人之所以会得病,可能是由于鬼神,或由于被他人诅咒,也可能是自己做了坏事。因此,常用巫术来禳灾、赂神、悔罪或反诅咒。不过,《阿闼婆吠陀》反映出当时人们已经积累了许多有关药物学、解剖学、治疗学、胚胎学、生理学的知识。《阿闼婆吠陀》甚至记载了人体所有骨头的准确数目,还反映当时人们可能已经发明导尿术。[①]

在《梨俱吠陀》中,可见到"药草之歌""有关疾病的歌""为驱除害虫、消除其毒的歌"等。在《阿闼婆吠陀》中,关于疾病的咒文非常之多,如"为治愈万病的咒文""为赶走病魔的咒文""为治愈间歇热的咒文""对广木香的祈愿""为治愈黄疸的咒文""为止血的咒文""为以水治愈疾病的咒文""为镇咳的咒文""为治愈骨折的咒文""为治愈伤的咒文""为解毒的咒文""为驱除小儿体内之虫的咒文"等,[②]涉及内科、外科、骨科、儿科疾病。

上述植物广木香,确有药用功效。显然,这是巫医不分时代的产物。

三、天文学

印度的天文学是世界天文学宝库中的一颗璀璨的明珠。到吠陀时代,印度古代天文学已具雏形,其特色有别于古代两河流域、埃及和中国的天文学,显然是印度人的独创。

在《夜柔吠陀》中,已经出现了"观天象者"(nakshatra-darsha)的词汇。在《歌赞奥义

---

①方广锠:《印度文化概论》,112 页,北京,中国文化书院,1987。
②廖育群:《阿输吠陀——印度的传统医学》,35～36 页,沈阳,辽宁教育出版社,2002。

书》中更明确地提出了"天文学"(nakshatra-vidya)一词,说明当时天文学已成了一种专门知识。在印度最古老的文献著作《梨俱吠陀》中,已经出现过30天是1个月、12个月为一年的时间量度单位。在《鹧鸪氏本集》里,已确定一年有6个季节,即春季、夏季、雨季、秋季、冬季和凉季。每季有两个月,并且,为每个月定了名称。吠陀时代的印度人已经知道用置闰的方法来解决12个朔望月与1个回归年的长度不一致的问题。当时对太阳、月亮、恒星已有了相当的观测,已知道了它们与季节的关系,[1]并正确地发现了太阳在一年中的运行规律。

古代印度人也懂得将白道(月亮在天球上的视运行轨道)分成二十七等分(也有时作二十八等分),每一等分称为"纳沙特拉"(naskshatra)。这种分法与中国的"二十八宿"如出一辙。吠陀经中有多处谈到了交食现象,认为是"罗睺"(Rahu)或"计都"(Ketu)吞食了太阳或月亮之故。当时或许已经有了计算交食时间的方法。关于行星,当时的印度文献已经明确提到五颗,即金星、木星、水星、火星与土星。[2]

吠陀时代有两本书《梨俱吠陀·天文篇》和《夜柔吠陀》集中描述了天文历法方面的知识。前者共有三十六行双行诗;后者有四十四行双行诗。两者内容大致一样,已经具备了现代印度历法的基本框架。该书定5年为1个周期,1个周期内有1830日和62个朔望月。这样,1个朔望月就有29.516日。这个数字比实际要小些。每1个周期置两个闰月。另外,还有一个特殊的日期,即"消失日"(kshayatithi)。因为1个朔望月的实际天数约为29天半,而采用的日期共有30个。这样,每两个月就应减少1天,才能使月份和日期的关系不至于打乱。那个需要减去的日期就是"消失日"。[3] 中国传统的历法是用"大尽"和"小尽"来解决这个问题的。

古印度人的宇宙观是将宇宙人格化,叫"金胎"。天地、日月皆由它演化、分割而成。宇宙产生于无,产生于水。并且,古印度人将宇宙归结为物质,地、水、火、风、空。《奥义书》把天看成一个半圆形的罩子,罩在大地上,而大地又是由四头象驮着,四头象立在一头大鲸鱼的背上,鲸鱼遨游在无边无际的海洋上。[4]

四、数学

天文学与数学是不可分割的。吠陀时代的天文学达到了相当的水平,其中一定少不了复杂的计算。后吠陀时期,数学著作已经在印度出现,总称为"绳经",梵语有"测量"之义,是印度最古老的数学著作,是吠陀《祭事经》的组成部分。流传至今的绳经有7种,即

①韩荣:《从吠陀文学看印度古代天文学》,载《南亚研究》,1982(2):37~40页。
②韩荣:《从吠陀文学看印度古代天文学》,载《南亚研究》,1982(2):37~40页。
③韩荣:《从吠陀文学看印度古代天文学》,载《南亚研究》,1982(2):37~40页。
④郭书兰:《印度古代天文学概述》,载《南亚研究》,1989(2):54~62页。

《宝陀耶那》《阿跋私坛巴》《摩那瓦》《梅特拉耶那》《伐拉哈》《瓦都拉》。这些绳经均系后人以著者姓氏命名，其中《宝陀耶那》最具代表性。该书不但提出了勾股定理，而且提出了分数概念，并运用分数计算出 $\sqrt{2}$ 的近似值。数学家宝陀耶那还计算出一些多元联立不定方程组的正数解。由于这些著作的内容和性质，它们也被称为"数经"，主要讲述与建筑祭坛有关的知识，总结了吠陀时期有关数学的成就。祭坛形状涉及多种几何图形。绳经主要研究了正方形、长方形、平行四边形、等腰梯形、菱形、直角三角形、边长为整数的直角三角形、等腰直角三角形、圆等基本几何图形的性质。《宝陀耶那》提出的勾股定理明显早于希腊数学家毕达哥拉斯（Pythagoras，前 580 至前 570 之间—约前 500）。[①]

第三节　列国时代以来的科学技术

公元前 7 世纪至公元 4 世纪，是印度历史上一个列国纷争的时期。到公元前 6 世纪初，在北印度和中印度出现了 16 个强国，其中有 14 个王国，2 个共和国，史称"列国时期"或"十六国时期"。约公元前 516 年，波斯王大流士率军入侵，征服了旁遮普和印度河以西地区。公元前 327 年，马其顿国王亚历山大在征服波斯帝国后，率军侵入印度西北地区。这时，一个叫旃陀罗·笈多的年轻人夺了难陀王朝的王位，建立孔雀王朝（约前 321，一说前 324）。这是印度历史上第一个统一王朝。第三位帝王阿育王死后，孔雀王朝开始衰落，印度又回到列国割据的局面。分裂的次大陆，北方先后遭到大夏、希腊和塞种人的入侵。后来，西北来的大月氏人入侵印度西北部，建立起贵霜帝国（1 世纪初）。3 世纪，贵霜帝国的西部被新崛起的萨珊波斯占领，其他部分后被笈多王朝吞并。4 世纪初，以恒河中游一带为中心，又出现一个新的帝国——笈多王朝。笈多王朝经过一个多世纪的繁荣之后，开始走向衰落。6 世纪上半期，笈多王朝开始瓦解，北印度再次分裂。612 年，喜增王统一了恒河上、中游地区，史称"戒日王"。647 年，戒日王去世后，印度又陷入战乱、分裂。这次分裂持续了五六个世纪，直到 13 世纪初才有改变。在这一千多年的时间内，印度经历了几次统一和繁荣，印度的科学技术在此期间得到迅猛发展。其间，印度也经历了几次外族入侵，入侵给次大陆带来损害，也给印度带来了波斯文化和希腊文化。

一、农业

孔雀王朝重视农业生产，扩大了铁犁、铁锄、铁斧等工具的使用地区。这些农具以往在恒河中、下游使用比较普遍，此时在印度河流域以及南印度、西印度也很普遍了，有利于开荒和精耕细作。由于印度受季风气候影响，降雨集中在 5 月份至 9 月份，其他月份

①刘建等：《印度文明》，316～317 页，北京，中国社会科学出版社，2004。

比较干旱,历代王朝不得不重视水利。孔雀王朝时的水利灌溉技术大有提高,建有渠道、水池、水井。中央和地方政府也在最需要的地方重点兴建水坝。[①] 孔雀王朝之后,农业技术仍然缓慢发展,水利普遍受到重视。笈多王朝同样重视兴修水利工程和开荒。在索拉斯特拉的吉里纳加尔附近修建的苏达尔萨纳水库,规模宏大,使很多农田受益。耕种技术越来越受到重视,人们一般都区别土壤,因地制宜,种植最合适的作物,还掌握了轮作、施肥和防病虫害的知识。[②]

戒日帝国时期,水利灌溉普遍受到重视。在北印度,水利灌溉系统大多是由村社或地方政府自己兴修的,如拉其普特诸国境内建造了许多水利设施,包括水渠、堤坝和水井。10世纪时,国家兴修水利增多,如克什米尔的大臣苏亚主持修建了一道可以控制克什米尔河谷洪水的大坝。南印度由国家兴修水利较多。朱罗国王拉金德拉一世在新首都甘垓孔达-朱罗普拉姆附近修建了一个灌溉用的大蓄水池,即著名的朱罗-甘加姆池。德干高原许多地方都有小型蓄水池,用来收贮雨水。[③] 印度由于全年降水分布很不均匀,蓄水对农业灌溉和日常生活都特别重要。

二、医学

根据印度教传说,"生命吠陀"中的医学知识是由天神传授给人类的,梵天被认为是"生命吠陀"中的医学知识的创造者。后来,这些知识为生主、双马童、因陀罗诸神——相传,最后传给了妙闻等人世名医。事实上,妙闻是印度上古医学知识的总结者。

1. 脱离巫术,成为学科

列国时代,医学逐渐脱离巫术,成为一门学科。公元前5世纪,苏斯布鲁塔是这一时期印度医学的杰出代表。他用梵文写了一套诊断与治疗的方法,这套方法的要点是由他的老师丹丸塔利所传授的。他的书详细地研讨了外科手术、妇产科、饮食、药品、婴儿喂食与保健以及医学教育等。苏斯布鲁塔描述了许多外科手术,诸如白内障、脱肠、膀胱结石碎石术、腹部开刀分娩术等,以及121种外科手术工具,包括刺络针、探针、镊子、导尿管、直肠阴道发射镜等。尽管有婆罗门教的禁锢,他仍主张要利用尸体解剖来训练外科医生。他是第一个把身体别处的皮肤移植到破损的耳朵上的人。

印度传统医学涉及人体的4个部分,即肉体、思想、智慧和灵魂。印度传统医学主张人通过饮食、治疗和养生等手段来祛病、健身和延寿。它包括内科学和外科学两个主要学派,并有8个分支学科。印度传统医学强调整体思想及人与自然和谐相应的理念。

---

① 林承节:《印度史》,46～47页,北京,人民出版社,2004。
② 林承节:《印度史》,77页,北京,人民出版社,2004。
③ 林承节:《印度史》,103页,北京,人民出版社,2004。

2.《阁罗迦本集》与《妙闻集》

阇罗迦（Caraka,约生活在1～2世纪）和妙闻（Susruta,约生活在4世纪）是印度传统医学最著名的传人,也是印度古代医学理论的集大成者。他们的医学实践和著作标志着印度古代医学科学的成熟。[①]

阇罗迦可以称为印度的华佗,他所著的《阇罗迦本集》是印度古代最重要的医学经典,至今仍在被使用。该书探讨了动物、植物、矿物以及气候变化对人体的影响,并解释人致病的原因以及治疗的根据。该书还讨论了食物、饮料对人体的作用,也涉及了气候变化对人体主要组成部分的影响,提出了人的健康与疾病取决于物质环境与身体之间的相互作用,治疗的原则是对人体内的物质加以重新调整以恢复平衡等重要思想,认为营养、睡眠和节制欲望是保持健康的重要手段。该书还提出要保护牙齿,提倡咀嚼一种树枝,起到刷牙作用,饭后漱口,以保护牙齿等。今天看来,这些思想是很可贵的。从认识动植物的药理作用方面看,《阇罗迦本集》类似中国的《本草纲目》;从医学理论方面看,它又类似中国的《黄帝内经》。[②]

妙闻是印度外科的鼻祖,约生活在4世纪。在他的《妙闻集》中,他详细记述了300余例不同的手术,包括剖腹术、膀胱结石切除术和整形外科术等,其中膀胱结石切除术领先欧洲人近十个世纪。他发明的同体移植术仍然是整形外科的治疗手段之一,开创了印度的整形外科。《妙闻集》还记录了极为复杂的鼻子再造手术。《妙闻集》第1卷第2章名为"学生入门章",讲述了学医者应该具备的品行和能力方面的条件和拜师学习的规矩。《妙闻集》第1卷第10章名为"出诊章",主要讲述学医者应具备哪些条件才可出诊。《妙闻集》内的"外科八法"包括切除、切开、乱刺、穿刺、拔除、刺络、缝合和包扎。

在印度悠久的历史中,人们对眼这一器官一直非常重视,被认为是其文化中的传统与特点,各种保护性措施与治疗方法应运而生。据印度医学史家研究,在巴利语佛典中,用来保护与治疗眼部的涂药的成分及使用方法,与古代医学著作极为相似。眼部的外科手术治疗却只见于医学著作,这显示出医学在自身发展过程中所形成的特殊性。在印度医学"八支"（即"八科"）中,眼科被纳入"特殊外科学"。《妙闻集》中有眼科19章,介绍了眼解剖生理,还有针拨内障的手术方法。

3.《八支心要方本集》与《医理精华》

在妙闻之后,著名医学家婆跋吒撰写的《八支心要方本集》是印度的又一部医学名著。婆跋吒大约生于6世纪与7世纪之交。大约生于7世纪中叶的一代名医拉维笈多（Rarigupta,约650年出生）,撰写了《医理精华》一书。《医理精华》是印度有影响的古典医学著作,主要讲述临床医学知识,收集了历代流传下来的众多医学验方。全书共分为

---

①杨俊明、张齐政:《古印度文化知识图本》,163～165页,广州,广东人民出版社,2007。
②尚会鹏:《印度文化传统研究》,101～130页,北京,北京大学出版社,2006。

31 章,分别讲述了医学理论、药物类别、饮食法则、医疗细则,以及热病、痢疾、出血症、肺病、肿瘤、皮肤病、痔瘘、疯癫、风湿病、便秘、丹毒、创伤等多种疾病的治疗方法。

公元六七世纪以后,印度人还编纂了药物学辞典之类的书籍。古代印度医生甚至还懂得种牛痘和验尿的方法。一部 550 年前的医学著作的记录表明,古印度很可能已经掌握了种牛痘防天花的医术。[①]

从古印度医学与古希腊医学所用理论术语有相同之处来看,两者可能有渊源关系,相互影响是可能的,前者对后者的影响可能更大。印度医学对阿拉伯医学也有影响。[②]

三、天文学

公元四五世纪到 12 世纪是印度天文学的鼎盛期。笈多王朝时期,由于商业和航海业的发展以及古希腊科学文化的影响,印度的天文学出现了空前的繁荣。这个时期对天体及其运动的认识已经有相当的深化,例如,当时印度人已认识到大地是一球体并绕自身的轴心转动。这个思想比中国古代的"天圆地方"说进步得多,也比哥白尼的地动说早了近千年。当时的印度人对月食和日食现象也作了正确的解释,表明他们对日月星辰的观测已达到很高的水平。在天文学计算方面也取得了惊人的成就,例如,印度天文学家们已经相当精确地计算了月球的直径、两极的位置以及主要星辰的位置与运行情况。他们还解释了引力的理论。

1. 天文学家

印度古代出现了一批杰出的天文学家,圣使(Aryabhata,或译阿耶波多、阿利耶毗陀,约 476—550)是其中最著名的一位。他的数学功底使他成为以数学为基础的新型天文学的先驱。从那时起,印度天文学开始建立在真正的科学基础之上。他的主要贡献是使印度天文学进一步系统化。约 499 年,他将自己的研究心得写成《圣使集》(Aryabhatiya,又称《阿利耶毗陀论》或《阿耶波多历算书》)。他的《圣使集》计算了日月星的运动,得出了比较精确的一年为 365.35 天的结论。他还推算了日月交食的周期。尤为重要的是,他大胆提出星体活动的范围是固定的,地球借着它自身的旋转产生了行星及群星每日的升起与落下等。但是,他在天文学方面最惊世骇俗的学说是他的日心说。他大胆地提出,地球是一颗行星,不但围绕太阳公转,而且绕自身的轴自转。圣使的这一天才发现,显现出印度古代文明的伟大智慧。然而遗憾的是,他的这一先进理论并未为后来的天文学家所接受。不过,印度天文学知识传到中国,对中国天文学的发展产生了重要作用。[③]

---

①尚会鹏:《印度文化传统研究》,131 页,北京,北京大学出版社,2006。
②刘建等:《印度文明》,328 页,北京,中国社会科学出版社,2004。
③尚会鹏:《印度文化传统研究》,128～129 页,北京,北京大学出版社,2006。

较为重要的印度天文学家有圣使第一,圣使第一的弟子拉塔德瓦(约505),彘日(约550—587)、梵藏(598—628)、作明第一。还有拉勒(748)、曼朱勒(932)、圣使第二(950)、室利帕蒂(1039),曾撰写《悉昙多之冠冕》和《算术志》,作明第二(1150)撰写了重要论著《顶上珠悉昙多》。[①]

2. 天文学著作

公元后最初的4个世纪,印度出现了一批天文学著作,其中最重要的著作是5部历数全书,叫作悉昙多(Siddhanta)。

其中,最古的悉昙多《毗坦摩诃悉昙多》(亦称《婆罗门论》),继承了《吠陀支节录·天文篇》。

《婆西沙悉昙多》成书于3—4世纪,用计算观测点角距的方法准确判定行星的位置。但是,其观测点不是由星座来表示,而是由黄道带的标记来表示。这是印度天文学受希腊天文学影响的最初表现之一。这部悉昙多的价值还在于它对南印度的影响比较大,在泰米尔纳德一直影响至今。

《普利莎悉昙多》成书于4世纪左右,内容与《婆西沙悉昙多》接近,但反映了更高的知识水平,受希腊天文学的影响更为明显。

《罗马伽悉昙多》成书于4世纪左右,显然与古希腊、罗马有关,受希腊天文学影响比较大。其计算年长度的方法与2世纪希腊天文学家希帕恰斯(Hipparchus,约前190—前125)的方法完全相同。此外,推算从一个周期开始到某个日期的天数的规则,取经过一个"希腊人的城市"的子午线作为基础来确定,这个城市可能是亚历山大城,也可能是君士坦丁堡(即伊斯坦布尔)因为亚历山大城与君士坦丁堡两城市在同一条子午线上。书中虽也有尤迦年之说,但一周期为2850年,与传统的印度周期年代完全不同。

《苏利耶悉昙多》又叫《太阳悉昙多》,成书于5世纪左右,是5部天文学著作中最权威的、唯一流传下来的。书中关于行星运动的一章充分吸收了希腊—罗马人的知识。[②]成书后,经过不断修改补充,流传至今。该书由500首颂诗组成,内容包括测定年月日的方法、行星运行周期、恒星与行星会合于某一时刻的位置,太阳和月亮的相对运动,月食和日食,春分、秋分、冬至、夏至,以及所使用的天文仪器等。尤其值得注意的是,书中关于用来计算行星位置的正弦表被认为是印度古代最卓越的科技成就之一。[③]

《苏利耶悉昙多》的各章内容如下:①行星的等速运动;②行星的准确位置;③方向、地点和时间;④⑤⑥日食月食的性质;⑦行星的会合;⑧星座;⑨偕日升和偕日落;⑩月的

---

① A. L. 巴沙姆:《印度文化史》,闵光沛等译,224~225页,北京,商务印书馆,1999。

② 郭书兰:《印度古代天文学概述》(续),28~34页,载《南亚研究》,1989(3)。

③ 尚会鹏:《印度文化传统研究》,128页,北京,北京大学出版社,2006。

升落;⑪星相学部分论述的"日月的某些不吉利方面";⑫宇宙论、地理学和"创世性";⑬测量器,如浑仪、漏壶、日晷指针;⑭计算时间的不同方法。

公元后的最初 4 个世纪,希腊天文学思想传到印度,这一时期与《悉昙多》文献发展的时期一致,而《罗马伽悉昙多》尤其显出希腊影响的迹象。

3. 古代天文学的特点

印度古代天文学取得过辉煌成就,形成了自己的特色,具有 5 个主要特点。

第一,与宗教有密切的关系,适应农业发展、祭祀活动,天文学家往往又是星相学家。

第二,与哲学思想有密切联系。梵是最高的神,大宇宙由地、水、火、风、空几大元素组成。人也一样,是小宇宙。宇宙运动有周期变化,人有生死轮回。人与宇宙的和谐,梵我合一是人们的最高追求。在整个印度古代天文学的发展中也固守这一理论。

第三,把白道和黄道的升交点和降交点假想为两颗隐星,起名为"罗睺"和"计都",与日月及金、木、水、火、土五星合称为九曜,这是印度古代天文学所独有的。

第四,在历法方面很不统一,有阴历、阳历、阴阳合历,有传统的,也有外来的。

第五,重视理论思维和数学推算,对天体观测主要靠直观,不注重仪器,在天文仪器制作和使用方面远远落后于其他文明古国,也妨碍了天文学本身的发展。①

四、数学

印度古代数学的发展在笈多王朝时期达到顶峰,并在随后的几个世纪中继续发展,从而取得了许多世界领先的成就。公元 12 世纪后,由于动乱,数学在印度发展变缓。②

1. 数学家

婆罗门笈多(Brahmagupta,约 598—约 665)的天文学著作《婆罗门历数书》中有两章专门论述数学问题,内容涉及代数、平面几何、立体几何等。除了整数、分数和四则运算等基础数学内容外,他还引入了负数的概念,确立了正负数的加减规则。此外,他还得出有关比例、联立一次方程、等差级数、二次方程等的算法。他还论证了有关直角三角形、三角形、四边形、梯形等平面几何图形的面积及求体积等立体几何方面的多种定理和计算方法。

巴斯迦罗阿阇梨(Bhāskaracharya,简称作明,又译婆什迦罗,1114—1185)是 12 世纪的大天文学家和数学家。他规定了负数的乘法规则,实际上开了代数符号现代约定的先河。他是世界上最早对任何数除以零的意义有所领悟的数学家。他已经开始用字母表示未知数,与现代代数的用法非常相似。他已经能够解一次不定方程与二次不定方程,

---

①郭书兰:《印度古代天文学概述》(续),28~34 页,载《南亚研究》,1989(3)。

②刘建等:《印度文明》,319~321 页,北京,中国社会科学出版社,2004。

指出二次方程有两个根。他研究了许多多边形,一直到有 384 条边的正多边形,以求得圆周率更为精确的数值。他研究三角学与组合学卓有成就。他设计了计算球面面积的求和方法,被世界科学界认为相当于微积分的雏形。他还将印度宗教的无限的概念发展为无穷大的概念。

2. 数码、0 与圆周率

"阿拉伯数字"为印度人原创,现称阿拉伯数字的数字系统是印度古代数学对世界文明的卓越贡献。印度人很早就有了从 1 到 9 的数字表达方式,公元前 3 世纪以后又逐渐发明了 0 的符号。后来,他们又发明了数字按位计值的方法,并且通晓了 0 的加减、10 进位法和极大数、极小数知识,并能求算平方根和立方根。古代印度人 0 的概念和在数学中的计算知识在大约 8 世纪时传入阿拉伯地区,并为阿拉伯人所接受、运用和传播,以至于西方人一直认为数字源于阿拉伯人,并称它们为阿拉伯数字。其实,这套数字系统是古代印度人创造发明的,他们在代数领域所取得的成就在古代居领先地位,对世界数学的发展有重大的意义。0 大约发明于公元前 2 世纪。此概念与印度文化中"空"的概念有关,也同印度民族善于空想与抽象的特性有关。构成现代信息世界基础的电子计算机是以 0 和 1 为基本信息单位的,所以这个发明对世界文化和当代科学技术的贡献无论怎样估计也不会过高。数学史界认为:这个在一切数字中最为卑微、最有价值的 0,是印度人对全人类的精妙礼物之一。①

圣使(阿耶波多)不仅是一位伟大的天文学家,而且也是一位杰出的数学家。他在数学方面最引人注目的成就是计算出了圆周率的近似值为 3.1416。

3. 数学著作

印度最重要的古典数学著作有以下几部。

(1)圣使(又称阿耶波多,Aryabhata,约 476—550)的天文学著作《圣使集》33 个诗节中一个短的部分(约 499)。

(2)梵藏(又称波罗门笈多,Brahmagupta,约 598—约 665)的天文学通论著作《梵明满悉昙多》中的两章(628)。

(3)圣使第二的《摩诃悉昙多》(年代在梵藏和作明之间)。

(4)室利多罗的《算术精髓》,这一巨著必定是论述代数的,因为作明和其他人从室利多罗那里引用了代数法则。

(5)《嬉有章》与《因数算法章》组成了作明伟大的天文学著作《顶上珠手册》(或译为《顶上珠悉昙多》,约成书于 1150 年)中的代数部分。

---

① 尚会鹏:《印度文化传统研究》,130 页,北京,北京大学出版社,2006。

五、手工业技术

笈多王朝时，冶金、造船、建筑、纺织等技术有所进步，特别是铜、铁等金属的开采、冶炼和铸造有很大进步。415年，在德里库特卜尖塔附近树立的著名的铁柱，经一千多年风雨，至今未锈蚀，被誉为冶金史上的奇观。其内含锰、硫、磷等元素，表明当时印度人已经掌握了冶炼合金的工艺。在造船方面，当时的印度人可以造载100人以上的大型多桨帆船。在建筑方面，以砖石代替土木，佛塔、庙宇、石窟等的建造工艺较前复杂、精巧。在纺织方面，平纹细棉布蜚声国外，地毯、毛毯的织造业兴盛。

戒日帝国时，《大唐西域记》说到其手工业种类繁多，工艺精美，特别提到棉纺织品、金银首饰、珠宝、象牙、漆制品、兵器等，赞美其制作精细、质地优良。该书还提到印度次大陆各国都有一些手工业专业生产的地区，那里集中大量的专业手工业者，生产各种产品来供应市场。

关于神庙建筑，印度教以拥有一门被称作"瓦斯图"的古代建筑科学而感到自豪。这门学问，最早记录在史诗和《往世书》中。在笈多时代过去数百年后，有关建筑学的知识被整理成几部著作，称为《瓦斯图学》。然而，这门由婆罗门祭司构想出的学问带有更多的神学而非技术色彩，且并未以文字的形式记录下来，而是代代口授传承。

第四节　穆斯林进入之后的科学技术

在整个历史时期内，印度分裂多于统一。由于地方富裕，印度经常成为外族入侵的目标。自7世纪起，穆斯林的力量开始影响印度。阿拉伯人入侵，开始把伊斯兰教传入印度，使一部分人皈依伊斯兰教。11—12世纪，突厥人入侵。13世纪初，穆斯林王朝——德里苏丹国（1206—1526）在印度建立。这是突厥人在印度建立的伊斯兰国家。从伊勒图特米什统治时起，首都迁至德里，德里苏丹国由此得名。莫卧儿人是来自中亚的察合台突厥人，莫卧儿帝国的创始人有蒙古血统，中古波斯语读蒙古为"莫卧儿"，莫卧儿帝国因此得名。巴布尔、胡马雍、阿克巴、贾汉吉尔、沙·贾汗、奥朗泽布当朝时，印度为统一时期。1707年，奥朗泽布去世不久，印度又成割据局面。

穆斯林进入印度之后，给印度传统科技增加了新的成分，尤其莫卧儿王朝时期，农作物的多样性、使用肥料的普遍、轮作制的复杂、灌溉面积的规模以及农作技术的精细程度，都比德里苏丹时期有明显进步。此时到过印度的欧洲旅行家普遍认为，论农业技术水平，印度与欧洲国家比毫不逊色。①

---

①林承节：《印度史》，182～183页，北京，人民出版社，2004。

一、农业

穆斯林进入印度之后,农业技术的进步表现在两个方面:改进栽培与灌溉方法;农作物种类增加。

印度用铁犁的地方很少,在土质坚硬的地方,才用铁铧犁来破土。播种方式仍是点播。水稻采用了插秧技术,有一年两熟、一年三熟,更多是一年一熟,有了稻—烟—棉轮作。

为了减轻因季风造成的旱涝灾害,人工兴修水利设施,包括井、蓄水池、水渠。在恒河上游的平原地区,灌溉主要靠井;在信德等地,农民用木制"波斯轮",即带有一串水桶,通过转动木齿轮来工作的一种提水机械,将装水的桶绞上来浇灌田地。在阿格拉及其以东地区,井旁设滑轮,由套了轭的牛拉动滑轮,用皮革做桶,将水提上来。在印度的半岛地区,普遍修筑蓄水池和水渠。开渠的方法是,尽量利用原有河道,挖深、取直。在沙贾汗统治时期,开挖了朱木拿河以东的大灌渠。后来,又开了朱木拿河以西的大灌渠。同时在旁遮普邦,也开出小一组灌渠。在克什米尔,筑堤挖渠,将山上流下的水引来灌溉稻田。

印度最主要的粮食作物有水稻、粟、小麦、大麦,主要经济作物为棉花和蓝靛。莫卧儿王朝时期,大量境外作物进入印度。1600年前,玉米传到西班牙和摩洛哥,后来传遍地中海沿岸,又沿红海传到了印度。1603年后,烟草由去麦加朝圣的人带到印度,在印度传播很快。贾汉吉尔皇帝极力禁止,但收效甚微。咖啡是从阿拉伯半岛经麦加传到印度的。

莫卧儿王朝时期,蔬菜在印度大量种植,引进了马铃薯、红薯和西红柿,大量栽培蔷薇花。以往,大量水果在印度都是处于野生状态,由穷人采去充饥。到莫卧儿王朝时期,人们开出大量果园,种出了高质量的水果,尤其是杧果,更为优质。人们栽培水果,不仅供家庭消费,而且还拿到市场交易。阿克巴皇帝特别热衷于建花园。阿克巴在位时,种植的葡萄、瓜类大增,另有桑葚、菠萝、柑橘、杧果、枣、核桃等也被广泛种植。

二、医学

"尤那尼"(unani)是印度人对西方野蛮人的称呼。当阿拉伯医学伴随着伊斯兰教一起传入印度时,为印度的传统医学增加了新的要素。这种新要素的大部分来源于波斯—阿拉伯医学,在本质上可上溯到古希腊的盖仑。"尤那尼"医学随着伊斯兰教的扩展而在印度扩展,莫卧儿帝国时达到最高潮。与其说阿输吠陀与"尤那尼"医学对立,不如说是共存,并相互吸收对方的技术。但是,在伊斯兰教有很大影响力的都市与宫廷中,"尤那尼"通常居主导地位;阿输吠陀则盛行于印度教徒居住的周边部落与贫民之中。

三、天文学

随着伊斯兰教在印度的传播,伊斯兰文化在不同程度上影响了印度文化,而在天文历法方面的影响更为突出,伊斯兰历法曾长期用作德里政府的官方历法。穆斯林统治时期,印度天文学继续缓慢发展。到 16 世纪及以后又取得了新成就,出现了一些新的天文学著作。印度古代天文学发展过程中,一向不太重视天文仪器的制造和使用,只使用过平板日晷和圭表等一些简单的仪器。穆斯林进入印度之后,情况发生了改变。在这一时期,建天文台和制造仪器方面都有了进步。据有关专家研究,摩诃罗阇·贾伊·辛格(Maharajah Jai Singh,1686—1743)在德里、斋浦尔、乌贾因和贝拿勒斯分别建了四个天文台,这四个天文台装备了大量天文仪器,如巨尺仪、混合仪、黄经仪、黄赤道转换仪、子午象限仪、六十度仪、仰釜日晷、碗状仪、环形分度器等。此外,各天文台还备有赤道式浑天仪或可动式角环(chakra yantra)、星盘(yantra raga)和各种装置不同的浑环。

这些天文仪器技术在印度一直沿用到 18 世纪中期。经过几代波斯和阿拉伯工匠完善,最终由阿拉哈德家族完成了星盘。此时,印度的天文学家已能充分应用欧洲人和穆斯林的思想。在没有望远镜时,他们仿效撒马尔罕天文台所创的先例,用砖石建筑了大型象限仪和日晷,达到了最高的准确度。这些天文仪器的创建人摩诃罗阇·贾伊·辛格,除墨守阿拉伯天文学的成规外,也受到了欧洲天文学著作的影响。这些新的进展,应该说有向近代科学过渡的意义。①

四、建筑与其他手工业技术

贾汉吉尔和沙·贾汗统治时期,开始大兴土木,建筑豪华的宫殿、陵墓、城堡和花园。印度原有的建筑是横梁式的,支柱很多,缺乏曲线美。穆斯林把从中亚、波斯带来的伊斯兰教建筑风格运用于印度。这些建筑的架构是穹隆式的,从力学角度而言,它将房顶的重量均匀传到墙壁上,少用甚至不用柱子,房子好用而又具有优美的曲线。这种伊斯兰教建筑的独特风格,是以往印度建筑所没有的。卡尔吉王朝时,从中亚、波斯避难来的大批建筑师和工匠带来了高超的伊斯兰教建筑技术。从这时起,伊斯兰建筑风格便在印度盛行起来。由于次大陆并非统一王朝,各小国情况各不相同,有的展现伊斯兰风格多些,有的展现伊斯兰风格少些。在德里、阿格拉,伊斯兰风格具有压倒优势;在其他地区和国家,伊斯兰教建筑中吸收印度传统成分要多得多,混合为不同风格。例如,孟加拉国由于缺乏石料,伊斯兰教建筑也采取了传统的砖瓦式结构,其特点是倾斜的半圆形屋顶,用琉璃砖镶嵌,并有精细雕刻的飞檐,图案常为莲花,印度传统特色清晰可见。

莫卧儿王朝时期,建筑艺术达到了精美的高峰。建筑材料来自印度各地,工匠也是从各地招募来的。沙·贾汗统治时期建造的宫殿、城堡、清真寺、花园是最多的,最辉煌的建筑是泰姬陵。泰姬陵用大理石建成,洁白如玉的墙壁上镶嵌着彩色的宝石或半宝

---

①郭书兰:《印度古代天文学概述》(续),载《南亚研究》,1989(3):28~34 页。

石,组成精美的花卉图案,大理石镶嵌技术别具一格。

　　穆斯林统治时期,印度手工业生产分工加强,以往由单个手工业者完成的工作分成了一道道工序,如纺织、缫丝、制糖、开矿、造船等。穆斯林还给印度带来了西亚特有的织毯技术,图案线条复杂,有几何图形、团花、重复图案,色彩也十分丰富,花卉、动物、文字、古画全有,大型花卉还镶有云纹边、石榴、风景、战场、打猎、宗教仪式等纹饰、景物和场面,还有图案化了的树、中间一朵大花、四周有四朵同样形状的小花、带边的花卉图案、用阿拉伯文字写成的短文、与神话有关的图案,皆属世间珍品。

第五节　本章结语

　　印度具有五千年的灿烂文化,古代科技是其灿烂文化的一个组成部分,并具有多元性、包容性、丰富性、实用性的特点。

　　公元前 2500 年前后,印度河流域诞生了印度本土文明——哈拉帕文明。1600 年前后,讲印欧语言的游牧部落雅利安人来到印度河流域,又渐次东迁到恒河平原。他们在印度河—恒河平原发展起农业,创建了另一种文化,特征是梵语、婆罗门教、《吠陀》和种姓制,其中也吸收了哈拉帕文化的一些成分。印度境内人种与民族复杂。这样的起源和民族成分,决定了印度文化的多元性。

　　印度历史上分裂的时间远长于统一的时间,还屡遭外族入侵。入侵者有马其顿人、波斯人、希腊人、阿拉伯人、信奉伊斯兰教的突厥人,外加近代史上的欧洲人。入侵者给生活在印度这块土地上的各族人民带来深重的灾难,也带来了不同文化,增加了印度文化的多元性,造就了印度文化的包容性,即容易吸收外来文化。正是这种多元性和包容性,成就了印度文化的丰富性。

　　就文化的重要组成部分——科学而言,古希腊的天文学与数学,波斯的机械与工艺,穆斯林的天文仪器、医学、建筑技术与园艺等,都融入了印度古代的科学技术中,构成了印度古代科技的多元性与丰富性。

　　如果说古希腊是为科学而科学,古罗马人为实用而科学的话,古代印度人也是为实用而科学。印度古代科技以农、医、天、算四大学科的成就最为突出,四大学科都是为了实用而发展起来的,与中国古代科学的实用性如出一辙。

参考文献

1. 酉代锡、陈晓红:《失落的文明:古印度》,上海,华东师范大学出版社,2003。
2. 廖育群:《阿输吠陀——印度的传统医学》,沈阳,辽宁教育出版社,2002。
3. 林承节:《印度史》,北京,人民出版社,2004。

第五章

中国古代科学技术的成就

中华民族有五千多年的文明史。16世纪前,在一个相当长的历史时期内,中国古代科学技术持续稳步地向前发展,一直处于世界的先进行列,甚至某些学科居于领先地位。正是这些重要的科技发明创造,构成了中华文明绵延五千多年、一直没有中断的物质技术基础。中国古代若干技术成就和科学知识曾传播到朝鲜、日本、印度、波斯、阿拉伯和欧洲,为世界文明的进步做出了重要贡献。

第一节　中国古代科学的主要成就

中国古代科学成就主要集中在数学、天文学、农学、医学四大传统学科。

一、古代数学

数学是中国古代最发达的学科之一,通常称为算术,后来又称为算学、数学。寓理于算,理论高度精练;形数结合,以算法见长;侧重实用性,理论技术化,是中国古代数学的显著特点。以《九章算术》为核心,以算筹为计算工具,以十进制的记数系统来进行各种运算,形成了一个包括算术、代数、几何等各科数学知识的体系,在分数四则运算、比例问题、正负数、方程、一次方程组、高次方程和高次方程组的数值解法、高阶等差级数求和、内插法、一次同余式等方面取得了突出的成就,并发明了数百年来世界上最好的计算工具——珠算盘。

1.《九章算术》体系

《九章算术》是《九章算经》的通称,为中国传统数学最主要的典籍,大约在西汉末年编定,共分九章,约百条相当抽象的算法,246 个例题,在分数运算、盈不足术、开方术、方程术、正负术、解勾股形等方面成就突出,各章主要内容见下文。

第一章"方田"介绍田亩面积的计算方法,提出了分数运算法则,包括了分数的约简、加、减、乘、除及求平均值的法则,与今天的方法基本一致;给出了正方形、三角形、梯形、圆形、弓形、圆环、宛田等各种图形的面积公式。

第二章"粟米"介绍了今有术,即古代在物物及物与货币的交换中的比例算法。

第三章"衰分"提出衰分术,即比例分配算法,解决依等级分配物资或按等级摊派税收的比例分配问题。

第四章"少广"提出了开平方术、开立方术,与现今求解一元方程的方法基本一致,是世界上最早的开方程序。

第五章"商功"给出了长方体、堑堵、阳马、鳖臑、方亭、方锥、刍童、刍甍、羡除等多面体及圆柱、圆亭、圆锥等圆体的体积公式。

第六章"均输"提出均输术,计算距离、户(人)数、工(米)价不等的地区的劳役赋税,使之按户(人)的负担均等,合理摊派赋税和徭役。

第七章"盈不足"提出盈不足术,即解决今之盈亏类问题;"良驽二马"问首次给出了等差级数的前 n 项和公式。

第八章"方程"提出方程术,即今之线性方程组解法。使用直除法消元,是世界上最早的线性方程组解法。列方程的方法叫损益术,就是移项与合并同类项,列出的方程相当于今之矩阵。还提出正负术,即正负数加减法则。

第九章"勾股"应用了由股弦差及勾求股、弦的公式,测量计算"高、深、广、远"的问题。持竿出户问应用了由勾弦差、股弦差求勾、股、弦的算法。户高多于广问应用了已知勾股差及弦求勾、股的公式。

《九章算术》奠定了中国传统数学的特点与风格。历代数学家基本上都是按着九章体例,阐述数学理论和方法。历代也不乏学者对《九章算术》加以校注,特别是魏晋时刘徽和唐代李淳风的注释最有名,并流传至今。从 20 世纪中叶起,《九章算术》被翻译成俄文、德文、日文和法文等多种文字,成为世界古代科学名著。

2. 宋元数学高峰

中国传统数学在宋元时期发展到最高峰,贾宪、秦九韶、李冶、朱世杰等数学家取得了领先于世界的数学成就,同时改进筹算乘除法,发明珠算盘,完成了计算工具的改革。

贾宪(11 世纪前半叶)是北宋数学家,著有《黄帝九章算经细草》九卷,创造贾宪三角和增乘开方法,将整次幂二项式的系数摆成一个三角形,将传统开方法推广到任意高次。贾宪三角,超前其他文化传统 4~6 个世纪,西方叫帕斯卡三角。

秦九韶(约 1208—约 1261)是南宋数学家,1247 年著成《数书九章》,分大衍、天时、田域、测望、赋役、钱谷、营建、军旅、市易九类 81 题。其军事问题之多且复杂,反映当时社会经济状况之翔实,超过以往任何数学著作,其中大衍总数术与正负开方术是其主要贡献。大衍总数术是系统的一次同余式组解法,其核心部分是大衍求一术。欧洲 18、19 世纪数学大师欧拉、高斯才达到或超过秦九韶的水平。正负开方术把高次方程正根的解法发展到十分完备的程度,欧洲 19 世纪初才出现同类方法。

李冶(1192—1279)是金元数学家,1248 年著《测圆海镜》,1259 年著《益古演段》,他的著作是现存最早使用天元术的数学著作。天元术是中国传统数学列方程的方法。立天元一相当于设未知数 x,在一次项旁记一"元"字表示天元多项式。根据问题的条件列出两个等价的天元式,两者相消,便得到一个一元方程式。

杨辉(约 1238—1298)是南宋数学教育家,著有《详解九章算法》《杨辉算法》,在总结民间乘除捷算法、幻方造法上有贡献。

朱世杰(1249—1314)是元代数学家,著有《四元玉鉴》,创造四元消法(四元术),即多元高次方程组解法,对垛积术、招差术的发展是本书最大的贡献,是代表中国传统数学最高水平的著作。

二、古代天文学

天文学是中国古代最重要的学科之一。历代不断改进天文观测和计时仪器,提高观测的精确度,推算天文数据和天体具体位置,以修订和完善新的历法。中国古代天文学独具特色,自成体系,在天文仪器、观测推算与历法方面成就最突出。

1. 天文仪器

东汉天文学家张衡(78—139)创制了一台大的漏水转浑天仪,其主体是一架浑象。浑象是一种天文演示仪器,用于演示天体的变化,类似现代的天球仪。

唐代天文学家僧一行(本名张遂,673 或 683—727)和梁令瓒设计制造的开元水运浑天仪,兼具天象演示和计时功能,它不仅是水控天象演示仪,而且是一台水力机械天文钟。

北宋天文学家苏颂(1020—1101)和韩公廉(生卒年不详)等人于 1088—1092 年间制成集浑仪、浑象、刻漏于一体的大型水运仪象台,开启了近代钟表锚状擒纵器的先声,还是近代控制望远镜随天球同步运转的转仪钟的先驱,又是现代天文台观测室活动屋顶的始祖。

元代天文学家郭守敬(1231—1316)于 1279 年创制简仪,在中国传统浑仪基础上,将众多环圈简化,只保留两组最基本的环圈系统,使之成为当时最先进的天文观测仪器。西方直到 1598 年才由丹麦天文学家第谷(Tycho Brahe,1546—1601)最早制成类似简仪的赤道装置,比郭守敬晚了 3 个多世纪。

2. 观测与历法

流传至今的中国最早的物候天文历是《夏小正》。《夏小正》原文只不过几百字,却记载了一年里每个月的物候、天象情况和相应的生产活动安排,其中有几个月还有关于气象的记述。

战国时期著名的星占家齐国的甘德(约生活于公元前 4 世纪中期)和魏国的石申(约生活于公元前 4 世纪)分别著有《天文星占》(8 卷)和《天文》(8 卷),后世合称《甘石星经》。石申曾测记了 120 颗恒星的位置,比古希腊著名的依巴谷星表约早两个世纪。甘德则在观察岁星(即木星)时发现"若有小赤星附于其侧",这是早于伽利略(Galileo Galilei,1564—1642)两千年对木卫的观察。

东汉班固撰《汉书·五行志》有世界上最早的太阳黑子记录;晋司马彪著《续汉书·天文志》有世界上最早的超新星爆发记录。

南朝刘宋时期著名数学家、天文学家祖冲之(429—500)于 462 年制定《大明历》,首次将岁差引入历法,把回归年和恒星年区别开来。他实测冬至点时刻,推算出来的回归年长度为 365.242 814 8 日,比现今推值只多 46 秒。他提出的交点月数据为 27.212 23 日,同现代所测值相比只差十万分之一日。

北齐天文学家张子信(生卒年不详)为避战乱,隐居于海岛,以自制的浑仪潜心观测天象达 30 年,取得了太阳运动不均匀性、五星运动不均匀性和月亮视差对日食的影响三大天文学发现。

隋代天文学家刘焯(544—610)于 600 年制定《皇极历》,首创等间距二次差内插法计算日月合朔时刻,开创了历法计算的新局面。

唐代僧一行创立《大衍历》,分"步中朔""步发敛""步日躔""步月离""步轨漏""步交会""步五星"七章,编制结构合理,逻辑严密,层次清楚,成为后世历法编次的经典模式。724 年,一行为制定精确的历法《大衍历》,发起组织大规模的大地测量,首次实测了子午线 1°长约 129.2 千米,与现代测量数值 111.2 千米相比,仅有 18 千米的误差。

宋代《宋会要》关于超新星的记录,被现代天文学家确认为超新星爆发,其留下的遗迹就是著名的蟹状星云。

郭守敬、王恂(1235—1281)等人于 1280 年编制成《授时历》,根据精密的天文观测,考证了冬至、岁余等多项天文数据和黄赤交角值,创立了三次差内插等新的计算方法,使之成为中国古代最精密的历法,在明清时沿用了 364 年,是中国古代行用时间最久的一部历法。

三、古代农学

中国自古以农为本,是历史悠久的农业文明古国,被世界公认为农业起源中心之一,曾经创造了灿烂的古代农业文明和辉煌的农业科学技术成就,总结了一整套适合中国特点的精耕细作技术体系,使中国传统农业在一个相当长的历史时期内居于世界领先地位。

中国古代农学发展的特点是:历代农学家和官府编纂农书,推广和普及农业生产技术;从选种、整地、播种、中耕除草、灌溉施肥,防治病虫害到收获,逐渐建立了一套完善的精耕细作技术体系。

1. 农书体系

中国古代农学著作约有五六百种之多,数量堪称世界第一。其中综合性农书以农业通论、谷物栽培、园艺、畜牧、蚕桑为基本内容,大都由官府组织撰修,或由地方官、朝廷农官亲自动手编写,篇幅较大,适用的地区较广。明清时期,出现了大量由民间私人编写的小型地方性农书和论述农作物、畜牧、园艺、蚕桑等专业性农书。这些农书代代相传,构成了中国古代农学体系。著名农书如下:

《吕氏春秋》,战国末年秦国吕不韦(约前290—前235)召集门客编撰,其中《上农》《任地》《辨土》《审时》四篇是现存最早的农业政策和生产技术论文,对土地的利用、土壤耕作技术、作物栽培的时节和方法等有较详细的论述。

《氾胜之书》,西汉末年农学家氾胜之(生卒年不详)撰,记录了十几种作物的栽培方法,特别是记载了合理利用水肥、保证小面积高产的"区种法"和对种子进行先期处理、达到防虫防旱增产效果的"溲种法"。

《四民月令》,东汉农学家崔寔(? —约170)著,首创以月令写作农书的体例,逐月记载当时的农业及其他方面生产和生活的概况。

《齐民要术》,北魏农学家贾思勰(生卒年不详)著,约成书于533—544年间,全面记录了中国北方旱作农业技术,内容涉及作物栽培、耕作技术和农具、畜牧兽医、食物加工等方面。该书在中国农学史上占有非常重要的地位,后世综合性农书基本上都采用其体例。

《陈旉农书》,北宋末农学家陈旉(1076—?)撰,全书分3卷,上卷讲农业经验与作物栽培总论,中卷讲养牛,下卷讲桑蚕,属现存最早的谈论南方农业的书。书中明确指出任何土壤只要治得其宜,都可用以栽培作物,并可经常保持肥沃。

《农桑辑要》成书于元代,是中国现存最早的官修农书,主要介绍蚕桑业成就,积极提倡种植苎麻和棉花。

王祯(1271—1368)《农书》,成书于元代,是一部大型农学著作,全书共37集,分为农桑通诀(6集)、百谷谱(11集)和农器图谱(20集)三部分,其中农器图谱绘图270余幅。

《农政全书》,明徐光启(1562—1633)撰,60卷,70余万字,是中国古代篇幅最大的一部农书,有农业技术百科全书之称,包括农本、田制、农事、水利、农器、树艺、种植、牧养、荒政等内容,系统地总结了中国传统农业的成就。

这些农学著作流传至今,有些技术仍然有生命力。

2. 精耕细作技术

在中国北方逐渐形成完整的农业旱作技术体系,这一体系的核心是耕、耙、耱相互配合的土壤耕作技术,加之一系列配套的农业技术规范,精耕细作,抗旱保墒,从而提高粮食产量。耕、耙、耱耕作技术是适应北方旱作农业的一整套农田技术。

在中国南方则形成了水田精耕细作技术体系,包括整地、育秧和田间管理三方面内容。其中,整地技术以耕、耙、耖为核心,育秧技术包括浸种、播种、移栽等步骤,田间管理则有耘田、荡田、烤田等内容,三方面相辅相成,形成了一个技术整体。

土地是农业生产的根本。古代整地技术包括垄作法、畎亩法、代田法、区田法,开发梯田、圩田和涂田,改良盐碱地和桑基鱼塘。

垄作法是农作物的一种分行栽培技术,商周时期已出现。战国时期又形成完善的"畎亩法",将农田做成高低相间的行。高处称垄,即亩;低处为沟,即畎。畎亩法有利于农田的中耕除草、抗旱防涝,又有利于农作物通风透光,生长发育,可提高农田的生产能力。

代田法是西汉农学家赵过(前140—前87)发明推广的一种农田耕作方法,主要技术特点是沟垄相间、沟垄互换、耕耨结合,克服了广种薄收的耕作方式的弊病,能合理地利用地力,达到抗旱防风保墒、提高作物产量的效果。

区田法又称区种法,是西汉《氾胜之书》中记载的一种抗旱高产的栽培方法,将农田分作若干宽幅或小区,在区内综合运用深耕细作、合理密植、施肥灌水、加强管理等措施。区田法对北方旱作农业技术体系的形成产生了重要影响。

梯田是利用山坡地形开发出的一层层大小不等的平地。南宋时期,福建、江苏、安徽、浙江、江西等地已有较多的梯田分布,在一定程度上弥补了平地良田的不足。

圩田是在长江下游水网密布地区,利用季节性浅水滩地、湖泊淤地围水造田。具体方法是先筑围堰,再将围堰内水排出。圩田在唐代有新的发展,到宋代达到空前规模,一圩之田,常达千顷。

宋元时期,沿海地区利用海边滩涂,围垦造田,并利用雨水冲洗灌溉,改良土质,称为涂田;利用浮在水面的木排,在上面铺一层泥土,以种植庄稼或其他作物,称为架田。

改良盐碱地是明清时期土地开发利用的成就。除了继承引水洗盐、放淤压盐、种稻治盐等传统方法外,还出现了绿肥治碱、种树治盐、深翻压盐,甘肃地区还使用砂田覆盖等治理盐碱地的新措施。这些措施采取生物方法和耕作方法治盐,成本低,见效快。

约从明代中期开始,珠江三角洲地区出现了一种新型农作方式:在低洼处挖水塘,塘堤栽种桑树,桑叶喂鱼,蚕粪养鱼,称为"桑基鱼塘",这是一种生态农业方式。桑基鱼塘到清代又发展出桑、蚕、猪、鱼混养,其后又发展出蔗基鱼塘,形成了内容丰富的基塘生态农业。

明清时期发展间作套种,一岁数收,以充分利用地力,增加粮食产量。北方地区多采用麦豆、桑豆、麦棉等间作套种,可达三年四熟或二年三熟。南方地区则发展了水旱轮作制,很多地区实行双季稻种植,达到一年二熟,华南地区、长江流域等地区则达到一年三熟。

四、古代医学

医学是中国古代四大传统学科之一。经过长期医疗实践和积累,中国古代医学发展成具有鲜明民族特色的医药体系:生理病理学以脏腑、经络、气血、津液为内容;治疗学强调以"四诊"(望、闻、问、切)进行临床诊断,以"八纲"(阴阳、表里、虚实、寒热)辨证施治;药物学以"四气"(寒、热、温、凉)、"五味"(酸、甘、苦、辛、咸)来概括药物性能;方剂学以"君臣佐使""七情(喜、怒、忧、思、悲、恐、惊)和合"来配药;针灸学以经络、腧穴为主要内容;还发明推拿术、气功、导引等治疗方法。

中国古代医学的突出特点是:以阴阳五行学说为指导,从生理、病理、诊断、药物、治疗、预防等各方面考虑,强调整体治疗,不是简单地"头痛医头""脚痛医脚"。中医药学代代相传,不断得到充实和提高,至今仍是医学重要学科。

正如其他传统学科一样,中国古代医药学的重要成就也与一批著名医学家和医书典籍紧密联系在一起,并流传至今。

中国正史上记载的第一位著名医学家是扁鹊,约生活于战国时期。他医术高超,通内、外、妇、儿、五官各科,擅长针灸,精于望诊、脉诊,并创立了脉学理论。

迄今已知中国最早的一批医学著作是 1973 年在湖南长沙马王堆汉墓出土的帛书与竹简《足臂十一脉灸经》《阴阳十一脉灸经》《脉法》《五十二病方》《养生方》《杂疗方》等10 余种医书。

《黄帝内经》是托名于"黄帝"的医学著作,是先秦至汉时医学家的成果总结,内容包括人类的生理、病理、医理、药理等理论和诊断、针灸、预防等方法,对后世中医学发展具有深远的影响。

《难经》又称《八十一问》《黄帝八十一难经》,约成书于东汉时期,以自问自答的方式,提出了医学中存在的 81 个问题,涉及脉诊、经络、脏腑、病候、腧穴等方面。该书将中国传统的阴阳五行学说应用于医学理论与治疗方法,构成完整的理论体系。

《神农本草经》是中国最早的药物学著作,约成书于东汉,记载药物 365 种,分上、中、下三品,上品为营养滋补药物,中品为抑制疾病药物,下品为作用较强的猛药,其中许多药物经临床实践验证有很好的疗效。

张仲景(约 150—219),著名医学家,撰《伤寒杂病论》,将外感热病分成 6 个阶段,论述每个阶段的症候、病理与施治方法,提出辨证施治的原则;总结了复方配伍,对后世医学产生了很大影响。

华佗(约 145—208),著名医学家,精通内科、外科、妇产科、针灸科,尤其擅长外科;发明全身麻醉术,用酒服麻沸散,配合外科手术施用;创造"五禽戏",即模仿虎、鹿、猿、熊、鸟 5 种禽兽动作姿态的保健操。

王叔和,汉末晋初的医学家,精通脉学,撰《脉经》10 卷,总结归纳了 24 种脉象,该书是现存最早的脉学著作。

皇甫谧(215—282),魏晋间医学家,撰《针灸甲乙经》,该书对前人的针灸理论进行加工整理,并提出了将穴位与经脉理论体系贯通的主张,对针灸学的发展起了重要作用。

《诸病源候论》成书于 610 年,由隋太医博士巢元方等人受命编写,专述内、外、妇、儿、五官、传染等科的疾病病因、病理和症状,是中国历史上最早也是内容最丰富的一部病因病理著作。

《新修本草》是由唐高宗敕令撰著的药典,完成于 659 年,是中国也是世界上最早由国家颁布的药典。全书共 54 卷,分正文、药图、图注三部分,收载药物 844 种,在药物收集的广泛性、可靠性和实用性方面,均超过了以前本草著作。

孙思邈是唐代杰出的医学家,医药学著述近百卷,名著为《千金方》。《千金方》是《千金要方》和《二金方》二者的合称,主要内容包括中医理论和临床各科的诊疗、预防等,特点是重视妇科、儿科、食疗、民间方药和医德。《千金翼方》除对《千金要方》进行补充外,还收载中药物 800 多种。

8 世纪,藏医学家宇妥·元丹贡布曾多次到祖国内地及印度等邻近国家学习医学,与其他几位藏医学家一起编写出《四部医典》。该书包括医学理论与临床实践,讲述病因病理、诊疗剂方法、药物方等,奠定了藏医学的理论基础。

道家著作《正统道藏》中收录有烟萝子的六幅《内境图》,绘于 10 世纪中叶之前,是中国现存最早的人体解剖图。宋代解剖医学有重大的发展,在刑场实际解剖基础上绘制的《欧希范五脏图》(吴简)和《存真环中图》(杨介),纠正了前人解剖图的若干谬误。特别是《存真环中图》,对人体的胸腔、腹腔、消化、泌尿、生殖系统等都有较详细的描述,对元明解剖学的发展产生了重要影响。

南宋淳祐七年(1247)宋慈(1186—1249)写成的《洗冤集录》5 卷,被誉为世界上最早的法医学著作。该书对人体解剖、尸体外表检验、现场勘察等有较全面的记载,并列举近 20 种死亡情况的特征与检验要点。该书被传播到朝鲜、日本和西欧。

金元时期,医学界形成"金元四大家"学派:刘完素(约 1120—1200)认为大部病因是火热造成,提倡用寒凉药物,被称作"寒凉派";李杲(1180—1251)主张脾胃伤害是致病的主因,要以补脾胃为主,被称作"补土派";张从正(约 1156—1228)认为邪气是病因,被称为"攻下派";朱震亨(1281—1358)治疗善用滋阴降火之剂,称"滋阴派"。

宋代出现专门的儿科医家,编成《小儿药证直诀》《小儿卫生总微论方》等著作。著名医师陈自明(1190—1270)撰写的《外科精要》,反映了当时的外科学成就。元代的骨伤科有长足发展,《世医得效方》在骨折整复方面富有建树。

李时珍(1518—1593)是明代著名医药学家,著《本草纲目》,收录药物 1 892 种,插图 1109 幅,附方 11096 副,创立了本草学接近现代科学分类的纲目体系,纠正了前代本草学中的讹误。《本草纲目》被认为是药物学的集大成之作,也是一部百科全书式的博物学巨著。

人痘接种法是明代中医学的一项重要发明,其目的是预防天花。它通过痘衣、痘浆、旱苗等方法,使人受到天花的轻微感染,从而达到免疫的目的。这种方法对预防天花有显著的效果,发明后影响逐步扩展,对欧洲牛痘接种法的发明有重要的启示作用。

第二节 中国古代技术成就举例

中国古代技术成就,除四大发明之外,还表现在陶瓷、冶铸、丝织、机械、建筑等技术领域。

一、造纸术

造纸术是中国古代科学技术的四大发明之一,它使书写材料发生了根本性的变化。

考古出土的纸残片表明,在西汉时期已经有纸存在。西汉纸用大麻和苎麻做原料,是世界上最早的植物纤维纸。公元 105 年前后,东汉宦官蔡伦(63—121)总结了造纸经验,用树皮、麻头、破布和渔网造纸,完成了对造纸术的重大改革,创制了"蔡侯纸",使纸的质量大大提高,开创了造纸技术的新时代。

魏晋南北朝时期,造纸技术得到进一步的发展,纸张变薄,表面光洁平滑,结构紧密,白净度有所改进,并发明施胶纸,增强了纸张的抗透水性。

隋唐时期,造纸技术逐步走向成熟。唐代造纸采用各种韧皮纤维做原料,能生产出品位极高的纸张,如竹纸、手工纸和皮纸。

宋元时期,造纸技术已达到成熟阶段。造纸的原料从麻皮、韧皮纤维扩大到稻、麦等植物的茎干,能生产大幅纸、加工纸。

明清时期,造纸材料不断丰富,技术不断完善,纸张的质地和韧性大大提高。万年红表面涂有朱红色铅丹,有杀虫驱虫的作用,是明清纸张中最具有实用价值的加工纸。染色纸表面涂布蜡质,撒金银屑,绘金银花,成为明清时一种高档艺术品。产于安徽泾县的宣纸,以青檀皮为原料,掺入定量的楮皮与稻草制浆抄造而成,至今仍享有盛誉。

中国造纸术发明后,随着中外交通和交流的发展,4世纪前后首先传入朝鲜和越南,7世纪初传入日本,唐初传入印度和巴基斯坦,12世纪经阿拉伯地区传入欧洲,对人类文明的发展做出了重大贡献。

二、印刷术

印刷术是中国古代科学技术的四大发明之一。中国古代印刷术包括雕版印刷和活字印刷两种技术。

雕版印刷一般以纸为载体,利用反刻原理,将文字或图画原稿制成印刷品。雕版印刷术的发明,可追溯到西周时期的图章印符和战国时期的纺织品印花版。中国大约在隋唐时期或更早已经发明了雕版印刷术。在韩国庆州佛国寺释伽塔内发现唐代早期印刷的《无垢净光大陀罗尼经》。该经大约印于702—751年间,是中国雕版印刷的早期实物。在敦煌发现的《金刚经》,刻印于唐咸通九年(868),镂刻精致,标志着雕版印刷术已经成熟。宋代印刷业空前繁荣,雕版印刷技术进一步提高,用彩色套印技术印刷纸币。元代至元年间(1264—1294)发明了朱墨双色套印技术。明代发明了饾版和拱花技术。明末刊印的《十竹斋画谱》和清初刻印的《芥子园画谱》,是明清时期雕版印刷的精品。

活字印刷术,首创于北宋庆历年间(1041—1048)毕昇(约970—1051)发明的泥活字印刷术。毕昇发明的泥活字印刷术,包括活字印作、拣字、排版、印刷、拆版、还字等工序,与现代铅活字印刷的原理和工序完全相同。泥活字印刷术大大提高了印刷的效率,是印刷史上的一次革命。出土的西夏印刷品表明,这个时期掌握了成熟的木活字印刷技术。元初,王祯(1271—1368)组织刻制3万个木活字,并发明了轮转排字架,印刷了100部《旌德县志》,印刷效率比雕版印刷高出许多。王祯所撰《造活字印书法》,成为研究印刷技术史的珍贵文献。元代还出现了世界上最早的金属活字——锡活字。明代开始用铜活字和铅活字印刷书籍。清代大规模使用活字印刷技术,排印鸿篇巨制。雍正初,内府用25万枚铜活字,排印了《古今图书集成》1万卷;乾隆年间,用25万多个木活字,印刷了《武英殿聚珍版丛书》2 300卷。

中国印刷术的发明,对世界文化的传播、交流与发展产生了巨大的推动作用。印刷术首先传入日本、朝鲜、越南等东亚国家,后经阿拉伯传入欧洲。

三、火药

火药即黑火药,又称有烟火药,是一种混合炸药,以硝石、硫黄、木炭或其他可燃物为主要成分,点燃后能迅速燃烧或猛烈爆炸,为中国古代科学技术四大发明之一。因硝石、硫黄等在中国古代都是药物,混合后易点燃并猛烈燃烧,故称为火药。火药是人类掌握的第一种爆炸物,对于世界文明的发展曾起重大作用。

火药为在没有外界助燃剂的参加下能迅速燃烧并产生大量气体的药剂,属于不太猛烈的炸药,一般由75％硝酸钾、10％硫黄和15％木炭研成极细的粉末,均匀混合而成。硝石,即现代化学上所说的硝酸钾,在火药中扮演着氧化剂的角色,遇有机物易引起燃烧或爆炸。硫黄,是一种化学元素物质,在火药燃烧过程中,扮演还原剂的角色,是火药能够爆炸的重要因素。木炭在火药中作为燃烧剂,相当于黑火药中的燃料。

在火药发明的过程中,中国古代医药学家和炼丹家发挥了特殊的作用。他们使用硝石和硫黄炼制长生不老的丹药,至迟在唐宪宗元和三年(808)发明了具有燃烧爆炸性能的原始火药。

早在春秋战国时代,古代医药学家和炼丹家就已使用硝石和硫黄炼制长生不老的丹药。秦汉时期,中国最早的药物典籍《神农本草经》,将硝石列为120种上品药中的第六种,将硫黄列为120种中品药中的第二种。东晋的葛洪(约281—341)在《抱朴子·仙药》篇中记载了用硝石、玄胴肠、松脂三物合炼雄黄的实验。南朝齐梁时的陶弘景(456—536)在《神农本草经集注》中记载了硝石燃烧后有紫青色火焰升起的实验。隋末唐初医学家、炼丹家孙思邈(581—682)所撰《孙真人丹经》记载有"伏火硫黄法"。唐元和三年(808)炼丹家清虚子所著《太上圣祖金丹秘诀》记载"伏火矾法",炼制了最原始的火药。

宋仁宗庆历四年(1044),曾公亮(999—1078)、丁度(990—1053)主编《武经总要》,记载3种火药的详细配方:毒药烟球火药法、火炮火药法、蒺藜火球火药法。其中蒺藜火球火药配方规定:火药法,用硫黄一斤四两、焰硝二斤半、粗炭末五两、沥青二两半、干漆二两半捣为末,竹茹一两一分、麻茹一两一分剪碎,用桐油和小油各二两半、醋二两半化汁和之。换算成硝酸钾、硫与碳的克数和组成占比:硝酸钾 1 500g,61.5％;硫 750g,30.8％;碳 187.5g,7.7％。

明代鸟铳火药配方,戚继光(1528—1588)《纪效新书》(1560年成书)卷十五《诸器篇》记载有"制合鸟铳药方":硝一两,磺一钱四分,柳炭一钱八分。通共硝四十两,磺五两六钱,柳炭七两二钱。换算成硝酸钾、硫与碳的克数和组成占比:硝酸钾 1 500g,75.8％;硫 210g,10.6％;碳 270g,13.6％。明代火药配方与现代标准军用黑火药(含硝石75％,硫黄10％,碳15％)基本相同,并制作细而均匀的颗粒状火药,进一步改进火药的燃烧爆炸性能。

从宋代到明代,在火药配方中,硝酸钾的含量逐渐增加,从61.5％到75.8％。火药燃烧速度也在不断增加,爆炸力增强,残渣减少。随着硝酸钾、碳成分含量的增加,燃烧速度、放热量、对外界做功的能量等燃烧爆炸性能示性数都在增加。由于硫在受热后出现晶型转变,要吸收大量热量,使黑火药的燃烧初始点火阶段不易进行,因此,在火药配方中,硫的含量在组成中逐渐减少,燃烧性能逐渐增强。

火药的发明和发展促进了各种军用燃烧爆炸器材和管型射击武器的发明和发展。10世纪,中国开始将火药应用于军事。从北宋到明代,火药箭、火球、炸弹、地雷、水雷、火枪、铜火铳、铁管火炮等大批火器相继问世,火器在战争中的作用和地位日益上升,使传统冷兵器在战争中的作用和地位逐渐下降。

中国火药火器技术的发明和传播,对世界军事技术的发展和人类历史的变革,产生了巨大而又深远的影响。从13世纪开始,中国发明的火药技术传入阿拉伯地区,又由阿拉伯人传入欧洲。元初,蒙古骑兵大规模西征,中国发明的火药和火器技术进一步传入阿拉伯地区。大约在1280年,哈桑·阿里曼(Al-Hassan al-Rammah,1265—1295)用阿拉伯文撰写的《马术与战争策略大全》记载有火药方"飞火""中国箭""中国火轮""中国花"等。大约在13世纪后半期,火药由阿拉伯地区传入欧洲。1320年,西方首先使用黑火药做枪炮发射火药。14世纪,铁炮已经在欧洲各国应用。15世纪具有科学配比的粒状火药在欧洲出现。直到19世纪末,黑火药一直是标准的枪炮发射火药和炸药,后来才逐渐被能量更高的无烟火药及猛炸药取代。

四、指南针

指南针也是中国古代科学技术四大发明之一。

早在战国时期,人们就已经发现了磁石吸铁以及磁石"司南"的现象,并有制成"司南"用来定方向的记载。据古文献记载,汉代制作的"司南"由青铜地盘与磁勺组成,地盘上标示有东、南、西、北四个方向的24个方位,磁勺由天然磁体制成,置于地盘中心,勺把常指南方。这种类型的"司南"在中国曾被长期使用。科技考古专家王振铎(1936—)先生,曾根据历史记载及考古发现,复原了汉代"司南"的模型。

北宋时,利用磁性指南的工具与方法有了很大发展,出现了指南鱼、指南针等指南工具及多种指南方法,其中有代表性的有缕悬法、水浮法等。缕悬法是用蚕丝将磁针悬挂在木架上,架下放置方位盘;水浮法是用灯草与磁针一起漂浮在盛水的瓷碗中,简便实用,被最早用于航海。在当时的两部重要著作《武经总要》《梦溪笔谈》中,对指南针的功能和制作进行了较为详细的记载,记录了人工制造磁体以加强磁性的方法,并首次记录了对地磁偏角的认识。

指南针一经发明,很快就被实际应用于航海,在北宋就有用指南针航海的最早的记载。到了南宋,已经出现了用磁针与划分方位的装置组装成的完整的仪器,当时称盘针、经盘、地螺,后改称罗盘。南宋时有用水浮法的水罗盘和用尖状物支撑磁针的旱罗盘。

指南针在航海上的应用,推动了中国古代航海事业的发展,大约在12世纪末到13世纪初,指南针传入阿拉伯地区,并经阿拉伯地区传到欧洲及世界各地,促进了世界航海事

业的兴旺,增进了各国人民之间的文化交流与贸易往来,对世界文明的发展做出了重要贡献。

五、冶金技术

冶金技术与金属工艺是其他技术和生产制作的技术基础,青铜冶铸与钢铁技术体现了中国古代的冶金技术水平。

1. 青铜冶铸

早在距今约 4 000—5 000 年前的人类活动遗址中,就发现有利用自然铜制作的红铜工具。商代曾大量开采铜矿和炼铜,采矿技术已达到一定的水平。

西周、春秋时期,铜矿开采技术又有较大提高。在湖北大冶铜绿山和安徽铜陵、南陵等地,都发现了这一时期的古铜矿遗址。此外,还发现多座春秋时期的古炼炉。这是目前已知的最早的炼铜竖炉。

铸造是人类掌握较早的一种金属热加工技术。夏代已铸造青铜器。山西夏县东下冯夏代遗址中出土有铸造铜器的石范,河南偃师二里头遗址中出土有夏代时期的铜爵。商代,青铜铸造业进入全盛时期。河南郑州出土的乳钉纹青铜方鼎,是商代早期的大型铸件。商代中晚期,青铜器大量铸造。在河南安阳殷墟等地发现有种类繁多、造型复杂、花纹繁缛、工艺高超的青铜铸件。体魄硕大的"后母戊"青铜方鼎,重达 832.84 千克,是目前已发现的中国古代最重的青铜器。"后母戊"青铜方鼎用块范法分铸铸接成形,用多个竖炉同时熔炼浇注。造型精细的四羊尊、龙虎尊、虎食人卣等,把人与动物形象塑造得栩栩如生。商代青铜铸件举不胜举,充分反映了商代青铜铸造业的生产能力和技术水平。

商代的青铜器多为陶范铸造,其工艺是先雕刻器物原型,再分别翻制内范、外范,最后熔铜浇注。方彝铸范是在河南安阳殷墟遗址中发现的较完整的铸范,反映了商代制范工艺的先进水平。

现代的熔模铸造在中国古代称失蜡铸造。失蜡铸造是中国古代铸造技术的一大发明,对世界铸造技术做出了重大贡献。最迟在春秋时期,中国已开始采用失蜡铸造技术。河南淅川县楚墓出土的云纹铜禁就是用失蜡法铸造而成的。

中国古代青铜冶铸技术首先用于制作礼器和兵器。例如,1978 年在湖北随州出土、约铸造于公元前 433 年的曾侯乙青铜编钟是中国特有的乐器,也是古代国之重器。在出土和传世的编钟中,其组别、数量最多,音律最为齐备,铸造精美,纹饰华丽,气势最雄伟,被称誉为"世界第八奇迹"。其横截面呈合瓦形,从而能发两个乐音,一为正鼓音,一为侧鼓音,且衰减较快。其音域达五个半八度,中间三个半八度,十二个半音齐备,可旋宫转调,演奏各种乐曲,证明早在战国初期,中国已有七声音阶,具备了较完备的乐律学知识。

吴越之剑,名闻天下,代表中国历史上青铜剑铸作的最高水平。著名的越王剑和吴王剑,近年多有出土。吴越铜剑从形制、选材、铸造、磨砺到装修,都十分讲究。在剑身的不同部位浇注了不同成分的铜合金,刃部锋利,且不易折断。越王勾践剑的暗花纹,经检测是天然腐蚀生成,而无花纹的部分则因用高锡膏剂作过表面处理,得以保存原貌。

2. 钢铁技术

早在春秋时期,中国已发明了生铁冶铸术。战国时期,用生铁铸成的农具和手工工具已被广泛应用。早期的生铁都是白口铁,含碳量约 4.3% 或更多一些,碳以碳化铁的形式存在,性脆易折。为此,古代工匠发明了铸铁柔化术,将成形铸铁器件在高温下进行柔化处理,可得到强度、韧性大为改善的黑心韧性铸铁和白心韧性铸铁,铁器件得以在战国时期广为应用。

西汉实行盐铁官营,全国设铁官 49 处。这一措施对推广冶铁技术、增加国库收入、增强国力起了重大作用。从西汉到东汉,冶铁生产的规模不断扩大,铁范、铸铁柔化术等先进工艺更加普及,农事生产中广泛地使用铁制工具。

汉代出现大型炼铁竖炉,采用粒度均匀的富铁矿,用木炭做燃料和还原剂,石灰石做熔剂,渣铁分离较好,因炉温较高,可以得到液态的生铁。

鼓风技术是生铁冶炼的关键,早期使用皮囊鼓风。至迟在东汉,已采用水力鼓风装置——水排,从而大大节约了人力,提高了生产效率和铁产量。

汉代已出现有球状石墨的高强度韧性铸铁,其石墨性状和现代球墨铸铁相类似。

汉代还盛行叠铸技术。例如,在河南温县东汉烘范窑出土叠铸范 500 多套,用于成批铸造车马器。所铸器件规格齐整,尺寸精确,成本低廉,质优量大。这种工艺到南北朝仍广泛用于钱币铸造。

把生铁片加热到半熔状态,不断搅拌,促使碳含量降低,再经挤渣操作,就能得到成分、组织较为均匀的炒铁。将炒铁反复锻打,调整其碳分,得到的钢材习称为百炼钢,可用来锻制优质刀剑,"千锤百炼""百炼成钢"也成为人们共知的习语。

早期冶铁都以木炭为燃料和还原剂,铁矿附近山岭常被砍伐成童山。魏晋南北朝时开始用煤炼铁,使冶铁业能在更大规模上得到发展。

北齐时发明灌钢工艺。把熔融的生铁灌注到熟铁料中再加锻打,使碳分得到调整,渣滓被挤出,可得到含碳量较高的优质钢料。这是中国古代特有的灌钢工艺,对后代钢铁生产和经济发展具有重要意义。北齐綦毋怀文制作的宿铁是灌钢的一种,可用作刃钢,外用熟铁包裹,刚柔兼备,既锐利又坚固,开后世夹钢、贴钢制作的先河。

唐代钢铁技术趋于定型,形成以蒸石取铁、炒生为熟、生熟相合炼成钢为主干,辅以渗碳制钢、夹钢、贴钢等加工工艺的传统钢铁技术体系,其后被长期沿用,成为定式。

明代已用焦炭炼铁。例如,河北遵化铁冶的高炉高达 1 丈 2 尺,由机车装料,每 6 小时出铁一次,日产铁 3600 斤。用焦炭炼铁和用机车为高炉装料,是明清时期冶铁技术的重大改进,也是传统冶铁业向现代转化的端倪。

从隋唐至明清,随着矿冶业的发展,大型、特大型铸件和金属建筑明显增多。例如,隋代在山西晋阳铸造高达 70 尺的大铁佛。唐代武则天当政时铸天柜,高 105 尺,用铜和铁 200 万斤。留存至今的沧州铁狮,铸于后周广顺三年(953),长、高各 5 米多,堪称皇皇巨作。宋代著名的当阳铁塔位于湖北当阳玉泉寺,铸于宋嘉祐六年(1061),塔由 44 个部件分铸叠装而成,高 7 丈,用铁 76 600 斤。永乐大钟铸于明永乐十八年前后(1418—1422),高近 7 米,直径 3.3 米,重约 92 000 斤,其含锡量 16.4%、含铅量 1.1%,钟体内外铸经文 22 万多字。著名的铜铁建筑物有明武当山金殿、清颐和园铜亭等。拉萨大昭寺、西宁塔尔寺、承德须弥福寿之庙金顶,均用鎏金铜瓦盖顶,金光闪闪,蔚为奇观。

第三节　中国古代科学技术的特点与局限性

中国古代科学技术的突出特点表现为实用性、继承性与官府主办,这些特点正是中国古代科学技术能够取得许多辉煌成就、为中华文明的兴旺发达提供物质技术基础的主要原因。在没有外在压力和竞争的条件下,这些特点曾经长时间保证中国传统科学技术在一个相对封闭的状态下,按着"天人合一"的田园牧歌式道路,缓慢地向前发展。但是,随着西方国家借助近代科学革命带来的优势成为强国而对外武力扩张,中国传统科学技术发展开始暴露出明显的局限性,这些局限性成了妨碍中国科学近代化、导致近代落后挨打的主要因素。

一、中国古代科学技术的突出特点

中国古代科学技术发展具有三个突出特点,即实用性、继承性和官办为主。

1. 实用性

中国古代的科学形态属于实用型,无论是自然科学,还是工程技术,都强调为政治、军事和经济服务。经"实"致用,利国利民,是中国古代科学技术不断发展的主要动力。

例如,中国自古以农业立国,民以食为天,历代农学家都是在农本思想的指导下,潜心研究农学,编纂农书,指导农业生产。唐代农学家韩鄂(生卒年不详)在《四时纂要》中说:"夫有国者,莫不以农为本;有家者,莫不以食为先。"

数学自古作为一门工具性学科,广泛用于地图的测绘、土地的丈量、赋税的计算、财政的收支、货物的交易、建筑工程和水利工程的设计和施工、音律的制定等,非常实用。元代数学家李冶(1192—1279)《测圆海镜·序》指出:"数术虽居六艺之末,而施之人事,则最为切务。"

自古至今,医学在战胜疾病特别是瘟疫、保证民族繁衍生息方面发挥了关键性的作用。东汉张仲景(约150—219)《伤寒杂病论·自序》指出,医学"上以疗君亲之疾,下以救贫贱之厄,中以保身长全,以养其生"。据不完全统计,现存中医药文献近8 000种,其中以临床医学占绝大多数,详细记载了几千年来所积累的医药科学知识和医疗实践经验。

古代天文学的实用性表现为,编造历法,授民以时,指导农耕,直接为农业生产服务。朱文鑫(1883—1939)在《〈史记·天官书〉恒星图考·序》中指出:"天文之学,治历者得之以定岁时,测地者得之以正疆域,航海者得之以辨方向。"古人相信,天文现象与世间人事之间存在着相互对应的关系,星占学由此应运而生,卜知天意,沟通天人关系,直接为皇帝服务。

2. 继承性

从总体上说,中国传统科学技术代代相传,从未因为朝代更迭、外族入侵和战火而中断,具有独特的连续性和继承性。

造纸术和印刷术为中国古代科学技术知识的传承提供了技术手段。历代知识分子引经据典,调查研究,著书立说,使传统科学和技术不致湮没。同时,能工巧匠通过血统延嗣、师徒相授等,使工艺代代相传。

在科技典籍的流传过程中,历代科学家和学者特别重视前人的研究成果,遵循经典著作的体例和方法,总是在前人著述的基础上继承、沿袭、注疏、注解、补充和改进。

例如,历代医学家把《黄帝内经》奉为经典,历代修历法都仿效《大衍历》,地学家们奉《汉书·地理志》为经典,数学家们把《九章算术》尊为经典,农学家们则把《齐民要术》视为经典。

张仲景编著《伤寒杂病论》,非常重视"求古训,博采众方"(《自序》)。

李时珍(1518—1593)著《本草纲目》,深入民间,向农民、渔民、猎人、樵夫、药农、老圃、工匠等请教,引用文献800多种。

贾思勰编著《齐民要术》,"采捃经传,爰及歌谣,询之老成"(《序》),引用文献180多种。

徐光启(1562—1633)撰《农政全书》,"考古证今,广咨博讯。遇一人辄问,至一地辄问,问则随闻随笔。一事一物,必讲究精研,不穷其极不已",引用文献225种(徐骥《文定公行实》,《徐光启集》下册)。

清代著名学者吴其濬辑录历代有关植物的文献800余种,编著《植物名实图考长篇》。

这些例子都说明了中国古代科学技术的继承性的特点。

3. 官办为主

中国古代科学技术发展的另一个突出特点是官办为主,即许多科学活动和技术发明都是由历代官府集中大量人力、物力和财力来完成的,许多科学家与技术发明家同时是官员或曾经做过官,而且不少是朝廷高官,官府手工业代表着最先进的技术和工艺水平。

例如,历朝历代都对天文历法非常重视,设有专门的机构,如钦天监、司天监等,由中央政府直接控制,研制大型天文仪器,在各地设置观象台,任命一批官吏日夜观测天象,并加以记录,以报告异常天象,或预测日、月食以及五星运行的特殊现象。中国拥有世界上最丰富的天象记录,主要应归功于中央集权国家的支持和组织。

又如,造纸技术的改进、丝绸之路和大运河的开辟、万里长城和大型宫殿的构筑、《营造法式》的颁布、大规模的大地和天体测量、炼丹和火药的发明、大型药典和历法的修纂、《劝农文》和《耕织图》的颁布、宝船制造与郑和下西洋等,都是由朝廷和官府组织和落实的。

另外,官府手工业集中了全国的能工巧匠,控制了兵工、铸钱、丝绸、瓷器、盐业、炼铁、造船、建筑等重要行业。官营工场分工非常细致,工匠各司其职,技术熟练高超。内府制作直接为皇帝及其周围的人服务,许多制作是秘密的,需要特殊技术,因此代表着手工业和传统工艺的最高水平。

例如,明代就建立了一套庞大、复杂、严密的官府手工业管理组织机构,由工部、内府、户部、都司卫所、地方官府、都察院与刑部监察分工领导,对手工业生产的各个环节进行管理和监督,以确保皇帝及皇室、中央和地方官府、军队所需物品的生产和供应,保证土木建筑工程的营造和维护。

二、中国古代科技发展的局限性

中国古代科学技术曾有过辉煌的成就,为世界文明的进步做出过贡献。但是从近代开始,随着西方近代科学的飞速发展,中国传统科学开始暴露出明显的局限性。

首先是强大的务实精神冲淡了知识分子和工匠对自然界进行理性探索的精神,很难产生专门化的科学理论,传统科学技术只能是滞留在经验性的认识阶段。中国古代流行的元气学说、阴阳学说、五行学说、"天人合一"等理论,属于高度普适性的理论,只能用来笼统模糊地解释一些自然现象,反而束缚了对自然界进行具体的、有分析的探讨的科学精神。实用性导致浅尝辄止,故步自封。进入近代科学时期,曾经领先于世界先进水平的中国传统科学被远远地抛在后面。

其次是崇尚先哲和经典有余,发展创新不足。中国古代知识分子和工匠尊奉经典,擅长继承、沿袭、注疏、注解,在原来的基础上补充、改进,缺乏创新精神和变革动力。同时,能工巧匠通过师傅带徒弟来传授技艺,但祖传秘方和绝技只传嫡系,不传外人,结果使有些绝活在流传过程中失传。继承性导致墨守成规,排斥异己。因此,中国古代科学技术只能沿着传统的道路缓慢地发展,难以进入近代理性的科学阶段。

　　然后是读书做官、治国平天下的传统价值观一直阻碍知识分子献身科学事业。尽管墨子研究科学技术是为了"兴天下之利,除天下之害",宋应星钻研各种技术问题"与功名进取毫不相关",但是,这样的知识分子毕竟属凤毛麟角。绝大多数知识分子崇尚"修身,齐家,治国,平天下",大多把精力耗费在寻章摘句、皓首穷经之上。官僚知识分子即使从事科学技术工作,也并非要探索自然界的奥秘,很少把科学研究作为终身事业。他们缺乏独立探索的科学思想和科学精神,对科学技术问题常常不求甚解。例如,清阮元《畴人传》卷四十六题:"良以天道渊微,非人力所能窥测,故但言其所当然,而不复强求其所以然。此古人立言之慎也。"更有甚者,他们不能理解前代创建的科学知识体系,特别是天文学和数学知识,在科学上一代不如一代。

　　如果没有近代来自西方的压力和挑战,中国传统科学技术也许仍能沿着低能耗、低污染、可持续发展、"天人合一"的独特道路,继续缓慢地向前发展,用科学技术手段解决中国自身面临的难题,其局限性可以忽略不计。但是,随着近代科学革命和工业革命带来的巨大变化,中国不可能永远在一个相对封闭的状态下生存和发展。在 21 世纪,如何继承中国传统科学的优良传统,吸收外来先进科学文化,融入世界科学发展的主流,为人类文明的进步做出新的贡献,是当今中国科学界面临的艰巨任务。

参考文献

1. 杜石然、范楚玉等:《中国科学技术史稿》,北京,科学出版社,1983。

2. 卢嘉锡:《中国科学技术史》·《人物卷》(金秋鹏主编)·《科学思想卷》(席泽宗主编),北京,科学出版社,1998、2001。

3. 华觉明:《中华科技五千年》,济南,山东教育出版社,1997。

4. Joseph Needham,《Science and Civilisation in China》,Cambridge University Press

5. 罗伯特·K.G.坦普尔:《中国:发明与发现的国度——中国的 100 个世界第一》,陈养正、陈小慧、李耕耕等译,南昌,21 世纪出版社,1995。

6. 王兆春:《中国火器史》,北京,军事科学出版社,1991。

第六章

欧洲中世纪学术与技术的进步

在辉煌的希腊科学与近代科学之间,中世纪向来被认为是在科学发展史上最为黑暗的年代,而科学的衰败往往也简单地归之于基督教在中世纪的统治地位,并常常作为科学与宗教不共戴天、势不两立的历史佐证。这样一种流行的观点不能说没有一定的根据,但是更加细致和深入的历史研究表明,中世纪在西方科学发展史上具有其独特的价值,并非一无是处,而科学与宗教的关系则比我们过去所想象的要复杂得多。

第一节　教父哲学与古希腊文献的翻译

所谓中世纪是指从古典文化的衰落到意大利文艺复兴之间长达一千年左右的漫长的历史阶段。整个中世纪,欧洲的发展都深深地打上了基督教的烙印。在学术上、思想上占统治地位的是基督教神学立场,其主要关注点不是研究现实的世界和人,而是探索人与上帝的关系;目的也不是为了呈现世人的快乐和利益,而是如何将人从罪恶中拯救出来,到达绝对快乐的天堂。这应该是中世纪科学无法得到很好发展的根本原因。

一、基督教

基督教是由地中海东岸巴勒斯坦地区的犹太人所创立的宗教。犹太民族原本生活在幼发拉底河一带,公元前 1200 年左右迁移到埃及,后来因无法忍受法老的统治,在摩西率领下离开埃及,来到巴勒斯坦南部地区,建立了自己的国家。后来,犹太民族被并入罗马帝国,成为罗马庞大帝国所统治的诸多民族之一。然而就是这个在政治、军事上微不足道的民族却诞生了一位对人类历史和文化产生了重大影响的人物,他就是大约在公元元年左右诞生的耶稣(Jesus,前4—30)。

耶稣创立的基督教脱胎于犹太人的传统的民族宗教,但是做出了重大的发展。其中关键一点就是宣称自己就是犹太教《旧约》中所预言的将犹太人拯救出来的基督(救世主),是上帝的独生子。耶稣批评注重外在律法的法利塞人,强调内心的洁净远远胜过外在戒律的遵守。和犹太教提倡以牙还牙、以眼还眼不同,耶稣提倡宽恕敌人。犹太教的耶和华是威严、有绝对控制权的父亲的形象,而耶稣则突出地强调了上帝慈爱、普施恩惠、庇护一切的父亲的新形象。耶稣宣布自己的国在天上,强调上帝的归上帝,恺撒的归恺撒,坚持基督教的拯救不是在现实的政治军事层面上的斗争,而是灵魂的得救。由于耶稣所传播的新教义,对传统的犹太教构成了有力的挑战,所以犹太教的保守派将他抓起来送给罗马地方长官彼拉多,彼拉多将耶稣钉死在十字架上。

耶稣死后不久,他的门徒和崇拜者便传言说耶稣复活,并开始传播其教义,作为宗教的基督教开始诞生。后来,在门徒保罗(原名扫罗,Saul,3—67)等的极力弘扬之下,基督教开始走出犹太民族的狭小范围,向各民族传教,成为普世宗教。在基督教创立的前200年中,罗马帝国为了捍卫自己宗教的地位,对基督徒进行压制和迫害,但效果甚微,基督教迅速传播。另一方面,基督教提倡的忍让精神、服从世俗统治者的教义,也让罗马统治者觉得可以利用,所以君士坦丁正式承认了基督教的合法地位,后来成为罗马帝国的国教。

早期的基督教在社会下层传播,风格朴实无华。但是,由于基督教传播区域,恰好处于希腊文明的教化地区,所以在基督教教义的形成和传播过程中就必须要和希腊哲学相结合,用哲学的术语来表达和解释教义,解答疑惑、回应挑战,这成为早期教父神学的主要任务,而他们的主要资源则是柏拉图哲学。

二、教父哲学

在基督教历史上,通常把在思想上直接继承了使徒教导的基督徒称为教父。教父是基督教实现经文、组织和教义统一过程中教义的传播和解释以及教会的组织者。一般来说,教父具有这些特征:相信正统观点,生活圣洁,为教会所认可,活动于基督教早期阶段(主要在2—4世纪)。

严格说来,教父们并未提出系统的完整的哲学理论,人们一般也不把他们看作哲学家,但是为了研究方便起见,人们习惯于把他们的著作中所包含的哲学因素抽提出来,称为教父哲学。其中奥里留·奥古斯丁(Aurelius Augustinus,354—430)是教父哲学的集大成者。他原先为摩尼教徒,年轻时生活放荡,后来经过一次神秘的宗教体验后成为基督徒。他在罗马的教育体制下受过良好的教育,精通修辞学与雄辩术,一度醉心于柏拉图主义和怀疑论,皈依基督教后勤奋著述,著作等身,影响极大。他把柏拉图哲学和保罗的《使徒行传》结合起来,形成了基督教对知识的第一次大综合,他的《忏悔录》和《上帝之城》是基督教两大最重要的经典著作。他的思想在 13 世纪前亚里士多德主义兴起之前一直支配基督教神学与哲学,后来对新教神学也有极大的影响。

柏拉图(Plato,约前 427—前 347)哲学的核心思想是理念论。他认为,人们感官所能认识的外界事实,无论是社会的,还是自然的,都是转瞬即逝的,都不是真正的实在,真正的实在是理念,日常世界不过是理念不完美的模板而已。到了新柏拉图主义那里,这种对现实世界的轻视愈演愈烈,宗教情怀和迷信色彩都有所发展,其努力目标是要设法达到神人交融的神秘境界。所以现实存在本身越来越不重要,其存在的价值都体现在其对最高的存在"太一"的象征上。这样的观念和基督教的末世审判说结合起来,直接产生了对于自然和现实相当冷漠的态度,甚至狂热的教徒会认为从事科学研究可能产生违背《圣经》和教义的异端邪说,这当然不利于科学的发展。

圣·安布罗斯(Saint Ambrose,340—397)说:"讨论地球的性质与位置,并不能帮助我们实现对于来世所怀的希望。"基督教思想甚至会敌视世俗学术,因为早期狂热的基督徒往往会把世俗学术当成必须要战胜的异教,尤其是基督教变成了人民的宗教之后更是如此。390 年,亚历山大亚图书馆的一个分馆就被德奥菲罗斯主教放火烧光。415 年,亚历山大亚最后一位数学家西帕西亚(Hypatia,370—415)、天文学家赛翁(Theon)的女儿,就被狂热的基督徒残忍地杀害。

象征主义的普遍应用,同样也给科学发展带来影响。教父们为了调和《旧约》与《新约》的矛盾,为了将《圣经》与当时流行的世俗思想相协调,普遍使用象征主义的手法。如果《圣经》中的说法或者自然界中的一切与教父所理解的教义相合的话,则作为事实来接受;如果不合,则只承认其象征意义。一切现象都不过是给定的思维和认识框架的例证而已。这样的思维习惯,会使中世纪的人们在观察自然现象时,不能像我们今天这样实事求是地冷静观察。

基督教在中世纪对科学发展的另一个最重要的阻碍作用是权威主义和缺乏宽容。基督教在传播过程中,总是处于和各种异教乃至教内各种异端的激烈思想斗争之中。再加上基督教教义的一大特色是高度强调神的唯一性,否定其他一切事物的神圣性,强调唯有信仰耶稣基督才能得到拯救,所以基督教在基本教义上总是表现出极强的战斗性和排他性。尤其是后来中世纪欧洲教会对于世俗政权具有压倒性的统治地位时,思想的垄断和专制就难以避免了,例如宗教裁判所的存在,这当然与希腊人所熟悉的自由、理性讨论的气氛完全不同。作为探索性活动的科学,在这样的环境中自然难以发展了。

三、大翻译运动

从 5 世纪西罗马帝国灭亡到 11 世纪被称为黑暗时代,这个黑暗时代是因为蛮族人侵破坏罗马文明所致。罗马帝国的武力统治以及非人的奴隶制,在蛮族入侵之下不可避免地走向崩溃。西罗马帝国灭亡后,西欧地区在蛮族统治下,分化为不同的王国,如东哥特王国、西哥特王国、法兰克王国等。政治上统一的罗马帝国分崩离析,原有的社会秩序荡然无存。来自北方的蛮族文化非常落后,更谈不上什么自然科学知识,他们没有能力欣赏和保留古典文化,所能做的只是摧毁古典文化。

精致的希腊罗马文化对于好勇斗狠的蛮族人的心灵起不到任何作用,唯有来自社会底层的基督教产生教化的作用,使得他们逐渐适应文明的生活方式。在政治分裂的西欧地区,已经成为人们普遍接受的信仰的罗马教会成为了唯一的组织力量,维系着社会文明的交流,也是唯一能够保留一点文明的场所。本尼狄克特所创立的修道院制度,在西欧地区走出黑暗时代的过程中发挥了非常重要的作用。修道士们在一片文化沙漠之中,默默地抄写着古代经典文献,使得古典文化得以传承和保存;修道士们在"劳动和祈祷"的口号下,开垦荒芜的土地,铺平道路,整治水渠,为中世纪中后期经济发展做出了贡献。

在此过程中,古典文明不绝如缕,像黑夜中的微弱的灯光,仍然闪烁着知识的光芒。例如,罗马贵族波伊修斯(Boethius,480—524)用拉丁文翻译的柏拉图和亚里士多德的著作纲要及其注释,是中世纪早期欧洲人对古典文化认识的主要来源,而他根据希腊人的著作编写的算术、几何、音乐和天文学的教程,则成为中世纪大学的教科书。8世纪,查理曼帝国的缔造者查理大帝尊重学者,渴求知识,广求饱学之士,英国学者阿尔昆(Alcuin or Albinus,约736—804)教导查理大帝读书,这是黑暗时代难得的景象。

中世纪中后期,西欧地区逐渐从黑暗时代中走出来,其原因是多方面的。从11世纪开始了近两百年的十字军东征(1096—1291),然而漫长战争的交往,从客观上促进了基督教文明、阿拉伯文明,以及东罗马帝国所保存的希腊文明的交流和融合。通过十字军东征,西方世界获得了阿拉伯世界的科学、中国的四大发明、古希腊人的哲学文献。12世纪,欧洲人投入了极大的热情来翻译阿拉伯文献,结果希腊人的原始文献通过阿拉伯世界辗转翻译为拉丁文,这样在欧洲人的视野中再次出现了希腊人的智慧结晶。在此过程中,阿拉伯世界学者的解释乃至新的创造也深刻地渗透其中,以至于很难分清哪些是希腊人自己的工作,哪些是阿拉伯人的创造。

大翻译运动的中心是西班牙与意大利,因为这两个地方接近于阿拉伯文化和希腊文化流行的地区。西班牙曾经为阿拉伯人所占领,直到1085年后倭马亚王朝才被推翻,基督教学者得到了许多已经翻译成阿拉伯语的希腊文献。翻译的著作范围很广,诸如亚里士多德、托勒密、欧几里得和希腊医学著作等,以及阿维森纳、阿维罗伊、阿拉伯天文学家与数学家的著作,炼金术、占星术著作等。而意大利则是因为邻近东罗马帝国首都拜占庭,所以外交和商业交往密切,而且居住了一些阿拉伯人和希腊人,因此许多人既精通阿拉伯语又精通希腊语。这里翻译的有亚里士多德（Aristotle，前384—前322）的《动物学》《形而上学》《物理学》，克罗狄斯·托勒密（Claudius Ptolemaeus，约90—168）的《光学》，以及其他一些医学、地理学著作等。

最重要的希腊文献的翻译和介绍是关于亚里士多德的著作。大约到了1220—1225年，基督教学者发现了亚里士多德全集，并翻译成拉丁语。早期基督教世界中占统治地位的教父哲学主要是基督教教义与柏拉图哲学的结合。当时，人们认为教会作为天启的接受者和解释者，在学术上的权威性是不可置疑的，而新柏拉图主义作为世俗学问与天启的真理是协调一致的。

相比之下，亚里士多德的哲学和科学思想更富于经验特色，更加系统，知识面更加宽广，更加富有条理性，所以亚里士多德思想的引入，对于中世纪思想界来说既是开启知识和思想的宝库，更是一个巨大的挑战和刺激。因此，亚里士多德的著作刚开始时被教会认为是危险的学说。1209年，巴黎的大主教管区会议禁止亚里士多德的著作，后来一再被禁。可是仅仅到了1225年，巴黎大学就已经把亚里士多德的著作列为必读书籍了。亚里士多德著作翻译先是从阿拉伯语转译，后来才从希腊语直接译出，其中罗伯特·格罗塞特（Robert Grosseteste，1168—1253）的贡献尤为突出。他是牛津大学校长、林肯区的主教，写过研究彗星成因的论文。他邀请希腊人到英国来，并引入希腊书籍。他的弟子罗吉尔·培根（Roger Bacon，约1214—约1292）则写了一部希腊语语法。

而在解释亚里士多德方面最主要的学者是大阿尔伯特（Albertus Magnus of Cologne，约1206—1280），他堪称中世纪最富有科学思想的一位学者。他把亚里士多德、阿拉伯和犹太等各种文化要素融合成一个整体，其论述的范围包括当时的天文学、地理学、植物学、动物学与医学等各种知识。

第二节　大学与经院哲学

一、欧洲大学的兴起

欧洲大学的诞生是中世纪文化生活中最为辉煌的一页，是欧洲对人类文化作出的最大贡献之一。原先的教育主要是在教会学校中开展的，随着城市的兴起，世俗的城市学校也随之应运而生。到了12世纪，全新的教育组织开始产生。波伦亚（Bologne）的法律、医学和哲学学校的外国学生为了对付本地人的歧视并且互相保护，成立了学生的自治组织"Universitas"，这就是最早的大学。巴黎辩论术学校的教师也组织了类似的教师组织"Universitas"，以捍卫自己的利益。后来，各地的学生和教师纷纷效仿，成立了许多大学。

从大学起源上看,大学实际上是教师和学生自由组织的行会,自主管理,自行设置课程,注重保护学生和教师的权利,与传统学校相比,体现了一种自由开放的精神。作为学术共同体,它不依附其他权力机构,重视学术独立自主,重视学术传统的维护,这给学术长期稳定自主地发展提供了很好的制度保障。

在课程设置方面,在加罗林王朝(Carolingian)时代,学校课程确定为初等三科——文法、修辞与辩论,这些和语言有关;高等四科——音乐、算术、几何与天文,这些与数学相关。这就是作为基本素养的所谓"自由七艺"(liberal arts)。在早期大学的 4 个学院中,艺学院的本科教育是所有学生都必须通过的。获得艺学院的学士学位后,才可以开始学习神学、法学和医学的专科。与古希腊柏拉图的学园相比,中世纪大学学习时间更长,学制更加规范、严格,为知识的学习和研究提供了稳定的环境和充裕的时间。以作为欧洲各地大学效仿的榜样——巴黎大学为例,它规定只有经过不少于 6 年时间的学习、年龄不小于 21 岁者才能向其讲授艺学院课程,至少再经过 8 年时间的学习、年龄不小于34 岁者才能向其讲授神学院课程。

大学的艺学院与神学院分立的体制,为中世纪不断爆发的神学与哲学、科学的张力和冲突制造了机会。艺学院传授的主要是所有学生必需的世俗知识,这些知识一般是与基督教关系不大的古典文化,主要是亚里士多德的著作,他的逻辑学著作是正式教材,他的伦理学著作也被当作教材使用,而《物理学》和《形而上学》等著作则冲破禁令广泛流传。而绝大多数的艺学院毕业生无法进入神学院学习,因此他们往往不把这些知识当作将来钻研神学所需要的知识储备,而是作为认识世界的基本指南。另外,像哲学系的学生较少受到神学教条的束缚,更多地利用人类的理性来从事学术活动,所以学术气氛比较活跃自由。在中世纪的思想发展中,艺学院常常变成异端思想的发祥地。

无论是艺学院,还是神学院,其教学方法都是固定不变的程式化的经院方法。主要包括"授课"和"争辩"两种教学环节。其中"授课"是阅读指定教材,由教师解释教材,解释内容常常被记录整理。"争辩"有两种:一种作为课堂练习,学生和教师参与,最后由教师裁决;另一种是在公开场所举行的"自由争辩",参加者可以提出任何问题,经教师甄别为"可以解决的问题"后,按照相关的固定程序展开辩论过程。虽然以今天的观点看,这种仅仅以权威著作为基础,利用逻辑进行推导,不依靠实验检验的辩论是很难真正促进知识进步的。但是,这种教学方法对于锻炼逻辑推理能力、提高概念的辨析能力大有裨益,实际上为近代科学必不可少的逻辑推理能力提供了学术训练和知识储备。

二、经院哲学的发展

正是天主教神学家们将亚里士多德的学说与基督教教义结合的艰苦努力,导致天主教经院哲学的产生和发展,其巅峰之作是托马斯·阿奎那(Thomas Aquina,1225—1274)的宏富著作。阿奎那出生于意大利南部,是伯爵之子,18岁时加入多明我会为修士,后来师从著名神学家大阿尔伯特,在巴黎和罗马教书,一生勤奋著述,虽然仅仅活了49岁,但是著作等身,全集有48卷之多,其中最具影响力的是两大主要著作——《神学大全》与《反异教大全》。

一方面阿奎那以当时的认识条件,在信守基督教教义的前提下,构造了一个尽可能理性和科学的宏大体系,堪称人类认识史上伟大的杰作,直到今天托马斯主义还是天主教教会的官方哲学,仍然保持了很大的影响;另一方面也正是因为其无所不包的宏大框架,以及作为教会官方哲学的权威地位,不可避免地沦为进一步探索自然奥秘的障碍。因此,近代自然科学的每一步发展几乎都是以反叛阿奎那建立的庞大体系为标志的,但这并不能抹杀阿奎那经院哲学在当时历史条件下的历史功绩和认识功能。

阿奎那的体系是按照亚里士多德的逻辑学和科学建立的。在理性和信仰关系上,阿奎那忠于其基督教的信仰,和早期的教父哲学家一样,他同样认为信仰高于理性,基督教教义高于世俗哲学家的认识。但是不同的是,与教父哲学家相比,阿奎那更加重视理性。他强调人的理性原本就是为了了解和检验自然而形成的,应用理性是人的天职。他主张要对整个存在的体系给予理性的说明,虽然我们不能接受其整个体系的基本前提。这样一种理性和信仰的观念,以今天流行的眼光看,过度强调信仰,理性的地位不够高,但是在当时已经算是为理性提供了相当大的应用空间了。中世纪经院哲学非常显著的特点是普遍应用逻辑推理,注重概念分析,其分析推理之细为其赢得了"烦琐哲学"的名声,其缺点自然是一味依赖逻辑推理,尤其是演绎推理,缺乏经验和实验研究,忽视归纳推理,所以难以取得实质性的知识进步。

阿奎那的哲学继承了亚里士多德的观点,认为人是万物的中心,世界可以按人的感觉和心理来描述。因此,在他看来,物体不像希腊原子论者认为的那样是原子的集合体,也不是像我们今天所认为的那样,是由质量、惯性及其他物理、化学、生理学特性的东西。物体是个主体或者实体,具有归入某些范畴的特性。这些特性中有本质的属性和偶然的属性等。用今天科学的视角来看,这种思路似乎毫无意义,却是中世纪考虑问题的基本出发点。如果我们相信轻重是不同的自然特性,那么关于事物各有其天然位置,事物都倾向于回到其天然位置的说法就很容易理解了。

在天文学方面,阿奎那接受了托勒密的学说,但是仅仅是把它作为一个有用的工作假说。然而后来这种谨慎被普遍忽视,其根本原因还是地心说与当时人们理解的基督教教义之间有非常巧妙的配合。人是上帝创造万物的根本目的,所以人所居住的地球自然成了宇宙的中心,围绕着地球旋转的有充满着气、以太,以及火的同心天球,这些天球负载着太阳、恒星与行星做圆周运动。这种天文学图景与中世纪非常流行的末日审判图景是高度一致的,大家可以想象天堂在苍穹之上,而地狱则埋藏在大地之下。托勒密天文学体系构造了复杂的均轮-本轮体系以解释太阳系行星运动的不规则现象。总之,在当时大家接受亚里士多德物理学和基督教教义的情况下,整个体系是一个高度可信的、没有明显矛盾的体系。

阿奎那并没有完全接受亚里士多德的哲学观点,像亚里士多德认为世界是永恒存在的观点,因为与上帝创造世界的观点不符而被抛弃,但是阿奎那尽可能地使亚里士多德哲学和基督教教义相互吻合,充分利用亚里士多德的理论推导出符合基督教教义和神学观点的结论,一旦实现了这一点,又成为证明亚里士多德哲学正确的新论据。例如,亚里士多德认为凡是运动必有推动者,这样不断追溯上去,就得出了一定存在一个第一推动者的结论。阿奎那下结论说,这个第一推动者就是上帝本人。如此一来,亚里士多德哲学和基督教教义就紧密结合成一体了,以至于谁要是再反对和攻击这位过去曾被教会和神学家查禁著作的异教徒,就会被认为是在攻击基督教神学。

经院哲学与近代科学最大的不同点在于其强烈的唯理论色彩,即把一切自然知识都要纳入一个既定的框架体系中去,这显然是不利于实验科学发展的。但是经院哲学从希腊人那里继承了一个非常重要的思想:自然是有规律的、整齐划一的。这个观念从希腊悲剧中不可抵抗的命运开始,经过斯多葛哲学,传给了罗马法,一直传给了经院哲学的唯理论。阿尔弗雷德·诺斯·怀特海(Alfred North Whitehead,1861—1947)认为:"这种习惯在经院哲学被否定以后仍然一直流传下来。这就是寻求严格的论点,并在找到之后坚持这种论点的可贵习惯。伽利略得益于亚里士多德的地方比我们在他那部'关于两大体系的对话'中所看到的要多一些。他那条理清晰和分析入微的头脑便是从亚里士多德那里学来的。"[①]

三、经院哲学的衰落

如果说托马斯·阿奎那代表了经院哲学的主流的话,那么像同时代的罗吉尔·培根就代表了中世纪欧洲在精神上更接近近代科学的先驱人物。培根出生于英国索默斯特郡(Somerste)的上流社会家庭,后来在牛津学习,1236年在巴黎大学任教,是第一批教授被禁的《物理学》和《形而上学》的教师,成为亚里士多德著作的著名评注者。他受到数学家亚当·马什(Adam Marsh,约1200—1259)和牛津大学校长罗伯特·格罗塞特(Robert Grosseteste,1168—1253)的深刻影响。格罗塞特是英国乃至欧洲最早从东罗马帝国邀请学者来教授希腊文的第一人。受格罗塞特影响,培根强调研究亚里士多德原著与《圣

---

①A. N. 怀特海:《科学与近代世界》,何钦译,12页,北京,商务印书馆,1959。

经》语言的重要性,并编辑了一部希腊语语法。他批评当时的声学家们因为不懂希腊原文,所以常常误读乃至篡改哲学原著。

培根思想的最大特点是,他明确地提出了只有实验方法才能给科学带来确实可靠的进步,这是科学观念的伟大革命。他虽然博览群书,知识渊博,却并不满足于转述权威人士的观点,或者仅仅从权威观点中推出逻辑结论,而是强调只有实验和观察才能证明前人的观点是否正确。他认为产生错误的原因有四种,即对权威的过分崇拜、习惯、偏见,以及对于知识的自负等。这种分析与 350 年之后英国另外一位名声更显赫的弗兰西斯·培根(Francis Bacon,1561—1626)著名的四种偶像的说法非常类似,后者极有可能是受到罗吉尔·培根的直接影响。

尽管培根在思想上非常强调实验的意义,但是实际上他本人并未做过太多的实验,也没有获得多少有意义的实验结果。相比之下,他在光学上做的实验比较多一些。他对光学特别感兴趣,可能是由于他学习了阿拉伯物理学家伊本·阿尔·黑森(Ibn-al-Haitham,965—1020)著作的拉丁译本的缘故。从其著作中可以看出培根了解反射定律和一般的折射现象,直到反射镜、透镜,并且谈到了望远镜,尽管他可能并没有制造过一部望远镜。作为归纳推理的一个案例,他还提出过一种虹的理论。

他还介绍了许多机械发明,其中有些是他实际见过的,有些则是他认为未来可能发明出来的,例如机械推进的车船与可以飞行的机器等。他还谈及过魔术镜、取火镜、火药、希腊火、磁石、人造金、点金石等,其中既有事实和预言,也有道听途说。他和当时的人一样,也相信炼金术,认为所有事物都在向提高方面努力,自然不断走向完善,即转化为黄金。

培根另外一个与近代科学思想比较接近的方面是对数学的高度重视,这一点是比弗兰西斯·培根高明的地方。当时在基督教世界,数学的名声并不好,因为从阿拉伯世界翻译过来的数学著作中,数学常常被应用于占星术,而占星术的宿命论或者决定论的立场和基督教所坚持的意志自由论是不一致的,再加上研究占星术和数学的专家大多是伊斯兰教徒及犹太人,所以数学和占星术两门学科当时都背负恶名,被认为是一种邪恶的"黑巫术"。但是培根充满自信和勇气,坚持认为数学和透视学(即光学)是其他学科的基础。他认为,虽然数学的表格和仪器费用昂贵且容易损坏,却是必不可少的。他批评当时的立法有误,每 130 年会误差一天;他估计了世界的大小,认为大地是球形的,这一观点后来对哥伦布产生了影响。

培根在巴黎获得博士学位后回到牛津,但是他的异端思想逐渐引起他人的怀疑,不久之后便被遣送回巴黎,让他所在的修会严加管教,禁止其继续写作传播其有违主流的理论。但是后来教皇克里门四世(Clement Ⅳ)对他的工作很感兴趣,要求他将研究成果写成著作呈送给他,但是要求他保守秘密。他在缺乏资金支持的困难条件下,通过借贷准备了写作材料,花费了 15 个月左右的时间,于 1267 年向教皇提交了三部著作,阐述全面观点的《大著作》、作为提要的《小著作》,以及担心前两部著作遗失而补送的《第三著作》。我们今天对他的观点的了解主要就是通过这三部著作获得的。

但是教皇克里门四世去世之后,培根就失去了保护的力量,随即被后来成为教皇尼古拉四世(Nicholas Ⅳ)来自阿斯科利的杰罗姆(Jerome of Ascoli)处以监禁并不得申诉。一直到杰罗姆教皇去世后,培根才得以释放。培根的悲惨命运,既有外在的原因,也有内在的原因;一方面是因为在当时的学术环境中他的思想方法本身的局限性;另一方面是由于中世纪教会思想控制的结果。就其本人而言,虽然培根比当时的学术界眼光超前,但是仍然接受了许多流行的教条。例如,他对《圣经》的绝对权威和基督教独断的神学体系的权威性都是不加怀疑地接受的。虽然在许多方面他激烈攻击经院哲学,但是他也同样认为,一切科学和哲学的目的都是为了解释和荣耀至高无上的神学。所以,在他的思想中,混乱和矛盾是随处可见的,而且这些混乱和矛盾总是与他杰出的创见纠缠在一起,难以分开。

虽然罗吉尔·培根的思想今天看起来是那样的富有科学精神,但是他的工作在当时并没有产生太大的影响。真正实际影响了当时思想发展的却是看起来更加具有经院哲学气质的神学家的工作。邓斯·司各特(Duns Scotus,约 1265—1308)打破了托马斯·阿奎那所构造的哲学和宗教的完美结合,开启了经院哲学不可避免的衰落过程。司各特本人绝无发展实验科学的动机,也并无抬高理性地位以反对和限制宗教的念头,相反他认为阿奎那给予理性的地位过高。他要把主要的基督教教义建立在神的独断意志基础上,认为自由意志是人的基本属性,地位远在理性之上。这样一来,托马斯·阿奎那在信仰和理性、宗教和哲学之间建立的优美和谐就被彻底打破了。这对于经院哲学的发展来说,固然是一种威胁,理性和哲学的地位也遭到了贬斥。但是,这样一来,应用理性的哲学和神学的结合慢慢地就开始松动了,理性既然不再能证明上帝的存在,不再能为神学充当"婢女",那么理性和哲学自由独立发展的可能性也就出现了,哲学就有可能与实验结合,而产生独立的科学。

司各特所开启的过程,在威廉·奥卡姆(William of Ockham,约 1285—约 1349)那里得到了进一步的发展。他同样认为神学教义不可以用理性来证明,并且举出许多实例证明教会教义是不符合理性的。因此,他主张双重真理,即一方面凭借信仰得到的教会的真理;另一方面,凭借理性获得哲学的真理,两方面的真理是并行不悖的。

在对待共相问题上,奥卡姆提倡唯名论,反对实在论。他认为个体是唯一的实在,普遍性的观念不过是名称或者心理概念而已。著名的"奥卡姆剃刀"——"如无必要,勿增实体",正是这一思想的生动体现。由于唯名论的复兴,人们不再重视抽象的概念,转而重视感官直接认知的对象,因而间接地促进了对于直接观察和实验的重视,提高了归纳

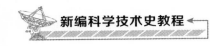

法在认识活动中的地位。

唯名论的传播和弘扬,当然引起了经院哲学中传统势力的反弹。巴黎大学谴责了奥卡姆的著作,甚至直到 1473 年还试图用强制的方式推广实在论。但是唯名论传播之势无法阻挡,很快连大学校长、教会主教等都变成了唯名论者。虽然后来罗马还是回到了经过修改的亚里士多德的实在论上,但是奥卡姆的工作还是导致了经院哲学独霸中世纪学术界局面的结束。一方面,哲学摆脱了宗教教义的束缚,可以更加自由地讨论,不是一定要达到神学预定的结论不可;另一方面,宗教也不需要受到唯理论的束缚,不必仅仅从理智的角度来发挥,可以更加尽情地发展同样重要的情感和神秘因素。因此,14—15 世纪,尤其在德国,神秘主义与各种基于宗教经验的教派蓬勃发展,对后来的宗教乃至整个文化发展产生了深刻的影响。

在促使经院哲学向近代思想转变过程中发挥重要作用的另外一位神学家是来自库萨的尼古拉主教(Nicholas of Cusa,1401—1464),他的代表作是《有学识的无知》。他认为在全知全能的上帝面前,人的一切学识实际上只是无知的表现。尼古拉在具体科学上同样也有独特的贡献。例如,他用天平证明植物生长是从空气里吸取了一些有重量的物质;他建议改良历法,尝试将圆形化为正方形来计算面积;他拥护地球自转的观点,主张宇宙无限等,在许多观点上成为哥白尼和布鲁诺的先驱者;他认为运动是相对的,而数是绝对的,为近代数理科学的发展铺平了道路。

第三节　中世纪的技术发明

与中世纪理论化科学相对暗淡的成就相比,在技术上,中世纪的成绩要好了许多。首先,技术在从古典时期到中世纪过程中,没有任何证据能够说明重要的技术曾经失传过。在农业技术、动力技术、交通运输、建筑工艺、纺织、冶金、印刷、机械钟表,以及日常生活的其他技术方面,中世纪的技术发明都呈现出善于学习借鉴、承上启下、不断进步的特征。中国的四大发明传入欧洲后,有力地推动了欧洲经济和社会的发展。

从 6 世纪上半叶到 9 世纪末,欧洲接受了一系列的发明,很快创造了崭新的农业生产体制。新的封建制度在促进生产力发展上发挥了作用,所以许多来自东方国家、北方蛮族的发明在欧洲得到了很好的应用和发展。例如,来自北方蛮族的重轮犁,耕出的沟更深,但是比较笨重,需要用牛来耕作。9 世纪时,利用马来耕作逐渐在北欧地区普及。后来,人们把项圈套上马肩,以代替容易使马感到气闷窒息的胸带,轻而易举地使得马的拉力提高了 5 倍。这项源自中国的技术在 11 世纪时传入欧洲,使得马可以代替牛来耕作,不适合牛耕的地方也可以得到耕种。同时,欧洲广大地区也输入了钉马掌技术,使得马可以在道路上行走,马车也代替了牛车。农业、交通和商业都受其利。

三圃轮作制(三年两种)取代了两圃轮作(两年一种),使得产量提高了 1/3,从而使得农业得到了很大的进步,进而导致小村庄的衰落和大农业村落的兴起。从 10 世纪起,西欧人开始向森林、沼泽、海洋进军开垦。在北欧低地国家的许多地方,通过种植欧洲蓬子、星状海草,以及盐滩芦苇等改造土壤,再通过修筑堤坝围垦了大片的耕地。

10 世纪后,欧洲开始普遍利用水力和风力来推动水磨、风磨以加工粮食、榨糖、榨油、抽水、制革、采矿和锯木等。15 世纪,英国率先使用水力来鼓风炼铁,改变了原有的炼铁工艺,出现了竖炉炼铁技术。英、法地区于 9—10 世纪发现了煤的燃烧价值。12 世纪,欧洲开始将煤用作家庭燃料。13 世纪,英国国王准许开采煤矿,煤炭开始普遍使用。

建筑技术是中世纪技术璀璨的明珠。10 世纪后,西欧城市开始兴起。市场经济的发展、市民审美心理的变化使得建筑技术突飞猛进。教堂作为城市建筑的主要代表,体现了当时最高的建筑技术水平和艺术成就。从 10 世纪开始,教堂建筑采用拱券结构,风格模仿罗马建筑。早期的教堂建筑反映了当时人们的厌世心情,朴素简单,少有装饰。后来由于市民文化的兴起,人们越来越多地在教堂建筑上加强其装饰性,增加雕塑、浮雕和壁画,虽然题材仍然主要是宗教性的,但是市民阶层的审美趣味也对其产生了很大的影响。从 12 世纪末开始,在法国北部地区兴起了哥特式的教堂。教堂的主要特点是有尖角的拱门、肋形拱顶和飞拱,高耸的尖塔以及高大的窗户。它独特的结构设计使得重量都分布在有垂直轴的骨架结构上,从而使得墙壁成为嵌板。它又充分利用了垂直线的视觉效果,其高耸入云的感觉很好地表达了中世纪基督徒对上帝的膜拜和对天堂的向往的情感。

值得注意的是,在中世纪技术进步的背后,可以发现人们对待技术态度的微妙变化。古希腊流行的奴隶制度,以及希腊人唯理论对自然的神化与歌颂,产生了一种轻视技术和手工劳动的态度,这显然不利于实验和技术的发展。然而,在犹太—基督教的传统中,对待技术和手工劳动却有着不同的态度。按照《圣经》的观点,自然也是上帝的创造物,而非永恒存在的,也不是神圣的存在,物质并不比非物质地位低下,因为都是上帝的创造物。希腊人推崇闲暇,而基督徒认为劳作是神圣的,连耶稣本人也是一位做木匠活的手艺人。在《圣经》中,上帝认可了人对自然的支配和改造。《圣经》本身虽然并没有包含机械论的世界图景,但是它对自然非神化的态度,为后来机械论的发展扫清了思想上的障碍。因此,虽然中世纪由于仍然深深地受到希腊思想的影响,当时更注重人与上帝的关系,因而不太关心对自然的认识和控制,但是基督教的新自然观为近代注重实验和技术提供了重要的思想资源。

参考文献

1. 贝尔纳:《历史上的科学》,伍况甫等译,北京,科学出版社,1959。

2. W.C.丹皮尔:《科学史及其与哲学和宗教的关系》,李珩译,张今校,北京,商务印书馆,1989。

3. 吴国盛:《科学的历程》(上、下),长沙,湖南科学技术出版社,1998。

4. 赵敦华:《基督教哲学 1500 年》,北京,人民出版社,1994。

5. 乔治·萨顿:《科学的生命》,刘珺珺译,商务印书馆,1987。

6. R.霍伊卡:《宗教与现代科学的兴起》,钱福庭、丘仲辉、许列民译,成都,四川人民出版社,1991。

7. 詹姆斯·E.麦克莱伦第三、哈罗德·多恩:《世界科学技术通史》,王鸣阳译,上海,上海科技教育出版社,2007。

8. 友松芳郎:《综合科学史》,陈云奎译,吴熙敬校,北京,求实出版社,1989。

9. 斯蒂芬·F.梅森:《自然科学史》,周煦良、全增嘏等译,上海,上海译文出版社,1980。

10. 宋子良主编:《理论科技史》,武汉,湖北科学技术出版社,1989。

第二编

近代科学的形成与产业的兴起

本编讨论近代科学的形成，其形成过程前后大约跨越500年的时间。从14、15世纪的文艺复兴运动到19世纪末叶经典物理学大厦的完成，近代科学不仅在理论上形成了一个成熟的体系，而且在实践中日益深刻地影响并改变着人们的观念和生活。

文艺复兴时期尼古拉·哥白尼（Nicolaus Copernicus，1473—1543）日心体系的建立，拉开了近代科学的历史序幕。开普勒（Johannes Kepler，1571—1630）椭圆轨道的提出和伽利略（Galileo Galilei，1564—1642）的力学实验，在不同的方向上扩大着哥白尼革命的成果，而艾萨克·牛顿（Isaac Newton，1643—1727）在前人基础上实现的伟大综合，不仅将天地间的物体运动规律在实验和数学的基础上统合到一起，而且在世界观和方法论上，改变了人们向自然界的提问方式，并进而影响了其寻求答案的路径和方法。文艺复兴以后，以探究科学为目的的社团活动也逐渐频繁起来。随着牛顿时代伦敦皇家学会和法国科学院等机构的建立，这种科学活动的组织化趋势也被看作近代科学探索活动的一个重要特征。

18世纪，牛顿力学的思想和成果向着更深更广的领域扩展。这种扩展包含了三方面的内容。其一，就科学理论自身而言，伴随着近代数学的出现和实验研究方法的广泛引入，包括力学、热学、声学、电学、磁学，以及光学在内的物理学各个分支都进入了近代的发展历程，而天体物理学的兴起，则体现了新时期的科学在实验和数学进步的基础上向着更加精密化方向的发展。化学也在一连串关于气体的探究和发现中结束了燃素说的统治，并在安东尼·洛朗·拉瓦锡（Antonie Laurent Lavoisier，亦译安托万·拉瓦锡，1743—1794）、约翰·道尔顿（John Dalton，1766—1844）等人的工作中开始了历史的新纪元。其二，就科学活动的范围及其所造成的社会影响而言，启蒙运动将科学知识及其理性精神从实验室和绅士们的沙龙推广传播到社会大众当中,其结果不仅为科学共同体的壮大奠定了基础,而且在更广泛、更深刻的意义上影响和推动了社会的变革。其三,就科学与技术的关系而言,18世纪下半叶开始的产业革命,不仅使人们日益深切地感受到技术变革所造成的对科学知识的广泛需求,而且领悟到科学知识对于推动诸多行业的技术进步的深远影响。伴随着启蒙运动和产业革命的展开,近代科学的知识和活动也从欧洲大陆拓展到远东和北美地区。

19世纪,近代自然科学的发展,进入对以往的经验进行理论上的整合和系统化的时期。在牛顿和拉瓦锡所奠定的基础上,物理科学中树立起一座不断发展与和谐的大厦,而在此过程中赢得了极大成功的数学与实验方法,又进一步地被推广到化学和生物学等其他学科领域中。能量转化与守恒定律的发现,又使人们看到了在不同学科之间所存在的普遍、深刻的联系。尽管此时期的博物学,依然沿着自身独立的传统,强调从宏观、整体的层面去考虑问题,然而生物学研究的主流,却从以往那种以博物学传统为主的状况,出现了向传统与实验传统并重方向的转化。伴随着形态结构、生长发育及起源进化等各个层次上研究工作的展开,生物学研究出现了两条清晰而不同的研究路径:一是生物体的结构与功能的研究;二是生物的演化发育过程和机制的研究。前者开创了细胞理论、微生物学和遗传学,并使物理学有了全面的发展,后者则使达尔文进化理论在生物学领域占据了显著的地位。

19世纪中的科学使人们相信,人类与其周围的世界服从着相同的原理,"而观察、归纳、演绎与实验的科学方法,不但可应用于科学原来的题材,而且在人类思想与行动的各种不同领域里差不多都可以应用"。从19世纪科学在工业中的应用中人们还开始看到,"为了追求纯粹的知识而进行的科学研究,开始走在实际的应用与发明的前面,并且启发了实际的应用和发明"。只有当科学脱离开从前那种躲在经验技术的隐蔽角落辛勤工作的状况,开始走到前面传递并且高举火炬的时候,科学时代才可以说是已经开始了。作为19世纪科学时代来临的另一个重要标志,是科学活动在文艺复兴以后出现的组织化趋向,发展到了体制化和职业化的水平。为叙述上的便利,这个问题放到了下一编中去统一讨论。

第七章

欧洲文艺复兴和哥白尼革命

14、15世纪的文艺复兴运动,使欧洲的历史经历了一次巨大的变革。这场变革对科学技术的发展也产生了深刻的影响。发生在这个时期的哥白尼革命,无疑是这场变革的产物。在科学史上,它被看作科学走向近代的开端。

第一节 导致变革的要素

一、技术的改进和普及

从科学技术史的角度考察文艺复兴,不能不关注那个时期发生在技术领域中的诸多变化。首先在机械技术方面,以水车和风车为代表的动力机械技术取得了显著的进步。水车早在罗马时代就从中国传到了西方,然而其真正的普及是在欧洲奴隶制结束,出现了劳动力不足的局面以后。人们起初将水车安置在磨坊,用以进行各类谷物的加工制粉。中世纪以来,农业的发展促进了制粉行业的繁荣。为了满足磨坊中不断提升的动力需求,水车的制造也在技术的改进中向着大型化的方向发展。这种发展在提升了水车动力功能的同时,也带动了整个机械制造技术在复杂化和多样性方面的更新,并使得水车本身作为常用的动力机械,被广泛运用到制粉业以外的冶金、土木和纺织等诸多行业。

阿拉伯炼金术知识的引进,推动了欧洲化学技术的进步,也促进了这一时期至关重要的冶金技术的发展。以木炭、硝石和硫黄为原料的黑火药制作方法,通过阿拉伯人从中国传到了欧洲,对加速欧洲社会的变革发挥了巨大的作用。欧洲人在将火药大量地用于战争的同时,其铸造大炮的需求也使得相关的冶金技术有了长足的进步和发展。铸造大炮需要生铁,而生铁的制造对炉温有着更高的要求。由水车带动的风箱装置的使用,使得炉温得以上升至摄氏1200度。与此同时,在水车驱动的重锤和曲轴作用下,人们可以将铸铁制成所需求的铁板和铁丝,使之适用于生产和生活的各类需求。由此,欧洲的炼铁技术告别了过去那种以农庄为中心的锻造阶段,随着水车动力的使用,包含着矿石粉碎工序在内的生铁冶炼技术,在各地江河的沿岸走进了一个新的时代。

中世纪以后欧洲商业和东西方贸易的不断繁荣,也带来了交通运输技术的进步和变革。马的挽具和车轮技术的改造,运河网络的扩充,水闸的安置,尤其是造船技术的改良,成为此时期欧洲交通运输技术发展的最重要的标志。以往欧洲的帆船,由于尾舵装置十分简陋,限制了船体向大型化方向的发展。随着海洋贸易的发展,对于大船的需求激发了欧洲人在造船中去实施多方面的技术改进。除了上述对尾舵装置的改造外,欧洲的造船技术在对风帆的使用方式,以及观象仪和指南针等航海器械的制作和引进方面都取得了显著的成果。欧洲造船和航海技术的发展,为日后新世界的发现与开拓提供了必不可少的前提。

二、地理大发现

15、16世纪欧洲人的航海探险及其所导致的地理大发现,对近代科学的诞生产生了深远的影响。关于那些伟大的壮举,人们经常谈论3个重要的事件和相关人物。首先是葡萄牙人瓦斯科·达·伽马(Vasco da Gama,约1469—1524)率领的船队成功地绕过非洲,由此开拓了通往东方的新航路;其次是克里斯托弗·哥伦布(Christoforo Colombo,约1451—1506)勇敢地横跨大西洋,登上了美洲——这块当时还不为人们所知的新大陆;接下来是费迪南德·麦哲伦(Fernando de Magallanes,约1480—1521)率领的船队环球航行一周,从而实实在在地证明了大地是球形的学说。

葡萄牙人的航海活动开始得最早。在15世纪初,他们的航海家亨利(Henry,1394—1460)王子便开始倡导和实施沿非洲海岸的探险航行。其理由一方面出于宗教上的原因,同时也追逐着贩卖黑奴和南部非洲的物产所带来的商业利益。1419年,他们占领了马德拉群岛,接下来1432年又发现了亚速尔群岛,1445年葡萄牙水手们将航线进一步推进到非洲的最西端佛得角。此时,由于国内发生内乱和亨利王子的去世等原因,该方向上的探险停顿了一个时期。直到1453年君士坦丁堡的陷落,导致了传统欧洲与东方贸易的通道被控制在穆斯林手中,这就迫使欧洲商人和水手们去谋求从红海以外的路线进入印度洋,以打破穆斯林的封锁和垄断。1487年,葡萄牙人巴特罗缪·狄亚士(Bartolomeu Dias,约1450—1500)率领的船队终于到达非洲的最南端,从而使人们真正看到了绕过非洲大陆前往东方的希望。作为纪念,葡萄牙国王裘安二世将这个非洲最南端的岬角命名为好望角(Cape of Good Hope)。1497年7月8日,瓦斯科·达·伽马率领的船队从里斯本出发,11月22日就绕过了好望角驶入印度洋。第二年的3月他们到达了非洲东海岸的莫桑比克,接下来由于找到了经验丰富的阿拉伯水手领航,他们仅用23天的时间就渡过了印度洋,并于5月21日顺利抵达印度西南海岸的卡利库特港。

与葡萄牙人沿着非洲大陆的海岸线向东推进的同时,1478年,航海家克里斯托弗·哥伦布将自己的计划也呈报到葡萄牙宫廷。这是一项朝正西方航行横越大西洋的计划。这个计划的重要之处在于,它是基于来自希腊人秉持的大地是球形这个信念。遗憾的是葡萄牙国王裘安二世对哥伦布的计划并没有表示出很大的兴趣。因为在葡萄牙宫廷的学者们看来,哥伦布将欧亚大陆间的距离定为3 000英里这个估计过低;而事实上,他们看到当时许多到达亚速尔群岛的水手们都不敢继续向西行驶而纷纷折回。与此同时,沿非洲西岸向南航行的船队则已成功地越过赤道,乘胜驶向非洲大陆的南端。这不仅使"热带无法居住"的神话不攻自破,同时又将非洲南部的黄金、胡椒和黑奴等源源不绝地运往欧洲。此种情形下,对葡萄牙人来说,实在没有考虑拿出重金去支持哥伦布计划的必要。于是哥伦布只好转而求助于西班牙王室。幸运的是,后者在1492年攻陷格拉纳达之后,终于接受了哥伦布的请求。

1492年8月3日,哥伦布率领他的船队从帕洛斯港口启航。这支船队共88人,由3艘船只组成。其中,只有圣马利亚号拥有甲板,载重100吨。其他两艘都没有甲板,且载重量只相当于前者的一半。哥伦布率领他的船队先向南沿海岸行驶到加那利群岛,稍事修整后,于9月6日调头西去。当最后一片陆地从他们视线中消失时,随之而来的恐惧可想而知,一些船员很快就变得忐忑不安。哥伦布为了给水手们打气,对航程中见到的所有迹象,都给予乐观的解释。如见到鸟朝西飞去时,他告诉水手们,这是因为他们要到陆地去过夜,可见陆地已不很遥远。遇到逆风和逆流时,他又说这会使回程更方便。即便如此,日复一日地不见陆地,仍使水手们骚动起来,有人要求立即返航。哥伦布只好软硬兼施,一方面威胁他们;另一方面又许下新的诺言。10月7日,他们终于见到空中出现了成群的鸟儿,11日他们又看见海面漂着绿色芦苇和树枝,到了当日傍晚看到了陆地。第二天,经过36天的艰苦航行,哥伦布的船队终于登上了今天人们称之为巴哈马群岛的其中一个小岛。

接下来,1519年9月20日,葡萄牙人麦哲伦率领的船队由西班牙的圣卢卡港出发,经过两个多月的航行,船队来到了南美洲的里约热内卢,随后沿着海岸南下到南美洲的南部,穿过狭长而危险的麦哲伦海峡,进入太平洋。船队在浩瀚无边的大海上行进了98天,据说除了两个荒凉的小岛外什么也没有看到。1521年3月,船队到达了菲律宾。同年11月抵达了目的地马鲁古群岛。由此,船队继续向西航行,穿过马六甲海峡进入印度洋,再绕过非洲南端的好望角,于1522年9月6日返回出发地圣卢卡港。

地理大发现推动了欧洲经济、技术和社会的变革。尤其是葡萄牙人航海事业的成功,为他们带来了巨大的经济利益。在开拓了通往东方的新航路之后,船队运回的大量香料、丝绸、宝石和象牙等,经倒手后在欧洲市场高价卖出,获得的纯利竟相当于航行费用的数十倍。相比之下,尽管哥伦布和麦哲伦的航海未能产生直接的经济利益。前者在胜利横跨大西洋之后,又接连 4 次往返于两块大陆之间寻找黄金之国,但除了落后和贫瘠的陆地之外,始终未能找到传说中的黄金和珠宝。哥伦布甚至至死也不知道自己发现的是一块新大陆。① 而作为后者的麦哲伦更是未能带领船队走完那次著名的环球之旅。他在菲律宾群岛同当地人的冲突中不幸被杀。出发时的 5 条大船和 260 人的庞大船队,返回故乡时只剩下了一条残破不堪的船只和 18 名水手。然而,我们不能由此而低估哥伦布和麦哲伦的壮举对于日后世界市场的开拓所拥有的意义。在科学史上,葡萄牙人环绕非洲的成功与哥伦布和麦哲伦的壮举在性格上形成了鲜明的对照。前者显然是在对经验的积累和对技术的逐步改善这一典型的工匠传统中得以实现;而后者则一开始便立足于关于大地球形的认识,因而可以看作在学者传统的直接影响下取得的成功。

无论如何,如前面所说,地理大发现在地理上和精神上都极大地拓展了那个时代人们的视野,它本身亦是经验技术的积累和知识进步的产物。随着那些勇敢者们在地理上不断跨越新的疆界,人们的思想和生活赢得了更加广阔的空间,而被禁锢着的心灵也由此开始挣脱枷锁,从而将更多的注意力从天堂转向了现实生活。

三、大瘟疫

如果说 15、16 世纪的航海探险和新世界的发现,以积极的结果振奋了人们的精神,并将人们的注意力引向了不断变化且带给人们以新的希望的现实世界,那么接下来将要叙述的 14 世纪那场席卷欧洲的大瘟疫所导致的悲剧,则以一种极其消极的意义,迫使人们以同样的目光去关注那些神圣的权威以外的经验事实。

14 世纪上半叶的那场席卷欧洲的大瘟疫——黑死病——的发生,其波及范围之广,持续时间之长,造成的损害之大,均超过了历史上的任何相关记载,因而带给人们心灵和思想的震撼也尤其巨大。

黑死病发端于俄罗斯或中亚,据说是里海源头周围地区在飞鼠和其他小啮齿类动物间流传的一种疾病在人体上发病的结果。一艘驶往热亚那的商船将这种病菌带到了西欧,接下来这种病菌又蔓延到小亚细亚半岛、埃及、北非和英国。据英国历史学家赫伯特·乔治·威尔斯(Hertert George Wells,1866—1946)所说,这次瘟疫最终导致了占欧洲总人口 1/4 到 1/3 的 2500 万人口的死亡,英国的牛津大学死了 2/3 的学生,"在比较大

---

① 今天的美洲作为新大陆的事实,是若干年后佛罗伦萨人亚美利哥·韦斯普奇(Amerigo Vespucci,1454—1512)发现的,因而以他的名字命名为"亚美利加"。

的城镇里,黑死病的灾害最为猛烈,那里的肮脏和没有阴沟的街道是麻风病和热病不断肆虐的场所"。沃尔特·曼尼爵士出于慈悲为伦敦市民购置的墓地里,埋葬了五万多具尸体⋯⋯在诺里奇(Norwich)有几千人死亡,同时在布里斯托尔(Bristol)活着的人都来不及去埋葬死人。

"黑死病袭击农村时和它袭击城镇时一样可怕。据说,约克郡一半以上的教士是染上这个病死去的⋯⋯有一个时期耕种已不可能。一个当时的人说:'牛羊在田野和玉米地上游荡,竟没有剩下一个能够把它们赶走的人。'"[①]

黑死病造成的这场大灾难前后持续了20年之久。在那个崇尚神灵、传统与权威的年代中,面对眼前出现的恐惧与困境,人们开始意识到那些神灵和无所不通的权威几乎发挥不了任何作用。在那些创办于中世纪的大学中,医学作为至高无上的学问,教授们一向只注重对希波克拉底、盖仑等古代先贤的阐释;医生们也总习惯于根据权威来行医论道。然而在黑死病所带来的严重局面中,人们却发现,从那些经典作家们的著述中寻找不到任何解决问题的答案。而解决问题的唯一办法则只能是诉诸经验,即从病人的发病状况和治疗效果的实际状况中去寻找预防和处置疾病的措施。为此,人们走了许许多多的弯路,起初是到星相上去寻找黑死病的发病原因,也考虑到了饮食或腐烂物导致的空气污染现象,但对于黑死病在人与人之间相互传染的这一事实是后来才逐渐被认识到的。据说,直到黑死病爆发的20年之后,人们才考虑到去采取我们今天已经熟知的大规模隔离与防御措施。

黑死病给医生们带来的教训是深刻的。尤其是在中世纪的大学当中,医学同神学和法学一道,被看作学术世界的重要组成部分。当严峻的现实出现,那些医学家们被迫开始关注希波克拉底、盖仑等古代先贤的权威经典以外的经验事物,尽管这种关注或许还谈不上彻底的转变,但毕竟将那种注重实证的精神或面向实际经验的倾向,带到了曾经不被传统认可的学术世界当中,进而使中世纪的医学乃至整个学术开始了向近代的转变。

四、中华文明的影响

在欧洲走向近代文明的历程中,我们尤其需要强调来自东方的中华文明也曾扮演了重要的角色。近些年来,东西方学者的研究向世人揭示出愈来愈多这方面的线索。其中,指南针、造纸术、印刷术和火药这众所周知的中国古代四大发明,在欧洲中世纪向近代的变革中也被公认发挥过巨大的作用。

首先是指南针。不言而喻,指南针在地理大发现时代的航海事业中起到了重要作

[①]H. G. 韦尔斯:《世界史纲》,803~805页,北京,人民出版社,1982。

用。中国早在战国时期，就有关于"司南"的记载。司南被认为是指南针的前身，它由天然磁石制成，样子像勺。若将其圆底置于刻有方位的"地盘"上，其勺柄会指向南方。《论衡》中记载"司南之勺，投之于地，其柢指南"。由于天然磁石的磁性较弱，加之加工过程中的受热等因素容易导致其失磁，进而使司南常常难以达到预期效果。经过长期摸索，到了宋代，人们终于在磁化方法和磁针装置这两方面都取得了显著的进步。《武经总要》中记载着制作指南鱼的方法：人们利用地磁场的作用，通过将铁片烧红，令其"正对子位"，然后"蘸水盆中"以便指南。《梦溪笔谈》卷二十四中也说："方家以磁石磨针锋，则能指南。"这表明此时人们在人工磁化方法上，已经向前迈进了一大步。关于磁针的装置方法，此时的人们也已经有了诸如"水浮"，置"指爪及碗唇"，以及"缕悬"等多种方法。这些既简便又有效的方法的发明，为指南针的出现和普及创造了条件。

造纸技术出现于中国的秦汉时期，东汉时期的蔡伦在改进造纸技术并使之得到推广方面做出了重要的贡献。蔡伦等人开发出来的以树皮、麻头、破布等原料制作纸张的新技术，扩大了造纸的原料来源并提高了生产出来的纸张的质量，因而使得纸张的制造和使用很快普及开来。公元 8 世纪，在大唐朝廷同阿拉伯国家的交战中，中国的造纸技术传到了中东。后来欧洲人开始从大马士革购买纸张，到了公元 12、13 世纪，西班牙、法国、意大利和德国相继出现了造纸厂。

与造纸技术密切相关的是印刷技术，事实上，纸的出现也为印刷技术的产生奠定了基础。大约在隋朝时期（公元 6 世纪前后），中国开始出现了雕版（或刻板）印刷技术。匠人们将文章用反手字刻在木板上，然后在木板上刷墨，凸起的文字在受墨后，便可将文章印到纸上。人们用这样的方法印制农书、医书、历书和字帖等。在佛教传入中国后，人们更是用这种方法印制了大量的佛经。雕版印刷技术在宋代达到了相当高的水平。随着这个行业的不断繁荣，一些问题也突显出来，比如制作雕版时所带来的人力和材料的耗费等。为了克服这些问题，宋代刻字工人毕昇以胶泥为材料，发明了活字印刷技术。其后该项技术在中国也取得了一系列的发展。比如，在制作活字的材料方面，继毕昇的泥活字之后，又出现了木活字、瓷活字、锡活字和铜活字；在与活字印刷相关的检字技术方面也出现了转轮排字架等。中国的雕版印刷技术大约在公元 12 世纪传到埃及，活字印刷技术则经过新疆、小亚细亚传到了欧洲。1450 年前后，德国人约翰内斯·谷登堡（Johannes Gensfleisch Zur Laden Zum Gutenberg，1400—1468）仿照中国的活字印刷术，用铅、锑、锡合金为材料，制成了欧洲的拼音活字，从此印刷技术在欧洲便很快流行起来。

火药最早来自中国炼丹术士的发明，而将火药用于战争，则是大约公元 10 世纪（宋代）前后的事。人们在战场上使用火药，起初想到的仅仅是用它来放火；以后又想到了将它用在发射动力和爆破方面。火药的制造技术经由阿拉伯地区传入欧洲。大约在公元 14 世纪中叶，欧洲开始出现了使用火药的大炮，紧接着到了 14 世纪末，又出现了使用火药的金属枪支。枪支和大炮的普及,尤其在政治动荡的欧洲,迅速推动了各种相关知识和技术的发展,其中包括对与弹道学等相关的运动原理,或者金属的冶炼、火药的配制等化学知识的探究,以及关于防御枪炮攻击的新的筑城技术及相关材料问题的研究,在医学上关于救治枪伤的外科学的开创(在这之前,外科不属于医学的范畴,它属于工匠当中理发师们的工作。从14世纪中叶起,到16世纪初,外科学逐步发展成为医学中的一个重要分支。而这段时间刚好与枪炮在欧洲的普及相重合。在东方,外科的发展落后于西方,这同欧洲在枪炮的实用化方面领先于东方的事实不无关系)。因此,火药和枪炮技术的普及,不仅开创了军事技术的新纪元,也在极其广泛的领域中,刺激了技术和知识的进步和发展。

关于上述中国古代文明中,火药、指南针和印刷术给欧洲进步所带来的影响,马克思曾经写道:"这是预告资产阶级社会到来的三大发明,火药把骑士阶级炸得粉碎,指南针打开了世界市场并建立了殖民地,而印刷术则变成新教的工具,总的说来变成了科学复兴的手段,变成对精神发展创造必要前提的最强大的杠杆。"①而近代科学的奠基人之一弗朗西斯·培根(Francis Bacon,1561—1626)也曾在其著名的《新工具》中谈道:"我们还该注意到发现的力量、效能和后果。这几点是在明显不过地表现在古人所不知、较近才发现,而起源却还暧昧不彰的三种发明上,那就是印刷、火药和磁石。这三种发明已经在世界范围内把事物的全部面貌和情况都改变了:第一种是在学术方面,第二种是在战事方面,第三种是在航行方面。并由此又引起难以数计的变化来,竟至任何帝国、任何教派、任何星辰对人类事物的力量和影响都仿佛无过于这些机械性的发现了。"②

第二节 文艺复兴

文艺复兴(Renaissance)一词,仅就字面而言,在法语中由"再"re和"生"naitre两词复合而成,因而包含了某种再生的含义。需要强调的是,这里的所谓再生,不仅仅局限在文学和艺术,它泛指在那个时代中古代希腊与罗马学术思想所获得的再度弘扬。

事实上,早在13世纪,即通常所说的欧洲中世纪鼎盛时期,欧洲人就已经通过阿拉伯语或直接诉诸希腊语的翻译,获得了包括亚里士多德著作在内的许多古希腊和罗马时代的典籍。然而那些早期的工作,其影响大都仅限于知识界内十分有限的范围。相比之下,在15、16世纪的文艺复兴运动中人们开始看到,那种对古代著作的翻译及其兴趣,在广度和深度上均已大大超过以往,尤其是随着这种兴趣体现在愈来愈多的文学艺术作品

---

①马克思:《机器、自然力和科学的应用》,67页,北京,人民出版社,1978。
②培根:《新工具》,许宝骙译,103页,北京,商务印书馆,1984。

中,它的影响迅速地普及开来。而此时对古代学术思想的弘扬,已更多地体现为弘扬作为那个时代中学术与思想的载体——人格,于是展现在我们面前的更本质的画面,便成为一场以人文主义为旗帜的思想解放运动。

文艺复兴运动的发源地在今天意大利的北部。从地理上说,这里拥有威尼斯和热那亚这两大欧洲著名的商业港口。它们不仅为当地的经济带来异常繁荣的局面,而且造就了一个新兴的上流阶层。这个阶层凭借着经商所带来的财富而上升到社会的统治地位。与传统欧洲的贵族们将生活的重心放在乡村,以便管理庄园事务的那种相对说来较为闭塞的生活方式不同,意大利北部的新兴贵族们为了商业、贸易事务的便利,他们的活动集中在像佛罗伦萨和米兰这样一些大都市中。他们在城里建起了豪宅,这些豪宅不仅是他们从事商业和贸易活动的中心,而且成为人们增进知识和交流思想的重要场所。

意大利的北部成为文艺复兴发源地的另一个契机是,1453年土耳其人攻入了东罗马帝国的首都君士坦丁堡,一批希腊学者带着大批古希腊的典籍逃到了这里。他们使那些洋溢着自由探讨精神的古代思想和语言,在经过了近千年之后,又重新展现在人们面前,并使得搜集、整理、翻译和研究这些典籍成为那个时代的时尚和人们的需求。在争相获得并收藏那些珍贵的古代手稿的同时,人们也感受到了其中所蕴含的那种自由探索的活力。尤其在中世纪那个封闭、僵化的思想世界里,对于渴望冲破精神禁锢的人们来说,这种活力充满了反抗现实和开创未来的强大动力。

人们将那个时代的思想解放运动称为文艺复兴,其主要原因是那个时代的精神与思想集中体现在当时的文学和艺术作品里。在此我们仅仅简单地列举几位当初有名的画家的代表作,以领略文艺复兴时代精神和思想上的新气息。

首先,是著名的佛罗伦萨画家波提切利(Botticelli,约1445—1510)完成于1478年的名作《维纳斯的诞生》。这幅预示着新时代到来的伟大作品——展示在佛罗伦萨乌菲齐美术馆那豁然明亮的大厅中——都势必给每一位到访者留下了深刻的印象。在这里,画家使维纳斯这位古希腊罗马艺术中的美丽女神重新从贝壳中站起,她那洋溢着青春与活力的形象将美丽重新带给人间,体现了那个时代人们对中世纪禁欲主义的抗争和追求现世幸福的愿望。

其次,是文艺复兴巨匠列奥纳多·达·芬奇(Leonardo da Vinci,1452—1519)的杰作《蒙娜丽莎》。这幅作品完满而充分地表达了作者的人文主义思想。禁欲主义时代视人的肉体为"灵魂的牢狱""罪恶欲念的根源",而在达·芬奇看来,人是最神圣之物,人体是自然中最美的对象。他认为,不尊重生命的人,就不配拥有生命。因此,在《蒙娜丽莎》这幅作品中,达·芬奇以一个年轻女性温雅的微笑,赞颂了生命的可爱和新时代人性的觉醒。作品中蒙娜丽莎的右手,被誉为美术史上最美的一只手。

最后,是拉斐尔(Raffaello Sanzio,1483—1520)的代表作《西斯廷圣母》。这位比达·

芬奇年轻了30岁的画家虽然只活了37岁,但其天才的创作使他成为文艺复兴时期最负盛名的画家。《西斯廷圣母》反映了作者的人道精神和那个时代人们的审美趣味。圣母玛丽亚有着丰健而优美的体形,而她的简朴的衣装和赤裸的双足又让人感到她的确是一位人间的慈母。尽管宗教在那个时代仍然主导着人们的生活,然而拉斐尔在这里所带给人们的却已是一种更近于人性和人情的基督和圣母。圣母带着她那温柔而又悲悯的目光托起怀中的婴儿,似准备把他献给多难的人间;而惹人喜爱的圣婴眼中似乎也含有一种非同寻常的严肃,仿佛已经决心做出牺牲。

如果说中世纪那些哥特式的建筑曾唤起人们一种缥缈虚幻的情绪和向往天堂的感觉,那么从上述文艺复兴时期的这些代表性的艺术创作中,我们已明显地感受到了一种关怀人性与注重现实的崭新的气息。这种气息体现了那个时代人们心理态度上的变化,对科学史上正在揭开的新的一幕来说,这种变化既是明显的前兆,又是必要的前提。

第三节　达·芬奇——他的艺术与科学

文艺复兴不仅在精神和物质两个方面为近代科学的诞生奠定了基础,更重要的是在那个呼唤巨人的变革时代,它的确为时代造就了一批开拓未来的巨人。前面提到的达·芬奇便是一位杰出的代表。

1452年,达·芬奇出生于佛罗伦萨郊外的一个名叫芬奇的小镇上。这里曾因制作农具而远近闻名,至今镇上还有一家规模不大,但十分有特色的古代农具博物馆。在这里,你会为达·芬奇在器械制作方面显示的才能多少找到一些根据。达·芬奇的父亲是当地颇有名望的律师,母亲则是贫苦的农家女。达·芬奇是他们的私生子。达·芬奇出生后不久,父亲便抛弃了母亲。5岁,达·芬奇被带到了祖父家中,14岁起,他成为佛罗伦萨著名的画家兼雕塑家维罗琪奥的弟子。20岁,达·芬奇参加了佛罗伦萨的画家联合会。以后,他先是为佛罗伦萨的当政者梅迪奇家族服务,后来又为米兰和罗马的宫廷服务。1516年,达·芬奇应法国国王弗朗西斯一世之邀,迁居安波斯城克鲁堡,任宫廷首席画家、建筑师、工程师。1519年,达·芬奇客死他乡,享年67岁。

人们知道达·芬奇,通常由于他是一位伟大的画家,并且为后人留下了诸如《蒙娜丽莎》《最后的晚餐》和《岩间圣母》等不朽的作品。然而事实上,作为文艺复兴时代所造就的巨人,达·芬奇的贡献绝不仅限于艺术方面。"他对各种知识无不研究,对于各种艺术无不擅长。他是画家、雕塑家、工程师、建筑师、物理学家、生物学家、哲学家,而且在每一学科里他都登峰造极。在世界历史上可能没有人有过这样的纪录。"[1]

---

①W.C.丹皮尔:《科学史及其与哲学和宗教的关系》,163页,北京,商务印书馆,1977。

达·芬奇一生留下了 5 000 页以上的手稿。这些手稿全面地展现了这位文艺复兴巨匠一生的求索,也反映了文艺复兴时期人们的进取精神和创造生活。达·芬奇手稿的内容涉及文学、绘画、数学、力学、天文学和建筑学等诸多领域。耐人寻味的是这部手稿的所有的文字都自右向左排列,并被写成了反写体。人们只有在镜中去读才能看清楚。究其原因研究者们说法不一。有人认为它只单纯地表明了达·芬奇是左撇子;但也有人认为,是由于达·芬奇不愿别人了解自己的想法,因而写成了反写体;还有人认为,这是达·芬奇要以此来向读者传递一个信号,即人们愈是去探索自然,就愈会走向《圣经》教导的反面。

达·芬奇的手稿中充满了诸如"再二再三地进行实验,并观察这实验是否产生同样的结果","不要相信那些仅凭想象来充当自然和人之间的译者的艺术家","从实验开始做起,并用它来检验理论"等记载。作为那个时代伟大的思想家,达·芬奇反对把《圣经》上的教义和权威的言论作为知识基础,他鼓励人们向大自然学习,到自然界中寻求知识和真理。他认为知识应当从实践中产生,同时也只有实践才是确实性之母。

达·芬奇的上述哲学贯穿于他的艺术实践与创作中。作为杰出的画家,达·芬奇意识到深入了解人体知识的必要。为此他不顾教会传统的戒条,对弄来的许多尸体加以解剖。他在手稿中曾这样写道:"为了对这些血管得到准确完备的知识,我已经解剖过十具以上的尸体了。"[1]他将人体的各个肢体分解开来,并使除去毛细血管流出的肉眼看不见的血以外,各处都已不再出血。接下来将血管周围的肉仔细地剥离开来,进行细致的分析和观察。像这样,在解剖中所获得的准确完备的知识,不仅使他的艺术登峰造极,同时也使他的生理学知识,比起同时代的人们大大前进了一步。他在哈维发现血液循环前一百余年,既已探讨过血液在人体新陈代谢方面的功能,并通过与大自然中水从高山流入江河,汇入大海,又上升为云,再转化为雨而返回山上这一循环现象的类比,对血液在身体中的运行作了精彩的说明。

达·芬奇不满足于仅从艺术的角度去考虑光的问题,他花费了大量时间和精力研究视力的机制,或许这使他成为第一个懂得透镜作用的实验者。经过实验,他放弃了视力是通过眼睛中发射的粒子来获得的错误概念,取而代之的是一种简单的描述,即光以类似波的方式运动。达·芬奇的笔记还显示出他是历史上最早描写立体视觉原理以及双眼搜集关于物体信息所采用的方式的人。他明白这些信息随后被交由"灵魂"(我们今所称的大脑皮质层)来处理。他还将眼镜的功能与针孔暗箱联系在一起,并进而制作了一些可以扩大视野的奇怪光学仪器。

凭着长期对各种鸟的身体与飞翔所做的认真观察,达·芬奇研究了鸟的躯体结构及

---

① W. C. 丹皮尔:《科学史及其与哲学和宗教的关系》,167～168 页,北京,商务印书馆,1977。

其如何展翅以及在空中盘旋的机制,他在笔记中画满了这方面的心得,既有速写,也有带注释的复杂绘画和观察记录。他制作了简单的试验装置,把小鸟吊起来,借以考察鸟的不同飞行姿态及其身体各部位的功能。他还使用各种材料模仿制作鸟和蝙蝠的翅膀。通过这些仔细地观察研究,达·芬奇得出结论:"鸟是遵循数学法则活动的器械。人们可以制造出完全像鸟一样运动的器械,只是眼下这种器械在保持平衡方面性能还达不到鸟的程度。因此,在人类制造的这种飞行器上,可以说除鸟的生命以外,并不缺少任何东西。而这种生命,人们则必须用自己的生命替代之。"为此,达·芬奇设想了许多关于制造人力飞行器、降落伞等的方案。达·芬奇的这些观察与思考可视作今天仿生学的先声。

此外,达·芬奇还研究发明了许多各种用途的机械。比如,由滑轮和齿轮构成的起重机械,自动印刷机械,锉、锯机械,烤肉机械,纺织机械等。作为军事工程师,他在写给米兰公爵的自荐信中,强调了自己在建造桥梁、攻城用的云梯和制造装甲车、大炮、迫击炮及各种美观实用的轻武器等用于攻击或防守的器械方面的才能。今天,在佛罗伦萨的达·芬奇博物馆中,我们仍可以看到许多根据他手稿中的文字和草图制作的模型,这些模型展现出的达·芬奇的多种才能和奇思妙想无不让人叹为观止,更重要的是从这些充满创意的发明中,我们可以领略到文艺复兴时代的艺术与科学、理智与情感、形体和精神在一位杰出的开拓者的身上所达成的完美结合和统一。

第四节　哥白尼革命

在科学史上,揭开近代科学序幕的"哥白尼革命",就其思想和方法而言,既拥有着典型的"文艺复兴"时代的性格,又是"文艺复兴"运动所带来的重要成果。

尼古拉·哥白尼(Nicolaus Copernicus,1473—1543)出生于波兰维斯瓦河上游托伦城的一个殷实的商人家庭。父亲是波兰人,名字叫尼古拉。母亲是德国人,出身名门。幼年丧父的哥白尼是由舅父抚养大的。他的舅父是地区主教。在舅父的庇护下,哥白尼从小受到了良好的教育。18岁那年,哥白尼进入波兰著名学府——克拉科夫大学读书。这里是当时欧洲的学术中心之一,哥白尼的老师沃依捷赫·勃鲁泽夫斯基(Albert Brudzewsk,1445—1497)是一位著名的数学家和天文学家,他使哥白尼获得了良好的启蒙教育。大学毕业后,哥白尼又被送到意大利留学。在那里,哥白尼受到了文艺复兴思想和精神的洗礼。哥白尼先到帕多瓦大学等攻读法律、医学和神学,接下来又到波伦亚大学(又译博洛尼亚大学),跟从著名的数学家和哲学家马里亚·迪·诺瓦拉(Maria de Novara,1454—1504)深入探讨了数学和天文学问题。迪诺瓦拉对当时占支配地位的托勒密地心体系的批判,尤其是他认为这个体系太复杂,不符合数学谐和原理的思想,给哥白尼留下了深刻的印象。1506 年,哥白尼回到波兰,他一边担任舅父的医生和秘书,一边继续着他的学术工作。1530 年,他完成了自己关于天文学的研究,同年他以通俗的形式发表了这项工作的提要。据说教皇克里门七世对这一工作表示赞许,并鼓励作者将全文发表。然而哥白尼出于种种顾虑,直到 1540 年才开始着手做这项工作。1543 年,当《天球运行论》的第一册拿到跟前时,他已经躺倒在临终的病榻上了。

探讨哥白尼革命的历史成因,必须首先从古代中世纪的宇宙观及其天文学基础谈起。概括说来,古代中世纪宇宙观包括 3 个要点。首先是地球处在宇宙的中心,且它的位置不发生任何变化。其次是所有天体都处在一个透明的天球上,它们无一例外地进行着圆周运动。其中,恒星镶嵌在天球最外层的界面上,并环绕地球作周日运动,而太阳、月球和其他水、金、火、木、土五大行星则在各自的轨道上进行着固有的运动。接下来是月球以下的月下界(即地上)的物体同月球以上的所谓天界的物体由不同的元素所构成,天界的物体是由高贵的元素以太构成的,因而其运动简单和谐,能以圆周运动来加以表示,而地上的物体是由普通元素构成的,因而其运动相对说来杂乱无章,我们只能物理地说明其运动的原因,而不可能对其运动轨迹进行简洁的描述。这种宇宙观起源于古希腊亚里士多德的哲学,而天文学体系的建立则由希腊晚期的天文学家托勒密(Claudius Ptolemaeus,约 90—168)来完成。到了中世纪经院哲学的鼎盛时期,托马斯·阿奎那把亚里士多德的思想和托勒密的宇宙体系同基督教的教义结合起来,从而建立起一个更加权威化了的宇宙体系。

古希腊罗马以来的天文学理论,其核心在于追求合理、简洁地说明和预测行星的运动。因为与那些周而复始地均匀运动的恒星相比,行星的运动令人感到捉摸不定。它们忽而在恒星队列中拼命地向前追赶,忽而又返回头来向相反方向运行。在亮度上,它们也时亮时暗。对于这些相对说来很不规则的行为,托勒密建立的模型,在圆运动的框架中给出了一个统一的解释。托勒密理论的要点之一,是建立了行星运动的本轮-均轮体系。即设想行星在各自轨道(均轮)上,做环绕地球的圆周运动,同时又沿着一个较小的圆周轨道(本轮)做另一个圆周运动。本轮的中心在均轮的某一点上。托勒密用本轮和均轮运动叠加的引法,说明了上述行星的顺行、逆行,以及忽明忽暗的复杂现象。

托勒密理论在其形成初期,可以较好地预测行星将要到达的位置。然而随着时间的推移,其计算历法的误差便显著起来。为了消除这种误差,人们沿着托勒密的思路,采取了以在本轮之上又套上新的本轮的方法来对理论加以修正。经过了将近 1 500 年的时间,托勒密体系中的本轮竟然已增加到了 80 个。这样一来,这个理论就变得格外复杂,而它与实际观测间出现的误差也在逐渐加大。历法的计算对天文学理论的要求,以及蓬勃兴起的大航海运动和大变革时代人们对命运的担忧,使得人们对天体理论格外关注。

哥白尼的天文学工作,在很大的程度上是为了解决上述现实中的具体问题。然而他的出发点,却明显来自文艺复兴时期再度复活的古希腊传统。他本人在《天球运行论》(*De revolutionibus orbium coelestium*)中曾明确提到"在拉特兰(Lactantius)会议上讨论了教会历书的修改问题"[1]。而在着手创建新天文学之际,"哥白尼心中最重要的问题是:行星应该有怎样的运动,才会产生最简单而最和谐的天体几何学"[2]。哥白尼力图使这项工作回到毕达哥拉斯与柏拉图的传统当中。他深信:宇宙是球形的;地球是球形的;天体的运动都是在圆形轨道上进行。这 3 条体现了均匀运动基本原则的假设,他力图由此出发,去寻找对天体及行星运动的更加简洁的说明。

众所周知,哥白尼对宇宙和谐的坚定信仰最终导致其放弃了长期以来占据着支配地位的托勒密体系,代之以地球和其他行星一道环绕太阳运转的地动学说。说起来,这个学说的原型同样可以追寻到古希腊的阿里斯塔克(Aristarchus,约前 310—前 230)那里。这个学说将太阳置于宇宙的中心(是哲学和宗教意义上的,而非数学上的),而所有行星则层层环绕太阳运行。其中,只有地球的运行中伴随有月亮。月亮环绕着地球旋转,同时又伴随地球作环绕太阳的运行。最后在所有行星之外遥远的地方,是无所不包的恒星天球。

由于哥白尼的学说将托勒密的世界体系彻底颠倒过来,这个壮举在部分天文学家看来虽有些荒唐,但毕竟大大简化了对天体位置的推算,因而可以被看作一种方便运算的数学假说。然而在一般公众的眼中,如果地球同其他星球一同环绕太阳运动,那曾经在亚里士多德和托勒密体系中被回避的常识问题,便骤然变得尖锐起来。比如,假使地球环绕太阳公转,为什么看不到恒星的周年视差?假使地球本身在自转,又为什么见不到空中的云彩和飞鸟被旋转的大地抛向西去?而抛出的物体又为什么依然垂直落回到原地?哥白尼对前一个问题的回答是,宇宙比人们设想的要大得多;而对后者的回答,他却再度退回到亚里士多德那里。他从"四元素说"的观点出发,说明这应当是地表周围与之一体的空气带动物体一起向前运动的结果。

在评价哥白尼革命的特点和历史意义时,科学史家詹姆斯·E. 麦克莱伦第三(J. E. McClellan Ⅲ,1946—　)这样写道:"若要真正了解哥白尼和他的工作,我们必须明白,他是最后一位古代天文学家,而不是第一位近代天文学家。哥白尼其实是一个很保守的人,他是回头盯住古希腊的天文学,而不是要向前开拓什么新传统。他是托勒密的后人,而不是开普勒和牛顿的前辈。他至多是一位感情矛盾的革命者。他的目的并不是要推翻旧的希腊天文学体系,而是要恢复那个体系的本来面目。具体说来,哥白尼认真领受了将近 2000 年前发出的那条'拯救这些现象'的命令,设法要严格按照匀速圆周运动去

---

[1] 哥白尼:《天球运行论》,22 页,北京,北京大学出版社,2006。
[2] W. C. 丹皮尔:《科学史及其与哲学和宗教的关系》,172 页,北京,商务印书馆,1997。

说明天体的运动。"①就哥白尼本人的工作而言,上面所述的各个环节的确充满了那种向希腊传统回归的精神,然而这也正是文艺复兴时代思想家们追求解放与进步所共同拥有的方法论特征。作为整个欧洲文明的一个重要组成部分,天文学乃至整个自然科学也在向人类更悠久的历史传统的回归中,找到了跨越当前困境的途径,并由此揭开了新时代的序幕。

"哥白尼教人用新的眼光去观察世界。"从此,"地球从宇宙的中心降到行星之一的较低地位。这样一个改变不一定意味着把人类从万物之灵的高傲地位贬降下来,却肯定使人对于那个新年的可靠性发生怀疑"。这样一来"哥白尼的天文学不但把经院学派纳入自己体系内的托勒密的学说摧毁了,而且还在更重要的方面影响了人们的思想与信仰。"②因此,恩格斯称之为自然科学借以宣布其独立的革命行为。③

参考文献

1. W. C. 丹皮尔:《科学史及其与哲学和宗教的关系》,北京,商务印书馆,1997。

2. 詹姆士·E. 麦克莱伦第三,哈罗德·多恩:《世界史上的科学技术》,上海,上海科技教育出版社,2003。

3. 吴国盛:《科学的历程》,第二版,北京,北京大学出版社,2002。

4. H. G. 韦尔斯:《世界史纲》,吴文藻等译,北京,人民出版社,1982。

5. C. 尼科尔:《达·芬奇传》,朱振武、赵永健、刘昌略译,武汉,长江文艺出版社,2006。

6. 理查德·S. 韦斯特福尔:《近代科学的建构》,彭万华译,复旦大学出版社,上海,2000。

7. 山崎俊雄等:《科学技術史概論》,東京,オーム社,平成5(1993)。

8. 藤村淳等:《科学その歩み》,東京,東京教学社,2003。

---

① 詹姆士·E. 麦克莱伦第三,哈罗德·多恩:《世界史上的科学技术》,上海,上海科技教育出版社,2003。
② 詹姆士·E. 麦克莱伦第三,哈罗德·多恩:《世界史上的科学技术》,174 页,上海,上海科技教育出版社,2003。
③ 恩格斯:《自然辩证法》,8 页,北京,人民出版社,1972。

第八章

近代科学的诞生

　　文艺复兴的精神向中世纪的权威提出了挑战,而生产和生活中出现的新技术与新发明,亦使得愈来愈多的人们更加尊重经验和事实。近代科学在这种背景中拉开了序幕。这是一个内容十分丰富的话题,从上一章谈到的哥白尼开始,它还使我们想起了开普勒、伽利略、吉尔伯特、维萨留斯、哈维、波义耳、培根、笛卡儿、帕斯卡、惠更斯、胡克、牛顿等一连串伟大的名字,进而又从这些名字联想到那个时代中的科学、技术及其与之相关联的一系列震撼性的事件。在此我们不可能对所有那些人物和事件一一进行细致的描述,而只能选择若干重要且具有代表性的话题。

第一节　椭圆轨道的发现

　　在天文学走向近代的变革中,哥白尼以后,下一个重要的突破是由开普勒完成的。今天我们知道,由于哥白尼坚持了天体沿圆形轨道运动的观点,这就使他的理论在实际运用到观测中时,仍然会出现很大的误差。而回避这些误差的唯一办法,就是保留托勒密体系中的本轮-均轮体系。但这样一来,又不可避免地使计算变得复杂起来。直到开普勒提出了椭圆轨道模型和与之相关的三大定律,地动说才真正迎来了新的局面。

　　开普勒(Johannes Kepler,1571—1630)出生于德国南部符腾堡州的魏尔城。他是一个新教徒,早年考入新教学校——图宾根大学主攻神学,后来兴趣渐渐转移到数学和天文学方面。同哥白尼一样,他也是一个毕达哥拉斯和柏拉图主义者。在图宾根大学学习期间,他从老师迈克尔·马斯特林(Michael Maestlin,1550—1631)那里了解了哥白尼的学说,他为这个理论在形式上所拥有的简单与和谐所感染。他说:"我从灵魂的最深处证

明它是真实的,我以难于相信的欢乐心情去欣赏它的美。"①

　　开普勒深信上帝是按照完美的数的原则创造世界的,而他所追求的也正是这种造物主心中的数学的和谐。1600 年那个世纪之交,开普勒迎来了他人生中的一个重要转机。这一年他来到了著名的丹麦天文学家第谷·布拉赫手下,担任后者的助理。第谷由于在观测方面的杰出才能而赢得了欧洲天文学界的普遍认同,丹麦王室在滨海的赫文(Hveen)岛上为他修建了一座堪称一流的观测台,在那里第谷亲自设计、安装了当时精度最高的观测仪器。在那里,第谷率领着他的助手们二十年如一日,对行星的位置进行了大量观测并做了准确的记录。其观测的精度达到了误差在 0.067 的程度以内。这个角度大致相当于把一枚针举到一臂远处,用眼睛看针尖所张的角度,因此可以说几乎已达到了肉眼观测的极限。②

　　开普勒成为第谷的助手时,后者已经离开了赫文岛,并辗转来到了布拉格——这个当时欧洲重要的知识中心。1601 年,亦即开普勒来到布拉格的第二年,第谷就去世了。去世前这位杰出的观测家将自己多年来积累的大量观测资料留给了开普勒。利用这些资料,开普勒首先对火星轨道进行了集中的研究。其结果导致他在古希腊以来,代表天穹完美和宇宙和谐的圆形轨道与第谷的精密观测之间,做出了倾向于后者的抉择。他在 1609 年出版的《新天文学》(Astronomia nova)中宣布了他的两个重要发现,即我们今天所知道的开普勒第一定律和开普勒第二定律。前者表述为:"行星运行的轨道是椭圆,太阳在椭圆的一个焦点上。"而后者的表述是:"太阳中心与行星中心间的连线在轨道上所扫过的面积与时间成正比。"对当时一般人说来,放弃圆形轨道无疑是痛苦而难以想象的,因为即便是在哥白尼那里,圆周运动也体现了均匀运动的基本特征和原则。然而在开普勒心目中,第二定律给他带来了无限的安慰,因为它以椭圆运动中"扫过面积"的均匀取代了圆运动中的轨迹均匀,从而拓展了他心目中神圣的均匀与和谐的观念。

　　1619 年,开普勒在其出版的《宇宙的和谐》(Harmonices mundi)一书中,进一步提出了他的第三定律,即"行星在轨道上运行一周的时间的平方与其至太阳的平均距离的立方成正比"。这个定律给出了所有环绕太阳运转的行星之半径与周期间的数学关系,但在开普勒看来,它揭示了宇宙中环绕太阳运行的各个行星之间内在的相关性。他始终坚信这种相关性的存在,并且为了找到它而奋斗多年,百折不挠。而当它终于呈现在开普勒眼前时,他亦仿佛听到了宇宙中最和谐、美妙的旋律。

　　为了回到古代毕达哥拉斯和柏拉图的和谐传统中,哥白尼将希腊和中世纪的宇宙观颠倒过来;而为了使这一努力获得更大的成效,开普勒又不得不宣布放弃自古以来象征完美与和谐的圆形轨道。他把和谐的理想拓展到了一个更宽泛的概念当中,而在此过程

---

①W. C. 丹皮尔:《科学史及其与哲学和宗教的关系》,193 页,北京,商务印书馆,1997。
②陈自悟:《从哥白尼到牛顿》,47 页,北京,科学普及出版社,1980。

中一个十分重要的变化是,我们看到了由观察所得来的事实及其不可避免的推论都按照本来的面貌被加以接受。

第二节 伽利略及其望远镜

与开普勒在理论上推进哥白尼的学说齐头并进,伽利略通过用望远镜进行天文观测,从而以大量新发现的事实,在捍卫哥白尼的学说中发挥了至关重要的作用。

伽利略(Galileo Galilei,1564—1642)出生于意大利北部城市比萨。17岁那年入比萨大学学医,后来兴趣转到了数理科学方面。由于这方面的成绩突出,伽利略在25岁那年被聘为母校比萨大学的教师,以后又转到威尼斯方面的帕多瓦大学任教。也正是在帕多瓦大学任教期间,伽利略听到了关于荷兰眼镜商人发明望远镜的传闻,他立刻自己动手制作并组装,很快便制作出来一台放大倍数为30的望远镜。

伽利略用自己制作的望远镜进行了大量的天文观察,他将观察中所获得的重要结果汇总到了《星界的报告》(Siderus nuncios)这部著作中。1610年,当这部用拉丁文写成的29页的小册子出版时,在欧洲的知识界引起了极大的震动。在此之前,尽管人们已经相当了解望远镜,但用它来进行天文观测,并把结果以出版物的形式发表出来者,伽利略当属第一个。在《星界的报告》一书中,伽利略介绍了不少重要的事实。①望远镜中看到的天空中恒星的数目比通常肉眼看上去的要多得多。即便如此,恒星的视差依然难以察觉,这说明这个宇宙的确如哥白尼所预言,远远大于我们从前的想象。②行星的大小是可以观测到的,这说明它们到地球的距离比起恒星要近得多。③行星本身不会发光,这个事实印证了太阳系的存在。④太阳上存在着黑子而且可以推测出它们随着太阳的自转在发生着移动,由此削弱了天空完美无缺的信条。⑤月亮表面凹凸不平,有山谷和平原。这表明天上与地上的世界十分类似。⑥木星周围环绕着卫星,它们使木星看上去分明就像一个太阳系的缩影。在《星界的报告》出版后,接下来的几年中,伽利略进一步观察到了金星存在着像月亮一样的位相变化,这表明它的确在环绕着太阳运动。伽利略以这些诉诸望远镜观察到的新事实,支持了哥白尼的学说。然而他在此强调天界与地上的同一,若想得到人们的认同,就必须更深入地去探讨地上的运动。

1632年,伽利略还出版了《关于托勒密和哥白尼两大世界体系的对话》。书中虚构3个人物,他们以幽默的对话,就地球运动、天体结构、潮汐等问题进行4天的理性讨论。全书的观点倾向于"日心说",这也使得伽利略的论敌非常恼怒。

第三节 近代动力学的形成

哥白尼的学说经过上述开普勒和伽利略的努力,在天文学领域得到了愈来愈广泛的认同。然而,作为一种新宇宙观,若想取代中世纪以来亚里士多德的权威地位,却依然不是一件容易的事情。因为亚里士多德的理论是一个庞大的体系,它不仅曾经涉及对天体运动的说明,而且包含了对地上运动的解释。文艺复兴以后,在用新的眼光探讨地上运动规律的努力中,最有代表性的工作也是由伽利略来完成的。

希腊以来人们关于地上物体运动的理解和说明,大都是根据亚里士多德的理论来进行的。按照亚里士多德的观点,地上物体的运动与天体运动截然不同。天体的运动是和谐的,它可以用数学的语言来加以描述;而地上物体的运动则杂乱无章,人们只能从因果关系中去物理地说明它的原因。在亚里士多德看来,所有运动着的物体都需要靠力来维持。这种看法在当初很容易被人接受,因为它如同天文学中的托勒密体系一样,总体上符合人们的直观感受与常识。尽管也存在一些似乎不尽如人意的方面,比如,下落中的物体和射出去的箭,人们就很难说明其运动依靠怎样的力来维持。

前面提到伽利略利用望远镜所观测到的天体及其运动的事实,以及他的"天壤无别"的思想。事实上,同哥白尼和开普勒一样,伽利略也受到了毕达哥拉斯和柏拉图的影响,并且由此出发,毕生致力于在更广的意义上去探寻宇宙的和谐及其数学原则。在伽利略看来,"上帝把这种严格的数学必然性赋予自然,而后通过自然创造人类的理解力,使人类的理解力在通过付出了极大的努力之后,可以探寻出一点自然的秘密"[①]。与哥白尼和开普勒所不同的是,后二者的工作就其仅仅力图将天文学归结到几何学当中而言,二人只是延续了希腊人的追求与传统;而在伽利略毕生中更主要的工作及其成就则是,他揭示了在天体现象中的数学简单性,也同样适用于地上物体的运动。

伽利略是从研究落体问题着手,为近代力学奠定基础的。按照亚里士多德的理论,重物体下落的速度比轻物体要快。伽利略对此展开了批判。人们常常提到他的两项工作。其一是从逻辑上来论证,即如果将一个重物体和轻物体缚到一起,按照亚里士多德的见解,将得出相互矛盾的两种结论:如果我们把此种情形看作两个物体合到一处成为一个更重的物体,那么其下落速度应比原来的任何一个物体都要快;而如果我们将此种情形看作重物体下落时拖上了一个比它慢的(轻的)物体,那么重物体的下落速度则显然比原来要慢。其二是通过实验来说明,即伽利略拿了一大一小两个不同重量的球体到比萨斜塔去做实验,当他令两者从斜塔上自由落下时,发现它们几乎同时落到了地面。

关于伽利略是否亲手做过比萨斜塔的实验,目前说法不一。重要的是问题不仅仅在于两个小球是否同时落地。对伽利略来说,如上面所提到的那样,他力图搞清物体的下落究竟依照着一种怎样的数学关系进行的。这样一来就使得时间、空间、位置和速度等这样一些以往仅仅在天文学中才被视为重要的概念,也成为地上物体运动研究中的重要范畴。

---

①W.C.丹皮尔:《科学史及其与哲学和宗教的关系》,199页,北京,商务印书馆,1997。

　　然而，对于那个时代的伽利略来说，搞清物体下落过程中时间、空间（长度、位置）等物理量的变化及其数学关系又谈何容易。那时钟表尚未完善，伽利略只能用简单的水钟甚至自己的脉搏来计时。而我们知道，物体的坠落过于迅速，目不暇接，在有限的时间内对其进行测量，实在让人力不从心。伽利略在解决这个问题中，向新科学迈出了重要的一步。他以斜面来延缓重力，并采用种种技术手段使得在斜面上对下滑物体的测量成为可能。他将斜面制作得尽可能平滑，以使光滑的金属球滚过它时所产生的摩擦力可以忽略不计。在斜面装置上伽利略不仅发现无论大球还是小球，轻球还是重球，都在相同的时间内滚过相同的距离；而且经过测量，进一步推论出物体下落经过的空间同时间的平方成正比。

　　经过对斜面的改进，伽利略还发现，如果使斜面的摩擦力对滚动的金属小球来说，小到可以忽略不计，那么当小球从某一高度的斜面上滚下之后，它还可以继续滚上另一个斜面，达到出发时同一高度的地方，而其滚动的距离同斜面的倾斜度无关。由此，又可以进一步推论出，如果另一个斜面的倾斜度为零，或者说是水平的，那么小球将以滚上这个面时的初始速度一直不停地滚动下去。这个结论使人们终于认识到，物体的运动并非如亚里士多德所说，需要一个力来维持。物体拥有速度，这并不能表明有无外力作用于物体；表明物体是否受到外力作用的根据应当是速度的变化。这就是我们今天所理解的惯性问题。

　　从惯性的观点出发，伽利略进一步发展出他的抛体运动轨迹的理论。这个理论在当时也有着被人们普遍关心的应用背景，如人们关注大炮的射程和炮弹的飞行轨迹等问题。伽利略对这类应用问题的关注，从他那部名著《两门新科学》中，也多少可以找到些根据。在这部书的开篇，主人公阿尔维阿蒂便引出了"威尼斯那个有名的兵工厂"的话题，而在落体问题的研究中，伽利略本人也曾表述过炮弹不比枪弹落得更快的见解。

　　在伽利略之前，人们对待抛体问题普遍持有一个糊涂看法，即以为抛体的飞行起初沿直线进行，待到推力耗尽之后，它便垂直坠落下来。对此伽利略设想，假使让一个小球以均匀速度滚过平滑的桌面并在边缘处坠落，那么小球在坠落轨迹的任何一点上，它的运动都可以被分解为两部分：一个在水平方向，其速度恒定不变；另一个在垂直方向，其速度的变化遵从落体定律。这两种速度的合成结果，决定小球坠落时经过的轨迹为抛物线。伽利略认为当炮弹出膛后，其飞行路线也可作这样的分解，他还从理论上推得当大炮的仰角抬到 45 度时，炮弹的射程可达到最远的地方。

　　人们把伽利略看作近代科学的奠基人，不仅因为他在研究中形成了以上重要的结论，而且由于他在达成上述结论的过程中，提示给人们一套实验与数学相结合的方法。没有实验，我们很难想象将地上的动力学像天文学那样变为数学的一个部门。而离开了数学，也同样很难想象将那个时代人们在广泛的实践中所获得的零散知识，会如此迅速

地融合成近代科学的统一体。

遗憾的是,伽利略本人并没有把他在力学研究中发现的惯性理论推广到对行星轨道的分析中,而是将对天体运动的认识停留在圆形轨道上。另外,尽管开普勒在天体的研究中发现了椭圆轨道,但他未能运用伽利略的惯性思想给予其力学的阐释。这两位科学巨人生活在同一个时代且相互之间有着通信联系,然而,在理论上真正使他们走到一起的工作是由牛顿完成的。

第四节　牛顿的伟大综合

按西方旧历,就在伽利略逝世的那一年(1642年12月25日),艾萨克·牛顿(Isaac Newton,1643—1727)诞生在英国林肯郡伍尔索浦(Woolsthorpe in Lincolnshire)的一个农民家庭。他的父亲是一个拥有120英亩土地的小地主,但在牛顿出生时,已离开了人世。

牛顿早年并没有表现出任何日后成为伟人的迹象。他多病而腼腆,小学时的学习成绩也很一般。1661年,他进入剑桥大学的三一学院,他的老师中有首任卢卡斯教授、数学家艾萨克·巴罗(Isaac Barrow,1630—1677)。1665年仲夏,大规模的瘟疫在伦敦流行,剑桥大学因为接近疫病流行中心而被迫关闭,学生则休假回家。牛顿回到林肯郡家中待了18个月,据说这段时期几乎孕育了牛顿后来那些令全世界倍感崇敬的全部思想。牛顿自己就曾经说过:

"1665年年初,我发现了……把任意指数(幂次)的二项式化简为级数的法则。同年五月我发现了正切方法……十一月发现了直接流数法(即现在称之为微积分学的原理),次年一月发现了色彩理论,接着,五月着手研究流数法的逆运算(即微积分学)。同一年,我开始考虑如何把重力推广到月球轨道……以及将维持月球在其轨道上运动所需的力与地球表面上的重力加以比较。"①

关于牛顿回到家乡后那一时期的工作,值得提到的是那个流传着的听上去多少有些浪漫的传说。它出自法国启蒙运动主将伏尔泰(Voltaire,1694—1778)笔下,说的是1665年,牛顿从剑桥大学返回林肯郡老家的那个夏天。一个美丽的黄昏,牛顿坐在后院的长凳上思索,此时一只苹果坠落下来,它使得牛顿得到了一个重要的线索。他想到,这个导致苹果落到地上的原因能否也伸展到月球?它既然使地上物体无一幸免地下坠,是否也可以成为导致月球环绕地球运动(而没有飞出轨道)的原因?尽管这个故事的真实性至今尚未得到证实,但它的确体现了牛顿对引力问题的关注和综合地去考虑着天、地

---

①G.伽莫夫:《物理学发展史》,高士圻译,侯德彭校,54页,北京,商务印书馆,1981。

运动的倾向。

在亚里士多德体系中，引力更多地被看作位置的一种性质。万物都拥有自己的位置，而对于那些脱离自己位置的物体来说，它们也都拥有返回自己原来位置的倾向。因此，天体在各自的位置上环绕地球运动，而地球上物体的下落，也因为它们要返回到自己原来位置上。

牛顿之前，威廉·吉尔伯特（W. Gilbert，1544—1603）在他的实验中发现，磁石对铁的吸引力的大小取决于磁石本身的大小。这个实验使人联想到，引力并非位置的属性，而是物质的属性，它的大小也应当随物质的增加而增加。牛顿的引力观无疑受到了吉尔伯特的影响，但吉尔伯特对于引力仅仅局限于对实验进行定性说明，而牛顿若想用引力的观点去阐明开普勒的轨道和伽利略的惯性，就必须对各种相关的物理量给出严格的定义，并找出它们之间的数学关系。

17 世纪三四十年代，在伽利略所开辟的道路上，愈来愈多的人们开始学会了运用数学工具处理地上物体运动的力学问题。勒奈·笛卡儿（René Descartes，1596—1650）讨论了惯性原理、碰撞的数学表达方式和动量守恒等问题，克里斯蒂安·惠更斯（Christiaan Huygens，1629—1695）又对单摆问题、离心力问题和弹性运动问题运用高度的数学方法予以澄清。在天体运动的研究中，随着开普勒提出行星运动的 3 个定律，1675 年前后，波雷里（Gioranni Alfonso Borelli，1608—1679）和罗伯特·胡克（Robert Hooke，1635—1703）等人又提出了"重力的大小是行星到太阳的距离平方的反比"的猜想。牛顿就是在上述背景和前提中走向其创造性的伟大综合的，正如他本人在临终前所说："如果说我比笛卡儿看得远一点，那是因为我是站在巨人的肩膀上。"

前面提到早在 17 世纪 60 年代，牛顿就已经想到了导致地面物体坠落和保持天体沿轨道运动的力之间的有着某种本质上的联系，甚至他已推测出两个物体之间的引力的大小同物体间距离的平方成反比。然而牛顿并没有立刻发表他的研究结果，因为在他的考虑中，尚包含了一些不得已的特殊考虑。比如，在考虑地球和月球间的引力时，将它们各自的全部质量看作集中在中心的一点上，这个考虑即便对太阳和行星的运动说来是合理的，但对相互距离没有那么大的地球和月球来说，似乎就有些问题。同样，在考虑地球与地上物体的相互吸引时，计算地球表面各个部分对物体的引力之和十分困难，以至于牛顿不得不把注意力转向数学，去探讨微积分问题。

直到 17 世纪 80 年代，随着微积分的创立，上述问题才大部分迎刃而解。在爱德蒙多·哈雷（Edmond Halley，1656—1742）等皇家学会同仁的鼓动下，牛顿又重新回过头来探讨引力问题。他不仅证明了一个拥有万有引力的球体对其表面物体的吸引力与其所有质量集中在其中心时所拥有的引力等价，而且证明了引力必然导致行星运行的轨道成为椭圆，而圆形不过是极为特殊情况下的例子。这样一来，就为把太阳与行星、地球与月球间相互吸引化简为今天所说的质点问题,并进而为开普勒的椭圆轨道理论提供了令人信服的依据。

1887年,牛顿出版了他的不朽名著《自然哲学之数学原理》(*Philosophiae naturalis principia mathematica*),该书以一种标准的公理化体系写成,它从最基本的定义和公理出发,推导出一系列普遍适用的命题,接下来又示范性地将它们用来阐明天体的运动。最后,牛顿在全书的"总释"中,指出了整个太阳系错综复杂的运动都可以归结于一个原因——万有引力。他认为,这个引力"所发生的作用与它所作用着的粒子表面的量(像力学原因所惯常的那样)无关,而是取决于它们所包含的固体物质的量,并可向所有方向传递到极远距离,总是反比于距离的平方……"[1]

牛顿《自然哲学之数学原理》一书的出版,不仅意味着人们在引力的研究中向前迈出了一大步。更重要的是它实现了自哥白尼以来,近代科学在不同领域中发展的第一次伟大的综合。而从更广泛的意义来看,"牛顿在近代科学史上无与伦比的重要性不只是由于他对当时的科学所作出的那些贡献,还在于他在塑造后来形成的科学传统上所起到的不可磨灭的作用。牛顿的工作代表了科学革命的顶峰,同时还为天文学、力学、光学,以及其他一些科学领域确定了研究的方向。"[2]

第五节　自然观和方法论

牛顿时代,自然科学所取得的巨大成就深刻地影响和改变着人们对世界和科学本身的看法。而自然观与方法论的变革,又反过来推动着科学技术活动在更加广阔的领域中展开,并在日后很长的历史时期,影响和制约着它们的发展。

一、机械自然观

在传统的经院哲学中,自然界是受到神灵干预的。这种观念在科学技术大发展的17世纪受到了日益强烈的挑战和冲击。从事科学技术活动的人们都或多或少地认为,自然界是遵从自身法则运动的。而将自然界看作一架巨大的机械,则是这个时期新自然观的特色之一。机械自然观的代表性人物应当首推笛卡儿,他是欧洲近代哲学最重要的奠基人之一,其思想对于近代科学的诞生和发展也产生了至关重要的影响。

笛卡儿出身于贵族之家,他在耶稣会的学校中接受了早期教育,在那里打下了良好的数学基础。以后他做过军官,游历了许多地方。1629年,他卖掉了在法国的家产,到荷

---

①艾萨克·牛顿:《自然哲学之数学原理》,王克迪译,614页,陕西,陕西人民出版社,2001。
②詹姆士·E.麦克莱伦第三、哈罗德·多恩:《世界史上的科学技术》,290～291页,上海,上海科技教育出版社,2003。

兰定居下来。在那里,他对数学、力学和光学等学科的最新进展进行了深入的研究,并完成了《哲学原理》《宇宙论》《人论》等他一生中的大部分著作。1649 年,瑞典女王请他去做宫廷教师,一年后他在那里去世。

在笛卡儿看来,传统的知识体系混乱不堪,空疏无聊。他要重新来学习和研究世界这本大书,为此他拿起了"怀疑"这一理性批判的武器。笛卡儿将世界看作一架巨大的机械。自然界的运动与神灵无关,它由十分细小的微粒构成,而这些微粒的惯性和相互作用,均遵循着力学的法则实行着机械般的运动。这便是所谓的机械自然观或力学自然观。这里的机械不是后来产业革命以后出现的机器。它泛指当时不断发展壮大的手工工场中常见的那些水车、风车、粉碎机、卷扬机、水泵,以及钟表等为那个时代的人们日常生活中所常见的器械。

笛卡儿认为,宇宙的生成也如同机械一样。所谓神的作用只是在开始时创造出物质,然后按照力学的法则将它们组装起来。物质可以按粗细程度分为三种粒子,它们按照力学的法则做涡旋运动。汇集到涡旋中心的粒子成为恒星,而汇集在周边的粗大粒子则构成了行星,它们在一定程度上继续着涡旋运动。这样一来,笛卡儿构想的宇宙运动和进化过程,就完全看不到神灵作用的余地了。

关于地上运动,笛卡儿也对水、火和潮汐运动等现象进行了研究。针对在前人看来不可思议的磁性问题,他提出了粒子流的观点,并用力学加以说明。在他看来,所谓颜色和声音都不是客观实在。所谓颜色和声音不过是粒子的运动对感官造成冲击的结果。换言之,这种粒子按照力学法则与感官发生的相互作用使人们产生出颜色和声音的感觉。笛卡儿还将动物看成精巧的自动机械。在对诸多动物实施解剖,并研究了它们的血液循环、心脏与脑的结构以后,他对人的运动和神经作用也给出了力学的说明。

笛卡儿的机械论哲学在今天看来,尽管有着十分朴素的一面。然而,在那个自然科学从神学的禁锢中挣脱出来的年代,机械论哲学将神的干预从自然界中加以排除,进而引导人们走上了理性的康庄大道。这对日后科学技术发展所产生的影响无疑是积极和深远的。

二、知识就是力量

如果说近代科学在欧洲的诞生在很大程度上得益于工匠传统与学者传统的结合,那么也正是这种结合使人们改变了对科学本身的看法。感受到经院哲学既不能增进人们对于自然的知识,又不能扩展人们支配自然的力量,英国哲学家弗朗西斯·培根(Francis Bacon,1561—1626)提出:"必须给人类的理智开辟一条与以往完全不同的道路。"[①]

①北京大学哲学系外国哲学史教研室编译:《西方哲学原著选读》上卷,339 页,北京,商务印书馆,1982。

与笛卡儿一样，培根也是贵族出身。他本人曾在剑桥大学三一学院学习，后来在詹姆斯一世的宫廷中担任过检察总长、掌玺大臣和大法官。晚年由于官司缠身，培根脱离了政治，并转而从事学术研究。

在培根看来，传统学术之所以无法满足当代的需求，是由于人们对自己的知识和自己的力量都缺乏正确的理解。人们往往将古人的说教照搬接受，从而放弃了对知识作进一步的探究；而对从实际中所获得的发明又常常缺少对其原理的钻研，以至于未能产生更强大的力量。在培根看来，"人的知识和人的力量应当合二为一，因为只要不知道原因，就不能产生结果。要命令自然就必须服从自然。在思考中作为原因的，就是在行动中当作规则的"。由于人的力量的目的就在于生产，在于使"一个物体上产生和加上一种新的性质或几种新的性质"。而人的知识的目的则在于"发现一种物质的形式，或真正的属差，或产生自然的自然"。因此，人的力量的发展就需要知识的帮助。"一个真正完善的操作规则所需要的指导必须是确实的、自由的，并且是可以导致行动的。"[①]而事实上，"行动的"和"思辨的"乃是同一的东西，"凡在操作上是最有用的，在知识上也是最真实的"。

在方法论上，培根努力想把学者传统和工匠传统的方法结合起来。[②]而要实现这一点，就必须首先清除那些"占据着人的理智并且在里面已经根深蒂固的各种假象和错误概念"。培根将这些假象大致划分为四种，第一种叫作"种族假象"，其基础在人的天性之中，由于在认识过程中将人的性质和事物的性质混淆在一起，使事物的性质受到了歪曲。第二种叫作"洞穴假象"，它是由个人的因素造成的。由于每个人都有自身的天性、教育背景和生活环境，由此所造成的洞穴使自然之光发生曲折和改变颜色。第三种叫作"市场假象"，这是在人们的彼此交往中形成的。人们通过语言进行交流，而语词的意义又是根据世俗人的了解来确定的。因此，如果语词的选择不当，就会大大妨碍人与人之间的相互理解。第四种叫作"剧场假象"，它来自于各种哲学教条，不仅是完整的体系，还有由于传说、轻信和疏忽而被接受下来的许多学说中的原理。它们像舞台上的戏剧，根据一种不真实的布景方式来表达它们自己所创造的世界。

培根认为要清除上述假象，就必须使用真正的归纳方法来形成概念和公理。这里所说的真正的归纳法既不像以往的经验主义者那样，他们好像蚂蚁，只是将材料收拢堆积起来加以使用；又不像通常的理性主义者那样，他们好像蜘蛛，仅仅从自己的肚子里拉出丝来编织网络。培根提倡，人们像蜜蜂那样从花园和田野的花朵中广泛地采集材料，然后用自己的力量对其加以改造和消化。他认为，科学工作者只有在实验和理性的更密切的结合中，才能获得更多的东西。

---

① 北京大学哲学系外国哲学史教研室编译：《西方哲学原著选读》上卷，348 页，北京，商务印书馆，1982。
② 斯蒂芬·F.梅森：《自然科学史》，131 页，上海，上海人民出版社，1977。

　　培根强调,科学的归纳过程应当避免盲目地汇集资料,他认为这样会给理智造成迷惑混乱。只有在理智的指导下,把那些与所研究的问题有关的事例收集排列起来,才能使人的心灵在这些适当消化过的材料的帮助下进行工作。

　　培根重视在收集上述特殊事例过程中的实验的作用。他认为,当收集起来的材料经过消化后被摆到人们面前时,只有通过实验才能从已有的事实中获取到对人们有用的更多东西。"如果我们所根据的是用一定的方法和规则从特殊事例演绎出来之后,回过来又指出取得新事例的途径的公理,那么我们就可以希望得到更重大的东西。"

　　培根告诫人们"不能够允许理智从特殊的事例一下跳到和飞到遥远的公理和几乎是最高的普遍原则上去"。只有根据一系列严谨步骤,从特殊事例上升到一个比一个高的中间公理,最后再上升到普遍公理的做法,我们才能对科学抱着最好的希望。"决不能给理智加上翅膀,而毋宁给它挂上重的东西,使它不会跳跃和飞翔。"

　　最后,培根不赞成传统中的那种简单列举的归纳法。他指出,那种"根据简单列举来进行的归纳是很幼稚的;它的结论是不稳固的,只要碰到一个与之相矛盾的例证便会发生危险……对于科学与技术的发现和证明有用的归纳法,则必须要用适当的拒绝和排斥的办法来分析自然,然后,在得到足够数目的消极例证之后,再根据积极例证来做出结论"。

　　在培根看来,上面所讨论的这种归纳法不仅要用来发现公理,并且还要用来形成概念,而前面所提到的"给人类的理智开辟一条与以往完全不同的道路"的希望也主要寄托在这里。①

　　在科学摆脱传统神学的束缚,走上独立发展道路的年代中,培根领悟到科学与技术、学者传统和工匠传统相结合的必要性与必然性。他所提出的新科学观和方法论,既体现了那个时代的学术特征,又为日后科学技术的发展开辟了道路。

第六节　皇家学会的创建

　　培根关于新时代科学技术的思考赢得了同时代人的广泛支持和认同,因而培根主义一度成为那个时代科学技术的旗帜。在培根心目中,新科学绝非凭个人的能力所能完成的事业。为此,他提倡从事科学技术活动的人们组织起来。他将自己的这一梦想描述在他的《新大西岛》一书中,该书在他去世后的第二年(1627)出版。该书向人们描述了一个美妙的故事。一艘航行在太平洋上的船由于受到风暴的袭击,被吹到了一个不知名的岛国上。在那里,获救的船员们被引导参观了一所名叫"所罗门学院"的研究所。在研究所

──────────────
①北京大学哲学系外国哲学史教研室编译:《西方哲学原著选读》上卷,361页,北京,商务印书馆,1982。

里,他们看到了为研究农业、食品、医药、机械、光和热,以及气象等不同领域而配备的完备设施,身在其中的研究者们则依据培根所倡导的归纳方法进行着有组织、有秩序的工作。而研究所成果的广泛运用,使得整个国家异常繁荣……培根逝世后,大约又过了30年,人们终于看到了培根的梦想开始变成了现实。

1598年,在伦敦这个欧洲商业贸易中心,为了对商人和水手进行必要的数学和天文学知识的培训,大商人托马斯·格雷山姆捐出了他的遗产作为基金,成立了格雷山姆学院。1640年,在英国市民革命的高潮中,以格雷山姆学院的教师为核心成立了一个新的学术团体,他们称之为哲学学会。在经常举行的集会上,他们相互展示着有趣的实验,并探讨关于伽利略的力学和威廉·哈维(William Harvey,1578—1657)的血液循环等科学领域中的热门话题。在新兴的商业贵族向国王和传统贵族争取权利的激烈的政治斗争中,哲学学会的成员中有许多人将科学研究当成逃避政治斗争的手段。然而,站在更广阔的时代背景中也不难看出,这样一些面向实际的学术研究,恰恰体现了那个时代市民社会的需求。王政复辟以后,哲学学会于1662年成为获得国王认可的学术团体,同时更名为"以增进自然知识为宗旨的皇家学会"(The Royal Society of London for Improving Natural Knowledge)。学会的名称中尽管被冠以"皇家"的字眼,但这并非意味着王室对学会有任何资助。学会在运行上主要依靠会员缴纳的会费(52先令/年),而学会的活动本身也基本上是根据学会执行机构和会员大会的安排,独立自主地进行。不久,为了进一步筹集资金,学会还引入了当时贸易公司所采取的股份制形式。

皇家学会的活动,一开始就秉承培根所提倡的科学归纳法,以推进数理科学的研究并以造福于人类生活为目的。具体说来,就是广泛搜集农民、士兵、海员、工匠、商人们那里的实际知识,并对其加以分类和整理,以及运用实验的方法对学者们的思想和理论加以澄清和阐释。皇家学会力求依靠科学家们的通力合作,以求得科学技术的探索达成更加宏伟远大的目标。

学会会员每周三聚集在格雷山姆学院,相互报告研究成果并展示新的实验。在实验家罗伯特·胡克,学会秘书亨利·奥尔登堡(Henry Oldenburg,1615—1677),以及对制订学会的财务和研究计划做出重要贡献的富家子弟罗伯特·波义耳(Robert Boyle,1627—1691)的积极运作下,学会的事业蒸蒸日上。

1665年,在奥尔登堡的主持下,学会机关刊物《哲学学报》(*Philosophical Transactions*)创刊发行。其刊发内容的涉及面相当宽泛,包括像《罗马人对望远镜的改良》《近来关于彗星运动的预测》《德国的铅矿》《匈牙利的家畜用药物》等文章。

遗憾的是,当时的科学研究成果并未如人们所期盼的那样,对实际的生产和生活发挥出明显的作用。在近代科学刚刚诞生的那个年代,尽管让科学造福于人类说起来还仅仅是一句空洞的口号,然而在实现科学的组织化和走向日后的体制化和职业化的历史进程中,在促使科学从生产实际中汲取养料并由此获得进步和成长方面,皇家学会所产生的影响和作用是不能被遗忘和低估的。

第七节　化学教育的肇始

古老的炼丹术、炼金术是化学知识与技艺的应用,是化学的起源。11、12世纪炼金术从阿拉伯传到欧洲,在欧洲开始盛行,曾被恩格斯视为古代末期欧洲化学的"原始形式"。当然,中世纪的欧洲化学并不只局限于一种炼金术,还有与冶金、酿酒、染色、玻璃等手工业生产相联系的实用化学。随着时间的推移,在这些生产领域内也逐步积累了一些实用化学知识。这些知识成为近代欧洲早期化学研究的重要知识来源。

而到了15、16世纪,在"文艺复兴"时期的欧洲,采矿、冶金、酿造、染色、制药等化学生产部门都获得了较以前更大规模的发展,使化学开始沿着两个方向发展,一是医药化学;二是冶金化学。这种新局面的出现使得炼金术在欧洲的支配地位被剥夺,研究物质的化学变化,不再是以制造所谓"哲人石"或长生不老药为目的。越来越多的医生转而研究化学,他们不用草根、树皮而是用化学方法制成的药剂(主要是无机物)来治病,促进了医药化学在欧洲的发展。另外,还有一些医生、学者或工匠,对开采、冶炼金属及与此有关的化学发生了兴趣,转向了化学生产实践,成为"实践化学家"。无论是围绕医药还是冶金的化学研究,结果都大大丰富了化学的内容,积累了更多的科学材料,为以后化学的进一步发展做了准备。

近代化学开始于16世纪末。正是在这一时期,以系统的教科书和课程的出现为标志,化学逐渐成为一门组织化的学科体系。化学教育的肇始为近代化学的逐渐形成奏响了序曲。

1597年,德国人利巴菲乌斯(Andreas Libavius,约1540—1616)出版了《炼金术》(Alchemia)一书。后世的化学史家将这部著作视为奠定了近代化学教科书传统之作。利巴菲乌斯是一名信奉路德教的校长,他把许多古代的化学制剂配方进行了系统的整理和分类,界定了化学这门学科的主题,并对定义进行划分,依次阐述每个部分。他坚持化学作为一门学科的独立性,并把它置于各种实用技艺之上的主导地位,反对瑞士炼金术士和医生帕拉塞尔苏斯(Paracelsus,Philippus Aureolusi,1493—1541)及其追随者笃信"哲人石"和长生不老药的观点。[1]

经过一个多世纪的缓慢发展,到18世纪,坚持系统的方法并公开宣称反对那些晦涩难懂的炼金术著作,已是化学教科书所具有的主要特点。尽管随着时间的流逝,这些教

---

[1]Owen Hannaway. *The Chemists and the Word. The Didactic Origins of Chemistry*, Baltimore, MD: Johns Hopkins University Press, 1985.

材的特点有着某种程度的改变,但基本上还是延续了利巴菲乌斯所奠定的基础。这些教科书通常会讨论化学实验室的仪器、介绍制备过程的细节,像蒸馏、升华、过滤和溶解等具体的化学操作都被一一罗列出来并加以分类;它们还从定义化学入手开始讲解实验的过程。此外,一些教师又为传统的化学课本大纲增加了一个特点,即对该学科历史作介绍性的评论。莱顿的布尔哈夫(Herman Boerhaave,1668—1738)和爱丁堡的库仑(William Cullen,1710—1790)等人,在各自编写的教材中都采取了这种做法,把化学知识的传授与学科发展历史的介绍有机地结合在一起。

早在17世纪初,由于医学院等专门开设有讲授化学的课程,使德国的大学在确立化学的地位方面处于领先地位。然而,这门学科的学术地位、社会地位仍不得不取决于医学教育的需求。按照当时的教育制度,德国的大学教师们常常没有薪金或者所得报酬过低,因此他们要依靠从医学专业的学生、内科医生、药剂师和其他对化学有兴趣的人那里收取学费。这样,当化学由于医学院的大获成功而在莱顿大学和爱丁堡大学蓬勃发展之时,它在牛津大学和剑桥大学却已经被冷落很多年了。

到了18世纪,大学已不再是化学家施展其才能的唯一地方,在德国和斯堪的纳维亚等地的一些矿业及相关学会里也得到了许多机会。法国巴黎,皇家科学院通过向其会员支付薪金专门从事化学研究的方式,培育了一个卓越的化学研究传统。皇家科学院在皇家植物园和法国首都的其他地方,任命了一些讲师,面向大众讲授化学知识。百科全书学派代表人物狄德罗(Denis Diderot,1713—1784)、启蒙思想家让-雅克·卢梭(Jean-Jacques Rousseau,1712—1778)都曾在皇家植物园聆听过这样的讲座。到18世纪后半叶,欧洲许多国家成立了省级学会和当地学术团体,为化学家提供了更多讲演和从事研究的机会。在英格兰,公共的科学讲演更是成为教育传播的一种手段,甚至成为市民休闲生活的一种方式。①

在这些与社会公众的直接交流之中,化学逐渐获得了"启蒙科学"的形象,越来越多的人通过日常生活、生产中的实际感知,认识到了这门学科、这门技艺的重要性和功用,并形成了一种共识,即这门学科的效用越广泛越可靠,它的科学或者"哲学"背景基础就越牢固。这样,启蒙运动时期的化学家进一步发展了利巴菲乌斯的主张:由于化学本身是一套完善的知识体系并为许多实用技术提供了基础,所以它是一门独立的科学。如前所述,帕拉塞尔苏斯及其追随者们倡导使用以化学方法制备的药品而促进了医药化学的发展。到18世纪,尽管化学药剂师的主张仍然遭到一些内科医生的怀疑,但化学药物还是在药典中获得了公认的地位,最新的医学教育也包含了化学方面的课程。与此同时,在德国和斯堪的纳维亚半岛的新矿物资源被开采之后,与采矿、冶金密切相关的化学更

①Jan Golinski. *Science as Public Culture*:*Chemistry and Enlightenment in Britain*,1760—1820,pp. 52-63,Cambridge University Press,1992.

是得到充分发展,化学技术的全新领域也由此展开。而在苏格兰,库仑和当地的其他化学家们则致力于国家的经济发展,研究化学在染色和漂白工艺、食盐生产、农业化肥的使用等方面的应用。化学家们宣称,若是期望这些技术能够获得进一步发展,就应致力于对所有这些技术的基础科学的研究。

　　通过与这些技术的实践者和支持者建立社会联系,通过自身所进行的具体的实验研究工作,这一时期化学家们将化学这门学科定位在自然知识和统治物质世界的力量二者关系的中心点上,这种关系是作为那个时代的一个特征而出现的。从化学这门学科内容的整体构成来看,自 16 世纪末到 18 世纪后期,化学学科的发展都存在着相当程度的连续性;从其工具来源方面看,也可以说,化学经历了一个相对稳定的较长时期,因为直到 18 世纪中叶以前,化学的基本的实验室设备——玻璃器皿、坩埚和熔炉——几乎没有发生什么改变。除了教科书以外,化学家们还必须通过观察和感觉(实际上是通过嗅、尝和听)来学习,因为所有这些感觉的培养被认为是化学家成长的一个重要部分。有一位化学史家曾把这一时期的化学家描写为需要"以指尖做温度计和以头脑做时钟"的。这种状况至少持续了 150 年。

　　到 18 世纪末,名副其实的温度计和时钟才成为化学实验的常规仪器,还有其他测量装置,比如气压计、量气管、热量计、气量计等,以及最重要的装置——天平。这些精密仪器的使用,使往日依赖于感觉和估量的化学实验向精确测量的方向发展,给 18 世纪后期的实验室工作带来了重要的变化。只有从那时起,化学实践的旧秩序才开始瓦解。

参考文献

　　1. 斯蒂芬・F.梅森:《自然科学史》,上海外国自然科学哲学著作编译组译,上海,上海人民出版社,1977。

　　2. 北京大学哲学系外国哲学史教研室编译:《西方哲学原著选读》上卷,北京,商务印书馆,1982。

　　3. 亚・沃尔夫:《十六、十七世纪科学、技术和哲学史》上、下册,周昌忠、苗以顺等译,北京,商务印书馆,1997。

　　4. G.伽莫夫:《物理学发展史》,高士圻译,侯德彭校,北京,商务印书馆,1981。

　　5. 山崎俊雄等:《科学技術史概論》,東京,オーム社,平成 5(1993)。

第九章

数学的进步与精密科学的发展

　　文艺复兴促成了东西方数学的融合,为近代数学的兴起及以后的惊人发展奠定了基础。从 16 世纪后期到 17 世纪末,欧洲数学得到了迅速的发展。对数的发明使过去烦琐的计算得到极大的简化,计算技术取得了重要进步,代数学的理论与方法被大大扩展,开始成为一门现代意义下的学科,紧接着射影几何、概率论等新的数学领域被开拓,近代数论的研究工作也被开创。然而,这一时期数学上最重大的进展是解析几何的创立和微积分的诞生,这两门学科的建立使整个数学发生了深刻的变革,数学从思想方法和内容上都发生了根本性变化,从此数学进入了一个崭新的时期——变量数学时期。近代数学的诞生,把数学和科学紧密地结合了起来,不仅改变了整个数学面貌,而且通过其在科学中的应用,对精密科学的发展起了巨大的促进作用。

第一节　解析几何的创立与微积分的先驱工作

　　解析几何的创立是变量数学的第一个里程碑。法国的两位数学家勒奈·笛卡儿(René Descartes,1596—1650)和费马(Pierre de Fermat,1601—1665)是解析几何的创立者。他们都用代数来研究几何,为数学引进了新的思想,使代数方程和曲线、曲面等联系了起来。他们将变量引进了数学,从而改变了数学的性质,对以后数学的发展产生了深远的影响。

　　笛卡儿是 17 世纪杰出的哲学家和数学家,通常把他看成近代哲学的开创者,他在生物学和物理学方面也做出了许多重要的贡献,但是本章所关心的是他在数学方面的主要贡献。笛卡儿对数学的伟大贡献是发明了坐标几何,即解析几何。笛卡儿有关解析几何的著述,最初是作为他在 1637 年发表的哲学著作《更好地指导推理和寻求科学真理的方法论》的附录出现的。

该书有 3 个附录:《几何学》《折光》和《陨星》。《几何学》包括了他的坐标几何方法和代数思想。他在《几何学》中指出:"当要解决某一问题时,我们首先假定解已经得到,并给为了做出此解而似乎要用到的所有线段指定名称,不论它们是已知的还是未知的。然后,在不对知和未知线段作区分的情况下,利用这些线段间最自然的关系,将难点化解,直到找到这样一种可能,即两种方式表示同一个量。这将引出一个方程,因为这两个表达式之一的各项合在一起等于另一个的各项。"[①]这表明笛卡儿的几何学是以"解析"作为基本的方法的,即把对图形的研究转化为对方程式的研究。《几何学》共分三卷,第一卷的前半部分讨论如何把代数用于解决尺、规等经典作图问题。在后半部分包含了笛卡儿解析几何的一些基本思想,笛卡儿通过讨论帕普斯的问题,引进了曲线方程的思想。他引入了比较明确的"坐标"概念,即用坐标确定平面上一点的方法,在一给定的直线上标出 x,在过这一点与该轴成固定角的线上标出 y。根据笛卡儿的思想,线被看作点运动的结果,当满足方程式的变量 $f(x,y)$ 变化的时候,坐标 (x,y) 的点画出的是曲线。第二卷讨论曲线方程的推导及曲线性质,提出按方程幂的次数对曲线进行分类的方法。笛卡儿将以往希腊人反对的许多曲线都列入了研究范围。第三卷主要讨论方程问题,目的是解决更复杂的作图问题。其中包括了有关代数学上著名的"笛卡儿符号法则"的论述。

在《几何》的第二卷中,笛卡儿通过实例讨论了各种曲线方程的推导过程和曲线的性质等问题,下面仅举其中一例说明他的思想方法。[②]

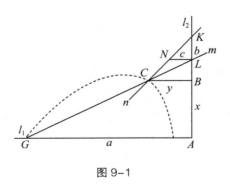

图 9-1

如图 9-1 所示,直线 $l_1 \perp l_2$,A、G 是 l_1 上的定点,射线 m(笛卡儿称为"直尺")绕端点 G 旋转,交 l_2 与 L,射线 n 的端点 K 沿 l_2 滑动,LK 为定长。笛卡儿目的是求出 m 与 n 的

①笛卡儿:《几何》,袁向东译,5 页,武汉,武汉出版社,1992。

②笛卡儿:《几何》,袁向东译,24～26 页,武汉,武汉出版社,1992。

交点的轨迹方程。设 C 为轨迹上任一点，他的做法是："过 C 画直线 CB 平行于 GA。因 CB 和 BA 是未知的和不确定的，我称其中之一为 x；另一个为 y。"显然，他选择了以 A 为原点的坐标系。又过 L 作 LN 平行于 GA，交 n 于 N。他称 GA、LK 和 NL 为已知量，它们分别为 a,b,c。因此有

$$\frac{BC}{BK}=\frac{NL}{LK},$$

$$BK=\frac{by}{c}$$

故
$$BL=\frac{b}{c}y-b$$

$$AL=x+\frac{b}{c}y-b$$

又
$$\frac{BC}{BL}=\frac{GA}{AL}, \frac{y}{\frac{by}{c}-b}=\frac{a}{x+\frac{by}{c}-b}$$

化简后得

$$y=cy-\frac{c}{b}xy+ay-ac$$

这显然是双曲线的方程。

笛卡儿在这里是利用"坐标法"将曲线表示成方程，线被视为点运动的结果，方程的 (x,y) 值无穷多，x 变化时 y 随之变化，(x,y) 不同数值所确定的平面上许多不同的点，便构成了一条曲线。这样一个方程就可以通过几何上的直观来采用合适的方法去处理。笛卡儿还进一步利用方程表示曲线，即运用代数的方法研究曲线的性质。这种思维方法对以后的数学家有非常大的影响。

《几何学》作为笛卡儿哲学著作《方法论》的附录，意味着他的几何学发现是在其方法论原理指导下获得的。其方法论原理的本旨是寻求发现真理的一般方法，他认为在一切领域中可以建立一种普适的推证真理的方法，这个方法就是数学方法，称之为"通用数学"。因为立足于公理之上的证明是无懈可击的。同时，他认为代数具有作为一门普遍的科学方法的潜力，强调了代数的一般性及其在推理程序机械化和减小解题工作量方面的价值。他认为通过"广延"(extension,笛卡儿对有形物广延的一种推广)的比较可将一切度量问题化为代数方程问题，为此需要确定比较的基础，即定义"广延"单位，以及建立"广延"符号系统及其算术运算，特别是要给出算术运算与几何图形之间的对应。这就是笛卡儿几何学的方法论背景。

费马是解析几何的另一位创立者。从他与布莱士·帕斯卡(Blaise Pascal,1623—1662)等人的通信中可知，早在笛卡儿的《几何学》发表以前，费马已经提出了研究曲线问

题的一般方法,他从希腊几何学的成就出发,用他所提出的一般方法,对阿波罗尼奥斯(Apollonius of Perga,约前262—前190)关于轨迹的某些失传的证明做出补充。他曾力图恢复失传的阿波罗尼斯的著作《论平面轨迹》,从而写了一本题为《论平面和立体的轨迹引论》(1629)的书,在书中他清晰地阐述了他的解析几何思想方法和基本原理。他指出:"只要在最后的方程中出现两个未知量,我们就有一条轨迹,这两个量之一的末端描绘出一条直线或曲线。直线是简单唯一的,曲线的种类则是无限的,有圆、抛物线、椭圆等"。费马在书中还提出并使用了坐标的概念。两条成一定角的直线一般可构成一斜角坐标。为了方便,他常选取直角坐标。他所称的未知量 a、e 实际上就是"变量"。①

费马在书中讨论了各种曲线的轨迹方程,包括直线方程、圆、椭圆、抛物线、双曲线以及新曲线。他把二次以内的曲线分为平面轨迹和立体轨迹两类,说:"每当构成轨迹的未知数的顶端所描出的是直线或圆时,这轨迹就称为平面轨迹;当它描出的是抛物线、双曲线或椭圆时,它就称为立体轨迹。"他对高次曲线也进行了卓有成效的研究,如研究了被后人称为费马抛物线、费马双曲线和费马螺线。费马还阐述了空间解析几何的思想,探讨了三维空间的轨迹问题。他正确指出一元方程确定一个点,二元方程确定一条曲线(包括直线),而三元方程则确定一个曲面,这类曲面包括平面、球面、椭球面、抛物面和双曲面。但是,他没有用解析方法对这些曲面进行具体研究。

解析几何的意义并不限于数学本身,它提供了科学技术和社会发展迫切需要的数量工具,从而对整个科技事业及社会经济的发展起到了促进作用。研究物理学离不开几何学知识的应用,物体具有不同的几何形状,而运动物体的路线则是几何曲线。笛卡儿认为全部物理可归结到几何,但传统几何对于运动的物体是无能为力的。在与变量有关的广阔天地里,解析几何却大有用武之地。无论是航海学、测地学和天文预测,还是抛射体运动机械与仪器的设计与制造,都需要数量知识,而解析几何恰恰能把物体的形状和运行路线表为代数形式,从而导出数量关系。直到现在,解析几何仍然是科学研究及工业生产中不可缺少的数学工具。

微积分的确立是在17世纪后期由艾萨克·牛顿和戈特弗里德·威廉·莱布尼茨(Gottfried Wilhelm Leibniz,1646—1716)完成的,但是他们并不是在平地上创造这一业绩的。许多微积分先驱者的工作为他们铺平了道路。

微分学起源于对切线、极值和运动速度问题的处理。费马是最早应用了本质上具有微分学性质的方法,他的工作已接近了微积分的发明。1629年,他在《求最大值和最小值的方法》一文中,用下面的例子说明了自己的方法。问题是:已知一条直线段,要找出其上的一点,使被该点分成的两部分直线段构成的矩形面积最大。他设整条线段长为 B,

---

① 冯立昇:《费马和他的数学工作》,见《数学的实践与认识》,1987(2)。

其一部分为 A，则另一部分为 $B-A$，矩形面积为 $AB-A^2$。然后，他用 $A+E$ 代替 A，另一部分为 $B-(A+E)$，矩形面积遂成 $(A+E)(B-A-E)$。费马认为，当取最大值时这两个面积值（函数值）应相等，即

$$(A+E)(B-A-E)=AB-A^2$$

这可整理为 $BE-2AE-E^2=0$，约去 E，得 $B=2A+E$。然后令 $E=0$（费马称略去 E），得 $B=2A$，因此，正方形将获得最大面积。尽管费马的说明还存在一些问题，但这与现在微分学的方法非常相似。如以 Δx 代替 E，他的处理与令

$$\lim_{x \to \infty} \frac{f(x+\Delta x)-f(x)}{x}=0$$

相等价。费马在这里隐约地引进了无穷小的概念。他还用类似的方法研究了曲线的切线问题。

英国数学家艾萨克·巴罗（Isaac Barrow，1630—1677）利用微分三角形来解决切线问题，他的基本思想和费马差不多，也是先将 x 增扩为 $x+\Delta x$，然后代入函数，然后再略去 Δx。微分三角形是指微小增量组成的三角形，即由自变量增量 Δx 与函数增量 Δy 为直角边所构成的直角三角形。巴罗首先认识到微分三角形两边之商对于决定切线的重要性。他还最早认识到作切线与求积的互逆关系，说明已对微积分基本定理有了一些初步的认识。

积分学的工作起源很早，是由求面积问题开始的。阿基米德就求过抛物线下的弓形面积的方法，我国三国时刘徽（生于公元 250 年左右）创立的割圆术，都包含了积分的萌芽思想。但比较系统的工作开始于开普勒（Johannes Kepler，1571—1630），他在 1615 年的《测量酒桶体积的新科学》一书中，把曲线形看成边数无限增大的直线形，圆的面积就是无穷多个顶点在圆心、底在圆周上的三角形的面积之和。同样，球体积是无穷多小圆锥的体积之和。意大利数学家卡瓦列里（Franeesco Bonaventura Cavalieri，1598—1647）提出了更一般性的方法——不可分量法。他在 1635 年出版《连续不可分几何》中，把几何图形看作由维数较低的无穷小元素所组成的，并把这些无穷小元素称为"不可分量"。如把曲线形看成无限多条线段（不可分量）拼成的。他通过两个给定几何图形（或立体）的不可分量的比较，来确定平面图形的面积或立体的体积的对应关系。若每对量的比都等于同一个常数，则他断定两个图形的面积或体积也具有同样比例。这便是所谓的卡瓦列里原理。这一原理与中国古代数学家刘徽、祖暅（约生活于公元 5 世纪）早已应用的截面比较原理是一致的。这些工作为后来的微积分学的建立作了思想上的准备。

费马也提出一种新的求积方法。他讨论了曲线 $y=xp/q$ 之下从 0 到 x 之间的一块面积的求法。他先用统一的竖直矩形条来分割曲线形，并用这些矩形面积之和近似代替曲边三角形的面积。然后通过类似于取极限的方法获得精确的结果。他的求积过程已

经包括了我们求定积分的主要方面。

在牛顿和莱布尼茨之前,为发明微积分方面工作最多的是英国的沃利斯(John Wallis,1616—1703)。他在《无限算术》(*Arithmetica Infinitorium*,1655)一书,运用分析法和不可分量法求出了许多曲边形面积并得到广泛而有价值的结果。他还将不可分量法译成了数的语言,从而把几何方法算术化。此外,他又首次引入变量极限的概念,从而把有限算术变成无限算术,为微积分的确立准备了必要的条件。

第二节 牛顿、莱布尼茨与微积分学的建立

艾萨克·牛顿出生于英格兰乌尔斯托帕的一个农民家庭。他于 1661 年夏天入剑桥大学三一学院学习,这期间,他攻读了欧几里得的《几何原本》及笛卡儿、开普勒和沃利斯等人的数学和物理著作。牛顿在 1665 年初获得文学学士学位。这一年他为躲避鼠疫回乡,在乡下的两年中做出了流数法、万有引力和光的色散分析等重大发明和发现。他在 1667 年返回剑桥在三一学院执教,并在 1669 年继他的老师艾萨克·巴罗之后任卢卡斯数学教授职位。1701 年,牛顿辞去三一学院的教职,1703 年当选为英国皇家学会主席,后一直连任,直到去世。

牛顿是历史上最伟大的科学家,其最突出的贡献是创立了经典力学的理论体系。他不仅在前人工作的基础上总结出了著名的运动三定律,还发现了万有引力定律,并据此解释了行星运行成椭圆轨道的原因。1666 年用三棱镜实验光的色散现象,1668 年发明并亲手制作了第一架反射望远镜。牛顿坚持用观察和实验方法发现自然界的规律,并力求用数学定量方法表述的定律说明自然现象,其科学研究方法影响了后世近三百年的科学研究。

他在数学上以创建微积分学而著称,其流数法始于 1665 年。在最初的发明微积分方法之前的 1664—1665 年间,对二项式进行过研究。这一研究是由曲线形面积的求积问题引起的。在研究中,牛顿尝试用无穷级数的方法进行计算。随着研究的深入,牛顿发明了著名的二项式定理。而这一定理作为曲线形面积的最直接最简便的求积方法,对牛顿发明微积分方法起了直接的促进作用。牛顿关于微积分的手稿表明,大约在 1665 年秋天,他已能用"o"表示无限小增量,求出瞬时变化率。但他要反复深思熟虑后,才肯将自己的成果公布于众。1687 年 7 月,牛顿用拉丁文发表了他的巨著《自然哲学之数学原理》,该书是第一本公开载有牛顿微积分思想的书。1669 年在其朋友中散发的《运用无穷多项的分析学》是他的第一部关于微积分的论著,它直到 1711 年才出版。他称变量的无穷小增量为"瞬",讨论了求一个变量(关于时间的)瞬时变化率的普遍方法,并且证明了面积可以由求变化率的逆过程得到。牛顿对其微积分思想所做的更系统的叙述和广泛

的应用见于 1671 年完成的《流数法和无穷级数》,但该书更是直到他去世后的 1736 年才出版。牛顿在这部书中是从运动学的角度来考虑问题的,认为变量就是量的连续运动,因此他称变量为流量(fluent),称其变化率为流数(fluxion)。对于流量 x 和 y 的流数,他记为 $\dot{x}$ 和 $\dot{y}$。$\dot{x}$ 的流数记作 $\ddot{x}$。如果 o 是"无穷小的时间间隔",$\dot{x}o$ 和 $\dot{y}o$ 则为 x 和 y 的无穷小增量。如已知两个流量的关系为

$$y^n = x^m,\ \text{即}\ y = x^{\frac{m}{n}}$$

牛顿的方法是先建立

$$y + \dot{y}o = (x + \dot{x}o)^{\frac{m}{n}}$$

然后运用二项式定理于右边,得到一个无穷级数。消去等式两边相等的项 y 和 $x^{\frac{m}{n}}$,用 o 除方程的两边,略去 o 的项,便得到

$$\dot{y} = \frac{m}{n} x^{\frac{m}{n}-1} \dot{x}$$

他还阐明了流数法的基本问题,即从已知量流之间的关系求它们的流数间的关系及其逆运算。这实际上确立了微分与积分这两类运算的互逆关系,即微积分学基本定理。

在 1676 的论文《曲线求积法》(作为《光学》的附录发表于 1704 年)中,牛顿放弃了无穷小量(即"瞬")的提法,而试图把流数法建立在极限概念的基础上。为此,他引进了最初比和最末比的概念,并给出它们的几何解释。

微积分的另一位创立者是戈特弗里德·威廉·莱布尼茨,他是伟大的哲学家、科学家和数学家。莱布尼茨生于莱比锡,父亲是莱比锡大学的教授,家中藏书丰富,为他早年的学习创造了良好条件。他于 1661 年入莱比锡大学,学习哲学、修辞学、数学及多种语言,后选择攻读法学。他在 1666 年转学至阿尔特多夫大学,次年获博士学位。他于 1676 年出任汉诺威公爵顾问及图书馆馆长,后在那里任过多种职位。莱布尼茨的研究工作涉及逻辑学、数学、力学、地质学、法学、历史、语言及神学等多个领域,在数学上则以创立微积分学著称。

莱布尼茨对微积分的研究,比牛顿开始的时间稍晚一些。他早期的成果主要包含在他写于 1673 年到 1676 年的笔记手稿中。这期间他发明了无穷小算法,当时他并不知道牛顿关于同一问题已完成了"流数术"。莱布尼茨是通过几何上求曲线切线的研究得到一般的微分理论的,他把切线斜率看成无限小增量 $\mathrm{d}y$ 和 $\mathrm{d}x$ 之比。他的微积分工作第一次公开发表是在 1684 年,这比牛顿首次发表的微积分结果早好些年。

在 1675 年 10 月 29 日的手稿中,莱布尼茨引入符号"$\int$"表示变量的求和过程,并看到 d 和 $\int$ 是互逆的运算。在同年 11 月的手稿中,他用 x/d 表示差,并说 x/d 可以写成 $\mathrm{d}x$,是两个相邻 x 值的差。他将 y 的微差写作 $\mathrm{d}y$。他把 $\mathrm{d}x$ 看作常数,且等于 1。莱布尼

茨这时已在探索 $\int$ 的运算和 d 的运算的关系,并看出它们是相反的。在 1676 年 11 月的手稿中,他给出了一般性法则

$$\mathrm{d}x^n = nx^{n-1}\mathrm{d}x \quad \text{和} \quad \int x^n \mathrm{d}x = \frac{x^{n+1}}{n+1}$$

其中 n 为整数或分数。

　　1684 年,莱布尼茨在《博学学报》(*Acta eruditorum*)杂志上发表了《一种求极大、极小值与切线的新方法》一文,是他首次公开发表的微分学论文。该文通过几何上求曲线切线的方法讨论了一般的微分法则,把切线斜率看成无限小增量 $\mathrm{d}y$ 和 $\mathrm{d}x$ 之比,得到微分学的一系列基本结果。1686 年他又发表了一篇积分学论文,讨论求出原函数的方法。莱布尼茨此后进一步补充了微积分结果。他创设的数学符号非常优良,对微积分的发展有极大影响。

　　牛顿和莱布尼茨对微积分做出了同样重要的贡献。牛顿从力学着眼,考虑变量的运动速度——流数,更注重推广成果的应用。他把微积分方法应用于各种问题,取得了巨大的成功,刺激了整个 18 世纪分析学的发展。他的工作完成得较早,但发表很晚。莱布尼茨则一直更关心运算符号和法则系统,力图创造广泛意义下的微积分。他比牛顿更注重符号的选择,所引入的符号一直使用到今天。莱布尼茨的工作虽较牛顿稍晚,但发表的时间较早。遗憾的是,英国和欧洲大陆的数学家为两人发明微积分的优先进行了长期的争论。英国的数学家捍卫牛顿,而欧洲大陆的数学家支持莱布尼茨。这一事件的结果,导致英国和欧洲大陆的数学家在一段时期内终止了数学思想的交流。因不承认莱布尼茨的工作及发展,英国相当一段时间内脱离了数学主流的发展,而一些最有才能的数学家未能做出应有的贡献。

第三节　力学的分析化

　　17 世纪经典力学的建立,使力学成为一门全面研究运动的学科,力学在自然科学中获得了一种特殊的中心地位。牛顿之后,力学在自然科学领域中长期保持着它的特殊地位。由于力学愈来愈适于进行数学处理,吸引了许多天才的数学家投身于力学研究。正如牛顿已阐明的那样,力学被数学家看作一种公理化的系统,力学问题可用数学方法定量地解出。因此,力学不再被看成物理学的一个部分,而被视为数学的一个分支。但牛顿等早期科学家研究力学问题时主要采用的是几何与矢量方法,他们也未给出现代看到的那种完备的经典力学形式,其力学理论体系的结构也不明确。到了 18 世纪,随着微积分和数学分析中新分支的发展,用分析方法重新系统研究力学的条件已经成熟。数学家们以先进的数学方法重新表述经典力学的理论体系,解决力学系统中更为复杂的问题,

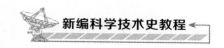

将力学发展成为相当完备的分析化的演绎体系。力学的发展过程也是它与数学分析相结合的过程。

18世纪力学的分析化主要表现在两个方面:第一,建立与牛顿三大定律并行的其他一般性原理,并使普遍定律、原理公式化;第二,引入广义坐标系统,化欧式几何问题为纯代数问题,使力学问题用代数方法解决。

第一个普遍性原理是虚位移原理,它的普遍性公式是18世纪初提出的。1715年,在约翰·伯努利(Johann Bernoulli,1667—1748)给皮埃尔·瓦里尼翁(Pierre Varignon,1654—1722)的信(该信件于1725年由瓦里尼翁在他的《新力学》中发表)中,这个原理首次获得明确的、普遍的公式化表达。如果将表达方式现代化,则可重新陈述如下:在理想的约束中,主动力在虚位移上所做的总功为零。约翰·伯努利对进一步改进微积分做出了重要贡献,并促进了力学的发展。

第二个普遍性原理是达朗贝尔原理。这一原理是在达朗贝尔(Jean Le Rond d' Alembert,1717—1783)1743发表的《论动力学》一书中最早提出的。该书开创研究约束运动物体的先河,以公式化形式给出了著名的"达朗贝尔原理"。达朗贝尔从对单摆和复摆的运动开始展开讨论,他将作用于物体系统上的力分为外力(外加力)和质点间的内部反作用(即现在所谓的约束力)。就整个物体系统而言,内部反作用相互抵消了,因而对物体运动不产生影响,而另一组力把运动传递给系统,使得有效力静态地等于外力。这里有效力即为惯性力。达朗贝尔原理将动力学和静力学用统一的观点进行处理,它与下面介绍的最小作用原理一起为分析力学的发展奠定了基础。

最小作用原理是第三个普遍性原理。这一原理可以追溯到费马讨论的光传播路径问题。费马证明了光线折射时,光从一种介质中某点到另一介质中的某点所花的时间取最小值。现在被称为费马原理。将最小作用原理确立为一个普遍的原理,主要归功于法国数学家比埃尔·莫泊丢(Pierre Louis Moreau de Maupertuis,1698—1759)和瑞士数学家欧拉(Leonhard Euler,1707—1783)。莫泊丢在1744年首先给出这一原理的一般表述,他认为这一原理支配着自然界的一切运动。他把质量、所通过的距离和速度三者的乘积的积分定义为动点的作用量,并认为在任何实际上发生的运动中,这个乘积总是比相同点之间可想象的其他运动小。他利用该原理成功推导出光的折射定律、两物体碰撞法则和杠杆定律。欧拉是有史以来最伟大的数学家之一,他把自己的数学才能广泛播撒于各种力学问题之中,他用自己创立的变分法给出了最小作用原理的一般数学表达公式。欧拉将这个原理表示为

$$\delta \int v ds = 0$$

它表示与邻近的假设路径相比,实际路径的 $\int v ds$ 为稳定值,这样一来,这个原理就用变

分法来处理了。欧拉同时提出了公式的有效性条件,这就是 v 必须决定于 s。欧拉还用这个原理解决了抛体问题和向心力作用下的质点运动问题。

欧拉是继牛顿之后对力学贡献最多的学者之一。他对刚体运动列出运动方程和动力学方程并求得一些解外,还对弹性稳定性作了开创性的研究,并开辟了流体力学的理论分析,奠定了理想流体力学的基础。他的《分析力学或分析的运动学》(二卷本,1736)是第一部系统的力学教科书,在这本书中,我们看到牛顿经常用以排斥所有其他方法的几何方法已被分析法取代。这是一种转变,力学问题的处理变得更加清晰,以分析形式给出了运动方程式。1750 年,欧拉给出了牛顿第二定律的分析形式

$$f_x = m\frac{\mathrm{d}^2 x}{\mathrm{d}t^2}, \quad f_y = m\frac{\mathrm{d}^2 y}{\mathrm{d}t^2}, f_z = m\frac{\mathrm{d}^2 z}{\mathrm{d}t^2}$$

分析力学的集大成者是法国数学家约瑟夫·路易斯·拉格朗日(Joseph Louis Lagrange,1736—1813)。1788 年,拉格朗日发表了他的伟大著作《分析力学》。在书中,他提出了动力学的一个普遍原理,即著名的拉格朗日方程。这个方程是由虚位移原理和达朗贝尔原理相结合而得到的。该书完全摆脱了牛顿的几何方法,而采用严格的分析方法,被誉为运用分析学的典范。在前言中,他特意提醒读者,书中没有一张几何图形。他声称:"我在本书所叙述的方法既不需要作图,也不需要几何或力学的推理,只需统一而有规则的代数(指分析)运算。爱好分析的人会高兴地看到力学已成为分析的一门新的分支,并将感谢我扩大了分析的应用范围。"[①]他还进一步引入广义坐标和广义力,其意义不像新的坐标那样是坐标面的距离,广义力不再是牛顿力学术语意义下的力。在此基础上,他建立了一套完全新的运动方程组——第二类拉格朗日方程。拉格朗日方程可以表示为

$$\frac{\mathrm{d}}{\mathrm{d}t}\left(\frac{\partial T}{\partial x}\right) + \frac{\partial V}{\partial x} = 0 \quad (T\text{ 为动能,当时称作活力};V\text{ 为势函数})$$

该方程等价于牛顿第二定律,但更加普遍化和数学化,适用于各种力学系统。采用广义坐标,它可表示为

$$\frac{\mathrm{d}}{\mathrm{d}t}\left(\frac{\partial T}{\partial q_i}\right) - \frac{\partial T}{\partial q_i} + \frac{\partial V}{\partial q_i} = 0 \quad (i = 1, 2, 3)$$

分析力学的建立使力学问题化归为分析运算成为可能。拉格朗日从诸多力学原理中选出达朗贝尔原理和最小作用原理作为整个力学的最本质原理,应用分析的工具完成了经典力学体系的重建工作,使力学成为当时最完备的精密科学学科。

---

① R. Dugas. *A History of Mechanics*, p. 333, Dover Publications, inc, 1988.

第四节　天体力学体系的建立与精密科学的扩展

18 世纪的天文学的发展主要体现在两个方面。一是由于技术的发展,天文望远镜及其各种仪器设备的性能越来越好,使天体测量的精确度日益提高,从而产生了一系列重大发现,如恒星自行、光行差等。二是天文学与数学的结合,推动了天文学的进步,法国的数学家和天文学家运用数学分析的方法研究天体的力学运动规律,建立了天体力学的体系,使天文学的理论水平达到了一个新的高度。18 世纪,英国天文学家在天文观测方面成果巨大,英国也被视为测量天文学的国家,而法国科学家专心致力于应用数学方法解决天体运动的力学问题,因此法国被认为是计算天文学的国家。

牛顿时代的科学家只研究了两个天体在引力作用下的运动问题,即解决了行星和月球运行的二体问题。但计算结果与实际观测结果误差还很大。实际上,太阳系有多个天体,只考虑二体则难与天体实际运行情况相符。18 世纪的科学家开始尝试处理三体问题,他们的方法是在二体问题解的基础上,添加第三个天体,通过讨论该天体在引力作用下的运动对二体问题加以修正。他们使用的方法,主要也是分析的方法,也称为摄动方法。由于对月球运动起主要作用的天体是地球和太阳,加之航海对精确历表的需要,以月球运动为例的三体运动首先受到关注。此外,太阳系中大行星间的摄动也是科学家特别关心的问题。

天文学家们在处理三体问题时发现,三体问题比二体问题复杂得多,天文学中遇到的三体问题根本不可能得到精确解,只能用逐次逼近法得到近似解。1748 年和 1752 年,欧拉最先将分析方法应用于摄动问题,他在研究木星和土星的相互摄动中首创任意常数变易法。

法国数学家乔治-路易·勒克莱尔(Georges-Louis Leclerc,1707—1788)在 1752 年又利用微分方程和级数理论对三体问题进行了研究,给出了近似解,对天体力学的早期研究也做出了有意义的贡献。勒克莱尔早在 1743 年就发表了他的专题论文《地球外形的理论》,讨论了旋转椭球的构成,涉及赤道处表面上各点的与重力、压力和离心力的关系,描绘了地球各部分相互间在万有引力作用下的形状,是最早将数学分析理论应用于天体研究的数学家。

还有不少科学家研究过天体力学问题。如拉格朗日发展了欧拉的摄动方法,导出描述轨道要素变化的拉格朗日方程。他还对三体问题作过深入研究,在 1772 年证明三体问题中有拉格朗日特解。达朗贝尔对摄动理论和其他天体运动问题也有过研究。但是,对天体力学的建立做出最重要贡献的是法国数学家和天文学家皮埃尔-西蒙·拉普拉斯(Pierre-Simom Laplace,1749—1827)。

拉普拉斯长期致力于用数学方法解决太阳系内多体问题,经过 20 多年的辛勤研究和写作,完成了巨著《天体力学》。该书第一、第二卷出版于 1799 年,第三卷出版于 1802 年,第四卷出版于 1805 年,第五卷完成于 1824—1825 年,并补充了以前各卷的内容。拉普拉斯在书中首次使用了天体力学的名称,并给出了天体力学的定义。该书集 18 世纪天文学和力学之大成,以严格的数学方法论述了有关天体力学不同方面的问题,包括天体的视运动与真运动、行星运动和月球运动理论、摄动理论、天体的形状、地球的形状、彗星的运动、卫星的运动、潮汐问题,以及天文学中的历史考证问题等。

拉普拉斯获得了许多重要的成果,如他成功解释了所谓月球的长期加速问题。他对木星和土星运动所观测到的不规则现象的处理,表明行星轨道有周期性的变化,并非无限扩展,太阳系在相当长的时期内保持稳定格局,即太阳系是稳定的。他系统化了摄动理论,使摄动方法成为天体轨道计算中的常规方法。为了解决天体力学问题,拉普拉斯还发展了许多重要的数学方法,如解常微分方程的常数变异法、三角级数展开式和位势论等。

拉普拉斯在完成《天体力学》之前还出版了一部没有数学公式的《宇宙体系论》,书中除了概述某些与《天体力学》相同的思想和结果外,最重要的是提出了天体演化的思想。在书中,他还独立于康德提出了太阳系起源于星云的假说。由于该书比较通俗易懂,产生了很大影响。但是,拉普拉斯的天体演化思想是由于他利用摄动方法计算天体轨道后,发现轨道可以缓慢变化而产生的。因此,可以说,书中与天文学有关的重要成果,都是天文学与数学和力学的结合的产物。

力学的发展与天体力学的惊人成就,使力学思想在哲学领域中也起了支配作用,形成了关于自然界的机械论观点。哲学家和科学家都力图用力学概念和数学语言来描述自然界的运动,他们为自然界的各种物理现象都能效仿力学的方法做出说明和解释。这种思想方法对 19 世纪精密科学的扩展也起到了重要的促进作用,菲涅耳(Augustin-Jean Fresnel,1788—1827)建立光学原理的数学基础及以太的精确力学结构和让·巴普蒂斯·约瑟夫·傅立叶(Jean Baptiste Joseph Fourier,1768—1830)建立的热传导理论都可被视为这种思想影响下产生的重要成果。其中,傅立叶的工作尤为重要。他于 19 世纪初开始热传导的数学研究工作,他在 1822 年发表的《热的分析理论》这一划时代的著作中,成功解决了连续物体的热传导问题,导出了同热流和温度梯度有关的微分方程,按照数学原理建立了热的解析理论,从而将力学的处理方法推广到热学领域。傅立叶在这一过程中也创立了傅立叶级数与傅立叶积分理论,对数学的发展产生了重大影响。

傅立叶的工作是分析学在力学之外成功应用的最早例证之一,他的《热的分析理论》激励其他人通过数学方法将物理学的其他分支纳入精密的理论物理领域,对 19 世纪的物理学其他分支的发展也产生深远的影响。剑桥数学物理学派的多位科学大师都受到傅立叶的影响。如乔治·格林（George Green，1793—1841）受傅立叶工作的启发，将数学分析应用到静电场和静磁场现象的研究，而傅立叶对威廉·汤姆生（William Thomson，1824—1907）建立电磁学理论的影响更为直接和重要。19世纪40年代，汤姆生在有关电学理论的研究中，探讨了热现象和电现象之间的数学相似性，他仿照傅立叶的方式并应用类似的数学方法在建立起静电学理论，汤姆生采用的数学形式与傅立叶的热解析理论中的热分布数学理论十分相似，这在热传导与静电吸引的对应关系上表现得尤为明显。汤姆生在1842年完成的《均匀立体中的均匀热运动与电流的数学理论之间的联系》（《剑桥数学杂志》第3期）一文中，利用傅立叶的分析理论将迈克尔·法拉第（Michael Faraday，1791—1867）的力线思想和拉普拉斯的势函数二阶微分方程用于热、电和磁现象的分析，建立起了三种相似现象的共同数学模型。汤姆生的数学类比方法对后来詹姆斯·麦克斯韦（James Clerk Maxwell，1831—1879）的电磁学工作又有直接的影响。因此，可以说傅立叶的理论与方法对此后理论物理学的发展起了很大的作用。实际上，时至今日，傅立叶的理论和方法在热学、声学、光学、电磁学、信号处理学和生物医学等许多领域都有着广泛的应用。

思考题

1. 解析几何的创立有什么重要意义？
2. 变量数学的创立与近代紧密科学的发展有什么关系？
3. 数学在近代科学发展中扮演了什么样的角色？
4. 经典力学体系的建立和完善对哲学产生了什么影响？

进一步阅读材料

1. M. 克莱因：《古今数学思想》（第二册），北京大学数学系数学史翻译组译，上海，上海科学技术出版社，1979。
2. 卡尔·B. 波耶：《微积分概念史》，上海师范大学数学系翻译组译，上海，上海人民出版社，1977。
3. 塞路蒙·波克纳：《数学在科学起源中的作用》，李家良译，长沙，湖南教育出版社，1992。
4. 彼德·迈克尔·哈曼：《19世纪物理学概念的发展》，龚少明译，上海，复旦大学出版社，2000。

第十章

近代化学的诞生与发展

　　17世纪末、18世纪初,化学还是一门以书本和口头讲演形式组成的关于实用技术、工具和材料的知识体系,学生们被授以吸收新知识的方法,并对这门学科的历史产生一种清晰的认识。然而,当时的化学是一门没有严格界限的学科,它与相邻学科特别是与自然哲学和博物学之间,有着数不清的概念和实验现象上的交叉与混合,化学家用各种各样的理论系统来解释这些现象,在这些现象是否真正属于化学这一范畴的问题上又时常产生分歧。

第一节　18世纪以前的化学

一、物质哲学

　　有化学史家研究指出,物质哲学从17世纪初起就在化学的发展中起着重要作用。17世纪的机械论哲学利用古代的原子概念对化学理论做出了几项贡献。在法国人勒默里(Nicholas Lemery,1645—1715)的《化学课程》(*Cours de chymie*,1675)中,机械本体论被用来解释酸的特性,他认为酸的辛辣味道和腐蚀性作用源于那些能够掺入其他物体孔隙的、具有锐利尖端的粒子。类似地,爱尔兰人、英国皇家学会最早的会员之一波义耳(Robert Boyle,1627—1691)在他的一些实验论文中谨慎提出,可以尝试根据物质微粒的形状和结构对化学反应进行合理阐释,但是这并没有引起其他化学家的注意。波义耳以其文辞优美的对话体著作《怀疑的化学家》(*The Sceptical Chymist*,1661)赢得了更多的认可,在这本书里,他反对亚里士多德的四元素学说和炼金术士的三要素(汞、硫黄和盐)学说,提出:元素不能用任何其他物体造成,也不能彼此相互造成;元素是直接合成所谓完全混合物的成分,也是完全混合物最终分解成的要素。他认为各种元素的性质差别是由原始物质的粒子的形状和运动的不同所造成的。他反对炼金术士认为经过火的分解元素依然保持其原来化学特性的看法。这些观点削弱了传统的元素理论,但他并没能清晰、准确地定义元素,也没有指出他认为哪些东西是元素。一位同时代的人评价他:"在他摧毁了化学的旧基础时,并没有为化学奠定一个像样的新基础。"[①]也有化学史家把他称为"近代化学的奠基者",因为他认识到化学值得为其自身目的去进行研究,而不仅仅是从属于医学或作为炼金术去进行研究。

在其著名的《光学》(Opticks,1704)一书中,牛顿运用微观力的概念来解释各种各样的化学现象。微观力的概念类似于重力但是在更小的规模上起作用。这个概念尤其与置换反应密切相关,比如将铜加入到酸性银盐溶液里银会被沉淀,就是由于铜和酸之间特殊的吸引力比银和酸之间的吸引力要强,所以银就从化合物中被置换出来了。牛顿指出,金属能够根据其与所研究的酸的吸引力进行排列,而且其他类型的反应也可建立类似的顺序。尽管这一现象对于许多化学家来说不是什么新鲜事,但是按照牛顿的论述,用与重力类似的微观力来解释这一现象似乎是有道理的。

最早致力于用牛顿哲学体系来解释化学现象的化学教科书作家是基尔(John Keill,1671—1721)和弗兰德(John Friend,1675—1728),他们最初都在牛津大学工作。1708年,基尔在英国皇家学会《哲学学报》上发表论文,延续了牛顿本人关于化学现象的论述。他的论文提出了一系列假定的公理来解释建立在特殊引力基础上的化学现象,而这些现象又可以采用诸如物体粒子的相对密度、形状和结构等因素加以解释。弗兰德的教科书《化学讲义》(Praelectiones Chymicae,1709)重申这些公理而且进一步用它们对各种化学反应做出解释。然而,弗兰德无法解释为什么有些物质具有相似的化学特性。为此,在随后的几十年里,弗兰德的书有时会被自然哲学家引用,却很少被化学家引用。尽管这几位化学家一直把化学物质间的相互吸引或"亲和力"与牛顿的力的概念联系起来,但是正如下节将要叙述的一样:化学亲和力的排序在18世纪化学中被视为辨别物质组成的一个重要依据,这是完全独立于牛顿思想之外的。

这样,到18世纪初,作为牛顿思想体系中的一个物质结构理论的来源,机械论哲学取得了成功。牛顿不仅在颇具影响力的《光学》一书中对吸引力加以讨论,而且也提到了排斥力存在的可能性。他指出,不论是想象空气粒子具有弹性和分支,或是像箍圈一样卷曲起来,还是利用任何一种除了斥力以外的方法,似乎都无法理解发酵——他指的是通过发酵,从固体或液体中释放出"空气"的反应过程。这些论断后来在气体化学产生的过程中起了重要作用,因为在气体化学中,空气流体的释放过程,以及把空气"固定"在固体或液体中的逆过程都是核心问题。致力于植物学研究的英国牧师黑尔斯(Stephen

---

① T. S. Kuhn. Robert Boyle and Structural Chemistry in the Seventeenth Century, *Isis*, 43(1952), pp. 12-36.

Hales,1677—1761),在《植物静力学》(*Vegetable Staticks*,1727)一书里研究了这些现象，认为它们证明了空气粒子之间排斥力的存在。他提出了一个概念性的词汇，用它来解释气体、固体和液体物质的相互作用，认为对空气膨胀起作用的排斥力能够通过重量更为巨大的物质粒子间足够强的吸引力来加以克服，在这种情况下空气将被"固定"下来。为了研究这些过程，黑尔斯还研制了一些仪器，他设计了"集气槽"来收集和测量化学反应放出的气体样本，即把气体导入一个灌满水的容器中，并把这个容器倒置在一个同样装满水的盆里。但他不能定性地区别不同的气体（如氧气、二氧化碳、煤气等），而且他坚持认为各种气流实质上都是一类实体，只是很多时候它们为其他混合在一起的物质所污染。

二、亲和力与物质的组成

在《光学》中，牛顿指出化学物质可以按照它们与另一种物质间的引力的强度依序排列。他的想法似乎在 1718 年得以实现，那时日夫鲁瓦（Etienne Francois Geoffroy，1672—1731)向巴黎科学院递交了一份"不同物质间遵循不同关系的表格"。表中的16列都以不同的酸、碱和金属的符号为首。在每一个符号下面，按照化合强度递减顺序排列着那些能够与其形成化合物的物质的符号。日夫鲁瓦谨慎地避免使用"引力"这个明显带有牛顿学说内涵的术语，也避免援引"亲和力"这个容易唤起神秘想象的炼金术概念。

继日夫鲁瓦的表格之后，18 世纪还出现了许多个这样的亲和力表，而且越来越庞大、复杂，概括了更多的关于化学反应和化合物的信息。1775 年，瑞典化学家柏格曼（Torbern Bergman,1735—1784)提出一个分为两部分（包括湿反应和干反应）的表格，包括 34 列，而且每一列中有多达 27 种物质。一些历史学家把这些表格的普及当作牛顿物质哲学对 18 世纪化学思想产生影响的一个标志。然而，另一些研究则认为，对亲和力表的理解应当考虑到它们在化学家研究和教学中的用途，它们反映的不是一个特定的牛顿学说的传统，而是关于诸如化合物和反应这类问题固有的化学思维方式。这类表格的价值，在于它提供了化学反应如何排序的信息，由此可以减轻学习的难度并对研究工作提供指导。

事实上，记录在日夫鲁瓦表格中的那些化学反应，在 17 世纪的冶金化学和药物化学的书籍中都可以找到，特别是那些生成盐的化学反应。早在 17 世纪末，研究中性盐——通过酸碱化合而形成的——分解和合成，就已是法国皇家科学院的重要工作之一，除上述日夫鲁瓦外，洪贝赫（Wilhelm Homberg,1652—1715)也对这项研究做出了特别重要的贡献。[1]

---

[1] Frederic Lawrence Holmes. *Eighteenth-Century Chemistry as an Investigative Enterpris*, Berkeley: Office for History of Science and Technology, University of California, 1989, pp. 33-55.

洪贝赫在 1702 年就已经区分出了 3 种中性盐类,即那些由酸分别与不易挥发的碱、碱性土,以及金属化合而成的盐类;此外,他还记录了一类氨盐。尽管洪贝赫没有明确地反对古代的元素概念,也没有否认微粒的本体论,但是他对中性盐类的理解使用了一种更加实际的、可操作的化合物的概念及其合成与分解的方法。日夫鲁瓦的表格反映了这样一种观念,即化学涉及物质的化合与离析,这些物质可以采用化学方法、通过原则上始终可逆的化学反应加以识别。由此,他确信自己已经成功地研究了物体的成分,可以把混合物(mixta)还原成化学能够提供的最简单的物质,再通过重新结合这些相同的物质使其再组合。

一些化学史家认为 18 世纪的亲和力表格是深受施塔尔(Georg Ernst Stahl,1660—1734)学说影响的,这位德国化学家制作了一个通俗的词汇表,用于化学物质和化学变化的分类,从而使这些化学物质及其反应区别于纯物理学意义上的物质及其变化。施塔尔把化学定义为与被认为是混合物或者化合物的物体明确相关的学科——也就是说,是从物体的化学构成的观点而非物理意义上的“集合体”的观点来定义的。机械力学是关于把物体分成均质的物理成分的学科,然而在施塔尔看来,化学与一种更为本质的构成有关,在化学中物体被认为是由异质物质构成的,这些异质物质不具有由它们所构成的化合物的特性。这种对物质组成的看法,实质上与自然哲学流传下来的物质理论无关,化学反应被认为是本质上可逆的,是化学特性稳定的各个部分的化合和离析。

施塔尔支持化学自主是他的学说受到 18 世纪中叶欧洲化学家欢迎的原因之一。在法国,鲁埃勒(Guillaume-Francois Rouelle,1703—1770)于 1742—1768 年期间在皇家植物园开设讲座,介绍施塔尔的思想。鲁埃勒在他那些颇具影响力的讲座中,反复重申施塔尔关于特定化学实体和过程,以及化学作为一门自主学科的坚定主张。韦内尔(Gabriel Francois Venel,1723—1775)发表的论文《化学》(Chymie)中包括了同样的概念,该文收于 1753 年由狄德罗和达朗贝尔编纂的《百科全书》(Encyclopédie)里。韦内尔极力主张读者应放弃关于化学成分性质的哲学假说,更不要以为化学不过是简化了的自然哲学原理。他认为,化学家们应该为他们自己无须依赖那些靠不住的物理假说就可以理解化学过程的能力感到骄傲。

三、燃素论主宰百年

与反复重申那些“化学独立于物理理论”的主张一样,施塔尔还竭力鼓吹一个更具争议的学说——燃素论。

施塔尔的燃素论来源于他的老师——德国化学家贝克(Johann Joachim Becher,1635—1682)。1669 年,贝克在一本书里提出了燃素学说的基本思想,指出物体的组成部分是空气、水和土,它们虽然都是元素,但作用并不相同,气不能参加化学反应,水仅仅表现为一种确定的性质,而土才是造成化合物千差万别的根源。他认为土有三类:第一类是可燃的油状土;第二类是汞状土,第三类是可熔的或玻璃状土。这三种土分别与炼金术士的硫黄、汞和盐相对应,燃烧时油状土被烧掉了。

1703年,施塔尔对贝克的思想加以补充和发展,提出了一个比较完整的燃烧理论,被称之为"燃素学说"。他认为"油状土"并不是"硫要素"所代表的可燃性,而是一种实实在在的物质元素,即"油质元素"或"硫质元素",他把这种元素命名为"燃素",它存在于所有的可燃物中,并通过物体的燃烧或者通过金属的腐蚀或煅烧过程,作为光和热释放出来。他以此来解释一切燃烧现象,以及所有的化学变化,例如金属煅烧,逸去燃素而留下灰渣;灰渣同富有燃素的木炭共热,又还原为金属。金属溶于酸,则放出燃素(氢气),而留下灰渣(盐),等等。这一理论足以说明当时所知道的大多数化学现象,这就使施塔尔深信,燃素是一切化学变化的根本,化学反应正是燃素作用的各种表现形式。这样,燃素说已不只是燃烧理论,而是已扩展为整个化学反应过程的普遍理论了。

"燃素"一词虽然在很早以前就由海尔蒙特(Johann Baptista van Helmont,1579—1644)等人在同一定义下使用过,然而只是在施塔尔提出了系统的燃素学说以后才得以广泛应用,特别是由于它似乎能较合理地说明从矿石提炼金属等生产过程而得到了更迅速的传播。1723年后,燃素说在法国得到普及,在鲁埃勒对该假说进行了极其重要的再解释之后,法国化学家们就赋予燃素以一种特别重要的作用。在鲁埃勒的讲座里,他没有把这种要素等同于"土",而是将其等同于古老的元素"火",他将其描绘成一种物理因素(或"手段")和一种化学元素。换句话说,火既是化学变化的一个原因,也是化学变化的一个参与者,能够成为物质组成的一部分。鲁埃勒把同样的双重角色赋予了其他传统的元素,尤其是空气,正如黑尔斯已经指出的,空气能够成为化合物的一部分;空气能够自由存在于大气中,或者被固定在化合物中——比如在充气矿泉水中。同样地,火能够作为一种稀薄的物体或者能够作为金属或可燃物中的燃素成为化合物的一部分。[①]

燃素学说是化学上最早提出的反应理论。当时,处于17世纪中叶的化学,还没有一个反应理论来统一解释所有的化学变化,化学反应的知识是支离破碎的、经验性的。在这种情况下,只要能够提出一个理论对所有的化学反应过程给予概括,无疑就是一个巨大的进步。燃素学说提出的历史意义就在于此。它把当时大量零星片断的反应知识集中在一起,用统一的概念联系起来,并依照燃素的放出和吸入的逻辑加以分析、协调和解释,使化学反应知识形成了乍看起来井然有序的体系,这在一定程度上促进了化学的发展。在燃素学说流行的长达100年间,化学家为了解释各种现象,积累了相当丰富的资料,为拉瓦锡和以后的化学家在一定程度上利用燃素学说信奉者所做过的实验、建立正确的燃烧理论做好了准备。

---

① Martin Fichman. French Stahlism and Chemical Studies of Air(1750—1770), *Ambix*, 18(1971), pp. 94-112.

四、气体化学的突破

燃素学说的被推翻是以气体化学的突破为线索的。

1630年前后,海尔蒙特发明了气体(gas)这个名词,并描述了"野气"(即二氧化碳)和"油气"(即沼气)等,还认为气体不能容纳在器皿里。而在他之后不久的波义耳就对气体进行了收集,并且还知道了氢气的可燃性。

到了18世纪后半叶,化学逐渐形成了我们今天所了解的形态。这一时期,化学一个典型的、不同于以往的特征,就是研究气体的方法有了很大的发展。如前所述,1727年黑尔斯发明了集气槽,这是在气体研究中一个极为有用的工具(后来普里斯特利和拉瓦锡又改进了它)。但他满足于测量气体的体积而不去研究它们的性质,忽略了所研究物质的定性化学特征,因而没能发现任何气体,但他的实验启发了布莱克(Joseph Black, 1728—1799)和普里斯特利(Joseph Priestley,1733—1804)。

1754年,苏格兰化学家布莱克在加热石灰石时得到了一种具有重量、可与碱性物质相结合而被固定的气体,因此称为"固定空气"(即二氧化碳)。他注意到这种气体具有不助燃和可使动物窒息等性质,并证明在空气、天然水和一些盐类(如碳酸盐)中都含有"固定空气"等。这就说明"固定空气"确是一种不同于普通空气的新发现的气体。这一发现,从根本上改变了人们对于气体的认识,推翻了海尔蒙特关于气体不能参加化学反应的结论;而且由于它表明石灰石煅烧重量的变化仅由固定空气引起,与燃素无关,从而在燃烧过程中第一次排除了燃素的地位。但遗憾的是,重视实验而不重视假说的布莱克没有意识到自己的发现所具有的重要意义,没能在新发现的事实基础上提出新的科学假说。

1766年,富有的英国化学家卡文迪许(Henry Cavendish,1731—1810)发表论文,提出各种空气都可以用人工的方法从它所存在的物质中提取出来。他用金属与稀硫酸作用得到了一种可燃的气体(氢气),但他误认为这种气体是来自金属而不是酸,因此命名为"来自金属"的"易燃空气"。而且由于受到燃素学说的束缚,他甚至认为"易燃空气"本身就是"燃素",以为当金属在酸中溶解时所含的燃素便释放出来,形成了"易燃空气"。直到他本人精确测出了氢气的比重,并认清了空气浮力的实质后才否定了原有的看法。卡文迪许被公认为氢气的发现人,但他同样没能在此基础上有更深入的认识。

1772年,苏格兰的医生兼化学家——布莱克的学生卢瑟福(Daniel Rutherford, 1749—1819)依照老师的指导研究了物质在空气中燃烧后剩余气体的性质,从而得到了被称之为"毒气"或"浊气"的氮气,并发表了研究成果(其实,卡文迪许等也先后发现了氮气,但未及时公布)。这一发现对于人们认识空气的组成和本质,揭示物质燃烧的奥秘具有重要意义。然而,由于卢瑟福受燃素说的影响,并未认识到氮是一种元素并且是空气的一个组成部分,只以为是被燃烧物质吸去燃素后的空气。

氧气的发现对于推翻燃素说具有决定性的意义。它最早是由瑞典化学家舍勒(Carl Wilhelm Scheele,1742—1786)发现。他在加热硝石时得到一种气体,能强烈地助燃,使点燃的蜡烛发出耀眼的光芒。他认为这就是存在于空气中的"火空气"。随后他写出论文宣告氧气的发现,但这篇论文直到 1777 年才得以公开发表。与此同时,英国的普里斯特利也独立地发现了氧气,时间虽较舍勒晚,但早在 1774 年就公开发表了成果,较早产生了重大的实际影响。

普里斯特利是英国非国教教派的牧师。他利用空闲时间进行科学研究,从 1770 年起,他发明了许多气体操作装置,有好些现在还在应用;他相继发现了氧气、氧化氮、一氧化碳、二氧化硫、氯化氢、氨气等多种气体,被誉为"气体化学之父"。当他得知布莱克发现"固定空气"后,深受启发。1774 年,他用凸透镜作为工具加热所保存的各种固体物质,以驱赶出存在于其中的各种"空气"。当他加热红色的三仙丹(氧化汞)时,看到从中放出了大量气体,经研究,他发现这些气体具有助燃性和有益于动物呼吸的性质。作为虔诚的燃素说信奉者,他把这种气体称为"脱燃素空气"(实际上就是氧气),并把在一般空气中物质燃烧完后剩下的气体命名为"燃素化空气"。这样,他同舍勒一样,也未认识到氧气在燃烧过程中的作用。[1]

以上种种气体化学的成就,成为建立新的科学的燃烧理论的基础。尽管这时仍是根据燃素说来认识新气体,但很快拉瓦锡使用传统的办法(即把这些新气体同对热的研究相联系),以截然不同的术语体系将各种新气体的性质加以概念化。在拉瓦锡之后,事实证明:化学完全无须燃素即可存在下去,并且真正繁荣起来。

第二节　化学革命的发轫

拉瓦锡的革命是在化学实践漫长的旧秩序背景下展开的。

到 17 世纪后半叶和 18 世纪,冶金化学、医药化学等实用化学的发展大大丰富了人们关于元素和化合物的知识;定量方法被公认为化学研究的主要方法;化学界开拓出了一个新的领域——气体化学。所有这些因素结合起来,终于在 18 世纪末期的法国引发了一场以揭示燃烧过程本质为起点的全面而深刻的"化学革命"。作为 18 世纪化学的最伟大成就,这场革命不仅仅是燃烧理论的革新,而且也是对过去整个化学的一次系统总结,进而为近代化学的确立奠定了基础。

安东尼·拉瓦锡(Antoine Laurent Lavoisier,1743—1794)领导了 18 世纪这场影响

---

[1]John G. McEvoy, Joseph Priestley, 'Aerial Philosopher': Metaphysics and Methodology in Priestley's Thought, *Ambix*, 25(1978), 1-55, 93-116, 153-175; *Ambix*, 26(1979), pp. 16-38.

深远的化学革命。他发展出一套崭新的理论,因而改变了化学这门学科。他的成就可与尼古拉·哥白尼、伽利略、牛顿、查尔斯·罗伯特·达尔文(Charles Robert Darwin, 1809—1882)和阿尔伯特·爱因斯坦(Albert Einstein, 1879—1955)比肩,长期以来被认为是近代史中古典科学革命的领导者。他的贡献为他赢得了"近代化学奠基者"的称号,也为他在科学殿堂中赢得了不朽的一席之地。

1772年,拉瓦锡开始研究燃烧问题。他发现金刚石燃烧后竟变得无影无踪,由此想到燃烧可能是物质同空气的结合。不久,他又研究了磷和硫的燃烧生成物。1772年年底,他在向法国皇家科学院提出的报告中指出,磷燃烧时与空气结合,生成"磷的酸精"(即磷酸),比原来的磷要重。硫经过同样的反应可生成"硫酸"。拉瓦锡用当时人们完全意想不到的方式,将布莱克观测气体起化合作用的结果推进了一步。更令人惊奇的是,他在开始工作的最初阶段就已认识到金属的煅烧是与磷和硫的燃烧十分类似的现象,金属煅烧后也和空气发生化合作用。

紧接着他用锡和铅进行了一系列重要实验,首先证明波义耳关于金属煅烧后重量有所增加是由于吸收了火微粒的观点是错误的。锡在密封容器中煅烧时,只有一部分变成了金属灰(即氧化锡),但在容器启封前,重量并没有增加;启封时,可以听到空气冲进容器的声音。毫无疑问,金属灰重量的增加是由于金属与空气发生化合的缘故。拉瓦锡最初不能断定同金属发生化合的气体到底是布莱克所说的"固定空气"(即二氧化碳)还是普通空气,或者是空气中的一部分。他非常倾向于后一种情况。他注意到用木炭加热金属灰,能还原出金属,并且生成他断定是固定空气的某种气体。

1774年10月,普里斯特利来到巴黎与拉瓦锡会晤,他谈到自己研究了红色沉淀物(即氧化汞),在加热这种沉淀物时得到一种奇特的结果。拉瓦锡于1775年4月把上述实验重做了一遍,并且初步写成了一份实验报告。他指出,用木炭加热红色沉淀物,能还原为汞,并生成固定空气,可见红色沉淀物是一种真正的金属灰。后来,他又用凸透镜单独加热红色沉淀物,进一步证实了普里斯特利等的意见,反应生成物是汞和一种新气体,而不是固定空气。由此可见,在煅烧过程中与金属化合的,可能是空气的"纯净部分"。[1]

这些研究成果在1776年和1777年又有了新发现。拉瓦锡于1774年送交皇家科学院院刊的报告,直到1778年才被刊载。这期间,拉瓦锡修改了已提交的报告,赶在刊物出版之前把他的新成果和新观点写了进去。这时,他确信普通空气中只有一部分与空气化合,可见他已认识到空气是两种物质的混合物,呼吸和煅烧金属时消耗的是比较纯净的部分。他把剩余部分借用一个希腊词,称之为azote(即氮),也就是"无生命"的意思。1790年,查普特尔(Chaptal, 1756—1832)又把它命名为nitrogen。顺便说一下,卢瑟福最初曾把氮也叫作臭气。

---

[1] Maurice P. Crosland. Lavoisier's Theory of Acidity, *Isis*, 64(1973), pp. 306-325.

　　拉瓦锡接着用纯净的空气（他这时称之为"最宜于呼吸的空气"）来做实验，这些实验表明，把木炭和金属灰一起加热时，这种空气即与木炭化合，这样生成的固定空气只能是木炭和最宜于呼吸的空气的化合物。

　　差不多与此同时，对动物的种种实验研究使拉瓦锡确信，最宜于呼吸的空气在动物体中，特别是在肺中与碳化合，有热散发出来。他觉得这和实验室里的情况完全一样。动物体温的热源问题从而得到了解释，虽然当时还无法说明这种热的生成机制。不过，这是生物化学在发展过程中迈出的最初一步。

　　磷和硫的燃烧已被看成这些元素和最宜于呼吸的空气起化合作用的结果，而且拉瓦锡还认为各种酸里都含有这种气体。1779 年 11 月，他建议将这种气体命名为 principe oxygine（即氧），该词来自希腊语，意思是"可构成酸类"。

　　拉瓦锡通过金属煅烧实验，向皇家科学院提出了一篇报告《燃烧概论》，阐明了燃烧作用的氧化学说，要点为：①燃烧时放出光和热；②只有在氧存在时，物质才会燃烧；③空气是由两种成分组成的，物质在空气中燃烧时，吸收了空气中的氧，因此重量增加，物质所增加的重量恰恰就是它所吸收氧的重量；④一般的可燃物质（非金属）燃烧后通常变为酸，氧是酸的本原，一切酸中都含有氧。金属煅烧后变为煅灰，它们是金属的氧化物。他还通过精确的定量实验，证明物质虽然在一系列化学反应中改变了状态，但参与反应的物质的总量在反应前后都是相同的。于是拉瓦锡用实验证明了化学反应中的质量守恒定律。拉瓦锡的氧化学说彻底推翻了燃素说，使化学开始蓬勃发展起来。

　　拉瓦锡的理论走向成熟的最后一步是弄清水的组成。这一步是在英国迈出的。1766 年，亨利·卡文迪许就已经发现他所说的"易燃空气"在普通空气中可以燃烧，但他没有对燃烧的生成物进行鉴定。1781 年，普里斯特利发现，这种气体燃烧时会在空气中凝成露珠。卡文迪许重做了普里斯特利的实验，收集了燃烧时产生的露珠。他指出，这是纯净的水，同时还发现用电火花将易燃气体和普通空气的混合物引爆时，会生成某种酸。他迟迟没有公布自己的实验结果，而是继续对这种反应进行研究。他发现，普通空气和适量的易燃空气的混合物爆炸时，会消耗殆尽，剩下的只有一个很小的气泡，并有硝酸生成（1894 年，小气泡被确认为氩。对微量的惰性气体能做出这样出色的观察，全要归功于卡文迪许的高明精湛的实验技巧。）。

　　卡文迪许认为易燃空气几乎就是纯净的燃素，而氧则是脱燃素的空气，于是他把水的生成说成这两种气体的化合，也就是脱燃素空气和燃素结合的结果。实验结果虽说到1784 年才正式公布，但拉瓦锡在 1783 年就已听说有这种实验。拉瓦锡立即领悟到这种实验的重要意义，并做出了正确的解释：水是易燃空气和氧的化合物。他重新进行这个实验和得出上述结论是 1783 年的事，并在 1784 年正式公布。由于交付印刷屡遭拖延，以及某些刊物记载的时间有误，因而造成一片混乱，再加上普里斯特利、詹姆斯·瓦特（James Watt，1736—1819）、卡文迪许、加斯帕尔·蒙日（Gaspard Monge，1746—1818）和拉瓦锡几乎是同时研究水的组成问题的,结果在谁是真正的最早发现者这个问题上引起了很大争执。各地的科学家虽说就彼此的工作情况经常互通声气,但对解决这一争议仍然无济于事,他们往往拒不承认互通声气这一事实。意见不同的人士各执一端,纷纷卷入这场所谓"水的争论",唇枪舌剑的争吵时有所闻。姑且不论真正的最先发现者究竟是谁,有一点是毋庸置疑的:对水的成分做出最出色的实验证明者是卡文迪许,第一个提出正确解释的是拉瓦锡。戴莫维(Guyton de Morveau,1737—1816)在新命名法中建议把易燃空气命名为 hydrogen(即氢),也就是能生成水的意思。

1785 年,拉瓦锡提出了一篇在化学史上占有重要地位的论文《对于燃素的回顾》,这份精心之作被认为是对燃素学说做出了决定性的结论。在较早的论文里,拉瓦锡曾论证道:燃素所扮演的重要角色已不再需要,而自己的新理论应该被接受,因为它比燃素学说好。在 1785 年的《对于燃素的回顾》中,拉瓦锡更进一步大胆地提出他那精心推敲出来的燃烧理论无疑是正确的,而所有燃素理论的说法已被证实是错误的。

拉瓦锡的工作为化学带来了前所未有的条理性和系统性,但化学物质的命名法依然紊乱不堪。拉瓦锡所用的物质,一直沿用着与物质的实际成分毫不相干的炼金术符号。学生只有靠死记硬背才能掌握住他所接触的物质的名称,而这些物质的种类正在不断增多。戴莫维感到这确实是一个亟待解决的问题。他最初信仰燃素说,但很快就转而支持拉瓦锡的理论体系。1782 年,他发表了一篇论述统一化学命名法的论文。拉瓦锡对于任何能使化学变得有条不紊的方案自然会大感兴趣,所以同戴莫维建立了合作关系。另外,还有两位支持拉瓦锡学说的人——巴多雷(Claude Louis Berthollet,1748—1822)和佛克洛依(Antoine-Francois de Fourcroy,1755—1809),也一同为创立新概念而努力。他们把自己的研究成果写成《化学命名法》(Mèthode de Nomenclature Chimique)一书,于1787 年夏天在巴黎出版,向广大读者介绍了化学的新命名法。[①] 这本书包括了拉瓦锡介绍性的研究报告,然后是戴莫维解释新命名法的原则,之后是佛克洛依列出了一份关于某些单质及化合物的新旧名称对应表,最后是两个长篇的附录,分别是同义字的名单和词典。这本书论述的物质命名原则,今天基本上仍为我们所沿用,即每种物质必须有一个固定名称;单质的名称必须尽可能表达出它们的特征,化合物的名称必须根据所含的单质表示出它们的组成。书中还建议,酸类和碱类用它们所含的元素命名,盐类用构成它们的酸和碱命名。这个体系简单明了,各地的化学家都乐于采用。这本书很快被译成了欧洲各主要国家的文字。随着拉瓦锡化学理论体系的传播,这一新命名法甚至在当时还算是科学边远地区的美洲,也占有了牢固的地位。

与此同时,以拉瓦锡为领袖的法国反燃素论者也在为自己的新理论寻找其他的出

[①] Maurice P. Crosland. *Historical Studies in the Language of Chemistry*, London: Heinemann, 1962, pp. 168-192.

路。当时,《物理杂志》(*Journal de Physique*)因快速发表新科学讯息而成为巴黎最著名的刊物,但它的编辑是一位坚定的燃素论者,因此随着拉瓦锡新燃烧理论的被接受,《物理杂志》对它的批判之声却越来越激烈。于是,拉瓦锡及其同伴们考虑出版一份法文版的化学年报。两年后,他们正式向皇家科学院提交了《化学年报》(*Annales de Chimie*)的第一册。新期刊的编辑委员有拉瓦锡、戴莫维、巴多雷、佛克洛依、蒙吉,以及三位新加入的委员。这份新的化学期刊正好是在法国的政治革命开始时创刊,它在对抗燃素论者联盟方面所呈现出的效果被证明是极具价值的。

这时,拉瓦锡的理论已经相当完备,而且有了一种新的语言来表达这一理论。同拉瓦锡密切交往的一大批法国化学家接受了这些新思想,但科学界的其他许多人仍在尽力弥补燃素说的种种缺陷。因此,拉瓦锡决定根据新原理写出一部化学教科书。它要和化学教科书的旧传统实行彻底决裂,为未来几代化学家的工作打下新的基础。1778—1780 年间,他写出了书的提纲。1789 年,该书在巴黎问世,这就是著名的《化学基础论》(*Traité élémentaire de Chimie*)。它对化学的贡献完全可以和牛顿的《自然哲学之数学原理》对物理学做出的贡献媲美。

在这本书中,拉瓦锡十分详尽地论述了推翻燃素说的各种实验依据和以氧为中心的新燃烧学说。他的观点基本上也就是现代化学家的观点。他曾经这样写道:"化学以自然界的各种物体为实验对象,旨在分解出它们,以便对构成这些物体的各种物质进行单独的检验。"他根据这种说法,终于列出一张"属于自然界各个领域的、可视为物体所含元素的单质一览表"。他承认这只是一张凭经验列出的表格,还有待于用新发现的事实加以修正,但它的基础是可靠的化学原理,因而被公认为第一张真正的化学元素表。它显示出作者对酸性氧化物和碱性氧化物的性质都有了相当深刻的认识,拉瓦锡甚至已在表中指出不易蒸发的钾碱和苏打可能都是化合物,而组成这些化合物的基本元素还是未知的。

拉瓦锡为《化学基础论》所写的序文,是以回顾其早期关于化学命名法的研究为开端,目标是要使想从事科学研究的初学者能顺利走完这条他曾经历尽艰辛的道路。拉瓦锡不仅清除了普遍存在的错误化学观念,还以一套广泛的新理论来代替它们,坚持这门科学必须遵照实验物理学的方法,将化学转变成了真正的科学。

事实上,拉瓦锡花了数年时间在思考如何撰写一本专供化学初学者使用的教材。1788 年,当拉瓦锡开始草拟《化学基础论》时,他就决定强调区别和方法而忽略完整性,目的在于"要排除任何一个会让学生分心的观点"。他将这本教材分成三节,第一节完全是基于他自己的研究,以热量理论为开端。他解释了卡路里(即热量)是如何引起状态的改变,以及卡路里又是如何与物质结合而形成气状的流体(气体),并将讨论转移至大气的组成上。在描述了氧气后,拉瓦锡介绍了许多可将该气体分解的方法:通过与硫酸和磷的结合可形成酸性物质,通过与金属的结合可形成金属灰,以及通过与氢的结合可形成水。这一节的其余部分是用于讨论特殊的例子,如燃烧、酸化、分解、发酵、酸碱中和,以及基团和金属的特性。

第二节则审查了酸性物质与基团的结合,以及中性盐类的形成。拉瓦锡直接承认此部分没有任何自己的工作,之所以在书中写进这部分,主要是因为盐类的实验研究是早期化学里唯一有根据的。这节一开始,拉瓦锡就以表的形式列出了一些无法以化学方法再进一步分解的简单物质:"化学实验的主要目的是要分解自然物体,如此才能分别检验不同成分的各种物质。"

在《化学基础论》里,拉瓦锡提出简单物质表可被区分为四部分,第一部分包含了"属于所有自然领域里的简单物质可被视为物体的元素",另外也涵盖了光、卡路里、氧、氮和氢,这些都是广布在自然界的化学组成,在化学革命末期时就有理论方面的研究工作,其中空气、水和火都是以前曾研究过的。表中的第二部分包含了六种酸化的非金属物质,前三种是硫、磷和碳,后三种是关于拉瓦锡所说的物质:"我们只知道这些物质易于氧化,易于形成盐酸、氟化物和硼酸性物质。"第三部分包括了十七种"可氧化也可酸化的简单金属物体",所涵盖的范围从锑到锌等物质。第四部分则包括了五种"可形成盐类的简单土物质",前两种是石灰与氧化镁,后三种则是早期通称为"土"的物质。

《化学基础论》第二节的主体是由简单物质特性,以及对化合物的详细研讨所组成,第三节则是一种推广式的"仪器与化学操作描述",拉瓦锡在这部分及所附加的插图里很自豪地展示了他在研究中所采用的众多昂贵设备,宣称"从事实验的方法,特别是近代化学的实验方法,并非如一般所知道的那样"。该节与第一节一样,牢牢地奠基于他的研究工作之上,拉瓦锡深信自己在将实验物理学的方法引入化学时扮演了重要角色。

《化学基础论》一书包含有极为重要的深刻思想。自17世纪初期以来,许多化学家都曾经隐约提到物质不灭的思想,俄国大化学家米哈伊尔·瓦西里耶维奇·罗蒙诺索夫(Lomonosov Mikhil Vasilievich,1711—1765)甚至已讲得一清二楚,但西方对他的大部分著作不甚了解,因而他在这一方面对科学思想的进步没有产生什么影响。拉瓦锡最早阐述了这一思想,并且指出在化学中应怎样应用这一思想。他的论述产生了实际影响。在论述糖变酒精的发酵过程时,他指出:"我们可以将此作为一个无可争辩的公理确定下来,即在一切人工操作和自然造化之中皆无物产生;实验前后存在着等量的物质;元素的质和量仍然完全相同,除这些元素在化合中的变化和变更之外什么事情都不发生。"[①]根据这一原理,他终于能写出下面的式子,显而易见,这正是现代化学方程式的雏形:

葡萄汁=碳酸+酒精

拉瓦锡已经意识到这种表述方式的重要性,所以又写道:"我们可以认为,经受发酵的物质与由该操作引起的产物形成一个代数方程;而且通过逐次设定该方程中每个元素

---

①安东尼·拉瓦锡:《化学基础论》,任定成译,74页,武汉,武汉出版社,1993。

是未知的,我们就能相继计算它的值,这样就能用计算来验证我们的实验,并且相应地用实验来验证我们的计算。我经常成功地使用这个方法更正我的实验的最初结果,并指导我按更加合适的途径重复它们。"[①]

《化学基础论》成为化学史上的经典之作,产生了迅速而又广泛的影响,很快被译成各主要国家的文字,并多次再版。法国化学家分为了新旧两派,拉瓦锡的盟友包括了戴莫维、巴多雷、佛克洛依、拉普拉斯、蒙日,以及皇家科学院的大部分物理学家。只有少数"老顽固"像英国的普里斯特利、法国的尤金·德马凯(Eugèno-Antole Demarcay,1852—1904)、德国的威克里布(Wiegleb,1732—1800)坚决不改变旧观点。而德国化学家也同别人一样地接纳新学说。《化学基础论》把化学革命引向了胜利,化学科学开始进入一个新纪元,取得了令人几乎难以置信的进步。而此后当拉瓦锡再度从事化学研究时,他将自己的注意力转向了哲学与有机化学的研究上。

拉瓦锡的实验方法是以观察开始,特别是革命性地将实验物理方法应用于解决化学中的理论问题。他对仪器的精确掌握、对分析的热衷,以及对理论的实验论证建构的自信,均表现出他独特的科学研究风格。当然,他并不是第一个掌握实验技术的化学家,但他把实验物理方法视为一项特别有效的工具。他与拉普拉斯和其他物理学家合作,引入了精确测量的方法,这些方法以前从未如此有效地应用在化学中。特别是拉瓦锡选择了天平作为准确测量的仪器,把它与其他的仪器如热量计或气量计共同使用,而且与计算方法联系起来,来追踪反应中所出现的数量上的变化。他拥有由巴黎最好的仪器制造商制造的、几乎是最精确的天平,这招致批评说:由于其他人没有如此精确的仪器,故而很难重复他所做的实验。普里斯特利将拉瓦锡对所用仪器的选择与其对化学语言的改造联系在一起,公开指责拉瓦锡在仪器方面的奢侈和独占。在普里斯特利看来,这两种手段都是拉瓦锡不合理地强加给化学家共同体的——都是残酷的权力炫耀而不是理性的说服。但是,一些科学家采用了他的仪器和方法,比如在荷兰重复了水的分解实验和合成实验,科学家们的态度借此往往发生转变,因而拉瓦锡说服化学家的努力不断获得了成功。从那以后,教科书开始讲授新化学,而且越来越多的实验室开始使用新仪器。这样,化学就在19世纪早期实验科学的重大发展中起了核心作用。例如,称量反应物的重量和气体的数量成为化学实验室的标准程序;在拉瓦锡革命后的岁月里,这两种方法在约翰·道尔顿(John Dalton,1766—1844)和其他人的手中都体现出重大的理论价值。

尽管热衷于实验物理的仪器、分析与理论方法,拉瓦锡还是意识到若仅仅局限于这些是不足以改革化学的。拉瓦锡的科学成就属于化学范畴而非物理范畴,因为他在将自己的理论与实验方法融入重大化学问题的解决上是相当成功的,他的研究风格和独特的理念反映出他对化学的专精。而他对实验物理学方法的依赖,促使后人在解释化合物的

[①]安东尼·拉瓦锡:《化学基础论》,任定成译,80页,武汉,武汉出版社,1993。

化学性质时必须注意到参考它们的物理性质。

拉瓦锡没有发现过新物质，没有设计过真正新的仪器，也没有改进过制备方法，他本质上是一个理论家。虽然他没有发现氧，但他的确是第一个理解了这个发现的意义，认识到氧作为一个元素的真正本性，并通过精巧的实验，建立起已被前人预示过的燃烧和金属煅烧的正确的化学理论。他的伟大功绩在于：他能够把别人完成的实验工作接受下来，并用自己的定量实验补充、加强，通过严格的合乎逻辑的步骤，对所得实验结果的正确性进行解释。他的研究工作的特点在于特别注意定量方法和使用天平，使得化学家能够把从气体性质中推导出来的物理概念应用到传统的化学中去，建立新的氧化学说。这样，化学也就从传统的经验技术性的学科，转变为一门像力学一样的、可以用数学进行定量计算的科学了。至此，化学终于发生了全面的革命。拉瓦锡自己也清楚地知道，他在科学界所引起的革命不逊于使法国产生骚动的政治革命，1773 年，他在自己的实验本上写了一句话："我所做的实验使物理和化学发生了根本性的变化。"

拉瓦锡的燃烧理论，为化学提供了先前所缺少的理论框架。在这一理论中，大气中的氧气被赋予了正确的角色，虚构的燃烧原理"燃素说"被抛弃了。但我们应该认识到，在拉瓦锡赋予化学与现代观点相类似的理论框架之前，它就已经作为一门学科而存在了。通过修正化学先驱们留下的教学与实验室实践传统，拉瓦锡及其支持者清楚表达了这个新的体系。新的仪器、新的实验方法、新的教科书，以及一种新的语言都是新化学的工具，尽管它们可以称得上是创新，但仍保留了历史遗产的痕迹。拉瓦锡的新观念和新方法重塑了化学这门学科，但这是通过利用化学家们关于物质和反应的已有知识来完成的。

第三节　原子—分子学说的建立

18 世纪后的 100 多年间，工业革命席卷欧洲，各国先后发生了资产阶级民主革命，政治变革又为生产力的更大发展开辟了道路。纺织、机械、冶金、造船、采矿、地质、制药等各工业部门的迅猛发展，推动了化学学科的成长。而化学本身从拉瓦锡建立了燃烧的氧化学说以后，不仅从此排除了燃素说的障碍，使过去在燃素说形式中倒立着的全部化学正立过来，走上了正确的方向；而且对物质和物质的变化，从定性的朴素的认识进入了定量的研究，以证明物质不灭定律为起点，继续向前迈进，进一步弄清了物质组成和化学反应中的一些基本定律，使人们对物质及其变化的认识再次深化。

一、道尔顿的原子学说

如前文所述，由于机械论哲学的成功，到 18 世纪末，人们几乎已普遍接受物质为某种最小微粒所构成的观点。道尔顿的原子学说，就是以牛顿的原子论为基础，但有了本质上的发展。

1803 年 10 月 18 日，英国教师道尔顿（John Dalton，1766—1844）在曼彻斯特的文哲学会上，第一次宣读了他有关原子论及原子量计算的论文，其基本要点有：

①元素的最终组成称为简单原子，它们是不可见的，是既不能创造，也不能毁灭和不可再分割的。它们在一切化学变化中保持其本性不变。

②同一元素的原子，其形状、质量及各种性质都是相同的，不同元素的原子在形状、质量及各种性质上则各不相同。每一种元素以其原子的质量为其最基本的特征。这一点是道尔顿原子学说的核心。

③不同元素的原子以简单数目的比例相结合，就形成化学中的化合现象。化合物的原子称为复杂原子。复杂原子的质量为所含各种元素原子质量之总和。同一化合物的复杂原子，其形状、质量和性质也必然相同。

道尔顿的原子论使当时的当量、定比定律、倍比定律等一些化学基本定律得到了统一的解释，因此很快为化学界所接受和重视，大批化学家在 19 世纪前半叶纷纷从事于原子量的测定。

道尔顿计算出一些相对原子质量并发明了化学符号，规定除了每个符号表示一个原子以外，化合物的化学式就是由其元素的符号组成，从而能表示分子中存在有多少原子。1806 年，道尔顿发表原子量表，已经比 1803 年多了 19 个元素，而且以往的各种原子量数值，除氢外，都有修订。1808 年，在《化学哲学新体系》第一卷中，他发表了更新的原子量表和符号，其中包括 20 种元素。1810 年，在出版《化学哲学新体系》第二卷时，道尔顿又添加了许多元素符号及其原子量（如镍、铝、锡、锑、砷、钴、锰、铀、钨、钛、硅、钇、铈、锆等），对其 1808 年的原子量也根据新的分析数据进行了部分修订。

道尔顿提出原子论，标志着近代化学发展时期的开始，因为化学作为一门重要的自然科学，它所要说明的现象本质正是原子的化合与化分。道尔顿的学说正是抓住了这一学科的核心和最本质的问题，主张用原子的化合与化分来说明各种化学现象和各种化学定律间的内在联系。他对当时人们了解的各种化学变化的材料进行了一次大的综合、整理。这一学说经过不断完善，终于成为说明化学现象的统一理论，因此它对化学发展的意义，无论从深度和广度上都更加超越了燃烧的氧化学说。因此，恩格斯对道尔顿的原子论给予了高度的评价，认为他的成就是"能给整个科学创造一个中心，并给研究工作打下巩固基础的发现"，并指出"化学中的新时代是随着原子论开始的"（所以"近代化学之父"不是拉瓦锡，而是道尔顿）。

二、分子学说的建立

就在道尔顿考虑其原子学说的同时，法国化学家盖-吕萨克（Joseph Louis Gay-

Lussac,1778—1850)等正在研究各种气体物质反应时的体积关系。当道尔顿发表了原子学说及关于化合物中原子组成比例和原子量测定等问题的论述后,盖-吕萨克想到,道尔顿的原子学说中所包含的"化学反应中各种原子以简单数目相化合"这一概念与自己所发现的在气体物质反应中按简单整数体积比例进行这一实验定律,两者之间必有内在的联系。他经过一番综合、推理后,于是得出了气体反应的体积定律,即在同温同压下,相同体积的不同气体——无论是单质还是化合物——含有相同数目的原子(他和道尔顿一样,把各种元素的简单原子与化合物复杂原子统称为原子)。他认为以自己的实验定律为基础来确定化合物中的各种原子的数目,比道尔顿的武断规定要更有依据些,而不像道尔顿那么随意。但道尔顿本人反对盖-吕萨克的见解,认为盖-吕萨克的假说与自己的原子学说在某些地方有尖锐的抵触。后来,化学家们测定原子量的事实证明盖-吕萨克的气体化合实验定律是正确的,但有片面之处;而道尔顿的原子学说必须加以补充和修正。解决这一矛盾的"钥匙"不久后为阿伏伽德罗所掌握。

阿伏伽德罗(Amedeo Avogadro,1776—1856)是意大利物理学家、化学家。1811 年,他发表了一篇论文,题为《原子相对质量的测定方法及原子进入化合物时数目比例的确定》,所论述的是关于原子量和化学式的问题。他以盖-吕萨克的实验为基础,进行了合理的推理,引入了分子的概念,并把它与原子的概念既区别开来,又联系起来,建立了化学和物理学中的一个新的基本原理,即一切气体在相同体积中含有相等数目的分子。在这里,他引入了三个概念:①无论是化合物还是单质,在不断被分割的过程中都有一个分子的阶段,分子是具有一定特性的物质组成的最小单位;②单质的分子可以是由多个原子组成的;③在同温同压下,同样体积的气体,无论是单质还是化合物,都含有同样数目的分子。这样他就使道尔顿的原子学说与盖-吕萨克的气体反应实验定律统一了起来,并且说明了它们之间的内在联系。

阿伏伽德罗的分子假说是道尔顿原子论的继续发展,但并未立即被化学界和物理学界承认和重视,反而被冷落了大约半个世纪。这期间,很多化学家都从事原子量的测定工作,使原子量的测定成为 19 世纪上半叶化学发展中的一项重点"基本建设"。如瑞典化学家贝采尼乌斯(Jöhn Jakob Berzelius,1779—1848)在 1810—1830 年于极简陋的实验室中对大约 2 000 种单质或化合物进行了准确的分析,为计算原子量和提出其他学说提供了丰富的科学实验根据。1814 年,他发表了自己的第一个原子量表,列出了 41 种元素的原子量,后来又与学生米希尔里希(Ernst Eilhard Mitscherlich,1794—1863)一道,把后者发现的同晶定律作为研究和确定原子量的一个重要依据。法国人杜隆(Pierre Louis Dulong,1785—1838)和培蒂(Alexis Thérèse Petit,1791—1820)专门从事对各种单质的比热测定,发现了原子热容这一常数值并据此对以前的很多原子量值进行修正。法国化学家杜马(Jean-Baptiste André Dumas,1800—1884)发明了简便的蒸汽密度测定法,以测定挥发性物质的分子量。

三、原子价学说的提出

随着原子量测定工作的进行,大量无机化合物的组成逐步被弄清楚了。人们开始认识到某一种元素的原子与其他元素相结合时,在原子数目上似乎有一定的比例关系。1852 年,英国人弗兰克兰(Edward Frankland,1825—1899)在研究金属有机化合物时,把各种元素划分为"单原子"元素和"多原子"元素,以表达它们的化合力。这里他已经初步提出了我们现在称之为"原子价"的概念,但还是比较模糊的。

1857 年,德国著名的有机化学家凯库勒(Friedrich August Kekule,1829—1896)和英国化学家库帕(Archibald Scott Couper,1831—1892)发展了弗兰克兰的见解,把各种元素的化合力以"原子数"(atomicity)或含义更明确的"亲和力单位"(affinity unit)来表示,并且指出不同元素的原子相化合时总是倾向于遵循亲和力单位数是等价的原则。这是原子价概念形成过程中的最重要的突破。1864 年,德国人迈尔(Julius Lothar Meyer,1830—1895)又建议以"原子价"(valence)这一术语代替"原子数"和"原子亲和力单位"。至此,原子价学说便定型了。

原子价学说的建立揭示了各种元素化学性质上的一个极重要的方面,阐明了各种元素相化合时在数量上所遵循的规律。后来,它为化学元素周期律的发现提供了重要的依据,并大大推动了有机化合物结构理论和整个有机化学的发展。

四、康尼查罗论证原子-分子学说

在阿伏伽德罗提出分子假说之后的 50 多年间,虽然很多人致力于原子量的测定,分析技术有了极大的提高,但由于对化合物中原子组成比的确定长期没有找到一个合理的解决办法,使原子量的测定陷入困境。而且当时各家之间又是众说纷纭,所用原子量标准也不一致,因此在原子量的测定上处于非常混乱的状态,而化学符号的应用、化学式的表示方法,当然更加混乱,比如 HO 既可代表水,又可代表过氧化氢;CH_2 可以代表甲烷,又可代表乙烯;甚至在某些教科书中,同一页上竟布满了各种不同的式子来表示醋酸。一些化学家由此甚至怀疑测定原子量的可能性,对原子价的看法也分歧很大,还有人对原子学说也产生了动摇心理。

在这种学术上混乱的情况下,各国化学家想召开一个国际性会议,并希望在会上对化学式、原子价和元素符号上达成一个统一的意见。会议于 1860 年 12 月在德国的卡尔斯鲁厄(Karlsruhe)召开,与会者有一百四十余人,会议上与会者争论很激烈,无法形成共识。有人主张有两门化学,即无机化学和有机化学。斯坦尼斯劳·康尼查罗(Stanislao Cannizzaro,1826—1910)指出这两个分支用的是不同的相对原子质量。最后决定,每位化学家继续用自己爱用的相对原子量系统。但就在散会时,康尼查罗散发了自己关于论证分子学说的小册子——《化学哲理课程大纲》,提出必须把分子与原子区别开,要求化学家们放弃以为化合物的分子可含有不同数目的原子而各种单质的分子都只含一个原子或相同数目原子的错误观念。他用 50 年来化学发展的事实指出,阿伏伽德罗等人的分子假说是正确的,即等体积的气体中无论是单质还是化合物,都含有相同数目的分子,但它绝不含有相同数目的原子。由于他据理分析、论据充分、条例清楚、方法严谨,对盖-吕萨克等人的有关错误一一加以澄清,并为确定原子量提出了一个非常合理的令人信服的途径,因此很快得到了化学界的赞许和承认。

康尼查罗对原子-分子理论虽然没有什么特殊的发现,但是他为其发展和确定扫除了许多障碍,统一了分歧意见,澄清了某些错误见解,把原子-分子的理论整合为一个协调的系统,并把体现这一系统的各种实验方法贯穿起来。至此,分子理论得到了普遍的接受,原子量测定工作的混乱状况宣告结束,统一的原子量被确定下来,原子价的概念得到了明确。因而这些都为 19 世纪 60 年代元素周期律的发现创造了条件,进而推动了以后整个化学学科的大发展。

参考文献

1. Bernadette Bensaude-Vincent, *A History of Chemistry*, Cambridge, Mass.: Harvard University Press, 1996.

2. Frederic Lawrence Holmes, *Eighteenth-Century Chemistry as an Investigative Enterpris*, Berkeley: Office for History of Science and Technology, University of California, 1989.

3. P. Rattansi and A. Clericuzio, *Alchemy and Chemistry in the 16th and 17th Centuries*, Dordrecht: Kluwer, 1994.

4. 罗伊·波特主编:《剑桥科学史》(第四卷《十八世纪科学史》),方在庆主译,郑州,大象出版社,2010。

5. J. R. 柏廷顿:《化学简史》,胡作玄译,桂林,广西师范大学出版社,2003。

6. Arthur Donov:《拉瓦锡:化学改革与法国革命的先锋》,屈子铎译,台北,牛顿出版股份有限公司,1997。

7. 《化学发展简史》编写组:《化学发展简史》,北京,科学出版社,1980。

第十一章

近代科学革命与启蒙运动

启蒙主义始于 17 世纪下半叶英国的光荣革命时期,至 18 世纪在法国发展成为轰轰烈烈的思想启蒙运动,启蒙运动后来蔓延到德国和美国。

法国人将 18 世纪称为"光之世纪"(siècle des lumières),意即那个时代在理性之光照耀下走向光明。与"启蒙主义"相对应的英语"Enlightenment"或德语"Aufklärung",其原意也是"用光点亮",意味着理性之光照亮了无知与蒙昧的黑暗。①

18 世纪是欧洲近代科学革命与启蒙运动相互促进的时代。科学革命与启蒙运动不仅改写了欧洲的历史画卷,而且推动了世界文明的进步。

第一节　近代科学革命的继续

18 世纪下半叶,当时的科学家们和启蒙思想家们普遍认为,一场影响自然科学各个方面的科学革命正在进行之中。新学科的创立、科学知识的倍增、更多科学院的建立及科学的大众化,绘成了 18 世纪科学的绚丽画面。

一、近代科学革命的继续

近代科学革命是由尼古拉·哥白尼、伽利莱·伽利略、约翰内斯·开普勒、勒内·笛卡儿,以及艾萨克·牛顿等少数科学巨匠完成的。第一次科学革命建立了近代自然科学体系。

---

①古川安:《科学的社会史——从文艺复兴到 20 世纪》,杨舰、梁波译,未出版。

到了 18 世纪,这场科学革命并没有完全终结,而是在继续发展,从 16、17 世纪的天文学和经典力学扩展到了数学和物理学。

1700 年,巴黎科学院的终身秘书、著名作家贝尔纳·勒布维耶·德·丰特内勒 (Bernard le Bovier de Fontenlle,1657—1757)首次谈到从笛卡儿几何学开始了一场几何学的彻底革命。

1747 年,亚里克西斯·克洛德·克莱罗(Alexis Claude Clairaut,1713—1765)把一场物理学的伟大革命归因于牛顿的《原理》。

1759 年,法国数学家达朗贝尔描述了他所见到的自然哲学中发生的一场革命:"我们的世纪被称为……卓越的哲学世纪……新的哲学化方法的发现与应用,与各种发现相伴随的那种热情,宇宙奇观在我们身上引起的理念的某种提升——所有这些原因造成了心智的强烈骚动,就像冲破了堤坝的江河一样从各个方向蔓延穿透大自然。"[1]

德国的哲学家伊马努尔·康德(Immanuel Kant,1724—1804)像法国数学家达朗贝尔一样,认为科学革命仍在进行之中。1785 年,当有人问他是否认为生活在一个开明的时代(an enlightened age)时,他回答说:"不,我们正生活在一个启蒙的时代(an age of enlightenment)。"[2]

二、新学科的创立

尽管启蒙运动时期并没有诞生如哥白尼、伽利略和牛顿那样著名的科学大师,没有像日心说和万有引力那样的伟大发现,但是这个时期产生了许多新的科学学科,使近代自然科学体系更加完备。不过,18 世纪的科学并不是按照现代科学门类来划分的。

在启蒙运动之初,物理学既包括生命现象,也包括非生命现象。医学和生理学,以及热和磁的研究,都是物理学的部分。现代物理学的大部分内容在 18 世纪属于"混合数学"的范畴。

当时的混合数学包括天文学、光学、静力学、水力学、日晷学、地理学、钟表学、航海术、测量术和筑城学。法国数学家拉格朗日把数学比作矿藏开采殆尽的矿山,担心它已经发展到了极限。1781 年 9 月 21 日,他在给达朗贝尔的信中说:"除非发现新的矿源,否则我们迟早得废弃这个矿山。"[3]启蒙运动著名思想家狄德罗则认为数学正在转向博物学、解剖学、化学、实验物理学等学科,则是数学已经发展到极限的最好证明。

化学主要是医生们探讨的学科领域,包括对矿物的研究,与博物学的研究领域相重

---

① 托马斯·L. 汉金斯:《科学与启蒙运动》,任定成、张爱珍译,1~2 页,上海,复旦大学出版社,2000。
② 托马斯·L. 汉金斯:《科学与启蒙运动》,任定成、张爱珍译,1~2 页,上海,复旦大学出版社,2000。
③ 托马斯·L. 汉金斯:《科学与启蒙运动》,任定成、张爱珍译,19~20 页,上海,复旦大学出版社,2000。

叠;还包括对热和气态的研究,又混合了物理学的内容。现代动物学、植物学、地质学、气象学等学科都归在博物学之下。

尽管现代科学在 18 世纪被统称为自然哲学,但是上述学科范畴开始逐渐演变成我们今天所熟知的学科分类。新学科的建立被认为是启蒙运动对科学的现代化作出的最重要贡献,也是容易被忽视的重要贡献。[①]

三、科学院与科学学会的普遍建立

科学院和科学学会在 18 世纪的科学教育、科学研究和科学交流中扮演了特别重要的角色。创建于 17 世纪的伦敦皇家学会(建于 1662 年)和巴黎科学院(建于 1666 年)成了建立新研究院的范例。巴黎科学院是由国家给科学家支付薪水的职业化、专门化的小型团体,被期望担当专利局和检查机构的角色,同时还被期望担当政府研究的实验室。伦敦皇家学会则是一个大型的业余爱好者团体,由成员支付会费来支持学会的活动。伦敦皇家学会的成员由于不领薪水,因此不必承担政府的研究任务。

柏林科学院建于 1700 年。1743 年,普鲁士腓特烈大帝(Friedrich Ⅱ , der Grosse,今译弗里德里希二世,1712—1786)按照巴黎科学院的模式对柏林科学院进行了改组,聘请法国数学家皮埃尔·莫佩尔蒂(Pierre-Louis Moreau de Maupertuis,1698—1759)担任科学院院长,并提供更有保障的高薪水来吸引科学家,其中最著名的有瑞士数学家伦哈德·欧拉(Leonhard Euler,亦译"欧勒",1707—1783)。

1724 年,俄国沙皇彼得大帝(Peter the Great,1672—1725)在圣彼得堡建立科学院,用更高的薪水从德国和瑞士招募许多科学家。

另外,一些小型的皇家学院先后建立在博洛尼亚(建于 1714 年)、哥廷根(建于 1751 年)、都灵(建于 1757 年)和慕尼黑(建于 1758 年)。这些科学院获得捐赠不多,但是通过出版科学论文集,来为研究人员提供一些支持。

按照皇家学会的模式建立的学会包括爱丁堡学会(建于 1783 年)、曼彻斯特学会(建于 1781 年)、哈勒姆学会(建于 1756 年)。

1739 年,瑞典皇家科学院按照皇家学会的模式,创建于斯德哥尔摩。瑞典皇家科学院是非官方的独立机构,既接受大笔的遗产捐赠,又从出版年鉴中赚钱,为研究人员提供薪水。

科学院不仅为研究人员提供薪水和地位,而且发表科学家的研究成果,促进科学知识的传播与科学本身的发展。科学院还举办各种主题的奖励竞赛,如流体力学难题,关于帆、锚、绞盘和流体中的固体等。从 1720 年开始的关于刚体碰撞的巴黎奖励竞赛重复

---

①托马斯·L.汉金斯:《科学与启蒙运动》,任定成、张爱珍译,1~2 页,上海,复旦大学出版社,2000。

了好多年,争论的焦点集中在力、物质和机械作用的本性上。奖励的论文一向要求匿名提交。而奖励的主题具有时代特征,经常把竞争者吸引来参加。在所有获奖的论文中,启蒙运动思想家让-雅克·卢梭(Jean-Jacques Rousseau,1712—1778)撰写的《论科学和艺术》一文,1750年获得第戎研究院的奖励,最负盛名。科学院为那些自学成才的业余爱好者提供了机会,业余爱好者凭自己的科学发现和科学论文也可以当上院士。

18世纪六七十年代,新的科学学会在法国各省涌现。其中大多数是专业协会,如新的医学、外科和药剂学研究院。也有很多的农业、博物馆和技工协会。工艺协会和自由仿效协会都属于促进技术进步的技工协会。这些协会的建立促进了工匠们的发明创造和技术进步。

四、科学知识的大众化

科学知识大众化是启蒙运动的特征之一。科学知识不再只掌握在少数科学院院士的手中,而是通过各种渠道传播到社会大众中间。科学知识、科学实验和科学发现不时引发公众的狂热。听科学讲座,读科学书籍,关注与科学有关的新闻,成为一种时尚。18世纪成了"科学狂"的时代。

在科学知识大众化的过程中,英国和法国的地方性学会扮演了重要的角色。在英国的产业都市中,诞生了与科学相关的地方性学会。大约在1760年,伯明翰成立月光社(Lunar Society),成了企业家、科学爱好者和工匠们一起进行实验和交流的场所。从1780年到19世纪上半叶,以曼彻斯特为中心,各个城市相继成立了文学—哲学学会(Literary and Philosophical Society),将科学渗透到广泛的社会阶层中。1799年,大英皇家研究所(Royal Institution of Great Britain)在伦敦开始定期举办科学通俗讲演,讲演最初面向下层工匠们,后来,这个讲演会演变成了上流社会的社交场所。在法国,各地都市相继成立了科学与艺术研究院。截至1808年,以波尔多(1712)、里昂(1724)、第戎(1740)、鲁昂(1744)、图卢兹(1746)为首,法国各地的研究院达到40多所。[①]

在法国,特别是在大革命前夕,在大众当中出现了科学热。科学家们直接参与科普活动,让人们亲身感受科学的神奇。在巴黎,由皮拉特尔·德·罗其耶(Jean Francois Piâtre de Rozier,1754—1785)、安托万·库尔·德·热伯兰(Antoine Court de Gébelin,1743—1794)等人组织科学启蒙团体,面向市民开设科学讲座,盛况空前,一票难求。科学家们演示电和气体实验,吸引了上流社会的许多绅士和淑女。实验、大气与可燃性气体成了当时的热门话题。1783年,孟格菲兄弟(Michiael Joseph de Montgolfier,1740—1810;Étienne Jacques de Montgolfier,1745—1799)成功举行热气球飞行试验,更使整个

---

①古川安:《科学的社会史——从文艺复兴到20世纪》,杨舰、梁波译,未出版。

法国沸腾起来。皇家科学院借机主办有奖征文活动,结果收到数十篇有关气球技术的论文。

除公开演讲和实验之外,许多面向一般读者的科学启蒙著作出版了。例如,让-安托万·诺莱特(Jean-Antoine Nollet,1700—1770)撰写的 6 卷本《实验物理学教程》,图文并茂,成为受大众欢迎的物理学入门书。牛顿的科学著作也成了大众喜爱的读物,至1784 年,英文版本有 40 本,法文 17 本,德文 3 本,拉丁文 11 本,葡萄牙文和意大利文各1 本。[1]

科学的神奇魅力深入人心。有钱人甚至把实验装置买回家中,自己动手做实验,结果变成了业余科学家。还有一些人像街头艺人那样,走街串巷,专门进行科学实验巡回演示。有关永动机、万能止血剂、水上步行靴等发明的报道也充斥当时的报到,引起人们极大的兴趣。

在科学启蒙的背景下,梅斯梅尔催眠术(Mesmerism)在巴黎风靡一时。18 世纪70 年代,德国医生梅斯梅尔(Franz Anton Msemer,1734—1815)在欧洲推广"动物磁性"疗法。具体做法是将一根连接到储存了磁性的桶上的铁棒,置于患者的患处,引起患者痉挛,使其陷入睡眠状态。梅斯梅尔催眠术立竿见影,很快受到世人关注。从梅斯梅尔1778 年移居法国后,直到法国大革命爆发前,其催眠术获得了极大的流行,被称为"自然医学"。尽管遭到巴黎学院派的医学专家们群起而攻击,但梅斯梅尔派获得了大众科学爱好者和一些启蒙思想家的支持,梅斯梅尔催眠术成了 18 世纪下半叶的大众科学。

第二节 科学与宗教的分离

近代科学革命不仅改变了自然科学本身,而且为欧洲 18 世纪的启蒙思想家们提供了认识社会和改造社会的有力武器,催生了一场反对宗教蒙昧主义、反对封建专制制度的思想解放运动。

一、对科学和理性的推崇

近代科学革命让法国的启蒙思想家们看到了科学事业的美好、科学家的美德和科学知识的进步,而近代科学大师的科学理性精神更使他们看到了通过理性消除偏见和迷信、建设新社会的希望。他们坚信,科学革命不仅是对自然的研究,而且包含着对人类所有活动的变革。[2]

---

①托马斯·L.汉金斯:《科学与启蒙运动》,任定成、张爱珍译,10 页,上海,复旦大学出版社,2000。
②古川安:《科学的社会史——从文艺复兴到 20 世纪》,杨舰、梁波译,未出版。

启蒙运动初期,科学事业被赋予了传统的美德价值。巴黎科学院的终身秘书丰特内勒在给已故法国科学院院士撰写的颂词中,不仅歌颂他们的主要科学成就,而且赞扬他们研究科学的纯洁动机——无私地探寻真理。他把乡村习俗中的善(单纯、谦卑、简朴、缺乏野心,以及自然之爱)和罗马世界伟人的那些善(刚毅、责任、英勇、果断)赋予他们。自然哲学成了善的事业,自然哲学家为人类而不是为自己服务。

到启蒙运动晚期,自然哲学家更被赋予了通过理性改造社会的重任。1782年,尼古拉·孔多塞(Marie Jean Antoine Nicholas de Caritat Condorcet,1743—1794)成为巴黎科学院的秘书后,在为已故法国科学院院士撰写的颂词中,继续从道德角度赞美自然哲学事业,同时也强调自然哲学家有责任通过理性改革社会。在他看来,自然哲学家在乡间静居,并不能保持善;最善的事业应当是通过理性消除偏见和迷信,并且根据客观的科学原理建设一个新社会。

在启蒙运动中,科学基本上遵循文学意识形态,作品和手艺都可以表现善;在文人社会,自然哲学家与文坛成员同样尊重思想和行动的自由,抵制权威。不过,自然哲学与文学不同,科学知识是累积进步的,并具有逻辑一致性。因此,自然哲学家拥有增加人类知识和改善人类状况的可靠方法,在启蒙运动中被当成了英雄。

丰特内勒从1697年开始担任巴黎科学院的常务秘书,长达40年。他是笛卡儿的坚定信徒,大力宣传笛卡儿的学说,使笛卡儿的科学理性精神和机械自然观在法国科学界得到了极大的普及。

法国哲学家、数学家尼古拉·马勒伯郎士(Nicolas Malebranche,1638—1715)组织了一个数学家小组,负责把微积分引进法国。他们起初研究莱布尼茨的著作,后来阅读牛顿的数学论文。他们在法国最先接受牛顿的万有引力定律,并最先理解他的光学实验。1706年,马勒伯郎士读到牛顿的《光学》拉丁文版时,就欣然接受了。

启蒙运动的领袖伏尔泰于1726年来到英国,专门学习牛顿力学。1729年回到法国后,以与笛卡儿体系相对比的手法,介绍牛顿的宇宙体系。1738年,他写了《牛顿哲学原理》,1740年写了《牛顿的形而上学》,在法国普及牛顿力学。

1735—1759年,法国天文学家运用牛顿的万有引力理论来确定地球的形状、月球的运行和哈雷彗星的返回,结果证明牛顿的理论是正确的。牛顿力学很快在法国及欧洲大陆得到承认,牛顿成了最伟大的英雄,他的名字甚至成了激进政治和社会改革者们的口号。

二、对宗教和教会的批判

启蒙运动的最大结果和最大特征之一是在法国启蒙主义者对教会的持续批判下,到18世纪末,在欧洲大部分知识分子中,科学和理性几乎完全取代了上帝的位置。

　　"启蒙"一词并非 18 世纪启蒙运动的独创。在英文中,启蒙"Enlightenment"是直接从"Light"(光)一词派生出来的。其实,在启蒙主义者猛烈批判的基督教经文中,也有光的说法,如"那光是真光,照亮一切生在世上的人"、耶稣基督是"光中之光"等,其中含有启蒙的寓意。不过,传统基督教思想认为,光源是上帝,上帝创造了光,上帝成了真理和价值的起点。在启蒙运动中,光源转移到主体——人之上,而人是以个体为本位、以自我意识为核心和以自由为本质的人,"光"则是构成人类本质属性的"理性之光"。

　　"理性"(reason)一词也不是 18 世纪启蒙主义者的发明。西方自古希腊以来,就一直强调理性,理性这条线时隐时现,始终没有断过。即便基督教神学也一直企图通过人类的理性来理解和解释上帝,把神秘的教义化为浅显的说教。在中世纪,自然神学一直利用理性而不用《圣经》的《启示录》来发现真理。从 17 世纪开始,理性宗教随启蒙运动而崛起,主要从理性的超自然主义和自然神论两个方向对上帝作知识性的辩护,把上帝和启示化为经验性知识。英国经验主义哲学家约翰·洛克(John Locke,1631—1704)就认为启示可以高于理性,但以不违反理性为限。牛顿也相信上帝在创造世界并赋予它自然法则之后,仍然存在于世界中,履行着支配和监督它的职责。

　　在 18 世纪的启蒙主义者看来,"理性"可以指强加于大自然的秩序,也可以指经过科学与逻辑训练后形成的常识,还可以指逻辑上有效的论证,正如数学中的论证一样。科学是理性的产物,理性是正确方法的关键,而理性的典范就是数学。他们相信,一旦认识到并应用了适当的科学方法,人类知识必然稳步扩展,人类幸福必然稳步改善。因此,"理性"成了启蒙思想家们反教会的战斗口号。

　　反教会斗争也不是从启蒙运动时才发起的,其实早在文艺复兴时期就已经开始了。在文艺复兴时期,反教会斗争主要揭露中世纪天主教会的贪腐,谴责修道院戕害人性的罪恶,要求进行宗教改革,废除烦琐的宗教仪式。在启蒙运动中,启蒙思想家更加彻底,把反教会斗争上升到了自然神论和无神论的高度。他们认为,社会之所以不进步,人民之所以愚昧,主要是由于宗教势力束缚了人民的思想,压制了人类天生的理性功能的正常发挥。例如,在伏尔泰看来,"迷信和教条主义精神统治的时期,信奉上帝胜过理性和科学的时期,是历史上最恐怖的时期"①。

　　启蒙思想家们相信人类的行动应该由自然控制而不是由摘自《圣经》的规则控制,而自然科学为人类理性的运作提供了远见卓识。达朗贝尔甚至断言,如果把数学家偷偷地带进西班牙,他们清晰的、理性的思维的影响就会传播开来,甚至毁坏宗教法庭的基础。

　　尽管大多数启蒙时期的哲学家认为否认上帝的存在是不合乎理性的,因为这个世界太有条理了,不可能没有上帝的存在,但是,到 18 世纪末,理性和科学的权威取代了《圣

---

①Л. 阿尔比娜:《评〈伏尔泰的社会思想〉》,国外社会科学,1980(9),59。

经》和教会的权威,理性在大部分知识分子中已经取代了上帝的位置。当时有很多唯物论者不相信上帝,自称为无神论者。伏尔泰虽然声称,即使没有上帝,也要创造一位上帝,但是他不承认被人格化了的上帝。

科学与宗教分离,极大地改变了科学自身的目的,科学不再是为了证明上帝无处不在、更好地理解上帝的计划,而是致力于人类的幸福和社会的进步。

三、《百科全书》的编辑出版

18 世纪中叶,法国启蒙思想家们编辑出版了《百科全书,科学、艺术和工艺详解词典》(简称《百科全书》)28 卷(包括正文 17 卷、图版 11 卷),完成了启蒙主义思潮的纲领性文献。

《百科全书》扉页标明这项工作是由"文人协会"撰写的。在狄德罗和达朗贝尔的主持下,有 150 余人参与撰稿。撰稿人除狄德罗和达朗贝尔外,还包括一批当时著名的哲学家、政论家、数学家和博物学家等。《百科全书》把"文人协会"凝聚成一个有名的团体,任何参加或同情《百科全书》事业的人都获得了"百科全书派"的称号,狄德罗是"百科全书派"的领袖。

编辑出版《百科全书》最初是巴黎出版商的商业行为。1728 年,一个名叫伊弗雷姆·钱伯斯(Ephraim Chambers,约 1680—1740)的教友派信徒在伦敦出版了两卷本的《百科全书,或人文与科学通用辞典》,获得了巨大的成功。1745 年,法国出版商安德烈-弗郎索瓦·勒·布勒东(Andre-Francois Le Breton,1708—1779)联合巴黎其他出版商,决定提供资助,出版 10 卷本的法文版《百科全书》,并邀请狄德罗和达朗贝尔做编辑。狄德罗和达朗贝尔从 1746 年开始组织编写,1751 年出版第一卷,1772 年出版最后一卷,1777 年又出版 5 卷增补卷。1758 年,达朗贝尔退出《百科全书》的编辑工作,由狄德罗独自秘密地完成剩余部分的编辑和出版工作。

《百科全书》成功的关键在于它所包含的海量的精确知识,每一卷厚达 16 英寸,双栏排版 900 多页。内容涵盖宗教、法律、文学、数学、哲学、化学、军事、科学,以及农业的系统知识,并试图展现所有知识的相互联系。《百科全书》还包含有很多关于动力机器、锻造、采矿、造船,以及各种手工艺的文章。狄德罗甚至亲自进入手工艺商店学习,了解工匠们的行业技艺。关于工艺的文章还附有精心制作的雕版插图,有些插图是特意为《百科全书》制作的。

狄德罗和达朗贝尔把编辑《百科全书》看作最崇高的启蒙事业,其传播理性知识使人们的品德更加高尚,生活更加幸福。狄德罗在《百科全书》的内容说明中写道:"让我们希望,我们的子孙在打开这本辞典时会说:'这就是那时的科学和美术的状况。'愿人类思想的历史和它的产品一代一代延续,直到最遥远的世纪。愿《百科全书》成为一个避难所,在此,人类的知识可以不受时间和革命的影响。"①

《百科全书》深受大众欢迎,成为后来所有百科全书的典范。但反对者声称,《百科全书》是反宗教的宣传,有意"传播唯物主义、破坏宗教、激化独立精神、滋养道德的堕落"。《百科全书》成了启蒙时期反对无知、固执和迷信的重要著作,是启蒙运动最伟大的成果之一。

第三节　科学与专制的决裂

在启蒙运动中,启蒙思想家们高举科学和理性的旗帜,还把文艺复兴运动开始的反封建斗争继续推向深入,促成了法国大革命的爆发和封建君主政体的垮台。法国大革命毁灭了抵制启蒙思想家社会改革的陈旧政体,使欧洲科学迸发出前所未有的发展活力,终于迎来了 19 世纪第二次伟大的科学革命。

一、启蒙思想家对封建专制的批判

批判封建专制,宣传自由、平等和民主,是启蒙思想家们共同的思想。反封建专制在文艺复兴时期就开始了,当时侧重于思想意识和伦理道德方面,主要反对封建领主的割据状态,要求建立民族统一的君主专制政体。启蒙运动时期反封建专制,则侧重于政治制度和政权性质,主张奉行基于理性的自然法则,建立资本主义政治制度。

启蒙思想家按照理性的自然法则,批判"君权神授"的思想。他们主张实行适合全人类本性的普遍法则,以保障人类的社会秩序。他们引用科学家研究自然科学的方法,凭借理性到自然当中去寻求法则。正如牛顿在自然中发现的万有引力定律一样,法则应当是基于理性并能为大众所理解的"自然法则",而不能为了部分掌权者的利益而随意制定和行使。在自然的社会中,不存在拥有支配权的特权者。人类作为理性的动物,本应凭借理性,共同生活在自由平等的状态中。

早在 1690 年,洛克就出版了《政府论》,该书主要阐述了政府的产生、政府的法治和内部分权原则,以及政府与政治社会的关系。在上篇中,他首先批判了"君权神授"和君主专制理论。在下篇中,他指出,政府的权力从本质上说就是保护每一社会成员的生命、财产和自由权利,政府权力的运用"只是为了人民的和平、安全和公众福利"②。他强调,对于政府,人民享有最高权力——罢免权,"当人民发现立法行为与他们的委托相抵触

---

①托马斯·L.汉金斯:《科学与启蒙运动》,任定成、张爱珍译,2 页,上海,复旦大学出版社,2000。
②洛克:《政府论》,叶启芳、瞿菊农译,131 页,北京,商务印书馆,1964。

时,人民仍然享有最高的权力来罢免或更换立法机关"①。在执行权被滥用的情况下,人民可以"用强力对付强力"②。

1726—1729年,伏尔泰在流亡英国期间,除学习牛顿力学之外,还学习过洛克的社会政治理论。1729年回国后,他写了著名的《哲学通信》,1733年出版英文版,1734年出版法文版,向法国读者介绍培根、洛克和牛顿的思想,批评法国的现状。他在书中对英国的君主立宪制大加赞赏:"英国是世界上抵制君主达到节制君主权力的唯一的国家;他们由于不断的努力,终于建立了这样开明的政府;在这个政府里,君主有无限权力去做好事,倘使想做坏事,那就双手被束缚了……在这个政府里,人民心安理得地参与国事。上院和下院是国家的主宰,君主乃是太上主宰。"③他相信,英国的下院是真正为人民服务的,因为那儿每个议员都是代表人民的议员。他反对等级制度和封建特权,认为人生来就是自由和平等的,一切人都具有追求生存、追求幸福的权利,这种权利是天赋的,不能被剥夺。

1748年,孟德斯鸠出版《论法的精神》,阐述三权分立和法治政体的法治思想。他认为法的基础是人的理性;立法、行政和司法三权分立是理想的政治制度。他主张三权分立,以权力制约权力,防止滥用权力。他把法律置于决定地位,认为只有法律才能保障人民的自由权利,而专制则是对人性的蔑视和对自由的践踏。他批判封建专制制度,指出:"专制政体是既无法律又无规章,由单独一个人按照一己的意志与反复无常的性情领导一切。"④他认为,没有法治的专制国家,总是按照恐怖原则实行残暴统治。但是,实行恐怖政策,对公民进行威吓、惩罚和镇压,不会使天下太平,只能使人民暂时缄默。他断言,由于失去人民的支持,专制制度是不会巩固的,必然要垮台。孟德斯鸠倡导的法制、政治自由和权力分立是对封建专制的有力抨击,成为后来资产阶级大革命的政治纲领,对世界范围的资产阶级革命产生了很大影响,被写进了美国的《独立宣言》和法国的《人权宣言》。

1753年,卢梭撰写了《论人类不平等的起源和基础》,揭示了私有制是文明社会贫困、奴役及全部罪恶的基础,论证了用暴力革命推翻封建专制政权的合理性。他指出,既然封建暴君只依靠暴力统治臣民,政府契约已被暴君破坏殆尽,因此"当他被驱逐的时候,他是不能抱怨暴力的。以绞杀或废除暴君为结局的起义行动,与暴君前一日任意处理臣民生命财产的行为是同样合法的。暴力支持他,暴力也推翻他"⑤。他的思想为法国大革命的到来提供了充足的理论根据。1762年,他出版《社会契约论》,首次提出"人民主权"

---

①洛克:《政府论》,叶启芳、瞿菊农译,149页,北京,商务印书馆,1964。
②洛克:《政府论》,叶启芳、瞿菊农译,155页,北京,商务印书馆,1964。
③伏尔泰:《哲学通信》,高观达等译,29页,上海,上海人民出版社,1986。
④孟德斯鸠:《论法的精神》上册,张雁深译,8页,北京,商务印书馆,1978。
⑤卢梭:《论人类不平等的起源和基础》,李常山译,东林校,145页,北京,商务印书馆,1962。

的口号,为整个第三等级的人民谋求政治主权,不容君主和贵族插手主权,主张彻底推翻封建君主专制,建立民主共和国,实行体现民意的法治,为未来的资产阶级民主共和国提供了比较完整的政治理念。

法国启蒙思想家著书立说,反对封建专制,主张建立民主制度,在启蒙运动中产生了巨大的影响。不过,在法国大革命前,一些启蒙思想家仍难逃当局的迫害,例如,狄德罗被逮捕入狱,卢梭被迫长期流亡海外。直到法国大革命爆发,他们反封建专制的政治主张才得以落实。1789 年 7 月 14 日,巴黎市民攻占了关押犯人的王室古堡——巴士底狱。8 月 4 日,国民议会投票赞成废除封建制度,通过了《人权和公民权宣言》,提出了"自由、平等、博爱"的口号。1792 年 8 月 10 日,国民议会决定停止国王的职权,由全体公民选举产生国民公会。9 月 21 日,法兰西共和国成立。1793 年,国王和王后被送上了断头台。至此,法国封建专制寿终正寝,启蒙思想家追求的政治理想终于实现。

二、科学家参与法国大革命

尽管在革命恐怖时期,巴黎科学院一度被解散,有些科学家被革命派处死,或者被迫逃亡,但是科学家们还是积极投身这场革命运动,用科学技术为战争服务,显示了科学技术的积极作用,还促进了科技教育的发展。

科学家们帮助革命政府建立了十进制的度量衡制度。1790 年,巴黎科学院奉国民议会之命,组成计量改革委员会。1791 年,该委员会成立计量、计算、试验摆的振动、研究蒸馏水的重量,以及比较古代计量制度五个小组,提出以赤道到北极的子午线的千万分之一为基本长度单位。1795 年 4 月 7 日,国民议会根据该委员会的提议,颁布了新的度量衡制度:采用十进制;以经过巴黎的子午线自北极到赤道段的一千万分之一为米的标准长度,并铸出铂原器;1 升等于 1 立方分米;1 立方厘米、温度为 4 摄氏度的纯水在真空中的重量为 1 克。

科学家们积极参与政治事务,在革命政府中担任要职。例如,化学家拉瓦锡(Antoine Laurent Lavoisier,1743—1794)和天文学家巴伊(Jean-Sylvain Bailly,1736—1793)被选为国民议会议员,拉瓦锡还担任了计量改革委员会的主席。数学家蒙日(Gaspard Monge,1746—1818)被任命为海军部长,负责制造军火;数学家卡诺(Lazare Carnot,1753—1823)担任陆军部长。化学家富克鲁瓦(Antoine Francois,Comte de Fourcroy,1755—1809)担任火药制造局局长。

科学家们积极参加高等师范学校和综合工科学校的人才培养工作。1794 年,国民政府创办高等师范学校,为共和国培养教师队伍,著名的科学家纷纷前往该校任职讲学。不过,由于财政困难,该校几个月后就关闭了,直到 1808 年才被拿破仑重新开办。1795 年,国民政府创办综合工科学校,为共和国培养急需的技术专家和工程师。蒙日被任命为校长,当时最杰出的科学家大都被聘为该校的教授。综合工科学校在 19 世纪上半叶为法国造就了一大批优秀的科学人才。[①]

巴黎科学院在大革命期间进行了改革,重新焕发了生机。按照 1699 年的规章,科学院的目的是考察"在国王的统治下,是否一切机器都应该从国王陛下那里得到特许"[②]。科学院变成了科学和技术事务的仲裁者,因此招致很多工匠的激烈反对,工匠们认为科学院的一些会员压制、抢夺了他们的发明创造。因其贵族主义和君主制主义的色彩太浓,国民议会于 1793 年 8 月 8 日解散了巴黎科学院。1795 年,巴黎科学院重新恢复活动,改进了院士会议制度,旧的贵族名誉院士会议被废除,取而代之的是以全体院士均有发言权的新院士会议。巴黎科学院的改革促进了法国科学事业的发展。

三、启蒙思想的应用与启蒙运动的终结

启蒙思想家们并没有亲眼见证法国大革命的成功,看到反动的封建专制被推翻。当法国大革命爆发时,几乎所有著名的启蒙思想家们都已经去世了,"只有孔多塞——启蒙运动的领导者之一——活着把他们的思想带入大革命中"[③]。

孔多塞作为"三十人委员会"和"1789 年委员会"的成员,代表自由派和爱国者,积极参加大革命期间的政治改革和教育改革,总是试图用理性的方法来解决社会难题。

早在大革命前,孔多塞在担任科学院秘书期间,受数学家拉普拉斯(Pierre Simon de Laplace,1749—1827)于 1774 年写的文章《关于事件原因的概率的报告》的启发,试图借用逆概率论的方法,创建一门新的社会科学——"一门能够通向真理的集体发现的科学,而不只是一门大多数人的意愿主导着少数人的意愿的科学"[④]。在逆概率论中,根据已知事件的频率,可以计算事件发生的规则及其可能的原因。创建社会科学,使社会制度理性化,是启蒙思想家改革社会计划的重要部分。

随着大革命的到来,孔多塞有了实际运用他的社会科学的机会。他试图把等级会议变为自由派的代言人,能忠于人权原则,理性地解决问题。他还试图找到理性的解决办法,来超越党派之间的斗争。他在为"1789 年委员会"写的文章中声明:"我们把社会艺术看作一门真正的科学,像其他科学一样,它是建立在事实、实验、推理和计算的基础上的;与所有其他科学一样,能够无限地进步和发展。"[⑤]

孔多塞还热心教育改革。1791 年,他写了五篇关于民众教育的文章。1792 年 4 月,

[①]吴国盛:《科学的历程》,453 页,长沙,湖南科学技术出版社,1998。
[②]托马斯·L.汉金斯:《科学与启蒙运动》,任定成、张爱珍译,178 页,上海,复旦大学出版社,2000。
[③]托马斯·L.汉金斯:《科学与启蒙运动》,任定成、张爱珍译,194 页,上海,复旦大学出版社,2000。
[④]托马斯·L.汉金斯:《科学与启蒙运动》,任定成、张爱珍译,193 页,上海,复旦大学出版社,2000。
[⑤]托马斯·L.汉金斯:《科学与启蒙运动》,任定成、张爱珍译,195 页,上海,复旦大学出版社,2000。

他代表立法院公众指导委员会,为立法会议撰写一份报告,强烈要求实施自然科学教育和社会科学教育,以培养优良公民。

孔多塞对理性的追求还体现在他主笔的《宪法计划》中,该计划设计通过恰当的代表性来获得最大多数人的集体理性。他写道:"我说是最大多数人的理性,而不说是他们的意志,因为多数人对少数人的力量必须不是专断的。"[①]1793 年 2 月 15 日,该计划由宪法委员会提交国民大会。

不过,孔多塞对理性的追求在与非理性的雅各宾派、吉伦特党和山岳派之间的权力斗争中严重受挫。山岳派控制国民大会后,抽取孔多塞的宪法内容为自己的目标服务。孔多塞在《关于新宪法致法国民众》的呼吁书中指出,山岳派的宪法只为一个政党的利益服务,而他写的宪法是为整个国家服务的。结果国民大会下令逮捕他。他被迫转入地下,秘密工作 8 个月,1794 年年初完成了《人类精神进步历史纲要》的导论,讴歌人类的无限进步。该书成为启蒙运动的最后文件。

1794 年 3 月 27 日,孔多塞在潜逃途中被逮捕。两天后,他因心力衰竭,死于囚室。启蒙运动随之降下帷幕,但是启蒙思想永放光芒。

当欧洲走出野蛮、恐怖、丧失理性和大混乱的革命岁月时,摆脱了宗教束缚和专制束缚的自然科学和社会科学绽放出夺目的光彩,19 世纪第二次伟大的科学革命已经蓄势待发了。

参考文献

进一步阅读材料

1. 古川安:《科学的社会史——从文艺复兴到 20 世纪》,杨舰、梁波译,未出版。

2. 托马斯·L.汉金斯:《科学与启蒙运动》,任定成、张爱珍译,上海,复旦大学出版社,2000。

3. 吴国盛:《科学的历程》,长沙,湖南科学技术出版社,1998。

4. 李凤鸣、姚介厚:《十八世纪法国启蒙运动》,北京,北京出版社,1982。

---

①托马斯·L.汉金斯:《科学与启蒙运动》,任定成、张爱珍译,196 页,上海,复旦大学出版社,2000。

第十二章

产业革命

　　"产业革命"（Industrial Revolution）是一个约定俗成的说法,又称"工业革命"。按《不列颠百科全书》的解释,产业革命指现代历史上从农业和手工业经济转变为以工业和机器制造为主的经济的过程。这一过程首先发生于 18 世纪英国,又从英国传播到世界各地。[①] 英国率先发动并完成了产业革命,实现了从农业社会向工业社会的转型,英国成为"世界工厂"（workshop of the world）。产业革命后来相继传播和扩散到西欧、美国等地区或国家,这些国家逐渐强盛起来。产业革命后来波及世界上许多国家,如日本、俄国,以及东亚国家或地区。

第一节　产业革命的内涵及分期

　　产业革命具有历史阶段性和持续性。为了区别"第一次"产业革命,人们提出了第二次产业革命、第三次产业革命等说法。对"第一次"产业革命的说法,学界基本上是公认的;对第二次、第三次产业革命的说法,学界存在着不同的提法。第二次产业革命（the Second Industrial Revolution）这个概念最早出现于 1915 年,大卫·兰德斯（David Landes,1924—　　）在 1972 年出版的《解除束缚的普罗米修斯》（*The Unbound Prometheus*）对"第二次产业革命"进行了深入的研究,阿尔弗雷德·钱德勒（Alfred Chandler,1918—2007）也提倡这个概念。一般认为,第二次产业革命指的是 19 世纪中叶以来西欧（英国、德国、法国、丹麦等）、美国,以及日本快速的工业发展。在内容上,第二

---

　　①中国大百科全书出版社不列颠百科全书编辑部编译:《不列颠百科全书》,第 8 卷,364～365 页,北京,中国大百科全书出版社,1999。转引自刘兵、杨舰、戴吾三主编《科学技术史二十一讲》,158 页,北京,清华大学出版社,2006。

次产业革命包括钢铁业、化学工业、电气工业、石油工业,以及 20 世纪出现的汽车产业。也有学者将第二次世界大战后出现的具有重大及深远意义的多项技术突破如核能、电子计算机、航天科技、基因工程、信息革命、新农业革命,称为第二次产业革命。①

彼得·斯特恩斯提出工业革命三次浪潮说,即整个工业革命的历史由三个浪潮构成,分别是:第一次浪潮 1760 年发生于西欧和美国;第二次浪潮从 19 世纪 80 年代起发生于俄国、日本、东欧和南欧部分国家,加拿大和澳大利亚;第三次浪潮即目前还在展开的浪潮,起于 20 世纪 60 年代,发生在环太平洋国家或地区,以及土耳其、印度、巴西和拉丁美洲的部分地区。②

弗里曼(Christapher Freeman,1921—2010)和苏特(Luc Soete,1950—　)在熊彼特(Joseph Alois Schumpeter,1883—1950)长波理论的基础上提出产业革命连续论(theory of successive industrial revolutions):第一次产业革命长波发生于 1780—1840 年,纺织品工厂化生产时代;第二次 1840—1890,蒸汽动力与铁路时代;第三次 1890—1940,电气与钢铁时代;第四次 1940—1990,汽车和合成材料的大批量生产(福特主义)时代;第五次 1990—?,微电子学和计算机网络时代。同时,该理论也对这五次产业革命长波的若干特点进行了描述。③ 上述观点是弗里曼对熊彼特的产业革命长波理论的丰富和发展,被称为熊彼特-弗里曼产业革命五次长波论。

本文主要从技术变迁和技术革命的角度来考察产业革命。技术变迁和技术革命是产业革命的主要标志和动力。一般认为,从 18 世纪中叶以来,发生了三次技术革命。第一次技术革命是指从 18 世纪中叶从英国开始的、与工业革命伴生的根本性的技术变革,以蒸汽机的发明及机器作业代替手工劳动为主要标志;第二次技术革命是指始于 19 世纪 30 年代的电力与电器、内燃机、炼钢、石油和新交通工具等技术的突破性变革,以电力技术和内燃机的发明为主要标志;第三次技术革命约始于 20 世纪三四十年代,第二次世界大战后新技术革命高潮迭起,表现为多元突破与综合的态势,其主要标志是电子技术、计算机技术和信息网络技术的发展,同时,核能技术、航天技术、新材料、生物技术等领域也出现重大突破。④

本章着重介绍上述的第一次产业革命,即 18 世纪中叶到 19 世纪中叶发源于英国的产业革命。而关于第二次产业革命的若干议题,将留待第十六章讨论。

英国产业革命是人类历史上具有里程碑意义的重大事件,它标志着人类社会从农业

---

① 斯塔夫里阿诺斯:《全球通史》(第 7 版),董书慧等译,760 页,北京,北京大学出版社,2005。

② Peter N. Stearnes. *The industrial revolution in world history* (*third edition*), Westview Press, 2007.

③ 克里斯·弗里曼,罗克·苏特:《工业创新经济学》,华宏勋、华宏慈等译,柳卸林审校,23～30 页,77～90 页,北京,北京大学出版社,2004。

④ 中国科学院:《科技革命与中国的现代化:关于中国面向 2050 年科技发展战略的思考》,15、16、18 页,北京,科学出版社,2009。

社会进入到一个新的社会形态即工业社会。历史学家特别是经济史学家对英国产业革命的历史事实和过程进行大量的详细的考察,取得了丰富的成果,为人们所公认。然而,虽然学者们对为什么英国 18 世纪发生产业革命,以及对为什么其他国家如西班牙、中国等看似有条件发生产业革命而没有发生产业革命也进行了大量的深入的研究,提出了很多颇有见地的观点,但仍未形成一致的看法,甚至没有形成一种占主导地位的解释。

本章首先讲述英国产业革命的历史事实和过程,然后综合学者们关于产业革命形成原因的种种解释,提出笔者的观点。

与人们通常所理解的政治革命、科学革命和技术革命有所不同,人们很难说哪一重大事件正式标志着产业革命于某年某月发动起来了,从这个意义上讲,产业革命是"静悄悄"的革命。相关数据(表 1)显示,1780 年以后英国经济出现了快速的增长。但是,这并不意味着英国所有的产业都发生了"革命"。实际上,英国产业革命主要发生在若干产业部门,其中棉纺工业是产业革命的带头产业。产业革命的另一个突出特征是蒸汽机的发明和大规模的应用,它们取代人力和畜力而成为主要的动力源。从这个意义上说,第一次产业革命是一种动力革命。产业革命使人类的生产方式发生了重大的变革,机器生产和工厂取代了手工业和家庭作坊生产。生产技术上的革命和生产组织上的革命,大幅度地提高了英国的生产总量和生产效率,遥遥领先于其他国家。

表 1　　　　　　大不列颠的经济增长(1700—1830)*　　　　(单位:%)

年份	国民产值	人均国民产值	工业
1700—1760	0.69	0.31	0.71
1761—1780	0.70	0.01	1.51
1781—1800	1.32	0.35	2.11
1801—1830	1.97	0.52	3.00

* 资料来源:Crafts 1985:32,45(转引自:M. 布里奇斯托克等《科学技术与社会导论》,刘立等译,156 页,北京,清华大学出版社,2005。)

第二节　产业革命中的重大技术创新和制度创新

一、棉纺工业:产业革命的带头产业

英国在 18 世纪发生了产业革命,主要体现在纺织工业特别是棉纺工业中。历史上,英国以羊毛业为主,制棉业起步相对较晚。但是,在 1741—1820 年这 80 年的时间里,制棉业后来居上,超过了羊毛业。不同城市人口增长的情况可以从一个侧面反映制棉业和羊毛业的变化速度。曼彻斯特是新兴的棉纺工业的重镇,18 世纪期间,曼彻斯特的人口增长了 10 倍；兰开夏(Lancashire)气候凉爽湿润，是羊毛业的重镇，在 18 世纪期间，人口增长了 6 倍。

相对于羊毛，棉花这种纤维有着诸多的优势。对棉花进行机械化作业比较容易，不像羊毛和亚麻纤维那样动辄被折断。另外，对英国和欧洲来说，制棉业是一种新型的产品线，比传统的羊毛业更加开放地进行和接受技术创新。长期以来，印度一直是生产棉花和制作棉织品的大国，亚洲国家对棉织品有着巨大的市场需求。英国发展制棉业，不在于去种植棉花，而在于发明和运用新的机器，建立工厂，对从印度进口来的生棉进行纺织，染色，制作成品，行销欧洲和全球市场。棉织品在市场上的成功，还得益于两个因素：一是棉织品易于染色，它可以被染成各种鲜艳的颜色；二是欧洲出现了用穿着体现身份、追求时尚的需求，方兴未艾。[1]

18 世纪上半叶，欧洲纺织工业中占主导地位的织机是传统的荷兰织机，其工作方式是一条很长的棉纺线拉在主架上；架子上装有若干弹簧片，用它们可以把每一根棉线提起来，这样就可以与纬线交织起来，纺出棉布。1733 年，一名叫约翰·凯伊(John Kay，1704—1779)的织布工人成功地实现了梭子的机械化操作，这就是飞梭。其工作方式是两个装了弹簧的箱子，可以自动地把飞梭从布匹的一端摆动到另一端，而这两个箱子则是通过拉动一根弦来操作。梭子在经线之间来回摆动，到达端点时则被梭箱接住。纺织工人改变簧片，并拉动梭线，循环往复。

凯伊发明的飞梭具有重要的意义，保尔·芒图(Paul Mantoux，1877—1956)概括说："这项发明产生了巨大的后果。一个工业中的各个工序，像是一整个相互依赖并服从同一节奏的行动。某一技术改进万一改变这些工序之一，就会打破共同的节奏。"[2]

然而，飞梭从发明到普遍应用经过了 20 年之久，究其原因，一方面，飞梭遭到了来自织布工本身的反对，他们指责这项发明抢了他们的饭碗；另一方面，飞梭也遭到了许多制造商的抵制。制造商们愿意采用这项创新，但是他们拒绝向发明人交纳专利使用费。当法律禁止他们侵权使用飞梭技术后，他们就联合起来抵制这项技术的应用。飞梭的发明人凯伊命运多舛，最后被迫逃亡到法国避难。

棉纺工业中的另一个重大创新是珍妮纺车，它是詹姆斯·哈格里夫斯(James Hargreaves，1720—1778)于 1765 年发明的以他的女儿名字命名他发明的纺车，1768 年付诸应用。芒图对珍妮机工作方式做了如下描述。

珍妮机的构架是一个装上四条腿的长方形的框架。它的一端安设一排垂直的锭子，横在框架上有两根彼此紧贴着的、安放在一种托架上的木杆，可以随意忽前忽后滑动。

---

[1] Peter N. Stearnes. *The Industrial Revolution in World History* (*third edition*). Westview Press，2007：28.

[2] 保尔·芒图：《十八世纪产业革命：英国近代大工业初期的概况》，杨人楩、陈希秦、吴绪译，161 页，北京，商务印书馆，1983。

经过预先梳理和粗纺的棉花,从两根木杆中间穿过去,以后就去绕在锭子上。纺工用一只手使托架来回行动,另一只手转动曲柄以使锭子动作起来。纱就是这样同时得到拉伸和拧绞的。[①]

1769 年,理查德·阿克莱特(Richard Arkwright,1732—1792)发明了水力驱动的纺车。珍妮机刚一问世,阿克莱特就发明了一种新型的"水架"(water-frame)的纺纱机,并于 1767 年获得了专利。但是,人们通常认为,这一发明不过是对人们早期发明的一种机器的改进而已,只可惜当时那些发明人没有足够的资本将其投入应用。虽然这种机器被名为"水架"纺纱机,但它其实无须用水轮来驱动。就像珍妮机一样,水架纺纱机有很多种的规格:最初的一代机器是用马匹来拉动的;更新换代后的机器,体积庞大,靠动力驱动,安装在工厂里。阿克莱特找到了合伙人,投资创办了一家纺纱厂,以水力驱动纺车。该工厂有数千个锭子,雇用了 300 多人,规模非常大。由于拥有发明专利权,阿克莱特可以独家使用"水架"纺车,大赚其钱,并用这些钱来进行扩大再生产。

萨缪尔·克隆普顿(Samuel Crompton,1753—1827)发明了"骡"机(spinning mule,缪尔机),这是对珍妮机和水架纺机的一个综合创新。后来,人们用蒸汽机作为动力驱动纺车,效率大为提高。

这些专利技术,在纺织工业中得到了广泛应用,其中不乏侵权使用,而一旦专利保护到期(约 15 年),人们迫不及待地纷纷采用这些技术建立纺织工厂,新技术广泛扩散开来,英国的棉纺工业生产效率和生产总量出现了空前的大发展。

二、蒸汽机:产业革命的引擎

蒸汽机最早是为了解决矿井中积水的抽取问题而发明的。第一台实用的蒸汽机是大气引擎,由英国人托马斯·纽克曼(Thomas Newcomen,1664—1729)于 1700 年前后发明。当时该引擎被用于把从煤矿中的积水抽取出去。其工作原理源自托里拆利(Torricelli,1608—1647)的一个发现,即大气具有"重量",所以它可以压缩气缸内的活塞使该引擎圆筒中的空气被抽空——真空度越高,"重量"就越大。制造真空的办法是:让气缸内充满蒸汽,然后让其冷凝,因为水的体积小于空气,于是就形成了(部分)真空。这种引擎的效率,大部分地是由真空度决定的,而真空度又取决于金属制造的标准。事实上,早期的引擎效率极低。而且,引擎的工作速度缓慢,这是因为每一次爆破(stroke)都需要对体积庞大的气缸进行加热和冷却。

詹姆斯·瓦特(James Watt,1736—1819)是格拉斯哥大学的一名技师,主要负责制作科学仪器。1769 年瓦特通过附加一个小的冷凝室和连接阀,而提高了蒸汽引擎的效

[①] 保尔·芒图:《十八世纪产业革命:英国近代大工业初期的概况》,杨人梗、陈希秦、吴绪译,170 页,北京,商务印书馆,1983。

率。其原理是将冷凝器与气缸分离开来,使得体积庞大的气缸始终没有冷却下来,并以此为基础建了一个可以连续运作的模式。高温蒸汽被充到气缸顶部把活塞压下来;当阀门打开时,蒸汽被挤到独立的冷凝室冷凝,于是在气缸中形成真空。瓦特对蒸汽机还进行了其他多项改进尤其是又创制了离心调速器,实现了蒸汽机的部分自动化控制。后来,瓦特与合伙人建立工厂,大规模地生产蒸汽机。

蒸汽机在纺织工业、铁路产业、轮船等部门得到了广泛的应用,极大地推动着英国的工业化进程。

三、蒸汽机车及铁路建设

随着工业生产规模的不断扩大,原材料和制成品的数量激增,原有的交通运输设施和方式遇到了前所未有的巨大压力。[①] 英国和欧洲纷纷修建公路,开挖运河。同时,一些发明家锐意创新,发明了轨道运输。

早期的轨道运输出现在矿山运输中。1821 年,一群发明家和企业家在英国煤炭产地达灵顿(Darlington)和斯托克顿(Stockton)港口之间修建了铁路。当时,车厢放在铁轨上,采用马匹来牵引。乔治·史蒂芬孙(George Stephenson,1781—1848)大胆尝试蒸汽机车。第一个完整的蒸汽机车于 1825 年建成,但是它经常熄火,几乎让人们对它失去了耐心。后来,人们对蒸汽机车进行了改进,装配了大体积的锅炉(boiler),以便产生更多的热量,1827 年试车成功,数月后投入运营。人们备受鼓舞,提出了雄心勃勃的铁路计划。棉花港口利物浦(Liverpool)与工业城市曼彻斯特(Manchester)之间的铁路,全长130 千米,1829 年建成通车。史蒂芬孙创造的"火箭号"机车在机车竞赛中获得优胜。

为了改进蒸汽机,英国发起了蒸汽机车设计竞赛。发明家充分发挥其聪明才智,设计出各种时速、功率和造型的蒸汽机车,最后人们优中选优,应用到铁路建设中。

到了 19 世纪中期,不列颠已经拥有了长达 10 000 千米的铁路线,据估计,其耗资数亿英镑。不列颠铁路的建设有两个高潮时期,即 19 世纪三四十年代中期,史称"铁路狂潮"(railway mania)。以伦敦为中心向外辐射的主干线是在第一个阶段建成的,而分布于全国的其他干线则是在第二个时期设计的。菲利斯·迪恩(Phyllis Deane)指出,在铁路狂潮的第二个时期,例如 1847 年,投资到铁路建设的资金,超过了不列颠当年出口的总额,相当于当时国民总收入的十分之一。铁路网络的建设带动了城镇化的快速发展,一座座新兴城镇拔地而起,人口不断聚集,城镇面貌焕然一新。

不列颠经济在 1825 年之后持续地急剧扩张,在很大程度上归功于铁路的发展。彼德·马塞厄斯(Peter Mathias)对铁路的重要性作了概括:

---

① Peter N. Stearnes. *The Industrial Revolution in World History* (*third edition*). Westview Press, 2007:38.

铁路作为整个经济发展的服务体系,其重要性在于,它带动了所有其他部门的经济活动的扩张,但是铁路本身也是一个极为重要的经济部门,它创造了就业,吸纳了大量的资本和各种经济资源。

换言之,铁路是"一箭双雕":一方面,铁路为人员、货物和原材料的全国流动提供了有效的运输方式,从而有力地促进了经济的扩张;另一方面,铁路本身就是一个新型产业,它需要资本,需要劳动力,它创造利润,从而为提高经济发展、社会发展做出贡献。

与此同时,蒸汽动力的轮船被研制出来,第一条跨大西洋蒸汽轮船航线于1838年开通。

陆地铁路、海上轮船、电报通信对货物运输、人员和信息的交流产生了重大影响,促使交通运输发生了革命,向着更多、更快、更远发展。这种交通运输的变革带来了新的变革:工人招募的地域范围扩大了;铁路的建设和运营对煤炭和铁(和钢)产生了巨大的需求,促进了煤炭业和钢铁业的巨大发展。英国产业革命如火如荼,高歌猛进,经济实力和军事实力急剧增加,使得西欧其他国家和美国对英国的奇迹刮目相看,并竞相模仿。

四、工厂制度的出现

至18世纪末期,纺织工业仍是家庭作坊产业(cottage industry)。这种生产组织形式主要建立在家庭基础之上,建立在传统的村落基础之上。织机通常安置在庭院里。一个走街串户的商人带来纱线,交由某个家庭来织布,待布匹织成之后,他们又把布匹收购过来,并按布匹的数量支付给承担织布的家庭报酬。这个过程被称为包出制(putting out)。这种生产形式的出现,是对手工业体系的一个改进。

大型纺织机器的使用促使工厂这种组织形式的出现。那时,英国人口急剧增长,外加圈地法案导致大批农民失去土地,为了生计,大批青年男女甚至少年儿童们不得不背井离乡,奔向方兴未艾的纺织工厂打工谋生。

早期的纺织工人,在农忙时,也回乡收割和播种,然后再回到工厂。农民进工厂做工,经历着痛苦的适应过程。只要机器还在工作,工人们就不得不马不停蹄地工作;工人们受到严格的工作时间的制约,必须按时上班和下班,而且工作时间远远超过今天的八小时工作制。为了迫使工人在工厂干活,早期的工厂还采取关闭工厂大门的做法,一关就是12小时或14小时。如果干得不好,甚至还会受到严厉的体罚或虐待。雇佣童工的现象也是常见的。工厂提供的伙食和住宿条件极差。为了管理工厂和工人,"工头制"出现了。"工头制"为工人们提供了一条职业发展的通道。早期的工头大都很严厉无情。在我国旧社会早期的工厂中,这些工头被人们称为"那摩温"(number one)。以今天的眼光看,早期的很多工厂都是"血汗工厂"。

工厂制度的出现标志着劳资关系的出现,资本家与工人是统治和被统治的关系。工厂主通过劳动分工,延长工作时间,压低工人工资等方式,获取超额利润。在严酷的劳动条件下,捣毁机器和罢工的现象时有发生。

第二节 产业革命为什么发生于 18 世纪的英国

一、关于英国发生产业革命的种种解释

在 18 世纪的西欧,不少国家都具备了出现产业革命的基础,比如西班牙、葡萄牙、荷兰。但是,为什么产业革命唯独发生于英国,而没有发生于其他国家,许多历史学家特别是经济史学家试图对此做出合理的解释。比如,亚当·斯密(Adam Smith,1723—1790)在产业革命之初,遍游欧洲诸国,试图揭示为什么英国的生活水平会高于欧洲其他国家。亚当·斯密主要从制造业和贸易入手来解答这个问题。他发现,制造业中的劳动分工促进了新机器的应用促进了专业技能的累积,国与国之间市场的开放和贸易壁垒的降低促进了制造商之间的竞争,并扩大了他们的市场,从而获得了规模经济,这些又进一步促进了劳动分工。亚当·斯密认为,技术变迁、资本积累和专业技能的提高可以进一步提高制造业的效率,造就更加富足的社会。1776 年,他发表著名的《国富论》时,正是英国产业革命起飞之时。华裔经济学家杨小凯曾撰文分析"为什么工业革命在英国而不在西班牙发生?"[1]甚至,正像一些学者对中国为什么没有出现科学革命感兴趣一样,还有学者如林毅夫探讨中国为什么没有出现产业革命。[2]

这里,我们重点讨论为什么产业革命发生于 18 世纪的英国,而顺带讨论产业革命为什么没有发生于西班牙或中国等国家这样的逆事实问题。对为什么 18 世纪英国发生产业革命这样一个经典问题,迄今仍然是一个具有挑战性的历史难题。[3] 许多学者提出了自己的解释,众说纷纭,尚未形成一致的见解。斯特恩斯(Stearns)概括了人们提出的三种观点。[4]

第一种观点认为,在 16—18 世纪,中国和印度跟英国和其他西欧国家一样,也是世界上的制造中心;也拥有强大的商业,并通过出口获得了大量财富。但英国发生了科学革命,而中国和印度没有发生科学革命,其中最关键的因素在于英国有殖民地,而中国没有。英国通过殖民地获得了大量廉价的初级资源、资本,以及出口市场。另外,一些偶然因素,比如英国煤矿不像中国的煤矿容易淹水,所以导致英国发明和应用蒸汽机,而蒸汽

---

[1]杨小凯:《为什么工业革命不在西班牙发生》,载《南方周末》,2003 年 4 月 24 日。

[2]林毅夫:《李约瑟之谜:工业革命为什么没有发源于中国》,载《制度、技术与中国农业发展》,244～278 页,上海,上海三联出版社,上海人民出版社,1994。

[3]Peter N. Stearnes. *The Industrial Revolution in World History* (*third edition*). Westview Press,2007:291.

[4]Peter N. Stearnes. *The Industrial Revolution in World History* (*third edition*). Westview Press,2007:45-46.

机碰巧还有着其他广泛的用途,比如作为工厂动力源。

第二种观点认为,英国和西欧发生产业革命,关键在于欧洲具有某些特质。比如,欧洲政府为了提高军事竞争力而鼓励发展经济,并愿意对公路、运河等基础设施进行建设;同时它们也起到了对商业活动的有力支撑作用。另外,欧洲16—17世纪兴起了消费主义,刺激着制造业的发展。再就是欧洲出现了科学革命,科学革命不仅产生了有用的知识,而且形成了改造自然、控制自然的信念。

第三种观点认为,关键在于欧洲进行海外贸易(包括奴隶贸易),并占据控制权,在全球范围内进行剥削(exploitation)。欧洲从海外贸易中获得了巨大的财富,它们担当得起从事发明创新活动的风险。海外贸易及国内经济的发展促使中产阶级的出现,许多企业家都是从中产阶级里走出来的。欧洲从世界贸易中还发现通过制成品可以换取大量廉价的初级资源,这刺激它们生产更多的制成品,进行更多的经济剥削。

这三种观点都有一定的解释力,但是都存在一些解释上的缺陷。比如,如果说从有无殖民地可以解释英国发生了产业革命而中国没有,那么,如何解释跟英国一样拥有殖民地,且从事海外贸易的西班牙,为什么没有发生产业革命? 这就要从制度变革方面来找原因了(详见下文"制度变革"部分)。

虽然学者们对为什么英国18世纪发生产业革命没有达成一致的认识,但有一点是共识的,那就是英国产业革命的发生是无法用单一因素来解释的,必须从技术、经济、政治和文化等多方面的因素,及其相互作用来解释。这里我们综合一些学者的观点,探讨导致英国18世纪发生产业革命的因素。

二、英国发生产业革命的多因素分析

1. 技术创新:为产业革命提供动力

经济史学家普遍认为,英国出现产业革命,关键在于英国棉纺工业、机器制造业、铁路等产业出现了重大的技术创新,特别是蒸汽机的发明。如前所述,在棉纺工业,出现了导致生产率大大提高的"飞梭"纺车、珍妮机、水力驱动的纺车,以及蒸汽机驱动的纺织机器。这些技术创新不仅首先出现在英国,而且首先在英国得到了大规模的应用,推动了纺织工业从手工业到机械化和工厂化的转型,生产效率提高了成百上千倍,纺织工业获得了空前的大发展。

蒸汽机是产业革命时期中最重大的技术创新,是推动产业革命飞速发展最强大的引擎。瓦特对蒸汽机进行了重大的改进,使之具有了生产应用价值。史蒂芬孙发明了经济实用的火车,英国出现了修建铁路的热潮。铁路业的高速发展不仅使得货物和人员的流动更加畅通快捷,而且对钢铁工业、机器制造业和采矿工业形成巨大的拉动作用,从而把产业革命向着纵深方向推进。

除了上述重大技术发明和创新发明,英国在 18 世纪还出现了技术发明和创新的热潮。据统计,在 1760 年之前的 60 年间,英国的授权专利数约为平均每十年 60 项专利;1761—1780 年,平均每十年为 255 项,1781—1830 年,平均每十年 900 项。[1] 英国专利数量的急剧增加,既是产业革命对技术发明和创新形成巨大需求的结果,它们在生产实践中付诸应用又反过来促进了产业革命的发展。

2. 农业的发展和人口增长:为产业革命提供粮食和劳动力

欧洲农业经济经过长期的徘徊,到 17 世纪最后几十年获得了快速的发展。荷兰人发明的新型灌溉系统和固氮肥料在欧洲得到了普遍的应用,使得可耕种的土地和土壤的肥力得到了大幅度的提高。更为重要的一个因素是欧洲人开始引进并种植土豆。土豆来自美洲新世界,由于《圣经》上没有提到这种作物,欧洲人对种植和食用土豆长期犹豫不决,[2]但欧洲终于接受了土豆。土豆比欧洲长期依赖的谷物主粮有着诸多的优势,它热量高;可以在零碎的、贫瘠的土地上种植;不像谷物那样周期性地受到病虫害。土豆种植在欧洲的推广为欧洲的人口增长提供了充足的粮食。从 1750—1800 年,英国人口翻了一番;同时期,法国人口增长了 50%。[3] 人口的爆炸性增长带来了大量的剩余劳动力,为了生计,许多人被迫外出打工谋生,而当时纺织工业方兴未艾,需求大量廉价的劳动力,二者形成契合。

英国不仅人口增长比其他西欧国家更快,而且英国《圈地法案》的实施把更多的农民赶出了土地。该法案要求农场主和农户把自己的土地用树篱围起来,但是许多小农户承担不起种树篱的成本,只好把自己的土地卖给地主,于是大地主变得越来越大。虽然这些大地主需要雇佣更多的农民,但是,因为英国人口激增,农村剩余劳动力越来越多。饥寒交迫的农民不得不离开故土,进城寻找生存机会。另一方面,农田的规模化种植和经营带来了农产品产量的大幅度提高,能够为日益增长的新型城镇源源不断地供应食品等。

3. 海外贸易:为产业革命提供原始积累和开辟市场

经济史家普遍认为,海外贸易是工业革命的关键条件之一。大约 1500 年,欧洲开始进行大西洋、地中海、黑海等海洋贸易。西班牙、葡萄牙、荷兰、法国、英国等国家从海外贸易中获得了大量的财富。他们的商船载着精致的家具、布匹和金属制品(如枪炮),到海外包括其殖民地,换取矿产、农产品等资源。由于西欧在世界贸易中占据了控制权和定价权,他们从国际贸易中获得超额利润,其中不乏掠夺行为。他们从美洲获得贵重金属、蔗糖和烟草,从印度和东南亚国家获得香料、茶叶和黄金,从东欧国家获得谷物、毛皮

---

①Inkster 1991:41,转引自布里奇斯托克等:《科学技术与社会导论》,157 页,刘立等译,北京,清华大学出版社,2005。

②Peter N. Stearnes. *The Industrial Revolution in World History* (*third edition*). Westview Press, 2007:23.

③Peter N. Stearnes. *The Industrial Revolution in World History* (*third edition*). Westview Press, 2007:23.

和木材,这些物品为西欧聚集了巨大的财富。西欧与美洲和非洲进行奴隶贸易,也是西欧获利的一个重要来源。

然而,如果说海外贸易是促进英国发生产业革命的唯一因素,那么,产业革命也应该在西班牙发生。事实上,西班牙在海外贸易方面优于英国。第一,西班牙、葡萄牙早于英国从事大西洋长距离航海探险,较早掌握并拥有相对优良的航海技术和经验,并在相当长的时间内主导甚至垄断了整个大西洋贸易。第二,由于西班牙、葡萄牙早于英国从事航海贸易,他们率先占领了自然条件优于北美洲的南美洲,所以西班牙、葡萄牙比英国有更好的自然资源进行国际贸易。第三,西班牙对殖民地的剥削比英国更严厉。英国对各殖民地的治理以自治为主,而西班牙的殖民地均无议会,西班牙在各殖民地拥有税收权,各殖民地所收缴的税收大部分被送回国内。①

然而,事实上,产业革命首先发生于英国而不是西班牙,这就涉及国家的制度变革因素了。

4. 制度变革:对产业革命的发生至关重要②

通过大西洋贸易,英国社会中出现一批新的富商。这些富商为了保护既有的财富,并利用这些财富创造更多的利益,于是与英国王室及特权阶级发生了冲突。长期以来,英国社会实行比较自由的代议政治制度,新富在国会中有其代表,呼吁制度变革。制度变革的结果包括王室的财政与国家财政分离,政党不能从事营利事业,企业成立不需政府批准而自动注册,从事国际贸易不需要经过国家特许。这些新的制度进一步促进了大西洋贸易,新的商人阶级队伍不断壮大,越来越多的商人进入上层阶级。社会流动性增强,英国社会等级制度被打破,有利于社会财富的增加和经济的增长。

另外,在英国,拥有地产的地主不仅没有成为妨碍经济成长的势力,反而是促进经济成长的重要力量。英国实行私有财产权保护制度,很多地主利用其拥有的土地取得资金,投身海外贸易,获得大量的财富。这些资金又成为进一步促进投资与赚钱的资本来源。而西班牙从事大西洋贸易却得到与英国相反的结果。大西洋贸易为西班牙王室所垄断,在当时除了王室及王室本身特许的公司或等级拥有贸易的权利外,他人均被禁止从事国际贸易。另外,西班牙王室对殖民地拥有税收权,这使得王室从大西洋贸易获得的好处也更加助长了王室权力与专制地位,社会等级制度更加强化。与此同时,不像在英国,西班牙王室没有善用从海外贸易所得到的财富进行新的投资,而是花费在奢侈品消费上。新的商人阶级没有在西班牙出现,社会没有出现制度创新,这是西班牙没有发生产业革命的一个重要原因。

除了上述制度变革以外,英国的制度变革还包括破除行会制度。在产业革命之前,

---

① 主要来自:杨小凯:《为什么工业革命在英国而不在西班牙发生?》,载《南方周末》,2003 年 4 月 24 日。

② 主要来自:杨小凯:《为什么工业革命在英国而不在西班牙发生?》,载《南方周末》,2003 年 4 月 24 日。

西欧的许多城市手工业主都隶属于某个行会。行会试图通过若干条条框框来保护手工业主的利益,它通常限制新技术的使用以保护既得利益。行会制度对于相对平稳的经济颇为合适,但是对于劳动力的流动及技术变迁起到阻碍作用。英国曾经以发达的行会制度而骄傲,但是到 18 世纪行会制度就销声匿迹了。这带来两方面的结果,一是雇主获得了雇佣工人的自主权,对雇佣工人的人数不再受到封顶的限制;二是雇主获得了尝试和使用新发明的自由权,从而解放了生产力。

英国对宗教持宽容的态度,对人们创业精神和创新精神持鼓励的态度,以及英国的专利制度,这些也有助于产业革命的发生。

5. 自然禀赋:自然资源得天独厚

英国拥有丰富、优质的煤炭资源和铁矿资源,易于开采和开发。英伦三岛不仅拥有海洋航道,而且拥有易于通航的河流,这为煤炭和铁矿资源的运输提供了极大的便利。水运比陆运成本低廉,这在工业化的早期是很大的优势。另外,英国木材资源相对匮乏,必须寻找替代燃料,它们找到了煤炭作为燃料。对煤炭的开采和使用,反过来又刺激着其他工业技术的发展,比如对蒸汽机的改进和用煤炭冶炼铁矿的技术。

6. 科学革命:为产业革命提供知识源泉和变革氛围

产业革命早期出现的许多重大技术创新都是能工巧匠在不断地试错,通过经验积累而完成的。于是,人们认为 17 世纪发生的科学革命及科学知识、科学方法对产业革命的影响微不足道。缪森(Musson Albert Edward,1920—　　)和埃里克·罗宾逊(Eric Robinson,1924—　　)认为,在制棉工业实现机械化的早期过程中,应用科学所起的作用几乎是微不足道的。而那些著名的发明家如凯伊(Kay)、保罗、瓦特、哈格里夫斯、阿克莱特、卡特莱特,以及克隆普顿等人,我们看不出他们具备多少科学技能,甚至可以说他们不具备科学技能。卡德韦尔(Donald Stephen Lowell Cardwell,1919—1998)也是类似观点,他认为机械论哲学(科学)只是泛泛地、间接地影响着纺织工业中的发明;不管出于怎样的考虑,这些发明只能划归为我们称之为"以经验和非科学(non-science)为基础"的技术这一范畴,而且事实就是这样。

但是,产业革命中最重大的技术创新——蒸汽机是在科学原理的指导下完成的。据瓦特自己的讲述可以证明:蒸汽机的工作原理是依据科学理论进行分析的结果。比如,瓦特知道,纽科曼蒸汽机的低效率是由气缸的高热所致,所以如果只对小体积的冷凝器加热和冷却,那么对燃料的需要就会减少。瓦特还懂得,微温的水可以在真空中沸腾,所以把气缸保持在冷却状态,可以避免冷凝,从而彻底避免蒸汽机做功。这是一个科学定律,它表达的是压力、温度与水的蒸发之间的关系。所以,瓦特对蒸汽机之所以燃料消耗高及工作速度缓慢的道理,是非常清楚的。他也了解,如果气缸保持冷却状态,蒸汽机的这些问题是解决不了的。保持气缸的热度从而提高蒸汽机的效率,唯一的办法是换个地方来使蒸汽冷却。

据此,卡德韦尔认为,这一创新(瓦特的蒸汽机),只有瓦特这样的人才做得出来,他不仅具有非凡的技术才能,而且具有非凡的科学才能。也就是说,瓦特熟悉那个时代关于热的科学定理,并且对蒸汽的性质有着深刻的理解。一个只懂得实际操作的工程师,绝无可能做出那么重大的发明。

科学革命对产业革命的影响,还通过科学思想和科学精神体现出来。科学革命启示人们,自然界是可以被认识的,可以被控制的。科学革命鼓励培养了崇尚变革和大胆试验的风尚。科学具有破除传统的信念和因袭的做法的作用。科学革命创造了有利于经济变革和社会变革的氛围,科学精神渗透到民族文化之中。在那一时期,所有的社会政治语境(context),无一不受到科学思想的影响,这无疑会对产业革命产生某种间接的影响。

经济史学家罗斯托(Walt Whitman Rostow,1916—2003)认为,产业革命之后的世界区别于产业革命之前的世界,就在于:产业革命之后,科学技术在产品和服务的生产中得到了系统的、经常的和不断的应用。显而易见,以科学为基础的技术和产业主要发生于19世纪中期出现的化学工业和电力工业之中。

7. 市场经济理论:为经济政策提供理论指导

亚当·斯密在《国富论》中提出了市场经济理论,包括劳动分工、自由贸易、市场竞争、"看不见的手"等观点,顺应了产业革命时代的需要,对英国实行自由放任的经济政策产生了很大的影响。英国政治家常常引用《国富论》的观点作为理论根据,甚至连当时的英国首相皮特都声称:"我们都是您(亚当·斯密)的学生。"

上述这些因素及其作用共同促成了英国在18世纪发生了产业革命。

发源于英国的产业革命对人类历史产生了深刻而久远的影响,它改变了世界,并且继续改变着世界。产业革命对世界的影响是多方位的,它影响着人们的工作、生活和休闲;影响到衣食住行、生老病死;影响到人类社会生存和发展的环境;影响着家庭、社会乃至国际经济政治格局。对此,许多学者做过论断,如冯友兰曾引述马克思《共产党宣言》关于产业革命的一个观点,即"产业革命的结果是乡下靠城里,东方靠西方"[①]。

参考文献

1. Peter N. Stearnis. *The Industrial Revolution in World History*. Westview Press, 2007.
2. 布里奇斯托克等:《科学技术与社会导论》,刘立等译,北京,清华大学出版社,2005。
3. 斯塔夫里阿诺斯:《全球通史》(第7版),董书慧等译,北京,北京大学出版社,2005。
4. 保尔·芒图:《十八世纪产业革命:英国近代大工业初期的概况》,杨人梗、陈希秦、吴绪译,北京,商务印书馆,1983。

①冯友兰:《中国现代哲学史》,135页,广东,广东人民出版社,1999。

第十三章

18、19 世纪天文学的发展

18、19 世纪,伴随着物理学,尤其是牛顿力学的确立,以及观测手段的改进,西方天文学的观测视野也在逐渐扩展,经典天文学领域获得了一系列发现,观测视野更从太阳系拓展到了银河系,而天体物理学的兴起则让天文学家开始了对天体进行光谱研究与分类的新探索。

中国传统天文学走的是与西方天文学不同的另一条道路。不过在 18、19 世纪,随着西方传教士在华科学传教活动,中国传统天文学也开始了天文学近代化的进程。

第一节　经典天文学的新时代

18 世纪,甚至更早些时候的 17 世纪末,经典天文学开始进入一个新的时代。这个不同于哥白尼天文学的新的时代是随着牛顿力学的确立而开启的。

一、哈雷彗星的回归

1687 年,牛顿的《自然哲学之数学原理》出版,他在该书第三编"宇宙体系(使用数学的论述)"中用了三个命题的篇幅(命题 40~42)来讨论彗星理论,彗星的轨道不同于行星的椭圆形轨道,但也和其他行星一样依循物理的规律。例如,他在"命题 40"中提出,"彗星沿圆锥曲线运动,其焦点位于太阳中心,由彗星伸向太阳的半径掠过的面积正比于时间"[①]。而在"命题 42"中,牛顿对彗星轨道做了进一步的计算与修正,并且提出"彗星的环

[①] 牛顿:《自然哲学之数学原理》,王克迪译,316~317 页,北京,北京大学出版社,2006。

绕周期,以及其轨道的横向直径只能通过对不同时间出现的彗星加以比较才能足够精确地求出。如果在经过相同的时间间隔后,发现几个彗星掠过相同的轨道,我即可以由此推断它们都是同一颗彗星,沿同一条轨道运行;然后由它们的环绕时间即可以求出轨道的横向直径,而由此直径即可以求出椭圆轨道本身"①。

牛顿对于彗星轨道的描述最终被他的朋友、英国天文学家哈雷(Halley Edmond,1656—1742)证实。其实,当牛顿撰写他的《自然哲学之数学原理》时,便已引用了一些哈雷对彗星的研究,其中包括哈雷对 1682 年与 1607 年彗星的计算,而这正是后来以哈雷名字命名的那颗彗星。

1705 年,哈雷出版了《彗星天文学》,该书描述了他计算过的 24 颗彗星的抛物线轨道,这些彗星先后出现于 1337 年至 1698 年。辛勤的计算使他对数据中隐藏的规律保持着一份敏感。他注意到 1682 年彗星的抛物线根数与之前 1531 年、1607 年的抛物线根数相同,而且它们出现的时间间隔是 75～76 年。哈雷因此猜想,这三颗彗星其实是同一颗彗星;由此也可推知,彗星的轨道并非抛物线,而是一个长长的椭圆形,而它出现的时间间隔之所以并不完全相同,哈雷认为这是由于它在运行中受到了行星的引力作用,从而使其轨道发生了变形。哈雷预言说这颗彗星将于 1758 年年底或次年年初回归。

1758 年圣诞节,这颗回归的彗星首先被居住在德勒斯登附近的一位农民看到,而第一位看到它的专业人士则是查尔斯·梅西耶(Charles Messier,1730—1817)——他以对彗星、星云的观测而闻名。② 此时,哈雷已去世整整 17 年了。

但是牛顿的万有引力定律并非要等到哈雷彗星再次回归才终获胜利,他的一些同行已经先于公众一步接受了他的理论。1713 年 5 月,剑桥大学三一学院研究员罗杰·科茨(Roger Cotes,1682—1716)在《原理》第二版序言中写道:"太阳的吸引力向所有方向传播到遥远距离并弥漫在其周围的广大空间中的每一角落,这在彗星的运动中得到了有力证明。"③

二、天体力学的崛起

天体力学是基于牛顿的万有引力定律和三大运动定律建立起来的。而牛顿与德国数学家莱布尼茨创立的微积分则为天体力学提供了数学工具。

18 世纪中叶,当时最杰出的数学家将他们的学术兴趣投入对宇宙秘密的探索中,正是通过他们的工作,天体力学逐渐成为天文学中一个独立的分支,并且在随后的日子里

---

①牛顿:《自然哲学之数学原理》,王克迪译,338 页,北京,北京大学出版社,2006。
②米歇尔·霍斯金主编:《剑桥插图天文学史》,江晓原等译,163～164 页,济南,山东画报出版社,2003。
③牛顿:《自然哲学之数学原理》,王克迪译,22 页,北京,北京大学出版社,2006。

大显身手。

1744 年,数学家欧拉(Leonhard Euler,1707—1783)出版了《行星和彗星的运动理论》,这是经典天体力学的第一部著作。他还在 1753 年提出第一个较完整的月球运动理论,并在 1748—1752 年研究木星和土星的相互摄动中首创了根数变易法。

来自法国的拉格朗日(Joseph Louis Largange,1736—1813)是 18 世纪最伟大的数学家之一。在其 1788 年出版的巨著《分析力学》中,拉格朗日导出了著名的拉格朗日方程组,并利用它对三体问题进行了研究。

法国数学家拉普拉斯(Pierre Simon de Laplace,1749—1827)是天体力学的集大成者。在其 1798 年出版的一部名为《天体力学论述》的书中,拉普拉斯写道:"牛顿发现万有引力定律已有一百年。从那时起,学者们就把这个伟大的定律用于研究一切已知自然现象,并由此给出了天体运动理论和意外准确的天文历表。我在自己的大多数著作中用同样的观点提出了有关理论。这些理论,包括用万有引力定律研究太阳系和宇宙中其他类似系统里的固体与流体运动和平衡形状的全部结果,组成了天体力学。"这是天体力学作为一个学科名词首次出现。[①] 而在 1799 年出版的《天体力学》第一、二卷中,拉普拉斯则对天体力学的研究对象做出更为明确的阐述:"天体力学是研究所有固态、液态和气态天体在各种自然力作用下运动的学科。"[②]

五卷本共计 16 册的《天体力学》是拉普拉斯最重要的著作,也是天体力学的重要奠基之作。其中第一、二卷出版于 1799 年,主要讨论"天体运动和形状的一般理论";第三卷出版于 1802 年,讨论的是行星运动理论和月球运动理论;第四卷出版于 1805 年,讨论的内容包括木星、土星和天王星的卫星运动理论,彗星运动理论,以及同宇宙体系有关的各种问题;第五卷出版于 1825 年,包括拉普拉斯晚年的天体力学研究成果,以及各领域的历史考证。随着《天体力学》各卷的陆续出版,德国和美国不久也出版了德文版和英文版。在科学史家丹皮尔看来,"此后引力天文学的工作,不外完成牛顿和拉普拉斯的工作"[③]。

关于拉普拉斯和他的《天体力学》还流传着一段趣事,说的是拉普拉斯将其著作送给拿破仑(Napoléon Bonaparte,1769—1821)时的情形:有人告诉拿破仑说,那本书没有提到上帝的名字。他(拿破仑是喜欢拿话来难为人的)收到那本书时说:"拉普拉斯先生,有人告诉我,你写了这部讨论宇宙体系的大著作,但从不提到它的创造者。"拉普拉斯答道:"我用不着那样的假设。"拿破仑觉得这个回答很有趣,于是把这个回答告诉了拉格朗日。

①易照华:《拉普拉斯》,见席泽宗主编:《世界著名科学家传记·天文学家Ⅰ》,191 页,北京,科学出版社,1990。
②易照华:《拉普拉斯》,见席泽宗主编:《世界著名科学家传记·天文学家Ⅰ》,191 页,北京,科学出版社,1990。
③W. C. 丹皮尔:《科学史及其与哲学和宗教的关系》,李珩译,张今校,159 页,桂林,广西师范大学出版社,2001。

拉格朗日说道:"那是一个美妙的假设,它可以解释很多东西。"①

三、从提丢斯-波得定则到小行星带的发现

在太阳系中,水星、金星、火星、木星、土星是不同文明的人们很早就已发现了的。观察五大行星的绕日轨道分布,人们就会注意到,火星与木星轨道之间的一大片间隙与其他几个行星轨道间隔相比很不成比例。对和谐宇宙非常敏感的开普勒曾想到这个巨大的间隙可能存在未被发现的行星。牛顿则将这个显得太大的间隙归因于造物主的智慧:因为木星和土星的"密度比其他行星稀疏,所以体积就比较庞大,所包含的物质也就更多,并且有许多卫星围绕着它们",故而造物主要把它们安置在很远的地方。"由于它们的重力作用,它们非常敏锐地干扰了彼此的运动。假如它们被放得更靠近太阳,而且彼此之间更接近一些,那么由于这同样的重力作用,它们必将在整个系统中造成一个极大的干扰。"②

这个困惑了人们一二百年的问题在进入 18 世纪之后一步步地获得了解答。1702 年,牛津大学教授戴维·格里高利(David Gregory,1659—1708)在其 1702 年出版的《天文学原理》中提到,行星轨道半径大致与数字 4、7、10、15、52、95 成比例。魏登堡大学的物理学家提丢斯(Johann Daniel Titius,1729—1796)辗转得到了这一组数字,并对此大感兴趣。1766 年,他在将法国自然主义者查尔斯·博内特(Charles Bonnet,1720—1793)的《沉思自然》译成德语出版时,在其中插换了一段话。在插换的那段话中,提丢斯把格里高利的 15 换成 16,95 换成 100,从而使得那些数字分别等于 4、4+3、4+6、4+12、4+48 和 4+96。太阳系当时已知的行星按这一比例排列。但是观察这一组数列就会发现,其中少了一个 4+24,当时已知的行星没有一个与之相对应。博内特对此曾评论说:"难道造物主会留下这一空缺吗?绝对不会。"他用一颗未发现的火星卫星来填补了这一空缺,并且写进了他的著作。在提丢斯将这组数列夹带在译作中发表时,他自己并未声张,直到《沉思自然》译作第二版出版时他才以译者注的形式对此做了说明。

1772 年,这部著作译本的第二版被另一位德国天文学约翰·波得(Johann Elert Bode,1747—1826)注意到了。当时波得正在对他自己的《天文学导论》新版做最后校验,他也对博内特书中的这组数字发生了极大的兴趣,因此在自己的著作中介绍了这一规律,并相信在木星与土星间隙带上存在着一颗尚未发现的行星,其与太阳的距离约为 4+ 24 单位。

---

①W. C. 丹皮尔:《科学史及其与哲学和宗教的关系》,李珩译,张今校,158 页,桂林,广西师范大学出版社,2001。
②牛顿 1692 年 12 月 10 日写给理查德·本特利的信,见牛顿著,H. S. 塞耶编:《牛顿自然哲学著作选》,王福山等译校,70 页,上海,上海译文出版社,2001。

波得的结论使得这个数列被人广泛知晓，并在几年后得到广泛接受。1781年，弗里德里克·威廉·赫歇尔（Frederick William Herschel，简称"威廉·赫歇尔"，1738—1822）发现了天王星，这颗大行星的轨道与太阳的距离恰好符合4＋192单位。天王星的发现使人们不再怀疑上述数列的可靠性，这一规律后来被称作"提丢斯-波得定则"。但是，在距离太阳4＋24单位的地方，到底隐藏着什么秘密呢？

1801年的元旦之夜，意大利西西里岛天文台台长皮亚齐（Giuseppe Piazzi，1746—1826）在对金牛座进行巡天观测时发现了一颗他从没见过的星体，通过连续几天的观察，他发现这颗星总是在不断地发生位移，这说明它应该属于太阳系，而不是一颗恒星。在最初的时候，人们都理所当然地认为这颗新发现的星是一颗大行星，而且它正好位于4＋24单位的环带上。皮亚齐为它命名"谷神星"，这个名字来自罗马收获女神的名字，她是西西里的守护神。当年3月间，德国的天文爱好者奥伯斯（Heinrich Wilhelm Matthäus Olbers，1758—1840）也发现了一个颇为相似的天体，他为它取名"智神星"。无论是谷神星还是智神星，它们的直径都很小，赫歇尔为此建议称它们为小行星。1807年，天文学家们又先后发现了婚神星和灶神星。1845年，当天文爱好者亨克（Karl Ludwig Hencke，1793—1866）发现了第五颗小行星——义神星时，天文学家们终于意识到，小行星并不只有一两颗，而是有许多颗分布在火星与木星轨道之间，形成了小行星带。到1891年，人们发现的小行星已多达300余颗。

四、发现海王星

海王星的发现是牛顿万有引力定律的最好证明，由于它是先被计算出来，而后根据计算出来的位置得以发现的，因此也被称作"笔尖上的发现"。

在太阳系中，假如每颗行星都只受到太阳引力的作用，那么它们就会严格地沿椭圆轨道绕太阳运行。但是，所有行星彼此之间也在互相吸引着，由于这种引力而产生了所谓的"摄动"，它使行星的轨道偏离了理想的轨道。到了19世纪初的时候，有关摄动的研究进行得相当深入，天文学家们已经能够准确地预告行星在未来时刻的位置。1821年，法国天文学家布瓦尔（Alexis Bouvard，1767—1843）受法国经度局委托，计算并发布了木星、土星和天王星的星历表。对于木星和土星，计算结果与实际观测结果十分相符，但天王星的计算结果总是无法令人满意：在布瓦尔的表发布仅仅9年后，表中的数据已经同观测结果相差了20″，到了1845年，这个差值已超过2′。

对于这一异常现象，当时有两种截然相反的观点。有一些人由此对基于万有引力定律的摄动理论产生怀疑，进而开始质疑万有引力定律本身；还有一些人则根据摄动理论推测可能在天王星轨道外还有一颗未知星，正是这颗未知行星的摄动作用使得天王星的运行偏离了计算的轨道。

法国天文学家勒威耶(Urbain Jean Joseph Le Verrier,1811—1877)和当时尚在英国剑桥大学读书的亚当斯(John Couch Adams,1819—1892)分别对这一问题展开了研究。

1945 年 9 月,亚当斯计算出这颗未知行星的轨道,但当他分别向剑桥大学天文台台长查利斯(James Challis,1803—1882)和格林尼治天文台台长艾里(G. B. Airy,1801—1892)报告之后,却没能引起两位台长的重视。直到第二年 7 月,查利斯才开始动手寻找这颗未知行星,但是由于不够仔细,尽管新行星曾经两次经过他的望远镜视场,但他未能发现。[①]

在法国,勒威耶于 1946 年 8 月发表了题为《论使天王星失常的行星,它的质量、轨道和现在位置的确定》的论文。由于当时的巴黎天文台没有详细的星图,因此他便请柏林天文台的天文学家伽勒(Johann Gottfried Galle,1812—1910)帮忙寻找。他在给伽勒的的信中写道:"把您的望远镜指向宝瓶星座,黄道上黄经为 326°处,在这个位置 1°的范围内定能找到新的行星。"[②]1846 年 9 月 23 日,伽勒在收到勒威耶信的当晚便根据勒威耶的预言在天空中找到了这颗新行星,经过几天的观测,他证实它的确是一颗新行星。后来这颗新行星被命名为海王星。

剑桥大学天文学史家米歇尔·霍斯金(Michael Hoskin,1930—　)对海王星的发现有评价云:"1846 年对海王星的发现是牛顿力学成功的巅峰:两位天文数学家坐在他们的桌子旁,通过研究天王星与其预期轨道的偏离计算导致这一现象的原因,最后精确地找到罪魁祸首的下落。而在此之前,人们从未想到过这颗行星的存在。"[③]

18、19 世纪是牛顿万有引力定律及建立于其上的天体力学大出风头的年代,直到它遭遇了水星进动问题。天文学家们试图用万有引力来解释水星进动,却遭遇了失败。而这个 19 世纪遗留下来的难题直到爱因斯坦的相对论问世后才终获解决。

第二节　恒星天文学

哥白尼的日心说自 1543 年发表之后,太阳系的中心从地球移到了太阳,尽管这对人们认识宇宙的视野产生了很大的影响,不过,恒星作为遥远的"恒星天"在相当长的时间里仍被人们视作一些遥远的光点,而未能引起更多的研究兴趣。在哥白尼之后的大约 200 年间,尽管有一些天文学家也对恒星进行了观测,但都显得十分零星,而未能形成体系。这种情形一直持续到 18 世纪后半期,一位生于德国汉诺威的音乐家威廉·赫歇尔在其胞妹卡罗琳的帮助下开创了恒星天文学。

---

①宣焕灿:《天文学史》,156 页,北京,高等教育出版社,1992。

②郑学塘:《勒威耶》,见席泽宗主编:《世界著名科学家传记·天文学家Ⅰ》,211 页,北京,科学出版社,1990。

③米歇尔·霍斯金主编:《剑桥插图天文学史》,江晓原等译,183 页,济南,山东画报出版社,2003。

一、威廉·赫歇尔的宇宙

在恒星天文学的观测研究中,赫歇尔家族扮演了重要的角色。这包括第一代威廉·赫歇尔(即弗里德里克·威廉·赫歇尔)与卡罗琳·赫歇尔(Caroline Lucretia Herschel,1750—1848)兄妹,以及威廉的儿子约翰·赫歇尔(John Frederick William Herschel,1792—1871)。

威廉·赫歇尔日后被尊为"恒星天文学之父",正是他最早描绘出银河系图景。他本来是一位音乐家,但星空的旋律也同样令他着迷。作为磨制望远镜的行家,他所使用的望远镜都是自己磨制的。他的妹妹卡罗琳·赫歇尔在长达半世纪之久的时间一直充当他的助手。卡罗琳甚至为此终生未嫁。

1779年,赫歇尔兄妹完成了历时两年的第一期星空巡视,星表由皇家学会刊布于1782年,共载269个双星、三合星和聚星。这是天文学史上第一部双星星表。1785年,他们的第二期星空巡视所得到的星表再次由皇家学会刊布,这次共发现双星、三合星和聚星434个。

除了对双星的观测之外,赫歇尔还在对恒星的观测基础上对银河系结构进行了较早的探索。他与卡罗琳合作,选定天体上均匀分布的683个区域,将每个选区的恒星计数的极限星等一直推到12星等的暗端。赫歇尔磨制的20英尺望远镜使这种观测成为可能。1785年,赫歇尔向皇家学会提交了题为《论星空的结构》的论文,提出了第一个利用天文观测资料求出的银河系结构模型。1817年,赫歇尔又发表了论文《根据天文观测和实验对天体在空间的局域分布的研究,以及对银河系的组成和状态的测定》,对1785年银河系模型做了修订,确认银河系为一扁平、空间有限的恒星系统,太阳居于其中,但银河系的直径比自己之前预计的大得多,且还不能测出大小。[①]

尽管赫歇尔的银河系图景与今天人们所知的银河系相去甚远,但赫歇尔的工作依然有其重要和特别的意义,因为正是由他开始,人类对宇宙的认识从太阳系扩展到了银河系。

二、探索南方天空

由于近代天文学是在欧洲发展起来的,而且,在天文学发展的早期,欧洲人去往赤道以南并不那么容易,因此,南半球的星空在相当长的时间里并未成为欧洲天文学家们观察的对象。在英国皇家天文学家斐然·法罗斯(Fearon Fallows,1789—1831)于1821年到达好望角之前,那里从来没有公共天文台。[②]

[①]李竞:《赫歇尔世家》,见席泽宗主编《世界著名科学家传记·天文学家Ⅱ》,82~83页,北京,科学出版社,1994。
[②]米歇尔·霍斯金主编:《剑桥插图天文学史》,江晓原等译,239页,济南,山东画报出版社,2003。

　　不过,在好望角天文台建立之前,已有一些欧洲人相继越过赤道,在南半球进行了一些天文观测。其中最著名的一位天文学家就是哈雷。早在 1677 年,他就赴南太平洋的圣赫勒拿岛,并在那里停留了大约一年时间从事天文观测。在欧洲天文学家的南天观测活动中,欧洲海外殖民扮演了重要角色。当时,圣赫勒拿岛是被英国东印度公司作为往返途中的一个小站来用的。国王在人们的劝说下,要求东印度公司给哈雷和他的同事们以自由通行的权利,而哈雷的父亲则答应负担整个探险的费用。[①]

　　在圣赫勒拿岛的一年的观测,使哈雷最终完成了一份包括 350 颗星的星表。利用这些观测结果,哈雷还发现了恒星自行。1718 年,哈雷将他所编制的南天星表与一千多年前托勒密星表进行对比研究,结果发现其中至少有四颗星的位置是不同的,它们是天狼星(大犬 α)、大角(牧夫 α)、毕宿五(金牛 α)和参宿四(猎户 α)。哈雷对此提出的解释是,恒星并非固定不变,而是有着它们自己固有的运动。的确如此,所有的恒星都在运动,它们沿垂直于视线方向上走过的距离,表现为在天球上位置的改变,这就是恒星的"自行"。

　　1750 年,法国天文学家拉卡伊(Nicolas Louis de Lacaille,1713—1762)神父赴好望角天文台进行观测。1757 年,他公布了在南天观测到的近 400 颗最亮的恒星,而他对南天 10 000 颗恒星观测的大星表则发表于他去世后的 1763 年。这是第一个记载有许多肉眼看不见的星的星表。拉卡伊还第一次观测到许多南天的恒星,取了 14 个南天星座的名称,这些星座名沿用至今。[②]

　　另一位对南天进行过细致观察的著名天文学家是约翰·赫歇尔,他正是威廉·赫歇尔的儿子。1833 年,约翰受皇家学会资助来到好望角天文台开始其观测活动,共发现 2 102 个双星、1 707 个星云和星团,他还在南天 3 000 个均匀分布的选区共计数 68 948 个恒星。1864 年,皇家学会发表了载有 5 079 个天体的全天星云星团总表,以及载有 10 300 个双星的全天双星总表,[③]这是赫歇尔一家对天文学的重要贡献。威廉姆·斯特鲁维(Friedrich Georg Wilhelm Von Struve,1793—1864)曾说,对天空星云的研究看上去"几乎是赫歇尔家族独享的领域"[④]。

三、寻找恒星周年视差

　　16 世纪,波兰天文学家哥白尼的日心说提出后,尽管它开始被用于天体的计算,但该学说并未立即被接受。其原因除了与日常经验相悖(原有学说更符合日常观察)之外,恒

---

　　①米歇尔·霍斯金主编:《剑桥插图天文学史》,江晓原等译,2 394 页,济南,山东画报出版社,2003。

　　②G. 伏古勒尔:《天文学简史》,李珩译,48 页,桂林,广西师范大学出版社,2003。

　　③李竞:《赫歇尔世家》,见席泽宗主编:《世界著名科学家传记·天文学家Ⅱ》,82～83 页,北京,科学出版社,1994。

　　④米歇尔·霍斯金主编:《剑桥插图天文学史》,江晓原等译,240 页,济南,山东画报出版社,2003。

星周年视差更是该学说的判决性实验：既然地球是在绕太阳运动的，那么在地球上观察恒星就会因处于地球公转轨道上的不同位置而发现它相对于遥远星空背景的变化。但恒星离我们非常遥远，周年视差值很小，因此在相当长的时间里，它未能被天文学家观测到。

在寻找恒星视差的天文学家中，有一位来自英国的布拉德雷（James Bradley，1693—1762）。在探索视差的过程中，他发现了另一种恒星视位置的变化——光行差。当某颗恒星所发出的光沿某个方向以某种速度落到地球上时，随地球一起围绕太阳运行的望远镜也必须向地球前进的方向稍稍倾斜，才能使光线笔直地落到透镜上。这个倾斜角度就是"光行差"。1729 年，布拉德雷在给哈雷的信中向皇家学会报告了他的发现。在此之后，布拉德雷一路探索，不久他就发现，将光行差的效应算入观测结果，天体和天极的距离仍会有一点细微的变化。进一步的研究分析使他意识到，这一现象是月球对地球赤道带隆起部分的引力作用，从而使地轴产生摆动造成的，布拉德雷将这种效应称作"章动"。

寻找视差过程中发现了光行差，这也算是一件意外的收获，但视差的问题仍然需要解决，因为它关系到对恒星运动及位置的更深一步的研究。经过天文学家们的不懈努力，恒星周年视差的难题终于在 19 世纪 30 年代取得了进展。

寻找恒星视差，很重要的一点是要选择离地球最近的恒星进行观测，因为距离最近的恒星表现出来的视差也最大。1837 年，出生于德国的俄国天文学家威廉姆·斯特鲁维在一篇论文中提出了判断距离地球最近的恒星的三条判据：①它是否是最亮的恒星之一？②它是否有较大的自行？③如果它正巧是个"双星"，那么考虑到其绕轨道运行的时间，它的这两部分是否看上去彼此分得很开？[①] 1835 年 11 月到 1838 年 8 月，斯特鲁维观测了织女星和与其相距 43″ 的一颗 10.5 星等的星，试图测量织女星的视差。该恒星不仅很亮，而且自行也很大，符合他的三条判据中的两条。1837 年，斯特鲁维向科学院报告，"织女星的视差为 0.125″ 或 1/8 角秒，可能的误差为 0.055″ 或 1/18 角秒"[②]。

1837 年，德国天文学家贝塞尔（Friedrich Wilhelm Bessel，1784—1846）对天鹅座 61 进行视差测定。经过 18 个月的工作，贝塞尔于 1938 年 12 月宣布天鹅座 61 的视差为 0.314″±0.020″。[③]

与斯特鲁维、贝塞尔不同，英国天文学家亨德森（Thomas Henderson，1798—1844）对南天进行了对视差的观察。他当时任好望角天文台台长，尽管那里的设备与他两位同行的设备不能相比，但他选中了一颗离地球最近的恒星——半人马座 α，它位于南赤纬

---

①米歇尔·霍斯金主编：《剑桥插图天文学史》，江晓原等译，204 页，济南，山东画报出版社，2003。

②张尔和：《В.Я. 斯特鲁维》，见席泽宗主编：《世界著名科学家传记·天文学家Ⅱ》，248 页，北京，科学出版社，1994。

③马文章：《贝塞尔》，见席泽宗主编：《世界著名科学家传记·天文学家Ⅱ》，23 页，北京，科学出版社，1994。

60°，因此在欧洲是看不到的。半人马座α是天空中第三亮的恒星；它的自行很大，为每年3.7″；另外，它还是双星系统，因此符合斯特鲁维所提出的全部三条判据。亨德森于1831—1833年完成了观测，但直到1839年才进行归算处理，并宣布半人马座α的视差为1.16″。[①]

第三节　天体物理学的兴起与最初的成功

19世纪前叶，法国哲学家孔德（Isidore Marie Auguste Francois Xavier Comte，1798—1857）曾断言："恒星的化学组成是人类绝不能得到的知识。"但仅仅几十年后，天体物理学的诞生与发展就使人们得以了解了这些"绝不能得到的知识"。兴起于19世纪中叶而在20世纪乃至以后的日子里风头正健的天体物理学是从对太阳的认识开始的。

一、天体物理学的崛起

早在1666年，牛顿发现，一束白色的太阳光在通过一块三棱镜之后，就会展开成一条包含有各种颜色的彩虹。牛顿称其为光谱，并解释说，这种现象是各色光线通过玻璃的时候，由于它们的折射率不同造成的。

1802年，英国化学家威廉·海德·沃拉斯顿（William Hyde Wollaston，1776—1828）发现太阳的光谱并不是一道完美的彩虹，而是被一些暗线割裂。1814年，德国物理学家约瑟夫·冯·夫琅禾费（Joseph von Fraunhofer，1787—1826）重做了牛顿做过的实验，但他在装置上做了一些小小的调整：在三棱镜之外又增加了一台小望远镜，并让太阳光从一条狭缝间穿过。这就是世界上第一台分光镜问世的过程。通过这台分光镜，夫琅禾费看到了更多的暗线，有750多条。这些暗线被称为"夫琅禾费线"，其中最突出的几条色彩从深红到深紫，为了便于研究，他用A、B、C……I的字母来表示它们。在对包括太阳在内的多种光源的光谱进行仔细观察之后，夫琅禾费发现，有一条明亮的黄线——或者更确切地说是两条紧挨着的黄线——几乎在所有火焰中都能看到，这条谱线与太阳光谱中的D线位置恰好相同。直到去世，夫琅禾费也未能对这一现象做出解释。不过，他是第一位系统研究了太阳光谱中的暗线的科学家，因此被后世称为"天体分光学的创始人"。

30年后，德国物理学家基尔霍夫（Gustav Kirchhoff，1824—1887）终于解开了夫琅禾费线的奥秘。自1859年开始，基尔霍夫与化学家本生（Robert Bunsen，1811—1899）合作研究，并做出了光谱分析的诸多发现，创立光谱化学分析法，而将光谱分析应用到对天体的研究则是基尔霍夫最早开始的。基尔霍夫经过反复实验后得出结论：当太阳光通过冷

---

①宣焕灿：《天文学史》，178～179页，北京，高等教育出版社，1992。

气体时,冷气体会吸收一部分光,这样光谱中就会出现一些暗线,表明某些光被吸收了;太阳内部温度很高,它发出连续光谱,但太阳外围的温度较低,在这其中有什么元素,就会把连续光谱中的相应谱线吸收掉,产生吸收线。1859年,基尔霍夫提出了两条定律:每一种元素都有自己的光谱;每一种元素都可以吸收它能够发射的谱线。这两条定律被称为基尔霍夫热辐射定律。基尔霍夫断定,在太阳大气中存在有钠、镁、铜、锌、钡、镍元素。而那条明亮的黄线则是由钠元素产生的。后来,他又进一步指出,炽热的固体或液体发射连续光谱,气体则发射不连续的明线光谱。

基尔霍夫对夫琅禾费线的解释被认为是划时代的。这一发现使人们能够通过分析天体的光去了解它的化学成分,正如亥姆霍兹(Helmholtz,亦译"赫尔姆霍茨",1821—1894)所说,通过它"能洞察那个对我们来说似乎永远是罩上了面纱的世界"。关于这一点,基尔霍夫经常讲到这样一个故事:"夫琅禾费线是否揭示了太阳中存在着金子这个问题曾被进行研究。基尔霍夫的资助人对这个机会作了评论:'如果我不能把太阳上的金子拿下来,我为什么要关心太阳上的金子呢? 此后不久,基尔霍夫接受了英国为他的发现而颁发的奖章,而且它是用黄金做成的。当把这个奖章拿给他的资助人看时,他看着奖章,并说:'看啊! 我终于成功地从太阳那里取下了一些金子。'"[1]

天体分光学诞生后,很快就被天文学家们用来研究日食,取得了许多重要发现,也使太阳物理学获得迅速的发展。

与天体分光学一起成长起来的还有光度学和照相术。光度学为我们提供了衡量恒星、行星等的尺度,而照相术在天文观测中的应用则积累了丰富的图像资料。1840年,美国天文学家德雷伯(John william Draper,1811—1882)拍摄了一张月球照片,这张月球照片也是第一张天文照片。其子亨利·德雷伯(Henry Draper,1837—1882)也是一位天文学家,天体摄影的先驱者之一。他曾在1872年拍摄织女星光谱,这是人类拍摄的第一张恒星光谱照片;还曾拍摄了第一张猎户座大星云的照片。1845年,法国物理学家费佐(Armand Hippolyte Louis Fizeau,1819—1896)和傅科(Jean Bernard Léon Foucault,1819—1868)拍摄了第一张日面照片。

19世纪中叶,伴随着分光学、光度学和照相术等物理方法相继被应用于天文观测,天文学的一个重要分科诞生了。运用物理方法和理论研究各种天体和宇宙空间中所发生的物理过程,以及它们的物理性质、化学组成,这被称作天体物理学。

太阳光谱研究的需要也催生了一些新的观测仪器。1891年,在哈佛大学天文台台长皮克林(Edward Charles Pickring,1846—1919)的支持下,海尔(George Ellery Hale,1868—1938)设计出太阳单色光照相仪,并于次年成功拍摄了太阳的单色像。在这一时

---

[1] 弗·卡约里:《物理学史》,戴念祖译,范岱年校,127页,桂林,广西师范大学出版社,2002。

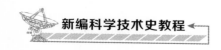

期,另一位法国天文学家德朗达尔(Deslandres,Henri-Alexandre,1853—1948)也独立地研究出与此相仿的装置——太阳光谱速度仪,利用这种仪器可以在日面的一系列弦线上观测谱线的变化,从而求出日面各处速度的分布。

二、太阳黑子研究

尽管人们很早就意识到太阳黑子呈现出变化,但这种变化的规律性最早还是由德国人施瓦布(Samuel Heinrich schwabe,1789—1875)于 1851 年发现的。他对太阳黑子进行了长达 25 年的观测,结果发现太阳黑子数的消长有其规律,两次最高值之间的间隔接近 10 年。作为一名业余天文爱好者,施瓦布在其观测之初并没指望能取得他后来的结果,用他自己的说法,"就像扫罗(Saul),他出发去找回他父亲的驴,结果却找到了一个王国①"。② 因为这一研究,施瓦布后来被授予皇家天文学会金质奖章。目前人们普遍接受的太阳黑子周期大约为 11 年,这也被称作太阳活动基本周期。

在施瓦布最初开始进行太阳观测的时候,德国旅行家洪堡(Alexander von Humboldt,1769—1859)于 1828 年筹备了一项大规模的地磁国际研究。到了 1851 年的时候,慕尼黑天文台台长拉蒙特(John Lamont,1805—1879)根据其在 1835 年到 1850 年的地磁观测记录发现,地磁以大约 $10\frac{1}{3}$ 年的固定周期发生变化。而英国地球物理学家萨宾(Sir Edward Sabine,1788—1883)则发现磁暴现象每过大约十年的间隔就来得更猛烈更频繁。③ 他将地磁变化曲线与太阳黑子年变化曲线画在一个图上,结果发现二者的起伏趋势很一致。这表明磁暴同太阳黑子活动有密切的关系。④

除了太阳黑子与地磁的关系之外,自施瓦布发现太阳黑子周期之后,有关太阳黑子周期是否对地球产生显著的影响,以及如何影响的问题也在其他多个方面展开,例如太阳黑子与陆地温度变化之间的关系。与此同时,还有一些研究则关注黑子周期与地球上的种种现象之关联。比如,有一位医生认为亚洲的霍乱是具有周期性的,并且这一周期取决于黑子的周期;而杰文斯(William Stanley Jevons,1835—1882)教授则致力于揭示太阳黑子与经济危机的关系。⑤

另一位来自英国的天文爱好者卡林顿(Richard Christopher Carrington,1826—1875)自 1853 年开始进行太阳黑子位置的观测。他在 1859 年取得了两个重要的发现:

①这是《圣经》中的一个典故。
②C. A. Young. *The Sun*. New York:D. Appleton and Company,1890:144.
③米歇尔·霍斯金主编:《剑桥插图天文学史》,江晓原等译,252 页,济南,山东画报出版社,2003。
④张元东、李维宝:《太阳黑子》,128~129 页,北京,中国华侨出版公司,1989。
⑤同②,152~165 页。

①出现在日面上不同纬度的黑子,自转周期并不一致,这后来被称为卡林顿较差自转定律;②黑子由高纬度开始发现,逐渐移到低纬度结束,所经过的时间为一个太阳周期。[①]

三、恒星光谱研究

利用照相手段研究光谱的工作也发展起来,一些恒星光谱表的相继刊布为日后的研究工作铺就了最初的道路。当它日益成熟后,天文学家开始将恒星按光谱型分门别类,这些工作也为后来的天文学家们根据恒星光度光谱型来解读恒星演化之谜做好了准备。

1868 年,意大利天文学家、耶稣会士赛奇(Angelo Secchi,1818—1878)神父公布了一份包括 4000 颗恒星的星表,表中把这些恒星按照光谱分成 4 类,即白色星、黄色星、橙色和红色星,以及暗红色星。

1874 年,法国天文学家赫尔曼・卡尔・沃格尔(Hermann Karl Vogel,1842—1907)提出了一种比赛奇的方法更为细致的光谱分类法;1883 年他又与瑞典天文学家当内尔(Nils Christoffer Dunér,1839—1914)合作发表了一个包括 4051 颗星的分类表。

1897 年,哈佛大学天文台刊布了莫里(Antonia Caetana de Paiva Pereira Maury,1866—1952)的恒星光谱表,她分恒星光谱为 22 型,每型又细分为 7 级,并用符号 a、b、c 表示细节上的差异。此分类法是以后二元光谱分类的先驱。

1901 年,哈佛大学天文台的另一位女天文学家坎农(Annie Jump Cannon,1863—1914)的分类法公布,她按照恒星的表面温度安排了主要光谱类型的顺序。从温度最高的 O 型星开始,构成了如下序列:O—B—A—F—G—K—M。当时为了便于记忆,有人利用这些字母编了一句话:"Oh! Be A Fair Girl,Kiss Me. "此后,哈佛又把每个光谱型更加细致地划分成 10 个次型。这种分类法被称为"哈佛分类法",直到今天仍被世界各国天体物理学家广泛使用。

在对恒星光谱研究的基础上,天文学家们开始着手探索恒星的演化之谜。以沃格尔为代表的大多数天文学家认为,恒星从热蓝星逐渐冷却,最后成为红星。但英国天文学家洛基尔(Joseph Norman Lockyer,1836—1920)1888 年提出的恒星演化模型的观点则与众不同。该模型认为,恒星从冷的星云状态开始收缩,温度逐渐升高,由红渐渐变蓝,当温度达到极大值后便逐渐冷却并收缩,成为体积很小而高密度的红星,直到最后熄灭。他的观点为在他之后从事恒星演化研究的天文学家提供了线索。

四、中国传统天文学的近代化

中国传统天文学走的是与西方天文学完全不同的道路。不过随着西方传教士来华

---

①张元东、李维宝:《太阳黑子》,7 页,北京,中国华侨出版公司,1989。

传教,将西方天文学带进中国,中国传统天文学从 16 世纪开始了近代化进程。席泽宗先生将 16 世纪开始的这次西方天文学在华传播归纳为六个重大方面,即:①引入了欧洲古典的几何模型方法;②引入了明确的地圆概念;③《崇祯历书》刊行,并成为中国学者研究天文学的主要材料;④望远镜的引入(但在清代始终未获得像西方那样的长足发展);⑤西方天文仪器的制造;⑥耶稣会士长期主持清朝的皇家天文机构。① 与上述传播活动相对应的是西方天文学之传入给中国天文学乃至中国社会带来的影响,这最主要地体现于三个方面:①促使天文学研究的热情空前高涨,而其中尤其值得注意的现象是,民间天文学占了很大的比重。这是中国历史上前所未有的。究其原因,则与耶稣会士传播西方天文学而使西学在士大夫阶层流行不无关联。②改变了中国传统的天文学方法。《西洋新法历书》由清政府下令颁行之后,以几何体系为特征的西方天文学方法获得了"钦定"的官方地位。③冲击了"用夏变夷"的传统观念。②

19 世纪后叶,法国在上海徐家汇、德国在青岛相继建立了近代天文台,当初这些天文台只是研究气象,后来则逐渐拓展到地磁、地震、天文等多个领域,在为欧洲军事与商船提供航海服务,以及为欧洲科学界积累观测资料的同时,也使中国成为欧洲科学界立于远东的一个重要测点,并在一定程度上推进了中国天文学的近代化。

1.《谈天》与中国早期近代天文学译著

《谈天》是最早将近代天文学介绍到中国的著作之一。此书译自约翰·赫歇尔所著的《天文学纲要》第四版(1851),中译本初版于 1859 年。在《谈天》于中国出版之前曾有两本介绍西方天文学的书在华出版,即《天文略论》和《天文问答》。

《天文略论》与《天文问答》均出版于 1849 年。其中,《天文略论》系英国传教士合信(Benjamin Hobson,1816—1873)所著。全书分 26 论,包括地球论、昼夜论、行星论、日离地远近论、日体圆转论、地球亦行星论、彗星论等。此书全面、及时介绍了 19 世纪 40 年代以前西方天文学的成果,也客观介绍了伽利略学说,而这在明末清初来华耶稣会士对西方天文学的介绍中一般都予以回避。③

《天文问答》系美国传教士哈巴安德(Andrew Patton Happer,1818—1894)所著。此书分 22 回,采用问答形式,每回包括一二十个问题。除了西方天文学常识,此书还包括一些地理学、物理学的内容。

与上述两书相比,《谈天》虽然在出版时间上晚于上述两书达 10 年之久,但无论是从作者的权威性还是从内容的系统性来说,《谈天》都是其中最出色的一部。

①席泽宗:《十七、十八世纪西方天文学对中国的影响》,237~238 页,载《自然科学史研究》,1988,7(3)。
②席泽宗:《十七、十八世纪西方天文学对中国的影响》,238~240 页,载《自然科学史研究》,1988,7(3)。
③熊月之:《1842 年至 1860 年西学在中国的传播》,70 页,载《历史研究》,1994(4)。

《谈天》全书共分 18 卷,各卷标题依次为论地、命名、测天之理、地学、天图、日躔、月离、动理、诸行星、诸月、彗星、摄动、椭圆诸根之变、逐时经纬度之差、恒星、恒星新理、星林、历法。

此书中译本的两位译者还分别为其撰写了序言。李善兰在序言中除了对西方天文学进展及人物做出简要介绍之外,还有针对性地批评了包括阮元在内的中国士大夫对西方科学不加考究、妄加议论的态度。而此时距离阮元去世不过十年而已。这也在一定程度上折射出西学输入以后对中学冲击的激烈程度。① 此书的另一位译者是英国传教士伟烈亚力(Alexander Wylie,1815—1887)则在序言中叙述了西方天文学的发展脉络及其时的西方天文学常识,并不失时机地传播宗教思想:“余与李君同译是书,欲令人知造物主之大能,尤欲令人远察天空,因之所察已躬,谨谨焉修身事天,无失秉彝,以上答宏恩,则善矣。”②这当然是符合其传教士身份的说法。值得注意的是,伟烈亚力在他的序言中也写到了中国天文学的历史,并指出中国天文学“测器未精,得数不密,此其缺陷也”③。

2. 天文仪器的欧化

正如伟烈亚力所看到的,中国天文仪器在技术与方法上的落后成为限制中国天文学发展的重要缺陷。当耶稣会士于 16 世纪来到中国的时候,古观象台上的天文仪器还是明朝制造的。1669 年,康熙皇帝令当时的钦天监官员、耶稣会士南怀仁(Ferdinand Verbiest,1623—1688)修理校验这些仪器。但是,中西时间计量大有不同:中国传统的天文仪器将圆周以 365.25 分度刻度,一昼夜以 100 刻划分,而以西洋新法制定的历法则以圆周 360 度和昼夜 96 刻推算,所以原有的仪器已经不适用了。为此,南怀仁奏请重新制造一批新的天文仪器。在康熙下旨批准之后,仪器的制造工作不久即全面展开。

1673 年,六件新的大型天文仪器制造完成。其中包括赤道经纬仪、黄道经纬仪、地平经仪、地平纬仪、纪限仪与天体仪。南怀仁还写成《灵台仪象志》一书,说明上述仪器的原理及使用方法,并附一份全天星表。

1715 年,法国传教士纪利安(Bernard-Kilian Stumpf,1655—1720)制造地平经纬仪,并为了安装它而重新调整了观象台上陈列的其他仪器。1754 年,德国传教士戴进贤(Ignatius Koegler,1680—1746)主持制造的玑衡抚辰仪完工,它是可直接测量赤道经纬度的大型天文仪器。至此,古观象台上的八件天文仪器全部完成。

与我国传统的天文仪器不同,这八件仪器均采用了西方通行的 360 度制和 60 进位制,从而使得中国传统天文学完成了计量标准上的现代化。不过无论它们在形式上有多

①熊月之:《1842 年至 1860 年西学在中国的传播》,71~72 页,载《历史研究》,1994(4)。
②伟烈亚力:《谈天·序》,见侯失勒:《谈天》,伟烈亚力、李善兰、徐建寅译,3 页,商务印书馆,1930 年。
③伟烈亚力:《谈天·序》,见侯失勒:《谈天》,伟烈亚力、李善兰、徐建寅译,1 页,商务印书馆,1930 年。

大的变化,这些仪器仍旧处于古典天文学的框架内。因为八件天文仪器都有一个致命的弱点——没有透镜。其实早在 1629 年,耶稣会传教士汤若望(Johann Adam Schall Von Bell,1591—1666)便在钦天监官员李祖白的帮助下,用中文完成了《远镜说》一书,将伽利略望远镜介绍到中国,不过它并没有受到什么注意。如果就编制和校验历法而言,八件天文仪器已足够,但作为天体研究的工具,与在西方早已被广泛使用的天文望远镜相比,则已是远远地落后了。

受传教士科技活动的影响,中国工匠和学者们尝试仿造欧洲式日晷等小型天文仪器。例如蒋煜(生于 1780 年左右)曾用纸糊制了一种天球仪,上面绘有黄道、赤道、十二宫线、三垣、二十八宿和恒星等,球外有带太阳模型的环,球内装欧洲式机械钟表机构。在发条的驱动下,天球每日转一周,并演示恒星日与平太阳日的差别。19 世纪初,齐彦槐(1774—1841)制成一架外形为天球仪的天球星钟。它可能受到了欧洲同类装置的影响。邹伯奇(1819—1869)在 1854 年以前制作过天球仪,19 世纪 60 年代制作了一架太阳系表演仪。但是,南怀仁的仪器技术很少离开钦天监、皇宫和教堂。由于北京以外的地方不建造天文台,民间仪器制造者在大型实用观测仪器方面难有作为。[①]

中国境内最早的近代天文台创建于 19 世纪后叶。1873 年,耶稣会士在上海徐家汇创建徐家汇观象台;1897 年,德国强行将青岛划为租借地,并于次年建立青岛观象台;1901 年,徐家汇观象台的耶稣会士在上海佘山建造圆顶,安装了物镜孔径 40 厘米的赤道仪,并开始进行太阳观测。

20 世纪二三十年代起,一批从国外学成归来的青年学子也将西方天文学带回了中国,并开创了中国人自己的近代天文学事业。

参考文献

1. 米歇尔·霍斯金主编:《剑桥插图天文学史》,江晓原、关增建、钮卫星译,济南,山东画报出版社,2003。

2. G.伏古勒尔:《天文学简史》,李珩译,桂林,广西师范大学出版社,2003.

3. 宣焕灿:《天文学史》,北京,高等教育出版社,1992。

4. 张柏春:《明清测天仪器之欧化》,沈阳,辽宁教育出版社,2000。

---

①张柏春:《明清测天仪器之欧化》,336 页,沈阳,辽宁教育出版社,2000。

第十四章

近代博物学的兴起

博物学大致对应于英文词 natural history①，博物学史则对应于 history of natural history。值得注意的一点是，上述两个 history 的含义不同。在 natural history 中，history 基本上不包含时间方面的含义，而是指"考察、探究"，因而 natural history 的直观含义就是"对大自然的研究"，特别是指不同于还原论方法的、宏观层面的描述、记录、分类等。博物学是内容涵盖当今天文、地质、动物、植物、气象、农业、民间草药学等学科的一部分知识和实践的一门综合性学科。博物学中最核心的部分包括了当今学科体系中植物分类学、动物分类学、地质学、生态学、生物地理学、动物行为学中相当多的内容。②

自然科学经过长期的发展，演化出具有鲜明个性的传统，博物学传统是与数理传统、实验传统相区别的一个重要传统。就方法论而言，博物学与数理科学有着不同的探究进路和旨趣。博物学强调的是从宏观的、整体的层面考虑问题，不过分追求深度，不讲求深层还原，或者说得片面一点，是一种"肤浅的"探究自然的方式。博物学传统有着光辉的过去，惨淡的现在和不明朗的未来。林奈（Carl Linnaeus，1707—1778）、拉马克（Jean Baptiste Lemarck，1744—1829）、华莱士（Alfred Russel Wallace，1823—1913）、法布尔（Jean-Henri Casimir Fabre，1823—1915）、普里什文（Mikhail Mikhailovich Pristina Man，

---

①也译作自然志、博物志。实际上 natural history 这一词组用在了许多方面，如宗教、市场、感觉甚至"独角兽"，这时未必都要译成某某博物学。

②不同学者对"博物学"之范围的理解有所不同。艾伦（David Elliston Allen）所写的《英国博物学家》就包含地质学的内容，而贝特斯（Marston Bates）所写的《博物学的本性》认为博物学主要涉及作为有机体的动物和植物，因而只是生物学的一部分。我们约定如下："博物学"主要涉及植物、动物方面的内容，而"博物类科学"涉及更大的范围，还包括地质、气象、天文等方面的内容。

1873—1954)、劳伦兹(Konrad Lorenz,1903—1989)、徐霞客、沈括、竺可桢等,都是人们耳熟能详的著名博物学家。

中国古代的数理科学不够发达,虽有零星的突破,却无严密的演绎体系,比较而言,中华民族在历史上博物学相当发达,在农耕社会中扮演着极为重要的角色。中国古人留下了大量博物学佳作,曹雪芹写的《红楼梦》就包含大量的博物学知识。周作人、叶灵凤、贾祖璋等"自然写手",也称得上博物学家。他们均不是当下一般意义上的科学家。这就触及博物学与今天的狭义科学之间的关系问题。

第一节　博物学与科学的关系

科学中有博物学,博物学中也有科学,但两者的范围并不重合,交集大小是可变的。博物学中有些东西不是科学,甚至还有迷信、伪科学的嫌疑。[①] 不能用今天成熟阶段的科学标准来要求博物学。

常人习惯于以当下眼光检视历史上的事情。现在的科学著作尽管也包含错误(这也是事后才认识到的),但基本上是干干净净可称得上与科学有关的事情。倘若以这种标准判断看待科学史,则几乎没有什么著作可以算得上科学作品了,博物学的情况要比数理科学更糟糕。而实际上,现在我们所崇拜的"完善科学"恰好是从一大堆"不完善"的作品一步一步演化出来的。科学主义的科学观有神学目的论的倾向,强调当下科学的最优地位,"历史"在其眼中基本没有价值。如果有的话,也只是承认历史上的材料经过整理后均表明不断向今日的科学真理步步逼近。如果任由这种缺省配置主宰头脑、任由它在科学编史领域横行,我们就否定了作为文化的历史学的魅力,无法理解和欣赏前人的智慧。更严重的是,我们根本不必花力气了解科学史,只背诵当下的科学教科书就行了。

博物学是历史上长时间琐碎知识的积累,凝结着古人的日常生活智慧。在作为某一历史阶段上的、带有地方性特色知识的博物学中,也许有一部分经过重新解释可以转化为现代科学,但没必要特意剥离,而去掉其鲜明的时代特点、地方性特点。在直到最近三百年前人类的大部分历史当中,先民、古人并不是靠今天意义上的严格科学和技术来生活的,他们靠的主要是博物学。下面两个案例有助于解释博物学的特点,澄清它与严格自然科学的关系。

云南高黎贡山国家级自然保护区保山管理局艾怀森先生描述过傈僳族打猎的一个

---

① 诺贝尔奖得主费曼曾说:"我们必须从一开始就讲清楚,一件事情不是科学,这并不一定是坏事。例如,爱就不是科学。因此,如果说什么事不是科学,这并不意味着这件事有什么错;这仅仅意味着它不是科学。"(理查德·费曼:《费曼讲物理入门》,秦克诚译,46页,长沙,湖南科学技术出版社,2006)。

习俗①：每年立秋后，猎户选择吉日祭祀山神，在请求"开山"后才能有规则地狩猎。第一天布置捕猎扣，第二天一早去检查，如果没捕到，就表明山神尚未允许开山，需要再等半个月。第二次如法操作若仍未捕到，说明今天山神不高兴，今年不宜再狩猎，大家要赶快做别的事情了。如果第二天捕到了猎物，要做上标记放回到大自然中，继续捕猎，直到再次捕到做过标记的那只猎物。此时，就相当于山神示意大家该"封山"了。这一套叙述可以翻译成现代的猎物管理、生态学科学，比如此地相当于一个大"样方"。春季不捕猎自然有许多科学道理可讲，比如动物冬天消耗较大；连续没有捕到猎物，说明此样方中此物种的种群密度小，当年不宜捕猎；放归的第一只已做标记的猎物再次被捕，相当于已经收捕到此地区此动物总量的一半，此时不能再过度捕杀了。当地百姓通过传统的博物学知识，知道并严格实行"开发利用野生动物资源但不得超过环境容量的一半"的生态学原理。经这样一番解释，迷信、传统似乎变成科学了，而实际上并非总需要这样做。大量看似迷信的传统信条、告诫、禁忌的深远含义，人们可能一时还搞不清楚。

与博物学有关的第二个例子令人心痛。在 2008 年 5 月 12 日汶川大地震之前，5 月 10 日《华西都市报》曾报道："日前，绵竹市西南镇檀木村出现了大规模的蟾蜍迁徙：数十万只大小蟾蜍浩浩荡荡地在一制药厂附近的公路上行走，很多被过往车辆轧死，被行人踩死。大量出现的蟾蜍，使一些村民认为会有不好的兆头出现。当地林业部门对此解释说，这是蟾蜍正常的迁徙，并对大量蟾蜍的产生做了科学的解释。"②普通百姓感到奇怪，并怀疑这可能是不祥之兆，"这种现象是不是啥子天灾的预兆哟？"村民表示了担忧。消息不胫而走，引起人们不安和忧虑。但自以为聪明的专家认为没事。专家很快赶到了事发地，考察了一番后，以科学的名义认定、接着媒体以科学的名义报道出来："这种情况是正常现象，与老百姓所说的天灾毫无关系；蟾蜍也不会影响到人们的生活，它们的到来还会为当地减少蚊虫，村民不用为此担忧。"需要提醒注意的是，"征兆"是大自然现象的显现，与事后发生的事件之间存在复杂的对应关系、因果关系，并非简单的一一对应。多一些博物关怀和积累，少一些以科学名义的断言，会不会才是一种更为"科学"的态度呢？

回顾博物学的历史，传播和实践博物学与公众理解科学、科学传播有关，但用意是不同的。艾伦（Grant Allen，1848—1899）在给一部博物学经典著作《塞耳彭博物志》（又译《塞耳彭自然史》）写导言时说："在我们的时代，'推进科学'的愿望，就整体上说，已成一尊愚蠢的偶像了。几乎所有的科学教育，都以它为依归；它努力造就的，不是完整而博通的男人和女人，而是发明家、发现者、新化合物的制造者和绿蚜虫的调查员。就其本身来说，这些都很好；但恕我直言，这并不是科学教育的唯一目标，甚至不是主要的目标。这

①《华夏地理》，2008 年，11 期，90～93 页。
②《华西都市报》，2008 年 5 月 10 日。

世界不需要那么多'科学的推进手',却需要大量的受过良好教育的公民,当身边遇到类似的事时,能断其轻重,并轻者轻之,重者重之。"①

我们可同时给出两个看似矛盾的判断:①博物学是科学;②博物学不是科学。前者强调科学中博物学传统的重要性,博物学考察也是一种重要的探索自然的方式,过去是,将来也是。后者强调博物学与当今主流科学的不同,不能依照主流科学界的标准来要求、来限制博物学。博物学中有相当多的内容的确不属于"正规的"科学。如果认定博物学是科学的真子集,对于现实和历史无疑都是作茧自缚。

第二节　老普林尼及其《博物志》

亚里士多德是西方古代思想的集大成者,流传下来的著作表明他的知识、思想相对于柏拉图更为全面。他既重视逻辑推理,也重视经验观察,但后者常被哲学史、科技史工作者忽视。苗力田先生说:"亚里士多德的哲学尊重经验,跟随现象,最后归于理智的思维。他认为,求知是所有人的本性,而对感觉的喜爱就是证明。人们通过经验得到了科学和技术。经验造成技术,无经验则只能诉诸偶然。并且,对于实际活动来说,经验和技术似乎并无区别,而一个有经验的人,比那些只知道原理而没有经验的人,有更多的成功机会。"②如果说柏拉图颇有数学家气质的话,那么亚里士多德则是扎实的物理学家和生物学家。

西方自然科学的发展继承了亚里士多德的博物学,传承了他所积累的材料和知识,而且这一进路一直没有中断,即使在中世纪,仍然在发展之中。在10卷本的《亚里士多德全集》中,自然科学的内容非常多,约占总篇幅的1/3以上。在自然科学内容中与博物学有关的有《论天》《天象学》《论生命的长短》《动物志》《论动物部分》《论动物行进》《论动物运动》《论动物生成》《论植物》《论风的方位和名称》等,其中论动物的内容最多,占了两卷。这些著作虽然有些是他人借亚氏之名而作,但亚氏作为优秀的博物学家这一点是可以确信的。亚里士多德的博物学研究可能也影响到他在政治学和伦理学中的自然主义倾向。③ 有学者指出,后来的休谟(David Hume,1711—1776)、达尔文(Charles Robert Darwin,1809—1882)、威尔逊(Edward Osborne Wilson,1929—　　)在处理哲学问题时与

---

①转引自吉尔伯特·怀特:《塞耳彭自然史》导言,缪哲译,22页,广州,花城出版社,2002。

②苗力田主编:《亚里士多德全集》序,见《亚里士多德全集》第一卷,2页,北京,中国人民大学出版社,1990。

③"自然主义者"与"博物学家"在英文中是一个词 naturalist,这个词也译作"自然学家",如潘光旦在译达尔文的《人类的由来》时。

亚氏同属一个阵营,比如有关"道德感"(moral sense)的思想。① 亚里士多德关注了动物,而他的弟子、吕克昂学园继承人、执掌逍遥学派长达 35 年之久的狄奥弗拉斯图(Theophrastus,又译色弗拉斯特,约前 372—前 287)则更细致地研究了植物,并被后人尊称为西方植物学之父。他的著作《植物探究》和《论植物的发生》对后来中世纪的科学产生了一定的影响。

在西方博物学史上,早期最有名的人物是古罗马作家、历史学家普林尼(Gaius Plinius Secundus,23—79),也称老普林尼。② 他出生于今天意大利北部一个小城。他著有包罗万象的百科全书《博物志》(Naturalis Historia),全景式地记录了公元 1 世纪古罗马的科学、技术和人文学术,为后人编写百科全书提供了模式。该书名的准确含义是"对世界的研究"③。此书由 37 卷④组成,内容涉及植物学(包括农业、园艺)、动物学、药物学、冶金术、采矿与矿物学、艺术史、罗马技术与工艺、对自然界的数学和物理描述、地理学、民族学、生理学等,其中篇幅最大的有三部分内容:植物学、动物学、药物学,占 24 卷。这样的大部头著作在传抄过程中产生了许多差错。15 世纪末,有人指出,在其中找到并纠正了 5 000 多处排印错误。在中世纪,这部百科全书的影响力达到高潮,此后受欢迎的程度趋弱,到 19 世纪时达到最低点。

据小普林尼回忆,老普林尼公务缠身,既担任一份公职又是皇帝的顾问团成员,他能写出如此巨著的关键是他善于利用一切可利用的时间。他是个工作狂,很少休息,常在夜间工作。夏季他时常躺在太阳底下,让别人向他大声朗读,自己做着摘录工作。用这类办法他处理了能读到的所有图书,不管什么书,他总能从中发现可取之处。即使出差在外,他也让书、笔记本、秘书陪伴左右。

老普林尼反对奢华的生活方式,对自然环境的破坏也表现出关注。他不可能如当今生态学家、环境保证主义者一样理解相关问题,但是他的确表达了类似的看法。在他看来,一些人被奢靡和贪欲鼓动,过着不自然的生活,最终滥用了大自然给予人类的礼物。他特别提到采矿业带来的道德和环境问题。为了寻找贵金属,大山被劈开,响声震耳,"矿主像征服者一般,眼睁睁看着大自然被破坏……在开挖时,他们并不确切了解那里是否有金子。仅仅渴望得到他们所觊觎的宝藏,就为其冒险找到了充足的理由"⑤。老普林

①L. Arnhart. *Darwinian Natural Right:The Biological Ethics of Human Nature*. State University of New York Press,New York,1998:4.

②老普林尼的侄子在历史上被称作小普林尼(Gaius Plinius Caecilius Secundus,61 或 62—约 113),古罗马作家。

③比如有人把老普林尼的著作 *Naturalis Historia* 翻译为 *Recherches sur le monde*,伦敦大学科学史家 John F. Healy 认为这样译更准确。

④这只是存世的著作,据小普林尼讲,他叔叔在此之前还写了 65 卷其他著作,可惜都遗失了。

⑤转引自:J. F. Healy. *Pliny the Elder on Science and Technology*. Oxford:Oxford University Press,1999:373.

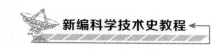

尼还注意到,银矿开采和提炼排放了对动物,特别是对狗,有毒的物质。

亚氏的博物学著作侧重的不是经验描写,而是原因分析。这与老普林尼的博物学是不同的。老普林尼的做法更能体现博物类科学的特点。不过,两者在方法论上的分野、对垒、交错和借鉴在后来科学发展史上时有体现。人类探索大自然有不同的进路,聚散两依依。夸张点说或简化点说,博物类科学与数理科学在方法论上分享了西方哲学中经验论与唯理论两大阵营的特点。

有学者经常抱怨《博物志》只不过罗列、摘编了大量事实和传说,甚至还有许多迷信成分;老普林尼未能追随希腊哲学传统,未能构造出严谨的理论来解释现象、事实。"我们肯定不能把老普林尼列为罗马世界的伟大思想家之列。他列举事实,但很少尝试基于它们进行概括。读他对化学物质的描写,我们发现他用大量材料相当准确地描述了它们的特性,却完全没有提供理论,哪怕是初步的理论分析,这一反差令人印象深刻。"老普林尼的巨著没人能够小视,但挑剔的后人总觉得其中缺少某种东西。缺少什么呢? 缺少自然哲学! 而自然哲学几乎被等同于西方哲学、科学,而这种学术传统带有柏拉图主义信念,认为理论高于描述、逻辑高于经验。实际上老普林尼恰好试图回避希腊哲学家所提供的不靠谱的"原因论分析"。他宁可低调地记录传统、传说,也不受诱惑求助于抽象推理和诡辩。这当然是其博物学作为严密的西方科学的一个缺陷,不过也正好展示了博物传统的特点——朴素的非还原的探究方式。

这样一种研究风格或路线选择是自公元1世纪时起到现在所有博物学家工作的共同特点,对它有贬褒两方面的评价。数理科学的强盛令人们更多地看到"贬"而不是"褒"。

第三节　格斯纳与作为人文学术的博物学

老普林尼博物学的百科全书研究进路,持续了1500多年,具体内容虽然在不断地增加,但基本风格没有实质变化。

这期间社会形势发生了巨大的变化,博物学变得更有市场了。在中世纪,学术界变得有些沉闷,而草药学在缓慢却坚实地积累着材料。到了16世纪中叶,博物学与其他学术一样,全面复兴。科学史家的研究表明,1490—1530年,学者们做了两件事:①恢复有关动植物之历史和药用方面的希腊文作品和拉丁文作品;②在现实生活中辨识古人所描述的物种。而这类工作不是某几人做成的,它是一个共同体集体努力的产物。

虽然时间过去了一千多年,但此时的博物学仍然不具有我们现在熟悉的面孔。那时的博物学与现在人们理解的博物学有很大差别,它们在内容上不是更接近19世纪的作品而是更接近公元1世纪的作品。文艺复兴时期博物学是作为整体的文艺复兴文化的一个重要组成部分,"要准确地体认这一点,我们必须把博物学应当是什么样子的所有先人之见抛在一边,才能了解本真的文艺复兴博物学"①。

最好的办法是打开一卷 16 世纪的博物学作品,看看上面都有哪些内容。翻开有代表性的格斯纳(Conrad von Gesner,又译葛斯纳,1516—1565)的《动物志》(*Historia Animalium*),就能领略那个时代的博物学。格斯纳生于瑞士苏黎世,对植物、动物和多种语言颇有研究。五卷本《动物志》被认为是现代动物学的发端,主要讨论了四足兽、鸟、鱼和蛇。现在,瑞士医学史与科学史学会(SSHMS)的会刊名字就叫格斯纳。②

即使从今天的眼光来看,书中动物画之技法也是相当精美的,包括真实存在的或者传说中的动物。③ 以"狐狸"(*vulpis* = fox)为例,可以分析格斯纳作品的一般结构。论狐狸的部分共占 16 个对开页,如果折算成 16 开本大约有 60 页。开头有一幅木刻狐狸画像,接下为由 A～H 共 8 节的文字描述。A 节是一小段,主要描述名字 *vulpis* 在法语中写作 regnard,在英语中写作 fox,在荷兰语中写作 vos,此外还列出了在其他大量古代和当代语言中的对等词语。B 节描述不同地区狐狸的差别,比如俄国的狐狸红色中有点发黑,西班牙的狐狸通常是白色的。不过,它们也有共性,如都有长毛尾巴。C 节描述狐狸的习性和活动,它的独特的叫声,它与其他动物的关系,它的饮食,是否可食或可药用等。在此,我们可以了解到格斯纳阅读了无数前人的著作,把与"狐狸"相关的事实、传说、格言几乎全部汇总起来了。格斯纳是极有造诣的、厚古薄今的古典学者。对格斯纳来说,博物学依然主要是在图书馆中汇总前人文字材料,而不是建立在个人直接与大自然打交道基础上的一门观察性科学。"格斯纳是一名人文学者(humanist),至少在他眼中,博物学首先是一种人文主义的追求(humanist pursuit)。"④

最长的 H 节中列出了狐狸的各种秉性,如诡计多端、狡猾、不诚实等,并且都配以大段的经典引文,这相当于一部"词源",在此我们能找到 foxy 这一形容词具有的所有含意。格斯纳列出了狐狸作为引喻的各种例证,包括《圣经》中狐狸的所有"出场"。在 H 节的后面,在没有任何说明和过渡的情况下,格斯纳列出了一些格言、寓言。初学者一开始常常搞不懂 H 节为何汇集了这样一些杂乱的内容。前面的若干节虽然也杂乱,但毕竟与狐狸的习性等直接相关,但 H 节似乎根本不像是博物学,因为这与大自然没什么关系。在其

①W. B. Ashworth. Emblematic Natural History of the Renaissance. In:*Cultures of Natural History*,edited by N. Jardine,J. A. Secord and E. C. Spary. Cambridge University Press,1996:17.

②格斯纳在瑞士人中的地位颇高,他之于瑞士,尤老普林尼之于罗马帝国、雷之于英国、林奈之于瑞典、布丰之于法国。

③与之前的博物学作品一样,此时的《动物志》并不在乎某种动物是否真实存在,比如独角兽享受与章鱼、戴胜等物种同样的待遇。

④W. B. Ashworth. Emblematic Natural History of the Renaissance. In:*Cultures of Natural History*,edited by N. Jardine,J. A. Secord and E. C. Spary. Cambridge University Press,1996:17-37.

他节中毕竟引用的还是亚里士多德、普林尼、阿伊连（指用希腊语写作的罗马博物学家 Claudius Aelianus，175—235，著有《论动物的本性》）、迪奥斯柯瑞德（Pedanius Dioscorides，40—90）、大阿尔伯特等权威人物，而在此节我们遇到的则是普兰努德（Maximus Planudes，1260—1330）、伊拉斯谟（Desiderius Erasmus，1466/69—1536）、阿尔恰托（Andrea Alciati，1492—1550），在通常的博物学著作中根本不会见到这些名字。

作为科学史家，阿斯沃斯（William B. Ashnorth，1928—2010）的创新之处在于，他让人们换种思路来理解格斯纳，理解那个时代的知识体系、那个时代的博物学。格斯纳愿意用如此大的篇幅不厌其详地讨论有关狐狸的称谓、形象、寓言、象征等，我们难道不应该假定这样一种可能性：动物象征主义的知识是 16 世纪中叶博物学的重要组成部分吗？我们现在的博物学中不再考虑符号、象征，但文艺复兴时期的博物学不同。如果我们多了解一些伊拉斯谟和阿尔恰托这两位巨人对格言和象征的关注，就会更好地理解文艺复兴文化及其博物学的特点。[1] 我们也再次看到布鲁尔在科学知识社会学（SSK）中所述"知识"定义的重要性。

格斯纳的博物学，在我们看来有许多缺点，比如不够纯粹、简明、准确、客观，但是另一方面它所述说的狐狸具有极大的丰富性：维度非常多，"古今中外"，包含了与狐狸有关的人与自然的几乎所有知识。特别是，它不是关于对象的客观主义的学问，而是人与自然共同体的学问，而他本人首先是人文学者。人文主义是文艺复兴时期一个宽广的智识框架（intellectual framework），博物学正是在此框架内得以生根发芽、走向繁荣的。[2] 即使到了博物学正式诞生的 18 世纪，布丰（Georges Louis Leclere de Buffon，1707—1788）的《博物学》仍然被视为文学作品，被普遍阅读和收藏。1994 年考斯莫斯国际奖获得者、法国自然博物馆的巴罗（Jacques Francois Barrau，1925—1997）教授在评论布丰的《博物学》时指出，"博物学过去和现在都打上了人文文化的烙印"，今天，博物学对于自然科学、人文科学和社会科学都是有用的。[3] 中国魏晋时期的博物学，更是人文主义的学问。[4]

从维拉（Giorgio Valla，1447—1500），沃吉尔（Polydore Vergil，1470—1555），维弗斯（Juan Luis Vives，1493—1540）三位人文学者所编写的百科全书来看，15 世纪晚期到 16 世纪早期，对动植物的讨论越来越多，前人所做的零星探索被汇总起来，这一切努力为

---

[1] W. B. Ashworth. Emblematic Natural History of the Renaissance. In: *Cultures of Natural History*, edited by N. Jardine, J. A. Secord and E. C. Spary. Cambridge University Press，1996：20-23.

[2] B. W. Ogilvie. *The Science of Describing*: *Natural History in Renaissance Europe*. The University of Chicago Press，Chicago and London. 2006：11.

[3] 舍普等：《非正规科学：从大众化知识到人种科学》，万俟等译，6 页，上海，上海三联书店，2000。

[4] 于翠玲：《从"博物"观念到"博物"学科》，107 页，《华中科技大学学报·社会科学版》，2006(3)。

18世纪严密的博物学研究做了许多准备工作。[①] 在中世纪,博物学的探索多分散在"医学理论"和"自然哲学"的标题之下。而在文艺复兴之前,受亚里士多德目的论的影响,以及自然哲学的影响,人们对自然事物的关注,更集中在大而化之的机理上,集中在关于原因和结果的抽象叙事当中,不大重视对个体物种的记录、考察、描述。

奥高维(Brian W. Ogilvie)研究了从1490年到1630年间的4代博物学家,他发现虽然他们的关注点和工作方式有许多不同,但是他们之间有连续性,并有一个重要的共性,即"描述"(description),他们工作的过程和结果都表现为"描述"。[②] 他们追求对自然事物描述的准确性,并且指责古人对事物描写得不恰当、不精确。从16世纪30年代到17世纪30年代,博物学作为一门学科已有雏形,它的中心工作就是描述大自然,把大自然中的奇异的、普通的造物分类、编目。认真测量、仔细记录和描写,可能是文艺复兴那个时代的共同文化气质,表现在文学、绘画、医学解剖、天文观测和对动植物的考察上。"描述"既涉及技术,也涉及理论。

博物学家做着一些琐碎、细致、艰苦的工作,但从一开始他们的工作就是人文主义与经验主义的结合,并且一直坚持下来。他们从来没有被理性主义、唯心主义牵着走,也许并非他们不向往胡塞尔(Edmund Husserl,1859—1938)所反思的数学化,而是当他们面对大自然造物的惊人复杂性时,他们不得不保持着谦虚。另外,这个领域相当长时间有着自然神学的传统,这也可能是由于他们的研究对象实在太复杂、太精致了,他们自觉地把研究对象的设计归结为上帝的智慧,而且不认为在短时间内人类能够完全搞清楚上帝创造万物的秘密,更不敢轻易尝试通过人的智识努力而与上帝一比高下而制造新的物种。

西方博物学的历史发展可粗略分出若干阶段和类型。第一阶段是草创期,以亚里士多德和老普林尼为代表。第二阶段是中世纪和文艺复兴的准备期。第三阶段是林奈和布丰的奠基期。第四阶段是直到19世纪末的全盛期。第五阶段是20世纪中叶以来的衰落期。

博物学家五花八门,类型至少可分出:"亚当"分类型,百科全书型,采集型,综合科考型,探险与理论构造型,解剖实验型,传道授业型,人文型,数理型,世界综合型,等等。[③] 有的人物会同时在几种类型中出现,由此也可以看出博物学与实验科学甚至数理科学是

---

①B. W. Ogilvie. *The Science of Describing : Natural History in Renaissance Europe*. The University of Chicago Press,Chicago and London. 2006:2-4.

②B. W. Ogilvie. *The Science of Describing : Natural History in Renaissance Europe*. The University of Chicago Press,Chicago and London. 2006:6.

③刘华杰:《大自然的数学化、科学危机与博物学》,83~92页,载《北京大学学报》(哲学社会科学版),47卷(3),2010。

平滑过渡的。限于篇幅,不可能对每一类型都讨论一番。特别值得关注的是人文型的兴起及其特点,这一类型与现象学所讲的"生活世界"的关系密切,对于沟通科学与人文、对于培养热爱自然和保护自然都十分重要。

第四节　英国博物学之父约翰·雷与自然神学

　　约翰·雷(John Ray,1627—1705)是与牛顿同时代的伟大科学家,两人同在剑桥大学学习并任教,雷稍年长一些,但两人的科学工作完全分属于不同的学术传统。

　　作为学者,雷的学术研究三个特点。①雷是神学家和科学家,有着虔诚的宗教信仰,其博物学与自然神学融为一体。自然神学的基本思路是,通过仔细研究大自然这部上帝的伟大作品,从而发现并证明上帝的智慧。从这个角度探索大自然,有助于加深对有机体结构、功能、生理、适应和适合度的理解,从而为后来的进化论积累起丰富的资料。西方植物学进入中国时,也是与自然神学捆绑着一起传入的,1857年李善兰与传教士韦廉臣(Alexander Williamson,1829—1890)、艾约瑟(Joseph Edkins,1823—1905)合作翻译的《植物学》一书大量涉及自然神学。[①] ②雷熟悉经典文献,但他并不迷信书本上的权威。他热衷于野外考察,对英格兰及欧洲其他诸多地方的植物、动物和岩石进行了详细的经验研究。③雷热衷于旅行、野外考察。其后,林奈、班克斯(Joseph Banks,1743—1820)、洪堡(Alexander von Humboldt,1769—1859)、歌德(Johann Wolfgang von Goethe,1749—1832)、达尔文、华莱士等都延续了这一传统。④雷博物洽闻,是少有的通才。雷对神学、语言、植物、动物(鸟、昆虫、鱼等)、地质均有广泛而深入的研究。雷的主要著作有:[②]

　　《剑桥郡植物名录》(*Catalogus Cantabrigiam*,1659),《英格兰植物名录》(*Catalogus Plantarum Angliae*,1670),《英语谚语汇编》(*Collection of English Proverbs*,1670),《低地诸国考察与异域植物名录》(*Observations and Catalogus Exteris*,1673),《鸟类学》(*Ornithologia*,1676),《植物志》(*Historia Plantarum*,Vol. Ⅰ,1686;Vol. Ⅱ,1688;Vol. Ⅲ,1704),《植物学新方法》(*Methodus Plantarum Nova*,1682),《鱼类志》(*Historia Piscium*,1686),《古典词汇》(*Nomenclator Classicus*,1689),《欧洲植物汇编》(*Sylloge Europeanarum*,1694),《植物学新方法增编》(*Methodus Plantarum Emendata et Aucta*,1703),《植物属志》(*Historia Generalis Plantarum*,1686,1688,1704),《不列颠植物纲要》(*Synopsis Methodica Stirpium Britannicarum*,1690),《上帝在创世作品中所展示的智慧》(*The Wisdom of God Manifested in the Works of the Creation*,1691),《世界消亡

---

①刘华杰:《植物学》中的自然神学,166~178页,载《自然科学史研究》,27(2),2008。

②C. E. Raven. *John Ray*:*Naturalist*. Cambridge University Press,1986:xv-xix.

与变化散论》或《自然神学三论》(*Miscellaneous Discourses Concerning the Dissolution and Changes of the World*,1692。后来的版本名字修改为 *Three Physico-Theological Discourses*,1693),《昆虫志》(*Historia Insectorum*,1710),《鸟类与鱼类纲要》(*Synopsis Avium et Piscium*,1713)。

　　雷在植物分类学、解剖学和生理学方面也有许多具体贡献,如 1686 年在《植物志》中表述了现代意义上"种"(species)的概念;在植物学上将开花植物分为单子叶植物和双子叶植物两大类,如今被子植物门分双子叶植物纲和单子叶植物纲的思想就源于此;依据花、果、叶、根等多种特征综合地对植物进行分类。

　　1667 年,雷被选为"促进自然科学伦敦皇家学会"(简称"皇家学会")会士,这时候皇家会刚成立不久(1660 年 11 月成立)。1669 年,与其学生合作在《哲学汇报》(*Philosophical Transactions*)上发表论文,讨论了树液在植物体内的上升运动,并推测了它与植物茎、叶、果生长发育的可能关系。

　　雷的研究奠定了近代英国乃至近代整个西方世界博物学的基本风格,博物学与自然神学的紧密结合的传统一直持续到 19 世纪晚期。在雷之后,英国培育了一大批优秀的博物学家。

　　有一点需要指出,雷所做的工作非常出色,但他并非孤军奋战,并非一切都从头做起。在那个时代,雷所做的植物形态、分类、解剖甚至生理研究,在国际范围已经有一些同行。雷与劳埃德(Edward Lhwyd,1660—1709)等保持着通信联系。国际知名的植物学家,在雷之前有塞萨尔皮诺(Andrea Cesalpino,1519—1603)、鲍兴兄弟[①]、荣格(Joachim Jung,1587—1657),雷继承了他们的成果;在雷的同时代有英国的莫里斯(Robert Morison,1620—1683)、意大利的马尔比基(Marcello Malpighi,1628—1694)、德国的巴赫曼(Agustus Quirinus Bachmann,1652—1725,其名字也写作 A. Q. Rivinus)、法国的马格诺尔(Pierre Magnol,1638—1715)及其学生杜纳福尔(Joseph Pitton de Tournefort,1656—1708),雷与他们之间彼此借鉴;在雷之后有法国的裕苏兄弟[②]、瑞典的林奈、英国的班克斯、德国的斯普伦格(Christian Konrad Sprengel,1750—1816)、瑞士的德堪多尔(Pyrame de Candolle,1778—1841)、英国的达尔文等。

第五节　吉尔伯特·怀特与《塞耳彭博物志》

1720 年,吉尔伯特·怀特(Gilbert White,1720—1793)出生于英格兰南部距伦敦不

---

①指 Johann Bauhin(1541—1613)和 Caspar Bauhin(1560—1624)。其中,后者先于林奈提出了双名法的思想。
②指 Antoine de Jussieu(1686—1758),Bernard de Jussieu(1699—1777)和 Joseph de Jussieu(1704—1779)。裕苏是法国的一个大家族,出了许多植物学家。其中,前两位也是马格诺尔的学生。

到 97 千米的一个小乡村塞耳彭,他一生绝大部分时间都在这里度过,日后他撰写的在英语世界印刷频率第四的图书《塞耳彭博物志》描写的事情当然也发生在这里。至今,以"怀特家乡"而享誉全球的这个塞耳彭,依然保持着 18 世纪早期的田园风貌。

村中唯一的一条主路南北向伸展,怀特家的一所大房子就在临街的西侧,保存完好,如今已成为一座博物馆"怀特与奥池博物馆"。其中奥池指 Lawrence Oates(1880—1912)和其叔叔 Frank Oates(1840—1875)两位博物学家、探险家,怀特与他们最大的不同之处在于自己专注于家乡,而不是远方。这一特点非常重要,它暗示,在博物学上取得成就,未必一定要到天涯海角探险。我们身边有大量貌似熟悉的自然事物,实际上并未得到认真观察、研究、理解。

怀特对家乡的气候、地质、地貌、鸟类、物候、物产、人口、生态等,都做过长时间的经验研究,在出版于 1789 年的《塞耳彭博物志》中,他把所有这一切以书信体的形式表达出来。信是写给威尔士博物学家、《不列颠动物志》作者、瑞典科学院院士、英格兰皇家学会成员本南德(Thomas Pennant,1726—1798)和英格兰律师、古董商、博物学家巴林顿(Daines Barrington,1727—1800)两位的。论专业学识,显然怀特远不同这两位,但是在科学史和文化史上,怀特的名气、影响力愈来愈大,而那两位完全可以忽略不计。《塞耳彭博物志》被 20 世纪生态运动奉为《圣经》之一,在中国也曾被李广田、周作人、叶灵凤热烈鼓吹过。

就人鸟关系而言,怀特对鸟的观察、讨论,造就了一种与以前完全不同的观鸟文化,BBC 博物学部作家莫斯(Stephen Moss)称其为"现代观鸟之父"。从那时起,英国人对鸟的热爱与日俱增,目前英国皇家鸟类保护学会(RSPB)有一百万以上的会员。莫斯所著《丛中鸟:观鸟的社会史》一书的第一章阐述了怀特观鸟的特点与意义。怀特的观察并非因包罗万象而变得肤浅和不细致,实际上他纠正过《大不列颠动物志》的错误,并于 1774 年和 1775 年在皇家学会的《哲学汇刊》上发表过 4 篇关于鸟的博物学研究。[①] 这些文章意义非凡,此前人类对于鸟的看重和研究,多局限于其可食性、分类,而不是其习性、生态价值。

怀特以崇敬、赞美的心情描写了大自然的丰富与和谐,他也被后人奉为现代生态学的先驱,环境史家沃斯特(Donald Worster,1941—)在著名的生态思想史《自然的经济体系:生态思想史》中以一整章讨论了怀特。"怀特超出了日常观察和娱乐的层次,他把塞耳彭周边视为一个复杂的处在变换之中的统一生态整体。《塞耳彭博物志》的确是英

---

①怀特的传记作者马贝(R. Mabey)在第七章"细致观察"(Watching narrowly)中讲述了怀特对某些动物所做的仔细观察,见:R. Mabey. *Gilbert White*. Profile Books,2006:138-167. 怀特在《哲学汇刊》上以书信体发表论文的事情,《塞耳彭博物志》中在致巴林顿第 15 封信末有专门的说明。

国科学中对生态学领域最重要的早期贡献之一……有两点使他形成了生态学见解,一是对他自童年起就已了解的土地和动物的强烈感情,另一个是对设计了这个美好的活生生的统一体的上帝神明怀着同等深切的尊敬。科学和信仰对于怀特来说,在这个合二而一的观念上有着一个共同的结果。"①《塞耳彭博物志》中译者缪哲不无道理地评论说:"关于生态意识的书,西方、中国近来都出版了许多,但我以为合其全部,也不如一本《塞耳彭》或《瓦尔登》这样的书。读完这种书的人,若无中国古人所谓的'鱼鸟亲人'之感,是不会有真正的'生态意识'的;而新的生态书,无非是以人的利益出发,以为不善待虫鸟草木,人便如何如何。这与当初坑鱼害虫以取利,在五十步与百步之间,都是私心的作祟而已。怀特的态度,则是受过启蒙的基督徒的;动植物中,有上帝的影子,他的本业,是从中发现他的智慧与完满。这样的态度,是科学的、艺术的,也是宗教的。"②怀特的书,以今天的眼光看并不艰深,但要看懂、并读出味道,却很难,这需要好心情。

"想透彻地理解《塞耳彭博物志》,就应该去一趟塞耳彭。"③由于怀特的描写,塞耳彭成了博物学家的朝圣地,达尔文、洛厄尔④、巴勒斯⑤等名人纷纷来拜见塞耳彭。英格兰的文化精髓在乡村,塞耳彭被一些有鉴赏力的学者、作家当作了英格兰的代表。自怀特起,博物学中就逐渐生出一派人文形式的博物学。其特征是,一批热爱大自然、仔细观察大自然的作家,生动地描写自然景物,以及人与自然关系。这类作品,既有科学意义也有文化意义,它们真实记录了个人与自然的对话。没有这种一对一的实在可感的情趣与境界,一切引申和高阶的阐释都是虚无。而那情趣常是现代都市人难以体验的。

18世纪法国哲学家、教育家卢梭(Jean-Jacques Rousseau,1712—1778)对植物的关注好比怀特对鸟的关注。他的植物研究与自然观、人生观紧密联系在一起。卢梭的《忏悔录》《一个孤独漫步者的遐想》及《植物学通信》都仔细描述了自己对植物的热爱,以及这一行动与自然观、教育观的关联。国外已有人以此为主题做博士学位论文。后来,这一传统并没有湮没,法布尔的《昆虫记》、梭罗(Henry David Thoreau,1817—1862)的《瓦尔登湖》和《对一粒种子的信念》、梅特林克(Maurice Maeterlinck,1862—1949)的《花的智慧》、利奥波德(Aldo Leopold,1887—1948)的《沙乡年鉴》、狄勒德(Annie Dillard,1945—　)的《溪畔天问》(*Pilgrim at Tinker Creek*)等预示这种类型的博物学有光明的前景。卡逊(Rachel Carson,1907—1964)的工作也属于这个传统,在《寂静的春天》之前她就写了许

①沃斯特:《自然的经济体系:生态思想史》,侯文蕙译,25页,北京,商务印书馆,2007。文字略有调整。

②缪哲:《塞耳彭博物志》译后记,525页,见:吉尔伯特·怀特,《塞耳彭自然史》,广州,花城出版社,2002。

③艾伦(Grant Allen)语,出自他为《塞耳彭博物志》所写的导言,15页,见:吉尔伯特·怀特,《塞耳彭自然史》,广州,花城出版社,2002。

④James Russell Lowell(1819—1891),美国浪漫诗人,驻英国公使。他曾于1850年和1880年两次访问塞耳彭。

⑤John Burroughs(1837—1921),美国博物学家,自然保护运动的重要推动者。

多优美的博物作品(大部分是关于海洋的)。她的见解进入主流科学界,费尽了周折。卢梭对植物的关注促进了植物学传播,诗人、科学家歌德就是从卢梭那里得到启发,爱上植物学,并写出了植物学史上的重要著作《植物的变形》。

怀特开创了人文形式的博物学。表面看起来它不过是"风花雪月",似乎很肤浅。但它对于学者从精神上超越现代性、对于普通百姓获得身心健康是有帮助的。改善人类对待自然的态度,希望可能不在于纯粹的科学能贡献多少力量,而在于这类界面友好的博物学可以给普通人开启一个新天地。不可能人人都成为专家,但这并不妨碍他们欣赏、感受大自然的节律、美丽,只要他们具有博物情怀,愿意接受大自然。

第六节 林奈:给大自然和博物学带来秩序

林奈(Carl Linnaeus,1707—1778)[1]出生于瑞典东南部一个贫穷的小乡村。父亲为农民,也是一位不错的园丁和业余植物学家。出生时母亲19岁,父亲33岁。1708年,举家搬到一个稍大的教区,他的父亲在这时候当上了牧师。当时瑞典社会处于快速变动的时期,按传统命名习惯,林奈的父亲应当姓 Ingemarsson,但是因为他念过大学,算是个文化人,于是他就自己发明了一个姓 Linnaeus,以纪念长在家族老宅旁的一株令人印象深刻的椴树(linden tree),一些文献说这个词指菩提树或无花果树,那是不对的。

林奈5岁的时候,有了自己的小花园。读初中时,他发现户外的园艺活动要比教室内的苦读有趣得多。他对植物很着迷,绰号"小植物学家"。林奈也因此耽误了一些课程。学校的老师向他父亲反映,这孩子可能没指望子承父业当牧师了,建议家里让林奈考虑当一名医生。1727年,林奈被送到朗德(Lund)大学开始正式学习医学和博物学。在朗德,林奈寄宿在当地一位医生家里。起初那位医生并不喜欢林奈,后来被这位年轻人的热情和能力打动,于是就允许林奈自由翻阅他个人的藏书。这位医生还让林奈见识了他以前闻所未闻的植物标本室。不久后,林奈就建起了自己的植物标本室。这一年林奈进步很快,他不满于这所学校,决定到更好一点的乌普萨拉大学读书。实际上,即使后者也算不上了不起的大学,学校的主要课程是宗教,它的目标仍然是培养牧师。学校图书馆的藏书也不多,林奈是位穷学生,没有钱去购买他想读的书。他偶尔能从教授的私人藏书中找到自己喜欢的。这时林奈遇到了一位比自己稍年长、学医、同时喜爱植物的同学阿泰迪(Peter Artedi,1705—1735),两人志趣相同,非常要好。两人构思了一个宏伟计划,试图用简明、系统、有序的方式整理造物主的伟大"作品"。两人的分工是阿泰迪负

---

[1]林奈的原名就叫 Carl Linnaeus,这一名字并不是他的另一名字 Carl von Linné 拉丁化的结果。Carl von Linné 是林奈成名后,国王赐予的名字。

责鱼类,而林奈负责鸟类。1735 年,阿泰迪在荷兰不幸溺水身亡。不过,林奈从阿泰迪那里借鉴了一些研究方法,继承了他在鱼类方面已经完成的研究工作,这些在《自然系统》第一版(1735)中有体现。

林奈年轻时做过家庭教师,还当过"枪手",替人写过博士论文,回报是 30 铜圆。在 18 世纪 30 年代,荷兰是欧洲商业和学术的一个中心。林奈在瑞典已修完大学课程,按当时流行的做法,最好是到荷兰拿一个洋博士学位。通行的程序是,参加荷兰某大学的考试,再提交一篇论文。林奈选择了哈德尔维克(Harderwijk)大学而不是更有名的莱顿大学,理由主要是那里要求低、收费少。当时社会上流传一种说法:"哈德尔维克好地方,卖熏鱼、卖越橘,还卖学位。"获得学位的全过程只需要一周时间。林奈带来一篇在瑞典早就写好的论文《引起间歇热病[疟疾]的一个假说》。经过几天的"走程序",1735 年 6 月 23 日,28 岁的林奈镀金成功,在荷兰拿到了医学博士学位。

1732 年,林奈从瑞典皇家科学学会得到一笔基金,得以在拉普兰地区进行为期 5 个月(也说 10 个月)的动物、植物和矿物考察。1737 年,他总结此次旅行的收获,出版了《拉普兰植物志》(Flora Lapponica)。此次考察及后来在荷兰东印度公司富商克利福特(George Clifford,1685—1760)的花园任总管的经历,让林奈切实感受到博物学在迅速发展。他有机会接触从世界各地源源不断寄送的标本,但也面临一个必须解决的问题:名实对应混乱,迫切需要标准化的分类体系和命名规则。林奈要"在极端混乱中发现至高无上的自然秩序"。

在博物学中,对自然物的命名是十分重要的认知活动,相当于数理科学中的建立假说和建立模型。命名似乎只是一种关乎人类语言的主观活动,这是一种浅薄的见解。福柯说:"自然只是通过命名之网才被设定的——尽管没有这样的名词,自然就会保持沉默和不可见——自然在远离名词的那一头闪烁着,不停地在这张网的远侧呈现,不过,这张网又把自然呈现给我们的知识,并且只有当自然完整地被语言跨越时,才使自然成为可见的。"[1]即使我们坚定地相信客观事实、客观真理,我们也只能通过语言、模型、观念,才可以访问它们。

1735 年,林奈出版了《自然系统》,到 1758 年此书已经出版到第 10 版。在这里他为植物、动物和矿物设计了一个很人为的分类体系,试图给自然世界及博物学研究带来新秩序。其中最具创新性的是,为植物分类设计了一个"性体系"。17 世纪末的时候,博物学家已经意识到植物的有性繁殖,比如约翰·雷就讨论过,林奈从法国植物学家瓦林特(Sébastien Vaillant,1669—1722)的工作进一步得到启发,发展了以性器官为主进行分类的思想。林奈有很强的性想象力,他对植物的描述大量使用性隐喻,如 monandria(字面

---

① 米歇尔·福柯:《词与物:人文科学考古学》,莫伟民译,213~214 页,上海,上海三联书店,2001。

意思是"一夫一妻"），他喜欢用 andria（丈夫）和 gynia（妻子）这样的希腊词。林奈根据植物雄蕊的数目和相对位置，设计了一个包括 24 个"纲"的阶层体系。再根据别的特征，在纲下进一步分 116 目，1 000 多个属和 10 000 多个种。这个体系的最大特点是简明实用。

在那之前，法国植物学家杜纳福尔已经给出过一种科学分类体系，而且也注意到分类要特别关注花的特征，不过，那个体系较复杂，要求熟记 698 个自然"属"。在英国，上一代博物学家约翰·雷也有自己的分类体系，甚至还可以说雷的分类体系某种程度上更自然、更科学。但是，竞争的结果是，林奈体系胜出。理由是，林奈的体系简明，容易掌握，易于传播。分类体系通常分作人为分类和自然分类。两者的划分是相对的。实际上，在知识不完全的状况下，一切分类都不可能真正做到完全自然分类。

1737 年，林奈在欧洲学术界已经小有名气，在荷兰的三年中他拜会了当时科学界的许多名流。在莱顿有人为林奈找到一份好工作，让他为植物园的植物按照林奈体系重新分类。林奈最终决定返回祖国，他取道法国和德国，继续拜访一些科学家。此时法国著名的植物学家图尔福特和瓦林特均已去世，但裕苏三兄弟依然延续着法国的植物学传统，这三位正好是林奈想拜访的。有一天，林奈与裕苏的学生一起进行短暂的植物考察，其中一位学生开了个玩笑，或许也想考考林奈。他从多种植物上取下某些部分拼接成一种假的植物，请林奈给它命名。林奈看出了破绽，于是风趣地说，还是让你们的老师来命名吧，因为"只有裕苏或上帝才可以这样做"！1738 年 6 月，林奈在法国科学院院长的陪同下出席了一次会议，会后被邀请成为学院的通讯院士。如果林奈愿意取得法国国籍并在法国定居，还可以成为全职院士，有薪水，并且前途光明。林奈很愉快地接受了通讯院士的称号，但谢绝了后者。过了几天他就登上回瑞典的轮船，他的新娘正在那等他呢。此前不久，有消息传出，林奈的一个好朋友在林奈不在时，曾经引诱过林奈的女朋友莉莎（Sara Lisa）。1735 年 1 月，林奈与莉莎小姐相识，1739 年 6 月他们结婚。见女朋友并不是林奈急于回祖国的唯一原因，据林奈讲，他不想学法国人的行事方法，也不愿意学法语。回到瑞典后，林奈无法靠研究植物谋生，在岳父的建议下，他在斯德哥尔摩开始行医。林奈后来收了众多弟子，包括一些外国人。这对于传播和传承林奈学说，起到了关键作用。

1741 年 5 月 15 日，就是刚接到被委任为乌普萨拉大学教授的消息时，林奈启程到波罗的海中的两个小岛奥兰和哥德兰考察，有 6 位精心挑选的年轻人随同前往。7 月 28 日，考察队返回斯德哥尔摩，全程花费 536 银圆。1745 年，林奈才整理出版此次考察的报告《奥兰和哥德兰旅行记》，此书的一个重要特征是其索引中植物名采用两个单词来命名，这是双名法的一个前奏。这也是林奈第一部用瑞典文写作的长篇著作，林奈还为用母语写作表示了歉意。1741 年 10 月 27 日，林奈在乌普萨拉大学用拉丁文进行就职演讲，主题是野外科学考察对于科学和国家经济的重要性，从此成为大学教授。演讲的这一主题也奠定了此后几百年博物学与帝国扩张之间的密切联系。11月2日,林奈开始给学生授课,在这之后的35年中他一直热衷于教书育人。在大学,林奈还掌管大学植物园。

后来,林奈很少去野外考察,他的弟子从世界各地寄送标本,林奈则在室内对其命名。如今,在整个科学界,林奈命名的东西最多。不过,当时他始终保持着克制,只有一种外表卑微的忍冬科植物北极花(*Linnaea borealis*)是以林奈的名字命名的。

性分类体系是林奈的两大贡献之一,另一贡献是与分类、命名有关的双名法。1753年,他在《植物种志》(*Species Plantarum*)中系统地表达双名法的命名规则,而这一年被确认为现代植物分类学的起点。大批博物学家迅速采用双名法。严格讲,双名法并非林奈原创,此前瑞士—法国植物学家鲍兴(Caspar Bauhin,1560—1624)提出过类似的思想,但没有传播开来。双名法规定物种的学名用两个拉丁词(或拉丁化文字)来描述,前一个词为"属词",后一个词为"种加词"。物种拉丁双名后面要标上命名人的名字或其缩写,其中十分简洁的"L."为林奈的专用署名。除学名外所有其他命名均为俗名、地方名。比如人的学名为 *Homosapiens*,紫藤的学名为 *Wisteria sinensis*,紫薇的学名为 *Lagerstroemia indica*,罂粟的学名为 *Papaver somniferum*。这种看似简单的规定,却解决了名实对应的大问题,因为自此全世界的学者在讨论某个物种时,使用学名就可以避免指称错误,便于文化交流。

在动物分类方面,林奈分出6个纲:四足兽纲(哺乳纲)、鸟纲、两栖纲、鱼纲、昆虫纲和蠕虫纲。他把人与猿、猴子都划分在一个分类单元中。

林奈的两项重要工作,事后看起来并不复杂,似乎并不需要很强的创造力,进而人们可能觉得他不配享有那么伟大的名声。这是"马后炮"式的思维,林奈毕竟给整个自然世界的研究带来了秩序,也给博物学带来了新秩序。如果说分类当时是植物学、动物学最首要的工作的话,那么能给这些领域带来全球秩序的人,自然是非常了不起的。即使生物科学已进入基因时代,宏观分类仍然是十分重要、基本的。2007年,在林奈诞生300年之际,林奈学会出版了贾维斯(C. Jarvis)写的一部研究专著《来自混沌的秩序:林奈的植物命名和类型》。

"知识就是力量",这一名言在博物学界有另一表现:不在于物质力量而在于话语权。借助于分类、命名,林奈获得了人间"亚当"的称号,他也表现得非常自信和自大。后来,瑞典把他塑造成了民族英雄。有人说,林奈在博物学中的地位,好似哥白尼在天文学、伽利略在物理学中的地位,这当然有一定道理。不过,林奈的工作大量综合了前辈学者的成果,原创性稍逊,这也与博物类科学的特点有关。

林奈1778年去世后,他的个人收藏却被24岁的英国人史密斯(James Edward Smith,1759—1828)以很低的价格1000畿尼购得,1784年9月17日,一艘"显现"号英国双桅小帆船驶离斯德哥尔摩,几周后到达英格兰。史密斯打开26个大箱子,喜出望外,他竟然购得了 19 000 份植物标本,3 200 份昆虫标本,1 500 份贝壳标本,2 500 份矿物标本,3 000 部图书,林奈的全部通信约 3 000 封,以及大量手稿。原来,林奈的遗孀为了给 4 位女儿置办嫁妆,被迫出售这些遗产。更不可思议的是,英国皇家学会主席班克斯很早就得到了 1 000 畿尼的报价,但他没眼光,未能做成这一买卖。对于瑞典人来说,林奈的收藏是无价之宝。在相当长的时间里这一事件令瑞典人耿耿于怀。1788 年,林奈学会在英国成立。

1907 年 12 月,在林奈 200 周年诞辰时,鲁迅(署名令飞)在日本东京《河南》月刊著文《人间之历史》,曾写道:"林那者,瑞典耆宿也,病其时诸国之治天物者,率以方言命名,繁杂而不可理,则著《天物系统论》,悉名动植以腊丁,立二名法,与以属名与种名二。"[1]这是中文世界早期对林奈的介绍文字。

第七节　布丰:自然百科与进化思想

法国博物学家布丰(Georges Louis Leclerc de Buffon,1707—1788)与林奈同一年出生,比林奈小几个月,两人是 18 世纪博物学的最杰出代表,也是竞争对手。两个人有许多共同点,都强调细致观察,都充分利用了博物馆收藏,特别是来自世界各地的新标本,均与世界同行建立了密切学术交往,都看到了自然世界的秩序和多样性。

林奈出生于瑞典乡村的一个贫苦家庭,而布丰出生于法国勃艮第的一个贵族家庭。林奈笃信宗教,自比亚当,而布丰的宗教情感并不明显,他试图用更世俗的眼光从整体上描述大自然。林奈坚持物种不变的想法,晚年才有所松动,而布丰已有较明确的物种演化的思想。另外,两人的研究、写作、行事风格也各不相同。林奈的著作学术性较强,形式呆板,以列表和枯燥的物种描述为主,主要用拉丁文写作;布丰的著作则文学性较强,语言优美,主要用法文写作。林奈只研究博物学,擅长植物学,而布丰对数理科学也很熟悉,曾向法国人大量介绍英国的数理科学进展,擅长地质学、生物地理学和动物学。布丰曾将微积分引入概率论,概率论中的"布丰投针"就是以他的名字命名的。1734 年,布丰也是以力学部成员的身份进入法国科学院的。1753 年,他被选为法兰西学院院士。

布丰年轻时因与他人决斗而到了英国。

布丰曾参与一项与造船有关的林业项目研究,做得很出色。在海军大臣的推荐下,法国国王路易十五于 1739 年 7 月 26 日任命布丰为皇家植物园(Jardin du Roi,后改称 Jardin des Plantes)园长,此园的地位相当于英格兰伦敦皇家植物园邱园(Kew Gardens)。这一职位极有助于他从事博物学研究和写作。在他的努力下,皇家植物园规

---

①汪振儒:《瑞典博物学家林内诞生二百五十周年纪念》,1 页,载《生物学通报》,1957 年 5 月。

模翻倍,藏品大量增加,并成为那时研究生物世界最好的研究机构。布丰的直接工作就是将国王与日俱增的博物学藏品编目,但他不满足于单纯的列表,他要实施一个巨大的写作计划。他打算用 10 年时间描写所有生物和矿物。实际上他大大低估了工作量。他用了余生的 50 年来实施这一计划。

布丰以优美文笔写成的《广义和狭义博物学》(简称《博物学》,又称《自然史》)36 卷出版于 1749—1788 年,这是一部伟大的自然世界百科全书。此书原计划囊括"自然三界":植物、动物和矿物,最终只写了人、矿物、四足兽类和鸟类。在他去世后,一个专业小组工作了二十多年才完成了剩余主题的写作。布丰编写这部巨著主要借鉴了亚里士多德的《动物志》和老普林尼的《博物志》,他反而不喜欢中世纪和文艺复兴时期博物学的做法。布丰力图回避那些作品中过分的象征和宗教风格。亚里士多德的《动物志》建立在大量观察和比较的基础之上,除了描述之外还试图建构出一般图景,这正是布丰看重的。从老普林尼那里,布丰借鉴了"界面友好"的写作形式,不过他跟老普林尼一样容忍了一些不靠谱的传说故事。布丰的《博物学》在发行、传播上取得巨大成功,他与孟德斯鸠、卢梭、伏尔泰一样,成了最受欢迎的作家。布丰的作品摆到了几乎所有受过良好教育的文化人家里,《博物学》是博物学史上最成功的作品。

《博物学》开始出版不久,就引起教会保守人士的不满。布丰的自然图景为当时的读者提供了不同于《圣经》创世记的、更有吸引力的"世俗版创世记"。他认为自然是自己的原因,在自然之上不存在更高层的存在。《博物学》的所有描述均不求助于《圣经》和超自然力。当然,在那个时代,布丰不可能事事研究得很清楚。他的科学界同行就批评过他的写作中有许多是推测性的,但也佩服他的大胆。布丰于 1749 年开始出版《博物学》,在此前一年孟德斯鸠出版了《论法的精神》。狄德罗和达朗贝尔于 1751—1772 年主编出版了著名的《百科全书》。这些人文的、世俗的法国启蒙影响了整个欧洲和世界。布丰在政治上、宗教上、管理上都显得老练。1751 年,巴黎神学院曾警告布丰的《博物学》违背宗教教义,布丰在巨大压力下表现得很合作,公开表示放弃自己的观点。实际上,他只是做个姿态,在后来的写作中,他依然我行我素。

布丰也有一些今天看起来颇奇怪的想法,比如他认为美洲新大陆在许多方面不如欧洲旧大陆,甚至美洲的动物都比欧洲的同类长得小,他把这种劣势归因于新大陆的蛮荒和森林太密。杰弗逊(Thomas Jefferson,1743—1826)深受刺激,调集 20 名士兵非要找到大型动物以教训一下布丰不可。布丰最终承认了自己的错误。

鸟类学家、进化思想家迈尔(Ernst Mayr,1904—2005)认为,布丰还算不上进化论学者,但可以算作进化主义者。布丰提出了与进化有关的一系列问题,而以前人们并没有做到这一点。达尔文在《物种起源》的第 4 版才开始提到布丰的进化思想,在第 5 版中指出"布丰是近代以科学精神处理进化问题的第一位作家"。

林奈与布丰的工作实际上是互补的,两人应当成为合作伙伴,两个人的工作合在一起在 18 世纪下半叶奠定了博物学这样一门学科的科学基础。但事实上两人彼此不认同。林奈认为布丰花哨的描写远离了严肃的自然知识,而布丰认为林奈的分类系统只不过是略有信息的令人生厌的列表而已。两人都在揭示大自然的秩序,但两人对秩序的理解有所不同。林奈认为命名和分类最为重要,编写生命的目录就等于阐述上帝之神圣作品。林奈的做法有自然神学的味道,这种思路一直延续到 19 世纪。布丰则更具有后来科学家的思想,他的眼界更为宏大也更远离宗教,他试图从天文、地质、地理、动物、植物、矿物及其变化来寻找世界演化的机理。布丰认为生命世界与物理世界一样,应当遵从自然规律。他的视野比后来达尔文的视野还广,虽然深度不够。

到了 19 世纪,西方的博物学进入黄金时代。一大批博物学家对大自然进行了范围十分广泛的探索、探险、描述,积累了大量经验素材。到了达尔文的生物进化论,博物学所取得的成就达到了一个重要顶峰。在 20 世纪,相比于前一个世纪,人们对博物学的热情并没有继续增加,相反到 20 世纪下半叶博物学衰落了。不过,20 世纪仍然有杰出的博物学家,如 E. 迈尔、古尔德(Stephen Jay Gould,1941—　　)、E. O. 威尔逊(Edward O. wilson,1929—　　)。

参考文献

1. Allen, David Elliston, *The Naturalist in Britain*: *A Social History*, Princeton, N. J., Princeton University Press, 1994.

2. Bartholomew, George, A., The Role of Natural History in Contemporary Biology, *BioScience*, 1986, 36(5): 324-329.

3. Beagon, M. *Roman Nature*: *The Thought of Pliny the Elder*, Oxford: Clarendon Press, 1992.

4. Blunt, Wilfrid, *Linnaeus*: *The Compleat Naturalist*, Princeton and Oxford: Princeton University Press, 2001.

5. Cook, G. A., *Rousseau's "Moral Botany"*: *Nature*, *Science*, *Politics and the Soul in Rousseau's Botanical Writings*, Dissertation, Cornell University, 1994.

6. Farber, P. L., *Finding Order in Nature*: *The Naturalist Tradition from Linnaeus to E. O. Wilson*, The John Hopkins University Press, Baltimore and London, 2000.

7. Grant, P. R., What does it mean to be a naturalist at the end of the twentieth century? *American Naturalist*, 2000, 155(1): 1-12.

8. Healy, J. F., *Pliny the Elder on Science and Technology*, Oxford: Oxford University Press, 1999.

9. Jardine, N. *et al. ed.*, *Cultures of Natural History*, Cambridge University Press, 1996.

10. Merriam，C. H.，Biology in our colleges：a plea for a broader and more liberal biology. *Science* 1893，21(543)：352-355.

11. Moss，Stephen，*A Bird in the Bush*：*A Social History of Birdwatching*，London：Aurum Press，2004.

12. Ogilvie，B. W.，*The Science of Describing*：*Natural History in Renaissance Europe*，Chicago and London：The University of Chicago Press，2006.

13. Raven，C. E.，*John Ray*：*Naturalist*，Cambridge and London：Cambridge University Press，1986.

14. Sachs，Julius von，*History of Botany*，New York：Russell and Russell，1967.

15. Schmidly，D. J.，What it means to be a naturalist and the future of natural history at American universities. *Journal of Mammalogy*，2005，86(3)：449-456.

16. Schmidt，K. P.，The new systematics，the new anatomy，and the new natural history. *Copeia*，1946，(2)：57-63.

17. Shteir，Ann，B.，*Cultivating Women*，*Cultivating Science*：*Flora's Daughters and Botany in England* 1760 to 1860. Baltimore and London：Johns Hopkins University Press，1996.

18. Wilcove，D. S.，The impending extinction of natural history. *The Chronicle of Higher Education*，2000，47(3)：B24.

进一步阅读材料

1. J. 皮特·鲍勒：《进化思想史》，田洺译，南昌，江西教育出版社，1999。

2. 布丰：《自然史》，陈筱卿译，南京，译林出版社，2010。

3. 刘华杰：《理解世界的博物学进路》，载《安徽大学学报(哲学社会科学版)》，2010(06)。

4. 刘华杰：《自由意志、生活方式与博物学生存》，载《绿叶》，2010(11)。

5. 卢梭：《植物学通信》，熊姣译，北京，北京大学出版社，2011。

6. 林恩·马古利斯，多里昂·萨根：《倾斜的真理：论盖娅、共生和进化》，李建会等译，南昌，江西教育出版社，1999。

7. 梭罗：《野果》，石定乐译，北京，新星出版社，2009。

8. 基恩·托马斯：《人类与自然世界：1500—1800 年间英国观念的变化》，宁丽丽译，南京，译林出版社，2008。

第十五章

19 世纪的生物学

19 世纪的生物学研究，已经开始从近代以来以博物学传统为主逐步转向了博物学传统与实验传统并重的局面，从而使生物学研究得以在形态结构、生长发育及起源进化等各个层次上展开，进而形成了两条清晰的研究路径：一是生物体的结构与功能的研究；二是生物的演化发育过程和机制的研究。前者开创了细胞理论、微生物学和遗传学，并使物理学有了全面的发展，而后者则使达尔文进化理论在生物学领域占据了显著的地位。

第一节　细胞学说

细胞学说是 19 世纪生物学中最重要的理论。它使人们看到了纷繁的生物世界在微观的层面的统一性。并且能够将生物机体形态结构、发育与分化、遗传机制等概念联系起来，也为生物的微观研究提供了一个强有力的、普遍适用的理解工具。

今天，我们知道，细胞学说的正式提出者是德国生物学家施莱登（Matthias Jakob Schleiden，1804—1881）和施旺（Theodor Schwamn，1810—1882）。实际上，细胞学说的建立是许多科学家共同努力的结果。细胞学说的建立既是显微镜发展的直接产物，也是解剖学、组织学、病理学长期发展的结果。对于疾病原因的探讨，促进了病理解剖学的迅速发展，而病理解剖学家为了找到疾病引起的组织破损的位置，常常需要借助使用的工具。当显微镜进入了生物学和医学研究以后，严格而系统的显微观察才真正变得可行。早期的显微镜非常简单，仅由一个没有任何饰物的底座安装一块粗糙的球面透镜组成，早期的生物学家都用简单显微镜，常常出现观察上的错误。复合显微镜（由几块不同形状的透镜组成）的出现改变了这一状况，由于它能够最大限度地收集到从透镜反射来的光线,球面像差也可以得到一定程度的控制,因而能够最大限度地辨别微小的被观察物。19世纪期间,显微镜的改进使细菌学和亚细胞结构的研究在19世纪80年代获得了令人瞩目的进展,前者在医学界引起了一场革命,而后者则为后来对遗传进行解释奠定了坚固的基础。①

一、细胞的发现

尽管较为完善的细胞学说是在19世纪建立的,但对细胞的认识早在17世纪就已开始。由于人们通常无法用肉眼看到细胞,因而对细胞的认识则是完全建立在显微镜发明基础上的。在显微镜发明之初,英国物理学家胡克(Robert Hooke,1635—1703)在观察到植物切片的微观结构时发现其呈现出蜂窝状结构,他将这些小结构命名为细胞(cell,意为"小室")。此后,人们在对植物的显微观察中发现植物细胞中有互不连接的囊泡和四周有封闭的结构。然而,观察工具的不完善给显微观察者们带来了许多困难,整个18世纪,生物显微研究并未取得较大成就,加之博物学传统的影响,使生物学家更热心于分类学研究,对生物微观层面的实验有所忽视。但另一方面,18世纪德国盛行的自然哲学,其任务之一是对有机世界多样性的基本单位确定,如德国诗人、生物学家歌德(Johann Wolfgang von Goethe,1749—1832)认为植物的叶是一切植物的基本单位,而自然哲学家奥肯(Lorenz Oken,1779—1851)认为一切生物都是由一种称为"黏液囊泡"的基本单位构成的。19世纪早期,这种相当流行的观点与动植物结构的显微镜观察结合在一起,促进了细胞学说的建立和发展。

19世纪显微镜制造技术有了较大的进步,尤其是消色差显微镜的出现和分辨率的提高为考察动、植物的微观结构创造了条件。至19世纪30年代,一些生物学家在显微镜下观察到细胞的细胞质、细胞核、细胞壁等结构,以及细胞质的运动,而且也在动物体内发现了细胞。这一时期的工作为细胞学说的建立创造了条件。如法国植物学家查尔斯·布里索·米贝尔(Charles-Francois Brisseau de Mirbel,1776—1854)通过显微镜所做的研究认为,植物细胞能在生物体的每一个地方找到并能在一种原始的液体中不断再生;1833年,英国植物学家R.布朗(Robert Brown,1773—1858)在植物细胞内发现了细胞核;1835年,捷克人普金叶(Johannes Evangelists Purkinje,1787—1869)用显微镜观察到母鸡卵中的胚核,并指出动物组织在胚胎中是由紧密裹在一起的细胞质块所组成的,这些细胞质块与植物的组织很类似。到19世纪30年代,有人注意到植物界和动物界在结构上存在某种一致性,它们都是由细胞组成的,并且对单细胞生物的构造和生活也有了相当多的认识。在这一背景下,施莱登在1838年提出了细胞学说的主要论点,次年经

①威廉·科尔曼:《19世纪的生物学和人学》,严晴燕译,25页,上海,复旦大学出版社,2000。

施旺的充实和普遍化以后,细胞学说得以确立。

二、细胞学说的创立

今天我们已经知道,细胞学说的建立是由德国植物学家施莱登和动物学家施旺共同完成的。

施莱登在科学史上可称为传奇式人物,甚至有人认为他能成为杰出科学家是件不可思议的事。[①] 他人生经历曲折,早期学的是法律并从事法庭律师工作,曾自杀未遂。后放弃法律,从事自然科学的研究。在获得医学和哲学博士的学位后,他便在耶拿大学任植物学教授,他也因多年的研究得到了很高的科学声望,但奇怪的是,十二年后他辞去了耶拿大学的工作,开始在德国各地周游。此后便以家庭教师和江湖医生为生。尽管他的个性中常常表现出傲慢、暴躁和反复无常,但他确实能力过人。

在施莱登所处的时代,植物学研究仍然以分类学工作为主。施莱登对林奈的系统植物学提出了强烈的批评,认为仅仅把植物按系统分类排列的知识不过是一种消遣玩意,只有植物化学和植物生理学研究才具有真正的意义。他强调植物学研究必须摒弃抽象推论方法,而代之以严密的观察,并在观察基础上进行严格的归纳。1837 年,施莱登在《解剖学和生理学文献》杂志上发表了《植物发生论》一文。该论文论述了显花植物的胚芽发育史,早在 1831 年,英国植物学家布朗就发现了细胞核及细胞核与细胞发育时二者间有着特殊相应关系,然而,布朗的工作却被人们忽视了。施莱登注意到了细胞核的结构,发现细胞核是植物中普遍存在的基本构造。施莱登指出,无论怎样复杂的植物体都是由细胞组成的,细胞不仅自己是一种独立的生命,而且作为植物体生命的一部分维持着整个植物体的生命;就植物生理学和比较生理学的各个方面证据来看,植物体都是细胞生命活动的表现形式。

如果细胞是一切生物结构和功能的基本单位,那么细胞又是怎样产生的就成了关键问题。为了解释这个问题,施莱登提出了细胞游离形成理论。他将细胞增殖与晶体形成作了简单的类比,认为核仁通过微小黏液颗粒的逐步积累而生长,而黏液颗粒则来自含有糖、糊精和黏液(蛋白质)的液体(成胞原浆)。持续的黏液分泌把部分液体转化为相对不溶性的物质,从而形成了围绕着核仁的细胞核。当细胞核达到一定体积时,新细胞就开始在表面长成一个幼嫩的、透明的泡囊。随着泡囊的逐渐增大,细胞壁内的胶状物转化为植物纤维物质,于是就形成了完整的细胞。植物也能通过由细胞内产生细胞的方式而生长。这个过程也需要有"成胞原浆"的存在。在这种情况下,细胞的全部内含物分成两份或更多份,而在每一份的周围立即形成"柔嫩的凝胶膜"。然而,木材似乎是通过有

---

①洛伊斯·N.玛格纳:《生命科学史》,李难等译,296 页,武汉,华中工学院出版社,1985。

结构的液体突然凝固成为具有独特形式的细胞组织而形成的。[①] 他相信,即使是低等的藻类、地衣和真菌也是通过生殖来产生自己后代的。

在施莱登努力阐明植物细胞的过程中,也有许多杰出的生物学家正在力图证实动物界和植物界的相似性。生物学家们发现,如何把对植物细胞的理解扩展到动物世界,从而证明动植物界在层面存在统一性则是个很大的问题。然而,这一工作最后由德国动物学家施旺完成了,他提出了统一植物与动物生命的关键性原理,并使细胞学说成为一种普遍的理论。

施旺于 1810 年生于莱茵河畔的诺伊斯,早年受教于科隆的耶稣会学院,后来在波恩、维尔茨堡和柏林攻读医学,1834 年获得博士学位后,成为著名生理学家弥勒(Johannes Peter Muller,1801—1858)的助手。他在组织学、生理学、动物学、微生物学方面有许多贡献,如在研究消化的过程中发现了胃蛋白酶;在为弥勒制作组织学标本时发现了神经纤维周围的纤维细鞘,即后来的"施旺神经鞘";他还研究过鸡胚的呼吸及其对氧的需要等,但他对学界影响最大的莫过于细胞学说了。

在施旺进行显微研究的那段时期,一些学者已经注意到植物细胞和某些动物细胞结构之间的一些相似性,然而,动物在内部构造和外部形态上比植物更加变化多端,动物界细胞形态的巨大差异使得人们即使看到了动物的细胞、纤维、微粒等,也无法建立起一个统一的细胞观念,因为对任何一种细胞发生形式的研究结果都无法扩展到其他种类的细胞上去,尤其是在没有用生物染料着色的情况下,即使将显微镜放大到四百多倍,也难以看到动物细胞,因为它们总是十分透明的。

事实上,施旺在脊索动物标本中已经观察到细胞核的存在,然而他并没有意识到它的重要意义。一次与施莱登的会面改变了他的一生,正是这次的讨论,使施旺猛然想起从前在观察蝌蚪背部的神经索细胞和软骨细胞时,发现它们都具有细胞膜、细胞质和细胞核。这时他便意识到,也许在植物体中起着基本作用的细胞,在动物体内也有着相同的作用。施旺对一些特化的组织(如上皮、蹄、羽毛、肌肉、神经)进行研究后,得出结论说,无论什么组织,虽然它们在功能上有所不同,但都是由细胞发育而来,或是细胞分化的产物。后来,他在描述他是沿着怎样的线索思考,最终导致提出了著名的细胞学说时说一天,当我和施莱登一起用膳时,这位著名的植物学家向我指出,细胞核在植物细胞的发生中起着重要作用。我立刻回想起曾在脊索细胞中看见过同样的"器官"。在这一瞬间,我领悟到,如果我能够成功地证明脊索细胞中的细胞核起着在植物细胞的发生中它所起的相同作用,这个发现将是极其重要的。[②]

---

①洛伊斯·N.玛格纳:《生命科学史》,李难等译,297～298 页,武汉,华中工学院出版社,1985。

②洛伊斯·N.玛格纳:《生命科学史》,李难等译,299 页,武汉,华中工学院出版社,1985。

1839 年,施旺发表了《关于动植物的结构和生长一致性的显微研究》一文,通过描述在蝌蚪体内脊索和各种不同来源的软骨的结构和生长,证明某些动物组织确实起源于细胞,这种细胞在所有方面都相似于植物的细胞;动物组织像植物组织一样,包含细胞、细胞膜、细胞内含物、细胞核和核仁;在此基础上提出证据论证了一切动物组织,无论特殊化到什么程度,其构成基础都是细胞;论文的最后部分详细阐明了细胞的理论,在这一部分,他明确指出,无论生物有机体的各基本部分如何不同,在它们的发生和发育上有一个普遍的原则,这便是形成细胞的原则,不仅如此,他还描述了细胞的产生过程:生物机体存在着无结构的物质,这些物质或围绕着已有的细胞,或在细胞的内部,依照一定的规律,在其中形成细胞。根据这种规律,各种细胞以各种方式发育,成为生物体的各基本部分。

需要指出的是,在那个年代试图证明机体组织由细胞组成是件很困难的事。大部分细胞极其微小,细胞膜又生性薄嫩,而形态上呈现出高度的多样性。在当时的技术条件下,研究者能观察到的细胞只是一个小球或微粒。但是,施旺则抓住了研究对象的本质,提出了辨别细胞真伪的一个基本标准:有无细胞核存在是有无细胞存在的最重要和最充足的根据。然而,遗憾的是,为了证明所有组织都起源于细胞或都是由细胞所组成的,施旺接受了细胞从无结构的液体或者成胞原浆中通过结晶过程而产生的思想,把卵(或"贝尔泡囊")作为"以后发生的一切组织的共同起源"来考察。和施莱登一样,施旺也把未分化的"成胞原浆"看成细胞产生的起点。

三、细胞学说的完善

细胞学说的建立为理解动植物的结构和功能提供了一个全新的模式,然而,施莱登和施旺所描绘的细胞模式仍然有缺陷。动植物学家们经过大量的研究,最终使这一学说趋于完善。

1839 年,植物学家普金叶首次使用"原生质"(protoplast,具有首次形成的含义)一词来描述植物或动物单个细胞发育中最早产生的物质。此后,著名植物学家耐格里(Karl Nageli,1817—1891)和默勒(Hugo von Mohl,1805—1872)进一步描述了细胞内含物的性质。耐格里在显微镜下观察了许多不同的植物物种在生长点上增殖过程中的细胞形成。通过对各类植物细胞产生的比较研究,耐格里认识到"细胞自由形成"的观点是错误的。新细胞不是环绕细胞核沉积而成,而是原存的完整的细胞进行分裂的结果。与此同时,默勒在研究较高等的植物细胞时,发现植物组织保存在酒精中细胞的内含物会因收缩而脱离了细胞壁,并发现植物组织中有一种"原始的椭圆囊"的物质。

1854 年,巴里(Martin Barry,1802—1855)在研究兔卵时发现了卵细胞核,他却相信晚期阶段的细胞是直接从细胞核产生出来的。克里克尔(Rudolph Albert von Kolliker,

1817—1905)研究了墨鱼卵的发育并最早特别强调卵分裂过程中有细胞核分裂现象。此后,莱迪希(Franz von Leydig,1821—1908)和雷马克(Robert Remak,1815—1865)阐述了细胞分裂过程中细胞核的动态。雷马克在研究了发育中的小鸡的胚胎血球发生平均分裂的情况后,坚信细胞在正常生长中是按一个分裂成两个新细胞这个比例而增加的。波恩的解剖学教授舒尔茨(Max Johann Sigismund Schultze,1825—1874)将原生质、原生动物和卵细胞这三个概念综合到了一起。1861年,他把细胞定义为一团有核的原生质,而原生质是生命的物质基础,无论植物或动物,较高等的或较低等的,原生质都提供了结构和功能的统一性。

在细胞学说提出以后,科学家们把注意力集中到了细胞和细胞内不同部分(细胞核、细胞壁、细胞质)的研究上。到了1875年,人们对细胞分裂和核内含物所做的分散而又各异的观察终于得到了条理化。关于细胞已经达成了以下普遍认识:细胞是一个可被辨认的实体,有明确的空间限制将它与周围环境分隔开来;细胞拥有细胞核。[①]此时,细胞学说又加入了新的内容:动植物细胞是由先前存在的细胞均等分裂而成,细胞核的分裂先于细胞分裂。

然而,要进一步研究细胞中的细微结构,还有待于显微镜的改善,标本制备和染色方法的改进。德国植物学家斯特拉斯伯格(Eduard Adolf Strasburger,1844—1912)教授出版了《细胞组成和细胞分裂》一书,他将植物细胞分裂时发生的复杂过程作了清楚系统的描述,从而统一了人们对细胞的认识;而弗莱明(Walxher Flemming,1843—1915)于1882年出版的著作《细胞物质、细胞核和细胞分裂》则把人们对细胞的认识提升到了一个新高度。他首次运用苏木精(hematoxylin)作为一种组织显微用的染色剂将细胞核着色,并用"染色质"(chromatin)来代表细胞核的物质,他还称细胞分裂为"有丝分裂"(mitosis)。1880年,他观察到了染色体的纵向分裂过程。在对一些植物和动物细胞分裂的观察中,他发现植物细胞和动物细胞基本上是相同的。这些研究奠定了人们对细胞分裂阶段时间顺序的正确认识。这些认识直接促进了病理学、组织学和微生物学的发展。

第二节 病理学、微生物学和生理学的发展

19世纪是医学进入大发展的阶段。由于细胞学说的建立,人们发现了肉眼无法辨别的细胞里潜藏着不为人知,但对理解生老病死有重要意义的全新的世界。对这一领域的研究直接导致了细胞病理学、细菌学、药理学的建立和实验生理学的发展。例如,19世纪以前,病理解剖学家为了寻找疾病引起的组织损伤的位置,只能以肉眼和手术刀作为工

---

①威廉·科尔曼:《19世纪的生物学和人学》,严晴燕译,35页,上海,复旦大学出版社,2000。

具。然而,到了 19 世纪中叶,显微镜和细胞学说进入病理学领域以后,这种情形才有了根本性的改变。同样,由于物理学、化学的进步和发酵工业的需要,导致了细菌学的诞生;而将物理、化学的理论和实验方法用于动物机体的研究,直接导致了实验生理学的兴起。

一、病理学

尽管人们对疾病早有认识,但对疾病的产生的机理的认识却是较晚的事情。长期以来,人们一直以为疾病大多是人体的一种痛苦,这种痛苦源于人体内部的某种"体液"。直到 18 世纪中叶,意大利医学家莫尔加尼(Giovanni Battista Morgagni,1682—1771)根据积累的尸检材料创立了器官病理学(organ pathology)以后,病理学才开始它的形态学研究。19 世纪中叶以后,在细胞学说的影响下,病理学的研究进入到了细胞病理学时代,而开创这一时代的是德国生物学家鲁道夫·威尔赫(Rudolf Virchow,1821—1902)。威尔赫不仅使细胞学说具有今天的形式,还把细胞学说用于对作为基础医学的病理学的研究之中,成功地建立起了细胞病理学。[①]

威尔赫是一位多才多艺的学者,19 世纪文化界与社会运动的杰出人物。他是最早系统研究白血病的人。1847—1848 年间,威尔赫被委派去西西里亚的一个工业区调查当时突然蔓延的"斑疹伤寒",在调查中他发现恶劣的环境卫生和社会条件是该地区流行病蔓延的真正原因,由于他强烈批评政府而被撤职。1847 年,威尔赫创立了《病理解剖学文献》杂志,而 1848 年革命开始以后,他便离开了柏林,在维尔茨堡大学谋得一个讲授病理解剖学的教授职位。在那里工作了七年后,于 1856 年受聘于柏林大学担任教授,此后一直留在柏林直到去世。1861 年,他被选入普鲁士议会,在 1880—1893 年间担任德意志帝国国会议员。作为议员,他发起了许多社会的、环境卫生的和医学方面的改革,并创立了柏林人类学、人种学和史前考古学学会,同时也为创建柏林人类文化博物馆和民俗学博物馆做了大量工作。

威尔赫早期受了施莱登和施旺的影响,把细胞起源看成由脉管流出的"无定形的成胞原浆"分化而成。这种观点似乎受到炎症的研究者的支持,因为血液中的白细胞大量地进入受伤的部位而最终变成了巨噬细胞。然而,在观察角膜治愈过程中,他发现了与流行的关于细胞生长的观点不相一致的现象。为此,他开始了对病理过程进行深入细致的显微研究,最终,否定了关于细胞的自由形成和自然发生的观点,并确立了"生命只有来自生命的直接延续"观点。1858 年,威尔赫在《细胞病理学》一书中明确提出"所有的细胞都来源于先前存在的细胞"的著名论断。他分析了病人和正常人的器官的组织结构,

---

[①]威廉·科尔曼:《19 世纪的生物学和人学》,严晴燕译,35 页,上海,复旦大学出版社,2000。

发现在正常状态和病理状态之间没有基本的差异，由此认定"所有的疾病只不过是改变了的生命现象"。他还通过对癌症的广泛研究，确信癌细胞与正常细胞的不同之处主要是在于其行为，而不是结构。① 此后，在柏林作了一系列"细胞病理学"的演讲，详细阐释了他的观点。疾病细胞是正常细胞的变异而非本质完全不同的另一种细胞的观点，迫使病理学家关心引起混乱的状况，以及在这种状况下细胞和细胞组织的功能性反应，这实际上已经将细胞学与病理学结合到了一起。

威尔赫不仅对细胞学说进行了修正，而且倡导显微镜的广泛使用，由于他的工作和影响，病理学研究进入到了细胞的水平。

二、微生物学

人类酿酒，做馒头、面包有上千年的历史，但人类起初并不知道发酵的真正本质，而是错误地将它与神秘的炼丹术联系在一起。17 世纪，科学家列文虎克（Antonie van Leeuwen hoek，1632—1723）通过自制的显微镜发现了包括酵母在内的微生物。但长期以来，生物学研究常常关注植物、动物，而一些肉眼难以辨认的微生物却一同遭到忽视。直到 19 世纪，这种情况才有了改变。由于法国科学家路易·巴斯德（Louis Pasteur，1822—1895）和德国科学家罗伯特·科赫（Robert Koch，1843—1910）奠基性的工作，正是他们为今天的微生物学奠定了科学原理和基本方法，才使得这一领域能够被称作微生物学。

巴斯德虽家境贫困，但天资聪慧，年幼时就显露出才华。19 岁时放弃绘画而投身科学。在进入巴黎高等师范学校的竞争中，排列第十六位的他竟然拒绝入学；第二次考到第五名才愿意入学。

巴斯德学的是化学。在大学时代，他对化学结晶体形态和结构进行了研究，这项研究推动了有机化学的发展。酒石酸和异酒石酸两种晶体看起来完全一样，但前者有旋光性，后者则无。造成这种差异的原因何在，化学界长期未能解决。巴斯德经过细心的显微镜观察和精心实验，发现异酒石酸原来是两种不同酒石酸晶体的混合。他耐心地把两种晶体分开，分别制成溶液，比较其旋光性。结果发现，一种溶液具有左旋光性；另一种具有右旋光性；若将两者等量混合，则复原为异酒石酸，旋光性消失。巴斯德立即领悟到：同一物质可形成互相"对映"的不同晶体，造成不同的旋光性；而异酒石酸之所以不具有旋光性，是因为它含有旋光性相反的两种晶体。这一发现对于认识结晶体特性和物质结构有重大意义。此时，巴斯德年不到 30 岁。

1849 年，巴斯德获得了在斯特拉斯堡（Strasburg）大学的职位，在那里讲授化学。由

---

① 洛伊斯·N.玛格纳：《生命科学史》，李难等译，308 页，武汉，华中工学院出版社，1985。

于化学上的杰出研究,巴斯德受到了人们的重视并且获得了荣誉。1854 年,他被委任为法国北部里尔(Lille)大学的化学教授和理学院院长。巴斯德不仅喜爱纯粹的化学研究,而且也很关注实践问题。酿酒业是里尔地区的主要工业,葡萄酒变酸是长期以来困扰着酿酒业的难题,巴斯德到来以后,人们寄希望于他能帮助解决此问题。巴斯德首先试图弄清正常葡萄酒和变酸的葡萄酒究竟有什么不同,于是他用显微镜进行了观察,结果发现正常的葡萄酒中只能看到一种又圆又大的酵母菌,而变酸的葡萄酒中还多了另外一种又小又长的细菌。于是他把这种又小又长的细菌放到没有变酸的葡萄酒中,结果葡萄酒就变酸了。巴斯德指出,只要把酿好的葡萄酒加热到约 50℃ 的温度下并密封,葡萄酒便不会变酸。他把葡萄酒分成两组:一组加热,另一组不加热,放置数月后,加热过的葡萄酒依旧酒味芳醇,而没有加热的葡萄酒却异常的酸。人们把这种加热灭菌方法称作巴氏灭菌法,现已广泛应用于医疗卫生和工业生产领域。

巴斯德在研究发酵的过程不仅发现了各种各样的微生物,而且还确立了微生物在发酵中的作用。按照当时的流行观点[伯奇利厄斯(Jöns Jacob Berzelius,1779—1848)、李比希(Justus von Liebig,1803—1873)和维勒(Friedrich Wöhler,1800—1882)等人都持这种观点],发酵是一个纯粹的化学过程,微生物只是发酵的产物。巴斯德在分析了发酵过程的许多例子后做出了假设:发酵就是一种由"生命酵素"实现的过程;所有的发酵都是由微生物所引起的,每一种生命酵素只对某一特定的发酵过程起作用。温度、pH、基质的成分等因素的改变都会导致不同的酵素产生,酵母产生酒精的最佳 pH 为酸性,而乳酸杆菌却喜欢 pH 为中性的环境。

在 19 世纪,这种认识与流行的观念相冲突。因此,它至少面临一个棘手的问题:微生物是怎么产生的? 自古以来,社会上普遍流行着一种"自然发生说"的观念。该学说认为,不洁的衣物会自生蚤虱,污秽的死水会自生蚊蚋,肮脏的垃圾会自生虫蚁,粪便和腐败的尸体会自生蝇蛆。微生物发现以后,微生物能自然发生的信念自然就盛行了起来,因为人们常常看到食物发霉的情况,即使在加罩的容器中,腐肉同样能长出细菌。为了回答这些挑战,巴斯德重新设计了实验。他在圆形瓶里加入了一些有机溶液(肉汤),把瓶颈焊封,煮沸几分钟后搁置了一段时间。结果瓶里没有微生物生长。然而,这一试验并没有驳倒自生论者。他们认为巴斯德在煮沸肉汤时,把瓶里的空气加热了,而肉汤产生微生物所需要的是自然的空气。

面对反对者的质疑,巴斯德冥思苦想,终于设计制作出了一种只让天然空气进入而不许其中的微生物进入的装置——曲颈瓶,这是一种有着与大气连通的弯曲管道的瓶子。他将肉汤加入瓶中,加热消毒,长时间放置也无微生物产生。巴斯德实验的成功证明了其观点是正确的。

1865 年,巴斯德受农业部部长的重托来到法国南方,帮助解决法国南部蚕茧大幅度减产的问题。据称有一种"微粒子病"使蚕大量死亡,从而导致作为丝绸工业原料的蚕茧大幅度减产。经过艰苦的工作,他终于发现"微粒子病"的发生是蚕蛹和蚕蛾受到了微生物的感染。于是他提出将染病的蚕和桑叶全部销毁,这一看似简单的方法挽救了法国的养蚕业和丝绸业。

经过对微生物的长期研究,巴斯德得出结论:传染病是由微生物引起的;微生物能够通过身体接触、唾液或粪便传播,也可以从病人传播给健康的人而使其生病。当时,在巴黎的产科医院里,产妇死于产褥热者的占比高达 1/19;1864 年,仅在巴黎产科医院就造成 300 多名产妇的死亡;产科医院被称为"犯罪之家"。外科手术的死亡率高达 20%～30%,甚至达 50%～60%。面对这样的状况,巴斯德带领助手深入医院调查研究,进行反复实验,结果发现,人类疾病也是微生物造成的。为此,巴斯德提出了细菌致病理论。他建议外科医生将他们的手术器械在火焰上烧一下再使用。对于这些方法,法国的老医生们不以为然,却引起了英国外科医生李斯特的重视。李斯特将巴斯德的细菌致病理论运用于外科临床,实行石炭酸消毒法,取得了很大成功。

巴斯德与众不同的地方是他善于观察,这使他在化学上有过前人没有的重要发现。炭疽病是在羊群中流行的一种严重的传染病,对畜牧业危害很大,而且还传染给人类,特别是牧羊人和屠夫容易患病而死亡。19 世纪 70 年代,巴斯德开始研究炭疽病。巴斯德首先从病死的羊的血液中分离出了引起炭疽病的细菌——炭疽杆菌,再把这种有病菌的血从皮下注射到做实验的豚鼠或兔子身体内,这些豚鼠或兔子很快便死于炭疽病,从这些病死的豚鼠或兔子体内又找到了同样的炭疽杆菌。在实验过程中,巴斯德注意到,有些患过炭疽病侥幸成活的牲口,即使再注射病菌也不会得病。这意味着它们获得了抵抗疾病的能力(即免疫力)。这使巴斯德想到了 50 年前詹纳(Edward Jenner,1749—1823)用牛痘预防天花的方法。然而,如何才能得到不会使牲口致病的低毒性炭疽杆菌呢?反复实验后,巴斯德发现在接近 45℃下连续培养出来的炭疽杆菌毒性会降低,于是他将低毒性的炭疽杆菌给牲口注射,牲口就不会再因染上炭疽病死亡了。经过 3 年的实验研究,巴斯德提出了他的弱毒免疫理论。这一理论的提出,触怒了医学界和兽医学界,由此展开了一场长达 6 年之久的激烈争论。一位年过八旬的老医生甚至提出与巴斯德决斗。而兽医学界则要求巴斯德作公开实验,试图借此让巴斯德身败名裂。1881 年 5 月 5 日至 6 月 2 日,巴斯德在默伦的普伊勒福尔农场进行了公开的实验。一些羊注射了毒性减弱了的炭疽杆菌;另一些没有注射。4 个星期后,又给每头羊注射毒力很强的炭疽杆菌,结果在 48 小时后,事先没有注射弱毒细菌的 24 头羊有 22 头死亡,剩下的 2 头炭疽杆菌病特有的症状明显;而注射了弱毒炭疽杆菌的羊则健康如常。这一结果使反对派彻底认输,巴斯德因此名声大振。

不仅如此,巴斯德对免疫学的重要贡献还表现在他对狂犬病的征服。狂犬病虽不是一种常见病,但当时的死亡率为 100%。最初,巴斯德也认为狂犬病起因于一种细菌,但始终无法在显微镜下看到它。在寻找病原体的过程中,他经历了许多困难与失败,终于在患狂犬病的动物脑和脊髓中发现了这种毒性很强的病原体(病毒)。为了得到这种病原体,巴斯德经常冒着生命危险从患病动物体内提取。他把分离得到的病毒连续接种到家兔的脑中使之传代,经过 100 次兔脑传代的狂犬病毒给健康狗注射时,奇迹发生了,狗居然没有得病,这意味着有了免疫力。巴斯德把多次传代的狂犬病毒随兔脊髓一起取出,使之减毒,然后把脊髓研成乳化剂,用生理盐水稀释,制成原始的狂犬病疫苗。

1885 年 7 月 6 日,一位名叫迈斯特的 9 岁法国小孩被狂犬咬伤 14 处,医生诊断后宣布他生存无望。然而,在小孩父亲的请示下,巴斯德每天给他注射一支狂犬病疫苗。两周后,小孩奇迹般地转危为安。这一消息轰动了整个欧洲,人们纷纷把患者送往法国巴黎。1888 年,法国为表彰他的杰出贡献,成立了巴斯德研究所,由他亲自担任所长。

巴斯德用严谨的实验设计和细致的观察为微生物学和免疫学做出了巨大贡献,成为当之无愧的"微生物学之父"。

19 世纪后的 30 年,是微生物学的大发展时期,大多数主要致病菌在此时期内被先后发现,而这一切都与德国细菌学家罗伯特·科赫密切相关。

科赫 1843 年生于德国汉诺威州克劳斯塔尔小城,高中时就表现出对微生物学的浓厚兴趣。1862 年,他考入哥廷根大学医学院,1866 年毕业后做了随军医生,普法战争后在东普鲁士一个小镇当医生。在那里,他建立了一个简陋的实验室从事病原微生物研究。1872 年,沃尔施顿牛炭疽病流行,科赫细致地研究了这种牲畜疾病。他在牛脾脏中发现了引起炭疽病的病菌,然后把这种病菌移种到老鼠体内,老鼠也感染了炭疽病,最后他从老鼠体内分离出与牛体内相同的病菌,这一结果首次证明了特定的微生物会导致某种特定疾病。此后,科赫用血清在与牛体温相同的条件下,并在动物体外成功地培养了细菌,研究炭疽杆菌的生活史,发现了从杆菌到芽孢再到杆菌循环的过程。1876 年,他在《植物生物学》杂志上发表了他的研究成果,在医学界引起巨大的反响。

1880 年,科赫受聘于皇家卫生局,开始研究结核病。他试图通过观察结核病死者的肺来寻找结核菌,然而并未找到。不过,当他把结核病者的肺磨碎后涂在老鼠和兔子身上时,它们却都感染了结核病。经过反复实验,科赫开始意识到结核菌很可能是透明的,必须给它染色才能观察到。于是他用自己发明的固体培养基划线法来分离纯种,并用各种色素进行染色实验,通过不断改变染色方法,终于在第 271 号样品中发现了染上蓝色素呈细棒状的结核杆菌。他又用血清培养基对结核杆菌进行培养,获得了人工培养出的结核杆菌。他将结核杆菌制成悬液注射到豚鼠的腹腔内,豚鼠因此感染了结核病,科学地证明了结核杆菌是结核病的病原菌。1882 年 4 月,当他把论文发表在《柏林医学周报》上时,再一次引起医学界的轰动。发现结核杆菌后,科赫通过进一步研究又阐明了结核病的传播途径是空气和接触。

1883年后,他和他的同事一起发现了霍乱病原菌是霍乱弧菌及其经过水、食物、衣服等用品的传播途径。同时,还发现了阿米巴痢疾和两种结膜炎的病原体。1890年,他研究出结核菌素,并将它应用于结核病的诊断。1891年,任传染病研究所所长。1897年,被选为英国皇家学会会员。1902年,被选为法国科学院的国外院士。1905年,科赫获得了诺贝尔医学和生理学奖,主要是为了表彰他在肺结核研究方面的贡献。

科赫开创了病原微生物研究领域,他首创的分离和纯培养技术、培养基技术、悬滴标本检查法、组织切片染色法及显微摄影技术已成为这一领域的最基本的研究方法。不仅如此,他还为这一领域的研究制定了严格准则,这一准则被称为科赫法则:①一种病原微生物必然存在于患病动物体内,但不应出现在健康动物体内;②此病原微生物可从患病动物分离得到纯培养物;③将分离出的纯培养物人工接种敏感动物时,必定出现该疾病所特有的症状;④从人工接种的动物可以再次分离出性状与原有病原微生物相同的纯培养物。在这个原则的指导下,19世纪70年代到20世纪的20年代成了病原菌发现的黄金时代。科赫所创立的研究方法为微生物学作为生命科学中一门重要的独立分支学科奠定了坚实的基础。

19世纪微生物学在巴斯德、科赫等人成果的基础上有了长足的进步。人们认识到了微生物在疾病中的作用。一场搜寻微生物的竞赛由此展开。1888年,俄国动物学家梅契尼科夫(Elie Metchnikoff,1845—1916)在高等动物和人体内发现吞噬现象,提出吞噬细胞学说,指出吞噬细胞在炎症过程中起着防御机体的作用。1890年,德国细菌学家贝林(Emil Adolf von Behring,1854—1917)发现免疫血清中有抗白喉毒素的抗毒素存在,日本细菌学家北里柴三郎(Beili Chaisanlang Kitasato Shibasaburo,1853—1931)也发现抗破伤风毒素的抗毒素,两人成功地研究出血清疗法,对治疗白喉和破伤风患者取得良好效果。19世纪末,人们开始认识抗传染免疫现象的本质,并出现两个不同的学派,一个是以梅契尼科夫为首的细胞免疫学派,一个是以德国化学家埃尔利希(Paul Ehrlich,1854—1915)为首的体液免疫学派。埃尔利希用生物化学方法研究免疫现象,特别是以蛋白质化学和糖化学作为基础,探讨抗原和抗体的本质及其相互作用,于1896年提出抗体形成的侧链学说,为传染病的诊断、治疗和预防提供了一些实用方法。1907年,埃尔利希合成治疗梅毒的砷凡纳明(六〇六),1910年又与秦佐八郎(1873—1938)共同合成了新砷凡纳明(九一四),用化学方法治疗微生物疾病由此开端。由于两大学派的争鸣,免疫学的发展在这一时期大大加快了。

三、实验生理学

生理学的历史悠久,早在17世纪英国生理学家哈维(William Harvey,1578—1657)

就建立了血液循环学说。然而，物理学的研究长期受到"机械论"或"活力论"的影响，这种情况一直延续到 19 世纪才有所改变。19 世纪后半叶，由于物理、化学理论和实验方法在生物学中的应用，科学家们逐渐抛弃了"活力""灵气"等含糊不清的概念，探索出了一条生命现象物理化学解释新途径，从而促使实验生理学的兴起。在此期间，生理学家如法国人马让迪（Francois Magendie, 1783—1855）、贝尔纳（Claude Bernard, 1813—1878）等人先后用动物实验对神经和消化等系统进行了大量生理研究，他们的工作奠定了现代生理学研究的科学基础。

马让迪早先研究解剖学，他热衷于实验，有"活体解剖者"之称，后来转向了生理学研究，极力主张用物理化学方法阐释生命现象。马让迪对神经系统特别感兴趣，他对狗脑脊液进行了详细研究，并证明脊髓的前神经根是运动神经，后神经根是感觉神经；前者将冲动传至肌肉引起运动，后者把冲动传导到脑，转化为感觉。此后，马让迪从事食物营养研究达 15 年之久，取得了重要成果，如证明含氯食品（即蛋白质）是维持生命的物质等，为现代营养科学奠定了基础。不仅如此，马让迪也是实验生理学的奠基人，他实验了多种药物对人体的作用，他的学生们沿着他开创的这条路走下去，取得了重要的成就，在他的后继者中，最著名的当属贝尔纳，最终使实验生理学真正成为一门重要的学科。

贝尔纳是实验生理学最重要的奠基人。他比同时代的学者有更多的发现和更深刻的见解。他不仅发现了肝脏的糖原合成功能，血管舒缩神经，胰液在消化中的作用，而且还发现了箭毒、一氧化碳，以及其他一些毒性物质的作用性质等。他提出的内环境概念经亨德森（Lawrence Joseph Henderson, 1878—1942）和坎农（Walter Bradford Cannon, 1871—1945）的努力发展成内稳态理论（homeostasis），这一理论已经成为现代实验生理学的基础。他的《实验医学研究导论》已成为传世之作。

贝尔纳出身于农民家庭，曾在教会学校受过一些教育。1834 年他进入巴黎医学院，1843 年毕业。1847 年年底，他成为马让迪的正式助手，并在马让迪手下受到了良好的训练，其技能超过了他的老师。1854 年，贝尔纳被选为法兰西科学院院士，1855 年接替马让迪成为法兰西学院生理学教授，1869 年出任法兰西科学院院长。逝世时法国为贝尔纳举行了国葬。

在贝尔纳一生的研究中，最重要的有两项，一是关于胰脏的消化机能研究；一是提出生物"内环境"的重要概念。

在研究消化机能的过程中，他发现，胃并非唯一的消化器官，十二指肠的作用更为重要；胰脏分泌液体在十二指肠里帮助消化胃里不能完全分解的食物。他通过实验从胰脏中分离出了三种酶素（酶），发现它们能分别促进糖、蛋白质、脂肪的水解，这些消解物最终为肠壁所吸收。由此他确定胰脏是最重要的消化腺，这一发现修正了长期以来以胃为最主要消化器官的错误认识。随着进一步的研究，他发现了胰脏的内分泌机能，这为发现和证实肝糖原的合成功能提供了良好的基础。按照当时流行的理论,动物所需的糖分是从食物中吸收的,通过肝、肺或其他一些组织而分解。在对狗的实验中,贝尔纳发现了狗的静脉中含有大量的糖分,进一步实验使他最终发现了肝脏的糖原合成与转化功能。于是,他摒弃了当时公认的动物血液中的糖直接来源于食物,以及动物不能合成多糖的观念,并用实验证明血中的糖不是直接来自食物而是来自肝脏,肝脏能把葡萄糖合成糖原储存起来,肝糖原又可分解成葡萄糖送回血液,供机体所需。肝脏可以调节血糖水平,使有机体处于相对稳定的状态。

　　肝脏糖原合成和转化功能的发现促进了贝尔纳"内环境"概念的提出。拉瓦锡曾提出"呼吸是缓慢地燃烧"的观点,但贝尔纳认为,生物体内的氧化过程不是氧和碳的直接燃烧,而是通过酵素的作用发生的间接氧化,氧化的发生地不只是肺也包括身体的全部组织。针对当时流行的"活力论"观点,贝尔纳指出生命所表现的"活力"实际上是化学力。在此基础上,贝尔纳在 1857 年正式提出了生物"内环境"(milieu interieur)的概念。他认为,动物的生活需要两个环境——肌体组织生活的内环境和整个有机体生活的外环境。细胞和组织只能生活在血液或淋巴构成的液体环境(组织液)中,这种液体环境不仅为组织提供营养,而且也构成了细胞间和组织间相互联系的主要通道。内环境的相对稳定是生命存在的前提;内环境的稳定意味着高等生物是一个完美的有机体,能够不断地调节或对抗引起内环境变化的各种因素;内环境的稳定是生命内环境要经常同外环境保持平衡,否则生命现象就会发生紊乱。贝尔纳之后,美国生理学家亨德森和坎农等人继承和发展了他的思想,科学地揭示了内环境稳定的机理。

第三节　达尔文进化论

　　在 19 世纪生物学领域中,影响最为深远的莫过于查尔斯·罗伯特·达尔文(Charles Robert Darwin,1809—1882)提出的生物进化理论,迄今为止还没有哪一种科学理论能像达尔文进化论那样对人类观念生产如此重大的影响。

一、达尔文以前的生物演化思想

　　最早认识到生命世界存在等级现象的是古希腊哲学家亚里士多德,他相信"自然界从非生物通过植物到动物是一个不可割裂的序列",这是一个从植物到人类构成 11 个等级的连续的序列。他将这个序列称为"存在的巨大链条"(The Great Chain of Being)[1],

————————————

　　[1] 厄恩斯特·迈尔:《生物学思想的发展:多样性,进化与遗传》,刘珺珺等译,323 页,长沙,湖南教育出版社,1990。

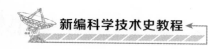

这种"自然的阶梯"或"自然存在的巨大链索"概念,在 18 世纪促进了进化思想的产生。

在生物学上,第一个系统阐述生物进化思想的人是法国博物学家拉马克(Jean-Baptiste de Lamarck,1744—1829),其进化理论主要体现在 1809 年出版的《动物学哲学》中。他认为自然界中的生物存在着从简单到复杂的差异,这种差异构成了生物从低等到高等的序列;由于生物本质上是变化的,因此自然的级序列不可能是静态的。对于为什么生物会出现由简单到复杂的完美序列,以及生命现象会表现出惊人的多样性的疑问,拉马克认为这是由生物的垂直进化和水平进化造成的,垂直进化导致生物由简单向复杂转变,水平进化则表现为多样性的分化。引起进化演变有两个原因:①生物具有谋求更加复杂化(完善)的天赋;②生物具有对环境的变化做出反应的能力。

尽管拉马克看到了环境对生物的影响,但他认为环境的改变只是引起动物机能变化的诱因,只有动物具有了稳定持久的改变机能的内在要求,才能使动物产生出新的习性,这种新的习性最终会导致器官的改变。他把动物进化的原因概括成两条基本法则:①用进废退,即经常使用的器官就发达,不使用就退化;②获得的性状可以遗传。这两条法则是拉马克解释生物进化的主要原理。他用了大量的事例来说明动物器官的用进废退和获得的性状可以遗传的法则。如脊椎动物牙齿与食性的关系;食草动物臼牙因长期咀嚼植物纤维而变化发达;鼹鼠因长年生活于地下而使眼睛退化;水禽因用力张开足趾划水而形成蹼;长颈鹿因经常引颈取食高树枝叶而形成长颈等。不过,这种解释也常常引来许多的争论。

拉马克的进化学说强调了生物具有天生的向上发展的内在趋向,并认为它是造成生物进化由低级向高级、由简单向复杂方向逐渐演化的根本原因。不过向上的演化方式既可以是直线式的,也可以是分支式的,纷繁多样的生物种类就是这种演化方式与环境互相作用的结果。

二、达尔文进化论的建立

拉马克在建立他的进化理论时没能摆脱"存在的巨大链条"的观念,他把生物进化过程理解为生物在这个链条上向着更高级或更完善的阶段发展。然而,拉马克的"获得性遗传"法则并没有科学地解释一个物种是如何能够转变成另一个物种这一关键问题。直到达尔文《物种起源》的出版,这一问题才得到很好的说明。

1809 年 2 月 12 日,达尔文生于里英格兰的希鲁兹伯里。他是家里的第五个孩子,8 岁时母亲因病去世,由 3 个姐姐照看长大。1825 年 10 月,达尔文进入爱丁堡大学学习,两年后又转到剑桥大学。在那里他结识了植物学教授亨斯洛(John Stevens Henslow,1796—1861),两人很快成为好朋友。受德国博物学家洪堡著的《新大陆热带地区旅行记》和英国天文学家赫歇尔(William Herschel,1738—1822)著的《自然哲学入门》的影响开始钻研地质学。

1831年12月,达尔文以博物学家的身份参加了"贝格尔"号军舰历时5年的环球科学考察,期间收集了大量的岩石标本,其所见所闻使得他思想经历了一场深刻的转变,即由神学自然观向演变论自然观的转变。大约在1839年,达尔文就已经形成了他的物种起源理论,只是出于严谨而没有写成著作。他认为,在没有获得充足材料的情况下就发表结果是"十分不明智的"行动。在以后的20年里,达尔文把主要精力放在了各种生物实验,补充证据和检验理论方面。直到1842年6月,达尔文才草拟了一份相当完整的物种进化理论提纲。1844年夏天,达尔文把它扩充为231页的概要,非常完整地提出了后来包括在《物种起源》中的论点。这份手稿直到达尔文死后14年才被发现。

1858年6月,达尔文收到了青年生物学家华莱士(Alfred Russel Wallace,1823—1913)寄来的一篇论文手稿,题目是《论变种与其原始形态永久分化的倾向》。读过华莱士的论文后,达尔文大为惊异。在赖尔(Charles Lyell,1797—1875)、霍克(Joseph Dalton Hooker,1817—1911)等朋友的劝说下,达尔文最终将自己的论文与华莱士的论文一同发表在《林奈学会》期刊上。

达尔文进化论主要体现在1859年出版的《物种起源》一书中。全书共有十五章,包含了两方面内容:一是用人工选择过程来阐明生物进化的事实;二是论证了自然界生物的进化是通过自然选择实现的。这是达尔文研究生物进化过程的一个系统总结。人们普遍认为,《物种起源》的诞生是生物学上的一场伟大的革命,它的意义不仅对19世纪的生物科学各个分支学科的发展起了积极的推动作用,而且远远超出了生物学范畴,在世界观的层面上给予了神创论、物种不变论、目的论和灾变论以致命的打击。

《物种起源》问世初期遭到了猛烈的攻击。教会人士及保守的学者极力反对这一学说,而思想进步的学者、特别是青年科学家都热烈拥护它,双方展开了激烈的斗争。在英国,除了对达尔文进行书面攻击外,还出现过科学史上著名的"牛津论战"。达尔文本人很少介入论战,他需要用更多的事实材料来加强他的观点。《物种起源》问世不久,达尔文便开始撰写另一部规模更大的著作《动物和植物在家养下的变异》,阐述他对于家养野生动物和植物的全部观察,以及从各方面收集来的大量事实,同时探讨变异和遗传的原因及其规律。经过8年的不懈努力,《动物和植物在家养下的变异》两卷本终于正式出版。

达尔文一生的著述颇丰。仅正式出版的科学著作就达20部,而这些著作几乎都是在病中坚持写成的。1882年4月19日,达尔文逝世于达温,享年73岁。达尔文被安葬在威斯敏斯特大教堂墓地大科学家牛顿墓的近旁。达尔文的一生,正如他自己所言:"我曾不断地追随了科学,并且把我的一生献给了科学。"

三、达尔文进化论的主要思想

达尔文以前的进化学说大多强调单一的进化因素，如布丰强调环境直接诱发生物的遗传改变，拉马克强调生物内在的自我改进的力量，瓦格勒（Moritz Wagner, 1813—1887）强调环境隔离因素等。达尔文在建构进化理论时吸收了他们的思想，但在解释生物进化的机制时，他却强调了自然选择的核心作用。

在达尔文的进化理论中，共同起源和自然选择是两大基石，进化的结果生物性状出现分歧，最终导致新物种的形成。

就共同起源问题而言，达尔文所做的工作和他所处的时代对他揭开物种起源的奥秘是非常有利的。一方面，他通过历时5年的极有意义的环球旅行，积累了丰富的生物学知识和大量的化石证据；另一方面，19世纪的生物学成就，如发现动植物细胞的共同构成，各种动物（如鱼、鸡、猪、人）的胚胎在发育初期的相似性；比较解剖学发现同一类群的动物在骨骼、肌肉、神经和血管构造上的类似特征，都揭示出生物的共同起源与亲缘关系。它们为进化理论的创立提供了科学的根据。为弄清物种起源的机制，达尔文考察了当时关于物种起源的种种观点，收集和分析了地质学、地理学、形态学和胚胎学的各种证据。随着日后化石资料的增多，尤其是始祖鸟化石的发现，为人们提供了由爬行类动物向鸟类过渡类型的证据；在南非发掘出的大批类似哺乳动物的蜥蜴化石，也表明了存在着过渡物种。达尔文指出，尽管物种具有相对的稳定性，但它们毕竟是由变种（或亚种）演化而来的；现存的不同物种由共同的血缘联系在一起；无论两个物种相隔多远，它们具有共同的祖先。

达尔文在论证物种的共同起源时，还大量地列举了地理学、形态学和胚胎学证据。在"贝格尔"号的环球旅行中，达尔文考察了加拉帕戈斯群岛上的莺鸟和海龟，发现它们与邻近大陆的物种有明显的关系，而与其他即使距离不太远的地方的类群没有明显关系，这意味着它们与大陆相关的动物具有共同的祖先。此外，对于同源性器官和同功性器官，以及各类脊椎动物脊椎、四肢和头骨的相似构造等问题，只能用物种的共同起源理论才能得到清楚的说明。这些证据还表明，物种不仅倾向于互相取代，还会产生出分支。年代久远的物种演化到今天，往往会留下不止一个物种的后代。这种现象只能用物种的共同起源理论才能解释。因此，共同起源构成了达尔文进化论的一大基石。

物种共同起源的理论把一个缤纷多彩的生命世界联系了在一起。直到今天，这一理论仍然是对自然的最合理的解释。正如迈尔所说的那样，在拉马克的进化理论中"没有物种起源的理论，没有考虑共同由来的问题，重要的是作为19世纪的博物学家，拉马克全然不考虑生物的地理分布，而这方面的知识恰恰是达尔文共同由来学说最丰富的源泉"。然而，要想说明物种形成的机制，仅凭自己5年旅行考察所得到的事实和知识，显然还是不够的。因此,达尔文把目光转向了人工培育的物种。他认为,除动物和植物的人工培育之外,再也没有更好的观察场所了。

达尔文先后研究150种家鸽、15种黄牛、11种绵羊,以及鸡、马、猪、狗、家兔等的品种。当时,大多数学者都认为,每一种家养的动物品种都有其野生的祖先;有多少种家养动物品种,就能找到多少种野生动物的标本。达尔文却发现,家养动物实际上只起源于极少数的同类野生祖先。例如,所有家鸽的品种都起源于岩鸽,所有家鸡的品种都起源于原鸡,猪大概也只起源于两种野生的祖先。问题是,如果是同一祖先,又怎么产生出千差万别的后裔的呢?达尔文重点选择鸽子作为研究对象,研究发现,家鸽新品种的产生是饲养过程中人工选择的结果。进一步的研究发现,不仅鸽子可以人工选择,其他动物和植物也是如此。各种优良的观赏植物(如菊花、牡丹)和农作物都是人工选择的结果。人工选择无疑是家养动物和栽培植物不同物种的起源途径。

由此可以看出,新物种生产最根本的原因是变异。所谓变异是指同种生物世代之间或同代不同个体之间性状的差异。达尔文发现,变异既可以在自然状态下发生,也能在家养下发生。变异本身并不能作为决定进化方向的直接力量而起作用,但它是进化的必要条件。没有变异就无生物的进化。

达尔文发现,变异的情形在自然条件下也大量存在,这些原理同样也适用于自然界中的野生物种类型。自然界动植物的变异是普遍的,一个物种往往会产生多个的变种。不过,变异并不必然导致新物种的最终产生,变异的结果必须能够传递给后代才能发挥作用。在达尔文看来,生物的变异可分为两类:一定变异和不定变异。[1] 前者性质和方向主要由生活条件决定,后者则是由生物的本性决定的。尽管变异的形态多种多样,但都遵循着一定的规律。如器官是否使用会产生相应的变异;相关变异、延续性变异,等等。在达尔文进化理论中,可遗传的变异是进化的基本条件。生物个体在环境选择下发生各种微小变异,遗传的作用则把这些变异的品质固定下来,由此长期积累的结果最终导致出现差异明显的不同个体,这就是新品种的形成。

在广泛地研究了自然生长和家养的动物和植物后,达尔文注意到任何有性繁殖的生物都不能免除变异。变异不仅表现在形态构造上,而且也见于生理功能、本能、习性和心理作用等方面。达尔文指出,生物的变异与环境条件的改变紧密相关,其根据在于:①家养的动物和栽培植物比野生的动植物呈现出较多、较显著的变异;②地域分布广泛的物种比分布狭隘的物种呈现出较多的变异。这是因为"它们是处在各种不同的物理条件之下,并且要跟各种不同的生物进行竞争"。当动物的生活条件发生了改变,动物的习性就可能发生改变,就会出现某些器官的使用和不使用,由此产生变异。

---

①达尔文:《物种起源》,周建人、叶笃庄、方宗熙译,22页,北京,商务印书馆,1995。

在对变异作用的理解上,达尔文与拉马克存在着明显的差别。拉马克认为变异直接导致适应;而达尔文则认为变异须经自然选择才能产生适应性状。

在达尔文进化理论中,自然选择是一个核心概念,是物种形成最根本的动力。达尔文根据自己的多年观察,发现生物普遍具有按照几何级数迅速繁殖后代的能力。对于地球上任何一种动物或植物来说,如果按照它本身的繁殖能力来推算,那么,总有一天,整个地球都要被它独占。事实却并非如此,地球上的每一种动物或植物都不可能完全按照本身的繁殖能力来繁殖。达尔文认为,生存斗争是普遍存在的。任何生物要能生存和繁殖,必须同它所生长的自然环境做斗争,包括取得日光、水分、空气和养料,避免其他动物和植物的危害,以及跟同种生物的其他个体做斗争。结果,适应的就能生存下去,不适应的就被淘汰了。其中,"最适者生存"的作用与人工选择的情形相似。达尔文称它为"自然选择"①。

至此,达尔文终于发现了生物进化的规律:自然界的生物普遍地具有变异的可能。当生活条件改变时,生物会在构造上、机能上、习性上发生变异。变异几乎都有遗传的倾向,因而能代代累加,产生显著的性状分歧。经过相当长的时间,不适应外界环境条件的个体就被淘汰,以至灭绝;而适应外界环境条件的个体就得以生存,其有利于生存的变异通过逐代遗传的积累,终于形成新的类型或物种。自然界的生物由简单到复杂、由低级到高级的进化,便是这样通过自然选择、适者生存而进行的。

自然选择是进化的机制,是变异、选择和遗传三种因素相互作用的过程。当生物的高度的繁殖率与有限的食物和空间发生矛盾时,生物之间的生存斗争就会表现出来,生物本身的某些变异都会在适应环境的生存斗争中被保存或淘汰,这个过程就是自然选择。在自然状态下,自然选择是一个缓慢、渐变的过程。虽然不易直接观察到,但它可以从其他观察结论中推断出来。这种推论依据了三个基本的前提:①任何物种的个体,在形态与内部结构上均存在着差异;②这种差异是可以遗传的;③生物个体的增殖速度超过了环境承受的能力,就会导致许多个体的死亡。

虽然自然界中的每一个生物都要承受自然选择的压力,但生物的进化是以种群为单位的。变异对进化的作用必须通过生殖过程传递给后代,并逐渐在群体中扩散开来才能发生,因此,生殖作用是自然选择的一个重要方面。

自然选择的创造性作用主要有三个方面:①通过生存斗争,保存对生存有利的变异,淘汰有害的变异;②通过生殖作用和生存斗争,累积有利的变异;③通过环境的变化,控制生物发展的方向,由此产生适应环境的新生物类型。自然选择不仅仅指通过生存斗争淘汰不适者,它的更重要的作用在于使生物产生适应环境的能力,是通过个体之间的生

---

① 达尔文:《物种起源》,周建人、叶笃庄、方宗熙译,76 页,北京,商务印书馆,1995。

存斗争来达到群体的平稳与和谐。

按照达尔文的学说，所有生物物种都有共同的祖先，它们通过变异、选择和遗传的作用，最终形成多样性的物种。我们从家养动植物中可以看到，选择方向的不同会形成性状歧异的品种。事实上，在一个物种内部，个体之间在结构习性上歧异性越强，就越有利于适应不同的环境，这种歧异性状积累越多就越容易形成新的物种。达尔文非常形象地描述了物种形成的路径，[①]这就是我们今天所说的生物进化系统树。

达尔文进化论从科学上对生命存在与演化的过程做出了合理的说明，从而结束了生物学各分支学科彼此分离的局面。它的意义远远超越了科学理论本身，而具有的深刻的哲学的意蕴。它结束了生物学中目的论和物种不变论的观念，并使人类不再用高贵的神态俯视其他物种。正如科学史家丹皮尔所说，由于达尔文进化论的提出，"地位仅次于天使的人类本来是从宇宙的中心地球上来俯览万物的，而今却变成了围绕着千万颗恒星之一旋转的一个偶然的小行星上面有机发展锁链中的一环。他是一个微不足道的存在物，是盲目的、不可抵抗的造化力量的玩物，这些力量同人类的愿望和幸福是毫不相干的"[②]。

四、进化论在达尔文之后的完善

《物种起源》出版后产生了巨大的社会影响，但大多数人对达尔文的自然选择学说仍持有很大异议。只有少数博物学家，如华莱士、胡克、赖尔、海克尔（Ernst Heinrich Haeckel，1834—1919)，以及某些昆虫学家接受达尔文的进化论，然而在实验生物学的领域没有人承认它。例如，早期的孟德尔（Gregor Johann Mendel，1822—1884)学派对进化的解释是：①进化中的每一变化都是由于出现了一种新的突变，也就是说，出现或发生了新的遗传不连续性，因此进化的动力是突变压力；②选择在进化中是无关重要的力量，至多也不过是在淘汰有害突变中发挥作用；③由于突变能够解释一切进化现象，而个体变异与重组又都不能产生任何新的事态，所以可以不予考虑。大多数连续个体变异不是遗传性的。这种解释对达尔文进化论是相当不利的。

直到20世纪30年代，随着种群遗传学研究的进展，人们才发现自然选择可以导致基因库发生重大变化，一些生物学家开始用统计生物学和种群遗传学的研究成果来重新解释达尔文的自然选择理论，并通过精确地研究种群基因频率在各代中的变化来研究自然选择是如何起作用的，从而逐步填补了达尔文自然选择理论的某些缺陷，使达尔文理论在逻辑上趋于完善。

①达尔文：《物种起源》，周建人、叶笃庄、方宗熙译，147~148页，北京，商务印书馆，1995。
②W.C.丹皮尔：《科学史及其与哲学和宗教的关系》，李珩译，14页，北京，商务印书馆，1975。

参考文献

1. 威廉·科尔曼：《19 世纪的生物学和人学》，严晴燕译，上海，复旦大学出版社，2000。

2. 洛伊斯·N. 玛格纳：《生命科学史》，李难等译，武汉，华中工学院出版社，1985。

3. 吴国盛：《科学的历程》，北京，北京大学出版社，2002。

4. 帕特里斯·德布雷：《巴斯德传》，姜志辉译，北京，商务印书馆，2000。

5. R. 瓦莱里-拉多：《微生物学奠基人巴斯德》，陶亢德、董元骥译，北京，科学出版社，1985。

6. 桂林医专自然辩证法研究会：《如何评价威尔赫细胞病理学?》，载《自然辩证法通讯》，1979(02)。

7. 阿·伊格纳图斯：《罗伯特·科赫——细菌学之父》，齐树仁译，北京，科学普及出版社，1981。

8. 克洛德·贝尔纳：《实验医学研究导论》，夏康农、管光东译，北京，商务印书馆出版，1996。

9. 哈尔·海尔曼：《医学领域的名家之争》，马晶、李静译，上海，上海科技文献出版社，2008。

10. 达尔文：《物种起源》，周建人、叶笃庄、方宗熙译，北京，商务印书馆，1995。

11. 厄恩斯特·迈尔：《生物学思想的发展：多样性，进化与遗传》，刘珺珺等译，长沙，湖南教育出版社，1990。

12. 厄恩斯特·迈尔：《进化是什么》，田洺译，上海，上海科学技术出版社，2003。

13. 皮特·J. 鲍勒：《进化思想史》，田洺译，南昌，江西教育出版社，1999。

14. 李难编著：《进化论教程》，北京，高等教育出版社，1990。

15. 陈蓉霞：《进化的阶梯》，北京，中国社会科学出版社，1996。

16. 田洺：《未竟的综合——达尔文以来的进化论》，济南，山东教育出版社，1998。

进一步阅读材料

1. 洛伊斯·N. 玛格纳：《生命科学史》，李难、崔极谦、王水平译，天津，百花文艺出版社，2002。

2. 厄恩斯特·迈尔：《生物学思想的发展：多样性，进化与遗传》，刘珺珺等译，长沙，湖南教育出版社，1990。

3. 帕特里斯·德布雷：《巴斯德传》，姜志辉译，北京，商务印书馆，2000。

第十六章

经典物理学大厦的完成

17世纪,包括力学、热学、声学、电学、磁学,以及光学的物理学各个分支都进入了近代发展历程,实验研究方法被广泛引入,并开始建立基于实验研究的经验定律。牛顿力学体系建立后,力学研究方法对物理学其他学科的研究产生了示范作用。19世纪,物理学进入根据经验定律建立理论体系的时期,热力学和统计物理学,以及电磁场理论的建立,使力、热、声、光、电和磁等物理现象都得到了相应规律和理论阐释,经典物理学理论体系建成。

第一节　经典光学的建立

17世纪,几何光学得以确立,尤其是光的折射定律的发现,对望远镜、显微镜光学仪器的制作产生了积极的作用,同时有关光的波动现象的发现也开启了波动光学的奠基性研究。牛顿(Isaac Newton,1642—1727)的色散实验及牛顿环的发现,可以看作波动光学的开始,但牛顿本人认为光本质上是运动的细微流质,与牛顿同时代的荷兰科学家惠更斯(Christiaan Huyens,1629—1695)则主张光是一种波动。在18世纪的光学发展中,细微流质的观点影响着包括光学在内的物理学诸分支的发展,这种模型直观形象,而光的波动理论在这个时期还不十分完善。到19世纪下半叶,随着麦克斯韦(James Clerk Maxwell,1831—1879)电磁场理论的建立,最终实现了电、磁和光的统一,使人类对光的认识达到了一个新的水平。

一、波动说的复兴

光的波动学的新进展首先由英国医生、物理学家托马斯·杨(Thomas Young,

1773—1829)取得。杨博学且多才多艺。他的著述涉及医学、物理学、天体力学和机械学等广泛领域。他具有杰出的语言才能,通晓多种外语,是埃及象形文字的最早的翻译者之一。杨会演奏多种乐器。杨的研究从生理光学现象开始,杨研究过眼睛的构造及其光学性质,他第一个发现眼球在注视距离不同的物体时会改变晶体的形状,他最早研究了人眼色觉问题。19 世纪最初几年,杨在光的波动说方面做出了一系列实验和理论研究。他首先提出光与声都是波,并且研究了声波叠加的现象,还提出了"干涉"概念,随后,杨扩展了惠更斯的波动观点,明确了光波的频率和波长的概念,阐述了光的干涉原理。他在 1807 年出版的《自然哲学和机械工艺讲义》中介绍了实现光的干涉实验的条件,描述了多种光的干涉现象,并进行了解释。① 杨所做的双缝干涉实验清楚地展示了光的叠加干涉现象,明确地揭示了光的波动性质,是物理学史上最精彩的实验之一,后来被广泛地引入物理学教科书中。此外,杨还首次实现了可见光波长的测量。

19 世纪初,一些有很好数学素养的法国学者和工程师也在光的波动说研究中取得成果。工程师、物理学家马吕斯(Etienne Louis Malus,1775—1812)偶然发现了反射光的偏振现象和平面偏振光通过晶体后的光强变化。物理学家阿拉果(Dominique Francois Jean Arago,1786—1853)发现了光的色偏振现象。1814 年,工程师菲涅耳(Augustin-Jean Fresnel,1788—1827)初步建立了有关的数学理论以说明光波衍射的规律性,从而将光的波动说发展到很完满的程度。1815 年,菲涅耳向科学院提交了关于衍射的研究报告,其中包含了他提出的惠更斯-菲涅耳原理(Huygens-Fresnel principle)。菲涅耳完善了惠更斯的子波概念,使子波具有了频率、振幅和位相的内容,从而使光的衍射理论更加完善。为了说明干涉原理,菲涅耳设计双光干涉实验,解释了双折射现象。在计算衍射花纹时,菲涅耳提出了半波带法,结合惠更斯-菲涅耳原理,可以精确地计算出圆孔、直边等形状的衍射情况。此外,他还成功地证明了光是沿直线传播的。这就成功地消除了波动说的一个极大的困难,对确立波动说具有重要的意义。1817 年,杨提出了光波是横波的观点。菲涅耳很快就以横波观点为基础,推导出光的反射和折射的振幅比公式(菲涅耳公式)。总之,菲涅耳的理论对当时观测到的大量光学现象都给出了解释。1818 年,法国科学院悬奖以发展衍射理论,菲涅耳向科学院提交了论文。当时的著名学者泊松(Simeon-Denis Poisson,1781—1840)提出了一个"判决"式的问题,即如果按菲涅耳公式来推导,可以得到:在一个盘后的一定距离上放置屏幕,光线可在屏幕上形成的影子中心出现亮点。菲涅耳和阿拉果接受了挑战,他们进行了精密的实验,结果泊松根据菲涅耳理论做出的"预言"被证实了。这个结果轰动了科学院,并且使得波动说迎来了辉煌的胜

①托马斯·杨:《光的干涉》,见威·弗·马吉:《物理学原著选读》,蔡宾牟译,327～332 页,北京,商务印书馆,1986。

利。1819 年,菲涅耳与阿拉果合作进行了验证光是横波的观点的实验。

二、光速测定

伽利略(Galilei Galileo,1564—1642)最早试图测量光速,但他没有解决这个问题,爱因斯坦(Albert Einstein,1879—1955)仍然给予他极高的评价:"提出一个问题往往比解决一个问题更重要。"[①]19 世纪初,托马斯·杨认为,光在密度大的介质中的速度应比它在密度小的介质中的速度小。这与主张微粒说的看法正相反。因此,不同介质中光速的测量和确定就成为关于光的本性争论中一个具有决定意义的实验。18 世纪的光速测量都是通过天文观测实现的,到 19 世纪才在地面上实现光速的测量。1849 年,法国物理学家菲佐(Armand Hippolyte Louis Fizeau,1819—1896)首先在地面上测得光速值,其值为 315 300 千米/秒。1850 年,另一位法国科学家傅科(Jean-Bernard-Leon Foucault,1819—1868)采用与菲佐不同的方法,也在地面上测得光速数值。

美国实验物理学家迈克尔逊(Albet Abraham Michelson,1852—1931)对光速的测定做出了杰出的贡献。迈克尔逊改进傅科的测量装置,从 1878 年开始进行实验,结果测得光速值为 300 140 千米/秒,误差小于万分之一。1882 年,他又开始测量光速,得到的数值为 $(2.99\ 853\pm0.00\ 060)\times10^8$ 米/秒,这个值非常精确,被作为国际标准沿用了 40 年之久。

三、光谱研究

光谱学的历史应从牛顿的色散实验开始,牛顿证明日光通过棱镜所形成的彩色光带,是由于白光分析成物理上比较简单的成分的缘故,这使人们对白光和颜色的认识大大深入了。1752 年,英国的梅耳维尔(Thomas Melvill,1726—1753)报告了他对多种金属或盐类火焰光谱的研究,发现了包括纳谱线在内的一些谱线。1832 年,赫歇尔(William Herschel,1738—1822)指出,这些谱线可以用来检验金属的存在。这个建议引起人们对谱线位置的观测、描绘和记录。赫歇尔和李特(Johann Wilhelm Ritter,1776—1810)先后发现红外线和紫外线,把光谱的范围扩大到可见光范围以外的区域。1802 年,英国科学家沃拉斯顿(William Hyde Wollaston,1766—1828)观察到太阳光谱的不连续性,发现太阳光谱中有多条暗线。

德国物理学家夫琅禾费(Joseph von Fraunhofer,1787—1826)发明了衍射光栅,并利用光栅对太阳光谱进行了仔细研究,他意识到,太阳的组成成分与光谱之间存在着某些

---

①爱因斯坦、英费尔德:《物理学的进化》,周肇威译,66 页,上海,上海科学技术出版社,1962。

关系。布儒斯特(David Brewster,1781—1868)明确指出,暗线是由于吸收的作用,并指出地球大气也有吸收作用。德国物理学家基尔霍夫(Gnstav Robert Kirchoff,1824—1887)和本生(Robert Wilhelm Bunsen,1811—1899)发明了棱镜光谱仪,建立了光谱分析方法。他们通过对各种火焰光谱和火花光谱的分析发现了元素铯和铷。这说明光谱分析方法在分析和鉴定物质的化学成分上有重要的作用,进而使光谱分析研究获得了快速的发展。随后,科学家运用这一方法发现了铊、铟等一系列化学元素。

1868年,瑞典物理学家埃格斯特朗(Anders Jonas Angstrom,1814—1874)发表了《标准太阳光谱图表》,记载了上千条夫琅禾费谱线的波长,以 10^{-10} m 为单位,精确到六位数字,为光谱学研究提供了有价值的标准。后人为了纪念他对光谱研究的贡献,将 10^{-10} m 定为波长的单位埃格斯特朗(简称埃,符号"A")。此外,埃格斯特朗还在太阳光谱中发现了氢和其他元素,他还研究了极光光谱。

1885年,瑞士数学教师巴耳末(Johann Jakob Balmer,1825—1898)从大量氢原子光谱的光谱数据中,找到了一个简单的氢光谱经验公式。1890年,瑞典物理学家里德堡(Johannes Rober Rydberg,1854—1919)用波数表示巴耳末公式。1908年,瑞士物理学家里兹(Walter Ritz,1878—1909)提出了组合原理,把每条谱线表示成两个谱线的波数差。一个元素的不同谱线的波长之间的确定关系,到20世纪才在物理学上显出无比重要的价值。

第二节　热力学的建立

18世纪初开始建立了系统的计温学和量热学,在此基础上人们对热现象的研究进一步从经验向科学转化,走上了实验科学的道路,热学成了物理学中新发展起来的一门分支学科。在18世纪和19世纪中期,由于蒸汽机的发明、改进及其在工业上的广泛使用,热学显示出非常重要的实际意义。热力学第一定律和热力学第二定律的发现是19世纪的重大科学成果。能量转化和守恒定律深刻揭示了物质世界的普遍联系,热力学第二定律则进一步显示了自然界过程的方向性。

一、能量转化与守恒定律的确立

能量转化和守恒原理是物理学中一个具有普遍意义的原理,它的建立是生产技术、哲学和自然科学长期发展的结果。到19世纪前半叶,自然科学上的一系列重大发现,广泛地揭示出各种自然现象之间的普遍联系和转化。例如,意大利物理学家、化学家伏打(Alessandro Vlota,1745—1827)于1799年制成了"伏打电堆",这是世界上第一个可以产生稳定、持续电流的装置,这是化学运动向电的转化,人们很快就利用伏打电流进行电解,又实现了电运动向化学运动的转化。关于热和电之间的转化,首先是由德国物理学家塞贝克(Thomas Johann Seeback,1770—1831)于1821年实现的。1840年和1842年,焦耳(James Prescott Joule,1818—1889)和楞次(Heinrich Friedrich Emil Lenz,1804—1865)分别发现了电流转化为热的著名定律。1820年奥斯特(Hans Christian Oersted,1777—1851)关于电流的磁效应的发现和1831年法拉第(Michael Faraday,1791—1867)关于电磁感应现象的发现,使电与磁之间的相互转化完成了循环。此外,关于化学反应中释放热量的重要定律,关于紫外线的化学作用的发现,用光照金属板极的办法改变电池的电动势的发现,光的偏振面的磁致偏转现象的发现,都从不同侧面揭示出各种自然现象之间的联系和转化。自然科学上的这类发现,在哲学上也得到了反映。到了19世纪40年代前后,欧洲科学界已经形成一种思想气氛,以一种联系的观点去观察自然现象。正是在这种情况下,从事七八种专业的十多位科学家,分别通过不同的途径,各自独立地发现了能量守恒原理。在这其中有三位声誉卓著的佼佼者,就是迈尔(Julius Robert Mayer,1814—1878)、焦耳和亥姆霍兹(Hermann von Helmholtz,1821—1894)。他们分别从哲学性的理性思维、与机械效率的探讨相联系的物理实验,以及在力学基础上进行的理论论证的途径开始思考,为能量守恒定律的建立做出了奠基性的贡献。

德国医生迈尔首先公开表述了能量转化和守恒的普遍原理。迈尔虽然是学医的,但对自然科学和哲学都有浓厚的兴趣。1840年,他在一艘从荷兰驶往东印度的船上当随船医生。在船驶近爪哇时,他发现患病船员的静脉血比在欧洲时红一些,在拉瓦锡的燃烧理论的启示下,迈尔开始思考各种自然力之间的相互转化。1842年,迈尔发表论文《论无机界的力》,他得出"力就是不灭的、能转化的、无重量的客体"的结论,他所说的"力"在当时就是指"能量"。迈尔以"下落力"(重力势能)、"运动力"(动能)和热的转化具体论证了力的转化和守恒。在这篇论文的结束处,迈尔提出了确立不同的力之间数值上的当量关系的必要性,并根据当时气体比热的测定数据,对热的机械当量进行了计算。此后,迈尔进一步把自然力的守恒与转化原理推广到有机界,甚至整个宇宙。他把力的守恒和转化定律说成支配宇宙的普遍规律。

英国物理学家焦耳对于热功当量的测量为能量守恒原理的确立奠定了坚实的实验基础。焦耳出生在曼彻斯特的一个造酒厂主家庭,从小身体孱弱,没有接受系统的学校教育。焦耳的研究从酒厂中使用的用电池驱动的电动机和电路中的发热现象开始。他首先对电流热效应进行了定量研究,1840年发现了导体的发热量与电流强度的平方成正比——焦耳定律。此后,焦耳开始从实验上研究热和机械功互相转化的当量关系。1847年,焦耳报告了他用砝码下落带动铜制的翼轮分别搅动水、鲸脑油和汞的实验,测得热的机械当量数值。焦耳测定热功当量的工作一直进行到1878年,进行了反复精确测量,得到了非常接近现在所使用的数值,他得到的热功当量数值曾被科学界长期采用。

在大量实验的基础上，焦耳也达到了关于能量守恒的普遍认识。

德国科学家亥姆霍兹给出了能量守恒定律的数学表示，从多个方面论证了这个定律在自然界的普遍适用性，为能量守恒定律奠定了重要的理论基础。亥姆霍兹毕业于大学的医学专业，在生理学方面做过专门研究，在生理光学、生理声学等方面都有开创性成果，他受过良好的物理学和数学训练，读过许多科学大师的著作。亥姆霍兹的父亲是一位哲学教授，常和朋友们一起讨论科学及科学哲学问题，他们对永动机否定的讨论，给亥姆霍兹留下了深刻的印象。亥姆霍兹在研究动物生理学问题时，开始对能量转化和守恒的研究。他提出了这样的问题：如果永动机是不可能的话，那么在自然界的不同的力之间应该存在着什么样的关系呢？1847年，亥姆霍兹发表了《论力的守恒》，提出了能量转化与守恒定律的哲学基础、数学公式和实验根据，并把它演绎到物理学的各个分支。亥姆霍兹系统地证明了力的守恒定律"与自然科学中任何一个已知现象都不矛盾"，他确信"这个定律的完全证实将是不远的未来物理学家们的基本任务之一"。

1853年，威廉·汤姆孙（William Thomson，1824—1907）重新恢复了"能量"概念，科学界开始把"力的守恒原理"改称为"能量守恒原理"。威廉·汤姆孙对科学发展有众多的贡献，后被封为开尔文勋爵（Lord kelvin）。在热力学方面，他还创立了热力学温度，提出了绝对温标，即"开氏温标"，与焦耳合作研究，提出了"焦耳-汤姆孙效应"。到了1860年左右，这个原理得到普遍承认，而且很快成为物理学和全部自然科学的重要基石。能量守恒定律把各种自然现象用定量的规律联系起来，指出了机械运动、热运动、电磁运动和化学运动等都不过是同一的运动在不同条件下的各种特殊形式，它们在一定条件下可以相互转化而不发生量上的任何损耗。

1850年，德国物理学家克劳修斯（Rudolph Clansius，1822—1888）提出了热力学第二定律，即热量总是从高温物体传到低温物体，不能作相反的传递而不产生其他变化。1865年，他又提出熵的概念，进一步发展了热力学理论。

二、热力学第二定律的建立

热力学第二定律的建立与提高蒸汽机效率的研究有密切关系。1824年，法国工程师卡诺（Sadi Carnot，1796—1823）首先以普遍理论的形式研究了"由热得到运动的原理"。卡诺认为蒸汽机的工作过程总要伴随着热质的流动和重新分布。因此，把蒸汽机和水车相比，他认为正像水车是靠水从高处流向低处而做功一样，蒸汽机是靠热质从高温加热器流向低温冷凝器而做功的。至于蒸汽机中的工作物质，卡诺指出蒸汽不是唯一可被采用的，所有那些随着加热和冷却可以发生体积变化的物质，都可以用于这一目的。卡诺认识到，在研究热机工作时，必须假定热机通过一个完整的循环，做功的物质（蒸汽或压缩空气等）经过工作之后回到初始的状态。卡诺提出结构最简单的热机，这种热机全无摩擦,热没有散失,而且它至少有一个高温热源和一个低温热源。这种热机就是"卡诺热机"。卡诺得出了结论:热机必须工作于至少两个热源之间,热机的效率仅仅取决于热源的温度差,而与采用什么工作物质无关;在相同温度的高温热源和相同温度的低温热源之间工作的一切实际热机,其效率都不会大于卡诺热机的效率。在实践上,卡诺的工作为提高热机效率指明了方向;在理论上,他的结论已经包含了热力学第二定律的基本思想。

1849 年,威廉·汤姆孙指出,卡诺关于热只在机器中重新分配而并不消耗的观点是不正确的,热的理论需要从根本上进行改造。随后,克劳修斯指出,为了解决这个问题,只需依据热的一个一般特性:热从冷的物体传向热的物体不可能无补偿地发生。威廉·汤姆孙指出,从单一热源吸取热量使之完全变为有用的功而不产生其他影响是不可能的,且他所提出的这个公理与克劳修斯的表述是完全一致的。这就是热力学第二定律的两种经典表述。

第三节　经典电磁理论的建立

人类对电和磁现象的研究是从摩擦起电和磁石引铁开始的,古代电磁研究的杰出成就是我国古代发明的指南针,指南针在航海上的应用在世界历史上有十分重要的意义。17—18 世纪,主要是在人类好奇心的驱使下,无论是与天然磁石有关的各种静磁现象,还是摩擦起电、静电放电、大气电等静电学现象都引起了人们的广泛关注,随之在 18 世纪末人们建立了静电相互作用的库仑定律。进入 19 世纪,直流电源的发明把电学引向了对电流的研究,促使了电磁相互联系的发现。到 19 世纪末,电磁学理论体系完成,它不仅成功地描述了电、磁、光现象的运动规律,也为电力技术的产生和应用奠定了理论基础。

一、电磁联系的发现和研究

18 世纪末,意大利解剖学家伽伐尼(Luigi Galvani,1737—1798)关于电流的发现,把电学的研究工作从静电推进到动电的领域,奏响了电磁学辉煌发展的序曲。1792 年,意大利物理学家伏打对伽伐尼的发现进行研究,他指出,只要将相连接的两种金属浸在液体或潮湿的物质中就会出现电的效应。1800 年春,伏打公布了他所发明的"电堆"。伏打电堆能够提供莱顿瓶无法给出的持续电流,电学研究从静电研究进入到动电研究时代。

1820 年,丹麦物理学家奥斯特关于电流磁效应的发现,使电磁学的研究进入到一个迅速发展的时期。奥斯特早在大学时期就受到了康德批判哲学的深刻影响。后来,他又深入地研究了德国的自然哲学,并结识了坚信化学现象、电流和磁之间有相互联系的德国青年化学家里特(Johann Ritter,1776—1810),还参加过里特为寻找这种联系而进行的一些实验。康德关于"基本力"可以转化为其他各种具体形式的力的观点,以及里特的实验探索,都影响了奥斯特早就形成了的自然界各种现象相互联系的观点,并激励他去探索电与磁的联系。1803年,奥斯特说过:"我们的物理学将不再是关于运动、热、空气、光、电、磁,以及我们所知道的任何其他现象的零散的罗列,我们将把整个宇宙容纳在一个体系中。"在伏打电堆发明的推动下,奥斯特开始了电化学的研究。1812年,他指出"我们应该检验电是否以其最隐蔽的方式对磁体有所影响",但直到1820年他才发现了电流的磁效应。

1820年4月,奥斯特安排了一个实验:用一个小的伽伐尼电池,并让其电流通过直径很小的铂丝,而铂丝下放置了一个封闭在罩中的小磁针。但这个实验由于一个意外事故未能在课前进行。而在当晚的课堂上,他突然感到实验有很大把握能够成功,于是就把导线与磁针都沿磁子午线方向平行放置,毫不犹豫地接通了电源,果然小磁针向垂直于导线的方向偏转过去。这个现象虽然没有给听众留下什么深刻的印象,但使奥斯特激动万分,伟大的发现就这样得到了。后来,通过3个月60多个实验的深入研究,奥斯特在1820年7月21日以《关于磁体周围电冲突的实验》为题,发表了他极为简短的实验报告,叙述了他在友人参与下所做的实验的结果。报告上记载:"在自由悬挂着的磁针上方,由北向南流动的伽伐尼电,把磁针的北端推向东,而在相同的方向上,在磁针下面流过的伽伐尼电,把磁针的北端推向西。"奥斯特在实验中发现,使用不同种类的金属导体(还将玻璃、金属、木头、水、树脂、陶器、琥珀和石块等非磁性物质置于导线和磁针之间)效应都不受影响。

电流磁效应的发现打破了电与磁的无关性的传统信条,猛然打开了电磁联系这个科学中长期被闭锁着的黑暗领域的大门,为物理学的一个新的重大综合的实现开辟出一条广阔的道路。对奥斯特效应的初步研究,首先促使欧姆定律和电流之间相互作用力等重要成果的出现。利用电流磁效应,德国物理教师欧姆(Georg Simon Ohm,1787—1854)由小磁针偏转角度的大小实现了电流的测量,并于1826—1827年建立了全电路和部分电路的欧姆定律。

奥斯特的发现在法国科学界引起强烈震动,法国学者阿拉果(Dominique Francois Jean Arago,1786—1853)、安培(André Marie Ampère,1775—1836)、毕奥(Jean-Baptiste Biot,1774—1862)、萨伐尔(Félix Savart,1791—1841)、拉普拉斯(Pierre Simon de Laplace,1749—1827)等都积极投入电磁联系的研究,他们中安培取得了最有影响的成果。通过一系列实验研究,安培提出磁性的本质是电的运动,他转而研究电流之间的相互作用,并把这一研究领域称为"电动力学"。为了把当时已发现的电磁作用定律综合成一个系统的理论体系,安培把电流设想为无数电流元的集合,认为只要找到电流元之间相互作用力的关系式,就可以通过数学方法推导出所有电磁现象的定量结果。通过实验和理论探索,1827年,安培终于得到了电流元之间相互作用力公式,即著名的安培定律。它是一个类似于质点引力公式的、建立在超距作用基础上的电动力的平方反比关系式。麦克斯韦把安培称为"电学中的牛顿",给他极高的赞誉。[①] 安培的电动力学理论在18世纪40年代被德国物理学家韦伯(Wilhelm Eduard Weber,1804—1891)和诺伊曼(Franz Ernst Neumann,1798—1895)继承和发展,他们力求使电磁现象按力学模式理论化。

二、法拉第的电磁学研究

奥斯特的发现普遍引起了这样的思考:能不能用磁体使导线中产生出电流来?菲涅耳、安培都进行过探索,阿拉果和塞贝克分别发现了所谓"衰减"现象,但没有得到进一步的解释。

法拉第是一位自学成才的物理学家,最初他在戴维的指导下研究化学,奥斯特的发现把他吸引到电磁学研究领域,他在这个领域最重要的贡献是发现电磁感应现象和提出"场"的初步思想。1821年才开始进行电磁学研究的法拉第,9月就完成了电磁转动的研究工作,实际上,这是最早的旋转电动机的雏形。此后,法拉第开始了"由磁产生电"的艰苦探索。1821—1831年,他不时回到这个课题上,但都一次次地失败了。1831年8月29日,法拉第在进行这一实验时偶然发现,当闭合开关,有电流通过线圈A的瞬间,与线圈A绕在同一铁环上的闭合线圈B旁边的小磁针发生了偏转,随后又停在原来的位置上;当开关断开,切断电流时,磁针又发生了偏转。法拉第把这一现象称为"伏打电感应"。在这个发现之后,法拉第设计了一系列实验,探索感应电流产生的条件,随后他把这种现象定名为"电磁感应",并概括了可以产生感应电流的五种类型:变化着的电流、变化着的磁场、运动的稳恒电流、运动的磁铁、在磁场中运动的导体。法拉第用导体切割磁力线的概念,统一了包括随时间变化的电流,在空间中运动的电流,以及磁铁和导体的相对运动等所产生的感应现象,统称为电磁感应。直到1851年法拉第在论文《论磁力线》中,系统地阐述了他所用到的概念,总结了电磁感应定律。

应该指出,关于电磁感应的探索,在当时是具有国际性的。瑞士日内瓦年轻的科拉顿(Jean-Daniel Colladon,1802—1892)在1825年曾试图用一块磁铁在螺线管中移动使线圈中产生出感应电流。美国物理学家亨利(Joseph Henry,1799—1878)在1829—1830年发现了自感现象。

奥斯特效应和电磁转动效应的发现,在法拉第场思想的形成上,产生了最重要的直接影响。1821年,法拉第已经表现出对安培的超距作用中心力理论的怀疑。1831—1832年,

①转引自宋德生、李国栋:《电磁学发展史》,155页,南宁,广西人民出版社,1987。

法拉第提出了"电紧张态""磁力线""电力线"等新概念,他设想电力和磁力都是通过力线传播的。在对电介质研究,以及各种材料的磁化研究中,法拉第对电磁作用的空间分布和传递更加关注。他设想,在带电体、磁体和电流周围的空间存在着某种由电或磁产生的像以太那样的连续介质,起着传递电力和磁力的媒介作用,他把它们称为"电场"和"磁场"。这是物理学中第一次提出的作为近距作用的"场"的概念。类比于流体场,法拉第对场的物理图像作了直观的描述。这样,法拉第就从带电体和磁体周围媒质的作用,也就是从电场和磁场的观点出发去考察一切电磁作用过程。他关于力线和场的概念,对传统的科学观念是一个重大突破,把近距媒递作用观念引进了物理学中,对于电磁学乃至整个物理学的发展都产生了深远的影响。

三、电磁场理论的建立

法拉第提出了"力线"和"场"这样深刻而伟大的思想,但未能把他的成果用数学术语概括为精确的定量理论,他的形象直观的表述也被科学界认为缺乏理论的严谨性。威廉·汤姆孙对法拉第的理论进行了类比研究和数学概括,有力地支持了法拉第用力线表达出来的近距作用观点,为麦克斯韦电磁学数学理论的研究提供了方向性和方法论的启示。

麦克斯韦是一个有杰出数学才华的物理学家,他从法拉第力线入手,开始整理电磁学已有的成果。首先,他通过与流体场类比,成功地实现了法拉第力线的数学表述,他进一步尝试提出了一个场的力学模型——"电磁以太模型"。1864—1865年,麦克斯韦发表了著名的论文《电磁场的动力学理论》,他完全去掉了关于媒质结构的假设,只以几个基本的实验事实为基础,以场论的观点对自己的理论进行了重建。在论文中,麦克斯韦直接根据电磁学实验事实和普遍原理,给出了电磁场的普遍方程组。根据这些方程,麦克斯韦广泛地讨论了各种电磁现象,特别是从他的方程组直接导出磁干扰传播的波动方程,得出磁干扰传播速度,他写道:"这个速度与光的速度如此接近,因而我们有充分理由得出结论说,光本身(包括热辐射和其他辐射)是一种电磁扰动,它按照电磁定律以波的形式通过电磁场传播。"[①]1873年,麦克斯韦出版《电磁通论》对电磁场理论作了全面、系统和严密的论述。

1879年,柏林科学院以"用实验建立电磁力和绝缘体介质极化的关系"为题,设立了有奖征文。这次征文成为赫兹进行电磁波实验的先导。在赫兹(Heinrich Rudolf Hertz,1857—1894)之前不少人已经在这个方面做了一些工作。亥姆霍兹早在1847年已经得

①麦克斯韦:《电磁场的动力学理论》,见威·弗·马吉:《物理学原著选读》,蔡宾牟译,550~558页,北京,商务印书馆,1986。

出结论——莱顿瓶的放电具有振荡的性质;1853年,汤姆孙对莱顿瓶放电现象给予了数学处理,建立了计算振荡频率的公式,等等。但只是到了赫兹的手里,这些装置才成为研究电磁波的手段。1887年,赫兹成功地检验到电磁波的存在,次年他对电磁波的速度进行了测定,确证了电磁波的速度等于光速。

参考文献

1. W. C. 丹皮尔:《科学史及其与哲学和宗教的关系》,李珩译,张今校,桂林,广西师范大学出版社,2001。

2. 胡化凯编著:《物理学史二十讲》,合肥,中国科学技术大学出版社,2009。

3. 李艳平、申先甲主编:《物理学史教程》,北京,科学出版社,2006。

4. 申先甲:《探索热的本质》,北京,北京出版社,1985。

5. 宋德生、李国栋:《电磁学发展史》,修订版,南宁,广西人民出版社,1996。

6. 吴国盛:《科学的历程》(下),长沙,湖南科学技术出版社,1997。

7. 张之翔、王书仁:《人类是如何认识电的?》,北京,科学技术文献出版社,1991。

第十七章

19 世纪科学在产业中的展开

　　19 世纪科学与技术的特征之一是两者之间所呈现出来的日益紧密的结合关系。尤其是近代化学和电磁理论的发展，直接影响了产业革命的进程，并对新工业领域的形成发挥了重要的指导作用。本章围绕德国化工产业和美国电气产业的崛起，阐释科学与产业间形成的新型关系。

第一节　德国产业革命进程

　　德国的工业化进程可以分为 3 个时期：从 1834 年关税同盟的建立到 19 世纪 50 年代中期，为见习阶段；从 19 世纪 50 年代中期到 1871 年德国统一，为起步阶段；从 1871 年德国统一到第一次世界大战开始，为加速发展阶段。

　　在 1871 年德国统一以前，德国长期以来封建割据，有 30 多个邦国，各自为政，税收繁复，关卡林立，经济往来阻碍重重。德国经济学家李斯特(Freidrich Listz，1789—1846)描述当时的情况说："德国 48 道关税和入市线使得国内的交通麻痹了，它所起的作用正好像人体周身被捆绑，因而血液不能顺畅流通一样。从汉堡到奥地利，从柏林到瑞士，为了做买卖，就得经过 10 个邦，考究 10 种关税制度和入市制度，并且要支付 10 种通行税。那些不幸住在 3 个或 4 个邦接界地方的人，就在怀有敌意的关税税吏或入市吏的管制之下，一辈子的生活被糟蹋掉了，他们是没有祖国的呀！"

　　经过普鲁士长期的努力，德意志关税同盟于 1834 年元旦正式成立。德意志关税同盟的诞生是德国经济生活和政治生活中的一个重大的里程碑。在经济上，它创造了一个巨大的国内市场，工业化由此开始启动，并迅速进入快车道。在政治上，关税同盟的建立，为建立统一的德意志国家的建立开辟了道路。另外，19 世纪 40 年代，德国废除了行会制度。

　　跟英国一样,德国工业化首先是发展纺织工业。18世纪末,德国建起了最早的纺织工厂,其纺机可能是从英国走私进来的。19世纪50年代,纺织工业出现大发展,纺织工厂和纺织机器的数量剧增,传统的手工业作坊被工厂制度取代。

　　德国煤炭资源丰富,特别是在鲁尔地区。德国煤炭开采在19世纪30年代急剧增长;从19世纪40年代到1870年,德国煤炭增加了7倍;与此同时,德国大力推广普及先进的焦炭冶炼工艺,铁的产量在19世纪50年代以每年14%的速度增长。[①]

　　跟英国、美国工业化一样,德国大力发展铁路建设。为了学习铁路技术和机车制造技术,德国派了大批工程师到英国和美国参观、见习或留学,很快就在技术上实现了自立,并加快了铁路建设。德国第一条铁路于1835年筑成,虽然全长仅6千米,但它标志着德国铁路时代的开始,因而有着重大的历史意义。第二条铁路于1836年开筑,长达115千米,1839年全线通车。随后,在政府的大力支持下,德国铁路建设速度不断加快。1840年德国铁路的长度有549千米,1850年有6 044千米,1870年有19 575千米,1875年有27 795千米。铁路建设不仅具有重要的经济意义,而且还具有重要的战略意义。其意义在普法战争中明显表现出来,德国铁路能够快速而大量地运输军队和战略物资,这成为其取得战争胜利的根本保障。

　　铁路的建设极大地带动了钢铁工业和机器制造业的发展。以机车为例,1843年以前,在普鲁士铁路上运行的机车90%是英国制造的;10年后,70%的机车是德国自己制造的。钢铁工业和机器制造业的发展,又反过来促进铁路建设的发展,它们良性循环,共同推进德国工业化进程。

　　德国还从法国那里获得了重要的工业资源。德国在打败法国后,强迫法国割让阿尔萨斯和洛林两个重要的经济地区,前者是工业基地,棉纺织业非常发达;后者矿产资源丰富,是冶炼工业基地。这两个地区极大地增强了德国的工业力量。到1913年,洛林生产的铁矿占到整个欧洲的47%,其中大部分用于德国本土的工业发展。

　　1871年,德意志实现统一,为德国工业化创造了前所未有的政治条件和经济条件。新帝国成立之后,首相俾斯麦统一了全国度量衡制度,统一了全国币制,统一了全国邮政制度;同时将交通运输的障碍撤除,将纷杂的铁路系统大加整顿,废除了国内贸易的障碍,完成了国内市场的统一。在对外贸易方面也采取统一的政策,政府为了鼓励本国工业的发展,改革原有的关税制度,对工农业实行保护主义政策,并以国家银行的力量,积极支持私人工商业,使其得到迅速发展。这样的政治条件对德国经济的全面发展起着重大的推动作用。

　　德国工业化进程中的一个显著特点是重视资本密集型的重工业发展,支持大企业的

[①]Peter N. Stearnes. *The Industrial Revolution in World History* (third edition). Westview Press, 2007: 60.

发展,其中德国投资银行发挥着重要的作用。到 19 世纪 70 年代,冶炼和矿业主要被大企业如克虏伯(Krupp)公司主宰。一些新型产业如化学工业和电气公司也发展起来了。德国西门子(Siemens)和 AEG 两家电气公司控制了德国 90% 以上的电气产业。一些大企业结成联盟,形成卡特尔(法语 cartel 的音译,意为"联盟""联合企业"。垄断组织的一种重要形式),实行价格和市场控制。到 19 世纪末,德国有 300 多个卡特尔。这些大企业在德国工业化进程中发挥着"旗舰"作用。

第二节　德国化学工业的崛起

德国化学工业——合成染料产业的崛起,在德国的工业化进程中具有特别重要的意义。第一,如果说德国纺织、冶炼、铁路等产业主要是模仿和追赶英国等国家,德国化学工业特别是合成染料产业则是德国的自主创新。第二,德国合成染料产业标志着以科学为基础的技术和产业的产生,它不同于传统的以经验为基础的技术和产业。第三,德国合成染料工业在发展过程中,开创了在企业内部建立工业研究实验室这种组织形式,这就是我们今天所说的企业研发机构。这是一项伟大的制度创新。第四,德国合成染料产业获得了非凡的成功,经过 30 多年的发展,形成了强大的国际竞争力,到 1900 年取得了全球市场的垄断地位。合成染料工业被称为"德意志帝国最伟大的工业成就"。

一、合成染料工业兴起的背景

纺织工业的急剧发展对染料提出了巨大的需求。长期以来,染料主要是天然植物染料,如从茜草中提取红色染料茜素,从靛草中提取靛蓝。天然染料生产周期长,数量有限,难以满足日益增长的对染料的需求。另一方面,焦炭工业的发展制造出了大量的"垃圾"——煤焦油。化学家们变废为宝,发现从煤焦油中可以提取有用的化学物质。德国化学家指导英国学生合成出了第一个煤焦油染料——苯胺紫,此后各种合成染料被合成出来,并投入工业化生产。煤焦油染料展示出了广阔的市场前景,英国、法国和德国等纷纷建立合成染料企业,其中德国合成染料企业最为成功。今天人们熟知的德国全球化工跨国公司如巴斯夫公司、拜尔公司、赫希斯特公司都是从制造合成染料而起家的。

二、大企业的形成:巴斯夫和拜耳公司

巴斯夫公司创建于 1865 年,创办人是一名工业家、两名化学家和一名银行家。公司地点设在莱茵河畔的路德维希港。1868 年,该公司聘用了一名化学家从事染料的开发。第二年,他就开发出了合成茜素的工业生产方法。此后,合成茜素成为巴斯夫公司的主打产品,从 1871 年年产合成茜素 15 吨发展到 1902 年年产 2 000 吨。巴斯夫公司一直是

德国,乃至世界上生产合成茜素的最大企业。后来,巴斯夫公司成功地开发出合成靛蓝,并进行工业化生产。

巴斯夫公司发展非常迅速,员工从 1870 年的 520 人上升到 1900 年的 6 711 人;工厂面积从 1870 年的 15.2 公顷扩大到 1900 年的 155.8 公顷,30 年里增加了 10 倍。一座大型现代化的化工厂在路德维希港(Ludwigshafen)拔地而起。1904 年,人们参观巴斯夫公司的路德维希港工厂,描述说:它占地 540 公顷,运输铁轨长 55 千米,管道纵横交错,厂房星罗棋布,108 套办公室,656 幢工人宿舍;年用煤 335 000 吨,水 65 亿加仑(约 2 955 万吨),冰 18 000 吨;有工人 7 531 人,化学家 195 人,工程师 101 人,办公室人员 58 人;工厂总价值 8 000 万马克。

巴斯夫公司持续地从事化工技术创新。在 20 世纪 10 年代,实现了合成氨的商业化生产;20 世纪 20 年代,已经并入法本化工托拉斯的巴斯夫公司,攻克了煤变油的重大技术难关。这两项氢化技术开发,不仅满足了工业上的成功,而且被认为是具有高度创新性的科研成果。合成氨的发明人弗里茨·哈伯(Fritz Haber,1868—1934),获得 1918 年诺贝尔化学奖;煤氢化的发明人德国化学家伯吉尤斯(Friedrich Bergius,1884—1949),巴斯夫公司的工业化学家博施(Carl Bosch,1874—1940),在 1931 年获得诺贝尔化学奖。

再看看拜耳公司。它创建于 1863 年,其创始人是弗里德里希·拜耳(Fridrich Bayer,1825—1880)。工厂地点几经转移,1912 年总部定在勒沃库森(Leverkusen)。

拜耳早年经营天然染料及辅料,1863 年创办化工厂,生产苯胺染料,当时规模只有 12 人。1872 年,拜耳公司开始大规模地制造合成茜素。刚开始时,茜素的产量是日产 6 吨,几年内达到日产 25 吨,而且产品品质相当高。1876 年,拜耳公司生产的合成茜素在美国费城国际博览会上获得大奖。为了开发和研制新染料,1883 年拜耳公司聘用了 3 名年轻的化学家,他们研究开发了许多新染料和新药物,给企业带来了丰厚的利润。

拜耳公司是德国最早生产化学药物的公司之一。1888 年,推出非那西汀止痛药,这使它名声大噪。后来,又推出多种安眠药。1896 年,拜耳公司成立专门的化学药物部门。1897 年,拜耳公司推出"灵丹妙药"阿司匹林。

随着业务的急剧发展,拜耳公司不断扩大生产规模。1895 年,拜耳公司决定在勒沃库森建设现代化的大型工厂,1912 年建成,并将公司总部迁移到勒沃库森。勒沃库森原是一个小城镇,在拜尔公司的带动下,变成了一座现代化的城市。拜尔公司的职工人数增长迅速,从 1880 年的 400 人上升到 1900 年的 5 000 人。

三、重大技术创新:合成靛蓝

合成靛蓝是合成染料工业史上最伟大的成就之一。靛蓝是市场需求最大的染料,一直有"染料皇帝"之称,它是天然染料中的最后一个堡垒。其他的天然染料如茜素等都已经实现了人工合成。

阿道夫·冯·拜尔（Adolf von Baeyer，也译贝耶尔，1835—1917）因对靛蓝的结构研究和实验合成而名垂千古。1905 年，瑞典皇家科学院授予拜尔诺贝尔化学奖，以表彰他在有机染料和芳香族化合物研究方面做出的杰出贡献。

1858 年，拜尔在柏林大学取得博士学位。1878 年，拜尔实现了靛蓝的实验合成。1880 年，拜尔就合成靛蓝注册了专利。但是，由于合成靛蓝包含的步骤过多，而且产率太低，所以，这一专利难以满足工业化生产的需要。1883 年，拜尔揭开了靛蓝分子的庐山真面目，他庄严地宣称："靛蓝，它的每一个原子，我们都能用实验确定其位置。"这一重大的研究成果对实现靛蓝的工业化有极端重要的价值。

拜尔的研究成果引起了合成染料企业的高度重视。那时，德国每年要从印度进口价值 5 千万马克的天然靛蓝。如果能够实现合成靛蓝的工业化生产，那将是名利双收的事。1880 年，巴斯夫公司和赫希斯特公司听闻拜尔发明了合成靛蓝的专利，都上门拜访拜尔，洽谈购买专利和合作开发事宜。巴斯夫公司和赫希斯特公司就开发合成靛蓝的工业化生产展开了一场竞赛。

巴斯夫公司迅速成立了攻关小组，全力以赴地研发合成靛蓝的工业化生产。攻关小组得到拜尔教授的有效合作。拜尔教授时常深入到路德维希港巴斯夫公司的实验室，亲临指导。

1890 年，一位瑞士化学家发明了用氨基苯甲酸制造靛蓝的工艺。这一合成路线在经济上和技术上具有可行性。于是，巴斯夫公司沿着这一合成路线进行技术开发。

后来，巴斯夫公司发明了用汞做催化剂的工艺，大大加快了合成靛蓝的速度。1897 年7 月，巴斯夫公司终于实现了靛蓝的大规模工业生产。四年后，即 1901 年，赫希斯特公司也实现了合成靛蓝的工业化生产。

巴斯夫公司开发合成靛蓝的工业化生产，起于 1880 年，止于 1897 年，历时 17 年，共投资 500 万美元。合成靛蓝是合成染料工业史上最伟大的成就，充分显示出科学和工业的力量。巴斯夫公司的合成靛蓝的产量提高很快，1900 年产量达到 2 000 000 磅，这相当于种植 25 万公顷靛草的产量。

四、德国合成染料工业崛起的原因

德国合成染料的生产，1875 年占世界总量的 57%，1878 年占 62%，1883 年占 65%，1896 年占 72%，1900 年占 80%～90%，1913 年占 87%。1913 年是德国第一次世界大战前生产和出口合成染料的最高峰。那年德国生产合成染料近 3 亿磅，价值达 6 000 万美元，其中 80% 出口。这些数字还不包括德国在英国、法国等国家设立的子公司生产的染料。与英国和法国比较，1913 年英国生产的合成染料仅占世界总量的 3%，而法国不到 1%，德国遥遥领先于英、法等国，在国际竞争中处于绝对优势。

德国合成染料工业的发展，犹如奇迹一般。那么，它成功的奥秘在哪里呢？

第一,德国大力发展教育事业,培养了高素质的人力资源。在德国工业化的进程中,德国大力发展基础教育和高等教育。19世纪中后期,德国的识字率大大高于英国和法国。德国首相俾斯麦把普法战争的胜利,归功于小学教师,受过良好教育的人取得了胜利。德国的高等教育主要由大学和工艺学校承担,前者主要培养科学家,后者主要培养工程师。在世界上,德国大学最早向现代大学转型,科学技术全面进入高等学校的课程体系,率先开创实验室教学方法。在李比希(Justus von Liebig,1803—1873)等人的努力下,德国成为世界化学的中心,培养了一大批杰出的化学家,能够满足德国化学工业特别是合成染料企业对化学家日益增长的需求。

第二,德国合成染料企业发明工业实验室这种有利于技术创新的组织创新。巴斯夫、拜耳等公司在企业内部建立了工业实验室,并大量聘用化学家从事新产品、新技术的开发。他们聚集在实验室,分工合作,集思广益,集体从事发明创造,大大提高了效率,实现了"发明的工业化"。另外,工业化学家还与大学里的学术化学家保持密切的联系,有效地进行"产—学"合作。德国合成染料的工业实验室涌现出了许多重大的技术创新成果,如合成靛蓝、阿司匹林、合成氨等。一位英国学者在对比德国合成染料工业的兴起和英国合成染料工业的衰落时指出,如果没有工业研究实验室,以及配备在实验室中的化学家,德国的合成染料工业就不可能到1914年发展到居全世界的支配地位。

第三,专利制度及其执行。专利制度是一把"双刃剑"。一方面,专利制度有效激励人们从事发明创新,给"天才的创造之火注入利益这个燃料";另一方面,专利的垄断性阻碍了新技术在全社会的推广和扩散,难以实现社会收益的最大化。在合成染料工业的发展中,专利制度的双重作用表现得十分突出。专利制度是导致英国和法国合成染料工业衰落的一个重要原因,但专利制度又是导致德国合成染料工业兴盛的一个重要原因。

德国专利制度的形成分为两个阶段:1877年以前,德国各邦执行自己的专利法,有些邦国甚至无法可依;1877年,德国颁布实施统一的专利法,各邦都必须遵守。

1871年,德国结束了封建割据的状况,建立了统一的帝国,同时也创立了统一的大市场。那时德国工业化尚不成熟,迫切需要新技术、新发明,政府蓄意保持原来的专利制度,各邦仍执行各自原来的专利法,我行我素,跟德国没有统一以前一个样。由于没有统一的专利法,某一企业的创新就如春风吹遍到全国的企业,扩散速度很快。这是好的一面,带来了整个国家合成染料工业的繁荣,但也有严重的副作用,严重挫伤了发明者的积极性。因为缺乏垄断,发明者在发明和创新上的大量投资就得不到回收,发明家和创新企业家的利益受到损害。

1876年,德国政府终于认识到制定统一的专利法的时机到了,开始酝酿统一的专利法。1877年5月25日,德国正式实施统一的专利法。7月1日,建立帝国专利局,专门处理专利事务。

德国实施统一的专利法,极大地刺激了企业和个人从事发明创造的积极性。一些先进企业开始大量雇佣科学家,建立实验室,专门从事发明创造。整个德国的专利数量大幅度上升。据统计,普鲁士1850—1875年平均每年授予专利仅82件。1877年,统一的专利法生效后,专利数量高达每年4 000～6 000件。有人研究过,化学工业在1877—1904年有漂白、染色方面的专利3 447项,有染料、涂料、漆料方面的专利3 733项。这些专利对德国经济发展和提高德国的竞争力产生了积极的作用。

对专利制度的建立和完善,合成染料企业做出了积极的响应。第一,合成染料企业大量雇佣化学家,建立工业实验室,大规模地"生产"发明和专利。第二,为了妥善管理专利工作,一些企业建立了专门的机构——专利部,例如拜耳公司1896年成立专利部。第三,达成专利共享协议。德国合成染料企业不仅在专利方面展开激烈的竞争,而且也加强专利合作。德国合成染料企业组成卡特尔组织后,专利共享就更加普遍了。

德国合成染料工业还针对外国专利制度的缺陷,实施有效的专利策略。它们到英国和法国注册专利,抑制英法合成染料工业的发展,垄断英法合成染料市场。德国加入保护专利的国际组织,为德国合成染料工业垄断世界市场创造了良好的法律环境。

德国合成染料工业的兴起,还有其他原因,如德国企业具有强烈的创业创新精神,善于开拓国内和国际市场,组建产业联盟组织以获得高额利润。当然,也与当时德国整体上积极进取的工业化环境和氛围是分不开的。

第三节　美国产业革命及电气工业的崛起

一、美国产业革命的进程[①]

跟德国一样,美国工业化也是一个非常成功的故事。美国的工业增长发生于19世纪20年代,美国企业往往从英国进口技术及设备。在整个19世纪,美国对欧洲技术都存在着高度的依赖,起初是依赖英国和法国,然后是依赖德国和瑞典。美国早期的工厂,主要是纺织工厂,既有水力驱动的,也有蒸汽驱动的。在新英格兰地区,以工厂为基础发展的城镇,比比皆是。19世纪40年代,美国人也发明了缝纫机,从而引发了美国制衣业发生从手工制造到机械化作业的重大转型。除此之外,美国在机器制造、印刷和其他制造业中也取得了进步。

美国企业的模仿能力很强,美国从英国引进了蒸汽机车后,第二年就开始自己制造蒸汽机车。1830年以前,美国学习欧洲开始建造铁路,起初只有一些支线。然而,10年后,他们修建了3 000多英里的铁路。美国南北战争加速了铁路的建设。战后美国继续

---

① Peter N. Stearnes. *The Industrial Revolution in World History* (third edition). Westview Press, 2007:62-66.

大兴铁路。跟英国、德国一样,铁路基础设施的建设,对重工业产生了很大的需求,也促进了其他产业的发展。

钢铁工业是美国工业发展的支柱。19世纪70年代,卡耐基(Andrew Carnegie,1835—1919)引进了贝氏炼钢工艺,钢材的产量和质量大大提高。同时,煤炭开采不断增长,以满足制造业和交通运输业日益增长的蒸汽机的需要。

美国对产业劳动大军的需求猛增,很多国家的人民向美国移民,其中很多来自从南欧、东欧,以及亚洲的移民。美国工厂的规模不断扩大,到1900年,美国1 000多家工厂平均雇佣500~1 000名工人,另有450家工人人数超过1 000名。

跟德国一样,美国也出现了向大企业发展的势头,发展为托拉斯,在电气产业、钢铁产业和石油产业中出现了很多的托拉斯,产业集中度不断提高。在企业兼并中,投资银行发挥着重要的作用。但是,美国民众仍然强调自由企业的理念,发展中小企业。为保护中小企业,美国制定了反托拉斯法。

美国产业革命还有其他一些特点。在制造业转型的过程中,美国农业走向产业化发展。在西扩的进程中,美国发明了多种新型农业机器,包括拖拉机。美国农业产量不断提高,不仅满足国内需要,而且出口海外。美国的工业化对海外资本依赖程度很高。虽然美国地大物博,物产丰富,但是它们缺乏资本来开发资源。在19世纪,英国和欧洲其他国家对美国注入了大量的资金,直到第一次世界大战美国仍然是债务国。

美国在工业化的进程中,对生产组织创新做出了巨大的贡献。美国首先采用和推广了零部件标准化制造方法。由于美国劳动力缺乏,为了最大限度地提高劳动效率,美国开展了"时间—动作"研究,其中最著名的是泰勒(Frederick Winslow Taylor,1856—1915)的科学管理。美国很多工厂采用了泰勒制,欧洲国家的工厂也纷纷仿效。美国还发明了职业经理体制、大规模流水线作业法(即福特制)。

美国产业革命的成功,原因是多方面的,除了上面提到的美国重视发展农业、兴建铁路、技术引进和创新、引进外国资本,吸引人才和劳动力、生产管理创新等因素之外,美国具有地大物博的自然条件,以及通过"莫里尔赠地法"等方法大力发展教育,大量培养专业人才,也是促进美国工业化的重要因素。

二、电气工业的崛起

跟合成染料工业一样,电气工业也是以科学为基础的工业。电气工业中的许多技术创新都是建立在科学发现的基础之上的,科学与发明、科学与产业建立了密切的关系。电磁学的理论科学和实验科学的进展为电的工业应用展示了巨大的潜力,发电机、电力照明、长距离输电系统、电话、电报、无线电通信等新技术纷纷被开发出来,并投入商业应用。表17-1反映了电及其应用的历史发展过程。

表 17-1　电及其应用的历史发展过程

时期	科学与发明	电力的产生	通信	照明	工业和运输应用
1800 年以前	用于研究材料电性能和化学性质的摩擦起电机理				
1800—1830	实验科学家打（Alessandro Volta,1745—1827）、安培（Andre Marie Ampère,1775—1836）、奥斯特（Hans Christian Orsreted,1775—1851）、戴维（Humphry Davy,1778—1829）、欧姆（Georg Simon Ohm,1787—1854）、阿拉果（Dominique François Jean Arago,1786—1853）、法拉第（Michael Faraday,1791—1867）等研究电的测量,分析和理论	格罗依扬克（William Cruikshank,1766—1810）用伏打电堆制成最早的电池（1800）；丹尼尔（John Fredric Daniel,1790—1845）双液电池（1830）主要用于电报			
1830—1850	法拉第（Faraday）证明电磁感应（1831）；皮克斯利（Pixli）发明永磁发电机（1832）；福洛特（Jean Bernard Léon Fourault,1819—1868）和德布斯（Dubose）等发明弧光灯	发电机商业应用,克拉克（Clarke,1834,伦敦）、斯多勒（Stoehrer,19 世纪 40 年代,莱比锡）、诺莱（Nollet,法国）	威斯汀豪斯（Charles Wheatstone, 1802—1875）和摩斯（Samuel Finley Brecse Morse, 1791—1872）发明电报,并迅速商业化用；古塔胶绝缘的多芯电缆		19 世纪 40 年代初出现第一个电镀专利,然后镀银业在餐具业中迅速发展
19 世纪 50 年代	约尔特（Hjorth）发明"磁电池"专利（1855）；西门子电极（1856）；斯万（Swan）碳丝灯的早期研究	出现了制造发电机的阿里安斯（Alliance）公司；灯塔用发电机（Holmes,1857—1858）	英国电报公司已拥有 4500 英里电报线（1855）；第一个海底电报（1851）；越洋电报（1858）	法国、英国开始在灯塔上使用弧光灯	第一个大电缆工厂（1858—1859）；西门子兄弟公司成立（1858）

（续表）

时期	科学与发明	电力的产生	通信	照明	工业和运输应用
19世纪60年代	里斯(Ohann Philipp Reis,1834—1874)首次演示电话（法兰克福,1861）；"自激"发电机(Wilde,1863;Siemens,Varley,1866)；麦克斯韦(James Cherk Maxwell,1831—1879)电磁波理论(1864)；利克兰奇(Georges Leclanche,1839—1882)电池(1868)	惠尔德(Wilde)梭式电枢交流发电机,(1867)；西门子盘形电枢(转子)	纽约到旧金山的第一次电报服务(1861)	通信中使用的橡胶绝缘和电缆技术转向其他应用	第一次电解铜精炼(南威尔士,1869)
19世纪70年代	格拉姆(Zenobo Theophile Gramme,1826—1901)电枢(1870)；贝尔(Alexander Graham Bell,1847—1922)电话电复(1876)；布鲁奇(Charles Francis Brush,1849—1929)发明开放式线圈电动机(1878)	19世纪70年代初,格拉姆(Gremme)制成首台恒稳电流下可靠的电动机；西门子(Ernst Werner von Siemens,1816—1892)和Halske平板蓄电池(1878)	美国和英国首次电报往来（1878—1879)	弧光灯用于公共建筑,海船,剧院,展览会场,工厂和一些主要街道的照明；爱迪生电灯公司成立(1877)	电镀广泛用于罐头和其他工业；西门子高温电弧炉(1878)；第一条电气铁路[西门子和哈尔斯克(Johann Georg Halske,1814—1890),1879]
19世纪80年代	亥姆霍兹(Hermann von Helmholtz,1821—1894)奠定电话理论和无线电的基础理论；柏林建立物理和技术国家实验室(1886)；赫兹(Heinrich Rudolf Hertz,1857—1894)电磁辐射实验(1887)	斯万(Joseph Wilson Swan,1828—1914)铅板电极(1881)；温斯特罗姆(Jonas Wenström,1855—1893)发电机和电枢(ASEA美国工程师和建筑师学会,1880)；第一个家用电源电池[爱迪生(Thomas Alva Edison,1847—1931)]；变压器(高兰德(Lucien Gaulard,1850—1888)和吉布斯(John Dixon Gibbs,1883),法仑丁(Sebastin Ziani de Ferranti,1864—1930)Z型绕组交流发电机(1887)；布拉德莱(Charles Bradley)炼钢转炉(1888)；巴松斯(Parsons)75kV涡轮发电机(1888)	贝尔(Bell)制造了67 000部电话机(1880)	斯万(Swan)碳丝灯用于船舶和伦敦布雷顿的火车照明；斯万和爱迪生大量生产,开始用于家庭(1881)；西屋（Westinghouse）电气将交流电用于照明(1886)	19世纪80年代出现大量的有轨电车和城市铁路；电解法生产铝[美国霍尔(Charles Algornon Hall,1863—1914)和法国海洛尔(Paul Louis-Toussaint Herault,1864—1914),1887]；电解法生产氯(1888)；特斯拉(Nikola Tesla,1856—1943)制成交流发电机,后来由西屋公司生产(1888)

（续表）

时期	科学与发明	电力的产生	通信	照明	工业和运输应用
19世纪90年代	国家物理实验室（美国，1891）；布朗（Karl Ferdinand Braun，1850—1918）阴极射线管（1897）；洛奇（Oliver Joseph Lodge，1951—1940）演示调谐感应线圈（1897）；许多无线电发明，汤姆孙（Joseph John Thomson，1856—1940）发现电子（1897）	（交流/直流）系统之争（1887—1892）；Westinghouse(西屋公司)完成尼亚加拉大瀑布水电站电能的高压电传送（1893）；用于发电机和变压器的特种合金（硅钢）巴松斯（Parsons）350kV 涡轮发电机和变压器（1894）	马可尼（Marchese Guglielmo Marooni，1874—1937）无线电通信实验，并成立无线电电报公司（1897）；电报网络快速建立起来	电能用于照明的快速普及	交流电实现工业应用（1891）；奥林贡（Oerlikon）和 AEG 生产电动机（1891）；碳化硅（1891）；电炉法从碳化钙制成乙炔（1892）；高速工具钢（美国，1895）；首台电力拖动加工机床（Fein, Stuttgart, 1895）
20世纪后	阴极射线示波器（1901）；弗莱明（John Ambrose Fleming，1849—1945）热阀（1904）；德·弗里斯特（Lee De Forest，1873—1961）三极管（1906）；第一台心电图仪（1909）		马可尼演示横越大西洋的无线电通信（1901）；弗森登（Reginald Aubrey Fessenden，1866—1932）实现声音及音乐的无线电传送	汞弧灯（1900）；钨丝灯（1906）	海洛尔（Heroult）电弧炉（1900）；采用电动机单独驱动的新一代加工机床

资料来源：克利斯·弗里曼，罗克·苏特：《工业创新经济学》，87～90页，华宏勋、华宏慈等译，北京，北京大学出版社，2004。

美国不断推进电气化进程,电能在工业应用的比例不断提高(表 17-2[①])。

表 17-2　　　**美国工业电气化年表**(1870—1930)

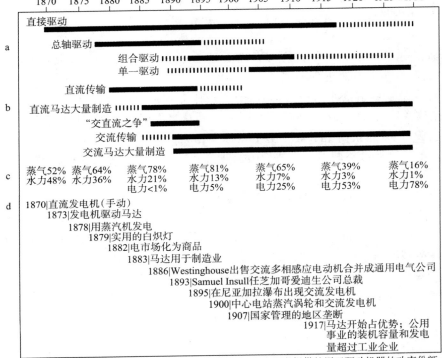

注:a.驱动机器的方法;b.交流电出现;c.由蒸汽机、水力和电提供的用于驱动机器的功率份额;
　　d.关键技术和促进因素的发展。

三、杰出发明家爱迪生

　　产业革命时期,美国涌现了大批发明家,使其在应用技术上有了突飞猛进的发展,譬如,1860—1890 年授权专利达 50 万种,是这之前 70 年总量的 10 倍多。其中,爱迪生是在电气工业发明家的典型代表。

　　爱迪生没有接受过正规的教育。15 岁时,爱迪生走上了电报报务员的生涯,改变了他一生的命运。21 岁,爱迪生怀抱着希望,只身来到国际大都市纽约,口袋里空空如也。后来,爱迪生在一家电报公司谋到一份差事。爱迪生有着一颗强烈的好奇心,平时喜好搞些发明创造,其中包括"万能"股票行情收报机。爱迪生尝到了发明的甜头,便一发不可收拾。他出售自己的发明,获得了可观的回报。爱迪生苦苦地进行原始积累,后来爱

①资料来源:《工业创新经济学》,北京大学出版社,2004 年,98 页。

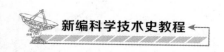

迪生用他的积蓄开了一家小型制造厂,做电报机销售,但是后来爱迪生对制造机器产生了厌倦,想一心一意地搞发明创造。

1876年,在美国历史上是一个非常重要的年代,这年是美国建国100周年。为庆祝建国百年,美国举办了丰富多彩的活动,其中包括在费城举办的百年博览会。在百年博览会上,最引人注目的是各种各样的新奇电气产品,这预示着一个新时代——电气时代即将来临。爱迪生观看那些电气产品,内心激动不已。就在这年,爱迪生辗转来到新泽西州的门罗公园,并在附近创办了一个实验室。

过去爱迪生是单枪匹马地搞发明,他切身体会到孤军奋战,发明效率不高。于是爱迪生决定改变发明方式,他雇用了一批人,集体地从事发明创造,发明效率果然大有提高。在门罗实验室,爱迪生做出了他一生中堪称最伟大的发明——白炽灯。1876—1886年,各种新奇的发明源源不断地从爱迪生门罗实验室犹如泉水一般"流淌"出来,如碳粒电话传送器、留声机、发电机、白炽灯等。

爱迪生创建工业实验室,在美国科技和工业发展史上具有重要的意义。它标志着科技研究方式从个体向集体的转变,标志着美国工业实验室的出现。

在1892年以前的相当长时间里,爱迪生主要投身于制造白炽灯和开发电力系统的企业经营活动之中。1878年,爱迪生在摩根银行的支持下创建爱迪生电灯公司(1889年改组为爱迪生通用电气公司),从事白炽灯的开发和制造,获得了极大的商业成功。1882年9月4日,爱迪生在纽约珍珠街建造了中心发电站,并投入运营,为首批500个用户点亮了11 000多盏电灯,人们为此笑逐颜开。从此,电灯开始飞入寻常百姓家。爱迪生的电力系统为世界各国的电力建设提供了示范,极大地推动了电力事业的发展。

1892年,爱迪生放弃了企业经营,在西奥兰冶(West Orange)建立一个新的实验室,全身心地从事发明创造。他后来对留声机、照相机、蓄电池、电影放映机进行了重大的技术改进。

爱迪生一生获得了1 000多项发明,硕果累累,功勋卓著。但是不要忘记,在爱迪生成功的背后,有着无数的挫折和艰辛。爱迪生经常对人们说:"天才不过是百分之一的灵感,再加上百分之九十九的汗水。"为了表彰爱迪生将美好的事物带给人间,世界各国的个人和团体纷纷授予他各种奖励和荣誉。爱迪生最得意的一项奖赏是他荣获了美国政府颁发的国会荣誉奖章(Congressional Medal of Honor),这是一个美国公民为国家服务所能得到的最高荣誉。

四、通用电气公司

在美国电气工业的发展过程中,涌现了一批杰出的企业,如通用电气公司、西屋公司、AT&T公司等。这里主要讲述通用电气公司。

1892年4月15日,爱迪生通用电气公司与汤姆森-休斯敦公司合并,成立通用电气公司(General Electric Company),此名称一直沿用至今。这两家电气企业合并,究其原因,大致有以下四点。第一,两家公司分别都在白炽灯、牵引机车、弧光灯方面占有很强的专利优势,但是,如果要制造出高品质的电气产品,一方必须用到另一方的专利技术,这就容易出现专利侵权问题。如果两家合并,专利问题的解决就是顺理成章的事了。第二,汤姆森-休斯敦公司和爱迪生通用电气公司在产品线(牵引机车除外)上存在互补性。如果两家公司合并,则产品线可以横跨整个电气领域,并取得优势地位。第三,两家公司合并,在一定程度上可以减轻竞争的压力,这也是合并的一个动机。第四,两家企业在资本和管理方面具有互补性。一方面,爱迪生通用电气公司资本雄厚,可以为汤姆森-休斯敦公司的大发展提供经济支持;另一方面,汤姆森-休斯敦公司具有很高的管理水平,这对爱迪生通用电气公司的股东颇有诱惑力。

通用电气公司的历史是一部百余年创新的历史。通用电气公司自1892年诞生至今,其发展大体可以分为四个阶段:第一个阶段(1893—1923),工业研究的黎明;第二个阶段(1924—1946),化创新为产业;第三个阶段(1947—1977),进步之路;第四个阶段(1981年至今),建立一个"浑然一体"的公司。这里主要介绍通用电气公司早期的历史发展。[①]

第一个阶段(1893—1923),工业研究的黎明。

1892年是哥伦布发现美洲"新大陆"400周年,美国为此举办了哥伦布国际博览会,各种电气产品闪亮登场。通用电气公司参展的产品,被认为是"近乎完美的电气艺术"。这当是人们意料之中的,因为通用电气拥有一批杰出的发明天才,其中包括爱迪生、汤姆逊(Elihu)和斯坦因梅兹(Charles Protens Steinmetz,1865—1923)。斯坦因梅兹1892年进入通用电气公司,担任首席咨询工程师。在他的动议下,通用电气公司创建了美国第一家致力于基础研究的工业研究实验室。通用电气公司工业研究的黎明到来了。通用电气的研究实验室像磁场一样吸引着众多的科技人才,科技创新源源不断地涌现出来。

1895年,通用电气公司建造世界上最大的电气机车(90吨)和变压器(800 kW)。

1900年,通用电气公司创建研究实验室,由惠特尼领导。这是美国第一家工业研究实验室。

1905年,金属化的碳丝灯泡问世。

1906年,第一台可实用的高频交流发电机由亚历桑德森(Ernest Frederick Werner Alexanderson,1878—1975)建造,首次应用于声音和音乐的传播。

1912年,通用电气公司为美国海军的电力驱动的军舰提供发动机。

1913年,库里奇(William David Coolidge,1873—1975)演示世界上第一根可实用的X射线管;朗缪尔(Itying Langmuir,1881—1957)发明充气灯泡。

1919年,通用电气公司为Lepere飞机装备涡轮增压器(supercharger),使其创下新

---

① 主要来自刘立编著:《通用电气公司:世界企业界的哈佛》,保定,河北大学出版社,2001。

的飞行纪录：在 18 400 英尺的高空时速达 137 英里。

1922 年，通用电气公司首台广播站在斯克内克塔迪开播。

第二个阶段（1924—1946），化创新为产业。

经过第一阶段的发展，到 1923 年，通用电气公司已经变得非常强大。其年销售收入从 1892 年的 120 万美元上升到 1923 年的 2.4 亿美元。进入第二阶段，由于科技的推动和市场的拉引，通用电气呈现出更加强劲的增长势头。科技的推动主要来自于公司的实验室，重大的科技成果不断涌现出来；市场的拉引主要来自世界范围内的电气化浪潮对各种电气产品的旺盛需求。为提高人民生活水准，主要工业化国家开始全面启动和实施大型电气化工程，而且普遍洋溢着乐观的情绪，直到 20 世纪初经济大萧条的来临。在大萧条时期，许多企业都面临着生存的问题，中小企业遭到重创，纷纷倒闭。后来，经济出现复苏，但是好景不长，20 世纪 30 年代末爆发了第二次世界大战。"二战"期间，为了国家利益，通用电气公司的科技资源和工业资源全部投入到备战努力之中，通用电气的人们贡献着他们的聪明才智和力量。

1925 年，通用电气公司宣布密封式家用电冰箱研制成功，1927 年成立电冰箱事业部，开始批量生产。1931 年，产量突破 100 万台，并将第 100 万台电冰箱赠送给亨利·福特博物馆收藏。

1927 年，通用电气公司科学家亚历桑德森研制出电视技术，第一台家用电视机成功地接收到画面，地点在发明者的家里。次年，公司建造电视台，每周两次播放电视节目。1939 年，成立无线电和电视部门，宣布生产电视和调频接收器。

1930 年，通用电气公司成立塑料事业部。

1932 年，通用电气公司朗缪尔博士荣获诺贝尔化学奖。

1935 年，普林斯（David Chandler Prince）为世界上最大的水电大坝设计电力设备。

1941 年，美国最大的战舰 North Carolina 装备通用电气公司制造的 115 000 马力的发动机。

1942 年，涡轮喷气发动机装备到美国设计和制造的首架喷气飞机。

1945 年，世界上飞行最快的飞机的喷气引擎由通用电气公司提供。

1946 年，朗缪尔等人宣布发现"云的催化"（cloud seeding）效应，实现人工降雨。

100 多年来，通用电气公司在各个科技领域不断地开拓进取，永不停息。通用电气公司具有旺盛的生命力，它是道·琼斯工业指数自 1896 年创立以来，唯一一家至今仍榜上有名的企业。

五、重大技术创新

1. 钨丝灯泡

19 世纪末 20 世纪初，白炽灯技术沿着两条路线发展，一是改进灯泡制造技术，如玻璃密封和抽真空技术,二是寻找效率更高的灯丝。通用电气公司实验室发明了钨丝灯泡。

通用电气公司密切关注欧洲在钨丝灯泡技术上的进展,一旦发现合适的专利就购买下来。惠特尼 1906 年赴欧洲考察,库里奇也分别于 1908 年、1909 年两度赴欧洲考察。他们看中了几个专利,并出高价钱买了下来,其目的是想在美国形成钨丝电灯专利的垄断地位。

除采取购买欧洲专利技术的策略以外,通用电气公司的实验室自己也在探索如何制造钨丝灯泡。据实验室的一份报告,在 1906 年到 1910 年间,实验室至少发明了 13 种制造钨丝的工艺,但是具有实用经济价值的工艺不多。这一时期的钨丝灯泡,其钨丝都是不可延展的,制造起来困难重重,而且具有干、脆、易断的特点。如何制造出具有延展性的钨丝,这是一个重大的技术难题,库里奇决定攻克这一难题。

库里奇终于发明出了制造具有延展性钨丝的工艺。库里奇花了两年多的工夫致力于开发制造钨丝的工艺,1911 年终获成功。据统计,从 1906 年到 1911 年,实验室共投入 20 名训练有素的化学家攻克钨丝的延展性问题,这还不包括大量实验助手;投入经费超过 10 万美元。1910 年,通用电气公司向外界宣布制造出延展性良好的钨丝,钨丝的相关技术难题已经被攻克。次年,通用电气公司便将新型钨丝灯泡投入市场,获得了巨大的成功。

2. 交流电系统

1886 年,乔治·威斯汀豪斯(George Westinghouse,1846—1914)创建公司。威斯汀豪斯公司(又译西屋公司)对交流电的开发、应用和推广做出了重要的贡献。早期,爱迪生把电输送到千家万户,他输送的是直流电,直流电在输送过程中功率损耗很大,以致发电厂输送电力的距离最远不超过 1 英里。如果这种情况持续下去,那么,除了大城市,别的地方可能就得不到电力。这一缺点引起了乔治·威斯汀豪斯的注意。威斯汀豪斯因发明了火车气刹和天然气输送系统而声名鹊起。威斯汀豪斯精通电流知识,懂得利用电流强度和电压的不同组合来提供一定的功率,他发现某种组合比其他的组合能使功率在一定的距离内输送,其损失较小。威斯汀豪斯利用欧洲新近发明的变压器,调节电线上的电流,以减少功率损耗。威斯汀豪斯的系统可以节省大量的电流,因此相应地可以节省生产电流所需要的大量基本设备。为了使变压器起作用,需要配置由直流电变为交流电的转换器。于是,爱迪生系统与威斯汀豪斯系统之间爆发了一场"电流大战"。爱迪生强烈批评交流电,说交流电会产生严重的副作用,可能会造成死亡和损伤,是"杀人的"电流。爱迪生为了证明自己的观点,甚至在大街上找来一些无人领养的猫和狗,然后用交流电杀死了它们。爱迪生还建议纽约市装置行刑电椅时使用交流电。威斯汀豪斯针锋相对,捍卫交流电的长处。实践证明,交流电具备很多优点。交流电能输送更远的距离,损耗小,成本低,最终战胜了爱迪生的直流电系统。

3. X 射线管

X 射线是偶然发现的产物。1895 年 11 月 8 日,德国科学家伦琴(Wilhelm Conrad

Röntgen,1845—1923)在他的实验室偶然观察到一种新型的射线。在真空管的两端施加高电压,就会出现这种新型射线,它可以穿透大多数物质。它们的阴影投射到荧光屏或照相底片上时,就变成可见的了。伦琴将这种不可思议的射线称为 X 射线,然后他的同事们后来又将之命名为"伦琴射线",以表示对他的敬意。为了表彰伦琴具有开创性的发现和研究,1901 年,诺贝尔委员会将第一个诺贝尔物理学奖授予了伦琴。伦琴表现出一种无私奉献的精神,他执意拒绝为他的发现申请专利,从而使之能够更广泛地为人类造福。X 射线的发现在医学和自然科学领域宣告了一个新纪元的开始。伦琴的发现为医学诊断成像奠定了基础,直至今日,对于全世界的患者都具有无可估量的价值。

X 射线的应用前景很快为世人所认知。德国是 X 射线技术应用的开拓者。就在伦琴宣布发现 X 射线后的几十天,即 1896 年 1 月,德国爱尔兰根 RG&S 电子医疗设备厂的一位工程师专程拜访了伦琴,对 X 射线进行了深入的了解。此后,RG&S 立即着手研究和开发自己的火花发生器,以便获得能产生 X 射线所需要的高压。到 1896 年 7 月,RG&S 的科学家已经可以对人的头部进行 X 射线照相了。与此同时,1896 年 1 月,柏林西门子和哈斯克公司的电子医疗设备部,也制造出了 X 射线设备。

库里奇决心改进和完善 X 射线管。库里奇发现,金属钨非常适合于做 X 射线的靶子,比当时使用的铂做靶子要好得多。经过许多的尝试,库里奇终于制出了用钨做靶子的 X 射线管。通用电气公司实验室很快投入制造和销售这种 X 射线管,1913 年产量是5 000 只,第二年增加到 6 500 只。

库里奇的下一个目标是开发出用钨做阴极的 X 射线管。他们历尽艰辛,攻克了一道道技术难关,终于研制出了性能稳定、操作可控的 X 射线管。库里奇开始针对不同的用途开发不同的 X 射线管,有医用的(如牙科),有电压要求高的、也有电压要求低的。技术开发过程中问题层出不穷,但他们最后还是成功了。

X 射线管不仅具有商业价值,而且具有科研价值。通用电气实验室的科学家及世界各地的科学家利用 X 射线管这种新型仪器,展开各项科学研究。如运用 X 射线衍射技术研究物质的结构。

4. 无线电通信

麦克斯韦在 19 世纪 70 年代从理论上预言了电磁波的存在,并且预言信号可以通过空间来传输。1887 年,德国物理学家赫兹通过实验接收到了穿越空间的电磁波,从而证实了麦克斯韦电磁学理论的预言。19 世纪末,意大利工程师马可尼(Guglielmo Marconi,1874—1937)设计出一种装置可以传输信号,并检测到信号。1895 年,马可尼实现了 1 英里远的无线电通信。1895 年,通信距离增加到 9 英里,1898 年增加到 12 英里,实用的无线通信初见端倪。后来,马可尼将他的发明付诸商业化,推动了无线电通信的实际应用。1900 年,马可尼在英国获得无线电通信的专利,1901 年他用无线电将英国与加拿大沟通了起来。1902 年,马可尼创办马可尼无线电报公司,后来它被改组为美国无线电公司(RCA)。后来,马可尼与德国物理学家布劳恩(Karl Ferdin and Braun,1850—1918)共获 1909 年诺贝尔物理学奖。

另一些人的工作则为真空管的设计打下了基础。19 世纪 80 年代,研究人员观察到灯泡中出现的传导现象。1883 年,爱迪生注意到一种现象,后来被称为"爱迪生效应"。1897 年,卡文迪许实验室的科学家汤姆逊(Joseph John Thomson,1856—1940)发现了电子,他对爱迪生效应做出了新的解释,他认为在高温下灯丝中的电子会蒸发出来,蒸发出来的电子被带正电的阳极吸引过去,所以发出微弱的光。此后,人们开始考虑爱迪生效应的实际利用问题。

英国科学家弗莱明(Ambrose Fleming,1849—1945)产生了一个想法,是否可以利用爱迪生效应来检测无线电信号呢? 经过多年的研究和实验,弗莱明研制出了一个二极管,即在真空中放置两块金属板,一端是正极,另一端是负极,当负极加热时,就有电子射向正极。利用二极管,可以检测到无线电信号。但是,通过二极管检测到的电信号非常微弱,其主要原因是二极管内的电子流大小还无法控制。

1905 年,美国耶鲁大学的博士福雷斯特(Lee de Forest,1873—1961)在弗莱明二极管的基础上,成功地研制出了三极管,即在二极管的正极和负极之间,插了一个金属栅网(即栅极)。三极管检测信号比二极管更加灵敏。

三极管的发明为无线电通信和广播开辟了道路。1906 年,美国物理学家费丁生(Fedinson R.F.,1866—1932)发明了调幅波,使高频信号带着声音的振幅发射出去。同年年底,他成功地进行了首次无线电广播。

后来,AT&T、通用电气公司发明了电子管,在无线电领域做出了许多重要的创新。

1912 年,朗缪尔在研究电灯里的爱迪生效应时,对电子管发生了兴趣。朗缪尔发现了一个被人们遗忘的工作:英国物理学家理查德逊(Owen Willans Richardson,1879—1959)1903 年发现,灯丝释放出来的电子的数量,随着灯丝温度的变化而变化。朗缪尔推测,如果理查德逊的结论是正确的,那么,灯丝的两脚之间应该有强大的电流通过。但是,有些实验工作者对理查德逊的工作表示怀疑,他们认为,受热灯丝释放电子是灯丝与灯泡里残留的气体相互作用的结果。到底谁是谁非,朗缪尔首先要对理查德逊的工作进行一番检验。实验结果表明,电子管中释放出来的电子的数量的确是温度的函数,但是,通过电子管的电流的大小则取决别的一些因素。朗缪尔进一步做实验研究,发现了空间电荷,即受热的阴极和带正电的阳极之间,这部分空间充满着电子,因而产生了负电,它驱使额外的电子返回到阴极。朗缪尔的研究还表明,福雷斯特等人制作的电子管,其中含有残余的气体,它们被电离,阳离子抵消空间电荷,使得电流更大。那么,为什么有些研究者会否认真空管中出现电子释放这种现象呢? 朗缪尔解释说,那是由于他们的实验不恰当所致。

1913 年 3 月,通用电气公司实验室报告说,朗缪尔等人的研究工作可以使人们对福雷斯特三极管的工作原理有了更深刻的认识。在此基础上,可以研制出比市场上现有的电子管更好的电子管出来。

那时,通用电气公司的工程师亚历桑德森,正在研制大功率的高频交流发电机(alternator),试图通过无线电来传输声音和接收声音。要完成这样的工作,必须找到一种方法,对带有声频的电波的输出进行调幅。福雷斯特三极管信号太弱,难以实现这一功能。亚历桑德森就到通用电气实验室向朗缪尔求援。朗缪尔责无旁贷,承接了这项任务,他率领一批助手研制出了一系列性能优越的电子管。

第四节　本章结语

发源于 18 世纪英国的产业革命,后来传播到西欧和美国等地区和国家。由于产业革命,英国、西欧和美国等地区和国家率先实现了从农业社会向工业社会的转型,成为现代经济强国。

产业革命是历史过程,具有阶段性特征。第一次产业革命主要以纺织工业、蒸汽机为主;第二次产业革命以电气技术、化工技术等为主。在第二次产业革命中,科学与工业的关系变得更为密切,科学走在了技术和生产的前面,大量的技术创新建立在科学发现的基础之上。

英国、西欧、美国等国家的产业革命及工业化道路,既有共同点,也有多样性。其共同点是产业革命都涉及重大技术创新和组织创新、制度创新,以及它们之间的互动协调。只有技术创新,没有组织创新和制度创新,产业革命是难以发生的。不同国家产业革命表现出多样性:国家的地理位置和自然资源不同;产业革命启动的时间不同;相应地,后发者所处的时代和环境与先行者的时代和环境发生了巨大的变化;国家的文化和制度体制也是不同的。由于这些多样性,要找出产业革命的"标准模式"是不可能的。

历史上,我国错过了第一次、第二次产业革命,经济由盛而衰,造成落后挨打的结局。当前,我国正抓住现代世界新一轮科技革命和产业革命的机遇,积极推进工业化,探索新型工业化道路。西方国家工业革命的历史经验教训可资借鉴。

参考文献

1. 刘立:《德国化学工业的兴起》,太原,山西教育出版社,2008。

2. 刘立编著:《世界企业界的哈佛:通用电气公司》,保定,河北大学出版社,2001。

3. 克利斯·弗里曼、罗克·苏特:《工业创新经济学》,华宏勋、华宏慈等译,柳卸林审校,北京,北京大学出版社,2004。

第三编

现代科学技术的拓展

十七八世纪,以英国兴起的工业革命和以英国皇家学会、法国巴黎科学院为代表的近代科学体制化的起步,把人类带入工业文明的时代。19世纪末期到20世纪初期,以经典物理学革命、电力技术革命为代表的科技领域的重大变革引发了人类从价值观、思维方式到生活习惯及其活动范围的根本性的改变。尽管学者对近代与现代科学技术的时代划分问题还存在学理性分歧,但在一般情况下,我们把20世纪以来产生和发展的科学技术归于现代科学技术的范畴。

现代科学技术与近代和古代科学技术相比究竟拥有哪些不同的特征呢?

首先,自然观发生转变。古代自然观以畏惧自然、天人合一为特征,近代机械论自然观强调"人定胜天"、征服自然。现代自然观是人类基于对自然深入的研究,在经历了战争磨难、自然的报复,以及自身反思之后,希望建立的人与自然协调、友好相处,可持续发展的整体性理念。现代自然观凸显了人类对于现代科学技术发展的态度,反映了人类开始意识到在科学技术发展的过程中应该避免短视的、片面的、无止境的、无节制的、不考虑环境承受力的发展理念,而应该树立整体的、辩证的、有序的、有理智的、负责任的发展观,在现代自然观影响下产生应有的规划发展效应。

第二,基础科学理论发生根本性变革(或称"科学范式的转变")。如果说古代科学作为近现代科学的思想来源没有脱离古代哲学思想,难以找到独立的科学理论体系的话,近代科学则具有鲜明的特征:以牛顿的经典力学理论为基础,以数学和实验作为研究的基本手段和出发点。到19世纪末期,近代科学在经典力学理论框架下,从统一的热学、声学、光学、电磁学的物理学大厦拓展到化学和生物学等广阔领域。看似近代科学已经大功告成。然而,"物理学危机"的爆发,以及X射线、放射性物质和电子等一系列新发现,暴露了近代科学特别是物理学存在内置性的理论缺陷。20世纪初期,量子力学的建立和相对论的提出成为揭示微观粒子运动规律和阐释宇观世界的时空关系的理论突破口，奠定了现代科学的基础，宣告人类在科学发展过程中从以确定性和绝对时空观为基础的近代科学跃入以承认不确定性和相对时空观为理论出发点的现代科学时代。

第三，研究方法发生变异。古代科学技术的研究或者应用方法要么重思辨、分析（例如古希腊），要么重经验、综合（例如古代中国）。西方近代的科学方法论体系以形式逻辑和化复杂为简单的还原论为基础，强调数学方法和实验方法的介入，倡导演绎方法和归纳方法的独立性，重视分析方法，较少采用综合方法。在工程技术领域，更多以机械论和直接线性联系方法作为方法论基础。另外，在19世纪中期以前，科学研究呈现分科化趋势，各门学科拥有相对独立的、具体的研究方法，科学研究与工程技术研究在方法方面很少交叉，结合得不紧密。而现代科学技术的方法论基础是产生于20世纪40年代的系统方法、控制方法和信息方法。强调事物之间的普遍联系和相互作用，以综合方法作为首要前提。20世纪以来，在不同学科之间产生了许多交叉学科和边缘学科，这些学科借助不同学科的研究方法，例如，物理化学学科是借助物理学方法研究化学问题，而化学物理学是借助化学方法研究物质运动规律等。特别是20世纪60—80年代在耗散结构理论和协同学等复杂性理论兴起之后，不仅在科学研究的不同领域可以共享横断科学方法，而且在科学与技术之间、科学与工程之间、技术与工程之间、自然科学与人文社会科学之间都产生并共享具有普遍性和一般性意义的方法。比如，统计方法被应用于经济学、社会学甚至语言学研究中，仿生方法被应用于工程设计中，复杂性方法被应用到环境科学和技术领域等。研究方法的多样性、多元化，以及广谱性成为现代科学技术的重要特点之一。

第四，科学研究的范围发生变化。从时空范围上看，由于没有精确的观测仪器，古代科学技术的实证观察仅限于人眼所及的空间尺度，以及通过结绳计数和文献记载所记录到的时间范围。随着望远镜、显微镜和计时器等观测仪器的发明，近代人们的视野已拓展为大到银河系的边缘、小到原子核内的电子。20世纪以来，由于拥有射电天文望远镜、超高能量的加速器，以及亿万次巨型计算机，人们已能对300兆光年尺度内的宇宙结构，以及半径在10^{-16}米左右的基本粒子的性质开展深入研究。从研究领域上看，现代科学领域已经远远突破了近代自然科学所包括的天文学、地学、物理学、化学和生物学界限，不仅在原有的学科内部拥有新的更加深入的研究方向，而且基于原有学科向外拓展了许多新学科分支，在学科之间产生许多交叉学科，呈现出交叉性拓展和向精细方向深入的发展趋势。例如，在环境科学的发展过程中，环境伦理学的产生彰显出学科的交叉性与精细性结合的特征。

第五，科学与技术之间相互融合、相互渗透。在近代第一次工业革命中蒸汽机技术成为先导，科学的作用似乎难以凸显。第二次工业革命则以电磁学理论带动了电力工业的发展。20世纪以后，在现代科学技术中对于科学领先于技术还是技术引领科学的问题难分伯仲，因为二者之间形成了互通有无、相互促进的结果。以航天技术为例，航天器的制造与航天理论研究相辅相成，难分先后。当前发展迅速的纳米研究也难以严格划分哪些属于纳米科学，哪些属于纳米技术。

第六，高技术成为现代科学技术发展的核心，彻底改变了人类的生存状态、社会结构、生活态度和行为方式。20世纪以来，随着信息技术的发展，超大规模集成电路、计算机技术、软件工程和互联网技术的应用与普及，极大缩短了发现知识、建构理论和传播思想的速度，知识爆炸已成显性，打破了原有封闭的人际关系和信息垄断的局面。自动化技术的发展一方面提高了生产效率，创造了剩余价值；另一方面，提升了某些行业的失业率，加剧社会不安定程度，与此同时又带动诸如物流产业的发展，增加了就业率。以核能技术、太阳能技术为代表的新能源技术，不仅为人类开发新能源占尽先机，也给人类带来打开"潘多拉魔盒"的风险。现代生物技术直接引发了人类对伦理学的关注；环境与生态工程帮助人类实现可持续发展的目标；非常规加工工艺、新材料技术、光电子技术、纳米技术和超导技术都被应用到空间技术中，使人类飞向太空的梦想一步步得以实现。

从时间和内容的关联性上看，现代科学技术的发展大致可以分为三个阶段。

第一阶段：奠定新理论（20世纪初至20世纪40年代末期）。这一阶段以物理学革命作为现代科学技术新理论和新观念的发端，以控制论、系统论、信息论作为创立现代科学技术新方法的标志。在这一阶段航空技术经过两次世界大战得到迅猛发展。

第二阶段：发展新学科、新技术（20世纪40年代末期至20世纪80年代）。1946年，第一台电子计算机问世，引发信息技术革命。1942年12月2日，世界第一座反应堆在美国芝加哥大学诞生，1954年苏联建成世界上第一座核电站，标志着人类进入开发、利用核能的新时代。"二战"以后，美苏两国的核军备竞赛，以及在航天领域的竞争，为人类发展蒙上阴影。从20世纪60—80年代兴起的复杂性问题研究，引发自然观和方法论的变革。20世纪60年代以美国海洋生物学家蕾切尔·卡逊（Rachel Carson，1907—1964）的《寂静的春天》（Silent Spring）一书为起点，人类展开了环境科学的研究。

第三阶段：形成高技术集群（20世纪80年代至今）。环境科学、生物技术和新能源技术等成为这一阶段现代科学技术发展的突出代表。另外，众多交叉学科兴起，电子计算机技术、网络技术、纳米科技、空间技术等都得到长足发展。

由于现代科学技术的内容庞杂，而全书篇幅有限，所以，本篇在内容遴选上面临很大难度。最终确定了两条遴选原则：一是在现代科学技术发展的三个阶段分别选取具有代表性的内容；二是选择与公众关联度较高的领域。

显然，本编入选这些内容仅反映了现代科学技术的发展主线，肯定存在挂一漏万的缺陷。为方便读者拥有该方面的知识上升空间，建议读者在掌握本篇内容的同时，结合各章后面所附参考文献、进一步阅读材料，以及其他文献进行深入学习。

第十八章

世纪之交的物理学革命

19 世纪末至 20 世纪初期，物理学发生了一场巨变，大大地拓展了物理学的研究领域。一系列新实验、新观念、新理论冲击了经典物理学的理论基础，对 20 世纪现代科学的发展产生了广泛而深刻的影响。

第一节　X 射线、放射性和电子的发现与物质微观结构探索

1895 年，伦琴发现 X 射线，揭开了物理学革命的序幕，与其密切相关的天然放射性现象和电子的发现，在当时的科学界甚至公众中都产生了前所未有的震动。新发现冲击了经典物理学的物质观，打破了原子不可分、元素不可变的传统思想，使对物质微观结构的认识从哲学思考阶段进入科学探索阶段。

一、X 射线的发现

X 射线的发现可以追溯到 18 世纪对电现象的认识和 19 世纪对放电现象的研究。人们早在 17 世纪就观察到了低压气体放电现象，直到 19 世纪，真空技术的发展为气体放电研究的深入创造了条件。

1858 年，德国物理学家普吕克（Julius Plücker，1801—1868）在放电管对着阴极的管壁上看到了绿色荧光。荧光光斑的位置会在磁铁的影响下发生移动。这实际上是发现了"阴极射线"。此后，欧洲的很多实验室相继在"阴极射线"研究上取得进展，并展开了一场关于阴极射线本质的"粒子说"与"以太振动说"之间的争论。

在进行阴极射线实验研究时，德国物理学家伦琴意外地发现 1 米以外的荧光屏发出

了微弱的荧光。伦琴知道阴极射线不能穿透玻璃管壁,且只能在空气中传播很短的距离,所以推断这种现象不是由阴极射线所引起的,而是由一种未知的新射线引发的。他连续 6 个星期吃住在实验室,废寝忘食地用各种方法对新射线进行反复实验。1895 年 12 月 28 日,伦琴将研究得到的结果写成论文《初步报告:一种新的射线》,随即递交到维尔茨堡物理学医学学会。在论文中伦琴初步总结出新射线的一些性质:新射线来自于被阴极射线击中的固体;固体元素越重,产生出来的新射线越强;新射线是直线传播的,不被磁场偏转;新射线可使荧光物质发光,使照相底片感光,能显示出装在盒子里的砝码、猎枪的弹膛和人手指骨的轮廓。由于新射线拥有许多未知性质,因而被命名为 X 射线。X 射线显而易见的医学应用价值及其与电本性问题的直接联系很快在科学界和公众中引起极大轰动。1901 年,伦琴成为第一位诺贝尔物理学奖金获得者。

继伦琴发现之后,许多物理学家都迅速转向对 X 射线性质的研究,1912 年,劳厄(Max von Laue,1879—1960)用晶体作光栅得到 X 射线的衍射图样,证明 X 射线是从原子内部辐射出来的波长较短的电磁波,同时证明了晶体具有空间点阵。劳厄也因发现晶体的 X 射线衍射现象而获得诺贝尔物理学奖。此后不久,X 射线衍射方法成为探测物质微观结构的一个有效手段。20 世纪,一系列赢得诺贝尔科学奖金的重要发现都与运用 X 射线衍射方法有关,其中包括对 DNA 结构的确定在内。[①]

二、天然放射性的发现

X 射线的发现很快就导致了天然放射性现象的发现。法国物理学家贝克勒尔(Antoine Henri Becquerel,1852—1908)对 X 射线与荧光或磷光物质的关系进行了系统的研究。贝克勒尔是巴黎自然博物馆的教授,他的祖父、父亲和他本人都对磷光和荧光现象进行过深入系统的研究。贝克勒尔在最初的实验中没有得出有意义的结果。后来,他恰巧选择了一种铀盐作实验材料,从而获得突破。以往的实验表明,铀盐是荧光物质,在太阳暴晒后会发出荧光,而发荧光的铀盐可以使被黑纸包着的照相底片感光。贝克勒尔发现未经太阳暴晒的、不发荧光的铀盐也可以使被黑纸包着的照相底片感光。贝克勒尔认识到,照相底片感光与否与是否经过太阳暴晒、是否产生荧光无关,而是铀盐本身发出了一种新射线。贝克勒尔集中精力对铀元素和铀的化合物进行研究,进而发现,铀盐所发出的射线不仅能使照相底片感光,而且能像 X 射线一样穿透几乎一切物质,能使气体电离。他还发现,温度的变化、放电等对放射现象都没有影响,各种铀的化合物都具有这一性质,纯铀所产生的辐射比他所用的硫酸铀盐的辐射强 3～4 倍。于是,在 1896 年贝克勒尔宣布:具有发射穿透射线的能力是铀的一种特殊性质,而与采用哪一种铀化合

---

①诺贝尔奖基金委员会官方网站:http://nobelprize.org/physics/educational/x-rays/index.html.

物无关;铀的这种能力完全不受外界条件的影响,它的强度似乎也不随时间延长而衰减。贝克勒尔认识到这是一种与 X 射线不同的、穿透力很强的另一种辐射。他称之为铀辐射,别人把它称为"贝克勒尔射线"。贝克勒尔的发现并没有引起像伦琴发现那样的轰动,可能是由于"贝克勒尔射线"当时不具有明显的应用价值,另外,当时的科学界(包括贝克勒尔本人)认为,发射穿透辐射是铀的特殊能力。

居里夫妇将贝克勒尔的工作推向深入。居里夫人(Marie Sklodowska Curie,1867—1934)首先提出了一个有重要意义的问题:是否还有别的元素也具有辐射性质。于是,她系统地研究了当时已知的各种元素和化合物。在测量放射性的实验中,她采用了居里兄弟发明的石英晶体压电秤等精密测量仪器测量放射性物质使空气电离产生的微弱电流,获得了大量物质放射性相对强度的准确数据。1898 年,居里夫人发现钍也具有和铀同样的性质。与此同时,德国科学家施米特(G. C. Schmidt,1856—1949)在德国也做出了同样的发现。在对铀和钍的混合物进行测量时,居里夫妇用放射性方法发现了新元素钋。1898 年 12 月,居里夫妇又发现了镭。到 1902 年,经过 45 个月艰苦繁重的劳动,在数万次的提炼之后,他们从几吨沥青铀矿渣中提炼出了 0.12 克的氯化镭,初步测定了镭的原子量是 225,镭的放射性比铀强二百多万倍。后来,居里夫人又用 3 年的时间,成功地提炼出了纯镭。居里夫妇继而对放射性射线的作用,如发光作用、化学作用和生物医学作用进行了研究,还研究了磁场对镭射线的作用等。

镭的发现进一步促进了人们对放射性现象的研究。1899 年,贝克勒尔使用居里夫妇提供的镭样品,发现镭发射出的射线能被磁场偏转;卢瑟福(Ernest Lord Rutherford,1871—1937)等人通过实验发现,天然放射性的射线是由几种不同的射线组成的,它们后来分别被命名为 α 射线、β 射线和 γ 射线。1903 年,卢瑟福等在实验基础上认识到:任何一个放射性过程都伴随着元素的蜕变。这一认识使传统的元素不变观念受到了巨大的冲击。

三、电子的发现

关于阴极射线本质的探索,直接导致了电子的发现。在阴极射线本性的争论中,德国科学家大多认为阴极射线是一种以太振动,英国和法国科学家则大多支持阴极射线是带电粒子流的观点。英国物理学家约瑟夫·约翰·汤姆孙(Joseph John Thomson,1856—1940)首先实现了阴极射线在电场作用下的偏转,并证明其带有负电。这一研究成果支持了阴极射线是带电粒子流的假说。约瑟夫·约翰·汤姆孙利用阴极射线粒子在电磁场中偏转实验,测出了这种粒子的电荷和质量的比,其值约是氢离子的两千倍,粒子的运动速度大约是光速的十分之一。约瑟夫·约翰·汤姆孙进一步证明,该粒子所带电荷与氢离子属同一数量级。这表明,其质量的数量级只有氢离子的千分之一。约瑟夫·约翰·汤姆孙把该粒子称为"带电微粒",指出它是一切原子的共同组成部分。约瑟夫·约翰·汤姆孙的"带电微粒"后来被称为"电子",表示它是电的最小单位。

电子是人类发现的第一个微观粒子。电子的发现带动了人们开始对原子的结构、进而对原子核的结构乃至对更深层的物质结构的研究,对人们弄清电的物理本质也产生重要的作用,进而对电子科学技术的发展产生了深远的影响。

四、原子结构的早期探索

电子的发现使人们认识到原子是有结构的:因为原子是电中性的,电子带负电,所以原子内部必有带正电的部分。对原子结构模型的研究要解决原子中正电荷部分的性质,正、负电荷在原子中的分布,正、负电荷之间的相互作用,以及原子的稳定性、元素周期性、原子光谱的规律和放射性等问题。

20 世纪初,物理学家先后提出了多种原子结构模型。1904 年,约瑟夫·约翰·汤姆孙提出实心带电球模型。他设想原子带正电荷部分的主体像流体一样均匀地分布在球形的原子体积内,而带负电荷的电子,像分布于"面包"中的"葡萄干"一样"浸浮"在球体内某些固定的位置上,原子光谱则是由于在固定位置上的电子受到正电荷的作用力作简谐振动的结果。约瑟夫·约翰·汤姆孙模型的重要意义在于它打破了原子内部带正负电荷的物体互相对称的概念,标志着原子科学的一个新时代的开始。但是,从约瑟夫·约翰·汤姆孙的模型中只能算出一个特征频率,这与氢原子光谱中观察到的存在许多频率的谱线的事实是矛盾的。

1911 年,根据 a 粒子散射实验结果的分析和计算,卢瑟福提出了原子的有核模型或称行星模型。但这个模型与经典物理学的理论存在着根本的矛盾。受到原子光谱经验定律的启发,玻尔(Niels Bohr,1885—1962)认为量子假说是摆脱困难的唯一出路。1913 年,他把卢瑟福、普朗克(Max Karl Ernst Ludwig Planck,1858—1947)、爱因斯坦(Albert Einstein,1879—1955)的思想结合起来,创造性地将光的量子理论引入原子结构理论中来,克服了经典理论解释原子稳定性的困难。玻尔理论不仅解释了氢原子光谱规律,还预言了氢和氯的一些新谱线的存在。玻尔的理论很快就被弗兰克-赫兹实验证实,后经索末菲(Arnold Sommerfeld,1868—1951)的理论推广,可以相当满意地描述塞曼效应和斯塔克效应等实验现象。

玻尔理论没有从根本上脱离经典物理学的理论框架,对量子化条件的引进也没有从理论上给以适当的解释,因此被人称之为"普朗克的量子观念与经典力学的混合"。但是,正是由于这一"混合"打破了经典物理学一统天下的局面,开创了揭示微观世界基本特征的前景,为建立描述微观世界运动规律的量子力学理论体系的诞生奠定了基础。

第二节　量子力学的建立

世纪之交物理学革命的重要成果是量子力学和相对论的建立。量子力学把人类的认识拓展到对微观物质运动规律的把握。

一、热辐射规律的探索

热辐射研究是量子概念的起源之一。热辐射是一个古老问题,辐射频率(波长)与辐射体温度的关系在古代就受到人们的注意。当物体的温度在 500℃～800℃时,热辐射中最强的波长在可见光区。物体温度愈高,辐射出的总能量就愈大,辐射的短波(高频)成分也愈多。我国古代冶金和陶瓷技术中很早就利用火色来判断炉温,掌握火候,冶炼青铜时,当炉内呈青白之色时,就可以浇铸了。19 世纪末,受到来自技术需要和科学实验研究两方面的推动,热辐射的经验定律相继建立起来。由于辐射与辐射体的温度密切相关,热辐射一直在热力学研究范畴中备受关注。同时,由于人们已经认识到能量在本质上是以各种波长的电磁波形式辐射到空间的,热辐射问题因此也成为电磁理论研究的问题之一。这样从理论上对黑体辐射的经验定律做出解释,就成为涉及热力学、统计物理学和电磁场理论等物理学理论的一个课题,引起当时诸多著名物理学家的关注。

1895 年,德国物理学家维恩(Wilhelm Carl Werner Otto Fritz Wien,1864—1928)和卢梅尔(Otto Richord Lummer,1860—1925)提出用加热的空腔代替涂黑的铂片,并把由此产生的热辐射称为"黑体辐射"。1896 年,维恩发展了把电磁学和热力学理论用于研究黑体辐射的思想,通过半理论半经验的方法,得到了一个辐射能量分布公式。但实验研究显示,这个公式只在波长较短、温度较低时才与实验结果相符,而在长波区域则系统地低于实验值。1900 年,根据统计力学和电磁理论,英国物理学家瑞利(John Willam Strutt,1842—1919)也推导出了一个黑体辐射的能量分布公式。当频率较低时,这个公式的理论值与实验结果符合得比较好,但当频率较高时,就与实验结果表现出很大的差异。在这个公式中,辐射能量与频率的平方成正比,所以当频率极高时,必出现趋于无穷大,即在紫色端发散,而实验结果是趋于零的。由经典物理学解决热辐射问题导致的这一结果,后来被称为"紫外灾难"。这一定律的失败说明将经典物理学理论应用于热辐射问题上的失败并不是局部的失败,它揭示出了整个经典物理学面临的严重困难。

二、量子、光子和物质波概念的提出

1900 年,普朗克在黑体辐射的理论研究上首先取得了突破。普朗克研究辐射问题的特色是把熵增加原理置于考虑的首位。他用热力学理论对振子能量的形式进行探讨,研究了熵与能量的关系,运用物理学和数学方法得到了一个能量分布函数公式。该公式计算的理论值与实验结果令人满意地相符。这促使普朗克寻找公式中包含着的物理含义,从而引导他提出能量子假设。普朗克发现,热力学的理论不能解决这一问题,转而求助于统计物理学。他尝试使用波尔兹曼(Ludwig Edward Boltzmann,1844—1906)的方法,接受熵的概率解释。1900 年年底,普朗克提出能量子假定并导出了上述辐射公式。普朗克提出的量子假设表明,物体辐射能不是连续变化的,而是以最小能量单元的整数倍跳跃变化。这个辐射能的最小单元称作"能量子"或者"量子"。普朗克量子概念的提出冲击了经典物理学长期信奉的一切自然过程都是连续的这一原理,使人类对微观领域的奇特本质有了新的认识,对现代物理学的发展产生了革命性的影响。

1905 年,在研究光电效应时,爱因斯坦发展了普朗克的量子概念,提出了光量子说。爱因斯坦总结光学发展中微粒说和波动说长期争论的历史,揭示了已有理论的困境,并通过提出光量子概念来摆脱理论的困境。爱因斯坦对普朗克思想的发展在于,普朗克认为能量只有在吸收和辐射时是不连续的,而爱因斯坦进一步假设,能量在传播中,以及在与物质的相互作用中也是不连续的,即量子化的。光不仅在发射中,而且在传播过程和在物质的相互作用中,都可以看成能量量子。爱因斯坦称这个能量量子为光量子,后被命名为"光子"。爱因斯坦把光子概念应用于导致发光和光电效应等现象的解释。

爱因斯坦的光量子假说,并不是简单地回到牛顿的光的微粒说,也不是对波动说的全部否定,他第一次提出了光的波粒二象性的概念,揭示了微观客体的波动性和粒子性的对立统一。此后,康普顿效应等实验为光量子论提供了进一步的实验证据,使光量子论得到普遍承认。

1923 年,法国物理学家德布罗意(Louis Victor de Broglie,1892—1987)创立了物质波理论。他提出一个大胆的设想:物质也具有波粒二象性。他预言从很小的孔穿过的电子束能够呈现衍射现象。德布罗意还讨论了他所要寻找的"新力学"和以往的"旧理论"(包括牛顿和爱因斯坦的动力学)之间的关系,他认为这个关系正好像波动光学和几何光学之间的关系。之后,戴维逊(Clinton Joseph Davisson,1881—1958)和汤姆逊(George Pafet Thomson,1892—1975)分别在实验中观察到了电子束的衍射条纹,为物质波理论提供了实验证据。两人也因此荣获 1937 年度诺贝尔物理学奖金。

一切物质,包括光和实物粒子,都具有波粒二象性。这一观念揭示了物质世界所具有的普遍属性,启示人们在对微观粒子进行研究时,不应局限在经典物理学的框架,从而为建立一门研究具有波粒二象性的微观粒子运动规律的新理论扫清了思想障碍,使得新理论在短期内得以建立。

三、量子力学的建立

量子力学有两种基本形式——矩阵力学和波动力学。矩阵力学于 1925 年由海森伯

(Werner Karl Heisenberg，1901—1976)首先提出，后来又由波恩（Max Born，1882—1970）、约尔丹（Ernst Pascual Jordan，1902—1980）等人共同完成。矩阵力学是对玻尔理论的一个自然的发展。海森伯对玻尔理论进行了仔细研究，逐步明确了建立量子力学的基本思想：对应原理的普遍意义的认识和可观察量原则的确立。海森伯认为，对应原理作为原理应当一开始就以严格的形式提出，而不应只是作为解决问题的手段。可观察量原则的确立是海森伯建立矩阵力学的一个基本观点。可观察量指的是系统或客体能够被测量到的物理属性。由于他采用的数学方法是矩阵演算，他的理论被称为"矩阵力学"。

1925 年，波恩和约尔丹进一步把动量也用矩阵表示，给矩阵力学以严格的表述。他们从量子化条件出发，利用对应原理，得到了"准确量子条件"。随后，他们把它当作理论体系的基本出发点，运用它去处理谐振子和非谐振子的有关问题，得到了与海森伯相同的结果。1925 年 11 月，海森伯、波恩和约尔丹合作，将以前所得的结果推广到多自由度和有简并的情况，奠定了以矩阵形式表示的量子力学的基础理论。

在德布罗意物质波理论影响下，薛定谔（Erwin Schrödinger，1887—1961）通过另一条途径创立了波动力学。1925 年，薛定谔指出，认真考虑由德布罗意提出的、得到爱因斯坦支持的运动粒子的波动理论，是解决问题的唯一出路。1926 年，薛定谔以《作为本征值问题的量子化》为总题目，连续发表了 6 篇论文，系统地阐明了他的新理论。薛定谔的这一系列论文涉及量子物理、原子模型、哈密顿光学-力学相似性、物理光学、光谱学、微扰理论等众多物理学领域，运用玻尔原子理论、矩阵力学、爱因斯坦波粒二象性思想和德布罗意物质波理论的内容，致力于用波函数来描述微观客体的定态运动变化，建立相应的波动方程，并求解得到与实验相符的结果，创立了波动力学体系。

这样，在相同的一个研究领域几乎同时出现了两种形式上完全不同，但同样有效的量子理论。1926 年，薛定谔证明了矩阵力学与波动力学的等价性，指出了这两种理论在数学上是完全等价的，可以通过数学变换从一种理论转换到另一种理论。这两种理论都是以微观粒子具有波粒二象性这一实验事实为基础，通过与经典物理的类比方法建立起来的。后来，波动力学与矩阵力学合在一起，统称为量子力学。量子力学还有 Q 数和路径积分等表达方式，它们也都是等价的。波动力学所用的数学工具是偏微分方程，人们对这种数学方法比较熟悉和容易掌握。因此，薛定谔的波动力学被认为是量子力学一般通用形式。

第三节　相对论的创立

相对论是 20 世纪物理学发展的重大成就之一，它和量子力学一起，构成了现代物理学，以及当代高技术发展的基础。相对论的创立，对人类的时空观、物质观、运动观、因果观和宇宙观，都有重大影响。

一、以太漂移的实验探索

19 世纪，随着光的波动说的复兴，物理学家重新对作为传播光波的媒质——以太进行研究。在电磁波以光速传播的预言被证实后，物理学界广泛认同以太的存在。但是，为了解释光和电磁现象，必须赋予以太一些奇妙的性质。19 世纪后半叶，对于以太相对运动的测量，即以太漂移或以太风检测实验，成为物理学的一个重要课题。1887 年，迈克尔逊（Albert Abraham Michelson，1852—1931）与朋友莫雷（Edward Williams Morley，1838—1923）合作，进行了精确测量。结果发现实际观测到的干涉条纹的位移远远小于理论预期值。由于这个位移与速度的平方成正比，地球相对于以太的速度远远小于地球轨道运动速度。这就是历史上著名的以太漂移实验的零结果。

由于光现象和电磁现象在本质上的统一，所以当把麦克斯韦的电磁场方程推广到运动物体时，同样存在着穿行于以太中的物体在多大程度上携带以太一同前进的问题。荷兰物理学家洛伦兹（Hendrik Antoon Lorentz，1853—1928）于 1892 年提出的经典电子论，标志着以太论发展到最后阶段。但为了解释迈克尔逊-莫雷实验给出的结果，洛伦兹还需要补充特定的假设，他在 1892 年提出了著名的收缩假说。1889—1904 年，洛伦兹把他的收缩假说进行数学处理并做出系统和严密的阐述。他发现，只要假设有相对运动的参照系之间存在一定的数学转换关系，麦克斯韦方程组的形式对于静止的参照系和对于匀速运动的参照系就会保持不变。这一组时空坐标变换式就是著名的洛伦兹变换。

在通向新力学的进程中，法国科学家庞加莱（Jules Henri Poincaré，也译彭加勒，1854—1912）提出过许多极有远见的论断。1895 年，庞加莱已经萌生了相对性原理的思想，1898 年他明确提出了光速不变公设，到 1904 年，庞加莱已经掌握了建立新力学的基本素材。他所预见到的新力学的特征，后来都无一例外地在爱因斯坦的相对论里得到实现。但庞加莱没有找到一个适当的方案来实现自己的预见。

二、狭义相对论的提出

1905 年，爱因斯坦在德国《物理学杂志》上发表了划时代的论文《论动体的电动力学》，宣告了狭义相对论的诞生。

早在中学时代，爱因斯坦就想到了一个奇特的"追光悖论"。在《自述》中他写道："这个悖论我在 16 岁时就已经无意中想到了：如果我以光度 c（真空中的光速）追随一条光线运动，那么我就应当看到这样一条光线就好像一个在空间里振荡着而停滞不前的电磁场。可是，无论是依据经验，还是按照麦克斯韦方程，看来都不会有这样的事情。从一开始，在我直觉地看来就很清楚，从这样一个观察者的观点来判断，一切都应当像一个相对于地球是静止的观察者所看到的那样按照同样的一些定律进行。因为，第一个观察者怎么会知道或者能够判明他是处在均匀的快速运动状态中呢？"①这已经包含了狭义相对论原理的萌芽。经过对诸如此类问题的十年沉思，其间他又阅读了洛伦兹1895年的专著，逐一取得了观念上的突破，终于在1905年6月创建了惊世骇俗的狭义相对论理论。

在《论动体的电动力学》开始，爱因斯坦写道："大家知道，麦克斯韦电动力学——像现在通常为人们所理解的那样——应用到运动的物体上时，就要引起一些不对称，而这种不对称似乎不是现象所固有的。"②这表明追求对称和统一，是爱因斯坦创立狭义相对论的根本指导思想。

爱因斯坦大胆否定以太的存在，他认为不需要引进一个具有特殊性质的绝对静止的空间，他提出"相对性原理"的伟大猜想，并把它作为理论的出发点。接着，爱因斯坦又把光速不变原理提升为公设：光在空虚空间里总是以确定的速度传播着，这一速度同发射体的运动状态无关。如果说爱因斯坦的狭义相对性公设是他推广了经典力学中的伽利略相对性原理而得到的话，那么狭义相对论的第二个公设——光速不变公设则是由于推广了速度相加原理的结果。这是爱因斯坦创建狭义相对论的第二条思路。爱因斯坦把考察"时间"的物理意义作为解决前述两个概念之间矛盾的突破口。这样，爱因斯坦就提出了狭义相对论的两个基本原理，并在他的两个公设的基础上，极其自然和简练地得到了不同惯性系的各个时空坐标之间确定的数学关系——洛伦兹变换方程。

狭义相对论的创立，引起了人类时空观的一次重大变革，将伽利略和牛顿以来的动力学时空观发展到相对论的时空观。狭义相对论把空间和时间的测量同一种基本的物质运动形态——光的传播规律联系起来，从而揭示了空间和时间特性的相对性，指出空间间隔和时间间隔的量度并不具有不变性，而是随着物质运动状态的变化而变化。

三、广义相对论的建立

狭义相对论只涉及惯性参照系，没有考虑到加速运动。爱因斯坦进一步考虑非惯性系问题，他同时也发现，狭义相对论与牛顿引力理论之间存在着矛盾。

爱因斯坦思考问题的方式既朴实又奇特。狭义相对论两个难题的解决，是从一个物体下落问题开始的。一个广为人知的古老实验事实是，在引力场中的任一点上，一切物体都具有同一加速度。爱因斯坦注意到，这一现象正是反映了惯性质量与引力质量的等效性。这一等效性正是作为广义相对论理论基础的等效原理的一种表述。1916年，爱因斯坦完成了长篇论文《广义相对论的基础》，总结了对引力场的研究。1933年，爱因斯坦在《广义相对论的来源》的报告中说："在引力场中一切物体都具有同一加速度。这条定律也可以表述为惯性质量与引力质量相等的定律，它当时就使我认识到它的全部重要

①爱因斯坦：《爱因斯坦文集》，第一卷，许良英、李宝恒、赵中立、范岱年编译，24页，北京，商务印书馆，1977。
②爱因斯坦：《爱因斯坦文集》，第二卷，范岱年、赵中立、许良英编译，83～115页，北京，商务印书馆，1977。

性。我为它的存在感到极为惊奇,并猜想其中必定有一把可以更加深入地了解惯性和引力的钥匙。"①

通过对自由下落的升降机里的现象的思考,爱因斯坦意识到,引力场同参照系相当的加速度在物理上完全等效,也就是说,引力场相当于一个非惯性系,这被称作等效原理。等效原理将惯性系自然地推广到加速系,这就需要推广相对性原理。得到等效原理和广义相对性原理后,爱因斯坦还突破了时空平直的观念,找到理论的数学表达工具,最终建立了广义相对论。广义相对论得出的一个重要结论是,由于物质的存在,空间和时间会发生弯曲,而引力场就是时空弯曲的表现。

根据广义相对论理论,爱因斯坦提出了三个可供实验验证的推论,即水星轨道近日点的反常进动,光线在引力场中的偏折和光谱线的引力红移。这三个理论预言都极其完满地相继被实验证实,尤其是光线在引力场中的偏折的观测,产生了极大地影响。爱因斯坦根据等效原理也预言光线经过太阳边缘要偏转,并提出希望天文学家们在日全食时进行观测。1919 年,英国皇家学会和皇家天文学会派出两支观测队分别到西非几内亚湾的普林西比岛和巴西的索布拉尔,对 1919 年 5 月 29 日的日全食进行观测,两处的观测结果都证实了爱因斯坦的理论预言。20 世纪 50 年代后,广义相对论还得到其他多项新的实验支持。

参考文献

1. A. 爱因斯坦、L. 英费尔德:《物理学的进化》,周肇威译,上海,上海科学技术出版社,1962。

2. W. C. 丹皮尔:《科学史及其与哲学和宗教的关系》,李珩译,张今校,桂林,广西师范大学出版社,2001。

3. 胡化凯编著:《物理学史二十讲》,合肥,中国科学技术大学出版社,2009。

4. 李醒民:《激动人心的年代:世纪之交物理学革命的历史考察和哲学探讨》,北京,中国人民大学出版社,2009。

5. 李艳平、申先甲主编:《物理学史教程》,北京,科学出版社,2003。

6. 埃米里奥·赛格雷:《从 X 射线到夸克——近代物理学家和他们的发现》,夏孝勇等译,上海,上海科学技术出版社,1984。

7. 吴国盛:《科学的历程》(下),长沙,湖南科学技术出版社,1997。

进一步阅读材料

1. 爱因斯坦:《爱因斯坦文集》(增补本),第一卷,许良英等编译,北京,商务印书馆,2009。

2. 昂利·彭加勒:《科学与假设》,李醒民译,北京,商务印书馆,2006。

3. 埃尔温·薛定谔:《生命是什么》,上海外国自然科学哲学著作编译组译,上海,上海人民出版社,1973。

---

① 爱因斯坦:《爱因斯坦文集》,增补本,第一卷,许良英等编译,320 页,北京,商务印书馆,2009。

第十九章

系统科学的新思潮

系统科学思潮贯穿于 20 世纪始末,包括在 20 世纪上半叶兴起的系统论、信息论和控制论,中叶兴起的一系列系统自组织理论,以及下半叶形成的非线性科学和复杂性研究。它不但在现代科学理论和研究方法上取得了革命性的进展,而且也对世界图景、科学方法论乃至社会、经济、文化等诸多方面产生了深远的影响,成为一股从科技到人文影响着人类的新思潮。

第一节　活力论和系统科学的起源

法国生理学家比夏(Marie Francors Xarier Bichat,1771—1802)通过研究认为,"生命特性"是一种生物体内超物理、超化学亦即超物质的"活力"。他尝试以活力论打破机械论对于生物学领域长久以来的统治。

事实上在整个 19 世纪,机械论和活力论的争论一直不断。直到 19 世纪末、20 世纪初,新的活力论才从德、法等国重新抬头。促成这个重要转变发生的契机是德国生物学家杜里舒(Hans Driesch,1867—1941)于 1891 年进行的著名海胆胚胎实验。

从机械论的观点来看,将海胆原肠胚胎切成两个半胚只能发育成两个不完整的幼虫。然而杜里舒通过试验发现,在海胆卵分裂过程中,任取其中的一个细胞或者将其细胞扰乱,都能发展成为一完整的幼虫。他认为这是因为"每一细胞都有发展成一生机体之可能",并把这种现象称之为"平等可能系统"。也就是说,起码从海胆原肠胚胎的意义上讲,整体的确不是由部分简单构成的;不同的原因(即无论用一个完整的卵或半个卵,还是两个卵合并的卵做原料)也没有产生出不同的结果,反而是走向了趋同。因此,生命本身存在一种自主的动力,这种自由自主的动力不能用物理化学来解释。更哲学的表达就是:个体发育具有明显的目标取向和等结果性,整体也是一种进化而非简单的堆积。[①]

杜里舒的实验事实产生了一系列的社会影响,其中最重要的就是越来越多的科学家开始将生命看作一个有机的整体,进而导致了一般系统思想的形成。例如,兴起于 20 世纪 20 年代的格式塔心理学中,就出现了系统思维的端倪。作为格式塔心理学创始人之一的科勒(Wolfgang Köhler,1887—1967)便认为,行为的整个模式是基本的,不是许多零星因素的总和。1925 年,英国数理逻辑学家和哲学家怀特海(Alfred North Whitehead,1861—1947)也在《科学与近代世界》一书中提出用机体论代替机械决定论,认为只有把生命体看成一个有机整体,才能解释复杂的生命现象。同年,美国统计学家洛特卡(Alfred James Lotka,1880—1949)发表的《物理生物学原理》由于关注人口问题而将社会看作一个系统。

理论生物学家贝塔朗菲(Ludwig von Bertalanffy,1901—1972)在这些思想的推动下,于 1924 年至 1928 年多次发表文章提出生物学中的有机概念,并强调"生物学的首要任务必然是发现生物系统(在有机体的各个层次上)的规律"。1932 年,他发表了《理论生物学》,进一步显化了他的上述思想。两年后,他发表了《现代发展理论》,提出了用数学和模型来研究生物学的方法和有机体系统的概念,把协调、有序、目的性等概念用于研究有机体,形成研究生命体的三个基本观点,即系统观点、动态观点和层次观点——这成为其系统论思想的萌芽。[②] 1937 年,他在美国芝加哥大学的哲学讨论会上第一次正式提出了一般系统论的概念,但迫于当时生物学界的压力未能公开发表。1945 年,他在《德国哲学周刊》(第 18 期)上发表了《关于一般系统论》一文,但该文又因不久后毁于战火而未能为世人所知。1947—1948 年,贝塔朗菲在美国讲学和参加专题讨论会时进一步阐明了一般系统论的思想,指出不论系统的具体种类、组成部分的性质和它们之间的关系如何,都存在着适用于综合系统或子系统的一般模式、原则和规律。1948 年,他在《生命问题——对现代生物学思潮评述》一书中,概括了一般系统论的思想在哲学史上的发展情况,指出"存在着适用于综合系统或子系统的模式、原则和规律,而不论其种类、组成部分或性质,以及它们之间的关系或'力'的情况如何。我们提出了一门称为一般系统论的新学科。一般系统论乃是逻辑和数学的领域,它的任务乃是确立适用于'系统'的一般原则"。[③]

---

①张君劢:《杜里舒教授学说大略》,见《杜里舒讲演集》,第 1 集,北京,商务印书馆,1923。以及费鸿年:《杜里舒及其学说》,北京,商务印书馆,1924。

②贝塔朗菲在 1972 年发表的《一般系统论的历史和现状》中,重新界定了一般系统论。他认为,把一般系统论局限于技术方面当作一种数学理论来看是不适宜的,因为有许多系统问题不能用现代数学概念表达。

③冯·贝塔朗菲:《一般系统论的历史和现状》,转引自谢龙:《现代哲学观念》,20 页,北京,北京大学出版社,1990。

1954年,他和一些研究者创办"一般系统论学会"(后改名为"一般系统研究会"),并出版了《行为科学》杂志和《一般系统年鉴》,来促进一般系统论的发展。虽然一般系统论几乎是与控制论、信息论同时出现的,但直到20世纪六七十年代才受到人们的重视。1968年,贝塔朗菲终于出版了《一般系统论:基础、发展和应用》一书,该书全面总结了他40多年来的研究成果,被称为一般系统论的"《圣经》"式著作。

贝塔朗菲的一般系统论认为[①]:①系统的整体性。即强调系统是若干事物的集合,系统反映了客观事物的整体性,但又不简单地等同于整体。②系统的有机关联性。即系统的性质不是要素性质的总和,系统的性质是单个要素所不能具备的;系统所遵循的规律既不同于要素所遵循的规律,也不是要素所遵循的规律的总和。这两点归结为一句话就是:系统是要素的有机的集合。③系统的动态性。即系统的有机关联不是静态的而是动态的,既指系统内部的结构状况是随时间而变化的,也指系统必定与外部环境存在着物质、能量和信息的交换。④系统的有序性。即系统的结构、层次及其动态的方向性都表明系统具有有序性的特征。⑤系统的预决性。即系统的发展方向不仅取决于偶然的实际状态,还取决于它自身所具有的、必然的方向性。因此,一般系统论被认为是超越了传统科学之间,以及科学和人文之间界限的,甚至打破了意识形态的屏障而受到越来越多人们的关注。在这样的大趋势下,美国的《系统工程》杂志于20世纪60年代更名为《系统科学》。20世纪七八十年代,系统科学更是广泛地应用于经济、政治、军事、外交、文化教育、生态环境、医疗保健、行政管理等诸多领域当中。

第二节 信息论、控制论与系统工程

系统论发展的另外一条传统是"系统工程",或者用斯蒂芬·F.梅森的话来讲是"工匠的传统"。19世纪电力技术的革命,包括有线电报、电话、电灯等一系列重大技术发明的出现,使得通信的速度和通信的方式发生了根本性的转变。复杂通信系统的发展,也迫使人们不断尝试用新的工程性工具去发现和解决系统中所可能存在的问题。

在电讯通信的长期实践中,人们一直力图提高通信系统的效率和可靠性。提高效率,是要尽可能用最窄的频带,以及尽可能快和尽可能减少能量损耗;而提高可靠性,就是要力图消除和减少噪音,以提高通信的质量。人们在实践中逐渐发现,在一定的条件下,要同时实现上述这两个要求,便会遇到不可克服的困难:要减少噪音的干扰,信息传输速率就得降低;反之,提高了传输速率,就不能有效地避免噪音。第二次世界大战期间,能否解决这个问题变得十分迫切。

---

①潘永祥、李慎:《自然科学发展史纲要》,北京,首都师范大学出版社,1996。

　　1941 年,香农(Claude Elwood Shannon,1916—2001)以数学研究员的身份进入新泽西州的 AT&T 公司,并在贝尔实验室工作。在第二次世界大战期间,香农博士作为一位著名的密码破译者和其团队一起主要负责追踪德国的飞机和火箭。实践中的繁复工作促进了香农对于信息的本源是什么这个问题的思考。1948 年,香农和韦弗(Warren Weaver,1894—1978)共同署名在《贝尔系统技术学报》上发表了《通信的数学理论》,并以此宣告了信息论的诞生。

　　香农摒弃了以往将信息认为是能够展开的傅立叶积分函数的观点,而是通过将其看作有着不确定性的随机序列来考察整个通信过程,并认为通信系统是由信息源、发送者、信道、接收者和信宿(即接收端)所构成的。"通信的根本问题是报文的再生,在某一点与另外选择的一点上报文应该精确地或者近似地重现。"[①]信息论不但开创了将通信理解为通过电磁波将 0 和 1 的比特(bit)流在信道中传输图像、文字和声音等不同信息的新思路,还确定了一直沿用至今并成为标准的通信理论框架和术语。香农信息论中引入了信息熵(entropy,一般用符号 H 表示,单位是比特)的概念,并证明熵与信息内容的不确定程度有等价关系。根据信息熵的原理,如果在信号中附加额外的比特就能使传输错误得到纠正。这样,也就初步解决了如何编码、译码才能使信源的消息被充分表达、信道的容量被充分利用的问题。20 世纪 50 年代,信息论迅速向各个学科渗透,美国无线电工程学会也于 1951 年承认了这门新学科。

　　维纳(Nobert Weiner,1894—1964)由于在其提出的控制论中涉及对信息问题的深入研究,所以也成为信息论的创始人之一。维纳从统计学的观点出发将信息看作可观测的时间序列,在数学上应作为平稳随机过程及其变换来研究,并提出一整套理论将定量化的信息作为处理和控制系统的基本概念和方法。[②]

　　第二次世界大战期间,维纳接受了一项与火力控制有关的研究工作。这促使他深入探索了用机器来模拟人脑的计算功能,建立预测理论并应用于防空火力控制系统的预测装置。他将火炮自动打飞机的动作与猎人狩猎的动作进行了类比,并发现负反馈对于自动控制会发挥重要的作用。后来,他又与神经生理学家罗森布鲁斯(Arturo Rosenblueth,1900—1970)及工程师毕格罗(Julian Bigelow,1913—2003)合作,发现目的

---

　　①C. E. Shannon. A Mathematical Theory of Communication. *Bell System Technical Journal*,1948,27:379-423,623-656.

　　②维纳从带直流电流或者至少可看作直流电流的电路出发来研究信息论,独立于香农,将统计方法引入通信工程,奠定了信息论的理论基础。他阐明了信息定量化的原则和方法,类似地用"熵"定义了连续信号的信息量,提出了度量信息量的香农-维纳公式:单位信息量就是对具有相等概念的二择一的事物作单一选择时所传递出去的信息。维纳从控制论的角度出发,认为"信息是人们在适应外部世界,并且这种适应反作用于外部世界的过程中,同外部世界进行互相交换的内容的名称";"信息就是信息,既不是物质,也不是能量"。参见:N. 维纳,《控制论(或关于在动物和机器中控制和通信的科学)》,第 2 版,郝季仁译,北京,科学出版社,2009。

性行为可以用反馈来解释。这样便突破了生命与非生命的界限,将目的性行为同机器的控制结合了起来。1943年,他们共同发表了《行为、目的和目的论》一文,该文是控制论思想形成中的重要一步。反馈作为控制论的一个核心概念,揭示了机器中的通信和控制机能与人的神经、感觉机能的共同规律,也为现代科学技术研究提供了崭新的科学方法。1947年10月,维纳写出划时代的著作《控制论》,并于1948年出版。维纳的深刻思想引起了人们的极大重视。此后,控制论的思想在世界各地获得了蓬勃的发展,其中生物学和生理学则是成果最为显著的领域。如20世纪50年代,英国生物学家艾什比(William Ross Ashby,1903—1972)就在其著作《大脑设计》中,提出了利用控制循环来分析人脑控制的复杂系统,为未来智能的层次性结构奠定了基础。1949年,美国内分泌生理学家豪斯金斯(Roy Graham Hoskins,1880—1964)响应维纳的建议,首先把反馈概念引入内分泌领域,指出甲状腺与垂体之间存在反馈机制。1956年,瑞典生理学家冯·奥伊勒(Ulf Svante von Euler,1905—1983)等人尝试注射少量甲状腺素于垂体前叶,使甲状腺释放的放射性碘随之减少,从而更进一步证实了负反馈是机体机能精确调节的不可缺少的重要环节。

维纳和罗森布鲁斯在合作过程中一起组建的方法论聚餐会是科学史上的一段佳话。他们认识到,现代科学技术的发展同时出现了分工和融合共存的趋势。那么,如何跨越狭隘的专业壁垒来解决共同关心的问题呢?答案便是各个学科专业的边缘区域给有修养的研究者提供了最丰富的机会。为了打破原有的狭隘的专业分工界限,他们集合一批既是他们自己领域的专家,又对他们的邻近领域有较多知识的人,以方法论聚会的方式进行交流碰撞。事实也证明他们是成功的。除维纳外,方法论聚餐会的参加者后来大都各有建树,如冯·诺伊曼(John von Neumann,1903—1957)成为博弈论的奠基人和二进位制电子计算机的创始人之一;毕格罗是电子计算机设计的最早参加者;麦克卡洛(Warren Sturgis McCulloch,1898—1969)和匹茨(Walter Pitts,1923—1969)成为神经控制论和人工智能的奠基人。正是这些年轻科学家,在"各种已经建立起来的部门之间的被人忽视的无人区"里得到了最大收获,大大丰富和发展了现代科学。

19世纪末20世纪初,随着科学技术的蓬勃发展,系统的范式也开始渗透到生产管理的时间领域。在当时的美国,一方面工业出现前所未有的资本积累和工业技术进步;而另一方面传统的组织、控制和管理工业资源的低劣方式严重阻碍了生产效率的提高。工人和资本家之间的矛盾严重激化,劳动力的潜力也得不到充分的发挥。在这种情况下,泰勒(Frederick Winslow Taylor,1856—1915)于1911年提出了"科学管理理论"。科学管理理论的核心是通过确定操作规程和动作规范,确定劳动时间定额和完善科学的操作方法来提高工作效率。这也是系统工程思想的最初体现。后来,美国贝尔电话公司在进行电话网络的设计和其他多种巨大复杂的工程设计中使用了一种方法,把每一项工程的进程划分为规划、研究、发展、发展期间研究和通用工程五个阶段,并且按照程序规定的五个阶段认真地执行,取得了很好的效果。而直到 20 世纪 40 年代,这种方法才被冠以"系统工程"之名。1957 年,美国密歇根大学的古德(Harry Goode,1909—1960)和麦克霍尔(Robert Machol,1917—1998)合著了《系统工程学》(System Engineering),综合论述了运筹学方法及其一些具体分支,为系统工程初步奠定了基础。[①] 系统工程方法的运用也反过来以一种惊人的方式改变着世界。如 1957 年美国研制导弹核潜艇的北极星计划,由于采用系统工程的方法将原计划 6 年的工期缩短了两年完成。自 20 世纪 60 年代开始实施的阿波罗登月计划(涉及至少 42 万人,120 所大学实验室和两万家企业,共有700 多万个零件,耗资 300 亿美元),也由于运用了系统工程特别是运筹学来进行协调,才得以于 1969 年提前实现了预期目标。

第三节　系统自组织理论和复杂性研究

正当一般系统论、信息论和控制论等关于系统的理论取得广泛的传播和普及,日益深入人们生活的各个方面的时候,20 世纪 60 年代末又以耗散结构理论的诞生为先导,在70 年代相继诞生了协同学、超循环理论、突变论、混沌学和分形学等一系列关于系统自组织的新学科、新理论。

1931 年,挪威物理化学家昂萨格(Lars Onsager,1903—1976)证明了昂萨格倒易关系。这一关系的确立和后来他所提出的关于定态的能量最小耗散原理,为不可逆过程热力学的定量理论及其应用奠定了基础。随后,比利时物理化学家和理论物理学家普里戈金(Ilya Romanvich Prigogine,1917—2003)又在 1945 年建立了线性非平衡热力学的最小熵产生原理。它与昂萨格倒易关系一起,使得线性非平衡热力学大厦在与平衡热力学类似的普遍程度下建立起来。

最小熵原理的成功,促使普里戈金试图将它用到远离平衡的非线性区域。经过 20 余年的努力,也受到 20 世纪初发现的贝纳德(Henri Bénard,1884—1939)对流现象的启发,和 20 世纪 50 年代贝洛索夫(Boris Pavlovich Belousov,1893—1970)和扎鲍廷斯基(Anatol Markovich Zhabotinsky,1938—2008)等人所做的化学振荡实验的推动,他们得到了"耗散结构"的概念,并于 1967 年在一次国际学术会议上公布于世。

耗散结构理论指出,一个远离平衡的开放系统(不论其是力学的、物理的、化学的、生

---

①其实早在第二次世界大战期间,英国最早产生了以研究统筹协调各方面资源项目的运筹学(用数学的方法对空战进行分析,论证了集中优势兵力的作战效果)。此后,西方各国均加强了运筹学研究,并广泛地应用到工程管理和军事国防系统当中。其中,以美国兰德公司(RAND Corporation)最为出名,它所倡导的"系统分析"的方法为美国政府特别是军事部门提供了重要咨询。

物的系统,还是社会的、经济的系统),通过不断地与外界交换物质和能量在外界条件变化达到一定阈值时,就可能使原先的无序状态,转变为一种在时空上或功能上有序的状态。值得指出的是,以普里戈金学派为首的科学家们还从科学转变的历史高度审视问题,断定在现代科学的一切层次上都遇到了复杂性。他们以耗散结构为基本概念,讨论了在远离平衡态下物理系统如何体现了"最低限度的复杂性",尝试为后来进化出生物复杂性和社会复杂性提供物理学前提。

普里戈金的科学工作荣获了 1977 年诺贝尔化学奖。同时,他的学说也产生了很大的文化、社会影响。西方著名未来学家阿尔文·托夫勒(Alvin Toffler,1928—2016)就认为,普里戈金的工作"是改变科学本身的一个杠杆,是迫使我们重新考察科学的目标、方法、认识论、世界观的一个杠杆……当今科学的历史性转折的一个标志,一个任何有识之士都不能忽略的标志"[1]。

随后,托姆(Rene Thom,1923—2002)通过研究生物钟的拓扑模型,提出系统原因的连续性作用可能导致结果的突然变化的突变理论。曼德布罗特(Benoit Mandelbrot,1924—2010)通过研究自然界当中的分形现象,揭示出系统部分和整体之间所具有的相似性特征,并通过找到介于有序—无序、宏观—微观、整体—部分之间的新秩序,加深我们对于物质世界多样性的理解。艾根(Manfred Eigen,1927—)研究了生物复杂性的起源,提出超循环理论,并用超循环理论阐明了生物复杂性如何从物理简单性中产生出来的机理。哈肯(Hermann Haken,1927—)把复杂系统作为协同学的研究对象,把复杂性研究的要点归结为对复杂系统空间的、时间的或功能的结构变化,提供了以统一观点处理复杂系统的概念和方法,建立起协同学。

20 世纪 80 年代,非线性科学的进展推动了复杂性研究的兴起,乃至明确地提出了"复杂性科学"的概念。

复杂性研究与数学家的工作和贡献是分不开的。今天各个领域中复杂性概念多种多样,而算法复杂性几乎是所有复杂性概念的起点。从计算机技术的角度看,算法复杂性即算法所需的时间(需要通过多少步才能解决问题)和空间(在解决问题时需要多少内存)的问题。算法复杂性从研究理论上看,起源于概率论、信息论,以及关于随机性的思考,并随着算法理论的近期发展而逐渐走向成熟。在众多算法复杂性研究者中有 3 位最重要的研究者,他们分别是(按介入研究的时间顺序)美国麻省的索洛莫诺夫(Roy Solomonoff,1926—2009),俄罗斯莫斯科的柯尔莫哥洛夫(Andrei Nikolaevich Kolmogorov,1903—1987),美国纽约的蔡廷(Gregory Chaitin,1947—)。一般认为,柯

---

①阿尔文·托夫勒:《科学和变化》,见伊·普里戈金、伊·斯唐热:《从混沌到有序:人与自然的新对话》,前言,曾庆宏、沈小峰译,上海,上海译文出版社,2005。

尔莫哥洛夫的贡献最大,因此,算法复杂性往往又称为"柯尔莫哥洛夫复杂性"。

1984 年,以 3 位诺贝尔奖获得者盖尔曼(Murray Gell-Mann,1929—　　)、阿罗(Kenneth Joseph Arrow,1921—　　)和安德森(Philip Warren Anderson,1923—　　)为首的一批不同学科领域的科学家在美国新墨西哥州成立了以研究复杂性为宗旨的圣塔菲研究所(SFI),标志着开始有组织地、系统性地研究由有主动性的个体组成的系统的复杂性。他们认为复杂系统是由许多的相互作用的组元(Agent)组成的,组元的相互作用可以使系统作为一个整体产生自发性的自组织行为。在这种情况下,单个的组元通过寻求互相的协作、适应等超越自己,获得思想,达到某种目的或形成某种功能,并使系统拥有整体的特征。而且,每一个这样的复杂系统都具有某种动力,这种动力与混沌状态有很大的差别,因为用混沌理论无法解释结构和内聚力,以及复杂系统的自组织内聚性。复杂系统具有将秩序和混沌融入某种特殊平衡的能力。它的平衡点被称为混沌的边缘,在这种状态下,系统的组元不会静止在某一状态中,但也不会动荡至解体。系统有足够的稳定性来支撑自己的存在,又有足够的创造性使自己维持系统的发展。

基于对复杂系统构成的这种认识,霍兰(John Henry Holland,1929—　　)教授创立了复杂适应系统(Complex Adaptive System,CAS)理论,并给出了 CAS 的统一描述框架及研究方法。同时,SFI 研究所还开发出用于支持 CAS 研究的计算机软件平台 Swarm。

中国学者钱学森在建立系统学理论的探索中,也对于复杂巨系统(OCGS)理论进行了思考,于 1990 年年初同于景元、戴汝为一起正式发表了《一个科学的新领域——开放的复杂巨系统及其方法论》一文。钱学森认为,运筹学和控制理论(有别于维纳的控制论)处理的主要是小系统、中等规模系统和大系统,可统称为简单系统;而巨系统则包含不同类别,彼此在性质上也差别很大。自组织理论处理的物理化学对象,应称为简单系统;人体、社会、思维等对象属于复杂巨系统,必须采用与简单巨系统不同的处理方法,建立不同的理论体系。[①]

1999 年 4 月 2 日,美国《科学》(Science)杂志发表了"复杂系统"专辑,并邀请物理、生物、化学、经济、生态环境、神经科学等方面的科学家撰写他们所从事的领域中复杂性研究的进展和前景展望。2001 年,《涌现》(Emergence)杂志在第 3 卷第 1 期专门探讨了"什么是复杂性科学"的问题,从多样化复杂性定义的角度探讨了知识、科学、哲学、自然史、组织管理和组织秩序研究中的复杂性含义。这一时期的研究已经从物理、化学扩展到社会、经济、生态等更广阔的学科领域,从观察复杂现象向探讨复杂机理及其在经济和社会系统中的应用发展。

[①] 苗东升:《系统科学大学讲稿》,398~400 页,北京,中国人民大学出版社,2007。

参考文献

1. Laszlo, Ervin, and Ludwig von Bertalanffy: *The Relevance of General Systems Theory：Papers Presented to Ludwig Von Bertalanffy on His 70th Birthday*. New York：Braziller, 1972.

2. 路德维希·冯·贝塔朗菲：《一般系统论：基础、发展、应用》,秋同、袁嘉新译,北京,清华大学出版社,1987。

3. 马克·戴维森：《隐匿中的奇才——路德维希·冯·贝塔朗菲传》,陈蓉霞译,上海,东方出版中心,1999。

4. 李佩珊、许良英主编：《20世纪科学技术简史》,第2版,北京,科学出版社,2004。

5. 斯蒂芬·F.梅森：《自然科学史》,上海外国自然科学哲学著作编译组译,上海,上海人民出版社,1977。

6. 苗东升：《系统科学大学讲稿》,北京,中国人民大学出版社,2007。

7. G.尼科里斯、普里高津：《探索复杂性》,罗久里、陈奎宁译,成都,四川教育出版社,1986。

8. 伊·普里戈金、伊·斯唐热：《从混沌到有序：人与自然的新对话》,曾庆宏、沈小峰译,上海,上海译文出版社,2005。

9. 王雨田主编：《控制论、信息论、系统科学与哲学》,第2版,北京,中国人民大学出版社,1988。

10. N.维纳：《控制论(或关于在动物和机器中控制和通信的科学)》,第2版,郝季仁译,北京,科学出版社,2009。

11. 吴彤：《复杂性的科学哲学研究》,呼和浩特,内蒙古人民出版社,2008。

12. 许国志主编：《系统科学》,上海,上海科技教育出版社,2000。

13. 湛垦华、沈小峰等：《普利高津与耗散结构理论》,西安,陕西科学技术出版社,1982。

进一步阅读材料

1. 米歇尔·沃尔德罗普：《复杂：诞生于秩序与混沌边缘的科学的新描述》,陈玲译,上海,生活·读书·新知三联书店,1997。

2. 魏宏森、曾国屏：《系统论：系统科学哲学》,北京,清华大学出版社,1995。

第二十章

引领 20 世纪科技发展的计算机科学与信息技术

　　技术进步给社会带来翻天覆地的变化,以至人们常用标志性工具和技术来命名社会发展的不同阶段,如石器时代、铁器时代、蒸汽机时代、电力技术时代、计算机时代等。计算机科学和信息技术的迅猛发展与大规模应用突出地反映出科学技术对经济和社会的推动作用。回顾计算机科学与信息技术的发展历程及其社会功能,能够让我们加深对科学技术发展及其与社会互动关系的理解。本章主要包括计算机科技与网络发展史,以及通信技术发展史两部分内容。

第一节　计算机发展史

　　科学技术发展是人类社会最壮观的奇迹,而计算机科学技术的发明、发展和大规模应用则是最典型的代表。计算机的发明和应用不仅大幅度提高了人类记忆和计算的能力,提高了感官能力(如 CT、雷达、全球卫星监测系统、互联网、物联网),也提高了人类的体力(如数控机床、机器人);更为重要的是,计算机及计算机网络的大规模应用,改变了人们的思维方式、行为方式、合作方式、研究方式、管理方式和社会组织方式,使人类的认知能力、行为能力和社会组织能力提升到一个新的阶段,社会进入计算机时代。

　　纵观计算机的发展历程,大致经历了机械计算机、机电计算机、电子计算机和新概念计算机四大阶段。本章将重点介绍电子计算机。

一、机械计算机与机电计算机

1. 早期的计算工具与机械式计算器

人的双手和双脚是最早的计算工具。十进制与 10 只手指的关系密不可分,二十进制的出现与手脚并用的关系也是显而易见的。石子、竹片、木棍也都是人类早期的计算工具,英语"计算"(calculate)一词就来源于罗马词汇"卵石"。起源于中国春秋战国之前的筹算,就是以"筹"(小竹片、小木棍)为主要计算工具的计算方法,中国古人发明的用竹条和滑球构成的算盘在古代乃至近代都是先进、便利的计算工具。

随着航海等社会经济活动的开展,简单的计算工具再也不能满足实际需要了,17 世纪 20 年代,威廉·奥特雷德(William Oughtred,1574—1660)发明了计算尺,随后一系列机械计算器相继问世,1642 年法国数学家帕斯卡(Blaise Pascal)发明了现存的世界上第一台齿轮式机械计算机,这是一种十进制加法器,问世之后,这种计算器颇受欢迎,其原理对后来的计算机械产生了深远的影响。后来,德国数学家莱布尼茨(Gottfriend Wilhelm von Leibniz)又提出了直接进行机械乘法的设计思想,1673 年研制出世界上第一台可进行四则运算的手动计算器,使计算工具又向前发展了一步。

2. 巴贝奇计算机与霍勒里斯计算机

计算技术发展取得突破性进展是由英国数学家巴贝奇(Charles Babbage,1791—1871)实现的,巴贝奇借鉴利用穿孔卡片来自动控制提线的提花机工作原理,于 1834—1835 年设计出了"分析机",其基本原理和功能与现代计算机基本相同。但是这一设计思想过于超前,又很难实现制造成品,巴贝奇耗用了自己大部分财产,终因缺少足够的财力而没有成功。真正实用而且产生社会影响的计算机是美国工程师霍勒里斯(Herman Hollerith,1860—1929)发明的电动制表机,用于美国 1890 年的人口普查的数据处理。与 1880 年的人口普查统计用时 7 年半相比,1890 年的人口普查的统计工作在当年就全部完成了,这在社会上引起轰动,人们初次感受到了计算机的威力。1911 年,霍勒里斯与他人合作创办了计算机-制表-记录公司,这就是 IBM 公司的前身。

3. 机电计算机

随着电磁继电器等电工技术的发展,人们开始考虑研制机电计算机,取代运算缓慢的机械计算机。差不多在同一时期,世界上有四个研究小组在开展研制工作,除德国工程师朱赛(Konrad Zuse,1910—1995)在德国研制外,其余三家都是在美国,它们是贝尔实验室、艾肯(Howard Aiken,1900—1973)在哈佛大学,以及 IBM 公司。[①]

1936—1941 年,朱赛研制了 Z1、Z2 和 Z3 新型计算机,其中 Z3 是世界上第一台全自动继电器计算机,它具有二进制运算、浮点记数、程序控制、数码存储地址的指令形式等现代计算机的特征。几乎在这同一时期,哈佛大学的艾肯也开始了研制计算机的探索。他在 1937 年提出《自动计算机建议》的备忘录,并在 IBM 公司的资助下于 1944 年研制成

---

①胡守仁编著:《计算机技术发展史(一):早期的计算机器及电子管计算机》,107 页,长沙,国防科技大学出版社,2004。

功"自动程序控制计算机",即哈佛 Mark Ⅰ。两年之后,艾肯又主持研制了全部使用继电器的计算机哈佛 Mark Ⅱ。此外,贝尔实验室的斯蒂比茨(George Robert Stibitz,1904—1995)等人也先后研制出 Model 系列机电计算机。机电计算机在运算速度和基于程序的自动化等方面大大优于机械计算机,但是因继电器开关速度(最快只有 0.01 秒)的限制,机电计算机的运算速度无法大幅提高,电子计算机出现之后,机电计算机就逐渐退出了历史舞台。

二、电子计算机与新一代计算机

事物的发展有多种模式,有直线式、波浪式、螺旋式、台阶式或阶梯式等。每一种发展模式都有其自身独特的动因和机理。其中,台阶式或阶梯式发展模式很具有普遍性,计算机技术的发展就是呈阶段性和阶梯式的发展,自从世界第一台电子计算机 ENIAC 问世以来,电子计算机发展到今天已经历了五代:第一代电子管计算机(1946—1959);第二代晶体管计算机(1958—1964);第三代集成电路计算机(1964 年—20 世纪 70 年代初);第四代大规模和超大规模集成电路计算机(20 世纪 70 年代初至今),如表 20-1 所示[①](按:这里对原表有所增减);从 20 世纪 80 年代开始人们研制新一代计算机,我们将在下一节介绍。

这里对计算机发展阶段的划分,是以决定计算机性能的逻辑元件的发展变化为依据的。这四代计算机都是冯·诺伊曼机。对于从 20 世纪 80 年代开始研制的新型计算机,如智能计算机、生物计算机、量子计算机等,由于划分方法与前面有所不同,因此我们把它们统称为新一代计算机。下面我们先从世界第一台电子计算机谈起。

表 20-1　　各代电子计算机的主要特点及其典型计算机

计算机分代	器件	主存储器	典型计算机
第一代 电子管计算机 1946—1959 年	电子管	汞延迟线 威廉管 磁心	国外: ABC、ENIAC、曼彻斯特小型机、EDSAC、EDVAC、LAS、UNIVAC、Whrlwind、IBM701、BOCM 国内: 104、103、901、119

①胡守仁编著:《计算机技术发展史(一):早期的计算机器及电子管计算机》,12 页,长沙,国防科技大学出版社,2004。

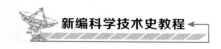
（续表）

计算机分代	器件	主存储器	典型计算机
第二代 晶体管计算机 1958—1964 年	晶体管	磁心	国外： Firlco-2000、IBM7090、Stretch、LARC、 Atlas、CDC6600 国内： 441B、108、109
第三代 中小规模集成电路 计算机 1964 年—20 世纪 70 年代初	中小规模 集成电路	磁心	国外： IBM360、IBM370、CDC7600、PDP8 国内： 150、151、320
第四代 大规模与超大规模 集成电路计算机 20 世纪 70 年代初 至今	大规模与 超大规模 集成电路	半导体存储器	国外： Intel486、M68000、Pentium、AMD29000、 MIPS、SPARK 国内： 银河、神州、曙光

1. 世界第一台电子计算机

早在 1937 年，保加利亚裔美国物理学家阿塔纳索夫（John Vincent Atanasoff，1903—1995)开始思考采用真空三极管等电子器件来研制计算机，1941 年他主持设计了 ABC 计算机，包括 300 多个电子管、30 个加减器。英国 1943 年完成的巨人（Colossus)计算机，使用了 1 500 只电子管，是第一台实用的专用电子计算机。目前，一般认为美国的 ENIAC(Electronic Numerical Integrator And Computer)是世界第一台电子计算机，它于 1945 年春天在美国研制成功。ENIAC 的发明典型地反映出战争需要催生技术突破的作用，以及创新团队在原始创新中的关键作用。

第二次世界大战期间，美国陆军在马里兰州的阿伯丁设立了"弹道研究实验室"，要求该实验室每天为陆军火炮部队提供 6 张火力表，一张火力表包括 3 000～4 000 个弹道，这样巨大的计算量是当时的计算工具所难以胜任的，因此强烈需要新型计算工具。在这个时候，莫奇利（John William Mauchly，1907—1980)和埃克特（John Presper Eckert，1919—1995)走到了一起，在美国陆军军械部的资助下，成立了以他们二人为首的研制小组，该小组包括伯克斯（Arthur Walter Burks，1915—2008)、朱传榘（Jeffery Chuan Chu，1919—   )、戈尔斯廷（Goldstine，Herman Heine，1913—2004)等一批顶尖的计算机专家和管理专家，后来又得到天才数学家冯·诺依曼（John von Neumann，1903—1957)的鼎力相助。经过两年多的研制,到 1945 年春天,ENIAC 首次运行成功。ENIAC 是个庞然大物,占地面积 170 平方米,30 个操作台,重达 30 吨,耗电量 150 千瓦,使用 18 000 个电子管,70 000 只电阻,10 000 个电容,1 500 个继电器,6 000 多个开关,每秒执行 5 000 次加法或 400 次乘法,是继电器计算机的 1 000 倍、手工计算的 20 万倍,可用 20 秒钟计算一条炮弹的弹道轨迹,快过炮弹本身的飞行速度。ENIAC 的研制并非一帆风顺,经费从 15 万元一直追加到了 48 万多美元,大约相当于现在 1 000 万多美元。1946 年 2 月,ENIAC 正式宣告问世,从此拉开了电子计算机发展和应用的大幕。

尽管 ENIAC 存在不少缺点,但是它成了一个改进和发展的对象,其中最主要的改进是采用"程序存储"和二进制。关于谁是世界上第一台电子计算机是有争议的,关键在于使用何种认定标准。1973 年,美国明尼苏达州一家地方法院判决 ENIAC 不是首创,阿塔纳索夫发明的 ABC 计算机才是世界上第一台电子计算机。对此,学术界和社会上有两派对立意见。美国电气和电子工程师学会(IEEE)的处理方式是把计算机先驱奖授予了莫奇利、埃克特和阿塔纳索夫三人,但没有把理由阐述清楚。笔者认为解决问题的关键在于需要区分原理的原创和系统的原创,电子计算机的发明是一项系统创新,它将原理上的突破与繁复庞杂的电子系统结合起来,实现电子计算机原理,从而实现计算速度和精度的巨大飞跃。因此,这项系统创新的优先权显然非莫奇利、埃克特莫属。波士顿计算机博物馆收藏部主任格温·贝尔(Gwen Bell,1934—)认为没有 ENIAC 存储式计算机也能得到发展,但是 ENIAC 催化了许多东西,它完全有理由成为计算机时代的开端。[1] 笔者认为 ENIAC 作为一项原始创新的意义在于它首次实现原理上的突破与庞大的电子系统的成功结合,其巨大而实用的运算能力所带来的震撼及示范作用,使其成为开启计算机时代的标志和计算机发展史上的里程碑。

电子计算机的问世是社会需要和技术进步相互作用的结果,是对历史上各种计算技术及相关技术的继承、融合与创新。金观涛等学者曾对计算机发展的历史渊源进行过梳理(图 20-1)。和许多重大发明创造一样,计算机也是在集大成的基础上研制出来的。

2. 第一代电子计算机(1946—1959)

标志第一代电子计算机出现的是发生在 20 世纪 40 年代和 50 年代初的一组电子计算机的发明和冯·诺伊曼等人发表了一篇长达 101 页的《关于离散变量自动电子计算机的草案》的论文。这一组计算机包括 ABC、ENIAC、EDVAC、和 UNIVAC 计算机。其中,EDVAC(Electronic Discrete Variable Automatic Computer)是"离散变量自动电子计算机",是具有存储程序的通用电子计算机,它是冯·诺伊曼等人提出的新型计算机设计

---

[1]STEVE LOHR:*The Face of Computing 50 Years and 18,000 Tubes Ago.* http://spiderbites. nytimes. com/articles/free/free199602_2. html.

思想的产物。UNIVAC I(Universal Automatic Computer)是由 ENIAC 的主设计师莫奇利和埃克特设计的通用自动计算机,它在美国 1950 年全国人口普查的统计当中崭露头角,在 1952 年美国总统选举结束后仅用 45 分钟的时间就准确预报了艾森豪威尔当选,使美国朝野为之震动,让世人深切感受到了电子计算机的威力。

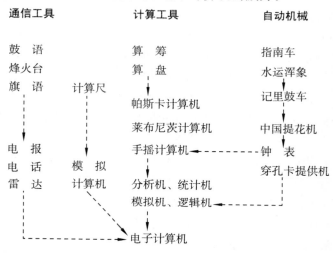

图 20-1 计算机的历史渊源

　　1945 年 6 月,冯·诺伊曼、戈尔斯廷、伯克斯三人联名发表了计算机史上里程碑式的文献"101 页报告",首次提出了现代计算机结构的理论模型——存储程序计算机模型,确定现代计算机设计的基本原则,包括采用二进制,具备计算机控制器、运算器、存储器、输入设备、输出设备五大组件等。若按此方案制成的计算机被通称为冯·诺伊曼机。

　　第一代计算机的主要特点是用电子管作为逻辑元件,用磁鼓或汞延迟线作为主存储器。主要用于科学计算,运算速度一般是每秒几千到几万次,存储器容量为几千字节。编写程序最初是直接用机器指令,后采用汇编语言,到 1954 年第一个完全脱离机器硬件的高级语言——FORTRAN 问世。"硬件"和"软件"两个术语在这一时期出现。

　　第一代电子计算机中存储技术是关键,美籍华裔物理学家王安于 1950 年提出了利用磁性材料制造存储器的构想。3 年后,麻省理工学院的福瑞斯特(Jay Wright Forrester,1918—)和美国无线电公司同时发明了磁芯存储器。从 20 世纪 50 年代中期到 70 年代,磁芯存储器一直被用作计算机的主存储器。这一时期,电子计算机已经开始在社会上应用,到 20 世纪 50 年代末期,美国已有十几家电子计算机公司,IBM 公司因成功研制 IBM650 计算机,而奠定了其在计算机行业的领军地位。

3. 第二代电子计算机(1958—1964)

　　电子计算机升级换代的主要动因是逻辑元件的更替,第二代电子计算机的核心特征就是用晶体管代替电子管作为计算机逻辑元件。1947 年 12 月，美国的巴丁（John Bardeen，1908—1991）、布拉顿（Walter Houser Brattain，1902—1987）和肖克莱（William Bradford Shockley，1910—1989）在贝尔实验室成功研制出晶体管，并因此而共同荣获了 1956 年度的诺贝尔物理学奖。晶体管具有性能可靠、寿命长、体积小、功耗低、成本低廉、转换速度快等特点，人们开始用晶体管研制新型计算机。英国在 1953 年研制出了实验型晶体管计算机，此后，又有多家研制的晶体管计算机问世。1958 年，美国飞歌公司（Philco Co.）研制成功第一台大型通用晶体管计算机，这可视为计算机进入第二代的标志。1959 年生产的计算机已经多数是晶体管计算机了。IBM 公司推出的 IBM 7000 系列计算机（如 IBM 7090 系统），是第二代电子计算机的代表。

第二代电子计算机有几个特点：使用晶体管逻辑元件；快速磁心存储器和监控程序；使用 FORTRAN、ALGOL、LOBOL 等新的计算机程序设计语言；具有每秒上百万次的运算速度和高达 10 万字节的主存储器容量。在应用方面已不仅限于科学计算，而是扩展到了事务处理等广泛领域，开始迈向计算机的综合应用。

4. 第三代电子计算机（1964 年—20 世纪 70 年代初）

电子计算机进入快速发展期是集成电路出现以后的事情，1958 年美国人基尔比（Jack Clair Kilby，1923—2005）和诺伊斯（Robert Norton Noyce，1927—1990）分别发明了最早的集成电路，基尔比因此获得 2000 年诺贝尔物理学奖，这项被诺贝尔奖评审委员会誉为"为现代信息技术奠定了基础"的划时代发明，把电子计算机的发展引入高速发展的轨道。1965 年，由英特尔（Intel）创始人之一摩尔（Gordon Earle Moore，1929—　）提出来的摩尔定律很好地描述这一发展速度的概貌。摩尔定律指集成电路上可容纳的晶体管数目，约每隔 18 个月便会增加一倍，性能也将提升一倍，而价格下降一半。

1964 年，IBM 公司研制成功的集成电路计算机 IBM 360 标志着电子计算机进入第三代。IBM 360 系列的研发经费高达 50 亿美元，是美国曼哈顿计划（20 亿美元）的 2.5 倍，它也是计算机发展史上最成功的通用计算机系列，它的问世有力地推动了电子计算机的发展和应用。第三代电子计算机采用中小规模的集成电路为逻辑元件，主存储器仍以磁芯存储器为主，外部设备不断丰富，开始使用操作系统，具有系列兼容的特点，出现了计算机网络，人们可以远距离办公。1971 年，IBM 开始生产 IBM 370 系列计算机，它与 360 系列兼容，采用虚拟存储结构，使用户的存储容量增大。其后期产品采用大规模集成电路，已属于第四代电子计算机。

此外，这一时期的小型机的发展也不容忽视。小型机的功能接近低档通用计算机，价格却比大型机低一两个数量级，且便于维护，在商业管理、教育和科学计算领域应用广泛。美国的数字设备公司（DEC）开发的 PDP 系列小型机是小型机的代表，1966 年推出的 PDP-8 计算机价格低于 20 000 美元，体积小到可放在办公桌上，深受欢迎。到 1970 年

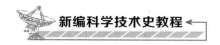

美国各种小型机的生产已超过 1 万台。

5. 第四代电子计算机(20 世纪 70 年代初至今)

电子计算机进入第四代的显著标志不仅是用大和超大规模集成电路作为计算机的逻辑元件和存储器,而且呈现出微型化和巨型化两个发展方向。此外,在处理方式、体系结构和软件方面也有新的发展和特点。

一般认为,美国伊利诺伊大学研制的 ILLIAC IV 计算机是第一台全面使用大规模集成电路作为逻辑元件和存储器的计算机,它标志着电子计算机的发展已到了第四代。巨型计算机的代表是克雷公司的克雷系列。1976 年,"克雷 1 号"(Cray-1)问世,运算速度达到每秒 2.5 亿次,这是当时计算机的最高运算速,美国气象中心、美国国防部等成为 CRAY-1 的用户。20 世纪 80 年代,"克雷 2 号"(Cray-2)和"克雷 3 号"(Gray-3)巨型机相继问世,巨型机的性能和功能又有大幅提升。1982 年,克雷公司的美籍华人陈世卿博士研制成功了性能优异的平行向量超级计算机 Cray X-MP/2。这一时期,克雷系列巨型机在全世界巨型机市场中的份额达到 70%。在我国计算机专家慈云桂(1917—1990)等的共同努力下,1983 年我国也成功研制了银河-1 号亿次计算机。到 21 世纪 10 年代,已出现千万亿次的超级计算机,比如美国的"蓝色基因/P"、"走鹃"(Roadrunner),中国的"天河一号"和"星云"超级计算机。

微处理器和微型计算机的出现与发展是计算机发展史上的革命性事件,1968 年成立的 Intel 公司发挥了至关重要的作用。1971 年,Intel 公司的费金(Federico Faggin, 1941—   )实现了他的同事霍夫(Ted Hoff, 1937—   )的构想,研制出世界上第一台 4 位微处理器 4004,虽然该芯片集成的晶体管数目仅为 2 300 个,但这是继晶体管、集成电路之后的又一里程碑式的发明,它标志着一场计算机革命的到来。

具有中央处理器功能的大规模集成电路器件,被统称为"微处理器"。微处理器升级换代的速度很快,如 1985 年问世的 80386 CPU(简称"386"),具有 27.5 万个晶体管,到 1999 年推出的 Pentium3,就具有 2 800 万个晶体管。微处理器功能强、价格低,除了作为计算机的核心之外,还嵌入式应用于汽车、仪表、数控机床、机器人、电视、照相机、洗衣机等许多领域。自从 1977 年美国苹果公司等计算机公司开始销售个人计算机(PC)以来,微型计算机得到迅速发展和普及,至 1998 年微型计算机的数量已经过亿。随着互联网的普及,微型计算机得到更广泛的应用。

在第四代计算机阶段,软件的作用也日益突出。20 世纪 50 年代中期,软件占计算机系统总成本的 20% 以下,到 20 世纪 70 年代后期超过系统总成本的 50%。为克服周期长、可靠性差的"软件危机"而出现的软件工程,极大地改进了软件质量,提高了计算机系统的整体性能。

6. 新一代计算机

至今,电子计算机仍在不断发展,超大规模集成电路和极大规模集成电路将在未来一段时间内仍作为计算机的关键元件。在软件发展的支持下,电子计算机至少在中短期时间内仍是主导产品。当然,更富发展前景的计算机是新一代计算机,包括人工智能计算机、生物计算机、量子计算机、超导计算机等。研制超越冯·诺伊曼结构的新型计算机的有组织的努力至少从 20 世纪 80 年代就开始了。日本的第五代计算机十年计划(1982—1991),可以看作拉开了新一代计算机研发的序幕。关于人工智能的探索可以追溯到几个世纪之前,但是直到 20 世纪 30 年代才取得显著进展。1936 年,英国数学家图灵(Alan Mathison Turing,1912—1954)提出了"自动机"理论,1950 年他又发表了题为《机器能思考吗》的论文,把研究会思维的机器和计算机的工作向前推进了一大步,成为计算机理论探索的里程碑,图灵也被誉为"人工智能之父"。日本第五代计算机十年计划是制造出具有人工智能的计算机。它采用冯·诺伊曼结构,以人工智能为基础,并且应该具备解决推论问题、知识库管理功能,理解声音、书面自然语言、图像和图形等的能力。尽管这一计划夭折,但是在人工智能、知识处理系统等相关领域的研究还是取得了一定成效。从整体上看,目前,人工智能计算机的研制仍处在探索之中,其主要途径有符号处理与知识处理、人工神经网络、层次化的智力社会模型和基于生物进化的智能系统等。

生物计算机是以生物芯片代替半导体硅片的计算机,它利用蛋白质的开关特性,用蛋白质分子制成生物芯片。通过让数以万亿个 DNA 分子在某种酶的作用下进行化学反应来进行计算。其运算速度是电子计算机所无法比拟的,而能量消耗仅相当于普通计算机的十亿分之一。1994 年,雷纳德·阿德勒曼(Leonard Max Adleman,1945—)用 DNA 分子解决了电子计算机原则上不能解决的"邮递员问题"(汉密尔顿路径问题),便揭开了 DNA 计算机研究的新纪元。2001 年,由以色列魏茨曼研究所首先完成的基于 DNA 分子的自动机模型被评选为当年的国际十大新闻,并入选为世界上最小生物计算机的吉尼斯纪录。2004 年,我国科学家也成功研制出生物计算机。虽然目前的生物计算机还不能付诸商业应用,但是它所具有的强大的并行运算能力使其将会成为新一代计算机中的佼佼者。

量子计算机是实现量子计算的计算机,它遵循量子力学规律进行数学、逻辑运算,存储和处理量子信息。量子计算机这一概念由物理学大师理查德·费曼(Richard Phillips Feynman,1918—1988)于 20 世纪 80 年代初首次提出。直到 1994 年,美国贝尔实验室的彼得·肖尔(Peter Williston Shor,1959—)提出了大整数质因子分解算法,量子计算机的研究才进入高潮。这是因为该算法的出现威胁到了依靠大整数因子分解困难的现行 RSA 公钥密码体系。目前,关于量子计算机的研制取得一系列进展:2009 年 10 月,中国微尺度科学国家实验室杜江峰教授领导的研究小组和香港中文大学刘仁保教授合作,通过电子自旋共振实验技术,在国际上首次通过固态体系实验实现最优动力学解耦,使得量子计算机的问世成为可能。"该工作有效地保持了固态自旋比特的量子相干性,对固态自旋量子计算的真正实现具有极其重要的意义。"2009 年 11 月,世界上首台可编程的通用量子计算机在美国面世。尽管该计算机还存在一些问题,但是不少科学家认为,这意味着量子计算机离实际应用已为期不远。进入 21 世纪 10 年代,计算能力更强的量子计算机相继问世。2019 年 9 月,谷歌公司宣布成功研制出 53 个量子比特的计算机悬铃木,首次实现了"量子计算优越性"。我国科学家也在 2020 年 12 月研制出 76 个光子的量子计算原型机,取名"九章",再次实现"量子计算优越性"的里程碑式突破。

第二节　国际互联网

继交通网、水网、电网、电话网之后,国际互联网成为对人类社会产生巨大影响的技术网络,据著名互联网调研机构 comScore 公布的调查结果显示,到 2008 年年底,全球网民数量已突破 10 亿(包括 15 岁以上的上网者,不包括通过网吧和手机上网的人),其中中国网民人数有近 1.8 亿。也有最新研究报告显示,截至 2021 年 1 月,全球互联网用户数量为 46.6 亿,其中中国网民数量近 10 亿。基于国际互联网的电子邮件、信息检索、电子商务、电子政务等已经成为人们日常生活、学习和工作的一部分。从历史起源上看,国际互联网的前身是成立于 1969 年 12 月的阿帕网(ARPANET),ARPA 是美国国防部高级研究规划署的简称。国际互联网的内容繁多,其中以分组交换与分布式网络、TCP/IP 协议、HTML 与万维网、浏览器和电子邮件五件大事的发生最为重要或影响最大,通过它们可以概括地了解国际互联网的发生和发展。

一、阿帕网诞生的关键:分布式网络、分组交换与中介信息处理器

保持通信畅通十分重要,对于军事领域来说尤其如此。美国兰德公司的保罗·巴兰(Paul Baran,1926—2011)在 20 世纪 60 年代初中期提出分布式网络与分组交换技术以最大限度地保持通信正常工作。在分布式网络中,无中心控制点,各网点都有多余途径通往相邻点,这样任一点遭破坏,信息仍可绕过它进行传送。分组交换技术就是把传送的信息拆成若干个分组(Packet),并都注有标识和编号,这些分组可以各自为政、见缝插针地传送到目的地,然后再根据编号重新组装起来。如果有的组块传丢了,发出站就再补传一次,用纠错重发的规则来保证信息传输质量。几乎与此同时,英国国家物理实验室的戴维斯(Donald Davies,1924—2000)也独立提出了同样的总体概念和设计,现在使用的交换的单位分组(Packet),就是戴维斯首先提出的。此外,美国加州大学洛杉矶分校的克莱因罗克(Leonard Kleinrock,1934—　　)对分布式网络的发明也做出过贡献。

1967年,美国国防部的高级研究计划署信息处理技术处(IPTO)处长鲍勃·泰勒(Bob Taylor,1932—)萌发了把三台不同地区、不同型号的计算机联成网络的设想,并把拉里·罗伯茨(Larry Roberts,1937—)请来做总设计师。翌年,IPTO向国防部高级研究计划署提出"资源共享的电脑网络"研究计划得到批准。研制实现分组交换技术的"中介信息处理器"(Interface Message Processor)成为关键的一步,拉里·罗伯茨确定了有关技术参数和要求,通过竞标的方式,最终由马萨诸塞州的BBN公司夺标并研制完成,后来"中介信息处理器"发展成为路由器。

1969年,通过中介信息处理器,加州大学洛杉矶分校、斯坦福研究院、加州大学圣巴巴拉分校和犹他大学的计算机实现联网,1969年12月正式投入运行。在1972年10月的国际计算机通信大会上,连接美国各地40台计算机的阿帕网演示获得巨大成功和反响,从此阿帕网正式登上历史舞台,这就是国际互联网的起源。

二、TCP/IP协议

传输控制协议(TCP)和网络间协议(IP)是计算机网络极其重要的技术基础,它们是由文特·瑟夫(Vint Cerf,1943—)和罗伯特·卡恩(Robert Elliot Kahn,1938—)合作发明的。前者负责信息分组、传输和对目的的重新组装,以及纠错重发;后者负责信息传输的路径选择,给网上计算机一个地址,以便别的计算机对它进行访问。无论什么类型的计算机,只要上网并遵守TCP/IP协议,就能互联互通,读懂彼此的信息,共享资源。

1974年,TCP协议的第一份报告发表,4年后TCP协议改为TCP/IP协议。1982年,美国国防部宣布TCP/IP协议为国防部使用标准。翌年,阿帕网正式转换成TCP/IP系统。TCP/IP协议把阿帕网、国家科学基金会网(NSFnet)和北卡罗来纳大学与杜克大学的研究生创建的网络(USEnet)联在一起,这时的阿帕网称为ARPA-Internet,后简称Internet,这就是国际互联网的来历。1990年,阿帕网完成使命,退出历史舞台。

三、万维网、浏览器、电子邮件

万维网(World Wide Web,简称WWW)的出现和运行把网络资源的利用推进到了一个新阶段。它改变了人们利用网上信息的方式,不再是"先传输获取,后阅读利用",而是直接点击你感兴趣的网上内容就能阅读或利用,也就是说它允许用户通过上网计算机存取另一台网上计算机上的信息。万维网是Internet上那些支持WWW协议和超文本传输协议(Hyper Text Transport Protocol,简称HTTP)的客户机与服务器的集合,通过它可以存取世界各地的超媒体文件,包括文字、图形、声音、动画、资料库,以及各式各样的软件。万维网是英国科学家蒂姆·伯纳斯-李(Tim Berners-Lee,1955—)于1989年

设计开发的。自 1991 年,万维网登录互联网以来发展非常迅速,乃至其几乎成了互联网的代名词。

起初,对于大多数网民来说,上网主要是浏览和收发电子邮件。第一款浏览器是蒂姆·伯纳斯-李发明的,而风靡全球的浏览器马赛克(NCSA Mosaic)是伊利诺伊大学的国家超级计算中心(NCSA)的马克·安德里森(Mark Andreessen,1971—)创编的。后来,安德里森辞职并建立了网景通信公司,并于 1994 年 10 月发布了他们的旗舰产品网景导航者(Netscape)。在马赛克问世的头一年,该浏览器便使万维网在一年内的访问量暴涨 341 634％,万维网网站也从 130 家增加到 2 738 家。电子邮件更是互联网得到普及的一项重要技术和服务。至今,许多网络服务商仍然把提供免费电子邮件服务,作为其经营的基本策略之一。

综上所述,在互联网发展过程中,以上五大技术的发展和应用发挥了决定性的作用,它们是技术创新与服务创新相结合的典范。

第三节　通信技术

信息技术包括许多内容,无疑最具代表性的有计算机和通信两大类。在通信当中,无线电、电话、微波通信、卫星通信、光纤通信、移动通信、信息高速公路和新型通信是重要的通信技术领域。这里着重对卫星通信、光纤通信和新型通信领域作一简要介绍。

一、卫星通信

卫星通信系统主要由通信卫星、地球站及测控跟踪系统等组成,通信卫星主要是地球静止轨道卫星。一颗静止轨道通信卫星大约可以覆盖地球表面的 40％,三颗静止轨道通信卫星可以实现除两极部分地区外的全球覆盖,在覆盖区内的任何地面、海上、空中的通信站能同时相互通信。1958 年,美国发射世界上第一颗试验通信卫星。1965 年,美国发射了世界上第一颗实用商业通信卫星"晨鸟"(Early Bird),后改称为"国际通信卫星-1"(Intelsat-1),开始为北美和欧洲之间提供通信服务。这标志着卫星商用通信时代的到来。1984 年,我国发射第一颗试验通信卫星,1986 年成功发射实用通信卫星,1988 年发射 4 颗通信卫星,1990 年又发射了第 5 颗通信卫星,构成了国内卫星通信网。2000 年,采用东方红三号卫星平台发射的一颗通信卫星和两颗北斗导航试验卫星均顺利升空,标志着我国通信卫星技术发展到了一个新阶段。2012 年,中国建成北斗二号区域系统,为亚太地区提供通信服务。至 2020 年 7 月,中国自主建设、独立运行的全球卫星导航系统——北斗(BDS)全面建成,由此开启高质量服务全球、造福人类的新篇章。

铱星系统是一项雄心勃勃的通信计划。1997、1998 年,美国铱星公司发射了几十颗用于手机全球通信的人造卫星,通过这些卫星可在地球上的任何地方发出和接收电话信号。但是由于经营不善,2000年铱星公司宣布破产。从技术角度看,与静止轨道卫星相比,铱星具有轨道低,传输速度快,信息损耗小,通信质量高的优点,而且它不需要地面接收站,移动手持卫星电话可以与卫星直接连接,可方便地用于边远地区、自然灾害现场等特定场合。全球星系统是另一个巨型通信计划,由美国数家通信公司于1991年组建,用48颗绕地球运行的低轨道卫星在全球范围(不包括南北极)向用户提供无缝隙覆盖的、低价的卫星移动通信业务,让用户实现全球个人通信。该计划比较成功,目前已经构成了48颗绕地球运行的低轨道卫星和12颗备份卫星,为包括中国在内的多个国家提供服务。此外,美国的全球定位系统(GPS)、俄罗斯的格洛纳斯卫星导航系统(GLONASS)、欧盟的伽利略定位系统(Galileo)和我国北斗卫星导航系统也具有通信功能。

卫星通信已经成为通信体系的骨干力量,近年来卫星通信技术发展很快,中低轨道的移动卫星通信系统和20世纪80年代兴起的甚小口径天线地球站(VSAT)系统等已经得到广泛关注和应用。

二、光纤通信

光纤通信是以光波作为信息载体,以光纤(光导纤维)作为传输媒介的一种通信方式。自从20世纪60年代初激光器发明以后,人们就可以产生单色相干光,使得高速的光调制(按一定规律改变光波的强度、相位、振幅、频率或偏振状态等参数的方法)成为可能。此后,人们开始探索通过大气传输光通信的试验,均告失败。1964年,华裔物理学家高锟(1933—2018)提出在电话网络中以光代替电流,以玻璃纤维代替导线,进行通信。1966年,高锟发表了题为《光频率介质纤维表面波导》的论文,首次提出光导纤维在通信上应用的基本原理,提出以石英玻璃纤维作长程信息传递将带来一场通信革命,并具体指出当玻璃纤维损耗率下降到20分贝/千米时,光纤维通信就会成功。当时,最好品质的光学玻璃衰减高达1 000分贝/千米左右,直到1970年,美国康宁玻璃公司成功研制衰减为20分贝/千米的光纤。1976年,美国在亚特兰大安装了商业通信系统,传输距离10千米,标志着光纤通信从研究进入实际应用的新阶段。光纤通信的出现和发展不仅为通信事业开拓了新局面,也为互联网的大发展提供了技术基础。光纤通信发展迅速,光纤通信系统的传输容量从1980年到2000年这20年间增加了近一万倍,传输速率和传输距离也以极快的速度提高和延长。作为信息社会的基础设施,光纤通信发挥着越来越大的作用。高锟被世人誉为"光纤通信之父",他因在"有关光在纤维中的传输以用于光学通信方面"取得了突破性成就,获得2009年诺贝尔物理学奖。近年来,第五代光纤通信系统已经普遍应用。

通信技术的发展日新月异,新技术不断出现,如近年来兴起的量子通信以高效率和绝对安全等特点而日益引起人们普遍关注。量子通信是指利用量子纠缠效应进行信息传递的一种新型的通信方式,主要涉及量子密码通信、量子远程传态和量子密集编码等。它是近二十年发展起来的新型交叉学科,是量子论和信息论相结合的新的研究领域。我国学者潘建伟及其团队在量子通信方面取得一系列重大突破:1999 年,潘建伟有关实现未知量子态的远程输送的研究成果,同伦琴发现 X 射线、爱因斯坦建立相对论等重大研究成果一起被著名的《自然》杂志评为"百年物理学 21 篇经典论文";首次实现量子态隐形传输;2005 年在合肥创造了 13 千米的自由空间双向量子纠缠分发世界纪录;2009 年,又成功实现了世界上最远距离的量子态隐形传输,16 千米的传输距离比原世界纪录提高了 20 多倍。实验结果首次证实了在自由空间进行远距离量子态隐形传输的可行性,为全球化量子通信网络最终实现奠定了重要基础。2020 年 12 月潘建伟、陆朝阳等成功研制量子计算原型机"九章",在全球第二个实现了"量子计算优越性",引发世界关注。

参考文献

1. Michael R. Williams:*A History of Computing Technology*(*Second Edition*),IEEE Computer Society Press,1997.

2. 蒂姆·伯纳斯-李、马克·菲谢蒂:《编织万维网:万维网之父谈万维网的原初设计与最终命运》,张宇宏、萧风译,上海,上海译文出版社,1999。

3. 刘益东、李根群:《中国计算机产业发展之研究》,济南,山东教育出版社,2005。

4. 胡守仁编著:《计算机技术发展史(一)(二)》,长沙,国防科技大学出版社,2006。

5. 吴鹤龄、崔林:《ACM 图灵奖——计算机发展史的缩影(1966—2006)》,第三版,北京,高等教育出版社,2008。

进一步阅读材料

1. Jeremy M. Norman:*From Gutenberg to the Internet*:*A Sourcebook on the History of Information Technology*,Published by history of science. com,2005.

2. Michael R. Williams:*A History of Computing Technology*(*Second Edition*),IEEE Computer Society Press,1997.

3. 克里斯·弗里曼、弗朗西斯科·卢桑:《光阴似箭:从工业革命到信息革命》,沈宏亮主译,北京,中国人民大学出版社,2007。

4. 迈克尔·赖尔登、莉莲·霍德森:《晶体之火——晶体管的发明及信息时代的来临》,浦根祥译,上海,上海科学技术出版社,2002。

5. 阿尔弗雷德·D. 钱德勒、詹姆斯·W. 科塔达:《信息改变了美国——驱动国家转型的力量》,万岩、邱艳娟译,上海,上海远东出版社,2008。

第二十一章

原子能科学与核技术

原子能科学与核技术是 20 世纪上半叶产生的现代科学技术。现在相关的一级学科叫核科学与技术。从涉及的领域来说,它涵盖两部分内容,一是核能技术,一是核应用技术。有人把核能技术比喻为核领域中的重工业,而把核应用技术比喻为核领域中的轻工业。

原子能是一种新能源,其问世的标志是 1942 年 12 月 2 日世界第一座反应堆在美国芝加哥大学诞生。这种新能源在 20 世纪 40 年代至 70 年代叫作原子能,现在称为核能。核能作为一种相对清洁、安全、经济的新能源,已经并将继续造福于人类。但是,这种能源与放射性、与核辐射密切相关,它又具有可能在一瞬间释放出巨大能量的特点,不了解它的人往往容易"谈核色变"。它的首次应用是用来制造原子弹,这使得核能问世伊始就背上了一个"黑锅"。在近 80 年的发展中,核能的发展既有过高峰,也有过低谷。可以说,任何一种能源都没有像核能这样毁誉参半,跌宕起伏。

核应用技术又叫核技术应用,简称核技术,包括同位素与辐射技术。其种类繁多,应用领域十分广阔,与国计民生密切相关,可以大大造福人类。与核能发展的跌宕起伏不同,核技术一直处于不断发展之中。

第一节 原子能发现的历史回顾

人类探索原子世界的奥秘,经历了差不多 2 300 年的时间。

早在公元前 5 世纪,古希腊哲学家德谟克里特(Democritus,约前 460—约前 370)就提出了朴素的"原子论"。他认为宇宙万物都是由称作"原子"的微粒组成的,它是坚硬、

实心而不能分割的球体。"原子"一词的古希腊文（Atoms）原意就是"不可分割"。

科学界经过漫漫长夜，来到 19 世纪末、20 世纪初，进入了大发现、大发展的灿烂时期。从 19 世纪末到 20 世纪 30 年代，是核能问世的准备时期。这个时期有关的大事年表如下：

1895 年，德国物理学家伦琴（Wilhelm Konrad Röentgen，1845—1923）在做阴极射线管实验时，发现了 X 射线；

1896 年，法国物理学家贝克勒尔（Antoine Henri Becquel，1852—1908）发现放射性；

1897 年，英国物理学家汤姆孙（Joseph John Thomson，1856—1940）宣布在做阴极射线管通电发光实验时，发现了电子；

1898 年，居里夫人（Marie Sklodowska Curie，1867—1934）发现新的放射性元素钋；

1902 年，居里夫人经过 4 年的艰苦努力，从几十吨沥青铀矿中提炼出 0.1 克新的放射性元素的氯化物晶体，发现了镭；

20 世纪初，英国物理学家卢瑟福（Ernst Rutherford，1871—1937）通过实验提出了"小太阳系原子模型"，认为原子是由带正电的原子核以及围绕它旋转的带负电的电子组成；

1905 年，爱因斯坦（Albert Einstein，1879—1955）提出质能转换公式 $E=mc^2$（m 为质量，c 为光速，E 为转换成的能量）；

1914 年，卢瑟福通过实验，确定氢原子核是一个正电荷单元，称为质子，其质量为电子的 1837 倍；

1919 年，卢瑟福用氦原子核轰击氮原子核打出质子，首次实现了人工核反应；

1932 年，英国物理学家查德威克（James Chadwick，1891—1974）发现中子；

1938 年，德国放射化学家奥托·哈恩（Otto Hahn，1879—1968）和他的助手斯特拉斯曼（Fritz Strassmann，1902—1980）发现核裂变。

几乎每一次发现都伴随着一个动人的故事，它们或惊心动魄，或饶有余味。这些故事对于人们颇有启迪意义。

在这些发现中，有两个最重要的事件值得一提。

一是，1905 年，爱因斯坦在提出相对论的时候，提出了质能转换公式。

放射性元素可以放出 3 种看不见的射线，一种是 α 射线，即氦原子核；一种是 β 射线，即高能电子；一种是 γ 射线，即高能光线。在居里夫人发现镭后不久，卢瑟福就指出放射性元素在释放看不见的射线后，会变成别的元素，在这个过程中，原子的质量有明显的减少。

那么，这些失踪了的质量到哪里去了呢？爱因斯坦 1905 年在提出相对论时指出，物质和能量是同一事物的两种不同形式，当一定量的物质消失时，就会产生一定的能量。

两者之间的定量关系，就是产生的能量 E 等于消失的质量 m 乘以光速 c 的平方。极小量的物质就可以转化为极大的能量。

当一个重原子核分裂成两个较轻原子核（核裂变）时，会产生质量亏损，这些损失的质量就转换成巨大的能量——原子能。这就是核能的本质。

二是，1938 年到 1939 年年初，德国科学家奥托·哈恩和他的助手斯特拉斯曼，在法国科学家伊伦·约里奥-居里（Irene Joliot-Curie，1897—1956）实验的基础上，发现了核裂变现象。

1932 年，发现中子后，科学家们提出了一个正确的实验思路：用中子作为"炮弹"，去轰击比较不稳定的重原子核，看看能否击破它，在这一过程中可能发生质量亏损。

科学家们用中子轰击铀原子核时，得到了自然界中不存在的新元素——镎（Np）和钚（Pu），它们被称为超铀元素或锕系元素。然而，并没有把原子核击破。

1938 年，奇迹出现了。居里夫人的女儿伊伦（约里奥-居里夫人）在分离用中子轰击铀产生的超铀元素时，发现有一种类似于镧（La）的元素存在，它不是超铀元素。可惜的是约里奥·居里夫人对这个现象不能提出正确的解释。

奥托·哈恩得知这个新发现后，立即做了验证和精确的化学分析，证实在铀遭受中子轰击时，有些铀原子核被击破分成两半，生成了钡（Ba）和氪（Kr）。哈恩在经过多次反复验证后，于 1939 年年初提出了"分裂核"的概念，并指出伴随着铀核的分裂，会放出巨大的能量。这是非同小可的发现，它开创了原子时代的新纪元。

1946 年，在法国巴黎大学居里实验室工作的中国物理学家钱三强（1913—1992）及其夫人何泽慧（1914—2011）通过实验发现了铀原子核的"三分裂"和"四分裂"现象，在世界科学界引起了很大反响。

当中子撞击铀原子核时，一个铀核吸收了一个中子而分裂成两个氢原子核，同时发生质量亏损，放出很大的能量，并产生 2～3 个新中子。这就是举世闻名的核裂变反应。在一定的条件下，从一个中子引起一个铀原子核裂变开始，新产生的中子会继续引起更多的铀原子核裂变。这样一代代地传下去，像链条一样环环相扣，所以科学家将其命名为核裂变的链式反应，或称为链式裂变反应。最早提出这个设想的，是匈牙利物理学家西拉德（Leo Szilard，1898—1964）。

核能的产生离不开核燃料。铀、钍、钚都是核燃料。只有铀-233、铀-235 和钚-239 这三种核素的原子核可以由能量为 0.025 电子伏的热中子引起核裂变。铀-235 在自然界存在于铀矿中，而铀-233 和钚-239 在自然界中并不存在，它们是分别由自然界中的钍-232 和铀-238 在反应堆中俘获中子生成的。

铀是德国柏林大学教授克拉普罗特（Matin Heinrich Klaproth，1743—1817）于 1789 年从沥青铀矿中发现的，其名称源于天王星 Uranus。钍是瑞典化学家白则里（Jons Jakob

Berzelius,1779—1848)于 1828 年从矿石中提取并发现的,其名称源于斯堪的纳维亚战神 Thor。钚是美国放射化学家西博格(Glenn Theodore Seaborg,1912—1999)于 1940 年 12 月 14 日用氘(元素符号为 ^{2}H 或 T)原子核($^2_1$H)轰击铀而发现的,其名称源于冥王星 Pluto。

利用链式裂变反应有两种方式。当铀-235(或钚-239)的质量足够而纯度又很高时,有可能使强大的核能在一瞬间就迸发出来,这就成了破坏力惊人的原子弹。如果加以人为的控制,在铀的周围放一些吸收中子能力很强的"中子毒物"(例如硼),使得核能缓慢地释放出来加以利用,实现这一过程的设施就是反应堆。前者是核能的军用——制造核武器,后者是核能的民用——发电、供热、生产放射性同位素等。当然,反应堆的另一种用途是作为核潜艇、核航空母舰等舰艇的动力,这也属军用范畴。

从铀矿的勘探和开采、铀的加工和精制、铀的转化、铀的同位素分离、反应堆燃料元件的制造,到对反应堆用过的核燃料(叫作乏燃料或辐照核燃料)进行后处理,以及对产生的放射性废物进行处理与处置,形成了一个循环系统,叫作核燃料循环。实现核燃料循环,需要一个庞大的体系,这就形成了核工业的主体。主要的核工厂包括铀水冶厂、铀同位素分离厂、核燃料元件厂和核燃料后处理厂。最早的核工厂是美国在研制第一颗原子弹的过程中建起来的。至 2002 年,全世界运行过的核燃料循环装置约有 250 套。

由于核能发展的黎明时期恰逢第二次世界大战,这个特定的历史环境使得其首次应用是制造破坏力极大的杀人武器原子弹。

链式裂变反应刚一发现,许多科学家就敏感地意识到巨大的核能可以用来制造威力惊人的核武器。1939 年夏,一个坏消息从欧洲大陆传到美国:德国从它占领的捷克收集铀矿石,准备用铀制造武器。这个消息令人十分担心,因为万一希特勒手中有了核武器,世界的未来就不堪设想。

当时,美国的政界和军界对原子弹的威胁还一无所知。流亡在美国的匈牙利物理学家西拉德、威格纳(Eugene Paul Wigner,1902—1995)和后来成为美国"氢弹之父"的特勒(Edward Teller,1908—2003)多方奔走呼吁,他们说服正在纽约的爱因斯坦,由他出面写信给美国总统罗斯福,建议美国政府赶在德国法西斯前面研制出原子弹来。当年 10 月,罗斯福的经济顾问萨克斯将这封信转呈总统,罗斯福被说服,并下令成立了"铀顾问委员会"。1941 年 12 月 6 日,在日本偷袭珍珠港的前夕,罗斯福总统批准了秘密研制原子弹的计划,代号"曼哈顿工程"(Manhattan Project)。事后得知,为了这项"工程",当时美国政府总共动员了 52 万人参加,投资达 20 亿美元。

为了研制原子弹,首先要研制一种能够在人的控制下实现链式裂变反应的装置——反应堆。世界第一座反应堆的研究工作是在科学家费米(Enrico Fermi,1901—1954)和康普顿(Arthur Holly Compton,1892—1962)领导下,从 1941 年 7 月开始进行的。为了争取时间,不至于因为建造新厂房而耽误进度,这座反应堆就建在芝加哥大学斯塔格运动场西看台底下的一个网球厅内。它是由 40 吨天然铀短棒和 385 吨石墨砖交替堆砌起来的。反应堆于 1942 年 12 月 1 日建成,命名 CP-1(Chicago Pile-1,芝加哥 1 号堆)。12 月 2 日下午 3 点 25 分,费米指挥启动第一座反应堆成功。

原子弹分为铀原子弹和钚原子弹两种。用铀-235 做核材料的铀原子弹要求铀-235 的含量高达 90%,而天然铀中铀-235 的含量仅为 0.7%,其余的 99.3% 几乎都是铀-238,因此需要在庞大而十分耗能的同位素分离厂中将铀-235 富集。另一种是钚原子弹,先在反应堆中从铀-238 生产出钚-239,再在核燃料后处理厂中把钚-239 提纯出来。

美国的曼哈顿工程同时进行铀、钚两种原子弹的研制工作。许多科学家解决了众多的理论问题和技术问题后,1943 年 6 月,在田纳西州的橡树岭建成了三座规模巨大的生产铀-235 的同位素分离厂;由费米领导、威格纳设计在汉福特地区建造了三座生产钚的反应堆——W 生产堆。1944 年 9 月 27 日,反应堆开始运行。同时,建立了核燃料后处理厂。

与此同时,由原子弹总设计师罗伯特・奥本海默(Julins Robert Oppenheimer,1904—1967)主持的洛斯・阿拉莫斯实验中心(Les Alamos Laboratory)于 1942 年 10 月在新墨西哥州的一个荒僻沙漠小镇建立,承担了原子弹的总装任务和试验工作。

1945 年夏,各个核材料工厂已经生产出足够的原子弹装料,科学家组装原子弹的试验也大功告成。7 月初,制成了 3 枚原子弹,一枚装料为铀-235,另两枚装料为钚-239,它们分别被命名为"小男孩""大男孩"和"胖子"。

1945 年 7 月 16 日凌晨 5 时 29 分 45 秒,美国在新墨西哥州阿拉默果尔多沙漠"三一试验场",用"大男孩"成功地进行了世界上第一次原子弹爆炸试验。爆炸威力为 2 万吨 TNT 当量。

紧接着,美国就把当时仅有的两颗原子弹——铀弹"小男孩"和钚弹"胖子",在 1945 年 8 月 6 日和 9 日分别投在日本的广岛和长崎,造成 40 余万人伤亡的人间惨剧。

1949 年 8 月 29 日,苏联在哈萨克加盟共和国塞米巴拉金斯克试验场爆炸了第一颗原子弹。这是一颗爆炸威力为 2 万吨 TNT 当量的钚原子弹。英国于 1952 年 10 月 3 日在澳大利亚西海岸蒙特贝塔岛爆炸了第一颗原子弹(千吨级 TNT 当量)。法国于 1960 年 2 月 13 日在西非撒哈拉大沙漠(阿尔及利亚)赖加奈爆炸了第一颗原子弹(6 万吨 TNT 当量)。

中国第一颗原子弹的研制始于 1955 年初。1955 年 1 月 15 日,毛泽东主持召开中共中央书记处扩大会议,讨论实施核武器计划的必要性和可能性。紧接着中央政治局通过了代号为 02 的核武器研制计划。在实施核武器计划时,同时开展了包括科研、教育、设计、生产在内的,从铀矿勘探开采、核工厂建造到原子弹设计研究的各个环节的工作。

1958 年 1 月，开始筹建核武器研究设计院。制定核武器研制科技决策的是王淦昌（1907—1998）、彭桓武（1915—2007）和郭永怀（1909—1968）这三位著名科学家。大批科技工作者、工人和军人投身于这项工作。到 1962 年年底，已有 94 000 名科研人员在全国核科研系统工作，其中比较著名的科学家达 2 800 人。"两弹一星"元勋邓稼先（1924—1986）和周光召（1929— ）对核武器的研制做出了卓越的贡献。

1962 年 11 月 17 日，由周恩来领导的 15 人中央专门委员会成立，负责协调全国力量，尽快实施第一颗原子弹研制计划。

1964 年 10 月 16 日 15 时，中国第一颗原子弹在新疆罗布泊试验基地黄羊沟试验场爆炸试验成功。这是一颗 2 万吨 TNT 当量的铀原子弹。

从 02 计划开始实施，到第一颗原子弹爆炸成功，共有 26 个部委、20 多个省市自治区的 1 000 多家工厂、科研机构和大专院校参加了这项工作，涉及几十万人，共耗资 107 亿元人民币（1957 年价格）。以研制第一颗原子弹为目标，在全国从无到有、从小到大地发展建成了世界上少有的完整的核科学、核工业体系。形成了"热爱祖国、无私奉献，自力更生、艰苦奋斗，大力协同、勇于登攀"的"两弹一星"精神。

到 1994 年，美国共进行了 1 030 次核试验（大气层 215 次，地下 815 次），苏联进行了 715 次核试验（大气层 207 次，地下 508 次），英国进行了 45 次（大气层 21 次，地下 24 次），法国进行了 192 次（大气层 45 次，地下 147 次），中国进行了 41 次（大气层 23 次，地下 18 次）核试验。

随着核能军事的发展，国际上开始逐步建立国际核不扩散体制，以增进国际和平与安全。1968 年 7 月，《不扩散核武器条约》开放签署，而《全面禁止核试验条约》也于 1996 年 9 月在联合国大会通过，随即开放签署。包括中、美、英、法、俄五大国在内的绝大多数国家已经签署了《不扩散核武器条约》和《全面禁止核试验条约》。

第二节 原子能的军用与民用

反应堆的种类繁多，分类也五花八门，通常根据用途分为研究堆（进行多种科学研究和反应堆结构、材料、性能等研究）、生产堆（生产人工核燃料钚-239 和铀-233）和动力堆（由核能产生动力进行发电、推动船舰或供热）三种。

CP-1 反应堆就是世界最原始的研究堆。据国际原子能机构（IAEA）统计，1955 年至 2000 年，全世界共有 61 个国家建成 606 座研究堆，其中 5/6 是 1975 年以前建成的。1975 年，全世界运行的研究堆数量达到最高峰，为 390 座。2000 年，全世界有 284 座研究堆在运行。中国第一座反应堆也是研究堆，为苏联援建的重水型反应堆，于 1958 年 6 月在中国原子能科学研究院（当时称原子能研究所）建成。到 2002 年，全世界共建成

651座研究堆。其中功率超过10万千瓦的有9座,即美国的ATR(25万千瓦),苏联的MIR-MI(10万千瓦)、SM—2(10万千瓦),比利时的BR—2(10万千瓦),加拿大重水型研究堆NRU(13.5万千瓦),中国高通量工程试验堆HFETR(12.5万千瓦),法国游泳池式工程试验堆SCARABEE(10万千瓦),印度天然铀重水研究堆DHRVVA(10万千瓦)和日本快中子实验堆"常阳"(10万千瓦)。

美国为实施"曼哈顿工程"而建造的W生产堆,是世界首批生产堆。1946年12月,苏联建成了第一座石墨慢化生产堆。1952年,英国从生产堆生产出第一批原子弹用的钚-239。1948年,法国建造了第一座生产堆。1966年10月,中国第一座天然铀石墨水冷生产堆建成投产。

最早的动力堆不是用于发电,而是军用——作为核潜艇的动力,而后才推广应用到发电领域。常规潜艇用柴油机做动力,燃烧柴油需要空气,所以水下续航时间不长,航速不高。反应堆核燃料裂变释放大量的热能,使水直接变成蒸汽,又可以产生更大的动力,所以核潜艇能够像鱼一样长期在水下航行,而且航速高,下潜深。但反应堆需要防护,占有很大的吨位,所以潜艇用的核动力堆应满足一系列特殊的要求。

美国的核潜艇研究始于1946年。海军少将、"核潜艇之父"里科弗(Hyman George Rickover,1900—1986)最早选用以液态金属钠作载热剂的快中子反应堆,但钠遇到水会发生爆炸,所以改用美国核动力奠基人温伯格(Alvin H. Weinberg,1915—2006)建议的压水堆。1949年,开始建造原型堆SIW,安装在爱达荷州沙漠中部的阿科(Arco)海军反应堆试验基地。世界上第一艘核潜艇、美国的"鹦鹉螺"号(后改称"舡鱼"号)于1954年1月21日在康涅狄格州的格罗顿下水,1955年1月17日驶入大西洋试航。从1958年开始,美国建造了大批鱼雷攻击型核潜艇和弹道导弹型核潜艇。20世纪90年代中期,美国海军中服役的核潜艇共有116艘。英国核潜艇研制始于1949年,1957年建成第一座陆上模式堆DSMP,1959年开始建造第一艘攻击型核潜艇"无畏"号。法国于1954年开始研制核潜艇,建造了PAT和CAP两座陆上模式堆,建成了5艘"宝石"级攻击型核潜艇。20世纪90年代中期,英国在役核潜艇有16艘,法国有10艘。苏联1954年开始研制核潜艇,1958年第一艘核潜艇"共青团号"下水,至20世纪90年代中期苏联/俄罗斯共拥有在役核潜艇167艘。据报道,世界上迄今已建造了约500艘核潜艇(包括已退役的),反应堆近700座,超过已建造的核电站反应堆总数。

中国最初的核潜艇计划始于1958年6月,经过曲折的发展,于1970年7月建成第一座潜艇用核动力陆上模式堆。1971年8月,建成第一艘核潜艇,开始试验和试航。1981年,建成第一艘弹道导弹核潜艇。1988年9月,中国成功地进行了导弹核潜艇从水下发射弹道导弹的试验。

美国于1957年建成了世界第一艘核动力巡洋舰"长滩"号。1958年2月,美国开始建造世界第一艘核动力航空母舰"企业"号,1960 年 9 月 24 日下水,1961 年建成。其后又建成了 6 艘核动力航母。目前,在美国现役的 11 艘航空母舰中,有 10 艘"尼米兹"级核动力航母和 1 艘最新一级的"福特"级核动力航母。苏联于 1981 年开始建造"基洛夫"级核动力巡洋舰,其后又建造了"基辅"级和"库兹涅佐夫"级核动力航空母舰。法国于1986 年开始建造中型核动力航空母舰"戴高乐"号,1994 年下水,2000 年服役。

世界上还建成了少量用核动力堆推动的和平的船只。苏联建造的世界第一艘核动力破冰船"列宁"号,于 1957 年 12 月下水,1959 年 9 月 12 日建成。其后,苏联又建成了9 艘核动力破冰船。1958 年 5 月,美国开始建造世界第一艘核动力商船"萨凡娜"号,1959 年 7 月下水,1961 年 12 月建成。德国于 1968 年建成了"奥托·哈恩"号核动力商船。日本于 1973 年建成了"陆奥"号核动力考察船。

人类首次实现核能发电,应追溯到 1951 年。当年 8 月,作为早期核潜艇研制计划的一部分,美国在阿科试验基地建成了一座钠冷快中子增殖试验反应堆 EBR-1。同年12 月 20 日,在该反应堆上进行了世界首次核能发电试验,点亮了 4 只电灯泡。1954 年 6 月26 日,苏联在莫斯科附近建成了世界上第一座试验核电站——奥勃宁斯克(Обнинск)核电站,电功率 5 000 千瓦,为大约两千户居民提供了电源。

1956 年 10 月,英国建成世界第一座气冷堆核电站——考尔德·霍尔(Calder Hall)核电站,电功率 92 000 千瓦。它是军、民两用反应堆。

20 世纪 50 年代中期开始,美国政府大力扶植核电,投资兴建示范性核电站,并制订了邀请私营企业建造核电站的计划。核电站的堆型选用了核潜艇发展起来的压水堆及沸水堆。1957 年,建成了世界第一座商用压水堆核电站——希平港(Shipping port)核电站,电功率 6 万千瓦。1959 年,建成了世界第一座商用沸水堆核电站——德累斯顿(Dresden)核电站,电功率 20 万千瓦。

20 世纪 60 年代末到 80 年代初,世界核电处于大发展时期,一派生机盎然。1970 年,世界核电装机容量仅为 0.016 亿千瓦,到了 1980 年即达 1.35 亿千瓦,10 年内增加了 80 倍。1979 年 3 月 28 日,发生了美国三里岛(Three Mile Island)核电站事故。1986 年 4 月 26 日,发生了苏联切尔诺贝利(Chernobyl)核电站事故。以此为契机,加上经济因素等深层次原因,世界核电转入低潮,20 世纪末进入"寒冬"。但是,由于能源紧张、环境污染严重促使经济、清洁能源发展,加上核电技术和核安全的进步,到了 21 世纪初,核电又迎来了大发展的春天。2011 年,日本福岛核电站(Fukushima Nuclear Power Plant)发生核泄漏事故,又引起全球对核能安全利用的讨论。

截至 2009 年 1 月,全世界共有 30 个国家运行着 436 台核电机组(一座反应堆加上相应的发电设施叫一台核电机组),总装机容量 3.719 27 亿千瓦;建设中的核电机组 41 台,总装机容量 0.353 18 亿千瓦;计划建设的核电机组 108 台,总装机容量 1.204 45 亿千瓦;

拟建的核电机组 266 台,总装机容量 2.620 75 亿千瓦。2009 年,共有 16 个国家的核发电量占全国总发电量的 25％以上,其中法国达 77％,高居榜首。意大利、土耳其、阿尔及利亚、印度尼西亚、智利、澳大利亚等近 40 个无核国家正在考虑发展核电。

　　中国的核电发展起步较晚。20 世纪 70 年代初,开始筹备民用核电,其后几经波折,到 20 世纪 90 年代才进入发展阶段。新中国第一座自行设计建造的核电站秦山核电站于 1985 年 3 月在浙江省海盐县动工兴建,1991 年 11 月建成达到临界,12 月 15 日首次并网发电,1994 年 4 月 1 日投入商业运行。迄今已有 11 台核电机组投入商业运行,它们是:秦山一期(1 台国产 31 万千瓦压水堆机组),大亚湾(2 台从法国引进的 98.4 万千瓦压水堆机组),秦山二期(2 台国产 65 万千瓦压水堆机组),岭澳(2 台从法国引进的 99 万千瓦压水堆机组),秦山三期(2 台从加拿大引进的 72.8 万千瓦重水堆机组),田湾(2 台从俄罗斯引进的 106 万千瓦压水堆机组)核电站。截至 2007 年年底,中国核电总装机容量 907.8 万千瓦,占电力总装机容量的 1.2％。

　　近年来,中国已将发展核电作为可持续发展能源战略的重要组成部分,提出了“积极发展核电”的方针。2006 年 3 月 22 日,国务院常务会议通过了《核电中长期发展规划(2005—2020 年)》,要求核电到 2020 年建成投产装机容量 4 000 万千瓦,占发电装机容量 4％,在建核电装机容量 1 800 万千瓦。截至 2009 年 4 月,已有秦山二期扩建(方家山)、岭澳二期、辽宁红沿河、福建宁德、福建福清、浙三门一期、山东海阳一期、山东荣成、广东阳江、广东台山、海南昌江等核电站 22 台机组在建,并计划建造 26 台核电机组,拟建 72 台机组。

　　2006 年 2 月 6 日,国务院发布《国家中长期科学和技术发展规划纲要(2006—2020 年)》,“大型先进压水堆及高温气冷堆核电站”被列为规划中的重大专项之一。具有自主知识产权的 20 万千瓦级模块式球床高温气冷堆示范电站正在山东荣成石岛湾兴建。

　　截至 2019 年上半年,我国大陆拥有在运核电机组 46 台,规模居世界第三。截至 2019 年底,我国在建核电装机容量 6 593 万千瓦,居世界第三。[①]

第三节　核应用技术

　　核应用技术是利用同位素和电离辐射与物质相互作用所产生的物理、化学及生物效应,来进行应用研究与开发的技术。其基础与基本手段就是同位素和电离辐射,基本工具是加速器和放射性同位素。

　　加速器是将带电粒子加速以提高其能量的设施,利用它既能进行核物理和高能物理

---

①刘成友,等:《让电更“绿”》,人民日报,2021-01-27。

等基础研究,又可进行核技术的研究和应用。早在 1919 年,卢瑟福就提出了用人工方法加速带电粒子的设想和要求。1924 年和 1928 年,奈辛(G. Ising)和维德罗(E. Wideroe)分别进行了直线加速器的早期探索。1928 年,英国科学家柯克罗夫特(John Donglas Cockroft,1897—1967)和沃尔顿(Ernest Thomas Sinton Walton,1903—1995)提出了静电加速器的设想,于 1932 年建成世界上第一台直线加速器。1931 年,美国科学家范德格拉夫(Robert Jomison van de Graaff,1901—1967)发明了静电加速器。1929 年,美国科学家劳伦斯(Emst Orlando Lawrence,1901—1958)提出了回旋加速器的设想,并于 1932 年建成了回旋加速器。1932 年,美国科学家斯雷平(Joseph Slepian,1891—1969)进行了感应加速器的理论研究,1940 年,科斯特(Donald William Kerst,1911—1993)建成了电子感应加速器。1945 年,苏联科学家维克斯列尔(В. И. Векслер,1907—1966)和美国科学家麦克米伦(Edwin Mattis McMillan,1907—1991)分别独立地发现了自动稳相原理。1946 年,第一台稳相加速器在美国伯克利建成。此后,建成了同步回旋加速器。1952 年,美国科学家柯隆(Ernst Courant,1920—　　)、列文斯顿(M. S. Livingston)和史耐德(H. S. Snyder)提出了强聚焦原理,其后将该原理广泛用于环形加速器和直线加速器中。1960 年,陶歇克(Bruno Touschek,1921—1978)提出对撞机的概念,在他的领导下,在意大利夫拉斯卡第建成名为 AdA 的世界第一台对撞机。经过 70 多年的发展,加速器的能量获得很大提高,单位能量的造价又大为降低,成为强大的现代科学技术工具。

迄今已发现的元素周期表中的 109 种元素(据 2010 年 4 月报道,俄美科学家首次合成了第 117 号元素,此前第 118 号元素也已合成),共有约 2 800 种同位素,其中有稳定同位素 271 种,其他均为放射性同位素。自然界存在的放射性同位素有 60 多种,其余都是通过反应堆和加速器生产出的人工放射性同位素。在 2 500 多种放射性同位素中,有实用价值、应用较多的只有 200 多种,其中有 100 余种是最重要的。放射性同位素的主要应用领域,一是作示踪原子,进行许多领域的研究工作;二是作辐射源(反应堆和加速器也可作为辐射源),广泛用于工业(辐射化工、离子束加工、食品辐射加工、工业核无损检测、"三废"辐射治理等)、农业(辐射育种、辐射防治虫害、辐射刺激生物生长等)、医学(核技术诊断、辐射治疗、医疗用品辐射消毒灭菌等)、国防和科学研究中。其中,特别是以钴-60 作辐射源,发展成规模庞大、应用广泛的辐射加工业。

1895 年,伦琴发现 X 射线的次年,敏克(Mink)就提出了辐射灭菌的设想;1896 年,贝克勒尔发现放射性不久,1900 年科学家即开始研究射线对人体组织的生理效应;1898—1902 年,居里夫人发现镭,1905 年法国就实现了镭照射的子宫内放射治疗。这些研究和应用开核应用技术之先河。1905 年,英国提出了第一个关于食品辐照的专利。1910 年,同位素概念提出,同年实现了 X 射线照射无损检测。1923 年,放射性示踪首次用于生物学研究。1934 年起,他利用放射性铅和放射性磷(特别是后者)作为标记,研究了一系列在生命活动过程中很重要的反应机制。1936年,赫维西(Georfe Chortes de Hevesy,1885—1966)首次提出中子活化分析方法。同年,首次开展用放射性同位素进行医学临床的应用研究。1939年,首篇应用碘-131诊断病人的医学报告问世。

20世纪40年代中期以后,核应用技术开始形成规模。1946年,美国采用反应堆大量生产放射性同位素取得成功。此后,核应用技术伴随着核能技术的发展而同步发展。种类繁多的核应用技术相继问世。1950年,进行了首批辐射育种试验。1951年,美国首次制成核仪表——厚度计,用于橡胶工业。同年,医用同位素自动扫描仪研制成功,并用于人体脏器检查。1952年,首次实现高分子化合物辐射交联。1953年,首次提出核医学概念。1957年首次辐射育种——小麦辐射育种获得成功。同年,美国首次开展昆虫辐射不育技术研究并取得成功。1958年,用于核医学的闪烁照相机研制成功。1959年,放射免疫测定技术建立。1961年,放射性同位素电池首次进入太空轨道。1962年,首种体内放射性显影药物——钼-锝(Mo-Tc)发生器问世。1966年,第一种辐照食品(土豆)在加拿大投入市场。1968年,瑞典研制成功世界第一台头部γ刀。1972年,第一台脑颅XCT(X射线断层扫描)研制成功。同年,德国开始试验污泥辐照处理。1974年,正电子发射断层扫描技术(PET)问世。1983年,第一台工业断层扫描器在美国问世。1991年,第一套加速器型集装箱检测系统在巴黎戴高乐机场投入运行。

至20世纪90年代,全世界运行的研究反应堆近300座,用于辐射加工的加速器约1 000台,总功率23 000千瓦,同时拥有设计装源能力1.85×10^{16}贝克(50万居里)以上的钴-60辐照装置200座以上,总装源能力约为6.85×10^{18}贝克(1.85亿居里)。2002年,全世界共有约300个工业辐照源,几万个工业射线照相源,1万多个钴-60远距离治疗源和几百个铯-137远距离治疗源。发达国家核应用技术的产值占国内生产总值(GDP)的0.5%~1%。美国1997年核应用技术产业的经济效益高达1 190亿美元,比核电的经济效益(390亿美元)还高出2倍。

中国核应用技术的创建始于20世纪50年代中期,当时主要是为国防建设发展服务。1957年,原子能研究所成功研制中国第一台质子静电加速器。1958年,原子能所试制成功中国第一批放射性同位素。同年,开始进行农副产品与食品辐射加工研究。半个多世纪来,放射性同位素新产品的研制及核应用技术在农业、工业、医疗及科学研究等领域的应用有了很大的发展。

到2000年,中国已建有52台工业生产用加速器,全国有各类辐照装置120座(其中铯源两座,其余为钴源),分布在28个省、直辖市、自治区的65个市、县。核应用技术年总产值约400亿元人民币。

1988年10月,北京正负电子对撞机(BEPC)建成,成为世界八大高能加速器中心之一,是中国在高科技领域取得的一个重大突破性成就,30多年来取得了不少重要研究成果。其间,也进行了重大工程改造。2004年4月,中国最大的科学装置建设项目——北京正负电子对撞机重大改造工程(BEPCII)开始进入全面实施阶段,2009年7月竣工验收,它也成为国际上最先进的双环对撞机之一。

在短短的几十年时间内,原子能科学与核技术已经取得了迅速的、巨大的发展,这是人类科技发展史上的重大成就,在人类科学技术史上绽放出灿烂的光芒。尽管核能用于军事方面给人类带来了灾难和不幸,但它的和平利用则能大大造福于人类。核能是从化石燃料向未来能源过渡的不可或缺的能源,是一种对于可持续发展具有重要意义的能源。预计21世纪无论是在中国还是在世界,核能都将获得新的发展。

核能要进一步发展,必须解决3个关键问题:一是要研究与发展更先进的反应堆;二是要逐步解决高放废物的最终处置问题;三是要解决防止核扩散的问题。核科学家和技术人员正在为此而努力,并已取得了很大的成绩。先进反应堆是更安全、更经济的反应堆。三里岛核事故和切尔诺贝利核事故,促进了核安全理念的发展和更安全、更经济的先进反应堆的研究。1999—2000年,美国科学家提出了新一代核能系统——"第4代核能系统"(Generation IV)的概念,并已在国际核能界获得共识。这类具有革命性的先进反应堆具有良好的固有安全特性,在事故条件下不会对公众造成损害,在经济上用其发电能够与其他发电方式相竞争,并具有建设周期短等优点。目前,一些国家正在研究开发了几种先进的轻水堆,在重水堆、高温气冷堆和快中子反应堆的研发方面也取得了相当大的进展。美国核电生产成本从1990年的每千瓦时3美分下降到1999年的1.83美分,低于煤电(2.1美分),2006年又创1.66美分的新低。在高放废物处理方面,当前科学家正致力于开发一种先进的最终处理办法——分离-嬗变法,以彻底解决乏燃料产生的高放废物放射性强、毒性大、寿命长的问题。中国和法国分别独立研发的分离方法,被专家评为世界上最先进的两个流程。

当代最有影响的核工程师与物理学家之一、美国核动力奠基人艾尔文·温伯格把从1942年世界第一座反应堆诞生以来的50年称为第一核纪元。他认为:"核能的伟大成就,即裂变能已供给全世界17%电力的事实是谁也抹杀不了的。"他指出:"否定核能的再生就等于否定人类的智慧与前途。对此我坚决不能同意。在我的一生中,我目睹了人类智慧如何取得了如此的空前成就。我深信只要坚持不懈地发挥人类智慧的力量,就能创造出光辉灿烂的第二核纪元。"

让我们共同努力,去迎接第二核纪元的到来。

参考文献

1. I.阿西莫夫:《原子核能的故事》,何笑松译,北京,科学出版社,1980。

2. I.阿西莫夫：《原子内幕》，张礽荪、孟一凡、张成祎译，北京，科学普及出版社，1980。

3.《当代中国》丛书编辑部：《当代中国的核工业》，北京，中国社会科学出版社，1987。

4. E.费米等：《第一座反应堆》，何芬奇译，北京，科学出版社，1979。

5. 莱斯利.R.格罗夫斯：《现在可以说了——美国制造首批原子弹的故事》，钟毅、何伟译，北京，原子能出版社，1991。

6. J.勒克莱尔：《当今核时代》，常叙平编译，北京，海洋出版社，1994。

7. 连培生编著：《原子能工业》，第2版，北京，原子能出版社，2002。

8. 约翰·W.刘易斯、薛理泰编著：《中国原子弹的制造》，修订本，李丁、陈旭舟、傅家祯、叶名兰、高晓松译，北京，原子能出版社，1991。

9. 卢天贶、黄甫生、李宗福、程小前等编著：《核世纪大揭秘》，北京，原子能出版社，2001。

10. 马栩泉编著：《核能开发与应用》，北京，化学工业出版社，2005。

11. 马栩泉：《核能产业：迎来新的春天》，载《高科技与产业化》，2008(07)。

12. 王甘棠、孙汉城编著：《核世纪风云录——中国核科学史话》，北京，科学出版社，2006。

13. 艾尔文·温伯格：《第一核纪元：美国核动力奠基人自传》，吕应中译，北京，原子能出版社，1996。

14. 吴宗鑫、宋崇立、薛大知、马栩泉、曹栋兴：《核能技术》，载《化工百科全书》，第七卷，北京，化学工业出版社，1994。

15. 张大发主编：《船用核反应堆运行与管理》，北京，原子能出版社，1997。

16.《2007—2009年度全球核反应堆运行情况及铀燃料需求情况》，载《核电》，2009(1)。

进一步阅读材料

1. E.费米等：《第一座反应堆》，何芬奇译，北京，科学出版社，1979。

2. 莱斯利.R.格罗夫斯：《现在可以说了——美国制造首批原子弹的故事》，钟毅、何伟译，北京，原子能出版社，1986。

3. 马栩泉编著：《核能开发与应用》，北京，化学工业出版社，2005。

4. 王甘棠、孙汉城编著：《核世纪风云录——中国核科学史话》，北京，科学出版社，2006。

第二十二章

航空航天的发展

　　航空航天技术是 20 世纪新兴技术领域,对人类社会的政治、军事、科技、经济与文化都产生了极为广泛的影响。然而,现代航空航天技术的思想萌芽基于人类对飞行的向往。

第一节　飞机诞生与活塞发动机时代

　　飞行是人类最古老的理想之一。古代的中国人造就了人类最早的人造飞行器——风筝和竹蜻蜓,还造就了最早的热气球——孔明灯。另外,火箭则是中国人造的最早的运载器。

　　从古至今,人类经历了从扑翼飞行到定翼飞行的探索过程。

　　扑翼飞行是受鸟的启示。达·芬奇(Leonardo di ser Piero da Vinci,1452—1519)是探索扑翼飞行的代表人物,也是第一位以科学态度研究飞行的人。他设计过多种飞行器,包括扑翼机、直升机、降落伞等。在他之后,欧洲出现了许多研制扑翼机的人。

　　19 世纪初,英国航空之父乔治·凯利(George Cayley,1773—1857)率先提出"定翼"思想。他认为,人要想飞行,必须把鸟翅膀的功能分开,用固定的机翼产生升力,用螺旋桨产生推力,并利用尾翼组件保持稳定。定翼思想的建立是摆脱对鸟的片面模仿,探索科学设计飞机之路的重要转折点。1809—1810 年,凯利在英国《自然哲学、化学和技艺》杂志发表论文《论空中航行》,它的问世被看成航空学诞生的标志。[1]

　　英国人威廉姆·汉森(William Samnel Henson,1812—1888)于 1842 年设计了全尺

---

　　[1]C. H. Gibbs-Smith. *The invention of the aeroplane*(1799—1909). London, Faber & Faber, 1966:10.

寸飞机"空中蒸汽车",并于 1843 年获得了历史上的第一个飞机专利,①产生了很大影响。1871 年,维纳姆(Francis Herbert Wenham,1824—1908)设计并建造了世界上第一座风洞,这项发明对航空研究与飞机设计具有深远意义。19 世纪后期,法国、俄国和美国有不少人研制滑翔机和飞机,但真正的飞机发明权要归于美国的莱特兄弟。

威尔伯·莱特(Wilbur Wright,1867—1912)于 1867 年 4 月 16 日生于美国印第安纳州的纽卡斯特尔。后来,他们全家迁到俄亥俄州的代顿。弟弟奥维尔·莱特(Orville Wright,1871—1948)1871 年 8 月 19 日生。他们青少年时代生活丰富多彩:办过报纸杂志;玩过竹蜻蜓,并进行了改进;放过风筝,并成为风筝专家。1894 年,他们开办了莱特自行车公司。

1900 年 9 月至 1910 年,莱特兄弟先后设计制造了两架滑翔机,但飞行性能不佳。1901 年 9 月至 1902 年 8 月,他们用自制的小风洞进行了几千次试验,研究了 200 多种不同的翼型,获得的数据为后来的成功打下了坚实基础。1902 年 8—9 月,莱特兄弟制造了第三号滑翔机。1903 年,莱特兄弟设计了第一架动力飞机——飞行者一号,其翼展 12.3 米,翼面积 47.4 平方米,机长 6.43 米,连同驾驶员在内总重约 360 千克。12 月 17 日上午 10 时 30 分左右,奥维尔·莱特驾驶飞行者一号飞上了天空。首次飞行留空时间很短,只有 12 秒,飞了 36.68 米,但这是一项伟大的成就:它是人类历史上第一次有动力、载人、持续、稳定、可操纵的重于空气飞行器的成功飞行,为征服天空揭开了新的一页,具有伟大的历史意义。

1904—1905 年,莱特兄弟先后制造了飞行者二号和飞行者三号,飞行上百次。飞行者三号的性能远远超过了前两架,已具备了实用性,因此被看作历史上第一架实用飞机。它的最好成绩是 1905 年 10 月 5 日创造的,留空时间达 38 分 2 秒,飞行距离达 38.6 千米。1906 年,美国专利局正式授予莱特兄弟飞机设计专利。1907 年春,莱特兄弟制造了一架具有商业价值的新飞机,在美国和欧洲进行飞行表演引起轰动,激起了公众对航空的极大兴趣。英国航空学会秘书甚至说:"莱特兄弟掌握了能操纵各个国家命运的力量……"②

1906 年夏,阿尔贝托·桑托斯-杜蒙(Alberto Santos-Dumont,1873—1932)制造了欧洲第一架动力飞机,并取名为"捕猎鸟"(14-比斯)。1906 年 10 月 23 日,桑托斯-杜蒙驾驶改进后的 14-比斯飞机成功地进行了欧洲首次持续的、有动力的、可操纵的飞行。

20 世纪初,俄国的茹科夫斯基(Николай Егории Жуковский,1847—1921)、英国的兰彻斯特(Fredrick William Lanchester,1868—1946)和德国的库塔(Martin Wilhelm

①C. H. Gibbs-Smith. *The invention of the aeroplane*(1799—1909). London, Faber & Faber, 1966:13.
②C. H. Gibbs-Smith. *The aeroplane:an historical survey of its origins and development*. London:HMSO,1960:62.

Kutta,1867—1944)建立起比较完整的有关机翼升力的环流理论。1904 年,德国的普朗特(Ludwig Prandtl,1875—1953)建立了边界层理论,后又针对紊流边界层,提出混合长度概念。1907 年,茹科夫斯基运用数学方法设计出理论翼型。理论研究对飞机发展的重要意义日益明显。在这种情况下,英国于 1909 年率先成立了旨在进行航空理论与试验研究的航空咨询委员会,美国于 1915 年成立了国家航空咨询委员会(NACA),苏联于 1918 年成立了中央空气流体动力研究院。正如冯·卡门(Theodore von Kármán,1881—1963)所说:"到这个时候,飞机研制才真正成为一门科学。"①

在第一次世界大战中,尚属幼年的飞机行业迅速成长起来。这大致反映在 4 个方面:①飞机按作战方式的不同明确形成了不同的军用机种,并按各自的要求迅速发展;②飞机和发动机生产厂迅速发展壮大,并且朝着专业化方向发展;③大战中飞机的数量剧增;④飞机的性能迅速提高。到 1918 年,全世界已有 2 000 个专业飞机制造公司和 80 个发动机公司,5 年间共生产飞机 183 877 架,发动机 235 000 台,其中法国生产了 67 982 架,英国生产了 47 800 架,德国生产了 47 637 架,意大利生产了 20 000 架,美国生产了 15 000 架。②

两次世界大战之间,航空相关技术得到很大发展,包括结构、材料、机翼、增升装置、仪表、发动机等。这些技术的采用使飞机由木制演变为全金属,由双翼过渡到单翼,由不可收放起落架变成可收放起落架,由粗糙外形变成流线型外形,使飞机的性能迅速提高。

第二次世界大战期间,世界各国生产的飞机总数超过 100 万架。美国生产量最大,达 30.37 万架,其后依次是:苏联 15.82 万架,英国 13.15 万架,德国 11.99 万架,日本 7.63 万架,意大利 1.8 万架。③

从飞机诞生到"二战"结束,飞机大都采用活塞式发动机。活塞式发动机体积大、结构复杂、可靠性差、功率重量比低,加之依靠螺旋桨产生拉力,不适合高速飞行。在这种情况下,喷气发动机应运而生,并引发了航空技术的一场革命。喷气飞机可以轻易达到 900 千米甚至 1 000 千米的时速,喷气发动机还衍生出涡轮螺旋桨发动机、涡轮轴发动机和涡轮风扇发动机。

喷气发动机这一重大发明由英国人惠特尔(Frank Whittle,1907—1996)和德国人冯·欧海因(Hans Joachim Pabst von Ohain,1911—1998)各自独立完成。1935 年底,惠特尔设计了第一台试验机,定名为 WU,设计推力 8.8 千牛。1937 年 4 月 12 日,发动机首次试运行。1939 年 2 月,欧海因试制成功 HeS1 试验喷气发动机,推力 2.65 千牛。经过改

---

①冯·卡门:《空气动力学的发展》,江可宗译,23 页,上海,上海科学技术出版社,1959。

②约翰·W. R. 泰勒、肯尼思·芒森:《世界航空史话(上)》,《世界航空史话》翻译组译,140 页,北京,解放军出版社,1985。

③World War II aircraft production,http://en. wikipedia. org/wiki/WW_II_aircraft_production。

进后,又研制出 HeS3 发动机,推力 4 千牛。以它为动力,德国率先于 1939 年 8 月 27 日试飞成功世界第一种喷气飞机 He178。"二战"结束也标志着航空技术全面进入喷气时代。

第二节 喷气时代的航空技术发展

1947 年 10 月 14 日,美国研制的 X-1 火箭试验机首次突破音障。20 世纪 50 年代初,苏联和美国分别研制成功采用涡轮喷气发动机的实用战斗机米格-19 和超级佩刀(F-100),航空技术进入超音速时代。现代航空技术在各个方面都获得了长足发展:在气动上,出现了后掠翼、三角翼、变后掠翼、层流控制、涡升力技术和先进翼型设计;在动力上,喷气发动机继续改进,推力进一步提高,可靠性、经济性得到显著改善;在控制上,出现主动控制技术和各种先进的导航与仪表技术;在武器上,出现了空对空导弹、空对地导弹和先进的航空炸弹;在军用技术上,出现了电子战技术、隐身技术、先进火控技术;在材料上,出现了复合材料技术;在设计上,一体化成为重要趋势。[①]

一、超音速战斗机

自 20 世纪 50 年代初至今,超音速战斗机共发展了四代。第一代出现于 20 世纪 50 年代初,代表机型包括美国的 F-100、苏联的米格-19 等,特点是低超音速。第二代出现于 20 世纪 60 年代,代表机型有美国的 F-104、F-4,苏联的米格-21、米格-23 等,基本特点是高空高速,可达到二倍甚至三倍音速。第三代出现于 20 世纪 70 年代,包括美国的 F-15、F-16,苏联的米格-29、苏-27 等,基本特点是多用途和高机动性。第四代超音速战斗机出现于 20 世纪 90 年代,典型型号有美国的 F-22、法国的"阵风"、欧洲合作研制的"欧洲战斗机"等,典型性能指标有隐身或部分隐身能力、超音速巡航能力、高机动能力和敏捷性、短距起降能力、更大的作战半径等。其中,F-22 于 1997 年试飞,是当今最先进的战斗机。由于价格昂贵,美国洛马公司又研制了低成本的 F-35。

二、战略轰炸机

战略轰炸机的发展与战斗机有所不同,它的研制费用大大高于战斗机,研制周期和更新周期也较长。因此,战略轰炸机的型号较少,且只有美国、英国和苏联曾重点研制战略轰炸机。20 世纪 60 年代中后期,由于洲际导弹的迅速发展,曾引发了一场关于战略轰炸机是否过时的争论,从而影响到其发展。但本着各尽所长、优势互补的武器装备政策,

---

①顾诵芬、史超礼、李成智等:《世界航空发展史》,267 页,郑州,河南科学技术出版社,1998。

美国长时间占主导地位的三位一体核战略中,远程轰炸机仍是其中的重要一员,因而后来又得到高度重视。

20 世纪 50 年代中期,投入服役的战略轰炸机主要有美国的 B-52,苏联的米亚-4 和图-20,以及英国的"三 V"轰炸机。这些轰炸机都是亚音速飞机,具有较大的航程和载弹量。

目前,世界最新、也是最先进的战略轰炸机是美国的 B-2A 隐身轰炸机。B-2A 在对付雷达、红外探测装置方面非常有效。它可携带核武器和常规武器,包括巡航导弹、近距攻击导弹和制导炸弹,攻击力和摧毁力极强,可用于突防任务。该机在 1999 年科索沃战争中首次使用。

三、喷气式客机

第一次世界大战前,民用航空事业进行了初步探索。战后,欧洲各国和美国纷纷开辟航线,发展民航事业。民航的发展促进了民用飞机的发展。20 世纪 30 年代中期以美国波音 247 和道格拉斯 DC-3 为标志,民用飞机进入了良性发展的轨道。此后,活塞式民航机几乎被道格拉斯公司一统天下,其所研制的 DC-4、DC-6、DC-7 引导了民用飞机发展潮流。1949 年,英国德哈维兰公司率先研制出第一种喷气式客机"彗星"号。此后,苏联图波列夫设计局,美国波音公司,道格拉斯公司,法国南方航空公司纷纷研制出更先进的喷气客机,使喷气客机确立了在民航领域的地位。

喷气客机经过了五代的发展。第一代喷气客机是 20 世纪 50 年代投入使用的,机型有英的"彗星"式、法国的"快帆"、美国的波音 707 和道格拉斯 DC-8,以及苏联的图104 等。其主要特征是采用涡轮喷气发动机、后掠翼、层流平顶翼型。第二代为中短程客机,包括波音 727、737。第三代为宽体客机,以大载客量为标志,包括波音 747、A300 等。第四代为中型客机,强调经济性好,包括波音 757、767。第五代喷气式客机于 20 世纪 90 年代投入使用,主要型号有波音 777,空客 A330、A340 等。21 世纪初面世的空客 A380、波音 787 也属第五代。这一代飞机除增加载客量、提高适应性外,继续探索降低油耗、提高经济性和适应性的各种措施。空客 A380 是目前载客量最大的客机,可达 555~800 人。波音 787 是适应性最好的飞机,已有订货 800 余架。

20 世纪 50 年代,一些国家曾研制过超音速客机,包括美国、英国、法国和苏联。由于超音速客机技术复杂,投资高,需求不确定,美国后来放弃了。1968 年 12 月 31 日,苏联超音速客机图-144 首次试飞,1975 年 12 月 26 日开始服役,1984 年停止商业飞行。英法联合研制的"协和"式于 1969 年 3 月 2 日试飞,1976 年 1 月 21 日投入商业飞行。"协和"式取得了一系列技术突破,在气动设计上曾引发了一场革命。[①] 由于耗油率高、环境相容

---

① 李成智:《飞机设计思想的一场革命——"协和"式超音速客机研制历程》,载《航空史研究》,44~47 页,1997(4)。

性差,以及载客少、航程短等诸多不足,"协和"式难以发挥其超音速优势。"协和"式到1979 年停产时总共生产了 20 架,该机型于 2003 年全部退役。

四、直升机和通用飞机

直升机的探索工作始于 19 世纪。1904 年,法国人雷纳德(Charles Renard,1847—1905)设计了一架由内燃机驱动的直升机,试飞未能成功。1907 年,法国人布雷盖(Louis Charles Bréguet,1880—1955)试制了有 8 副旋翼的直升装置,并于 1907 年 8 月 24 日成功上升了 0.6 米高。另一位法国人科努(Paul Cornu,1881—1944)同年 11 月 13 日试验了一种简单的直升装置。1923 年,西班牙人切尔瓦(Juan de la Cierva Codorniu,1895—1936)研制成功旋翼机,并由此发明了对直升机操纵非常重要的挥舞铰接结构技术。1936 年 6 月 26 日,德国设计师福克(Henrich Focke,1890—1979)研制成功具有正常操纵能力的 FA-61 双旋翼直升机。1939 年,福克公司研制了 FL-282 小型直升机,曾在战争中投入使用。1939 年 9 月 14 日,西科斯基在美国设计成功第一架实用直升机 VS-300。在它的基础上研制的 XR-4 及其改型 R-4 直升机,美国陆军订购了 30 多架,用于执行观察和空中救护任务的试验。目前,世界直升机保有量达 4 万余架,军民用各半,在国民经济和国防建设中发挥了不可替代的重要作用。

通用航空(General Aviation)是指:"定期航班和利用取酬的或租用合同下进行的不定期航空运输以外的任何民用航空活动。"目前,全世界通用飞机总量为 32 万架,仅美国就高达 23 万架。美国通用航空从业人员达 126.5 万人,年创造产值 1 500 亿美元,作业飞行时间 2 700 万小时。[①] 美国通用飞机和机场数远大于民航班机和机场数,在经济社会发展中发挥了巨大作用。

第三节 航天理论与液体火箭

火箭是中国一项伟大的发明。宋元时期,中国火箭技术以各种渠道传入西方。19 世纪初,英国的康格里夫(William Congreve,1772—1828)把火药火箭技术推向高峰,在欧洲产生了广泛影响。受中国火箭技术的启发,航天先驱者认识到火箭是征服太空的理想工具。俄国的齐奥尔科夫斯基(К. Э. Циолковский,1857—1935)、美国的戈达德(Robert Hutchings Goddard,1882—1945)和德国的奥伯特(Hermann Oberth,1894—1989)等人在 20 世纪初建立了比较完整的火箭运动和航天学基本理论,为航天时代的到来奠定了

---

①GAMA,2008 general aviation statistical databook & industry outlook,http://www. aviationacrossamerica. org/[2009-11-01].

坚实基础。

一、火箭与航天理论的建立

20 世纪初,航天先驱通过理论研究,提出了实现太空飞行的科学方法,建立了火箭与太空飞行基本理论,为航天时代的到来做出了预言。

齐奥尔科夫斯基大约在 1896 年开始研究星际航行理论问题,认识到只有借助火箭才能完成这一任务。1897 年,他推导出火箭运动方程式。1898 年,他完成了航天经典论文《利用喷气工具研究宇宙空间》,1903 年发表在《科学评论》上。1910 年至 1914 年,他发表多篇火箭理论和航天飞行论文,较为系统地建立起火箭运动和航天学的理论基础。

《利用喷气工具研究宇宙空间》等论文涉及火箭和航天飞行的各方面问题。[1] 他推导出火箭运动基本方程;提出火箭质量比的概念,指出质量比的重要意义。他首次提出火箭发动机比冲的概念,认为比冲越大,性能越好。他还推导出了火箭克服地球引力所需的最小速度即第一宇宙速度为每秒 8 千米。他研究了火箭发动机各项技术问题。1919 年,提出多级火箭思想。

戈达德从小就热衷于太空飞行。1909 年 2 月 2 日,他在日记中写道:"只有用液体燃料才能提供星际航行所需要的能量。"[2]在大学期间,戈达德花费大量精力研究和试验火药火箭。1919 年,完成了题为《到达极大高度的方法》[3]的报告,建立了火箭运动理论,探讨了火箭在科学研究中的运用。1926 年,研制了世界第一枚液体火箭,采用液氧和汽油作为推进剂。当年 3 月 26 日,火箭在试验时飞行了 2.5 秒,上升了 12 米。液体火箭的发明对航天发展意义重大。

德国的奥伯特在第一次世界大战期间开始研究航天飞行问题。1923 年,奥伯特出版《飞往星际空间的火箭》。他在导言中开门见山地提出了 4 个论点:①以目前的科学知识水平,能够制造出一种机器,它可以飞到地球大气层以外的高度;②经过进一步改进,这种机器能够达到这样一种速度,使它不受阻碍地进入太空而不返回地球,甚至能够摆脱地球引力;③这种机器可以制造成载人的形式,而不会危及他们的安全;④在一定条件下,制造这样的机器是有用的,这样的条件可望在几十年内发展成熟。[4]《飞往星际空间的火箭》在德国引起强烈反响。

由于众多航天先驱者的共同努力,20 世纪 20 年代形成了火箭与太空飞行研究热潮,

①K. E. Tsiolkovsky. *Collected works of K. E. Tsiolkovsky. Vol. 2. NASA TT F-238.* Washington:NASA,1965:24-98.

②W. von Braun, F. I. Ordway. *Space travel:a history.* New York:Harper & Raw Publishers,1985:45.

③R. H. Goddard. *A method of reaching extreme altitudes.* Washington:Smithsonian Institution,1919.

④H. Oberth. *Die rakete zu den planetenraumen.* Munich:R. Oldenbourg,1929,1.

并很快促使液体火箭达到实用化。

二、液体火箭的实用化

受航天先驱者的影响，20 世纪 20 年代世界有许多国家都自发成立了致力于液体火箭和太空飞行研究的民间团体。这些团体在液体火箭研制方面取得了不同程度的成就。更为重要的是，通过实际研制工作的锻炼，培养造就了一大批卓越的火箭技术专家，科罗廖夫（С. П. Королёв，1907—1966）、冯·布劳恩（Wernher Magnus Maximilian Freiherr von Braun，1912—1977）、格鲁什科（В. П. Глушко，1908—1989）、吉洪拉沃夫（М. К. Тихонравов）、马林纳（Frank Malina）、钱学森（1911—2009）、克拉克（A. C. Clarke）、盖特兰德（K. Gatland）等就是其中的代表。[1]

20 世纪二三十年代，德国、苏联、英国和美国先后自发成立了多个火箭研究组织，包括德国星际航行协会、英国星际航行协会、苏联火箭技术研究所、美国火箭学会、美国加州理工学院喷气推进实验室等。这些机构在十分困难的情况下，坚持液体火箭的研制与改进，取得了一个又一个成果，并且造就了一大批火箭技术人才。

德国是第一次世界大战战败国，《凡尔赛和约》限制其发展作战飞机、坦克、大炮等武器。为扩军备战，德国陆军根据火箭发展苗头，决定研制火箭武器，由多恩伯格（Walter Robert Dornberger，1895—1980）负责。他从德国星际航行协会聘用了冯·布劳恩、格鲁诺（H. Grünow）、内贝尔（Rudolf Nebel，1894—1978）和克劳斯·里德尔（Klaus Riedel，1907—1944）等专家。1932 年底，开始设计推力为 600 磅的液体火箭发动机。与此同时，先后研制了 A-1、A-2、A-3 和 A-5 实验火箭，取得很大成功。实用的 A-4 火箭（V-2 导弹）设计参数为：火箭长 14.03 米，发射重量 12 吨，发动机推力 245 千牛，弹头重 976 千克，飞行高度可达 96 千米，最大速度可达 1 600 米/秒（约 4.7 马赫），最大射程 320 千米，圆概率精度 5 千米。

1942 年 10 月 3 日，A-4 火箭在进行第三次发射试验时取得圆满成功。火箭上升到 85 千米高，飞行距离 190 千米，离目标距离 4 千米。1944 年 5 月，德国最高统帅部下达了使用 V-2 导弹作战的命令。1944 年 9 月 8 日，德国向英国伦敦发射了第一枚 V-2，炸弹在伦敦市区爆炸。从 1944 年 9 月 6 日到 1945 年 3 月 27 日，德国共发射了 3 745 枚 V-2 导弹，[2]给英国和欧洲造成了很大的破坏。[3]

佩内明德基地的 A 系列火箭还设想了许多后继型号。"二战"后期，冯·布劳恩、多

[1] Frank H. Winter. *Prelude to the space age: the rocket societies: 1924-1940*. Washington: Smithsonian Institution Press. 1983: 113-118.

[2] E. M. Emme. *The history of rocket technology*. Detroit: Wayne State University Press, 1964: 29-45.

[3] W. Ley. *Rocket, missile and space travel*. London: Chapman and Hall, 1952: 219.

恩伯格等人曾制定了一个机密的 A-9/A-10 计划:设计载人宇宙飞船。探索中的 A-12 为三级火箭,起飞推力 1 100 吨,可把多达 27 吨有效载荷送入地球轨道。[①]

"二战"期间,德国火箭技术实现了实用化,达到世界液体火箭技术的最高水平。战后,德国火箭技术迅速扩散到其他国家,美国、苏联、法国、英国甚至中国都从德国火箭技术中获得了相当大的收益。这是德国对世界航天史的重大贡献。

第四节　航天时代与航天应用

第二次世界大战结束后,东西方开始"冷战"。苏美两国都把研制远程和洲际导弹作为重点。携带核弹头的洲际导弹给人类安全带来空前的威胁,但从技术上又为研制运载火箭打下了坚实的基础。1957 年,苏联率先发射成功洲际导弹和人造卫星,宣告航天时代到来!

"二战"后,许多科学家都在研究发射人造卫星的可能性,并建议为了科学目的研制发射人造地球卫星。1951 年举行的第二届国际航空联合会议又有许多人提出发射人造卫星和载人空间站的倡议。1954 年夏,国际无线电科学协会和国际地形学和地球物理联合会通过了在地球物理年(1957—1958)间发射一颗人造卫星的决议,得到美、苏等国的支持和响应。

1956 年 1 月 30 日,苏联政府正式做出在 1957—1958 年内研制人造地球卫星的决定,2 月开始制定卫星的技术要求。第一颗人造卫星计划包括 4 个组成部分:①研制运载火箭;②建设发射场;③研制卫星本体和星上科学仪器;④建立地面测控网。[②]

人造卫星本体和星上设备是吉洪拉沃夫主持设计的,卫星代号 CⅡ-1,它的外形是一个铝合金的密封球体,直径 0.58 米,重 83.62 千克。卫星周围对称安装四根弹簧鞭状天线,倾斜伸向后方,卫星内部充以干燥氮气。苏联科学院确定卫星的主要科学探测项目有:测量 200～500 千米高度的大气速度、压力、磁场、紫外线和 X 射线等数据;卫星上携带试验动物,用以考察动物对空间环境的适应能力。1957 年 8 月,P-7 洲际导弹首次试验成功。与此同时,改装卫星号运载火箭的工作也迅速展开。1957 年 10 月 4 日晚,卫星号火箭携带世界上第一颗人造地球卫星 CⅡ-1 号在拜科努尔航天发射场发射成功,进入近地点 215 千米,远地点 947 千米,轨道倾角 65 度,周期 96.2 分的椭圆形轨道。它在轨道上运行了 92 天,绕地球飞行约 1 400 圈,于 1958 年 1 月 4 日再入大气层时烧毁。第一颗人造地球卫星发射成功标志着航天时代真正到来了。

---

① W. von Braun, F. I. Ordway. *Space travel : a history*. New York: Harper & Raw Publishers, 1985: 118-119.
② 顾诵芬、史超礼、李成智等:《世界航天发展史》,111 页,郑州,河南科学技术出版社,2000。

　　美国在 20 世纪 40 年代和 50 年代初,先后就人造卫星的运载火箭研制的可能性和潜在的科学技术及军事价值进行了广泛的研究和讨论。1955 年,美国陆军弹道导弹局会同海军研究实验室、喷气推进实验室等单位提出利用红石导弹改装成运载火箭,用于发射美国第一颗人造卫星,这就是轨道器计划。与此同时,海军研究实验室探空火箭小组提出了先锋计划,在探空火箭基础上研制先锋号运载火箭。在苏联发射成功两颗卫星的压力下,1957 年 12 月 6 日先锋号火箭冒险进行卫星发射。火箭点火后不到 2 秒,上升约 2 米高时发生爆炸,美国首次发射卫星遭到惨败。

　　陆军弹道导弹局研制的朱诺-1 号四级运载火箭技术比较成熟。1958 年 1 月 31 日,朱诺-1 号将探险者-1 号卫星送入了 360×2 534 千米的地球轨道。探险者-1 号长约 1 米,直径 0.15 米,重仅 4.8 千克,上面装有盖革计数器。这颗卫星发现了环绕地球的辐射带(后称范·爱伦带)。范·爱伦辐射带是人类认识空间环境的第一个重大发现。探险者-1 号在轨道上运行了 12 年。

　　苏美之后,许多国家都根据本国国情发展航天事业。1965 年 11 月 26 日,法国用钻石 A 火箭将"试验卫星一号"送入轨道,成为第三个进入航天时代的国家。1970 年 2 月 11 日,日本用 L-4S-5 火箭发射"大隅号",成为第四个进入航天时代的国家。1971 年 10 月 28 日,英国用黑箭火箭将普罗斯帕罗卫星送入轨道,排名第六。1980 年 7 月 18 日,印度用 SLV-3 火箭将罗西尼卫星送入轨道,排名第七。1988 年 9 月 19 日,以色列用彗星 2 号火箭将地平线 1 号送入轨道,排名第八。

　　中国 1956 年做出发展导弹的决策,1965 年做出发展人造卫星的决策。1970 年 4 月 24 日,中国发射成功第一颗人造卫星,成为第五个进入了航天时代的国家。经过 50 多年的发展,中国航天取得了许多举世瞩目的伟大成就,形成了一套完全独立的航天科研、生产、发射及管理体系,具备了向各种地球轨道发射各种型号、大小、用途的应用卫星的能力,研制发射科学卫星、应用卫星及其他航天器 100 余颗,可排在俄、美之后居第三位。

　　到 2007 年年底航天时代 50 年,世界各国、地区和组织共进行了 4 545 次成功的航天发射,入轨航天器总数 5 979 个。其中,俄罗斯 3 245 个,美国 1 879 个,其他国家、地区和组织共 855 个。[①]

第五节　载人航天技术发展

　　20 世纪 60 年代至今,载人航天技术取得了突飞猛进的进步。迄今为止,人类共研制了 3 种载人航天器:载人飞船、空间站和航天飞机。

---

　　①范岘娜:《2007 年 1—12 月世界各国发射成功的航天器》,载《太空探索》,2008(9),33 页。

一、载人飞船的发展

宇宙飞船包括载人飞船和货运飞船两类,载人飞船又分为卫星式飞船、登月式飞船和行星式飞船3种。航天时代以来,发射数量最多、用途最广的飞船是卫星式载人飞船。俄罗斯载人飞船共发展了三代,分别是东方号、上升号和联盟号。

1958年底,苏联和美国载人飞船研制工作全面展开。1960年5月15日—1961年3月25日,东方号飞船进行了7次发射试验,其中3次载有一只小狗,全面考察了运载火箭、飞船系统和防热结构。1961年4月12日莫斯科时间9时07分,东方1号飞船载尤里·加加林(Ю. А. Гагарин,1934—1968)发射升空,绕地球运行一周后,安全返回地面。东方号飞船又进行了5次载人航天飞行,比耶科夫斯基(В. Ф. Быковский,1937—　)在1963年乘东方5号飞行时间长达119小时。世界第一位女宇航员捷列什科娃(В. В. Терешкова,1937—　)乘东方6号绕地球飞行了69小时,超过了美国水星计划的总和。

1961年5月5日,美国第一位宇航员谢帕德(Alan Bartlett Shepard,1923—1998)乘坐自由号飞船进行了一次亚轨道弹道飞行,历时15分22秒,失重经历大约5分钟。1961年7月21日,格里索姆(Virgil Ivan Grissom,1926—1967)乘坐自由钟7号又一次进行了亚轨道飞行。1962年2月20日,格伦(John Herschel Glenn,Jr. 1921—2016)乘友谊7号升空,绕地球飞行3圈,完成了美国首次轨道飞行。此后,水星号又进行了3次轨道飞行。1963年5月15日,库珀(Leroy Gordon Cooper,1927—2004)乘信心7号绕地球飞行22圈,历时34小时19分49秒。

受美国的影响,苏联在东方号飞船基础上匆忙研制了上升号飞船。1964年10月12日,上升1号发射,弗科蒂斯托夫(К. П. Феоктистов)、科马罗夫(В. М. Комаров,1927—1967)和耶格罗夫(Б. Егоров)完成了首次载3人绕地球1天的飞行。1965年3月18日,上升2号载贝里亚耶夫(П. И. Беляев)和列昂诺夫(А. Леонов,1934—2019)升空。此次飞行,列昂诺夫完成了世界首次太空行走。

在苏联宇航员加加林完成首次太空飞行后,美国总统肯尼迪(John Fitzgerald Kennedy,1917—1963)要求有关部门研究美国采取何种行动能够击败苏联。宇航局认为,只有制订载人在月球着陆并安全返回的计划,才能保证击败苏联。[1] 1961年5月25日,肯尼迪总统在美国国会发表了特别国情咨文,宣布美国将执行阿波罗载人登月计划。[2] 从此,阿波罗登月计划正式拉开序幕。

---

[1] John M. Logsdon. *The decision to go to the moon：project Apollo and the national interest*. Cambridge：MIT Press,1970：115.

[2]《肯尼迪总统国情特别咨文》,见《第二次世界大战后美国总统国情咨文汇编》(内部读物),354页,1962。

　　为实施阿波罗计划,美国1961年12月制定了双子星座计划,主要技术目标是:飞行时间大大延长,达到14天以上;实现飞船与目标飞行器在轨机动、交会和对接。飞船安装了轨道机动、交会与对接系统和燃料电池,增加了舱外活动设备。1965年3月23日,格里索姆和约翰·扬(John Wattls Young,1930—2018)乘双子星座3号进入轨道,考察了飞船设计和再入过程。双子星座4号载怀特(Edward Higgins White,1930—1967)和麦克迪维特(James Alton McDivitt,1929—)于1965年6月3日发射。怀特完成了美国第一次太空行走。此后,双子星座飞船又完成了8次飞行。双子星座7号创造连续飞行14天的纪录;约翰·扬和科林斯(Michael Collins,1930—)驾驶双子星座10号完成对接任务。至此,美国载人航天全面超过了苏联。

　　阿波罗计划进行了3次载人飞行试验:阿波罗7号1968年10月完成首次载人飞行;阿波罗8号1968年12月首次完成绕月飞行;阿波罗9号在地球轨道上试验了登月舱;阿波罗10号1969年5月综合演练了除登月外的全过程。1969年7月16～24日,阿波罗11号飞船完成了首次登月任务。执行这次任务的是指令长尼尔·阿姆斯特朗(Neil Alden Armstroy,1930—2012)、指令舱驾驶员科林斯和登月舱驾驶员奥尔德林(Edwin Engene Aldrin,1930—)。7月20日,阿姆斯特朗和奥尔德林登上月球后,在月面工作了2.5小时,竖起了美国国旗,放置了激光反射器、月震仪和捕获太阳风的铝箔帆,拍摄了月球、天空和地球的照片,采集了22千克月球土壤和岩石标本。阿姆斯特朗在踏上月面瞬间宣告:"对一个人来说,这只是一小步;但对全人类来说,这是一次巨大的飞跃。"尼克松与他们通话时说:"今天是我们一生中最值得骄傲的日子。由于你们的成功,宇宙已成为人类世界的一个组成部分。"[1]

　　在美国执行阿波罗计划期间,苏联于1964年也匆忙上马了登月计划,计划采用直接登月法。该方案的核心是研制H-1巨型火箭。由于技术发展不成熟,加之第一级并联发动机数量太多,致使可靠性大大降低。1969年2月21日、1969年7月3日、1971年6月27日、1972年11月23日,H-1火箭四次发射均因第一级故障而失败。[2] 苏联的登月计划不得不终止。

　　1975年7月15日格林尼治时间12时20分,苏联联盟19号飞船载列昂诺夫(Alexei Arkhipovich Leonov,1934—2019)和库巴索夫(В. Н. Кубасов)发射升空。7.5小时后,美国宇航员斯塔福德(Thomes Patten Stafford,1930—)、斯莱顿(Donald Kerd Slayton,1924—1993)和布兰德(Vance Devoe Brand,1931—)乘阿波罗18号飞船升空。联盟19号发射后51小时49分钟,两艘飞船实现了对接,斯坦福德和列昂诺夫在过渡舱里热

①D. Baker. *The history of manned space flight*. London: New Cavendish Books,1981:352.
②A. A. Siddiqi. *Challenge to Apollo: The soviet union and the space race*, 1945-1974. *NASA SP*-4408. Washington: NASA, 2000:688-755.

烈地握手,这就是被新闻记者大肆渲染的"轨道上的握手"①。在飞行期间,两艘飞船进行了2次对接,联合飞行时间45小时,共同进行了32项科学实验。② 苏美载人航天合作受到全世界的普遍称赞。时任联合国秘书长瓦尔德海姆(Kurt Waldheim,1918—2007)认为,这次飞行是人类历史上的一个里程碑。③

中国于1992年实施载人航天计划,直接研制第三代三舱式飞船神舟号。它包括环境控制与生命保障、导航与控制、返回着陆、逃逸救生等14个分系统,由轨道舱、返回舱、推进舱3个舱和1个附加段组成。飞船总长8.86米,总重7 790千克。2003年10月15日,中国首位航天员杨利伟乘神舟5号进入太空,使中国成为第三个独立掌握载人航天技术的国家。2005年10月、2008年9月,神舟6号和7号先后载2名和3名宇航员进入太空,翟志刚进行了中国首次太空行走。

2004年,中国正式开展月球探测工程,命名为"嫦娥工程"。2007年10月,嫦娥1号成功发射升空,后传回第一幅月面图像。2010年10月,嫦娥2号发射成功,后拍摄月球虹湾地区局部影像图传回。2013年12月,嫦娥3号携带中国第一艘月球车"玉兔号"成功发射,实现中国首次月面软着陆。2018年12月,嫦娥4号成功发射,实现人类首次月球背面软着陆和巡视勘察。2020年11月,长征五号运载火箭成功发射嫦娥5号,后嫦娥5号携带月球采样顺利返回。至此,中国探月工程"绕、落、回"三期顺利实现。

二、载人空间站的发展

20世纪60年代后期,苏联和美国都开始了空间站的规划工作。苏联的空间站共发展了三代,礼炮1~5号属于第一代,带有试验性质;礼炮6号和7号属于第二代;和平号属于第三代。

第三代和平号空间站采用积木结构,核心舱长13.13米,最大直径4.2米,总重20.4吨。空间站可对接5个大型专业实验舱,实验规模和范围更大。1986年2月20日,和平号核心舱发射入轨,1996年组装完成。它在轨道上运行了15年,绕地球飞行8万多圈,行程35亿千米,进行了2.2万次科学实验,完成了23项国际科学考察计划,在科学技术领域取得了丰硕成果。先后有28个长期考察组和16个短期考察组共135名宇航员进站工作。④ 波利亚科夫(В. В. Поляков)创造了航天飞行438天的纪录。2001年3月20日,和

---

① D. Baker. *The history of manned space flight*. London: New Cavendish Books, 1981:517.

② E. C. Ezell, L. N. Ezell. *The partnership: a history of the Apollo-Soyuz test project*. NASA SP-4209. Washington: NASA, 1978:346.

③ K. Gatland. *The illustrated encyclopedia of space technology: a comprehensive history of space exploration*. New York: Harmony Books, 1981:190-197.

④ 葛立德、谭凯家:《太空行客——"和平"号空间站圆舞曲》,97~98页,北京,解放军出版社,2001。

平号受控进入大气层烧毁。

美国利用阿波罗计划剩余物资研制发射了试验型空间站——天空实验室。1973 年 5 月 25 日,天空实验室接待了第一批 3 名宇航员。到 1974 年 2 月,共接待了 3 批 9 名宇航员。第 3 批宇航员离站后,空间站处于自由飞行状态,1979 年 7 月 11 日坠入大气层烧毁。

1982 年,美国航空航天局成立了空间站任务组。1984 年 1 月 25 日,美国总统里根(Ronald Wilson Reagan,1911—2004)正式提出美国将在未来 10 年内发展自由号永久空间站。直到 1993 年 11 月,美国新的空间站计划才最终定型。[1] 这个名为"国际空间站"的修改方案成为以美、俄为主,欧盟及加拿大、日本、巴西等共 16 国的合作项目。

1998 年 11 月 20 日,俄罗斯用质子号运载火箭成功地把国际空间站的第一个组件曙光号功能货舱送上太空。12 月 4 日,美国奋进号航天飞机又把节点舱团结号送入轨道,并对接到曙光号上。宇航员于 12 月 10 日首次进入新站,在站内安放了通信设备和备用服装等器材。此后,航天飞机 3 次飞行,送去了补给品并开始安装太阳电池板。2000 年 7 月 12 日,俄罗斯发射了星辰号服务舱。2000 年 10 月 31 日,美俄 3 名宇航员组成的第一探险组搭乘联盟 TM-31 号飞船发射升空,飞向国际空间站,他们是美国的威廉·谢泼德(W. M. Shepherd)、俄罗斯的吉德津科(Ю. П. Гидзенко)和克里卡廖夫(С. К. Крикалёв)。这标志着国际空间站进入有人照料阶段。

国际空间站原计划 2006 年建成。由于种种原因,建设计划一再拖延。2005 年后,建设速度有所加快。2005—2007 年,2 个外在装载平台和大型桁架及太阳电池板组装完成。2008 年 2—5 月,欧洲航天局哥伦布实验舱和日本实验舱相继发射。2010 年 2 月 8 日,美国静海号实验舱发射。俄罗斯的科学号实验舱计划于 2011 年 12 月发射。目前,空间站由多个国家和地区的航空航天部门共同运营。

在国际空间站组装过程中,发射探险队进站的活动一直在进行。截至 2010 年 2 月,先后有 24 个探险队进驻空间站,宇航员总人数 83 名。截止到 2010 年 4 月,共有 285 人次(193 人)到达过国际空间站。其中,美国 134 人,俄罗斯 31 人,加拿大 7 人,日本 5 人,意大利和法国各 3 人,德国 2 人,比利时、巴西、瑞典、马来西亚、荷兰、南非、韩国、西班牙各 1 人。[2]

国际空间站的建设标志着航天发展的一个新时期——航天技术应用化发展时期的开始,对空间商业化、科研纵深化都具有重要意义。

---

[1] P. Bond. *The continuing story of the international space station*. London, New York: Springer, 2002: 121.
[2] http://en. wikipedia. org/wiki/List_of_human_spaceflights_to_the_ISS. [May 10,2010].

三、航天飞机的研制

20 世纪 70 年代前,运载火箭已能完成各类航天发射任务,但缺点很多:一是只能一次性使用,发射成本高;二是起飞过载高,往往达 5～6 g;三是准备时间长,通常需要数天准备才能发射;四是适应性差,对有效载荷限制较多。在这种背景下,美国宇航局提出研制可重复使用的航天运输系统——航天飞机。1972 年,尼克松总统(Richard Milhous Nixon,1913—1994)批准了航天飞机计划。1981 年 4 月 12 日,哥伦比亚号航天飞机载 7 名宇航员升空,首次飞行历时 54 小时 23 分,绕地球 36 圈。1986 年 1 月 28 日,挑战者号航天飞机因固体助推器连接部泄露起火,发生爆炸,7 名宇航员全部遇难。2003 年 2 月 1 日,哥伦比亚号航天飞机在完成其第 28 次飞行任务后发生解体事故,7 名宇航员全部遇难,震惊全世界。截至 2010 年 4 月,航天飞机共飞行了 131 次。

受美国航天飞机影响,不少国家也跃跃欲试,研制航天飞机甚至空天飞机,但只有苏联取得了有限成功。1988 年 11 月 15 日,苏联发射了暴风雪号航天飞机,经过 3 小时绕地球飞行 2 圈后,安全返回地面。苏联解体后,由于技术与经费方面面临严重困难,加之用途不明,俄罗斯于 1993 年宣布航天飞机计划下马。

参考文献

1. D. Baker. *The history of manned space flight*. London: New Cavendish Books, 1981.

2. P. Bond. *The continuing story of the international space station*. London, New York: Springer, 2002.

3. W. von Braun, F. I. Ordway. *Space travel: a history*. New York: Harper & Raw Publishers, 1985.

4. J. Coopersmith, R. Launiu. *Taking off: a century of manned flight*. Reston: American Institute of Aeronautics and Astronautics, 2003.

5. W. R. Dornberger. *V-2*. New York: The Viking Press, 1954.

6. E. M. Emme. *The history of rocket technology*. Detroit: Wayne State University Press, 1964.

7. E. C. Ezell, L. N. Ezell. *The partnership: a history of the Apollo-Soyuz test project*. NASA SP-4209. Washington: NASA, 1978.

8. K. Gatland. *The illustrated encyclopedia of space technology: a comprehensive history of space exploration*. New York: Harmony Books, 1981.

9. C. H. Gibbs-Smith. *The invention of the aeroplane*(1799—1909). London, Faber & Faber, 1966.

10. C. H. Gibbs-Smith. *The aeroplane: an historical survey of its origins and development*. London: HMSO, 1960.

11. B. Gunston(ed). *Aviation：the complete story of man's conquest of the air*. London，Hennerwood Publication Limited，1978.

12. E. Jablonski. *Man with wing：a pictorial history of aviation*. New York，Doubleday & Company，INC，1980.

13. P. L. Jakab. *Visions of a flying machine：the Wright brothers and the process of invention*. Washington：Smithsonian Institution Press，1990.

14. W. Ley. *Rocket，missile and space travel*. London：Chapman and Hall，1952.

15. John M. Logsdon. *The decision to go to the moon：project Apollo and the national interest*. Cambridge：MIT Press，1970.

16. I. Mackersey. *The Wright brothers：the remarkable story of the aviation pioneers who changed the world*. London：Time Warner，2004.

17. A. A. Siddiqi. *Challenge to Apollo：The soviet union and the space race*，1945—1974. NASA SP-4408. Washington：NASA，2000.

18. K. E. Tsiolkovsky. *Collected works of K. E. Tsiolkovsky*. Vol. 2. NASA TT F-238. Washington：NASA，1965.

19. Frank H. Winter. *Prelude to the space age：the rocket societies：1924—1940*. Washington：Smithsonian Institution Press. 1983.

20. 葛立德、谭凯家：《太空行客——"和平"号空间站圆舞曲》，北京，解放军出版社，2001。

21. 顾诵芬、史超礼、李成智等：《世界航空发展史》，郑州，河南科学技术出版社，1998。

22. 顾诵芬、史超礼、李成智等：《世界航天发展史》，郑州，河南科学技术出版社，2000。

23. 冯·卡门：《空气动力学的发展》，江可宗译，上海，上海科学技术出版社，1959。

24. 约翰·W. R. 泰勒、肯尼思·芒森：《世界航空史话（上）》，《世界航空史话》翻译组译，北京，解放军出版社，1984。

进一步阅读材料

1. 顾诵芬、史超礼主编：《世界航空发展史》，郑州，河南科学技术出版社，1998。

2. 顾诵芬、史超礼主编：《世界航天发展史》，郑州，河南科学技术出版社，2000。

3. 李成智：《阿波罗登月计划研究》，北京，北京航空航天大学出版社，2010。

4. 约翰·W. R. 泰勒、肯尼思·芒森：《世界航空史话》，《世界航空史话》翻译组译，北京，解放军出版社，1985。

第二十三章

20 世纪的生命科学

　　20 世纪是生物学迅猛发展的时代。早期的生物学家主要对生物的组织解剖、胚胎发育、生物个体的结构和功能等方面进行了描述性的研究，而这种传统的研究方式并不能从理论上对生命的发生发展过程及生命个体的遗传和变异做出根本的解释和说明。20 世纪 50 年代以来，随着化学、物理学研究的进展及其新成就在生物学领域内的应用，生物学对生命的研究日益深入细胞、亚细胞及分子水平的层面上。以脱氧核糖核酸（DNA）双螺旋结构的发现为标志的分子生物学的建立和发展成为现代生物学的一个重要发展方向，也由此带动和促进了现代生物技术的蓬勃发展。在不到半个世纪的时间内，分子生物学取得了很多激动人心的成就，为社会发展带来了深刻的影响，使工业、农业、医疗卫生事业，以及生物科学本身都面临一场空前的变革。

第一节　生命本质的遗传学探索

　　关于生命本质的探索一直是生物学领域研究的核心问题。长期以来，生物生长发育的差异性与繁殖方式的多样性使自然哲学家们迷惑不解。生物是怎样发生性状变异的？又是如何将自己的性状遗传给后代的？遗传与变异的本质是什么？这些问题始终困扰着人们。然而，19 世纪后半叶奥地利神父戈里果·孟德尔（Gregor Johann Mendel，1822—1884）所做的工作把人们对生物遗传的本质与规律的认识大大地向前推进了一步。

　　孟德尔生于奥地利西里西亚附近的农民家庭。从小就显示出异常的才能，由于家庭困境和疾病，他没有念完大学便去了布隆的奥古斯丁修道院。1847 年获得牧师职位。在朋友的资助下，于 1850 年到维也纳大学理学院深造，在那里，他学习了物理学、化学、动物学、昆虫学、古生物学和数学，1853 年回到布隆修道院。此后，他开始了豌豆的杂交实验工作。在长达 8 年的时间里，他用了 34 个豌豆株系进行实验，并运用了数量统计方法，终于发现了遗传规律。然而，当孟德尔把这一极其出色的实验成果写论文并送给著名的植物学教授耐格里(Carl Nageli，1817—1891)时，后者对孟德尔的工作却不能理解，也没有给予重视。事实上，在 19 世纪的生物学家中没有人能够理解孟德尔在遗传问题上所用的实验方法和数学方法。他的研究成果最后只发表在 1865 年的布隆地方志上。这样，孟德尔的成果被埋没了。直到 20 世纪初才重新被发现，孟德尔在遗传学上的地位由此得以确立。

孟德尔依据他所获得的豌豆杂交实验中对应性状大约 3∶1 的结果，运用溯因方法，最终发现了遗传学三定律中的两条定律。

①分离定律：个体性状是由独立的遗传因子决定的；其强弱的不同导致遗传性状有显性与隐性之分。

遗传因子是作为独立单元存在并代代相传的。细胞中有成对的遗传因子，在形成配子的过程中，这些遗传因子彼此分离。

②自由组合定律：在生殖过程中，控制性状的遗传因子以随机组合的方式进入合子中。

孟德尔定律的发现开创了现代遗传学研究的新起点，孟德尔也因此被后人称为现代遗传学的奠基人。孟德尔遗传定律的发现在于他选取了一个好的实验系统和引入数学方法。这在观念上是一种新的突破，一改生物学界流行的只专注经验描述而忽视推理运算的研究范式。正是因为孟德尔引入了数学演绎方法才有了伟大的发现。然而，也正是这一点又使他的成果不被当时的生物学家们认同。

孟德尔遗传定律在 20 世纪的重新发现，为遗传学研究打开了一扇大门。然而，孟德尔当年并没有细究遗传因子的成分，更没有说明如何才能找到这些因子，他只是将遗传因子视为亲代传递给子代的遗传单位。遗传因子到底是什么便成为人们考虑的焦点。在此期间，遗传学的工作主要是在细胞水平上展开，生物学家相继探讨了有关细胞分裂与受精等微观生理过程，进而发现细胞核内的染色体是遗传因子的物质承担者，并在此基础上建立了染色体遗传学。1909 年，丹麦生物学家约翰森(Wilhelm Johannsen，1857—1927)提出"基因"(gene)概念来取代抽象的遗传因子概念。此后，美国遗传学家摩尔根(Thomas Hunt Morgen，1866—1945)在总结遗传学发展成果基础上，通过果蝇杂交实验，发现了伴性遗传的规律，随后还发现了连锁、交换和不分离规律等，并证明了基因在染色体上呈线性排列。摩尔根还绘制出了第一个果蝇染色体连锁图，从而确立了基因作为性状遗传基本单位的概念。1919 年和 1928 年，摩尔根相继出版了《遗传学的物质基础》和《基因论》，建立了完整的基因遗传理论体系。摩尔根指出，遗传基因位于染色体上并呈直线排列状，染色体可以自由组合，而每一条染色体上有若干基因，这些基因如同链条上的环一样不能自由组合，只能随着染色体而变化。摩尔根把这种现象称为基因的"连锁"。由于同源染色体的断离与结合，从而发生了基因的"互换"。摩尔根由此创立了遗传学的第三定律，即基因连锁与互换定律。摩尔根的基因学说，揭示了基因是组成染色体的遗传单位，它的突变、重组、交换决定了生物的遗传性状。孟德尔的遗传理论揭示了生物的遗传与变异是由遗传因子（即基因）决定的，摩尔根则进一步发展了孟德尔遗传学理论，他证明了染色体是遗传性状传递过程的物质基础，染色体上的基因突变会导致生物体遗传特性发生变化。由于摩尔根等人对基因的研究，使得遗传学成为 20 世纪生物学领域中发展最快的一门学科。摩尔根也因此获得了 1933 年诺贝尔生理学或医学奖。

作为现代遗传学的奠基者，摩尔根的发现意义重大。在他所做出的成就中，有一点与孟德尔相同，就是选择了一个十分出色的实验系统：果蝇。这个不起眼的小昆虫却具有一般实验系统无法比拟的优势，它不仅形体小，繁殖力强而且饲养方便；更重要的是果蝇大部分的遗传物质构成简单，只有四条染色体，尤其是幼虫的唾液腺细胞的染色体巨大，这些都给研究带来了巨大的便利。

摩尔根等人对果蝇的遗传学研究具有深远意义。人们对遗传机制，特别是对突变产生和分析研究得越详细，就越促使人们要求了解基因的物理化学性质。事实上，就在遗传学家们对遗传机制进行研究的同时，化学家们也对遗传物质的化学性质进行了研究，但遗憾的是，由于学科之间缺乏交流，尤其是化学家和遗传学家彼此之间不能很好地认识对方进展的意义，不能分享彼此的成果，基因的化学研究在 20 世纪 30 年代一直进展很缓慢。

第二节　基因的化学性质

基因究竟是物质实体还是纯粹的信息呢？遗传学的研究表明它应该是物质实体。既然基因位于染色体上，而染色体的主要成分为蛋白质和核酸，那么基因的主要成分就只能是蛋白质或核酸了。于是，人们开始了对核酸和蛋白质的研究。

早在 1869 年，瑞士有一位名叫米歇尔（Johannes Friedrich Miescher，1844—1895）的化学家在研究脓细胞的时候，从中分离出含磷量很高的酸性物质，此后又从鲑鱼精子中发现类似物质，他怀疑这种物质可能在细胞发育过程中起着极为重要的作用，并称这种物质为"核素"。然而，与孟德尔一样，米歇尔的工作没有受到同时代人的注意。直到后来更多的科学家研究核素以后，核素的化学性质才变得更为清楚了。我们现在已经知道米歇尔发现的物质其实就是脱氧核糖核酸(DNA),它作为染色体的一个组成部分而存在于细胞核内,是决定生物性状的遗传物质。这是人类首次分离出来的 DNA 物质。

虽然人们很快就认识到核素就是细胞学家所说的染色质,但是米歇尔和当时的生物学家并没有把它看作遗传物质。以后的研究更进一步地强化了遗传物质是蛋白质而非核酸的观念,因为从化学构成上,蛋白质的多样性与复杂性远比核酸高,作为遗传物质,蛋白质更合理。

1893 年,德国化学家科赛尔(Ludwig Karl Martin Leonhend Albrecht Kossel,1853—1927)在研究胸腺和酵母的核酸时,就发现戊糖是酵母核酸的成分之一。此后,他的学生,美国洛克菲勒医学研究所的生物化学家莱文(Phoebus Aron Theodore Levene,1869—1940)通过实验测定这戊糖就是核糖。在 1910 年到 1930 年间人们对核酸的化学组成了解得不少,但对核酸分子的整体了解和它的生物学功能的认识进展缓慢。科塞尔和莱文在分析核酸的化学组分时所采用的实验方法,常常会破坏核酸大分子,以至于得到的结果使他们认为核酸就是分子量不超过 1 500 的小分子。

莱文在对不同来源的核酸分析时发现,核酸具有 4 种碱基,并且它们的克分子数相等。这些数据催生了"四核苷酸假说"。这一假说在开始时只是作为一种在研究工作中所应用的假设,但不久便成了生物化学的一条原理。

按照"四核苷酸假说",所有核酸的 4 种碱基都是等量的,而每一种碱基位于一个核苷酸上,核酸是由核苷酸组成的聚合体,这就意味着核酸是由 4 种核苷酸依照某种确定不变顺序组成的。于是在这种假说之下,核酸只是一种与糖原类似的重复的多聚体,这种结构不可能产生那种对于遗传物质来说必不可少的多样性。这种看法使得核酸丧失了作为遗传物质所具备的复杂性,因此"四核苷酸假说"实际上否定了核酸是遗传物质的设想。

另一方面,蛋白质化学的研究揭示出的蛋白质构成的多样性与生命的多样性呈现出某种平行的关系。1902 年,德国化学家费歇尔(Hermann Emil Fisher,1852—1919)提出氨基酸之间以肽链相连接而形成蛋白质的理论,1917 年他合成了由 15 个甘氨酸和 3 个亮氨酸组成的 18 个肽的长链。到 1940 年已经发现组成蛋白质的氨基酸可以达到 20 种之多,这与单调的 4 种核苷酸形成了鲜明对照。染色体遗传学的研究表明,染色体的主要物质构成是蛋白质和核酸,而生物化学研究似乎也表明含有 20 种不同氨基酸的蛋白质大分子仿佛能够提供无限数量的排列与组合来解释基因的多样性。于是,大多数专家认为,蛋白质很可能在遗传中起主要作用。如果核酸参与遗传作用,也必然是与蛋白质连在一起的核蛋白在起作用。因此,生物学家们普遍倾向于认为蛋白质是遗传信息的载体。基因是由蛋白质组成的,而核酸只不过在遗传过程中发挥某些辅助的生理作用罢了。

事实上,从生化途径来研究基因是怎样控制和调节生物代谢的问题,在孟德尔定律重新发现不久就已开始。早在 1908 年,英国医生伽罗德(Archibald Edward Garrod,1857—1936)对黑尿症进行了研究,在《代谢的先天性缺陷》一文中,他阐述了这种疾病起因于基因突变所引起的一种酶缺失症,即在正常的生化代谢中的某一点上因基因突变引起尿黑酸氧化酶(一种功能蛋白质)的缺失,导致代谢故障,从而产生黑尿症。伽罗德因此认为,基因的变化会以某种方式影响到机体特定代谢物的产生。此后,生化学家和遗传学家们的工作都表明,基因以某种方式控制着生物细胞的代谢过程,在此过程中,担负特定催化作用的酶,起到了使前后两个相关分子间的代谢反应达到平衡状态的功能。

基因与蛋白质(酶)之间的关系问题最后是由比德尔(George Wells Beadle,1903—1989)和塔特姆(Edward Lawrie Tatum,1909—1975)的工作所揭示的。比德尔和塔特姆在对链孢霉进行生化遗传学研究后指出,从遗传学观点来看,一个生物体的发育和功能主要是由一个完整的生化反应系统构成的,这些生化反应以某种方式受到某些基因的控制,据推测,这些基因本身就是这个系统的一个部分,它们或者是以酶的方式直接起作用,或者是决定着酶的特异性,从而控制或调节这个系统中的特异反应。于是,他们在1946 年提出了"一个基因一个酶"的假说。该假说奠定了基因和酶之间控制关系的思想,开创了现代生化遗传学。1958 年,比德尔和塔特姆获得诺贝尔生理学或医学奖。

第三节　遗传物质 DNA

医学显示,肺炎双球菌是一种致病的细菌,它有两种类型:一种叫 S 型,它的菌体细胞周围有一层厚厚的荚膜,其主要成分是多糖,S 型肺炎双球菌毒性很强;另一种叫 R 型,它是无荚膜且毒性弱的肺炎双球菌。如果人体感染了 S 型肺炎双球菌就会患肺炎,治疗不及时还会导致死亡。这种细菌如果寄生在小家鼠体内,小家鼠就会患败血症而死亡。

1928 年,英国微生物学家格里菲斯(Frederick Griffith,1877—1941)用 S 型和 R 型肺炎双球菌给小家鼠做实验。当他把 S 型肺炎双球菌注入小家鼠的体内,小家鼠发病致死。当把 R 型肺炎双球菌注入小家鼠的体内,小家鼠正常。然后,他把 S 型病菌加热杀死,将杀死后的病菌注入小家鼠体内,小家鼠安然无恙。这是容易理解的,因为注射进去的是死的病菌。然而,当他又把加热杀死的 S 型病菌和活的 R 型病菌混合在一起,注入小家鼠体内,结果小家鼠发病死了。小家鼠是怎么死的?格里菲思进行了分析,并从死鼠体内分离出了活的 S 型肺炎双球菌。这说明无荚膜的 R 型菌肯定从死的有荚膜的S 型菌中获得了物质,使无荚膜菌转化成有荚膜菌了。为了验证这种假设的正确性,格里菲斯又在试管中做了实验。他发现把死了的有荚膜菌与活的无荚膜菌同时放在试管中培养,无荚膜菌全部变成了有荚膜菌。这意味着某些遗传信息被"转化因子"转移了,然而,"转化因子"又是什么呢?当时的科学水平还不能回答。

到了20世纪40年代,生物化学有了较大的进步,人们最终知道决定生物代谢的物质主要是蛋白质和核酸,它们都是生物大分子。核酸包括脱氧核糖核酸(DNA)和核糖核酸(RNA)两大类。构成DNA或RNA的主要成分是核苷酸,而核苷酸又是由核糖、磷酸和碱基组成。DNA主要分布在细胞核里,而蛋白质在细胞核和细胞质中均有分布。这样一来,"转化因子"究竟是蛋白质还是核酸呢?

这个谜终于在1944年被解开。1944年,美国细菌学家艾弗里(Oswald Theodore Avery,1877—1955)、麦克劳德(Colin Munro Macleod,1909—1972)和麦卡蒂(Maclyn McCarty,1911—2005)在格里菲斯的肺炎双球菌转化实验的基础上进行了细致的工作。他们把有荚膜的S型肺炎双球菌杀死,磨碎细胞后从中提出了5种成分:多糖、脂质、蛋白质、RNA和DNA。它们都是性质各不相同的有机物。他们把这些成分提出来以后,分别加入到培养着的活的无荚膜R型肺炎双球菌的试管里。经过培养后,他们从各试管里取出细菌的样品,进行观察。最终发现,只有DNA能够使无荚膜R型病菌转化成有荚膜S型病菌。这就意味着格里菲斯发现的"转化因子"就是DNA。艾弗里等人的工作雄辩地说明了:DNA就是遗传信息的载体。

艾弗里的工作是革命性的,它预示了生物学的一个新时代即将到来。然而,遗憾的是,艾弗里的工作并没有得到公认,人们甚至怀疑艾弗里提取的转化因子并不是纯粹的DNA,可能还有蛋白质。怀疑者大多仍然沉湎于"四核苷酸假说",他们不相信DNA能够具有遗传物质所必需的复杂性。

几乎与此同时,奥地利生物化学家查伽夫(Erwin Chargaff,1905—2002)对核酸中的4种碱基的含量进行了重新测定。在艾弗里工作的影响下,他认为如果生物物种是由DNA来决定的,那么DNA的结构必定十分复杂,否则难以适应生物界的多样性。查伽夫从一开始就假定核酸可能像蛋白质一样高度聚合、非常复杂。因此,他对莱文的"四核苷酸假说"产生了怀疑。在1948—1952年的4年间,他对各种来源的核酸进行了精细的分析,他运用了新的纸层析、紫外分光光度测量和离子交换层析技术反复实验,终于得出了不同于莱文的结果。实验结果表明,在DNA大分子中嘌呤碱和嘧啶碱的总分子数量是不相等的,但其中腺嘌呤A与胸腺嘧啶T数量相等,鸟嘌呤G与胞嘧啶C数量相等。查伽夫的发现彻底否定了莱文的"四核苷酸假说",并为探索DNA分子结构提供了重要的线索和依据。

为DNA是遗传物质提供令人信服的直接证据的是美国噬菌体小组中的两位成员赫尔希(Alfred Hershey,1908—1997)和蔡斯(Martha Cowles Chase,1927—2003)。1952年,他们为了排除艾弗里、麦克劳德和麦卡蒂实验中的不确定成分,采用了先进的同位素标记技术做噬菌体侵染大肠杆菌的实验。他们用放射磷标记噬菌体中的 DNA；用放射硫标记噬菌体的蛋白质外壳，然后让这种噬菌体去感染大肠杆菌，再把受了感染的大肠杆菌放在搅拌器内旋转、离心，使受感染的大肠杆菌和更小的颗粒分离开来。实验结果显示，大多数噬菌体 DNA 仍然同细菌细胞在一起，而噬菌体的蛋白质则被释放到细胞外的溶液中。这说明噬菌体颗粒感染寄主细菌时，实际上仅有噬菌体 DNA 进入细菌，而噬菌体蛋白质却留在细菌外边，对于后来产生在细菌体内的噬菌体再生进程并未发生任何作用。因此，这个实验证明 DNA 有传递遗传信息的功能，而蛋白质则是由 DNA 的指令合成的。这一结果很快为学术界所接受。

赫尔希和蔡斯的实验为一切认为 DNA 是遗传物质的观念扫清了障碍，接下来的工作便是弄清 DNA 的结构和功能了，即 DNA 的化学结构为什么会在复杂生物机体中担当如此重要的职责？20 世纪 40 年代末期以来，核酸结构与功能的研究日益引起学术界的重视，一些物理学家、化学家和生物学家纷纷投入对 DNA 结构和功能的探索之中。

第四节 DNA 双螺旋结构的发现

早在 20 世纪 50 年代初，查伽夫对核苷酸的研究已经暗示了 DNA 分子中的腺嘌呤与胸腺嘧啶、鸟嘌呤与胞嘧啶是互补关系。它们的排列秩序意味着其中储存着遗传信息的编码。然而，有关 DNA 传导遗传信息、控制或调节生物的生化反应、表达生物性状，以及实现自我复制等问题，只有在彻底弄清 DNA 三维结构以后才有可能解答。1953 年是生物学发展历史上的一道分界线，它标志着细菌遗传学时代的结束和分子生物学时代的到来。开启分子微生物学大门的是当时还没有名气的两位年轻人沃森（James Dewey Watson，1928—— ）和克里克（Francis Harry Compton Crick，1916—2004）。

沃森 15 岁进入芝加哥大学，后师从印第安纳大学卢里亚（Salvador Edward Luria，1912—1991）教授，22 岁获得博士学位后到欧洲继续深造。在意大利那不勒斯的一次有关生物大分子的学术会议上，他听了英国生物学家威尔金斯（Maurice Hugh Frederick Wilkins，1916—2004）的演讲并看到了威尔金斯展示的 DNA 结晶 X 射线衍射照片。从此，对 DNA 结构发生了浓厚兴趣。为此，他又到英国剑桥大学卡文迪许实验室学习，在此期间认识了克里克。

克里克 1938 年在伦敦大学获得物理学硕士学位后，继续在那里跟随安德拉德博士做研究生，但是第二次世界大战中断了他的学习，战后克里克仍然留在海军部，打算从事粒子物理的基础性研究或者研究物理学在生物学中的应用。在受到薛定谔《生命是什么？》（*What is life?*）一书的启发后决定转向生物学研究。1947 年，克里克进入剑桥大学，两年后加入佩鲁兹小组用 X 射线技术研究蛋白质及蛋白质分子结构。在那里他遇到了沃森。克里克比沃森大 12 岁,当时还没有取得博士学位。但在沃森看来克里克是一位懂得 DNA 比蛋白质更重要的人,他不仅了解 X 射线结晶学,而且对基因的结构与生物学功能也很内行;而在克里克眼里,沃森是一位对遗传学了如指掌的人,于是,两人一拍即合,决定合作研究 DNA 分子结构。

DNA 双螺旋结构的建立是一个时代的产物,它与结构化学的兴起,特别是与生物大分子晶体 X 衍射分析技术的发展密切相关。X 衍射晶体技术应用于晶体蛋白质和核酸上,对人们认识有机大分子的性质和推定它的三维结构起了重要作用。这项工作于 20 世纪 30 年代已经开始。到了 20 世纪 50 年代初,有"化学键之父"之称的美国加州理工学院教授鲍林(Linus Carl Pauling,1901—1994)等人就建立了蛋白质的 α 螺旋结构模型,这对认识蛋白质三维结构内在联系及其功能起到十分重要的作用。大约在同一时间,伦敦大学皇家学院的威尔金斯及其同事富兰克林(Rosalind Elsie Franklin,1920—1958)也正在用 X 衍射方法进行 DNA 的研究,他们拍摄了当时最好的 DNA 衍射图片,积累了大量分析资料,为 DNA 模型的建立提供了极重要的根据。

在人们清楚地了解了 DNA 的化学性质以后,富兰克林拍摄的 DNA 结晶 X 射线衍射照片至少提出了下列问题,即 DNA 分子的骨架是呈直线状还是螺旋状? 若是螺旋的,那么是单链还是多链? 碱基在骨架上的构成如何,是在内还是在外? 等等。这些问题在当时并没有得到解决,直到沃森、克里克建立了 DNA 双螺旋结构以后,上述问题便迎刃而解。

到 1951 年底,沃森和克里克建立了一个 DNA 结构模型。他们设想:作为一种结晶聚合体,DNA 可能是一种含有多个核苷酸并呈有规则直线排列的分子,DNA 的糖和磷酸骨架是有规律地排布着的,这种情况能很好地解释 DNA 分子结构。然而,威尔金斯的 DNA 衍射图谱表明:DNA 分子直径比一条单一核苷酸链直径大。从衍射图谱上看,很可能是两条、三条或四条多核苷酸链。根据当时所得到的资料,他们设计制作了由三条多核苷酸链纠缠在一起的螺旋模型,并确定沿螺旋轴每隔 28Å 绕一周。他们当时认为这个设计图案和 X 衍射图谱相符,并且还用富兰克林的定量分析法加以验证,螺旋参数的选择与富兰克林提出的数据相吻合。但后来发现,若以糖和磷酸骨架为中心,要把参差不齐的碱基排列和组装在这个骨架上,原子就会堆集过密,这显然不符合化学规律,第一个模型因此失败了。

然而,不久以后,沃森和克里克偶然遇到了剑桥年轻的数学家约翰·格里菲斯(John Griffith),格里菲斯也对他们的问题感兴趣,便答应帮沃森和克里克计算 DNA 分子间同类碱基之间的引力。从格里菲斯计算的结果中克里克受到启发,立刻想到了另一种可能性,即互补配对,这样就可以很好地解释复制了。然而,根据这个发现仍然不能说明 DNA 分子的整个三维性质。此时,查伽夫访问剑桥并与沃森和克里克相识。在谈话中,他们得知 DNA 所含 4 种碱基含量不相等,嘌呤与嘧啶的比例总是 1:1,于是他们设想的碱基配对可能是 DNA 分子结构的基础。这个认识极为重要,因为它能够很好说明 DNA 分子是怎样被维系在一起、怎样复制自己的。然而,此时还没有证据表明 DNA 分子由几条链组成,或链与链之间的空间关系如何也不清楚。

此时,在英国,已有 3 个小组在同时研究 DNA 结构:鲍林小组,威尔金斯小组,沃森和克里克小组。1952 年冬,沃森和克里克得知鲍林可能不久将建立一个 DNA 模型时便加紧工作,他们希望赶在鲍林之前拿出一个精确的 DNA 模型。不久,恰好沃森访问伦敦大学的威尔金斯小组,从威尔金斯那里得到了富兰克林关于 DNA 结构的新照片和新数据。克里克看到这张照片后敏锐地发现,X 射线的数据与密度的测量结果表明 DNA 为双链的可能性最大,核糖磷酸骨架一定位于 DNA 链的外侧。于是,他们决定建立一个双链的 DNA 螺旋结构。方案制订以后,接下来的问题就是碱基的分布,他们设想了碱基排列几种可能的形式,但都没有成功。在请教了化学家多诺休(Jerry Donohue,1920—1985)以后才发现他们一直使用的是错误的分子形式,并很快作了更正。在一周以后,他们拿出了一个完整的 DNA 结构模型。

1953 年 4 月 25 日,沃森和克里克在《自然》杂志上公布了他们的 DNA 双螺旋结构模型。文章简短而清晰,全部内容浓缩在 900 多个单词和一个简单图解之中。沃森和克里克指出:"在这种结构中,两条链围绕着一条共同的轴线缠绕,并通过核苷酸碱基之间的氢键彼此连接起来……两条链都是右手旋转的螺旋,但原子在糖—磷主链上的顺序是反方向的,并成对地垂直于螺旋轴线。糖和磷酸基团在外侧,而碱基在内侧。"[①]碱基的组合严格遵循着 A—T、G—C 的规则,这一规则被称之为碱基配对原则。这一原则很好地解释了 DNA 的遗传功能。

DNA 双螺旋结构模型的建立是生物学史上划时代的事件,这个 20 世纪生物学领域最伟大的发现宣告了分子生物学时代的到来。此后,在分子生物学的引领下,生物学的各个领域都发生了巨大变化。正如生物学家霍格兰(Mahlon Bush Hoagland,1921—2009)所说:"1953 年春天,DNA 结构的发现犹如穿过云层的万道霞光,照亮了整个分子生物学领域。人们看到了即将获得的丰硕成果,惊喜得目瞪口呆。这个发现给生物功能的探索开辟了更加广阔的前景。"[②]沃森、克里克因此获得了 1962 年的诺贝尔生理学或医学奖。

现在看来,DNA 结构模型由沃森和克里克建立似乎蕴含着某种必然性。因为该模型的建立不只是单纯地考虑它的化学结构,还必须考虑它作为遗传物质应具备的生物学

[①]沃森、克里克:《核酸的分子结构》,见《遗传学经典论文选集》,梁宏,王斌译,148 页,北京,科学出版社,1984。
[②]M. 霍格兰:《探索 DNA 的奥秘》,彭秀玲译,98 页,上海,上海翻译出版公司,1986。

特性。因此，DNA 结构模型至少要解决 4 个方面的问题：①模型要反映出具有携带和传递遗传信息的功能；②模型能说明 DNA 自我复制机制；③模型能说明引起生物突变的原因；④模型必须符合化学规律，特别是要符合查伽夫规则。要深刻理解这四方面的问题，仅有物理、化学知识是不够的，遗传学背景在其中起着重要作用，而沃森与克里克的组合恰好满足了建立模型所要要的知识结构。在这种情况下，DNA 双螺旋模型由沃森和克里克发现则是顺理成章的事了。

第五节　遗传密码与中心法则

现在，生物遗传的根本问题可以在分子水平上来理解。DNA 双螺旋结构模型的提出，从生物学角度很好地解释了 DNA 分子的两种不同的功能：自我复制功能和异体催化功能，并为 DNA 储存遗传信息作出了很好的说明。

沃森和克里克在制作 DNA 模型时已经想到 DNA 的自行催化的繁殖机制。由于双螺旋的对称性，它们的互补性质十分明显，当基因增殖时两条链分开，每条链实现自我复制，即各自成为配对物的模板，借助其互补特性形成新的双链，构成了新的 DNA 分子链。沃森和克里克指出："更令人激动的是，这种双螺旋结构还提出了一种比我原先设想同类配对机制更加令人满意的 DNA 复制机制。腺嘌呤总是与胸腺嘧啶配对，鸟嘌呤总是与胞嘧啶配对，这表明在两条相互缠绕的链上碱基顺序彼此互补。只要确定其中一条链的碱基顺序，另一条链的碱基顺序也就自然确定了。因此，也就很容易设想到一条链怎样作为模板合成另一条具有互补碱基顺序的链。"[1]这种复制称半保留复制，即原先的链保留，而后分开来，分别成为新链的模板。由于 DNA 在复制过程中严格遵循碱基配对原则（即 A—T，G—C），每一条旧链与新链所形成的 DNA 分子与母链完全一致，它保证了亲代 DNA 分子能够按照严格的碱基顺序，将自身的遗传信息稳定地传递给后代，从而使子代表现出亲代的生物学特征。

不过，当时人们还弄不清复制过程究竟是需要一种特定的酶还是单链本身能像酶那样有效地作用，因而对半保留模型大多持怀疑态度。要弄清这些，必须得找到一种能测量出个体 DNA 分子微小放射性含量的方法才行。直到 1958 年，梅塞尔森（Matthew Stanley Meselson，1930—　）和斯塔尔（Franklin William Stahl，1929—　）用稳定的同位素 ^{15}N 作 DNA 标记，才证明 DNA 的复制正是如沃森和克里克所描述的那样，是一种半保留式的复制。此后，赫伯特·泰勒（Herbert Taylar）用 ^{3}H 标记蚕豆根尖细胞的 DNA，通过放射自显影证实了真核生物的 DNA 复制也符合半保留模型。

---

[1] J. D. 沃森：《双螺旋：发现 DNA 结构的个人经历》，田洺译，11 页，北京，生活·读书·新知三联书店，2001。

此后，人们发现 DNA 不仅具有自我催化功能还具有异体催化功能，即 DNA 作为遗传物质决定着蛋白质的合成并控制代谢过程。这一时期分子生物学主要围绕着 4 种碱基怎样排列组合进行编码才能表达出 20 种氨基酸为中心开展实验研究的，而弄清异体催化机制要比自我复制过程的解释复杂得多。

DNA 中的碱基只有 4 种，而蛋白质中的氨基酸却有 20 种，如何才能把 DNA 的核苷酸顺序与相应多肽链的氨基酸顺序联系了起来？物理学家伽莫夫（George Gamow，1904—1968）提出了只有 3 个碱基才能组成对应一个氨基酸的密码的观点。问题一下子变得简单起来，即 4 种核苷酸每次取 3 个，则总共有 $4^3 = 64$ 个不同的密码。由于密码子的种类比氨基酸的种类多，一种氨基酸就不可能只对应于一种密码。1961 年，生化学家尼伦贝格（Marshall Warren Nirenberg，1927—2010）用实验证明了 UUU（U 为尿嘧啶核苷酸）三联体为苯丙氨酸的密码子。这个结果一经宣布，立刻引起了轰动。于是一场破译遗传密码的竞赛由此展开，结果很快就将 64 种密码子全部破译。到了 20 世纪 60 年代中期，DNA 自我催化和异体催化功能的一般性质已经基本弄清。

随后，人们弄清了异体催化需要核糖核酸（RNA）参与。RNA 有 3 种，分别称为信使 RNA（mRNA）、转运 RNA（tRNA）和核糖体 RNA（rRNA），它们各自担负着特定的功能。异体催化分两步进行。第一步是以 DNA 作为模板合成一个 mRNA，这个过程被称为转录；由于碱基配对原则，rRNA 上的碱基排列顺序与 DNA 上的碱基排列顺序互补（其中 T 被 U 取代），rRNA 就成为 DNA 的"副本"。接下来便是 mRNA 在 rRNA 上将转录来的信息变换成一定结构的多肽链（蛋白质），这个过程叫翻译。当 mRNA 穿过核糖核蛋白体时，它是如何指导氨基酸排列成确定的顺序的呢？早在信使 RNA 的概念尚未明确提出以前，克里克就指出，20 种不同的氨基酸不可能以一种特别方式与 RNA 模板的核苷酸三联体直接发生作用，氨基酸在进入多肽链以前先要装配在"适应子"上。这种适应子被认为含有一个三联体核苷酸，即"反密码子"。tRNA 呈三叶草结构，其上都有一个特定的"反密码子"，能识别遗传密码，它的另一端和特定的氨基酸相结合。处在核糖体内的 mRNA，由每个特定的 tRNA 携带着某种氨基酸，借助反密码子在 mRNA 上找到自己的位置，按照 mRNA 核苷酸排列顺序，把不同的氨基酸排列起来组成多肽（蛋白质）。遗传信息从 DNA 经过 RNA 到蛋白质的流动规则被称为"中心法则"。此后，有人发现在有些病毒中存在着生物信息由 RNA 向 DNA 流动的情况，这一过程被称为反转录。

自 20 世纪 60 年代中期以来，DNA 决定生物代谢和性状的微观机制已基本弄清，人们清楚地认识到：基因实际上就是 DNA 大分子中的一个片段，是控制生物性状的遗传物质的功能单位和结构单位。基因对性状的控制是通过 DNA 控制蛋白质的合成来实现的。一旦人们认清了生命活动的本质，便可以在此基础上对基因进行操作，按照人类的

意志定向改造生物,使之造福人类。正是在分子生物学的基础上,产生了现代的生物
工程。

第六节 现代生物技术的兴起

20世纪50年代,DNA双螺旋结构模型的建立标志着分子生物学时代的到来,经过
20多年的研究和探索,分子生物学终于在20世纪70年代初期取得了决定性的突破。
DNA限制性内切酶和DNA连接酶的发现,以及一整套DNA体外重组技术的建立,使得
基因工程开始发展。1972年,世界上第一批重组DNA分子诞生,次年几种不同来源的
DNA分子装入载体后被转入大肠杆菌中表达,标志着基因工程正式登上历史舞台。
1982年,科学家发现RNA能够起到酶的作用,促使化学反应的发生,而在此之前人们普
遍认为只有蛋白质才具有酶的功能。这一发现拓宽了人们对酶的认识。1985年,穆利斯
(Kary Banks Mullis,1944—)等人首创了一种称为聚合酶链式反应(PCR)的DNA扩
增技术,能够以极微量的DNA为模板进行DNA的大量扩增,这项技术的发明使得对微
量DNA的检测和研究成为可能,成为分子生物学领域一项极为重要的研究工具。这些
重要的技术被迅速地广泛应用于生物、医学、农业等各个领域中,在基础科学及应用技术
的研究中取得了巨大的成就,由此促进了现代生物技术的蓬勃发展。在半个世纪的时间
内,分子生物学取得了众多激动人心的成就,使工业、农业、医疗卫生事业,以及生物科学
本身都面临一场空前的变革。

原核生物是包括细菌、噬菌体和病毒等在内的低等生物,由于其结构和功能都相对
简单,因而很多科学家都在利用原核生物来研究生命的基本规律。在20世纪70年代初
出现DNA重组技术的同时,科学家们就开始对大肠杆菌的基因组进行深入的研究和分
析,包括揭示新的基因,寻找DNA序列和基因结构的特点,以及对基因功能和基因间调
控关系的研究。这一技术路线也成为人类基因组研究的技术路线。到1997年9月,大
肠杆菌完整的基因组图谱绘制完成。分析表明,大肠杆菌染色体上共有4 288个基因,其
中62%的基因功能已经阐明,仍有大量基因功能有待进一步研究。至20世纪90年代
初,已有十多种原核生物的基因组完成测序,这一数字还在不断增加着。原核生物基因
组的研究对于探讨致病微生物致病机制及其防治策略、寻找新基因的应用领域等都具有
重要作用。

随着分子生物学在微生物领域的应用,越来越多的基因工程微生物被构建出来并被
应用于工业生产中。如,利用碳霉素4-异戊酰化酶基因改造螺旋霉素,获得了二酰螺旋
霉素这种新的抗生素;将红霉素的调节基因转入红霉素产生菌的菌体中,可使单位产量
提高10~15倍。利用基因工程和细胞融合技术可以培育出合成苏氨酸、谷氨酸、赖氨酸

等各种氨基酸的优良生产菌。基因工程的微生物还能够用于生物可降解塑料聚羟基脂肪酸酯(PHA)、神经酰胺、透明质酸等多种化学化工品的合成,对这些微生物的分子生物学改造在提高产量或缩短发酵周期方面取得了巨大成效。

基因工程彻底改变了传统生物科技的被动状态,使得人们可以克服物种间的遗传障碍,定向培养或创造出自然界所没有的新的生命形态,以满足人类社会的需要。定向控制生物遗传的技术,也就是基因重新组合的技术,用改变遗传方向的方法,获得新的遗传个体,从而改变物种或创造新物种。转基因生物就是将外源基因转入动物或植物,使其表达出原来没有的某种性状,得到的新型生物称为转基因动物或转基因植物。科学家已在 54 种植物试验转基因成功,如水稻、玉米、马铃薯、棉花、大豆、油菜、番茄、黄瓜等。

医学领域的研究是分子生物学技术研究与开发最活跃,成就最大的领域。其突出进展主要包括基因工程多肽药物和疫苗的开发和应用、基因诊断和基因治疗、疾病相关基因的发现及功能研究等。目前,全世界正在开发的医用活性多肽和疫苗估计有 500 种左右,如多肽药物中的人胰岛素、人生长激素、干扰素、表皮生长因子、红细胞生成素等,基因工程的疫苗有麻风杆菌、脑膜炎球菌、乙型肝炎病毒、流感病毒、疟原虫和血吸虫等的疫苗。通过分子生物学手段从基因水平上进行遗传性疾病及其他疾病的诊治也获得了成功。当前,运用 RFLP、DNA 探针和 PCR 等方法已经能够进行镰刀型贫血、地中海贫血等遗传性疾病和乙肝、AIDS 及某些白血病和恶性肿瘤的基因诊断。在基因治疗方面,第一次成功地进行的临床基因治疗是对腺苷酸脱氨酶(ADA)缺陷症的治疗。在此之后,对多种遗传性疾病、恶性肿瘤及传染病的基因治疗研究也广泛展开。目前,关于肿瘤发生、艾滋病、高血压、高血脂和动脉硬化、糖尿病、精神分裂症等多种疾病的相关基因研究正在全球领域广泛进行并发现了一系列的相关基因或因子。针对这些基因或因子进行相应的靶向药物或基因治疗方案的设计也取得了相当大的成就。据统计,自 20 世纪 70 年代以来,世界上获准上市的治疗疑难病基因工程药品有 120 种,还有 3 400 多种处于研究与开发阶段。医学家们分析认为,生物药在化学药、生物药、天然药三大类药物中的比重会大幅度上升;在重大疫病包括天花、乙肝,以及各种细菌型、病毒型的大型传染病防治等方面,生物药都将发挥其他药物不可替代的作用。分子生物学使科学家能更深入地研究基因等遗传因素在疾病发作中的作用,为设计药物提供了新的手段,同时也催生了基因诊断,以及基于 DNA 技术的治疗新方法。用基因工程技术开发出的干扰素、胰岛素和抗体等,成为近年来增速最快的新型治疗手段。

解自身之谜一直是人类追求的目标,这一目标在分子生物学建立后已经成为可能。1986 年 3 月 7 日,美国《科学》杂志发表了一篇题为《癌症研究的转折点——测定人类基因组序列》的论文,指出癌症和其他疾病的发生都与基因有关。1991 年,人类基因组计划正式实施。2004 年 4 月,这项生命科学史上绝无仅有的"大科学"计划——人类基因组序列测定完成，一本人类遗传信息的天书呈现在世人面前。科学家们认为，人类基因组测序的完成和公布，标志着生物产业进入成长阶段。生命科学被称为21世纪的科学，建立分子生物学基础上的生物技术已经成为许多国家研究与开发的重点，成为国际科技竞争、经济竞争的新热点，生物产业已经成为继信息产业之后的又一个新的经济增长点。

参考文献

1. M. 霍格兰：《探索 DNA 的奥秘》，彭秀玲译，上海，上海翻译出版公司，1986。

2. 加兰·E. 艾伦：《20 世纪的生命科学史》，田洺译，上海，复旦大学出版社，2000。

3. 加兰·E. 艾伦：《摩尔根：遗传学的冒险者》，梅兵译，上海，上海科学技术出版社，2003。

4. 吉娜·科拉塔：《克隆——通向多利之路及展望》，王亚辉等译，上海，上海科学技术出版社，2000。

5. 弗朗西斯·克里克：《狂热的追求：科学发现之我见》，吕向东、唐孝威译，合肥，中国科学技术大学出版社，1994。

6. 莱因哈德·伦内贝格：《分析生物技术和人类基因组》，杨毅等译，北京，科学出版社，2009。

7. 洛伊斯·N. 玛格纳：《生命科学史》，李难等译，北京，百花文艺出版社，2002。

8. 米歇尔·莫朗热：《二十世纪生物学的分子革命：分子生物学所走过的路》，昌增益译，北京，科学出版社，2002。

9. 雅克·莫诺：《偶然性和必然性：略记现代生物学的自然哲学》，上海外国自然科学哲学著作编译组译，上海，上海人民出版社，1977。

10. G. S. 斯坦特：《分子遗传学》，中国科学院遗传研究所《分子遗传学》翻译小组译，北京，科学出版社，1978。

11. J. D. 沃森：《双螺旋：发现 DNA 结构的个人经历》，田洺译，北京，生活·读书·新知三联书店，2001。

12. 沃森、克里克：《核酸的分子结构》，载《遗传学经典论文选集》，148 页，梁宏、王斌译，北京，科学出版社，1984。

13. 埃尔温·薛定谔：《生命是什么？——活细胞的物理学观》，上海外国自然科学哲学著作编译组译，上海，上海人民出版社，1973。

进一步阅读材料

1. 莱因哈德·伦内贝格：《分析生物技术和人类基因组》，杨毅等译，北京，科学出版社，2009。

2. 米歇尔·莫朗热：《二十世纪生物学的分子革命：分子生物学所走过的路》，昌增益译，北京，科学出版社，2002。

3. J. D. 沃森：《双螺旋：发现 DNA 结构的个人经历》，田洺译，北京，生活·读书·新知三联书店，2001。

第二十四章

环境科学的发展历程

环境科学是 21 世纪最重要的学科之一,是人类在利用和改造自然界过程中,随着对认识、应对和解决环境问题的不断深入而迅速发展起来的一门综合性学科,是自然科学、社会科学和技术科学的交叉边缘科学,包括环境自然科学、环境工程科学、环境社会科学三大研究领域。

第一节　人类对环境的认识及环境科学的发展

环境科学的发生和发展基于人类对"环境"(environment)的认识。

"环境是指人类及其周围的自然世界和人文社会的综合体。它包括人类赖以生存和发展的各种自然要素,例如,大气、水、土壤、岩石、太阳光和各种各样的生物;还包括经人类改造的物质和景观,例如,农作物、家畜家禽、耕地、矿山、工厂、农村、城市、公园和其他人工景观等。前者称为自然环境,是直接或间接影响人类生存和发展的自然形成的物质和能量的总和。后者称为人工环境或社会环境,是人类劳动所创造的物质环境,是人类物质生产和文明发展的结晶。"[①]

"首先,环境一词被界定为一种总体性,是包围我们每个人和我们全体的一切事物,这种联系相当牢固而不能轻易分开。""(环境)暗指某些类型的行动或相互作用,至少可以推断出周围事物是积极的,在某种意义上是相互作用的,不管它的本质是什么。环境不光是一种无活力的现象,受冲击时不是没有反应,或者不反过来影响生物体。环境一

[①]王玉庆等:《环境科学》,见解振华主编:《中国大百科全书·环境科学》,前言、第 1 页,北京,中国大百科全书出版社,2002。

定是一个相对的词语,因为它总是指一些'被包围'或者被围绕的事物。""理解环境的概念不一定局限于和日常生活相关的仅仅是否回收罐头瓶或者步行上班这些抽象的概念。环境是所有生命的基础,所有物质的源泉。"①

　　人类对环境的关注,经历了从聚落环境、区域环境到全球环境的转变。起初,人们只关注与生产和生活直接相关的环境,继而通过对生态系统的认识,进一步关注更大范围的生态环境,最后才把全球环境作为一个不可分割的整体来看待。人类对环境概念的理解,不仅是在范围和尺度上有所变化,而且对于环境自身属性的认识,如环境的整体性、环境资源的有限性、环境破坏后果的时滞性等,也经历了一个阶段性发展的过程。由于人类社会进步是一个发展过程,不同时期对环境干扰的方式、强度、内容和范围均有所不同,从而使环境问题表现出一定的阶段性,对应不同阶段产生了人们对环境概念不同的理解,不同的环境保护实践的类型,乃至环境科学的不同发展阶段。

一、从古代到工业革命之前:环境科学的探索阶段

　　原始人对野生动植物的滥采滥捕,造成生活资料缺乏,引起饥荒,后来掌握了用火技术之后,又可能由于用火不慎,大片草地、森林发生火灾,生物资源遭到破坏,从而不得不迁往他地以谋生存。这些都是最古老的环境问题。后来,人类学会了引种植物和驯化动物,从而进入了农业时代。这种有意识、有目的的生产活动,与人类对原始的环境问题的认识有关。

　　早期的农业生产中,刀耕火种、砍伐森林,造成了地区性的环境破坏。古代经济比较发达的美索不达米亚、希腊、小亚细亚,以及其他许多地方,均由于不合理的开垦和灌溉,而后变成了不毛之地。中国的黄河流域是中国古代文明的发源地,也曾森林茂密、土地肥沃。西汉末年和东汉时期进行大规模的开垦,促进了当时农业生产的发展,可是由于滥伐了森林,水源不能涵养,水土严重流失,造成沟壑纵横,水旱灾害频繁,土地日益贫瘠。

　　中国古代的先贤对保护资源已经有了初步的认识。在《孟子·梁惠文王上》中,记述了孟子(约前372—前289)对于自然资源可持续利用的建议,"不违农时,谷不可胜食也;数罟不入洿池,鱼鳖不可胜食也;斧斤以时入山林,材木不可胜用也"。荀子(约前313—前238)在《王制》一文中也写道:"草木荣华滋硕之时,则斧斤不入山林,不夭其生,不绝其长也;鼋鼍、鱼鳖、鳅鳣孕别之时,罔罟、毒药不入泽,不夭其生,不绝其长也。"然而,由于古代生产规模小,加上生态破坏的严重后果的出现,需要较长时间的积累,因此,对古代大多数人而言,对农业时代的生态资源破坏问题的认识是比较晚的。

　　随着社会分工和商品交换的发展,城市成为手工业和商业的中心。城市里人口密

---

①威廉·P.坎宁安主编:《美国环境百科全书》,张坤民主译,206~207页,长沙,湖南科学技术出版社,2003。

集,房屋毗连。炼铁、冶铜、锻造、纺织、制革等各种手工业作坊与居民住房混在一起。这些作坊排出的废水、废气、废渣,以及城镇居民排放的生活垃圾,造成了环境污染。在古代,由于疾病威胁人类健康和生命是频繁的、直接可见的现象,而疾病流行往往同环境有关,因而人们很早就认识到环境因素、环境污染与人类健康的关系。医学之父希波克拉底(Hippocrates of Kos,约前460—前377)曾写出了一篇论文《论空气、水与土壤》,阐述了外界环境因素对人体健康的影响和防病的措施。

人类很早就尝试利用技术或立法的措施以改善聚落环境。早在公元前5000年,西安半坡人已在烧制陶器的柴窑中用烟囱排烟;公元前3000年,古代印度的青铜熔炼炉使用高烟囱排烟;公元前23世纪,中国河南淮阳平粮台龙山文化古城有陶质排水管道,管头有榫口,可以套接。公元前23世纪至前20世纪的古印度信德、旁遮普等地的城市建有阴沟排水系统。公元前5世纪的雅典设有管理城市环境的督察官,其职责包括管理清理污秽者,不许人们在距离城墙10斯塔狄尔之内撒任何秽物,或将门窗开至街道中。公元97年,罗马的萨克塔斯·朱里乌斯·佛朗梯诺(Sextus Julius Frontinus,约35—103或104)编写的《罗马水道论》(*The Aqueducts of Rome*),描述了罗马的上下水道和水处理用的自然沉淀池和沉沙井。

人类的这方面的经验知识汇集成了一门历史悠久的学科——卫生学(Hygiene)。根据当代的定义,卫生学是在"预防为主"的工作方针指导下,"以人群及其周围的环境为研究对象,研究外界环境因素与人群健康的关系,阐明环境因素对人群健康影响的规律,提出利用有益环境因素和控制有害环境因素的卫生要求及预防对策的理论根据和实施原则,以达到预防疾病、促进健康、提高生命质量的目的"[①]。卫生学在历史上的经验研究成果,为后来环境科学与工程的产生与发展奠定了基础。

二、从工业革命时期到 20 世纪中叶:环境科学的孕育阶段

1784年,瓦特(James Watt,1736—1819)改良蒸汽机,由此推动采矿业、冶炼业和机器制造业迅速发展,开始第一次工业革命。许多国家在这个时期由农业社会过渡到工业社会,人类利用和改造自然的能力极大提高,生产力得到空前发展,对环境的破坏也达到前所未有的程度。随着炼钢、机械制造业的发展,煤的消耗量大增,1870年煤年产量达2.5亿吨,1913年增长到13.4亿吨。煤的大量使用严重污染了空气。工业化过程伴生的城市化对水源的污染也十分惊人。19世纪30年代后,电机的产生、电能的利用,以及汽车和飞机的相继问世,标志着第二次工业革命的开始,尤其是两次世界大战的爆发,刺激了工业和科学技术的发展,高耗能和消耗大量矿产资源的工业,如汽车、轮船、飞机、化

---

①仲来福主编:《卫生学》,1页,北京,人民卫生出版社,2008。

工,以及石油、电力等,成为当时世界经济的主导产业。

随着工业污染的加重,西方各国逐渐重视采用法律手段对局部污染进行限制:1862年,英国成立皇家委员会调查制碱业排放氯化氢污染大气问题,并于次年制定《碱业法》进行限制;1864年,美国制定《煤烟法》,试图控制煤烟污染;1865年,英国设立防止河道污染委员会;1869年,美国马萨诸塞州率先建立了州卫生厅(State Board of Health)。

在工程技术方面,给水排水工程是一个历史悠久的技术部门。1850年,人们开始用化学消毒法杀灭饮水中病菌,防止以水为媒介的传染病流行。1852年,美国建立了木炭过滤的饮用水厂。1897年,英国建立了污水处理厂。在大气污染控制方面,消烟除尘技术在19世纪后期已有所发展,20世纪初开始采用布袋除尘器和旋风除尘器。

19世纪,美国在环境卫生学方面取得很大进展,并成为后来的环境工程学的前身。麻省理工学院的尼科尔斯(W. R. Nichols)教授于1871年提交给马萨诸塞州卫生厅的一个池塘水质矿物组分的检测研究报告是该州第一个有关供水污染方面的研究。州立法机构于1872年指令州卫生厅收集有关污水及其可能再利用、河流污染和城镇供水方面的信息,并在下一个立法机构会期进行报告。从此,马萨诸塞州有关的环境卫生学方面的研究工作开始加速。1889年,美国麻省理工学院的生物学教授塞奇威克(William Thompon Sedgwick, 1855—1921)牵头组建了卫生工程专业(Sanitary Engineering Program)。该校化学教授尼科尔斯在给水化学方面的研究和成果对于该专业的组建做出很大贡献。环境卫生工程专业后来逐步演化成为环境工程专业。从一开始,环境工程专业就与化学、生物学和工程学密切相关,而且很多工程领域以外的学者对该专业的发展做出了重要贡献。在随后的30来年中,美国环境工程技术取得了巨大的进步。在水处理领域,过滤、混凝、沉淀、消毒等技术成熟了,霍乱、伤寒、痢疾等传染病的传播基本上得到了根治。

19世纪被称为科学的世纪,各门科学相继走向成熟,其中,地学、生物学、物理学、医学和工程技术等学科的学者都分别从本学科角度开始对环境问题进行探索和研究。德国植物学家弗拉斯(C. N. Frass, 1810—1875)在1847年出版的《各个时代的气候和植物界》书中论述了人类活动影响植物和气候的变化,美国学者马什(George Perkins Marsh, 1801—1882)在1864年出版的《人和自然》一书中,从全球观点出发论述人类活动对地理环境的影响,特别是对森林、水、土壤和野生动植物的影响,呼吁开展保护运动。1866年,德国的生物学家海克尔(Emst Heinrich Philipp August Haeckel, 1834—1919)创立了生态学概念。这些研究为后来的环境科学奠定了知识背景和基础。

三、从20世纪中叶到20世纪70年代:环境科学的形成阶段

20世纪60年代后,化学工业,尤其是有机化学工业迅速崛起,人工合成的大量化学

物质,包括各种有毒有害物质源源不断地进入自然环境系统。工业和农业的点源、面源污染全面出现,陆、海、空全方位的、高强度的干扰使生物圈功能降低。环境污染和生态破坏的"叠加",使局部地区的环境公害事件不断发生。最典型的是洛杉矶光化学烟雾事件,伦敦烟雾事件,日本水俣病事件、骨痛病事件等八大公害事件(表 24-1)。

表 24-1　　　　　　　　　　　　　　　八大公害事件

事件	污染物	发生地	发生时间	中毒情况	中毒症状	致害原因	公害成因
马斯河谷烟雾事件	烟尘、SO_2	比利时马斯河谷	1930 年 12 月	几千人发病,60 人死亡	咳嗽、呼吸短促、流泪、喉痛、恶心、呕吐、胸口窒闷	SO_2 转化为 SO_3 深入肺部深处	山谷中重型工厂多;遇逆温天气;工业污染物积聚;遇雾天
多诺拉烟雾事件	烟尘、SO_2	美国多诺拉	1948 年 10 月	4 天内约 6 000 人患病,17 人死亡	咳嗽、喉痛、胸闷、呕吐、腹泻	SO_2 和烟尘作用生成硫酸盐,进入肺部	工厂多;遇雾天;遇逆温天气
伦敦烟雾事件	烟尘、SO_2	英国伦敦	1952 年 12 月	5 天内共 4 000 人死亡,历年共发生 12 起,死亡近万人	胸闷、咳嗽、喉痛、呕吐	烟尘中的 Fe_2O_3 使 SO_2 转化为硫酸沫,附着在烟尘上,吸入肺部	居民煤烟取暖;煤中含硫量高;排出粉尘量大;遇逆温天气
洛杉矶光化学烟雾事件	光化学烟雾	美国洛杉矶	1943 年 5 月	大多数居民患病,65 岁以上老人死亡 400 人	刺激眼、喉、鼻,引起眼病、喉头炎	石油工业和汽车废气在紫外线作用下生成光化学烟雾	本城有汽车 400 多万辆,每天耗汽油 2 400 万升,每天超过 1 000 吨碳氢化合物进入大气。三面环山城,空气水平流动缓慢
水俣事件	甲基汞	日本九州南部熊本县水俣镇	1953 年	水俣镇病者 180 多人,死亡 50 多人	口齿不清,步态不稳,面部痴呆,耳聋眼瞎,全身麻木,最后精神失常	甲基汞被鱼吸收后,人吃中毒的鱼而生病	氮肥生产集中,采用氯化汞和硫酸汞作催化剂,含甲基汞的废水和废渣排入水体

（续表）

事件	污染物	发生地	发生时间	中毒情况	中毒症状	致害原因	公害成因
富山事件（骨痛病）	镉	日本富山县	1931 年至 1972 年 3 月	患者超过 280 人，死亡 34 人	开始关节痛，后来神经痛和全身骨痛，最后骨骼软化萎缩，自然骨折，饮食不进，在衰弱疼痛中死去	吃含镉的米，喝含镉的水	炼锌厂未经处理的含镉废水排入河流中
四日事件（哮喘病）	SO_2 煤尘、重金属粉尘	日本四日市（蔓延几十个城市）	1955 年以来	患者 500 多人，有 36 人在气喘病折磨中死去	支气管炎，支气管哮喘，肺气肿	有毒重金属微粒及二氧化硫吸入肺部	工厂向大气排出 SO_2 和煤粉尘数量大，并含有钴、锰、钛等重金属粉尘
米糠油事件	多氯联苯	日本九州爱知县等 23 个府县	1968 年	患者 5 000 多人，死亡 16 人，实际受害者超过 10 000人	眼皮肿，常出汗，全身起红疙瘩，重者呕吐恶心，肝功能下降，肌肉痛，咳嗽	食用含多氯联苯的米糠油所致	米糠油生产中，用多氯联苯作载热体，因管理不善，毒物进入米糠油中

资料来源：朱鲁生主编：《环境科学概论》，4 页，北京，中国农业出版社，2005。

  环境质量恶化，环境功能退化，公害事件频频发生，严重影响了人类的生存和生活，环境问题受到了人们的广泛关注。在这一阶段，大众开始在环境问题上觉醒，对环境的态度发生转变，采取实际行动保护环境，治理污染。国家参与了环境管理，通过立法、执法和政策调控的手段加强对环境的保护和管理。"环境问题"和"公害"等新概念被提出，概括和表达了人类与环境关系的失调，用以区分人为活动所引起的"环境问题"同自然因素所造成的"灾害"，并将其作为一个专门的科学研究领域，初步明确了学科的研究对象和基本任务，为环境科学的诞生奠定了基础。

  在这个阶段，人们所关注的"环境"，主要是生产和生活环境，以及局部的区域环境。对环境问题的考虑，主要是关注环境污染对人类健康和经济发展的损害，但是对于环境问题的根本原因、机理还不完全清楚。环境保护工作主要着眼于两个方面，一方面是制

定法律,限制污染物排放,比如英国伦敦烟雾事件后,制定了法律,限制燃料使用量与污染排放时间;一方面是从传统的工业污染控制途径出发,治理污染源,减少排放量。这属于狭义的环境保护概念,即"三废"治理和噪声控制。这些针对排放源的被动治理方式效果并不明显,甚至还产生了二次污染。

1962年,卡逊(Rachel Louise Carson,1907—1964)的《寂静的春天》(*Silent Spring*)一书出版。该书通过列举大量事实,论述了DDT等农药污染物的富集、迁移、转化及其对生态系统的影响,阐述了人类与水、大气、土壤,以及其他生物之间的关系,告诫人们要全面认识使用农药的利弊,要认识到人类生产可能导致严重的后果。《寂静的春天》提出人类应该选择另一条发展道路——"另外的道路",人类才能生存下去,虽然在书里并没有指明这条道路是什么,但这一思想引发了世界范围内人类对自身行为和观念的思考。它是对环境问题早期的反思,是现代环境科学思想的启蒙。该书出版后,一些有工业后台的专家首先在《纽约人》杂志上发难,指责卡逊是歇斯底里的病人与极端主义分子。该书惊世骇俗的关于农药危害人类环境的警示,不仅受到与之利害攸关的生产与经济部门的猛烈抨击,也强烈地震撼了广大民众。1963年,当时在任的美国总统肯尼迪任命了一个特别委员会调查书中的结论,该委员会证实卡逊对农药潜在危害的警告是正确的。国会立即召开听证会,美国第一个民间环境组织应运而生,美国环境保护局也在此背景下成立。《寂静的春天》唤起了民众对环境的关注,推动了全球性的环境保护运动,促进了环境的科学发展。

1966年,国际科学理事会(ICSU)设立了环境问题专门委员会(SCOPE),这标志着环境科学成为一门独立的学科。环境科学的诞生说明它在各基础学科内部有关环境问题的研究已孕育成熟,逐渐走向独立发展的新阶段。

随着发达国家环境污染问题日益突出,一些工业发达国家兴起了"环境运动",成立了不少全国性环保机构,制订全国性环保科学研究计划。人们认识到应该通过深入的科学研究来了解环境问题、解决环境问题。许多科学家,包括生物学家、化学家、地理学家、物理学家、医学家、工程学家、农林学家、土壤学家,以及社会科学家对环境问题和污染事件进行了联合调查和研究。当时,对环境问题的研究形式基本是各学科的科学家在各自原有学科的基础上,运用原有理论和方法去探讨环境问题的答案。这样,在一些原有学科内部产生了一系列新的分支,如从物理学中产生了环境物理学;从化学中产生了环境化学;从地学和生物学中分别产生了环境地学和环境生物学;在其他学科中产生了环境医学、环境工程学、环境经济学、环境法学等。当时,发达国家面临着减轻污染问题的迫切任务,进行了大量的污染源治理工作,因此,这个阶段的环境科学主要是偏向于与自然科学和工程技术的交叉。

下面简要介绍环境科学的两个重要分支学科——环境化学与环境生物学的形成

过程。

1. 环境化学的形成

20 世纪以来,对一系列特定的公害事件的调查研究,促进了环境化学研究的发展。如硫和气溶胶化学的产生基于对煤烟型大气污染的研究,大气光化学来源于对光化学烟雾污染的研究,对酸雨污染的研究衍生出降水化学。20 世纪 60 年代初,人们发现了有机氯农药的污染,从而开始研究农药在环境中的残留行为。1967—1968 年,瑞典科学家在调查湖泊"死鸟"的原因时发现鸟是吃了含有烷基汞的鱼致死的。但自然界中并不存在烷基汞,这促使人们深入探讨汞的迁移、转化、存在形态及其对环境的影响。这样,科学家们运用化学的理论和方法,研究了大气、水、土壤环境中的化学污染物特征、发生机理和迁移转化规律,由此产生了大气污染化学、水污染化学和土壤污染化学。为了研究环境污染问题,需要对化学污染物进行检测分析,因而产生环境分析化学。运用化学原理研究污染物的回收利用或无害化处理等化学治理技术,又产生了环境工程化学。

1969 年,国际科学理事会成立了环境问题专门委员会。1971 年,第一部《全球环境监测》专著问世。随后,在 20 世纪 70 年代陆续出版了一系列与化学有关的专著,这些专著在当时对环境化学的研究和发展起了重要作用。1972 年,在瑞典斯德哥尔摩召开了联合国人类环境会议,成立了联合国环境规划署(UNEP),确立了一系列研究计划,相继建立了全球环境监测系统(GEMS)和国际潜在有毒化学品登记机构(IRPTS),并促进各国建立相应的环境保护机构和学术研究机构。这一系列举措标志着一门新的化学分支学科——环境化学的形成。

2. 环境生物学的形成

一般认为,环境生物学的前身可以追溯到 19 世纪中叶工业革命后,当时部分西方国家因排放污水引起了较严重的河流和湖泊污染;有些生物学家开始研究环境污染的生物学效应,如水污染对水生生物的影响,大气污染对某些敏感植物的影响等,随后又开展了水污染的生物监测和污水生物处理的研究。1908 年和 1909 年,科尔克维茨(Kolkwitz)和马松(Marsson)根据污染后水体中生物种类和数量等生物学指标,综合物理和化学指标的变化,提出了"污水生物系统"的概念,奠定了水体污染生物学评价的基础。1893 年,英国首先采用滴滤池(生物膜法的最早应用)处理污水;1913 年,污水生物处理的常用方法——活性污泥法在英国出现,并于 1917 年在英国罗彻斯特和美国休斯敦被用于处理城市生活污水。20 世纪五六十年代,由于工农业生产的飞速发展,环境污染更加严重,工业国家相继发生了几次大的环境污染事件。在环境污染问题面前,许多生态学家着力研究污染物在生态系统的迁移、转化和归宿的规律,污染生态学应运而生。到了 20 世纪70 年代,生物学相关学科的发展和研究手段的进步促进了对有毒污染物的毒性效应和毒性机理的研究,生态毒理学开始形成。此外,环境和生物科学工作者在水、气污染的全球性迁移、归宿研究,遗传毒理学、生物监测和环境质量的生物学的建立,评价环境污染物的生物净化工程技术对生物多样性的揭示和保护等方面均做了大量工作,并取得了长足的进步,为环境生物学增添了很多新的分支和内容。

然而,在这个时期,环境科学还只是一个多学科的集合概念,还没有形成一个较完整的统一体系。后来,环境工作者逐渐认识到:一方面,不能把环境问题简单地分解成某些单一学科问题的集合加以解决,实际上,环境问题具有综合性和广泛的相关性,因此,环境科学也不是诸如环境物理学、环境化学、环境生物学等分支环境学科的简单叠加;另一方面,这个时期各分支环境学科之间也出现了相互借鉴、相互渗透的倾向,所有这一切都有力地促进并孕育了更高层次的、统一的、独立的环境科学范式的生成。

四、从 20 世纪 70 年代至今:环境科学的发展阶段

20 世纪 70 年代,人们进一步认识到,除了环境污染问题严重外,人类生存环境所必需的生态条件正在日趋恶化。而这种恶化并不是由通常的水、气、渣、声的污染直接造成的。人口过度增长、森林过度采伐、沙漠化面积加速扩大、水土流失加剧、资源过度消耗、沙尘暴频繁发生、蝗灾复发等,都向人类社会和世界经济提出了严峻的挑战。

1972 年,英国经济学家 B. 沃德和美国微生物学家 R. 杜博斯受联合国人类环境会议秘书长的委托,主编出版《只有一个地球》一书,副标题是"对一个小小行星的关怀和维护"。编者不仅从整个地球生态系统出发,而且也从社会、经济和政治的角度来探讨环境问题,要求人类明智地管理地球。当年的联合国斯德哥尔摩人类环境会议讨论了发展与环境之间的关系,认为环境问题不是局部地区的污染问题,而是全球规模的社会经济问题。环境保护不仅是运用工程技术手段治理"三废"和控制噪音,更重要的是处理好发展与环境的关系。这次会议成为人类环保工作的历史转折点,它加深了人们对环境问题的认识,将环境问题由单一的污染问题扩大到整个生态环境破坏问题,并首次将环境与人口、资源和发展联系在一起,力图从整体上解决环境问题。

在 20 世纪 70 年代前期,关于环境问题的著作多是研究污染或公害问题的。20 世纪 70 年代后期,人们认识到环境问题不仅仅是污染物排放危害人类健康的问题,而且包括自然保护、生态平衡,以及维持人类生存发展的资源问题。这一时期开始出现环境科学的综合性专著。

面对日益恶化的全球环境,许多科学家积极探索其根源和解决办法。美国麻省理工学院受罗马俱乐部的委托,利用数学模型和系统分析方法,于 1972 年发表的《增长的极限》一书,提出被称为悲观论的"零增长论"观点。1974 年,罗马俱乐部又发表了由英国生态学家戈德史密斯(Edward René David Goldsmith,1928—2009)为首编著的《生存的战略》一书。美国未来研究所发表的《世界经济发展——令人兴奋的 1978—2000 年》一书,

认为人类总会有办法对付未来出现的问题,对世界前景持乐观论点。这些书的发表,在全球范围内引起极大的反响,引发了广泛的争论,使环境科学得到前所未有的发展和普及。

斯德哥尔摩会议后的十多年间,虽然全球环保事业有了很大发展,但是全球的生态环境不但不见改善,反而继续恶化,一系列环境灾害陆续发生,如 1984 年印度的美国碳化学公司异氰酸甲酯(MIC)爆炸事故,死亡 2 万多人,受害 20 万人;1986 年苏联的切尔诺贝利核电站爆炸,核污染至今危害着东欧国家。无论是发展中国家还是发达国家,环境问题都成为制约经济与社会发展的重大问题。1984 年,根据联合国大会决议,世界环境与发展委员会(WCED)成立。1987 年,该委员会向联合国提交了报告《我们共同的未来》(*Our Common Future*)。报告明确提出要对传统发展模式进行反思,提出了可持续发展的理论与模式。《我们共同的未来》的发表,标志环境科学从以污染治理与环境管理为基础转向以为人类可持续发展提供理论与方法为基础,从研究控制污染物排放端与末端治理技术转向研究改变人类生活方式、生产方式、价值观的理论与方法。这个转变及其一系列研究,促使环境科学的传统分支进一步成熟,新的面向可持续发展的环境科学分支学科成为发展热点。

1992 年 6 月,在巴西里约热内卢召开联合国环境与发展大会,通过了《21 世纪议程》,可持续发展思想得到与会各国的共识,各国相继制定和实施适合本国国情的 21 世纪议程、行动计划和国际合作方案。这标志着世界环境保护工作又迈上了新的征途,即探索环境与人类社会发展的协调方法,实现人类与环境的可持续发展。至此,"环境与发展"成为世界环保工作的主题。

第二节 中国环境科学的发展

中国的环境科学事业起步相对较晚。20 世纪 70 年代以前虽然在环境医学、污染治理技术等方面已经有了零星的研究工作,但人们基本上不知环境科学为何物。以 1972 年在瑞典首都斯德哥尔摩召开的第一次联合国人类环境会议为序幕,中国的环境科学逐步发展起来。这个过程大致可分为 3 个阶段。

一、起步阶段:1973 年至 1983 年

斯德哥尔摩会议促使中国人初步认识到环境污染问题不仅仅是单纯的"三废"问题,而是影响和制约经济、社会发展的重大问题。1973 年 8 月,中国国务院召开第一次全国环境保护会议。会议通过了"全面规划、合理布局、综合利用、化害为利、依靠群众、大家动手、保护环境、造福人民"的环境保护工作三十二字方针,通过了新中国第一个环境保

护文件《关于保护和改善环境若干规定》。

1978 年，全国首次制定了《1978—1985 年全国环境科学技术规划》，提出了环境保护科学技术的规划目标：基本查清全国环境污染状况，综合评价环境质量，重点突破综合治理技术；建立比较齐全的环境科学体系。

1979 年 4 月，国务院环境保护办公室根据国务院的有关精神，筹建了中国环境科学研究院（简称"环科院"），标志着中国环境保护科学技术研究机构的发展进入一个新的阶段。当时的中国环科院的主要任务是：开展环境质量与测试分析的研究；开展环境污染和破坏的综合研究；开展环境管理科学的研究；进行环境科学技术情报的收集、整理、研究、储存和服务工作。建院以来，该院研究领域不断拓展，为中国环保科技事业的发展做出了重要的贡献。

1979 年 9 月，第五届全国人民代表大会常务委员会第十一次会议通过了《中华人民共和国环境保护法（试行）》，其中第五章第二十九条规定"……应当大力开展环境科学基础理论、环境管理、环境经济、综合治理技术、环境质量评价、环境污染与人体健康、自然环境合理利用与保护等问题的研究"。在法律层面，为环境科学的生存和发展确立了重要地位。

这一阶段中国的环境保护技术发展重点被放在水污染治理上，解决了一些局部的重点污染问题，如 1972 年进行了大连湾海水污染治理和北京官厅水库污染治理。北京西郊环境质量评价是全国第一个环境质量评价研究案例。该项研究打破了环境保护的专业界限，综合研究了水、气、土、噪声等要素对环境质量的影响，推进了中国环境科学的发展，奠定了中国环境影响评价的基础。

在起步阶段，逐层建立了国家、省两级环境管理机构，开始研究诸如：环境保护与经济建设和社会发展的关系；地方政府、环保部门、企业三者之间的环境责任；污染预防与治理的关系等一系列重要的环境管理问题。

二、发展阶段：1984 年至 1995 年

1983 年，国务院召开了第二次全国环境会议，标志着中国的环境保护事业进入发展阶段。这次会议把环境保护确立为基本国策，制定了经济建设、城乡建设和环境建设同步规划、同步实施、同步发展、实现经济效益、环境效益和社会效益统一的环境保护战略方针。环境保护与经济建设和社会发展的关系问题在理论上得到解决，随后在实践上开始深入探索。

1988 年，国家环境保护局成立，随后相继成立了国家、省（自治区、直辖市）、市、县四级独立的环保机构。在这个阶段，不断完善了环境管理法律制度体系，陆续出台了环境保护方针、政策、法律、法规和标准。地方政府、企业和环保部门三者的环境责任以法律

的形式被加以确立。逐步采取地方政府对区域环境质量负责,企业对局部环境质量负责,环保部门行使统一监督管理职责等具体措施。

1992 年 8 月,在联合国环境与发展大会之后,中国制定了《环境与发展十大对策》,以及《中国 21 世纪议程》和《中国环境保护行动计划》等纲领性文件,确立了国家的可持续发展战略。

进入 20 世纪 90 年代以来,中国更加重视全球环境问题,开展与环境有关的重大课题研究,对一批重大环境问题进行预测、评价及前瞻性综合研究,如全球气候变化及其影响的预测及其对策,削减二氧化碳、甲烷等温室气体排放的技术政策,对环境资源进行核算并将其纳入国民经济核算体系的尝试,环境税收制度,废物交换管理模式,环境管理信息系统开发等研究项目。

在这一时期,污染防治的指导思想实现了四个转变:从末端治理向生产全过程转变;从浓度控制向浓度与总量控制相结合转变;从分散治理向分散与集中控制相结合转变;从区域治理向区域与行业控制相结合转变。

这一阶段,中国的环境保护在经济的快速增长中面临着巨大压力,实践中面临的一些问题仍有待解决,如环境管理机制如何适应市场经济体制改革需要,环境保护与转变经济增长方式如何结合,等等。

三、深化阶段:1996 年至今

1996 年,国务院召开的第四次全国环境保护会议,明确了跨世纪的环境保护目标、任务和措施,启动了《污染物排放总量控制计划》和《跨世纪绿色工程规划》,在全国范围内开展大规模的重点城市、流域、区域、海域的污染防治和生态保护工程。这次会议把以污染防治为中心的战略转变为污染防治与生态保护并重的战略,标志着中国的环境保护进入深化阶段。

这次会议后,国家环境保护局发布了《国家环境保护科技发展"九五"计划和 2010 年长期规划》,明确了环境保护科技发展的指导思想、基本原则和发展目标。

21 世纪以来,中共十六大把实现经济发展和人口、资源、环境相协调、改善生态环境作为全面建设小康社会的四项重要目标之一。2005 年 12 月,国务院发布《国务院关于落实科学发展观加强环境保护的决定》,描绘了我国 5—15 年内环保事业发展的蓝图。2007 年,中共十七大召开,将生态文明首次写入《政治报告》中,将建设资源节约型、环境友好型社会写入《党章》,把建设生态文明作为一项战略任务和全面建设小康社会目标首次明确表示。这标志着环境保护成为基本国策和全党意志,进入国家政治、经济、社会生活的各个方面。

20 多年来,中国形成了包括环境地理学、环境生物学、环境化学、环境物理学、环境医学、环境工程学、环境经济学、环境法学、环境管理学等分支学科的环境科学研究体系,建立了理科、工科及社会科学等方面的专门环境科学与工程研究机构。中国环境保护事业及环境科学技术的发展也推动了高等教育的发展。

中国的环境科学教育体系,早期集中于环境工程技术方面,以土木和卫生工程为前身,有着较长的发展历程。以清华大学环境工程专业为例。1928 年,当国立清华大学进行学科设置时,在理学院附设了土木工程学系卫生工程组,即后来清华大学环境工程系的前身。1931 年,留学回国的陶葆楷(1906—1992)先生受聘于清华大学土木工程系,主持创建了国内第一个"市政与卫生工程组"。然而,在新中国成立以前,由于政治背景和社会条件所限,"市政与卫生工程组"并未如陶葆楷所愿,没有为国家的市政和卫生事业做出突出的贡献。1977 年,新中国在清华大学成立了第一个环境工程专业。1984 年,清华大学正式设立环境工程系。1988 年,清华大学环境工程学科被国家教育委员会评为全国唯一的环境工程重点学科。1997 年,清华大学环境工程系更名为环境科学与工程系,招收环境工程专业、核环境工程专业的博士研究生和硕士研究生,以及市政工程专业的硕士研究生。

如今,中国的环境工程及科学领域已经形成拥有本科生、硕士生、博士生、博士后的多层次人才培养体系,为发展中国环保事业培养了大批专门人才。一些高等院校不仅作为教学中心,而且成为科学研究及技术开发中心,在环境科学基础研究和学科建设方面发挥了重要作用。

第三节　全球环境问题与环境科学的发展趋势

1984 年,英国科学家首先发现南极上空存在臭氧空洞。造成臭氧空洞出现的直接原因是大气污染。臭氧空洞、温室效应(全球变暖)和酸雨形成了三大全球性环境问题。这三大问题的成因是复杂的,同时也是一个累积过程。这意味着人类生存所面临的环境问题比人们原来认识的范围更广、性质更严重、治理和控制难度更大。如何分析和预防、应对这一系列全球环境问题,自然构成了当代环境科学的前沿课题,促使人类站在全球的立场认真的审视其"共同的未来",大大促进了环境科学全面向纵深和综合性方向发展。

一、探查臭氧层空洞的成因

在英国科学家首次发现南极上空的臭氧空洞后,1985 年美国的"雨云-7"号气象卫星测到该洞,发现其面积与美国领土相等,深度相当于珠穆朗玛峰的高度。目前,不仅在南极,而且在北半球也发现了臭氧层减少的现象。美国的测定表明,1989 年北极臭氧层空洞与 1970 年测试结果相比,已经扩展了 19～24 千米,而北半球其他地区的臭氧层也比

1959年减少了3%。欧洲臭氧层联合调查小组自1991年11月起,对欧洲、格陵兰和北极圈臭氧量和破坏臭氧层物质氟氯烃等的浓度进行了调查,结果表明,欧洲上空的臭氧层比往年减少了10%～20%,是历年来最低的。在德国部分地区上空,1991年12月臭氧减少了10%,而在1992年1月,比利时上空的臭氧减少了18%。

对于臭氧层破坏的原因,科学家们有多种见解。有人认为,这可能与亚马孙河地区不断出现的森林火灾有关;有人认为,臭氧洞之所以出现在两极,是极地低温造成的;美国肯塔基大学的一个科学小组认为,臭氧水平可能是随着太阳黑子活动的自然周期而变化的。但是多数科学家则认为,人类过多使用氟氯烃类物质(CFCs)是臭氧层破坏的一个主要原因。荷兰的保罗·克鲁岑(Paul Jozef Crutzen,1933—2021)于1970年提出了NOx(氮氧化物)理论,美国的弗兰克·舍伍德·罗兰(Frank Sherwood Rowland,1927—2012)和马里奥·莫利纳(Mario Molina,1943—2020)于1974年提出了CFCs理论。这几位化学家的实验室模拟结果在现实环境中得到验证,阐明了影响臭氧层厚度的化学机理,使人类可以对耗损臭氧的化学物质进行控制。随着南极臭氧洞被发现,这3位环境化学家的研究成果引起全世界的震动。1985年3月22日,20个国家的代表在《维也纳保护臭氧层公约》上签字,生成了第一份把大气作为一种资源加以保护的国际法律文件;1987年9月16日,在加拿大蒙特利尔召开了保护臭氧层国际大会,各国代表签署了《蒙特利尔保护臭氧层议定书》,该议定书对特定的破坏臭氧层物质的生产量和消费量给予严格规定。随后,杜邦公司等生产部门逐步淘汰CFCs和哈龙的生产,使全世界CFCs总消耗量从1986年的110万吨,下降到1997年的14.6万吨左右。克鲁岑、罗兰和莫利纳三人因首先提出平流层臭氧破坏的化学机制而获得1999年诺贝尔化学奖。这充分表明了环境科学家的工作已经引起全人类的重视。

二、研究温室效应的成因及后果

诺贝尔化学奖获得者瑞典化学家阿伦尼乌斯(Svante August Arrhenius,又译阿尔赫尼斯,1859—1927)早在1896年就提出了大气中二氧化碳浓度的增减可能改变气候的设想。1939年,英国气象爱好者柯兰达(Guy Stewart Cranda,1889—1964)研究了有关的历史气象记录之后,也提出地球温度的升高与大气中的二氧化碳的含量存在着一定的联系。柯兰达的观点遭到许多气候学家的反对,后者认为地球的能量收支平衡使这种联系不可能存在,并坚持认为大气中任何过量的二氧化碳都会被海洋吸收。柯兰达的观点埋下了一个有关地球变暖问题争议的种子,但是支持其观点的科学家没有找到具有说服力的证据。

在整个20世纪,科学家一直都试图揭开地球气候系统复杂的运作机制真相,但他们不能做出一个确定的预测。这种不确定性成为反对者否定阿伦尼乌斯观点的把柄,也增加了该观点支持者的焦虑感。20世纪后半叶,各种相关数据为阿伦尼乌斯的观点提供了支持。20世纪60年代,科学家可以很精确地测量大气中的二氧化碳浓度,结果表明,在所监测的几年中,大气中二氧化碳的浓度确实在迅速上升。20世纪80年代,从全世界收集来的气候数据表明全球的温度已经上升,但逐渐增强的温室效应还只是假设的导致全球变暖的原因之一。科学家在气候模型中开始把海洋、云等对热吸收作为变量,研究结果为人类提出了预警,全球变暖将会导致海平面上升、暴风雨、洪水,以及随之而来的干旱。

20世纪末,科学家们开始达成共识:全球正在显著变暖并且其原因是人类活动,以及不断增强的温室效应。1985年,奥地利菲拉赫会议宣称:"增加温室气体的浓度可能引起全球平均温度上升的量会大于人类全部历史中的上升量。"[1] 1988年是全球自有气象记录以来最热的一个年份(从这一年起,全球的最高温度已经被刷新了许多次)。在这一年,公众开始意识到全球变暖的严重性。美国气候学家詹姆斯·汉森(James Hansen,1941—)一再重申,大气中二氧化碳浓度的增加将导致全球变暖。联合国环境规划署将"警惕全球变暖"定为1989年"世界环境日"的主题。1997年12月,84个国家联合签署了《京都议定书》(Kyoto Protocl)。该议定书于2005年生效。

三、监测酸雨问题

酸雨(acid rain)一词最早是由英国化学家史密斯(Robert Angus Smith,1817—1884)使用的。他在1852年分析曼彻斯特地区的雨水时,发现在该地区雨水成分中含有硫酸或酸性硫酸盐。他在1872年所著《空气和降雨:化学气候学的开端》一书中,首次使用"酸雨"一词。从19世纪80年代到20世纪中期,北欧地区先后发现降水化学组成的变化。斯堪的纳维亚半岛的科学家们认为,降水中所含的硫酸和硝酸是其周围的空气污染源排放的二氧化硫和氮氧化物(NO_x)所造成的,并且发现酸化的水体中鱼类种群减少。1954年以后世界建立了国际协作降水监测网。包括斯堪的纳维亚和英、法、德、苏等国的许多欧洲科学家,利用该监测网的数据,对降水情况进行广泛的研究,肯定了酸性降水和大气污染有直接关系,并指出酸雨是一种广域范围、跨越国界的大气污染现象。1972年,于斯德哥尔摩召开了第一次人类环境会议。瑞典人波特·博宁(Bert Rickard Johannes Bolin,1925—2007)等向大会做了报告《跨越国境的空气污染:空气和降水中硫对环境的影响》,提出了湖泊受到酸雨污染,严重威胁生态,如不采取措施,将会对环境造成灾难性影响的论断。报告引起各国的关注,研究队伍不断扩大。1975年5月,在美国举行了第

---

[1] W. J. Maunder. *The Human Impact of Climate Uncertainty*:*Weather Information*, *Economic Planning*, and *Business Management*. London:Routledge. 1989:29.

一次国际酸性降水和森林生态系统讨论会。1982 年 6 月,在瑞典斯德哥尔摩举行了国际环境酸化会议。至此,酸雨才被公认为当前全球性的重要环境污染问题之一。国际上将降水酸碱度(pH 值)小于 5.6 的大气降水定义为酸雨。到 20 世纪 80 年代后,酸雨危害扩展到世界范围。欧洲大气化学监测网近 20 年连续监测结果表明,欧洲雨水酸度每年增加 10%。

中国气象局从 1992 年开始将酸雨观测纳入气象台站的基本观测业务,以满足社会对环境气象观测资料的需求。

四、环境科学的发展趋势

以上阐述了当代人类面对的几大全球性环境污染问题,如何对其分析和应对,成为当代环境科学的重要课题。全球环境问题具有高度的复杂性。以酸雨问题为例,酸雨绝不是一个单一问题,而包括了大量的具体环境问题,由此又会导致后续的一系列衍生问题,如水管腐蚀、建筑受损、湖泊破坏、生态破坏、农业受损等。这些问题会连锁发生,难以预料,防不胜防。当然,目前人类所面临的环境问题还远不止这些,除此之外,还有人口问题、资源耗竭问题、生态失衡问题等。人们已经认识到,各类环境问题之间是交织在一起,环环相扣,互为因果的。如环境污染会导致生态破坏,生态破坏又降低了环境自净的能力,加重环境污染等。这些特征迫使环境科学必须朝着综合性的方向,往更高的广度和深度发展。而如何在深入研究传统科学的基础之上进行综合化研究,这本身就是一个环境科学自身需要反思的关键问题。

除了综合化之外,环境科学还呈现出人文化与立体化的发展趋势。

总之,环境问题由自然系统和社会系统之间复杂的交互作用所引起,因此,它必须且只能在这种交互作用中通过缓解人口、资源和环境压力,转变支撑经济增长方式和建设资源节约型、环境友好型社会等方式得以部分或全部解决。当前的问题在于人类社会能不能自觉地调整自己的生存方式,改变"交互作用"的方式和内容。环境科学面对的是整个环境—社会系统,承担着将自然规律和社会规律相匹配和吻合的责任,在二者之间的界面上建立正确的匹配机制。环境科学的讨论范围必须涵盖"是什么""为什么""如何做"这三个范畴,处理的问题和方法涉及从自然科学到政治、经济乃至伦理学等不同的层次。这些不同层面的工作需要相互辅助,相互促进。

参考文献

1. W. J. Maunder. *The Human Impact of Climate Uncertainty*: *Weather Information*, *Economic Planning*, *and Business Management*. London: Routledge,1989.

2. 金鉴明、王礼嫱等编:《自然环境保护文集》,北京,中国环境科学出版社,1992。

3. 威廉·P.坎宁安主编:《美国环境百科全书》,张坤民主译,长沙,湖南科学技术出版社,2003。

4. 威廉·P.坎宁安等编著:《环境科学:全球关注》,戴树桂主译,北京,科学出版社,2004。

5. B.J.内贝尔:《环境科学:世界存在与发展的途径》,范淑琴等译,北京,科学出版社,1987。

6. 大卫·E.牛顿:《环境化学》,陈松译,上海,上海科学技术文献出版社,2008。

7. 盛连喜主编:《现代环境科学导论》,北京,化学工业出版社,2002。

8. 孙崇基编著:《酸雨》,北京,中国环境科学出版社,2001。

9. 解振华主编:《中国大百科全书·环境科学》(修订版),北京,中国大百科全书出版社,2002。

10. 仲来福主编:《卫生学》,北京,人民卫生出版社,2008。

11. 朱鲁生主编:《环境科学概论》,北京,中国农业出版社,2005。

进一步阅读材料

1. Rachel Carson: *Silent spring*. Orlando: Houghton Mifflin Harcourt. 2002.

2. 何强、井文涌、王翊亭编著:《环境学导论》,北京,清华大学出版社,2004。

3. 刘维屏、刘广深主编:《环境科学与人类文明》,杭州,浙江大学出版社,2002。

4. 万以诚、万岍选编:《新文明的路标——人类绿色运动史上的经典文献》,长春,吉林人民出版社,2000。

第四编

科学技术与社会

在传统的科学史著作,特别是科学史教材中,往往只是以通史或者编年的方式,将历史上不同时期重要的科学发展记录下来。然而,科学史这门学科也在不断地发展着,其中一个重要的特点,就是从传统的纯粹内史性质的科学史,走向外史性质的科学史,而且越来越表现出与其他相关学科的交叉,例如,科学哲学、科学社会学、科学伦理学、科技政策研究等。近些年来,随着一些新的思潮和研究方法被引入科学史学科中,我们可以看到大量诸如女性主义科学史、采用人类学视角和研究方法的科学史、对地方性问题予以突出关注的科学史、关注科学伦理的科学史,更不用说与科技政策、管理、文化、创新研究等相关的科学史研究的新发展。

其实,这种传统的科学史与一些相关学科的交叉,以及从新视角以新方法来研究科学史带来的新进展,已经在一些权威的科学史著作中有了体现。例如,近来由剑桥大学出版社出版的11卷本的《剑桥科学史》,在已经出版了中译本的第四卷(18世纪科学)中,在结构上就具有相当广阔的人文视野,除了18世纪在科学的各方面进展当然被讨论之外,诸如期刊、耶稣会士、占星术、炼金术、性别化的知识等,也都纳入了论述的范围。这就远非我们国内以前习惯的那种"就科学史论科学史"的科学史写法。仅就18世纪科学的专题,这本书应该是最为详尽的了。除了上述列举的那些在过去传统的科学史中几乎没有的论题、内容和视角之外,其实,《剑桥科学史》这部书还有更多传统科学史中少见的内容,例如,"科学组织""科学与政府""科学群体志研究""科学的分类""科学哲学",以及"人文科学",在专题研究部分,也包括了"印度与大众科学""科学、艺术及自然界的表征",尤其是在第四部分,是关于非西方传统的专题,等等。仅从目录上看,这些全新的话题也充分表现出了这部科学史的前沿性,而这恰恰又正是在我们国内常见的科学史著作

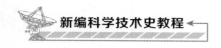

中所缺乏的东西。

对于科学史教育来说，当然也不应该只是为了单纯地了解更多具体的科学史知识而进行教学，人们学习科学史，也同时是为了从历史中获得教益，开阔视野，带来思考上的启发和认识上的深化。虽然科学史的传统内容仍然是科学史学习的基础性内容，但在这些内容上的延伸中，让人们通过科学史的学习对于过去有更多不同的思考，对科学在当下社会中的作用和影响等有更好的认识，对科学与文化的关系有更多的理解从而形成恰当的科学观，并潜在地影响到个人的思想和工作，这些更有直接或间接"应用性"的目标，同样是科学史的教学所应该追求的。

与科学史相临或者相交的，有一个重要的学科或者领域，即 STS，它既可以理解为传统中的"科学、技术与社会"（science，technology and society），也可理解为后来更多所指的"科学技术元勘"或"科学技术学"（science and technology studies）。虽然不同的理解指向不同的研究倾向，但总的来说，对科学技术（及其发展）与社会的关系，正成为科学技术史愈发关心的内容。因此，在我们这本教材中，与传统写法有较大不同的是增加了"科学技术与社会"这一编的内容。

如果用科学技术与社会这种说法，通常所包括的内容又是十分广泛的，本编考虑到初学者的基础情况，考虑到学术界（特别是在中国学术界在与国际学术发展相接轨的过程中）当下所关心的热点论题，以及对相关问题的争议情况，在这一编中，我们选择了这样几部分内容：一是关于科学的体制化与科技政策、科技创新的内容；二是有关科学家的社会意识和科学伦理方面的内容；三是目前正在迅速发展并成为社会上关注热点的科学文化、科学教育及科学传播与科学史的相关性；四是两个以往在国内被关注不多但也逐渐显示出重要性的问题，即性别视角和地方性知识。在这些章节的写作中，作者们尽量采取历史写作的方式，但由于一些论题的特殊性，也有以不那么历史而是对当下问题的论述的方式来写作的情况。但无论如何，这些内容都是与科学史有着密切的关系的。对这些问题的关注，可以在一定程度上摆脱过去那种纯粹为历史而历史的学习方式。

由于本教材涉及的内容较多，也许使用者无法在直接的教学中讲授完全部内容，但这一编的内容，既可以在课堂教学中选讲一部分或是作为教学要求，也可以让学习者采取自己阅读的方式来学习。

把与科学史相关的"科学技术与社会"的部分内容加到科学史教材中，是一种新的尝试，我们希望这种尝试能够让科学史的学习者们以更新的眼光来看待历史上的和今天的科学。

第二十五章

科学的体制化及其历史演变

科学的体制化指的是有助于科学技术发展的社会体系和社会制度的形成过程。美国著名科学社会学家本-戴维（Joseph Ben-David，1920—1986）认为体制化不但意味着承认精确的，以及经验的科学研究是一种探索方法（这种方法能够导致重要的新知识的发现），而且意味着要为科学研究提供各种必要的条件，包括建立相关的研究组织，形成支持科学研究的资助体系，同时也需要保证科学家探索的自由，以及维系科学健康发展的社会文化等。

科学的体制化以承认科学技术活动是具有独特价值的相对独立的社会劳动为前提。尽管人类探索自然规律并生产和应用知识的科学活动可以追溯到古代，但科学的社会建制化是从近代开始的。近代之前的漫长时期内，科学技术知识的生产还都不是独立的社会活动，也不存在具有独立身份的科学家。只有到 16、17 世纪之后，科技活动逐渐成为具有自身价值的相对独立的社会劳动，使得科学的体制化成为可能。科学的体制化经历了从专业化到职业化的发展历程，也经历了从内部体制化到外部体制化的演变进程。

第一节　科学的专业化与职业化

一、科学的专业化

如果说近代以前科学知识的增长是无计划的和缓慢的，那么近代科学革命改变了这种局面。近代科学革命导致科学知识稳定而迅速的增长，并对人类社会发展产生了极其深远的影响。但如何理解近代科学革命是一个值得反思的问题。近代科学革命关键是

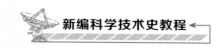

科学知识生产方式的重大变革,正是这种变革,不仅使牛顿力学的出现成为可能,而且使人类科学知识在牛顿之后更加稳定、迅猛地发展起来。

这种知识生产方式专业化的变革,其实现与两个重要因素紧密关联。第一,认识到知识的价值,获得知识的科学被作为一种具有特殊价值的社会活动;第二,发现了实验的方法,从而即使知识的生产成为一种专业化的活动,也使科学成为高效生产知识的系统行为。这两个因素的结合首先在 17 世纪的英国实现。对此,科学社会学创始人之一默顿(Robert King Merton,1910—2003)在分析 17 世纪英格兰的科学、技术与社会时这样写道:"科学的最大的和持续不断的发展只能发生在一定类型的社会里,该社会为这种发展提供出文化和物质两方面的条件。这一点在近代科学的早期,即在它被确立为一种带有它自身的(理应是明显地表现出来的)价值的重大的体制之前,显得格外明显。"而"科学在被当作一种具有自身的价值而得到广泛的接受之前,科学需要向人们表明它除了作为知识本身的价值以外还具有其他的价值,以此为自身的存在进行辩护。"①

弗朗西斯·培根(Francis Bacon,1561—1626)对这两个因素在英国的结合发挥了重要作用。在培根看来,"科学的真正合法目标,就只是给人类生活提供新的发现和力量"②。但是长期以来,大多数人对于这一点是没有足够的认识的,人们不但不把增加科学技术知识作为解决现实社会中的实际问题的手段,而且反对把求知的目标与实用的目的结合起来。培根认为,要改变这种状况,需要倡导一种使科学服务于人类进步的、并在经验能力和理性能力之间永远建立起"真正合法的婚姻"的新观念。培根"知识就是力量"的思想和以他为主要代表人物所倡导的"实验哲学",对英国皇家学会的成立有重要影响。1660 年,英国皇家学会正式宣布成立并确认了第一批会员。

皇家学会的成立成为科学体制化的重要标志。皇家学会等科学社团的成立,一方面,表明科学活动在一定程度上得到了社会的认可;另一方面,则表明从事科学活动的人,不再是一些孤立的个体,而是属于一个有共同目的和宗旨并恪守一定规范的科学组织。以皇家学会为中心,英国科学出现了飞速的发展,成为近代科学的摇篮。据统计,1662—1730 年,英国皇家学会集中了全世界 1/3 以上的杰出科学家,如牛顿(Isaac Newton,1643—1727)、哈雷(Edmond Halley,1656—1742)、波义耳(Robert Boyle,1627—1691)、胡克(Robert Hooke,1635—1703)等。

英国皇家学会逐渐塑造了科学研究的专业规范,使科学成为一种专业化的活动。专业化是体制化的前提,但专业化不等于职业化。英国的皇家学会作为专业化科学的代表,仍是业余科学家聚合的场所。皇家学会的会员虽然不乏献身于科学的学者,但是其

---

① 罗伯特·金·默顿:《十七世纪英格兰的科学、技术与社会》,范岱年等译,14~15 页,北京,商务印书馆,2000。
② 北京大学哲学系外国哲学史教研室编译:《十六—十八世纪西欧各国哲学》,30 页,北京,商务印书馆,1961。

中很多是贵族和政治家。事实上，从整体上讲，17 世纪英国的科学仍然是专业化的业余科学，这种局面一直持续了两百多年。甚至到 19 世纪 30 年代，德国科学家李比希（Justus von Liebig，1803—1873）访问英国时仍然感到"英国不是科学的国土，在那里，只不过有广泛分布的业余活动"。在科学已经成为一种社会职业的时候，有人认为，英国还是"业余科学的堡垒"。

在英国皇家学会成立的同一时期，法国于 1666 年成立了法兰西科学院。皇家学会的运行，主要靠上层人士的个人资助，而法国科学院则是在政府的资助下开展工作的；国家设置院士的编制，这些院士领取国家的薪金。虽然他们在数量上可谓凤毛麟角，仅限于少数精英人物，和后来发展起来的以科学为职业的大量的一般科学家还有所区别，但是作为从业余科学家向职业科学家转变的一种过渡形态，法国科学院的成立及领取国家薪俸的院士制度的出现是科学活动体制化和科学家社会角色形成的重要步骤。

二、科学的职业化

至 19 世纪，科学开始发展成为一种具有广泛性的、专门的职业，这使得科学家和技术人员这种社会角色在社会中稳固地确立起来。这一职业化过程首先以德国为主要代表。对这个历史过程，英国社会学家巴恩斯（Barry Barnes，1943—　）做过这样的描述："在 17 世纪和 18 世纪的大部分时间里，与那时的科学成就相对应的可以领取薪金的科学职位可谓是凤毛麟角。在英格兰可以指望找到很少一些这样领取薪金的科学职位；在法国，这类职位稍微多一些，但数量也不是很大。科学是一种业余活动，是那些有必要的财富和闲暇的人的一种消遣。17 世纪初，它是由绅士和贵族把持的，但是，到了 18 世纪末，它实质上已经走入了现付市场，而且中产阶级已经在科学中占据了主导地位，这是在整个欧洲商人、银行家、公务员、官僚、律师，以及其他人士的数量和资源不断增加的反映。毫无疑问，走入现付市场增加了科学职业化的压力。无论如何，在 19 世纪初，从实际数量上可以看出，从事科学的职业已出现了，而且随着时间的推移，这些职业继续大规模地增加。在教育系统中有相当大比例的职位被确定了，这在法国大革命后的学校中，以及稍后一点在德语国家的大学中表现得比较显著。"[1]本-戴维也指出："使科学获得一个与专门职业很接近的地位，并且使它变成一种有组织的科层性质的活动，这种转变发生在 1825 年到 1900 年间的德国。"[2]

德国科学技术活动以职业化为特征的高度体制化，是科学技术社会建制化的重要阶段。它不仅带来了学科的成熟和组织管理的完善，使得大量科学家能组织起来，开展大

①巴里·巴恩斯：《局外人看科学》，鲁旭东译，11～12 页，北京，东方出版社，2001.
②Joseph Ben-David. *The Scientist's Role in Society*：*A Comparative Study*. N. J.：Prentice-Hall, Inc.，1971：108.

规模的研究;同时,形成了科学技术与教育,科学技术与产业的结合。这对世界其他国家起到了重要的示范作用。

19世纪初,德国对大学进行改革,德国高等教育的改革和发展主要归功于普鲁士教育大臣洪堡(Karl Wilhelm von Humboldt,1767—1835),他促成了德国大学向现代大学的转型。一方面,德国对现有的大学进行全面的改革,呼吁将教学和研究有机结合起来,将科学技术引进到大学课程体系之中;另一方面,着手兴建一些体现现代教育思想的新式大学,如柏林大学(1809)、玻恩大学(1818)和慕尼黑大学(1826)等,由此产生了以科学技术研究与教育为职业的教授等。工艺学校专门培养工程师和技术人员,是德国高等教育的有机组成部分。

通过创立研究型大学实现科学知识生产与教学的结合,最能够体现德国科学职业化的特点和德国科学职业化过程中的制度创新。教学—科研研讨班充分体现了"科学研究和教学"结合起来的理念和原则。研讨班中不仅有担任指导的教授,还包括取得教学与研究资格的"收费讲师"作为教授的研究助手,以及来自全国乃至世界各地的学生,他们与教授和研究助手一起进行前沿的科学研究,并通过研讨接受科学研究的严格训练。教学—科研实验室体现了近代科学革命以来科学研究以实验为基础的特点,以及这种实验研究对科学研究组织方式的内在要求。这种教学实验室不仅进行精密科学的教学和训练,而且是真正进行科学实验研究的基地。最具影响和典范意义的教学—科研实验室,是由李比希1826年在一所规模较小的省立大学——吉森大学建立的。李比希在吉森实验室培养出19世纪最杰出的化学家,如"煤焦油化学化工之父"霍夫曼(August Wilhelm von Hofmann,1818—1892),苯环结构理论的创始人凯库勒(August Kekule,1829—1896)。此后,德国其他大学包括工艺学校,以及其他国家的大学纷纷建立实验室,卓有成效地进行科学教育和技术教育。

德国科学的体制化和职业化,还表现在工业研究实验室的建立和工业研发人员的出现。1865年建立的巴迪舍苯胺和苏打工厂(BASF,又译巴斯夫)以年薪5 000英镑聘用了当时的著名有机化学家卡罗(Heinrich von Caro,1834—1910),卡罗建立了巴斯夫公司的实验室,奠定了公司的科学研究基础。至1898年,巴斯夫公司已经拥有116名化学家。除了化学工业创建实验室以外,德国的电气工业(如西门子公司)和钢铁工业(如克虏伯公司)也创建了实验室。到20世纪初,德国工业实验室已经相当普及。工业实验室聚集了大量职业化的科学家,他们既分工又协作,既竞争又合作,大规模地"生产"发明,效率很高。有人称之为"发明的工业化"(industrialization of invention)。到20世纪初,德国工业实验室已相当普及。

科学的职业化具有极其重要的意义。科学职业化不但实现了"有闲和富裕的个人的消遣到正规的职业追求"的转变,更重要的是建立了保障并激励科学知识生产的社会制度，"随着职业科学家的出现，一种人们特别需要和期望的发展和改进现有知识的社会角色被确立了下来，而且，围绕着这个目标，人们建立并安排了一种社会制度，这就是科学。……科学在扩展和改进知识方面的确是独一无二的。随着 19 世纪科学的制度化，正好也给社会组织本身安置了一台巨大的推动变革的发动机。"①

德国科学的全面职业化，是助推德国科学在 19 世纪从相对落后到全面崛起，直至成为新的世界科学中心的关键因素。从 19 世纪中叶到 20 世纪 30 年代，德国几乎在所有的科学领域实现了全面领先，德国科学的职业化及其成功的实践，对世界范围内科学活动具有重要的示范效应。值得注意的是，科学职业化是一个历史过程，在科学职业化之后，科学职业的存在方式仍然处于不断的演变之中。在每一个时期，科学家的职业行为也都会表现出一定的特点和国家特征。

第二节 科学共同体与科学的规范

一、科学共同体

科学的体制化包括内部体制化和外部体制化两个方面。科学的"内部"体制化形成和建构了科学共同体内部的社会秩序。在社会学中，"共同体"（community）通常指与某一个地域范围相联系的人群，因而往往被作为"社区"的同义语。在《共同体与社会：纯粹社会学的基本概念》一书中，滕尼斯（Ferdinand Tönnies，1855—1936）曾把共同体区分为血缘共同体、地缘共同体和精神共同体三类。②

作为一个重要的科学哲学、科学社会学概念，"科学共同体"是在 20 世纪三四十年代提出的。20 世纪 40 年代，英国物理化学家波朗依（Michael Polanyi，1891—1976）在与社会学家贝尔纳（John Desmond Bernal，1901—1971）的论战中，抨击了计划科学的观点，力主学术自由、科学自由，进而提出了"科学共同体"概念。20 世纪 60 年代之后，库恩（Thomas Samuel Kuhn，1922—1996）在对"科学共同体"做了进一步的概括，认为"这种共同体具有这样一些特点：内部交流比较充分，专业方面的看法也比较一致。同一共同体成员很大程度上吸收同样的文献，引出类似的教训。不同的共同体总是注意不同的问题，所以超出集团范围进行业务交流就很困难，常常引起误会，勉强进行还会造成严重分歧。"③

---

①巴里·巴恩斯：《局外人看科学》，鲁旭东译，13～14 页，北京，东方出版社，2001。
②斐迪南·滕尼斯：《共同体与社会：纯粹社会学的基本概念》，林荣远译，65 页，北京，商务印书馆，1999。
③托马斯·S.库恩：《必要的张力：科学的传统和变革论文选》，纪树立、范岱年、罗慧生等译，292 页，福州，福建人民出版社，1981。

概括科学哲学家与科学社会学家关于科学共同体概念的分析,可以看出,以往人们往往在下面三种意义上使用这一概念。

第一,是价值观意义上的科学共同体。认为从事科学研究的科学家具有共同信念、共同价值、共同规范,科学系统构成了具有自主性的自我调节的共同体。强调科学作为独特自主的社会事业,主张科学是自由的,科学共同体需要自治。

第二,是社会学意义上的科学共同体。强调科学作为独特的社会建制,科学共同体作为非实体的组织方式,是科学这种社会建制的重要方面。它体现着在科学的社会建制中科学家的交往和互动模式与机制。

第三,是认识论意义上的科学共同体。强调作为共同体成员的科学家在认识选择上的一致性。比如,库恩把"科学共同体"与"范式"概念联系在一起。他认为:"'范式'一词无论在实际上,还是在逻辑上都很接近于'科学共同体'这个词,范式代表了科学共同体的共同信念和共同约定。而科学共同体则由一些学有专长的科学家所组成。"在这里,拥护共同的范式成为把科学家凝聚为科学共同体的认识论基础。

二、科学的行为规范

科学的行为规范通常是指科学共同体全体成员应遵行的秩序、准则与规范。科学共同体内部的社会秩序和行为规范的形成或建构,是科学"内部"体制化的核心内容。具体地说,一方面,围绕科学建制的体制目标的实现,科学家需要遵循共同的行为规范。共同的行为规范将科学家从分立的个体聚合为互动的社会群体,即共同体;另一方面,科学共同体具有维护科学建制体制目标和行为规范的功能,离开了通过科学家的自律、相互之间的交流与监督而构成的科学共同体,科学建制体制目标的实现、规范的维护和奖励的分配是无法完成的。

默顿开创了对科学家行为规范的分析研究。1942 年,默顿把科学家的行为规范概括为普遍主义、公有性、祛私利性和有组织的怀疑主义。在 1957 年《科学发现的优先权》中,默顿进一步提出了"独创性"规范和"谦恭的制度规范"。默顿认为,像其他建制一样,科学也有自身共享和传递的观念、价值和标准,它们是经过设计的,并用以指导科学建制内的人的行为。因此,默顿所论述的不是科学活动的具体规范,而是以"科学的精神气质"为基础的"约束科学家的价值和规范的综合",是科学价值观及具体科学规范形成的基础或制定的指导原则。

①普遍主义(universalism)。普遍主义规范有两方面含义,其一,关于真理的断言,无论其来源如何,都必须遵循先定的非个人性的标准,即要与观察和已被证实了的知识相一致,而与发现者的个人属性和社会属性无关。其二,科学职业对所有有才能的人开放,不应以任何其他理由限制人们从事科学事业的机会。普遍主义既排除了科学体制化初

期赋予科学职业的特权色彩,也为科学的自主性和科学的自治提供了理论根据。正是由于科学的普遍主义的规则深深地根植于科学的非个人性特征之中,而且这种普遍主义以科学所研究的自然对象及其规律的客观性为支撑,因此科学排斥任何把特殊的有效性标准加于其上的做法。可以说默顿的普遍主义规范既包含着民主的愿望,也包含着科学自治的理想。

②公有主义(communalism)。公有主义要求科学家公开发表自己的研究成果,而且科学家对自己的科研成果不具有独占权,科学发现是"公共知识"的一部分,其他社会成员都可以自由地学习和利用这种知识,而不必向知识的生产者付出任何代价。在默顿看来,科学是公共领域的一部分,这种制度性概念是与科学发现应该交流这一规则联系在一起的,事实也是如此,在自然状态下,公开化的程度往往决定着科学交流的充分程度,从科学家之间交互使用知识并在此基础上进行科学知识再生产的意义上讲,充分的科学交流不仅意味着科学知识的高效利用,而且意味着高效的科学知识再生产。

③祛私利性(disinterestedness)。祛私利性(有学者翻译为"无私利性")要求从事科学活动的科学家不应该因为对个人私利的追求影响科学事业,科学活动的唯一目的是发展知识而不是谋取私利。祛私利性并非一种对科学家行为的道德要求,而是一种基本的制度性要素,并不等同于动机层面上的利他主义或利己主义。默顿认为,没有令人满意的证据证明科学家是从那些具有不寻常的完美道德的人中招募的,但作为一种制度性的要求,祛私利性却可以抑制科学家的欺骗或违规行为,因为一旦制度要求祛私利的行为,遵从这些规范是符合科学家的利益的,违者将受到惩罚,而当这个规范被内化之后,违者就要承受心理冲突的煎熬。而科学成果的公开化和可检验性,以及科学共同体中科学家的相互监督为这种祛私利的制度安排提供了基础。

④有组织的怀疑主义(organized skepticism)。研究者有责任对他人的研究成果提出批评,也要允许别人对自己的研究成果提出怀疑,只要这种怀疑或批评是有根据的、有条理的,而不是毫无道理的妄加揣测。默顿认为,有组织的怀疑主义与科学的精神特质的其他要素都有不同的关联,它既是方法论的要求,也是制度性的要求。从方法论的角度看,由怀疑而发现问题,被当代科学哲学家视为科学研究的重要起点,也是高效生产科学知识的"技术性要求";从制度性的规范角度看,这种有组织的怀疑意味着对科学家同行工作的批评态度,是对科学共同体自治的内在要求,这种怀疑体现在两个方面。其一,通过对科学知识成果的怀疑,避免错误成为"公共知识",形成科学知识生产过程中质量控制的重要环节;其二,科学家间的相互监督,防止出现并及时纠正错误的行为。

⑤独创性(originality)。独创性规范是默顿1957年补充的一条行为规范。通过对科学发现优先权问题的分析,默顿意识到,在职业化的科学知识生产活动中,科学家同样有个人的利益追求,同样是需要激励的;而因为具有独创性的研究取得科学发现的优先权,

是获得这种激励的必要条件。他认为,正是在这个特定意义上,可以说,独创性是现代科学的一个主要的制度化目标,有时可以说是至高无上的目标。科学的奖励系统进一步在科学制度上强化了独创性并使之永久化。独创性要求科学家不能重复前人已有的工作和成就,只有做出了前所未有的发现和贡献,其工作才被认为对科学的发展具有实质意义。从科学活动的特点看,科学是对未知的发现,科学成果应该是新颖的,科学知识的可共享性和公有性内在地要求把独创性作为科学建制的制度性要求。这种观点也得到了其他学者的支持,默顿的科学规范从不同侧面塑造了科学家的行为方式和整体形象。默顿关于科学家行为规范的分析引起广泛的关注,也引起很大的争议,人们也从不同的角度提出其他的新的规范,对其进行补充和修订。

尽管存在争议,但默顿对科学家行为规范的分析仍有重要意义。一方面,默顿的分析解释了从"个体性的知识生产活动"如何形成了"社会性的知识生产制度",回答了这个自组织的社会过程应该有什么样的机制和条件的问题。另一方面,默顿关于科学家行为规范的分析揭示了科学知识生产中的制度性质量保障。

三、学院科学与后学院科学

默顿提出的科学规范结构更多的是针对"学院科学"而言的。"学院科学"的特点可以概括为三个方面:第一,科学知识生产主要以知识的内部演进为线索,以知识自身的进步为主要的考量;第二,科学知识生产的专业化分工,主要是按照所研究的对象的特点展开,即主要表现为基于研究对象的差异性的学科分工,因此,科学知识生产主要体现为"学科知识"的生产;第三,"学院科学"是一种以"学院"这类远离应用场景的组织建制为依托的科学知识生产模式。

然而,随着当代科学的发展,关于"科学"的总体概念和形象都发生了根本性的转变。齐曼(John Michael Ziman,1925—2005)将这种转变描述为从"学院科学"到"后学院科学"(post-academic science)的转变,他认为这是"一场悄然的革命":真实的科学正在不断地发展中越来越脱离原来的学术模式。后学院科学不仅仅是知识生产的一种新模式,而且"它是一种全新的生活方式"。它的逐渐兴起并确立对传统科学形成了冲击。

在后学院科学产生的过程中,传统的科学共同体图景正在改变,一方面,新的要素正在融入传统的科学共同体,并导致科学共同体的重构。另一方面,在当代社会发展和国际竞争的新格局下,政府要求科学系统的科学知识生产不仅在一般意义上通过生产"公共知识"服务于社会公众和人类利益,而且要更加紧密地与国家利益相连。此外,商业性因素也因企业主体的参与而更加广泛地渗透入科学系统中,与科学知识生产系统产生密切关联与影响。由此,传统的科学共同体开始分化为不同的利益集团,重构出不同的、新的共同体存在形态。如"科学—政治"共同体、"科学—经济"共同体和"科学—政治—经济"共同体等。这个过程是一个从单一价值和"共同利益"走向单元价值和多元利益的过程,也是一个内在地隐含着利益冲突的竞争过程。

首先是科学的制度化目标的变化。在依然保持传统的生产新的科学知识的使命外,科学的制度性目标中包含了新的要素。具体地说,在传统的"学院科学"中,科学建制的制度性目标就是"扩展证实无误的知识",这与科学家个人所追求的最高奋斗目标一致。而就"后学院科学"而言,在"扩展知识"的同时,促进知识"资本化"在一定条件下成为科学新的制度性目标。对建立两者之间的相容关系的努力也因此成为科学规范的一次深刻变革。

与制度性目标的变化相适应,科学的制度性规范也在发生变化。比如,保密、部分公开、保护性专利,以及保护知识产权的其他形式,明确地向科学的社会建制的两个核心规范——"祛私利性"和"公有性"提出了挑战。齐曼1994年提出了一套关于"产业科学"的规范,并认为这种产业科学的规范可以表述一般工业或者部分政府研究的特点。[①] 齐曼把这种产业科学的规范总结为五个方面,即"所有者的"(proprietary)、"局部的"(local)、"权威的"(authoritarian)、"定向的"(commissioned)、"专门的"(expert)。这些规范特征正好可以被缩写为"PLACE"。在齐曼看来,这似非偶然,寓意着为了做好产业科学,你适用的是"PLACE",而不是"CUDOS"[②]。

当然,PLACE规范的出现,绝不意味着在科学建制中默顿CUDOS的行为规范失去了意义。正如后学院科学并没有在事实上取代学院科学,默顿所分析的行为规范仍然会在这些科学活动中发挥着重要作用,更多表现为自由探索和兴趣驱动特征的学院科学也永远是科学的重要方面。PLACE规范的出现只是注意并表明,当代科学活动正在表现出多样性和复杂性,单纯从默顿的行为规范出发,无法全面理解当代科学社会建制的复杂性和新的特点。换言之,"后学院科学"是一种多元规范并存的科学形态,也是不同的规范结构在相互补充和相互冲突中各自得到完善和协调的科学发展形态,通过这些多样化的规范,科学共同体在与政府和企业的新型关系中履行着自己多样化的职责和使命,并以此更加直接高效地展现科学知识生产的多种社会功能。逐渐增多的学科和科学领域里发生的变革为科学家们同时达到两种目标提供了机会:对真理的追求和对利润的追求。这样,"独创性"规范成为中心,"公有主义"和"祛私利性"规范的道德约束作用正在淡化,制度约束作用正在以新的方式得以强化,科学知识生产的质量控制更加制度化。

正如埃兹科维茨(H. Etzkowitz)等人指出的:"默顿学派的科学规范对科学家做了这样的描述:他们不愿意直接把研究成果转化成货币价值。那些推销自己的研究的学院派

---

①约翰·齐曼:《真科学——它是什么,它指什么》,曾国屏等译,95页,上海,上海科技教育出版社,2002。
②"CUDOS"是默顿提出的五条科学规范英文词首字母的缩写,与英文kudos相近,齐曼在这里将"CUDOS"与"PLACE"相比较,寓意默顿的规范更强调科学家的"荣誉""声望"。

科学家被认为是异端。然而,1980 年以来,相当一部分学院派科学家逐渐开始把自己的学术贡献转化成可销售的产品从而扩大自己的利益,而不是一心一意只关注出版和同行的认可。而且,这些科学家得到了那些试图获得商业机遇的同行的尊重,并被后者视为榜样。""学院派科学家以前满足于名誉方面的回报,而把研究的金钱回报留给产业部门;这种制度性的劳动分工正在被打破,资金的压力加速了这个过程,因为教授和大学意识到研究事业类似于商业活动,为了维持下去就必须要有赢利。"①

第三节　科学管理与国家科技体制

一、科学与政府的关系

科学的"外部"体制化,或科学的外部社会建制化,是科学知识生产在整个社会分工体系中的社会建制化,涉及科学系统与系统外部社会之间的联系,和科学知识生产者(科学家)与其他社会角色(如政治家、企业家或其他社会集团等)之间的互动关系。

科学与政府、科学与社会之间的关系是科学建制形成中面对的重要问题。其中,科学与政府之间关系及其变化直接关切着科技政策导向。处理科学与政府之间的关系要解决的核心问题是:政府为何支持科学? 政府如何支持科学? 科学是否应该服务于国家目标? 科学何以服务于国家目标? 回溯历史,科学与政府之间的关系经历了从模糊而有弹性的实践探索上升到明晰而有理论根据的科学政策的历史演进。对科学与政府之间传统契约的认识,是理解当代科学与政府关系的新变化的基础。

在对科学与政府关系的不同理解基础上,不同的社会制度框架和发展模式等现实条件下,形成了各国处理科学问题和制定科学政策时所采取的不同态度和方式。在计划经济体制条件下,生产资料的公有制,以及政府的无限责任,支持科学发展也成为政府的责任之一,科学共同体在政府计划的整体框架下进行科学研究活动,政府建立相应的研究机构,提供科学知识生产所必需的经费、基础设施,以及相关的制度安排。在市场经济体制条件下,支持科学是否是政府的职责? 政府在何种意义上支持科学,以及政府应该如何支持科学? 关于这些问题长期存在着探索和争议。科学研究活动有其特殊性,特别是具有其探索性、创造性,基础研究与应用之间的关联不确定,使得政府对科学的支持和期望同科学共同体对政府的期待之间始终存在着矛盾。在第二次世界大战之后,万尼瓦尔·布什(Vannevar Bush,1890—1974)的著名报告《科学——没有止境的前沿》(*Science*:

①Henry Etzkowitz, Andrew Webster. Science as Intellectual Property, in Sheila Jasanoff et al. eds. *Handbook of Science and Technology Studies*. Thousand Oaks, Calif. : Sage Publications, c1995:480-481.

The Endless Frontier），对基于市场条件下科学与政府之间的传统契约关系进行了较为系统化的理论阐述。

在第二次世界大战期间，科学技术的发展对取得战争的胜利和保护国家的安全发挥了前所未有的重要作用。1944年11月17日，美国总统罗斯福（Frankin Delano Roosevelt，1882—1945）致信万尼瓦尔·布什，要求布什研究如何把战时的经验"有效地应用于和平时期"，以增进国民的健康，创办新企业以增加新的就业机会，提高国民的生活水准。在由杰出的科学家和其他相关专家组成的四个顾问委员会的协助下，万尼瓦尔·布什主持起草的《科学——没有止境的前沿》于1945年7月19日发表。该报告受到了高度的关注，被认为是"划时代的报告"。《科学——没有止境的前沿》试图回答的关键问题是：政府与科学之间应具有的关系，以及如何维护这种关系。这是该报告引起人们高度关注的原因。正如美国科学基金会第一任主任沃特曼（Alan Tower Waterman，1892—1967）所描述的，它是"美国政府与科学的理想关系的经典表达"。万尼瓦尔·布什的报告为推进美国政府支持科学提供了新的基础。

一方面，该报告指出，科学不仅是科学家个人的事业，而且是国家的事业。政府支持科学是极其必要的。科学对于国家安全的意义已经在两次世界大战中得到充分的证明，科学对于国家经济发展的意义同样不可忽视。因此，政府应当承担新的责任：鼓励新科学知识的涌现和青年人的科学才能的培育。另一方面，该报告强调要保证科学的真正繁荣，政府必须保障科学研究（特别是基础研究）中探索的自由。万尼瓦尔·布什认为，科学在广阔前沿的进步来自于自由学者不受约束的活动，在政府的任何科学资助计划下面，探索的自由必须受到保护。

万尼瓦尔·布什的上述观念和政策设想是以他对科学、技术与社会生产之间相互作用的线性模式的理论思考为根基的。这种线性模式的理论框架如下图（图25-1）所示。线性模式在本质上坚持了两个基本命题。命题1：基础研究是技术进步的先行官。从事基础研究的科学家对他的工作的实际应用可能完全没有兴趣，但是，如果基础研究长期被忽视，工业技术的更大进展将最终受制于此类基础研究成果的不足。命题2：基础研究是应用研究的知识源泉，但应用研究对于基础研究的反向作用却是消极的。除非制定审慎的政策来防止这一点，否则，在立刻要得到结果的压力下，应用研究总是要排斥纯科学研究的。这两个基本命题在布什的论证中是相互关联的。前者决定了"科学是政府应当关心的事情"，后者则为维护科学共同体的自治理想和传统的科学价值观提供了依据。把两者结合起来，则意味着科学共同体可以不必关心应用目标，也不必关心政府目标，却能够自然而然地为国家利益服务，国家也可以放心地资助科学并且不干预科学，却能够自然而然地从科学的发展中全面获益。

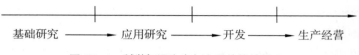

图 25-1　科学知识生产与应用的线性模式

对此,正如美国科技政策专家 D. E. 司托克斯在反思万尼瓦尔·布什的报告时所概括的:布什报告有深远影响的原因,不单单在于他制定了详细的政策蓝图,更在于当他和他的同事们争取让政府在和平年代加强对基础科学的支持,对研究进程的政府干预明显减少时,提出了对科学与技术的框架的思考。万尼瓦尔·布什对科学与政府之间这种传统关系的分析,对基础科学的特点及其与技术创新之间关系的观点,以及对美国国家科学基金会功能和机制的设想,深刻影响了"二战"后的科学政策,成为战后几十年里诸多国家科学政策的基础。近年来,关于科学、技术及其应用之间的线性模式受到了多种挑战,但争论的焦点不在于政府是否需要支持科学、技术的发展,而在于政府如何才能够从对科学、技术的支持中获得更大、更全面的回报。

二、政府的科技政策

在对科学与国家利益关系认识变化的基础上,政府资助科学的原则和依据发生了变化。对此,美国科学、工程与公共政策委员会的报告《科学技术和联邦政府:新时代的国家目标》有非常明确的论述:政府资助科学技术的原理发生了实质上的改变。新原理的基础在于:科学技术和国家宏观目标之间在工业运行、卫生保健、环境保护和军事安全等领域的关系越来越密切。为了从这种密切关系中充分获得利益,国家应该采纳明确的关于科学和技术的国家目标。这里所谓的"新原理",既体现了对科学社会功能的新认识,也体现了对国家目标的新界定。

由此,各国纷纷着手制定鼓励和支持科学技术活动的政策。根据联合国教科文组织(UNESCO)的定义,所谓科技政策指的是一个国家或地区为强化其科技潜力,以达成其综合开发之目标和提高其地位,而建立的组织、制度及执行方向的总和。可见,科技政策的主体是政府、立法机关等国家机构。科技政策的客体包括科技活动及其牵涉的或拥有密切利益关联的社会组织、团体、行为和现象,科技政策的明确目标取向就是促进科技的发展,使其有利于国家、社会的整体目标。换言之,科技政策就是政府为促进科技有效发展,以实现其整体建设目标而实行的各种重要制度及施政方针。

特别需要指出的是,各国政府在制定新的科技政策时,越来越多地注意到关于科学、技术与创新之间关系的线性模式的局限性。如《科学与国家利益》认为,今天的科学技术事业更像一个生态系统,而不是一个生产线。"在这里我们远离了万尼瓦尔·布什的信条,他提出的是一种在基础研究和应用研究之间的竞争。与此相反,我们承认在基础研究、应用研究和技术之间的密切关联,以及它们的相互依赖性,认为其中一方面的进步有赖于另一方面的进展。"[①]

反思上述事实,问题并不在于可以因此怀疑科学知识生产在当代的重要性,而在于要重新理解关于科学知识与技术创新关系的传统观念。人们意识到要用一种关于科学与技术之间的"非线性的交互作用模式"来替代万尼瓦尔·布什提出的"线性作用模式",以此作为科技政策的理论根据。从科学与技术相互作用的"非线性交互作用模式"出发,要求人们放弃一种理想化的信念,即科学共同体对认识目标的追求终将自动地满足政府的应用目标和政府对科学的期望。相反,它主张处理好科学与政府关系的关键是把对科学研究前景的判断和对社会需要的判断结合起来。科学家不应为了认识目标而排斥应用目标,或者有意识地回避应用目标,而是应该能够理解和适应必须符合社会需要的要求。应使科学家洞悉与他或她相关的社会目标的本质。

这种观念的变化,使得国家的科技政策在两个方面发生了重要变化。

第一,政府越来越强化了管理科学系统的职能。在线性模式认知下,政府在资助科学之后,往往将资源配置的决定权和大部分控制权委托给科学家自己,不但使科学家具有学术探索的自主性和相对的独立性,而且由科学家进行科学系统的自治和管理。但随着历史条件和科学自身发展特点的变化,政府的科学资助方式发生了明显变化,政府正在从资助科学事业向管理科学系统转变。为了强化政府对科学技术的管理和领导职能,美国于1993年成立了国家科学技术委员会,由总统兼任主席,成员包括政府各相关部门领导。同时,还成立了总统科学技术顾问委员会,吸收学术界和产业界的人士参与科技决策。此外,加强对政府资助的科学活动和科技计划的评估也成为当代科研管理的重要手段。

第二,政府越来越强调科学政策与技术政策、创新政策的协调和整合。科技政策纳入了国家创新系统的分析框架,使科技政策和创新政策成为连贯的、统一的政策体系正在成为科技政策的新走向。国家创新系统的概念直接使决策者注意到可能的系统失灵,这种系统失灵会与一般被人们更多认识到的市场失灵相伴而生。系统中活动者之间缺乏相互作用,公共部门的基础研究与工业界的应用研究之间配置不当,技术转移机构的失效,以及产业部门信息获取与吸收能力的不足,都会限制创新和知识的扩散。寻求改进这些相互作用,政府能够为系统中各要素之间有效的合作提供基础。

高效的创新系统需要综合的、连贯的政策体系支持。良好的政策体系以单个的手段与整体的目标的融洽配合为特征,也以不同政策领域中的手段与目标的兼顾、协调为特

---

①威廉·J.克林顿、小阿伯特·戈尔:《科学与国家利益》,曾国屏、王蒲生译,27页,北京,科学技术文献出版社,1999。

征。这不仅包括同时间的政策行为的协调,而且也包括对与原本追求其他目标的政策之间的可能发生的相互作用的估价,而这意味着要在国家创新系统的分析框架下,要使以往相互分离的科学政策、技术政策与产业政策和经济政策等相互协调和整合为具有综合性和连贯性的创新政策。这也体现了近年来各国调整科技政策的基本趋向。

20世纪以来,科技政策不但在各国政策体系的地位日益重要,而且科技政策也越来越成为有内在结构的相对独立的系统。具有一定系统性的科技政策不但是科学技术活动社会建制化的重要内容,也成为国家科技体制的重要支撑。

三、国家科技体制的形成

随着科学研究驱动机制的复杂化,以及科学与政府关系的基本理念的变化,一方面,政府纷纷建立和扩大政府支持的科学研究机构,如美国建立了850多个国家实验室,雇员达到20万人;法国的国家科研中心包括了1 300多个科研机构;日本各省厅大多设有科研机构,从事不同类型的科学技术研究与开发。另一方面,各国先后建立了对科学研究人员进行科研活动的资助机制,如20世纪50年代初成立的美国科学基金会。在大力支持科研活动的同时,政府普遍开始更为积极、全面地履行其对公共科研的管理职能,如何加强科研活动的资源整合,促进研究者之间的集体合作,运用各种政策工具努力促使和引导科研活动更加面向国家的战略需求和公众的切实利益,便成为一个各国政府不断探索完善的命题。

而20世纪90年代以来关于国家创新系统的研究也使得科学与其他经济社会活动之间的互动关系被纳入了国家科技政策的视野中,进而对政府的科技管理系统产生了重大的影响。OECD在1996年《以知识为基础的经济》的研究报告中认为:在以知识为基础的经济中,"国家创新系统的结构是一个重要的经济决定因素,这种结构由工业界、政府和学术界之间在发展科学和技术方面的交流和相互关系构成"。国家创新系统的视角使人们更清晰地认识到:知识的创造、扩散和利用已经成为经济增长和变化中的至关重要的因素,科学系统成为国家创新系统中的一个基本部门,其与其他创新主体之间相互支持、相互适应,促进国家创新活动。这一框架形成了国家科技体制制定的新思路。

由于国家政治体制、经济体制、文化传统和思想观念的基础不同,科学技术活动的发展历史各有特点,社会发展对科学技术的需求和围绕科学技术的社会集团利益关系也各有差异,因此,科学技术的组织方式、制度安排、组织体系和运行机制等制度安排千差万别,各国的科技体制表现出显著的国家特征。但总体来看,各国的科技体制可以概括分为三种类型:多元分散型、高度集中型和集中协调型。

多元分散型模式以美国和英国的科技体制为代表。其特点是:政府对科技的直接管理和干预较少,多用间接的手段(如法律、政策等)对国家科技的发展实行宏观调控,没有统一、确定的科技政策和宏观指导方针,政府只对基础性的、国防的和社会环境等方面的研究进行投资,其他研究活动主要靠市场机制来调节,因此管理方式多元化,组织结构分散化。这种模式有利于保持科技系统的活力和社会对科技研究活动的积极性,引导和培育整个社会的创新精神、探索精神和合作精神。

高度集中型模式以苏联和法国的科技体制为代表。其特点是:强调中央政府在科技发展中的主导作用。政府是国家科技活动的主要投资者,对资源配置方面起决定性作用;政府对科技发展方向和布局进行统一规划,并直接介入从研究到生产的全部过程。政府集中领导科技工作,并有金字塔式的层次分明的管理机构。就集中程度而言,市场经济体制的法国远远低于计划经济体制的苏联。这种模式对于一个国家在科技资源较为薄弱的情况下快速发展科技较为有利,但是长期来看,则容易造成科技系统长期创新动力不足、组织结构僵化封闭的弊端,从而不利于科技的长期发展,以及科技与经济的结合。

集中协调式模式以德国和日本的科技体制为代表。其特点是:在市场机制因素的引导下,设有专门的宏观管理部门对国家的科技发展进行管理和规范。产业界是国家科技活动的投资主体,政府通过统一而配套的方针政策,将政府与民间的各种要素纳入统一的科技发展轨道。这种模式一方面有利于科学系统自组织能力和程度提高,从而在某种程度上有利于科学的自由探索;另一方面,研究和投资的绩效、研究机构的灵活性和活力都尚须加强。

近年来,为了适应知识经济发展的要求,各国政府互相取长补短,对原有的科技体制都进行了不同程度的改革,多元分散型和高度集中型有向混合型发展的趋势,三种模式的区分也不再有绝对意义。但是对于各国政府而言,如何实现政府的宏观干预的科学性,以及如何在宏观管理与发挥市场机制的作用之间保持适度的紧张,一直是一个需要审慎对待的问题。

参考文献

1. R. K. 默顿:《十七世纪英格兰的科学、技术与社会》,范岱年等译,北京,商务印书馆,2000。

2. R. K. 默顿:《科学社会学》(上下),鲁旭东等译,北京,商务印书馆,2003。

3. 北京大学哲学系外国哲学史教研室编译:《十六—十八世纪西欧各国哲学》,北京,商务印书馆,1961。

4. J. D. 贝尔纳:《历史上的科学》,伍况甫等译,北京,科学出版社,1957。

5. J. D. 贝尔纳:《科学的社会功能》,陈体芳译,张今校,北京,商务印书馆,1982。

6. 巴里・巴恩斯:《局外人看科学》,鲁旭东译,北京,东方出版社,2001。

7. 斐迪南・滕尼斯:《共同体与社会:纯粹社会学的基本概念》,林荣远译,北京,商务印书馆,1999。

8. 托马斯·S.库恩：《必要的张力：科学的传统和变革论文选》，纪树立、范岱年、罗慧生等译，福州，福建人民出版社，1981。

9. 约翰·齐曼：《真科学——它是什么，它指什么》，曾国屏等译，上海，上海科技教育出版社，2002。

10. 威廉·J.克林顿、小阿伯特·戈尔：《科学与国家利益》，曾国屏、王蒲生译，北京，科学技术文献出版社1999。

11. 伯纳德·巴伯：《科学与社会秩序》，顾昕译，北京，生活·读书·新知三联书店，1992。

12. 万尼瓦尔·布什：《科学——没有止境的前沿》，范岱年译，北京，商务印书馆，2004。

13. 樊春良：《全球化时代的科技政策》，北京，北京理工大学出版社，2005。

14. Joseph Ben-David. *The Scientist's Role in Society：A Comparative Study*. N. J.，Prentice-Hall，Inc.，1971。

15. S. Jasanoff et al.（eds.）*Handbook of Science & Technology Studies*. Sage Publications, Inc. 2001；希拉·贾撒诺夫等编：《科学技术论手册》，盛晓明等译，北京，北京理工大学出版社，2004。

进一步阅读材料

1. R. K. 默顿：《十七世纪英格兰的科学、技术与社会》，范岱年等译，北京，商务印书馆，2000。

2. J. D. 贝尔纳：《科学的社会功能》，陈体芳译，张今校，北京，商务印书馆，1982。

3. 万尼瓦尔·布什：《科学——没有止境的前沿》，范岱年译，北京，商务印书馆，2004。

4. 威廉·J.克林顿、小阿伯特·戈尔：《科学与国家利益》，曾国屏、王蒲生译，北京，科学技术文献出版社，1999。

5. 约翰·齐曼：《真科学——它是什么，它指什么》，曾国屏等译，上海，上海科技教育出版社，2002。

第二十六章

近现代科学技术在非西方国家的传播和转移

在科学的发展历程中,西方近现代科学向非西方国家的传播和转移,是一个非常值得关注的话题,也是科学史领域的研究中近年来越来越为兴盛的研究课题。通过关注这一问题,有助于人们认识和理解产生于西方的近现代科学如何传播到世界各国,如何被非西方国家接受,及其在这种传播中所遇到的阻力和出现的变形,以及它对于非西方国家所产生的影响。本章以俄罗斯、日本和印度的三个案例,来对此做出简要的说明。关于近现代科学向中国的传入,则将在下一章专门进行更加深入的讨论。

第一节　近代科学在俄罗斯的移植

到 17 世纪末期,俄罗斯虽然拥有建筑、枪炮制造、医疗和农业等实用的传统知识技能,但没有普及的民众教育体系,没有西方近代科学知识产生的条件和环境,仍被排斥在欧洲工业文明的大门之外。

彼得大帝(Петр первый,1672—1725)在政治、经济、军事等方面完成了一系列"脱俄入欧"的改革措施。在他的各项改革成果中,引入欧洲的科学技术具有重要的历史作用。

俄罗斯近代科学技术起源于 17 世纪末到 18 世纪初期彼得大帝引入西方近代科学思想和科学体制。

一、吸纳西方近代科学思想和科学体制

彼得大帝对所有未知事物充满好奇心。1697—1698 年,彼得大帝微服出访荷兰、英国和丹麦等国。在那里研修了造船术和航行术;在大学和博物馆观看教师讲授天文学和

解剖学课程;经列文虎克(Antonie van Leeuwenhoek,1632—1723)的指导看到了显微镜下的物体;参观了英国皇家学会的实验设备;借助格林尼治天文台的望远镜看到了金星;与哈雷(Edmond Halley,1656—1742)、牛顿(Isaac Newton,1643—1727)等著名学者会晤;购置了大量书籍、实验设备和地球仪。彼得大帝还在阿姆斯特丹与出版商达成出版协议。根据这一协议,俄国人从阿姆斯特丹得到了第一批俄文世俗读物和地图,包括俄语《算术》书(1703)、俄语《地理学》教科书(1710)、《波罗的海洋图》(1714)和《波罗的海全图》(1719—1723)。总之,这次欧洲之行使彼得大帝直接接触到当时欧洲的先进理念和科学精神,开阔了视野,为其绘制俄罗斯未来发展宏图奠定了认识基础。

彼得大帝通过一批受过西方高等教育的幕僚与莱布尼茨建立了深厚的友谊,不仅保持通信往来,而且多次会晤。莱布尼茨力劝彼得大帝走科学救国的道路,并建议他建立图书馆、博物馆,最终建立科学院和大学。彼得大帝听取了幕僚和莱布尼茨的建议,把引入欧洲科学文化和工业文明成果作为实现俄罗斯融入欧洲的捷径。

为了尽快赶上欧洲先进国家,彼得大帝采取了若干积极有效的措施。例如,1701年彼得大帝下令在莫斯科开办数学—航海学校,同时向国外选派留学生,为俄罗斯培养了第一批急需的技术人才。1708年,颁布全国采用国家字体的命令,为在全国普及知识奠定了基础。1714年,在夏宫设置第一个皇家图书馆(俄罗斯科学院图书馆的前身)。1717年,再次出访欧洲,走访包括巴黎科学院、动物园、天文台等各种学术机构,了解学术机构的组织形式;搜集各种标本,购置了价值约1 000卢布的天文观测仪器和实验设备;与包括巴黎天文台台长在内的著名学者交谈,邀请他们到俄罗斯工作。1718年,彼得大帝在圣彼得堡的瓦西里岛建立了俄罗斯第一个博物馆——珍品陈列馆[①],陈列了他和其他人在欧洲采集的民族学、人类学标本,以及购置的天文仪器。

1724年2月2日(俄旧历1月22日),俄罗斯国家枢密院讨论并通过了《科学与艺术研究院章程草案》[②]。1724年2月8日(俄旧历1月28日),彼得大帝颁布创立彼得堡科学与艺术研究院的命令。从此,俄罗斯拥有了国立科学院,在科学体制化的道路上迈出了重要的一步。

二、彼得堡科学与艺术研究院的体制及特点

彼得堡科学与艺术研究院是俄罗斯科学院的最初形式,注重学者传统与工匠传统的结合,强调俄罗斯科学所具有的实践性与综合性特征。

《科学与艺术研究院章程草案》(以下简称《章程草案》)规定了彼得堡科学与艺术研

①珍品陈列馆(Кунсткамер)从1728年起对市民开放。1747年失火之后重建。目前,珍品陈列馆属于俄罗斯科学院,全称为"俄罗斯科学院彼得大帝人类地理学和民族学博物馆(珍品陈列馆)/罗蒙诺索夫博物馆"。
②《科学与艺术研究院章程草案》——"Проект положения об учреждении Академии наук и художеств"。

究院的性质、目的、组织机构、学术研究领域和日常工作管理等内容。

《章程草案》规定：科学与艺术研究院属于国家机构，由国家枢密院监管，每年获得国家经费资助 24 912 卢布；科学院的研究人员属于国家的专职人员，"自上而下"地由枢密院挑选、任命，院士们没有自由选举权（这条规定直至 1747 年才得到修订，即从 1747 年以后，俄罗斯科学院院士开始由科学院自由选举）；国家为研究人员配给年薪、住宅、木柴和蜡烛；彼得堡科学院的研究人员无论国籍，其一切活动属于俄罗斯国家行为，其成果归俄罗斯国家所有。建立科学与艺术研究院的目的在于提升国家名誉，繁荣人类知识，促进国民教育。

科学与艺术研究院拥有数学（包括理论数学——对算术、代数、几何的理论研究；应用数学——对天文学、地理学、航海学所需要的数学研究；力学数学）、物理学（包括理论物理学、实验物理学；天文学；化学；植物学）、人文学科（包括演说与文言、古代与近代史、自然法与公共法、政治学与伦理学）三级研究领域。建院初期共设 11 名院士并兼职教授。

科学与艺术研究院下设附属中学（1726—1805）和附属大学（1726—1766），科学院成员肩负发展科学和普及知识的双重功能使命。

与同时期欧洲其他国家的科学学会和科学院相比，彼得堡科学和艺术研究院拥有"从外向内、自上而下、先研后教、为国利民、融文兼理"等特点。

俄罗斯科学的发展是从外源化逐渐实现"本土化"的过程。不仅彼得大帝的科学认识全部来自俄罗斯之外的其他欧洲国家，而且，彼得堡科学与艺术研究院的早期成员也全部从国外聘请。例如，法国天文学家德利尔（Joseph-Nicolas Delisle，1688—1768），瑞士柏努利家族中的数学家、力学家尼古拉·柏努利 I（Johann Bernoulli Ⅰ，1667—1748）及其两个儿子——丹尼尔·柏努利（Daniel Bernoulli，1700—1782）和尼古拉·柏努利 Ⅱ（Johann Bernoulli Ⅱ，1710—1790），德国数学家哥德巴赫（Christian Goldbach，1690—1764），德国年轻学者、后来成为著名历史学家的米勒（G. F. Miller，1705—1783），以及瑞士的年轻学者、后来享誉世界的欧拉（Leon hard Euler，1707—1783）等。

18 世纪在彼得堡科学与艺术研究院供职的 110 名院士和研究助理（адъюнкот）中，75% 是欧洲其他国家的学者（包括 67 名德国人、7 名瑞士人、5 名法国人、2 名瑞典人、1 名英国人、1 名西班牙人）。

彼得堡科学与艺术研究院在 18 世纪仅有 27 名俄罗斯研究人员（其中包括 7 名非俄罗斯族人）。这些早期被培养起来的俄罗斯学者的经历大致相同：科学与艺术研究院从莫斯科的"斯拉夫-希腊-拉丁学院"挑选既懂德语，又懂拉丁语，而且有一定数学基础的俄罗斯年轻人进入科学与艺术研究院附属中学（或大学）学习，然后被送到德国等欧洲大学深造，学成后回科学与艺术研究院担任研究助理，进而当选科学院的院士。随着俄罗斯学者的逐渐成长，俄罗斯科学不断发展。1754 年年末到 1755 年年初彼得堡科学与艺术研究院正式出版全俄文的学术杂志《职员益娱月文》[1]，这标志着俄罗斯科学"本土化"的进程进入到新阶段。

彼得堡科学与艺术研究院与欧洲其他国家的科学学会和科学院的创建动力不同。如果说欧洲其他国家的科学学会和科学院的创建多数都依靠学者倡导、由皇权批准的"自下而上"的推动力，那么，彼得堡科学和艺术研究院则是顶层创建制，即在彼得大帝的运筹帷幄和不懈努力下，从无到有、从小到大、"自上而下"发展起来的。俄罗斯"自上而下"创建科学院的历程不仅因为俄罗斯是一个既专制、又相对落后的国家，更由于这个专制国家的君主坚信发展科学是改变国家命运的途径之一。

彼得堡科学与艺术研究院的另一个不同表现在：先建立科学院，再以科学院为教育基础，建立高等教育体系乃至国民普通教育体系；科学院的地位高于高等院校。因为俄国原来既无大学，又无科学院，从迅速促进国家发展目标出发，应站在与欧洲其他国家不同的新起点上。科学院主要从事数学、物理学和博物学研究，必须进行学术研讨。而大学主要从事教学工作，不必召开学术研讨会。所以，俄罗斯科学和教育的发展采取"筑巢引凤""以凤养雏"的战略。1726年，彼得堡科学与艺术研究院开办俄罗斯第一所国立大学和中学。1755年，罗蒙诺索夫（Mikhail Vasilyevich Lomonosov，1711—1765）创办了莫斯科大学[2]，从此，俄罗斯拥有本土化的公民高等教育体系，但是，科学院在俄罗斯始终拥有高于高等教育体系的地位。

由于彼得堡科学与艺术研究院拥有"百分之百"的国有权属，所以，其国家化的目的非常明确。比如，在科学院创建后进行了大量科学考察，特别是两次大规模的堪察加科学考察（1725—1730和1732—1743），考察队到达美洲岸边（1741），勘测了西伯利亚地区、北方海域和堪察加半岛的疆域。著名法国物理学家麦兰（D. de Merand）于1736年评价道："彼得堡科学与艺术研究院从创建之日起就达到了巴黎科学院和伦敦皇家学会用60年持续工作才达到的水平。"[3]

彼得堡科学和艺术研究院汲取了博洛尼亚和柏林文理不分家的传统，具有综合化的特点。主要表现在科学院的学科设置既包括了自然科学，也包括了人文学科的内容；既有纯理论研究，也有实验、实地考察等经验研究；既有基础研究，也有应用研究。而综合化的特点一直被保持到如今俄罗斯科学院的研究领域设置中。

从人类历史的角度来看，彼得堡科学和艺术研究院的创建不是一个简单的机构成立事件，而是重要的历史坐标，是俄罗斯近代科学的发源地，是俄罗斯科学学派成长的沃

---

①《职员益娱月文》：《Ежемесячные сочинения, к пользе и увеселению служащие, Monthly Compositions for Use and Entertainment》。

②为纪念罗蒙诺索夫的贡献，莫斯科大学现在的校名全称是"以罗蒙诺索夫名义命名的莫斯科国立大学"（Московский государственный университет имени М. В. Ломоносова），简称"莫大"（МГУ）。

③Осипов Ю. С. Академия наук в истории российского государства. М.：Наука，1999：29.

土,是培养俄罗斯科技人才的摇篮,是俄罗斯科学体制化的开端。

由此可见,没有从西方移植的科学思想及科学体制,就不可能有 300 年来俄罗斯科学技术的蓬勃发展。

第二节　日本的近代化及其科学观的演变

如果说近代科学在西方的诞生,起因于生产力的发展,尤其是大航海和工场手工业的进步;那么对日本说来,近代科学的发生和发展却没有自发地出现上述因素。19 世纪中叶,在西方列强的压力下,日本被迫结束了闭关锁国的状态并由此拉开了近代化的序幕。以明治维新为契机,西方近代的科学技术被大规模地引进日本社会,它促进了这里的变革,并在这片土壤上以独特的方式实现着其自身的生长。

从思想史的维度来看,伴随着日本社会政治和经济的发展,日本民众的科学观也不断发生着相应的演变。从 1868 年的明治维新开始,到 20 世纪 30 年代以后,日本政府发动全面的侵华战争,近代科学在日本社会中形象的变化大致可以划分为三个阶段。

一、明治维新中科学观的转变

在日本,明治维新之前并非没有科学。几乎与近代微积分在西方的发展齐头并进,以关孝和(1642—1708)为代表的日本“和算”家们,也推动了这门学科实现了在日本的独特发展。正如江户初期(1627)出版的《尘劫记》中所记载的那样,“和算”原本是一门受到中国传统数学的影响,从农业、商业和手工业的需求出发,而发展起来的实用科学。与西方的近代数学相比,它同自然科学的理论和课题间的联系十分薄弱。尽管日本的和算家们也常常使用“无用之用”“思考的游戏”等词汇来展示他们的精神世界,这一方面固然体现了和算自身后来的发展;然而更重要的是另一方面也体现了日本生产力自身的发展还难以达到同当初的“和算”知识相结合的程度。

明治维新以后,日本近代化的特征之一便是跨越了曾经孕育了近代科学的工场手工业阶段,从幕府时期的个体工商业阶段,直接迈向了机器化生产的大工业时期。导致这样一种特殊飞跃的历史动因,首先是打破那种闭关锁国局面的外部压力。在这种压力下,日本的发展逐渐纳入世界资本主义的体制当中。而帝国主义时代海外资本的压迫,不仅导致日本生产力的发展受到了外部的极大制约,而且使科学技术的发展,在这种环境中失去了独立、自发的可能。

明治维新中西方近代科学技术向日本的移植,在所谓“殖产兴业”和“富国强兵”的口号和政策导向下,主要是服从于工业发展和改善国防的需求。作为这一时代日本伟大的思想家,福泽谕吉(1835—1901)认为,国家的独立是目的,而国民的文明则是达此目的之手段。为了避免成为列强附庸,日本国民应当以寻求世上一切学问为己任。而这里所说的学问,与以往和算家们那里"无用之用"的学问不同,它应当是面向实际的所谓有用之学。

在上述观念的主导下,日本明治政府引进西方近代科学技术的努力,更多地集中于那些与国防和工业技术相关的实用科目上。在此过程中,传统的学科逐渐被取缔,国家相继推行了用西方数学取代传统"和算"和用德国医学取代汉医学的政策。

西方近代科学在欧洲本土诞生的过程中,经历了一个对中世纪的自然观加以否定和变革的过程,这个过程无疑伴随着工场手工业的成长。工场手工业的发达,使得欧洲人终于以机械唯物论的自然观取代了中世纪的神学自然观,并使得在此基础上建立起来的自然科学,拥有了丰富、新颖的思想内涵。然而在日本的情况不是这样。当初在所谓"和魂洋才"的口号下,日本人移植和引进西方近代的科学技术,更加看重的是它的实用性方面,而忽略了作为其思想基础的自然观的内容。对于这种西方科学技术在日本社会中畸形发展的状况,当初日本政府聘请的德国教师贝尔茨也曾抱怨说,在日本人眼中,科学不过是一种工具。这工具可以任意地从一个地方拿到另外一个地方,并且拥有相同的功能,完成相应的工作。这真是一个天大的误解,因为在西方世界,科学绝非仅仅被当成工具来看待,它是一个有机的整体。而当欧洲教师们不遗余力地将那些科学的精神介绍给日本人时,却常常得不到预期的反响。因为在日本,人们对那些导致科学成果的精神内容的学习,似乎总是提不起兴趣。

二、大正时期(1912—1926)的民主主义与科学思想的发展

明治维新中所建立起来的专制主义天皇制国家,到了日俄战争以后,呈现出日益强化的军国主义倾向。与之相对抗,大正时期的日本也出现了短暂的要求政治民主和思想自由的社会风潮。该风潮席卷日本政治和文化的方方面面,并对科学思想的发展产生了深刻的影响。在大正民主主义运动中,人们高举思想自由的旗帜,在科学上谋求学术自由呼声也日益增强。于是人们看到,超越以往那种强调技术和实用的科学研究,此一时期思想上和哲学上的需求,亦成为推动人们开展科学研究的重要理由。

这一时期日本科学思想的代表人物之一,是著名的科学思想家田边元(1885—1962)。在那个量子理论的发展极为活跃的历史转折时期,田边元积极努力地吸收那个时代的新物理学成果,在对之展开哲学上深入分析的同时,开拓了日本科学认识论和方法论研究的广阔领域。田边元的哲学,就其立场而言,从属于当时科学从欧洲移植到日本过程中占据主导地位的新康德主义潮流。它不仅注重对构成其哲学基础的自然科学从认识论的角度加以批判,而且力图在自然科学新成果的基础上建立起新的形而上学。在认识论上,田边元对那种将科学看作实在的反映的唯物论见解持否定态度。在他看

来,科学的法则乃至实在本身都不过是思维的产物。尽管这种观念论的见解日后招致了人们的批判,然而就其将科学理论视为一个整体,并且强调了哲学对自然科学的重要性而言,田边元的观点对那时的日本科学说来,却无疑是充满新意的。与此同时,田边元还批判了当时科学中的实用主义倾向,在他看来,那种将科学中的真理仅仅视为指导行动的工具的观点,无法反映出真理的全貌。他强调基础科学的重要性,认为如果仅从实用性的方面去考虑科学的价值,那么像数学和现代物理学中的许多理论则都还一时难以看出其实际的用途。尽管如此,在科学家们那里,这些学科作为真理的价值丝毫不减,他们为此辛勤工作。由此体现出作为学问的自然科学为其自身的目的而独立存在的理由。

正是由于像田边元等人所代表的思想家们的工作,日本大正时代的科学,在思想和文化的层面上逐渐弥补了前一时期的不足,进而获得了更加健全和充实的发展。

三、"大萧条"时期的马克思主义科学观与法西斯主义科学

1929 年,美国华尔街的股票暴跌所引发的世界性经济危机也波及了日本。为了缓解国内矛盾,日本当局着力推行对中国的武装入侵。"九一八"事变以后,为了配合其海外的军事扩张,日本国内的政治和经济生活,也被拖上了军国主义的轨道。在科学技术领域中,打着振兴科学的幌子,日本政府大力推进着开发军事技术。

经济危机所导致的深刻的社会矛盾,在日本知识界中也造就出一批信仰马克思主义的思想家。他们中户坂润(1900—1945)便是一个杰出的代表。户坂润原本也是理科出身,后来转向了哲学。他毕业于京都大学哲学学科,毕业后历任大谷大学、法政大学教授。1932 年,他同日本著名科学史和科学哲学家冈邦雄等人一道,创建了日本知识界的左翼团体"唯物论研究会",并担任了该会的秘书长。由于该会成员日后同日本法西斯主义所展开的勇敢抗争,许多人受到了当局的迫害。户坂润本人也在战争中由于违反了当局的治安维持法而被捕入狱,并在战争结束的前夜,病死狱中。同田边元一样,户坂润早年也是一个新康德主义者。不过,他于 1935 年写成出版的《科学论》一书,被认为是日本最早用马克思主义唯物论的观点写成的科学论著作。户坂润的《科学论》的划时代意义在于,它向人们指出了日本军国主义支配下的科学技术所拥有的特质,并呼吁人们去关注自然科学所拥有的社会属性和意义。户坂润认为,科学的认识活动应当是人类社会实践活动的一个组成部分,因而人们必须关注科学活动的社会属性和它的影响。在他看来,科学的社会生产力属性,以及它所受到的来自生产关系的制约和作为意识形态所发挥的社会功能,都是值得我们去加以高度关注的现象。

如果说以往日本人的科学观——诸如前一时期田边元等人的新康德主义科学观——中,存在着将科学同社会生产实践割裂开来看待的倾向。户坂润从人的社会实践活动的角度去考察科学,不仅凸显出科学的社会属性,而且影响了一大批人学会用马克

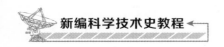

思主义唯物论的观点去认识和理解科学。

"九一八"事变后的 1932 年,日本政府为应对马克思主义在日本知识界,尤其是青年学生中所产生的日益广泛的影响,文部省成立了国民精神文化研究所。其宗旨是,通过对日本的"国体和国民精神的彻底探究……以建立一个足以对抗马克思主义的理论体系"。在当政者看来,马克思主义的出现是对西方科学及其思想不加批判和取舍地盲目引进的结果,对此,只有通过弘扬以国粹主义和天皇制国家主义为基调的"日本精神",才能够加以克服。尤其重要的是,自然科学被认为天生地拥有着唯物主义的性格,因而是产生科学社会主义的土壤。为此,自然科学所受到的来自法西斯阵营的攻击,一方面,体现了自然科学在日本社会中已深入人心;另一方面,也体现出这时的日本民众已经开始学会用科学的观点去认识和把握社会的发展和进步。

在强调日本精神的人们看来,军舰是汇集了全部科学精髓的机械。机械不够精巧的话,当然无法打胜仗,然而如果认为仅仅靠机械便可以决定战争的胜负,那可就大错特错了。因为驾驭机械的是人,而人的精神力量也是不可忽视的。事实上,正是这种力量造就了机器,并且掌控和驾驭着它。所谓日本精神,正如同人们所熟悉的弓箭那样,它是使弓、箭、标靶三者一体化的关键。这样说来,看似在强调日本独自的特点,但事实上,它否定了科学中注重实际、崇尚理性的要素。因此,日本精神论者们大都企图用所谓东方的整体主义和非理性的方法论取代科学中的分析与实证方法。

随着 1937 年日本全面侵华战争的爆发,政府当局对国内的言论和思想采取了更强烈的高压政策,1938 年,"唯物论研究会"的活动也被迫中止。

不过,对于日本法西斯主义统治当局说来,科学技术对于其全面推行侵略战争说来,也是必不可少的。尤其是 1939 年在蒙古的哈勒欣河战斗中,日本军队被高度机械化武装起来的苏联装甲部队打得大败,致使其军队和政府的上层官僚不得不认真地看待科学技术在战争中的作用。由此便不得不在非理性的日本精神论和强调理性的实证科学的对立物之间,去寻找一个折中或统一的路径。1941 年,身为生理学家和哲学上持主客观统一见解的文部大臣桥田邦彦提出,日本国民的教育应当在强化日本国体与精神教育和振兴科学这两者的统一中进行。战时日本当局所实施的科学技术动员,致使大批的科学技术人员卷入战时研究中。然而这种研究不用说远未能达成其既定的目标,而且带给日本和周边国家的人民带来了巨大的损害和牺牲。

第三节　近代化科技在印度的传播

欧洲于 15 世纪末、16 世纪初开始走殖民扩张之路,其目的是香料贸易和掠夺财富。1498 年,葡萄牙航海家达·伽马(Vasco de Gama,约 1469—1524)带船队绕过好望角,来到印度西海岸的卡里库特。这是西方殖民主义势力进入印度之始。随后,葡、法、荷、英都将触角伸到了印度。18世纪,葡萄牙的力量已经衰落。法国人处境不佳,荷兰人商业势力雄厚,但其他方面较弱。英、法经过一番争夺之后,英国人先征服孟加拉。印度最终沦为英国殖民地。①

列强靠着船坚炮利,踏上印度的土地之后,曾经缔造了伟大文明的印度人,曾经向全世界许多地区送过文明的人,要面对传入印度的欧洲文明了。近代科技在印度传播。传播的方式、速度等诸多方面,在不同阶段、不同地区各不相同。

一、近代化科技在殖民地时期印度的传播

殖民侵略是西方资本主义发展的海外延伸,是资本主义世界扩张的必然产物。殖民地时期西方科技在印度的传播呈现多样性和不平衡性。"英国在印度要完成双重的使命:一个是破坏性的使命,即消灭旧的亚洲式的社会;另一个是建设性的使命,即在亚洲为西方式的社会奠定物质基础。"②如果说殖民统治者的最初岁月是以血腥的、赤裸裸的表层掠夺为标志,那么,19世纪30年代殖民政策进入新阶段后,其破坏性和建设性双重使命都逐渐明朗。到了帝国主义阶段,其破坏性和建设性双重使命更加突出。③

1. 殖民地早期的零散和被动接受西方科技

欧洲人的直接的征服活动首先发生在沿海地区。欧洲的传教士、商人、官员到达印度之后,最多的是到达印度的沿海港市,其次为内地的行政和贸易中心,甚至首都的宫廷内。印度的农村,除非是在商路上,一般没有机会接触欧洲人。有机会接触西学的印度人,有贵族也有平民。传入的以应用技术为主。传播的效果各不相同。

欧洲人进入印度之后,有基督教徒甚至进入宫廷内。在莫卧儿宫廷里面,穆斯林学者和基督教徒举行过辩论。达拉王子经常会见布西主教,来讨论数学问题。一位叫达尼斯曼德·汉的莫卧儿贵族与伯米尔建立了长达6年的友好关系。其间,他们定期交流知识,包括天文学、地理和解剖学。伯米尔为这位赞助人将欧洲哲学家格辛迪(Pierre Gosserdi,1592—1655)和笛卡儿的著作翻译成波斯语,并与他讨论哈维(William Harvey,1578—1657)和玻凯特在解剖学与生理学上的发现。④

欧洲人踏上印度土地,从事生产经营、军事活动。他们衣、食、住、行所需物品也都是欧式的,反映出欧洲技术特点,如域外农作物、西医和多种用具等,是器物形态的,具有实用性。

---

①林承节:《印度史》,210~225页,北京,人民出版社,2004。

②《马克思恩格斯选集》,第2卷,70页,北京,人民出版社,1972。

③林承节:《对殖民时期印度史的再认识》,载《世界历史》,2006(5),55~60页。

④Ahsan Jan Qaisar. *The Indian Response to European Technology and Culture* (A. D. 1498—1707). Delhi, Oxford University Press Calcutta Chennai Mumbai, 1998:9.

在农业领域,葡萄牙人给印度带来了各种各样的新作物。最主要的有烟草、菠萝、腰果和马铃薯。马铃薯于16世纪末引种到印度的毕加浦尔,1618年在戈尔孔达广泛种植。16世纪末,有人将烟草从麦地那和麦加带来献给莫卧儿王朝皇帝阿克巴(1542—1605),皇帝没兴趣。后来,一位名叫阿萨德·伯格的人引诱阿克巴抽烟,阿克巴没能抵住诱惑,抽上了瘾。贵族们争相效仿,平民百姓也上行下效。阿克巴的继任贾汉吉尔(1569—1627)抵制也不起作用。如此大的需求量导致烟草种植迅速扩张。17世纪,印度变成了烟草出口国,出口到附近的国家,甚至到海外国家。[①]

在医学领域,16世纪初,葡萄牙人为求香料而迁居果阿(Goa)。其后,荷兰人、法国人、英国人竞相到来,但在他们看来,印度本土的阿输吠陀与中古时期由穆斯林带入的"尤那尼"同样地不科学。他们蔑视印度的土著医学是原始的、不成熟的,而依赖从本国派遣来的医生。在果阿,就有办得很好的教会医院。初期,阿输吠陀的医家与西方的医生基本上没有接触。但到了18世纪末期,由于梵文被威廉·琼斯(William Jones,1746—1794)发现,印度的传统学问吸引了欧洲的古典学者,故以梵文书写的医书亦受到文献学方面的注意。尤那尼医学使阿输吠陀有幸存活下来,西洋医学成为阿输吠陀复兴的原动力。实际上,自西洋式的大学在印度开办、西方医学在官方教育机构中教授之后,阿输吠陀亦得以与之相并列。[②]

就各种实用器物来说,像手枪、望远镜、船舶、玻璃、印花布等各种生产生活用品陆续被带到印度。在印度港口,欧洲人办有修船厂,以备欧洲人的货船前去休整。于是,在修船厂工作的印度人就有机会学习他们的修船技术。印染场的印度工人也有机会学习印染技术。在17世纪后半叶,在莫卧儿王朝的军队里,手枪与他们的弓箭、标枪等进攻性武器一起使用。

欧洲近代化科技传到印度之后,效果如何,取决于印度人的需要与印度人现有的接受条件等,有诸多的制约因素。

欧洲技术传入之前,印度人自己就有一定基础的技术,接受效果较好。如火药,印度人在欧洲人到来之前就掌握了火药技术。如果现做现用的话,印度人的火药并不比欧洲人的差。但是,印度人是靠妇女儿童在小草房里,用木杵和臼来捣原料的。硝酸钾无法提纯。这样生产的火药不耐存放。欧洲送来了粉碎机等,改进了印度火药生产技术。[③]这属于传播效果比较好的一类。

欧洲技术传入之前,在印度没有基础的技术,便在短期内就比较难以接受,如印刷术

①Ahsan Jan Qaisar. *The Indian Response to European Technology and Culture* (A. D. 1498—1707). Delhi, Oxford University Press Calcutta Chennai Mumbai, 1998:118-123.

②廖育群:《阿输吠陀——印度的传统医学》,50～51页,沈阳,辽宁教育出版社,2002。

③Ahsan Jan Qaisar. *The Indian Response to European Technology and Culture* (A. D. 1498—1707). Delhi, Oxford University Press Calcutta Chennai Mumbai, 1998:56.

就属此列。另有一类技术,因与印度固有的技术不接轨,如果直接拿来的话,也难以立刻为印度人所接受。如机械钟,欧洲人曾经将机械钟当礼物送给莫卧儿王朝的王公贵族,甚至他们手下当差的太监也有份。印度各阶层,都有大量的机会接触到机械钟。但是,印度的计时方式与欧洲人不同。他们将一昼夜的 24 个小时分成 60 个"伽里斯"。欧洲人将一昼夜 24 小时作 12 等分。显然,欧洲钟表对印度人来说,没有任何用途。所以,印度人没有像中国人那样顺利地接受机械钟。[①]

面对传入的欧洲科学技术,印度人所持的态度也各不相同,有的接受,有的排斥,有的为中庸。这要看印度人对它的认识和需要。只要存在合适的本土技术可供印度人采用,传入的欧洲技术便被忽视。印度人根据方便与实用或其他实际的考虑做出慎重的选择,没有特别的崇洋媚外,也没有特别的排斥态度。即使对有些欧洲技术持有消极态度,也不是单纯因为畏惧和憎恨外国人或因为保守等。需要与否,有无条件来吸收相关的技术,是最主要的因素。[②]

2. 殖民地后期的大量和主动的学习

进入 19 世纪之后,英国对印度的殖民主义剥削由早期的直接掠夺变成了充分利用那里的原料、市场和廉价劳动力资源来扩大再生产。为了实现这一目标,它就必须对印度实行现代化改造。他们建筑铁路、敷设电报线、建设现代企业、实现农业商品化、推广近代教育等。这一切,客观上推进了近代化科技在印度的传播。

在医学方面,西方近代医学影响了印度传统医学。进入 19 世纪,急速发展的西方医学传入印度,其有效性被所有人承认之时,印度传统医家分成了折中派和复古派两类。前者希望通过吸收西方医学的优点长处,补充增强阿输吠陀;后者希望清除西方医学,使黄金般的传统得以复活。折中派认为只要不忘阿输吠陀的精神,不妨采用外来的技术——特别是使用近代之器具的诊断技术。[③] 这一点,颇似晚清、民国时期中医遇上西医。

在农业方面,英国专家带来了近代化农业科技。1833 年后,英国东印度公司鉴于英国对茶叶的需要量日益增长,就在印度阿萨姆邦试种,结果成功。茶叶种植面积 1853 年为 2 000 英亩,到 1871 年增加到 31 000 英亩,产量从 366 万磅增加到 600 万磅。印度茶输往英国,逐渐取代了中国茶的地位。[④] 近代化种植技术与近代化加工技术在其中起了决定性作用。此外,在早期的近代化土壤科学、昆虫学和植物学等研究领域,此时间也都

---

①Ahsan Jan Qaisar. *The Indian Response to European Technology and Culture* (A. D. 1498—1707). Delhi, Oxford University Press Calcutta Chennai Mumbai, 1998:64-69.

②Ahsan Jan Qaisar. *The Indian Response to European Technology and Culture* (A. D. 1498—1707). Delhi, Oxford University Press Calcutta Chennai Mumbai, 1998:139.

③廖育群:《阿输吠陀——印度的传统医学》,51 页,沈阳,辽宁教育出版社,2002。

④林承节:《印度史》,281 页,北京,人民出版社,2004。

体现出了来自西方的影响并取得了相应的进展。

印度可耕地面积在亚洲占第一位,加之无霜期特别长、植物资源丰富,地处高纬度、耕地不多的英国将印度变为殖民地之后,便致力于那里的生物资源研究和农业开发。农学、生物学是殖民地时期在印度传播得最为有效的两个门类。

17—18 世纪,印度仍是自给自足的封建国家。其自然经济的特色是,农业和手工业没有明确分工。它有村社和种姓制,这是封建时代印度的自然经济与中国封建时代自然经济的不同之处。英国把印度变为自己的殖民地后,破坏了印度的自然经济。原农民和手工业者逐渐失去土地或失业。这样,产生出出卖劳动力为生的阶层,有利于印度资本主义的产生。英国在印度的殖民政策,从原始积累阶段进到自由资本主义殖民政策阶段。重心是,把印度变成英国商品的市场和原料产地。在印度办工业,修铁路,办原料加工厂,英国是经济上的受益者,客观上,促进了印度的近代化工业的产生和发展。

在此阶段,体现西方科学的影响的另一领域,是近代化教育与近代化知识的传播。

印度传统的教育,只让高种姓的人有上学的机会,课程内容为宗教性的和哲理性的,也有自然科学的。受过教育的人可以学富五车,没有受过教育的完全是文盲。19 世纪上半叶,随着英国在印度建立殖民统治,近代化教育由此产生。开始了以英语为教学媒介的西方式教育。传统的宗教学校逐渐淡出。1857 年,印度各省成立公共教育部。同年,在英属印度的三大辖区按伦敦大学的模式分别建立了加尔各答大学、孟买大学、马德拉斯大学。1947 年独立前,印度已经建立了 19 所大学。[①] 这些大学,给印度青少年提供了接受近代化教育的机会,为近代化科技在印度的传播提供了很好的机会。这些大学由英国人参与建设和管理。英国教师前去任教。教学语言为英语,形成传统。新成长起来的印度学界人士的英语听、说、读、写方面均达到沟通的水平。这很有利于印度学界与西方发达国家的交流,有利于现代化科技在印度的传播。正是在这些大学里,培养出印度土生土长的第一代科技精英。

英国在印度的殖民统治,虽然给印度人民带来了屈辱和灾难,但是,他们利用印度肥沃的土壤、超长的无霜期来发展现代化种植业,由此将现代化农学、微生物学、土壤学、植物学、昆虫学等传到印度。英国殖民者还利用印度的原料、廉价劳动力和市场等资源,在印度开办现代化工厂,带来了现代化技术。英国人带入的现代化工农业,需要懂现代化技术的劳动者和管理者,他们不得不在印度发展现代化教育。这在客观上推进了现代化科技在印度的传播,促进了印度的现代化进程。这就是后期的殖民统治对印度起的"建设性"作用。正是由于殖民地时期的这些基础,印度在获得民族独立之后,很快转入了科技、教育的现代化建设。

---

①刘建、朱明忠、葛维钧:《印度文明》,617 页,北京,中国社会科学出版社,2004。

二、独立后与发达国家的平等合作

1949 年,印度通过了宪法,获得独立。如果说,殖民地时期印度的现代化科技的传入与发展,是依英国统治者的需要而运行的,是畸形的,那么,独立后印度的现代化科技的传入与发展就是逐步走向健康道路,是依印度本国的需要而进行的。

1. 独立后印度科技的稳步发展

独立之后,印度制定了指引科学技术事业健康发展的政策,建立了完备的科学技术管理体制,该体制主要有中央政府、各邦政府、高等教育部门、公营和私营产业部门四个层次组成。印度的科技研究与开发活动基本在这一体系领导下进行。印度中央政府对科技政策的制定和科技活动负有直接领导责任。科学咨询委员会是印度政府最高科技咨询机构,成立于 1981 年,由各领域杰出科学家和高级工程技术专家组成,在国家计划委员会领导下工作。主要任务是为总理和隶属于内阁的科技委员会提供科技方面的情报和资料,加强科研、教育及企业间的联系,促进国际科技交流合作等,对印度科技方针政策的制定产生重要影响。同样成立于 1981 年的国家科技委员会是印度科技最高决策机构,由总理任主席。总理通过国家科技委员会掌握科技方针政策,科技国务部长掌管日常科技活动。原子能、空间技术、电子技术和海洋开发均由相关各部专任部长负责。其他各部、司也有相应的科技部门,其科技事务由部长向总理负责。农业、化学、化肥、民航、旅游、煤炭、国防、环保、食品、林业、卫生、内务、人力资源开发、石化、石油和天然气等领域的部门均设有科技管理机构。国家级的科研组织部门还包括直接从事研究与开发活动的组织,如科学与工业研究理事会、印度农业研究理事会、印度医学研究理事会等。[①]

印度科技部成立于 1971 年,负责制定科技政策,促进新科学领域的研究工作,组织协调并推动全国的科技活动。大学系统、私立研究组织、公营部门研究与开发机构和私营产业中的研究与开发中心数以千计。[②]

在过去的半个多世纪中,印度政府制定的正确科技政策和完备的管理体系,较为充足的经费和对高素质人才的持续培养等因素,使印度的科学发展水平一直在稳步提高,在科技基础设施、人才和成就等方面已经在世界上处于前列。印度在原子能研究、空间技术、信息技术、生物技术和海洋研究等高科技领域均取得了举世瞩目的辉煌成就。在原子能研究方面,印度发展核发电,在快中子技术上走在世界前列。1996 年,印度建成世界第一座用铀-233 做燃料的反应堆。印度成了第三世界唯一拥有设计快中子反应堆能力的国家。印度还将核放射技术应用于农业、工业和医学等领域,并有不少相关产品问

---

①孙士海、葛维钧:《列国志——印度》,352～355 页,北京,社会科学文献出版社,2003。
②孙士海、葛维钧:《列国志——印度》,355 页,北京,社会科学文献出版社,2003。

世。在空间技术方面,印度也取得了世界领先的地位,成为世界上第七位的空间技术强国。信息技术是印度发展速度最快的技术部门。海洋开发技术、生物技术的发展也很可观。印度的生物技术涉及农业、医学、动物、植物、海洋生物、生物多样性保护等许多领域。在绿色革命取得成果之后,又发展转基因育种和增加牛奶产量的"白色革命"。[①]

2. 重视教育与踊跃留学

印度重视教育由来已久。传统的印度人,学习语言文学和《吠陀》,能通一部、两部、三部、四部《吠陀》,是衡量一个人学问有多深的标准。欧洲人进入印度之后,为了让印度人有能力在欧洲人的企业或其他机构内为他们工作,在印度办一些教育机构,以培训印度人。英国殖民政府统治印度期间,一些英国学者曾在印度从事教育和研究工作。他们给印度的教育带来了新的教育理念和课程。印度近代许多名人,如诗人泰戈尔(Rabindranath Tagore,1861—1941)和政治家尼赫鲁(Jawaharlal Nehru,1889—1964)都曾留学英伦。1921 年,泰戈尔在今西孟加拉邦创办国际大学时,就先后邀请了多位英国学者任教。印度独立后,逐渐增强了与国际社会的教育交流。现在,印度政府每年向国外派遣公费留学人员数百名。他们之中的绝大多数前往美、英、德、法、加拿大、日本和澳大利亚等发达国家。英国是印度人留学的传统对象国,但 20 世纪 80 年代以来,留学美国的学生人数明显增加。

印度国父圣雄甘地(Mohandas Karamchand Gandhi,1869—1948)特别重视教育,他在任期间,亲手制定促进教育发展的政策,使印度教育快速发展,为印度培养出大批优秀人才。印度每年接受一万多名外国留学生到印度学习。印度教育部和隶属外交部的印度文化交流委员会具体负责有关交流项目。赴印度的外国留学生主要来自南亚邻国、非洲国家和阿拉伯国家。奖学金主要由印度政府提供。印度政府除有计划地与其他国家交换留学生外,对自费出国留学或从事科研工作的人员持积极鼓励态度。据不完全统计,印度每年有 4 万至 5 万人自费出国留学或在外国科研机构工作。印度与世界上六十多个国家签订了教育交流协议,每年都有教育和学术代表团互访。政府对教育机构的国际交流予以积极支持。印度不少教授在许多国家的大学里担任语言等学科的教职或合作进行社会科学与自然科学等领域的研究工作。同样,邀请国外学者在大学任教和从事科研工作也是印度大学现在的通行做法。[②]

参考文献

1. 鲍鸥:《国家元首对发展国家科学技术的作用——从俄罗斯科学院创建史看近代中国科学技术的

①孙士海、葛维钧:《列国志——印度》,356~363 页,北京,社会科学文献出版社,2003。
②刘建、朱明忠、葛维钧:《印度文明》,627 页,北京,中国社会科学出版社,2004。

历史性空缺》，见王奇主编：《多极化世界格局中的中俄科技、教育、文化交流》，北京，清华大学出版社，2004，197～205 页。

2. 洛伦·R. 格雷厄姆：《俄罗斯和苏联科学简史》，叶式辉、黄一勤译，上海，复旦大学出版社，2000。

3. 斯蒂芬·F. 梅森：《自然科学史》，周煦良等译，上海，上海译文出版社，1980。

4. 中国大百科全书出版社翻译：苏联百科辞典，北京，中国大百科全书出版社，1986。

5. W. C. 丹皮尔：《科学史及其与哲学和宗教的关系》，李珩译，张今校，北京，商务印书馆，1995。

6. Летопись Российской академии наук（1724—1802）Том 1 / Отв. ред. Н. И. Невская. СПб. : Наука，2000.

7. Летопись Российской академии наук（1803—1860）Том 2 / Отв. ред. М. Ф. Хартанович. СПб. : Наука，2002.

8. Летопись Российской академии наук（1861—1900）Том 3 / Отв. ред. М. Ф. Хартанович. СПб. : Наука，2003.

9. Ю. С. Осипов, *Академия наук в истории российского государства*. М. : Наука. 1999.

10. А. А. Родионов, *Наука Санкт-петербурга и морская мощь России*. СПб. : Наука. 2001.

11. Российской академии наук: 275лет служения России. /Отв. ред. В. М. Орел. М. : Янус-К，1999.

12. 加藤邦兴等：《自然科学概论》（新版），东京，青木书店，1991。

13. 古川安：《科学の社会史》（增订版），东京，南窗社，2000。

14. 村上阳一郎：《日本近代科学の步み》（新版），东京，三省堂，1977。

15. Ahsan Jan Qaisar. *The Indian Response to European Technology and Culture*（A. D. 1498—1707）. Delhi，Oxford University Press Calcutta Chennai Mumbai，1998.

16. 孙士海、葛维钧：《列国志——印度》，北京，社会科学文献出版社，2003。

17. 廖育群：《阿输吠陀——印度的传统医学》，沈阳，辽宁教育出版社，2002。

进一步阅读材料

1. 孙士海、葛维钧：《列国志——印度》，北京，社会科学文献出版社，2003。

2. 刘建、朱明忠、葛维钧：《印度文明》，北京，中国社会科学出版社，2004。

3. Ahsan Jan Qaisar. *The Indian Response to European Technology and Culture*（A. D. 1498—1707）. Delhi，Oxford University Press Calcutta Chennai Mumbai，1998.

第二十七章

西方科学技术的移植及其在中国的本土化

16 世纪末以前，中国始终按照自我发展的模式在世界文明圈中特立独行。尽管其间也有中外文化交流，但外来思想基本上融汇于中国传统文化的"汪洋"中，外来技艺也淹没在中华文明的"大海"里。中外交流的主要流向表现为中国传统文化与中华文明的成果向外邦传播、移植的"东学西渐"。

16 世纪末至 17 世纪初，在西方近代文明逐渐强盛的大背景下，意大利传教士利玛窦[①]给中国带来西方科学知识，开启了西方近代科学技术向中国移植的"西学东渐"进程。由于"西学东渐"改变了中国传统文明的延续模式和内涵，使东方中国开始植入西方近代文明元素，所以，利玛窦来华传教这一史实通常被作为划分中国近代科学技术史上限的标志。

中国近代曾出现过两次"西学东渐"高潮。第一次从 16 世纪末期到 18 世纪中期；第二次从 19 世纪中期到 20 世纪初期。两次"西学东渐"呈现出从外向内、从上至下的移植路径。在 20 世纪初期，中国相继建立了包括中央研究院（1928）在内的各种学术团体和研究机构，标志着中国近代的科学技术发展已经从"西学东渐"模式步入本土化的道路。此后十多年，直至 1937 年全面抗日战争爆发，本土化的中国科学技术向现代过渡。到 20 世纪中期，中国现代科学技术才真正起步。

因此，中国近现代科技史实际上是西方科学技术向中国的移植、在中国的本土化，以及中西科学思想融合、发展的过程。本章着重讨论两次"西学东渐"高潮、近代科学技术在中国本土化的表现等问题。

---

①利玛窦（Matteo Ricci，1552—1610）意大利传教士，明万历十年（1582）奉遣来华。

第一节 第一次"西学东渐"高潮（16 世纪末—18 世纪中期）

一、影响第一次"西学东渐"的几位著名传教士

1582 年,利玛窦为了传播天主教上帝的福音登陆澳门。他采取以传播西方知识为切入点、以依靠皇权为支柱的传教策略,通过向万历皇帝（1573—1620）敬献报时自鸣钟、《万国舆图》和西琴等物,成为第一位进入明都北京、取得合法地位的外国传教士。尽管利玛窦最初从主观上并未把传播西方近代科学知识作为主要工作,但在客观结果上,他成为"西学东渐"第一人。仅举两例为证。

第一,展示世界地图,传播西方地学知识。

1584 年,利玛窦在肇庆首次向中国官员展示了世界地图——《万国舆图》,同时介绍了大地球形说、五大洲四大洋说、地球气象结构五带说等知识,并讲解了投影作图法、经纬度测量法等西方测绘技术。受到他的影响,1584—1608 年间中国曾印制 12 种不同中文版本的建立在西方近代地学知识之上的《万国舆图》。它或多或少地起到了破除门户之见的作用,为中国人打开了重新认知世界的窗口。

第二,翻译科学著作,传播西方数学、物理学知识。

利玛窦在中国官员式学者①徐光启（1562—1633）、李之藻（1565—1630）等人的协助下,翻译、写作并出版了一批介绍西方科学技术的重要的著作。其中包括欧几里得《几何原本》前 6 卷（1605—1607,利玛窦、徐光启合译）;介绍西方笔算数学的著作《同文算指》（1614,利玛窦、李之藻合编）;介绍应用几何学的《测量法义》（利玛窦、徐光启合译）;几何计算题《浑盖通宪图说》（1614,利玛窦、李之藻合编）等。除此之外,利玛窦的助手熊三拔②也参与了翻译介绍西方知识工作。例如,介绍天文仪器的《简平仪说》（1611—1613,熊三拔、徐光启编著）;介绍西方水利工程方法和水利机械的《泰西水法》（1612,熊三拔、徐光启合译）。这些著作奠定了第一次"西学东渐"的学术基础。这种中西学者"口授笔录"的合作翻译形式为日后有效引入西方思想提供了样板。

据统计,从 1582 年利玛窦来华至 1780 年,共有 389 名耶稣会会士、数百名多明我会、方济各会等天主教其他教会的传教士到中国传教。③ 遵循利玛窦的传教策略成为在华传教士成功的捷径。

---

① 官员式学者即"仕",是中国古代特有的知识阶层。"学而优则仕"是中国古代学者的终极追求。所以,西方传教士如果要在中国立足,必须得到仕的接纳和认可。

② 熊三拔（Sabatino de Ursis,1575—1620）意大利传教士,明万历三十四年（1506）来华。

③ 顾卫民:《中国天主教编年史》,323 页,上海,上海书店出版社,2003。

　　天文历法不仅直接影响农业生产,而且关系到江山社稷,所以备受中国历代王朝的高度重视。从1629年起,为解决历法多年失修的问题,明崇祯皇帝(1628—1644)批准设历局,由徐光启主持,首次允许招聘在京的外国传教士在中国朝廷供职。在历局任职的传教士包括龙华民、邓玉函、罗雅古、汤若望等。[①] 1629—1634年,中外官员式学者合作制成中国第一部系统介绍西方天文、历法和数学知识的鸿篇巨制——《崇祯历书》,共计46种、137卷。该历书以第谷体系为基础,采用了地球、地理经纬度等欧洲通行的概念,介绍了西方的度量单位,并且用欧洲几何学体系替换了中国传统天算的代数体系。可惜由于明朝灭亡,《崇祯历书》没能启用。

　　德国传教士汤若望在明朝期间曾参与了《崇祯历书》的编纂工作,在1634年向明崇祯帝进献日晷、星晷、望远镜等天文观测仪器,并受崇祯皇帝之命在1641年督造大小火炮520门,之后与人合编3卷本关于制造兵器原理的《火攻挈要》,还参与翻译了12卷《矿冶全书》,以及《测绘说》《浑天仪说》等30多部著作。

　　1644年,明朝灭亡,清军入京。汤若望留京开始为清廷效力。同年,汤若望用西历准确推算出中国各地的日食时刻,促使清廷决定采用西历作为新王朝的历法,定名为"时宪历",从1645年起实施。同样在这一年,汤若望把137卷《崇祯历书》删改为103卷,题名《西洋新法历书》(后更名为《西洋新法算书》)献给顺治皇帝(1638—1661),因而被赐予钦天监监正。这标志着外国传教士在中国朝廷机构中的地位发生了本质性的改变。1653—1659年,汤若望被赐为"通玄教师",负责给顺治皇帝讲解日食、月食和星辰变化等现象和一般科学知识,成为第一位直接教导中国皇帝的外国传教士。汤若望使中国朝廷第一次和欧洲建立了直接联系,无形中为"西学东渐"构筑了政治平台。

　　比利时传教士南怀仁[②]是继汤若望之后第二位获得钦天监监正(1674)职位的外国人。他多次通过实验证实西历的正确性;制成赤道经纬仪、黄道经纬仪、地平经仪、地平纬仪、纪限仪和天体仪6件大型观象仪器(现存于北京古观象台)。1673年,他撰著了14卷、共有117幅图的《仪象志》(又名《新制灵台仪象志》)。《仪象志》内容包括制作六件观象仪的方法;自由落体运动、折射原理、色散现象等西方当时最新的科学知识;关于单摆、空气温度计、湿度计等仪器的知识等。另外,南怀仁还撰写了《康熙永年历法》(1678,32卷)、《简平规总星图》(即《总星辰简明图表》)、《坤舆全图》(1674)、2卷本《坤舆图说》(1674)、包括125幅插图的《康熙年代在中国造的欧洲天文学机械》(拉丁文,1668年北京出版)等。其中,《坤舆全图》是一幅直径为1.65米的地球图。图上标有42个陆地国家、

---

　　①龙华民(Nichola Longobardi,1559—1654,意大利人)、邓玉函(Johann Terrenz Schreck,1576—1630,瑞士人)、罗雅各(Giacomo Rho,1590—1638,意大利人)、汤若望(Johann Adam Schall von Bell,1591—1666,德意志人)。后三位均为意大利灵采研究院的院士。
　　②南怀仁(Ferdinand Verbiest,1623—1688)比利时传教士,清初来到中国,卒于北京。

21 个岛国、27 个海洋的名称,以及两条连接中西的航海线地区,还标有各国的物产、政治体制,以及到中国的距离等,是当时最具权威的世界地图。1678 年,南怀仁在皇宫中试制了蒸汽机模型。南怀仁对培养康熙皇帝(1654—1722)的科学素养起到重要作用,从而赢得康熙皇帝的尊重。

白晋和张诚[①]是南怀仁向康熙帝举荐的法国传教士。由于他们精通天文、历法知识和大地测量技术,因此被安排作宫廷教师。他们曾在中国皇宫中设立了第一个化学实验室,用西法制药。白晋曾用满、汉两种文字编成《几何原理》(1689)、《实用几何学纲要》;把法国科学院编写的《哲学原理》译成满文,专供康熙皇帝阅读;还用汉文编写了《测量器用法》。除此之外,白晋和其他传教士共同编写了近 20 部教科书,供朝廷专用。1693 年,康熙皇帝批准白晋回法国,并请他再邀请一些会技艺的传教士来华。1699 年,白晋从法国带来了经过耶稣会特选的 10 名传教士,其中包括《皇舆全图》的主要勘测者雷孝思[②]和对中国国情进行深刻分析并向法国科学院做了详细汇报的巴多明[③]。

在 18 世纪以后尽管传教士对中国朝廷的影响已经大大削弱,但有不少传教士仍然在移植西方科学知识,特别是引用西方技术方面发挥了重要作用。例如,1745 年,进京的蒋友仁[④]首次把哥白尼日心说、开普勒的行星运行三大定律、地球是椭圆的等新知识介绍给乾隆皇帝(1711—1799);在从 1747 年起的 12 年内,参与设计并亲自督造了圆明园大水法工程;1761 年,制成日后作为中国版图基准的《坤舆全图》[⑤]。

可见,在第一次"西学东渐"中,传教士成为向中国移植西方科学技术的主流媒介。其移植的内容不仅包括了西方古代的数学知识,还包括了与当时西方几乎同步的天文学、地学、力学、化学知识,以及建筑、火器、水利等技术工艺和工程。然而,由于传教士这一群体不是西方先进科学知识技能的代表者,他们来华的目的也不是为了传播西方科学技术,所以,他们植入中国的西方科学技术内容大多根据个人的特长和兴趣,谈不上系统性、全面性、深刻性和前沿性。中国人对此基本无法加以比较、评判和选择,处于被动和盲目接受的地位。

二、影响了第一次"西学东渐"进程的中国皇帝

在封建专制的中国,皇帝的好恶决定着文明传承的走向。这是利玛窦采取依靠皇权支持策略的主要原因。第一次"西学东渐"之所以能够形成一个多世纪的高潮,与中国当

---

①(法)白晋:P. Joachilm Bouvet,1656—1730;(法)张诚:P. Jean-Francois Gerbillion,1654—1707。
②(法)雷孝思:Jean Baptiste Regis,1663—1738。
③(法)巴多明:P. Dominque Parrenin,1665—1741。
④(法)蒋友仁:Michel Benoist,1715—1774。
⑤《坤舆全图》图名"乾隆内府铜版地图",又称"乾隆十三排地图"。

时皇帝的影响有很大关联。

如果说万历皇帝支持利玛窦开启第一次"西学东渐"尚属于无意识的被动行为,那么,明朝崇祯皇帝设历局,吸纳外国传教士为官,组织中外官员式学者编纂《崇祯历书》,以财物和钦题"钦褒天学"匾嘉奖汤若望等举措算得上"洋为中用"的主动行为,在移植西方科技成果方面做了有效、有益的尝试。但总体而言,明朝的皇帝基本上没有受到西方科学思想的直接影响。

清朝顺治皇帝是第一位直接受到西方知识教育的中国皇帝。他不仅接纳西方历法,同时认可了当时所接触到的西方知识。由于他与汤若望建立了犹如"祖孙"般的亲密关系,从而极大地提升了外国传教士在中国的地位,扩充了天主教在中国的势力。

顺治皇帝去世后,1664 年至 1668 年间发生"历法之争",使汤若望致死,在华传教士势力受挫。继任的康熙皇帝通过实地考核,重新启用西历,结束"历法之争"。康熙皇帝为了保证日后能够亲自判断事实真伪,重用通晓知识和技巧的传教士并开始学习西方科学知识。可以说,康熙皇帝是中国近代唯一最懂得西方科学知识的皇帝。他对传教士及西方科学的宽容态度使第一次"西学东渐"达到顶峰。

1688 年,南怀仁去世,康熙皇帝派专人为他举行了葬礼,并赐谥号"勤敏"。表面上看,这是对南怀仁个人品行所给予的高度评价,实际上却反映了康熙皇帝广纳贤人的治国之道。

1708 年,康熙皇帝根据传教士张诚的建议批准实施中国第一次大规模国土勘测(1708—1726)。曾有至少 7 名外国传教士由康熙皇帝任命参与了 1708—1719 年的地图测绘工作。[①] 勘测队的中外官员走遍中国大江南北,最终绘制成第一幅当时最完整的中国地图——《皇舆全图》。

康熙皇帝仿照西方皇家科学院的设想,在 1713 年设立了一个独立于钦天监、供中国学者研究乐律历算的机构——蒙养斋。尽管蒙养斋没有成为西方皇家科学院那样的研究机构,也没有实施西方的科学人才培养计划,但蒙养斋的学者为编纂巨著《古今图书集成》[②]和《律历渊源》[③]做出了重要贡献。

1704 年,罗马教廷和宗教裁判所正式判定中国教徒祭祖祭孔的活动即"中国礼仪"为异端,否定了沿用一百多年被证明为行之有效的利玛窦对华传教策略。这是导致之后中

①顾卫民:《中国天主教编年史》,232～247 页,上海,上海书店出版社,2003。

②《古今图书集成》(1701 年初稿,1726 年以铜活字排印,1728 年印成,共印 64 部)收取了从公元前 770 年至公元后 18 世纪初期的中外文献,按照历象、方舆、明伦、博物、理学、经济分为 6 编,10 040 卷(正文 10 000 卷,目录 40 卷),是中国迄今为止最大的一部分类文摘。

③《律历渊源》(1721 年全部修成,1725 年刊印)是一部理论性很强的乐律历算全书。包括 5 卷《律吕正义》(乐律)、42 卷《历象考成》(天文历法)和 53 卷《数理精蕴》。书中介绍了西方几何学、三角学、代数和算术、对数法,以及计算尺知识。

国清廷长达一个多世纪"闭关锁国"的一个不容忽视的原因。

此后,乾隆皇帝虽然鄙夷天主教,但对于西方知识和掌握技艺的外国传教士采取了尊重态度。从"西学东渐"的角度来看,乾隆皇帝在组织有传教士参加的第二次国土测量(1756—1759)[①],编纂巨著《四库全书》[②]等方面也做了一些有益的工作。

三、在第一次"西学东渐"中的中国学者

在第一次"西学东渐"浪潮中,中国学者的态度和行动深刻反映了中国传统文明与西方近代文明的交汇、磨合甚至矛盾冲突的情况。

徐光启、李之藻等人帮助利玛窦有效地引入了第一批西方科学著作。他们在解译西方科学奥秘的同时,领略到中西文明的差距,深感到"西为中用"的必要性。正如徐光启对《几何原本》的评价:"此书为益,能令学理者祛其浮气,练其精心,学事者资其定法,发其巧思,故举世无一人不当学。"[③]可惜,徐光启的这番期待在3个世纪之后才得到实现。以徐光启为代表的中国学者可谓中国近代融会中西文明的先驱。

"历法之争"又称"康熙历狱"是中西文化冲突的典型案例。1664年,官员杨光先(1595—1669)状告汤若望等传教士假借编修历法而藏在京城,窥视朝廷机密。结果导致钦天监的汤若望、南怀仁等外国官员,以及李祖白等信奉天主教的中国官员30多人被捕受审。在此期间,朝廷就"天地主宰者""新法的十大谬误"等论题实施公堂辩论。杨光先依据传统的中国历法,汤若望等人依据建立在观测基础上的西历。就历法本身而言,如果以天文观测和计算的结果作为判断依据,中负西胜结局显然。但杨光先代表了当时一些实权派官员的心态和强硬态度,直言其主张:"宁可使中夏无好历法,不可使中夏有洋人。"[④]因此,汤若望等人败诉,被以"修建教堂、传播宗教"等罪名分别判处凌迟、斩首处死或充军。在最后准备行刑时,由于北京发生地震,在孝庄皇太后(1613—1688)的坚决反对下,汤若望、南怀仁等外国传教士被释放,但李祖白等5名信教的中国历官被斩首。汤若望出狱后于1666年病逝,杨光先随后升任钦天监监正,废止西历,恢复大统历。但杨光先主持测算的天象结果屡屡出错。1668年,亲政后的康熙皇帝对杨光先、南怀仁等人进行三天实地考核,证实南怀仁用西历测算的结果与天象结果一致,随即罢免杨光先,提升南怀仁为钦天监监副,重新启用西历。1669年,南怀仁上任之后,为汤若望等人翻案,杨光先被判死刑(因其已患重病未行刑),从此结束"历法之争"。

---

①这次测量结果是绘制了《皇舆西域图志》(1782)和《增补坤舆全图》。

②《四库全书》共计79 337卷,于1782年编成。其中不仅包括大量中国古典著作,而且收纳了《几何原本》《泰西水法》《奇器图说》《坤舆图说》等早期迻译的西方科学著作。

③杜石然:《徐光启》,载金秋鹏主编:《中国科学技术史(人物卷)》,589页,北京,科学出版社,1998。

④顾卫民:《中国天主教编年史》,173页,上海,上海书店出版社,2003。

可见，"历法之争"不是简单地争论中西历法的正误，而是中国传统文明与西方近代文明的较量，是中国传统思维与西方科学思维和自然观的冲突，反映出在中国知识分子中不乏抵制西方近代科学思想的人，而且这种势力并非弱小。更有以王锡阐（1628—1682）和梅文鼎（1633—1721）等人为代表的中国学者开始对中西两种不同文明进行论证性对比研究，提出"西学中源"说。由于"西学中源"说既符合中国皇帝们的统治利益，又能满足中国知识分子唯我独尊的心理，因而得到上至皇帝，下至学者的普遍认可，成为中国近代思想的主潮流和理论根据，在很大程度上限制了全面彻底吸收西方先进思想和方法。

1742年以后，随着中国的对外政策逐渐转为"闭关锁国"，第一次"西学东渐"高潮落下帷幕。

第一次"西学东渐"的传播媒介单一，移植成果有限，仅局部、零散地引进了西方科学知识，其影响基本上集中在国家上层极小的范围内。即便是最开明的康熙皇帝也因为受到皇权和地域的局限，既没有全面了解西方近代文明、也不知道科学技术改造社会的巨大功效，更没有启迪民众的意愿，当然无法制定全面移植西方科学思想的政策和实施方略，乃至错过了16世纪末期至18世纪中期与西方近代文明同步进取、发展中国近代科学技术的宝贵时机。

第二节　第二次"西学东渐"高潮（19世纪中期—20世纪初期）

1840年，当英国军队用大炮轰开封闭的中国大门时，已经暴露出中国与西方在科学技术和商贸观念上的极大落差，以及在军事装备和财力上的悬殊对比。但是清政府仍然闭目塞听，消极应战。从而不仅导致中国在第一次鸦片战争中遭受失败，而且致使中国在1860年第二次鸦片战争中一败再败。战争接连失败，意味着中国固守传统的失败。进而门户被迫开放。以"洋务运动"为代表的第二次"西学东渐"高潮随之掀起。

两次鸦片战争惨败的结局震惊朝野上下。在以奕訢为代表、掌管实权的"洋务派"策划下，清政府重新调整国策。对外，设立总理各国事务衙门及南、北洋大臣，并外派公使；对内，全面展开以"中学为体，西学为用"为原则、以"图强求富"为目的、以"官督商办"为形式的"洋务运动"。如果说，在第一次"西学东渐"中西学是盲目、零散的"被东渐"，那么，在第二次"西学东渐"中，中国则是在西方"坚船利炮"围攻之下，主动、有目的、有策略地的"西学"。

一、"师夷长技以制夷"

清政府在鸦片战争中尝尽西方列强"坚船利炮"之苦，不得不正视西方的"器械精奇"。所以,"洋务运动"首先从军事"图强"入手。为了达到"师夷长技以制夷"的目的,1861 年,时任两江总督的曾国藩(1812—1885)上书提出"师夷智以造炮制船"的建议,以及"先购、再学、再仿"的明确主张。1864 年,李鸿章也提出"鸿章以为中国欲自强,则莫如习外国利器,欲学外国利器,则莫如觅制器之器,师其法而不用其人"[①]。于是,清政府开始创办军工企业、建立海军。

曾国藩于 1861 年创建了最早的军工厂——安庆内军械所,先采取手工仿制维修枪炮的方式,随后在容闳(1828—1912)的帮助下从国外购买机器,开创了中国的机械加工产业。

李鸿章(1823—1901)听取英国人的建议,在 1862 年创办洋炮局,并从英国首次引进了蒸汽机和机床。1865 年,丁日昌(1823—1901)受李鸿章和曾国藩委托,在上海创建江南机器制造总局。到 1891 年,该厂已经成为能生产枪炮、兵船和其他机械的中国第一大机器制造厂。

除此之外,李鸿章还办了金陵制造局;1866 年,左宗棠(1812—1885)在福州建立了当时最大的兵船修造厂——马尾船政局,又称福州船政局;崇厚(1826—1893)在 1867 年创建天津机器制造局;张之洞(1837—1909)1890 年在湖北创建了湖北枪炮厂。1871 年,福州船政局已经能够仿制 150 马力双缸往复式蒸汽机;1876 年,由外国技师培养出来的船政学堂学员自行设计建造的蒸汽机船"艺新"号下水;[②] 1898 年,该局生产的三气缸立式蒸汽机被配置在水师"建威"号快艇上。[③]

从 1861 年到 1910 年间,中国大致兴办了 40 多家军工厂,标志着中国的军工生产从手工制造走向机械化。这些军工厂尽管规模不等,大多以仿制为主,作用也十分有限,但分布在中国各大城市,专业分工较为明确,产品的品种多样化,囊括枪炮、舰船,奠定了中国近代兵器生产和机械工业的基础。

清政府花重金从 1880 年 12 月开始从德国先后订购了"定远""镇远"2 艘装甲战列舰和"济远""经远""来远"3 艘装甲巡洋舰,组成北洋水师的主力舰。从 1885 年起李鸿章主管海军衙门,1888 年建立拥有 20 多艘战舰、由英、德教官任教的北洋水师,在德国工程师的帮助下修建了当时防御能力最强的海岸炮台,安装了德国造可旋转 360°、四面射击的克房伯后膛巨炮,大大增强了中国海岸防御能力。

为了实现经济"求富",清政府允许多种经营。洋务派依靠引进西方采煤技术于

---

①张柏春、张自清、黄开亮:《机械发展概述》,见吴熙敬主编:《中国近现代技术史》(上卷),414 页,北京,科学出版社,2000。

②席龙飞、陈志钧:《船舶》,见吴熙敬主编:《中国近现代技术史》(上卷),336 页,北京,科学出版社,2000。

③张柏春、张自清、黄开亮:《机械发展概述》,见吴熙敬主编:《中国近现代技术史》(上卷),416 页,北京,科学出版社,2000。

1876 年开办台湾基隆煤矿、于 1877 年创建直隶开平煤矿为中国刚刚起步的军工、机械制造业和冶炼业提供了原料保障。1882 年,由外商集资经营的上海乍浦路火电厂发电,在中国展示了当时最先进的电力技术,同时标志着外国资本进入中国经营近代工业。清政府于 1881 年建设了从上海至天津、全长 1 537.5 千米南北有线电报线路,并于 1882 年建立天津电报总局,相继开通了北京、武汉、广州等地的有线电报通信业务。张之洞于 1891 年建湖北铁政局,从英国引进冶炼技术和炼钢炉型,开办大冶铁厂和汉阳炼铁厂,奠定了中国近代钢铁产业基础。1876 年,英国怡和洋行在上海至吴淞之间铺设了 14.5 千米的窄轨铁路,清政府于 1877 年将其收买并拆除。时隔几年,洋务派为外运开平煤矿的煤,于 1881 年铺设了 9.8 千米、最初用骡马牵引的唐胥铁路(1882 年改为由蒸汽机车牵引),开创了中国铁路运输业,但从此以后到 1911 年以前,中国大部分铁路是由清政府向外国借款,并由外国工程师建造的。

二、容纳百川、广开学源

洋务派在引进西方技术的同时,还开始组织系统译介西方科技书籍。在曾国藩和李鸿章的资助下,由中国学者和外国传教士共同翻译的一系列西方科技书籍得以问世。这个时期出版的具有代表性的西方科技译著有《谈天》(1851,原书名《天文学纲要》,李善兰、伟烈亚力[①]合译)、《几何原本》(1857 年印、1865 年重印,15 卷,李善兰、伟烈亚力合译)、《代数学》(1859,13 卷,李善兰、伟烈亚力合译)、《代微积拾级》(1859,18 卷,李善兰、伟烈亚力合译)、《重学》(1866 重印,原书名《初等力学》,8 卷,李善兰、艾约瑟合译);《汽机发轫》(1868,徐寿、伟烈亚力合译);《化学鉴原》(1871,徐寿、傅兰雅[②]合译)等。这些科技书籍比第一次"西学东渐"期间翻译的西方科学书籍更加全面、系统,翻译质量也更高,为中国近代开展科学教育、普及科技知识奠定了基础。

为了尽快培养懂得西方知识的中国人才,洋务派兴办洋务学堂,引进西方近代教育体制。1862 年,建于北京的同文馆开设外语、史地等课程,聘请外国教师讲习天文、数学、化学等西方科学知识。1863 年,建在上海的广方言馆设外语、自然科学等课程。除此之外,福建船政学堂、天津北洋水师学堂、天津北洋武备学堂、广东陆师学堂、广东水师学堂、南京水师学堂、上海电报学堂、上海机械学堂、山海关铁路学堂、南京矿务学堂等新式技术学校陆续开办。这些学堂培养了中国近代第一批外交和科技人才。另外,清政府还向欧美和日本派遣大量留学生。在受到美国教育的华人容闳的帮助下,从 1872 年 8 月 11 日至 1875 年间,清政府共派遣 120 名留美幼童。其中的佼佼者,例如,"中国近代铁路

---

①伟烈亚力(Alexander Wylie,1815—1887)英国传教士,1847 年来华。
②傅兰雅(John Fryer,1839—1928)英国传教士,1861 年来华。

之父"詹天佑(1861—1919)、新文化运动的先驱严复(1854—1921)等为推动中国近代科学技术的起步与发展做出了杰出贡献。

1894 年,中日甲午战争以中方失败而告终,洋务派势力备受打击,传统保守势力再次抬头。其实这恰恰说明"洋务运动"在四十多年所获得的成果远远不能填补中国百余年"闭关锁国"与西方工业社会之间所落下的差距,还不足以撼动两千多年的封建帝制和与先进文明格格不入的传统观念。"洋务运动"带动第二次"西学东渐"高潮,奠定了中国近代军事、工业、科技和教育的物质基础乃至思想基础,为日后中国的发展提供了宝贵的经验和样板。

三、第二次"西学东渐"中交流媒介的作用

在任何为了补充不同地域、民族、种族、文化之间的差异所进行的各种交流活动中,必然存在着中间环节,不妨称其为"交流媒介"。这些交流媒介可以是人,也可以是物质产品或精神产品,起着促进或阻碍交流的重要作用。在第一次"西学东渐"中,交流媒介的成分相对单一,主要有西方传教士、少数中国官员式学者、外文书籍,以及西方的技术工艺。第二次"西学东渐"的交流媒介不仅成分众多、复杂,而且作用各异。

从成分上看,成为第二次"西学东渐"交流媒介的"人"既有清朝皇室成员、涉外事务的中国官员、了解西方科技知识和技能的中国学者、自费或公费的中国留学生,也有来华的外国传教士、外国工程技术人员和外国教师。西方近代科学知识、技术产品、工业成果,以及科学精神、学术建制、教育体制等都成为第二次"西学东渐"的交流媒介。

1898 年 6 月 11 日,光绪皇帝(1871—1908)颁布《明定国是诏》,效仿西方立宪,宣布变法维新。尽管这把燃自清廷内部的"革新之火"只烧了 103 天便被慈禧太后(1835—1908)等保守势力扑灭,变法中所推行的政策和措施也很快被废止,但它成为引发中国社会"大震荡"的导火索。

1881—1911 年,中国大地上已铺设了 9 417.5 千米的铁路,其中由曾经是留美幼童的詹天佑设计建造、难度极大的京张铁路(1905—1909,全长 201 千米、架设桥梁 125 座、开凿涵洞 200 多个、穿山隧道总长 1 645 米)完全由中国政府投资并管理。

到 1911 年辛亥革命之前,《振兴工艺给奖章程》(1898)和《奖励公司章程》(1903)的颁布推动了机器使用率占 90% 以上的民族工业的发展。

京师大学堂(1898)的成立、《钦定学堂章程》(1902)和《奏定学堂章程》(1903)的制定,以及科举制的废除(1905)标志着中国近代教育体系的形成。到 1911 年,大专院校已达百所,在校生 4 万人,数万人以官费和自费的形式出国留学,形成第二次"西学东渐"的另一个重要的媒介群体。

"欲振中国,在广人才。欲广人才,在兴学会。"① 1895—1898 年,有五十多个学会纷纷成立。《宪法大纲》(1908)的颁布使各种科技学会得以合法存在,其中,中国药学会(1907)和中国地学会(1908)是最早的正规学术团体,对中国药学和地学的现代化起到了决定性作用。

在这个时期,西方在华传教士仍然把科学技术作为传教的内容之一,但他们把主要精力投入中国民间。1850 年,上海耶稣会创立了近代中国最早的新式学校——徐汇公学;1872 年,设立了徐家汇天文台。1876 年 2 月,英国传教士傅兰雅在上海格致书院创立中文科技期刊《格致汇编》,中国著名翻译家徐寿(1818—1884)撰写了发刊词。《格致汇编》是清朝末年最早的科普杂志,由于发行量较大,所以在第二次西学东渐中起到了比科技书籍还要直接、快速、普及的重要传播作用。到 1911 年以前,传教士开办了 1 000 多所教会学校,在校生达数十万人,其中包括汇文大学(北京,1890)、震旦大学(上海,1903)、金陵大学(南京,1910)等著名教会大学,为中国系统地承接西方教育和科学技术文明起到了不可估量的作用。

19 世纪中期至 20 世纪初的第二次"西学东渐"在形式上表现为政府的官方行为与民间交流相结合;在内容上包括初步形成系统的公众教育和专业化研究体系,初步设立各种形式的企业生产设施、工艺和法规、制度;在交流媒介方面呈现出中外政府官员、商人、外国传教士和中国学者、留学生等多层次群体;在效果上基本完成了西方近代科技向中国的移植过程,开启中国近代科技本土化的进程。

第三节 中国近代科学技术本土化的表现(1911—1937)

从 1911 年至 1937 年全面抗日战争以前,对于中国社会而言既是一个混乱时期,也是从近代走向现代的黄金发展期。"西学东渐"尽显成效,中国已经初步具备了科学技术自我发展,即本土化的雏形。其表现如下:

第一,在中国官方和外国教会的共同努力下,逐渐完善了中国近代科学技术教育体系。中国官方的理学教育起源于 1903 年;1910 年,京师大学堂首次招收化学、地质学和土木、矿冶专业学生。1912 年,中华民国南京临时政府制定了新的学校体制。在此基础上,各方面不断加强理、工、农、医类学生的培养,到 1937 年,理、工、农、医类学生已占高校学生总数的 40％以上。这个时期,教会大学的自然科学课程占 1/3 以上。归国留学生大多从事科技工作。近代科技教育事业的发展为中国科学体制化提供了人才和知识保障。

---

① 《时务报》,第 10 册,光绪二十二年十月初一日。

第二,中国本土科学体制化进程开启。科学的体制化表现在形成专业科研工作者群体、建立科研机构和树立科研规范。中华工程师学会(1913,广州)、中国科学社(1915年在美国成立,同年出版《科学》月刊,随后迁回国)、国立中央地质学调查所(1916)、丙辰学社(1916年由留日学生创办)、中国科学社生物研究所(1922)和黄海化学工业研究社(1922)、西北科学考察团(1927年由14个文化团体和机关联合成立)等近代学术团体涌现,它们不仅聚集了一批中国近代科研工作者,而且酝酿了中国本土化科研体系。1928年,中国第一个最高国立科研机构——中央研究院[①]在上海成立,标志着中国科学体制化的开端。在此之后,北平研究院(1929,共有10个研究所)、中央工业试验所(1930,南京)、中央农业试验所(1931,南京,后迁长沙、重庆)、全国医药总会(1929—1931)、中央国医馆(1933,上海)和中国第一个大型现代化天文台——紫金山天文台(1934,南京)相继诞生,进而有北京猿人头盖骨的发现(1929年裴文中;1936年贾兰坡)、《中华民国新地图》的绘制(1934,上海申报馆出版)、作为中国历法天文学史的《历法通志》(1934,朱文鑫)和中药工具书《中国医药大辞典》(1934,中国医药研究社)的出版等都表明中国近代科学技术已经纳入奔向现代化的良性发展轨道之中。

第三,标准计量制度的国际化。标准计量制度不仅标志着国家的生产工艺水平和规范,同时也标志着国家的检验技术水平。1915年,北洋政府发布了《权度法》,规定中国原有的营造尺库平制和西方的米制并行使用,从而成为向国际公制的过渡形式。1930年1月1日起实施的《中华民国度量衡法》规定了市用制和万国公制的换算标准,使中国计量制度与国际公制有效地衔接起来,为《中国工业标准草案》(1935)和《中华民国标准法》(1946),以及加入国际标准化组织(ISO)(1947)奠定了基础,为中国商品国际化,以及西方工业产品中国化创造了可靠的接轨条件。

以上史实表明:继第一次、第二次"西学东渐"之后,中国进入西方近代科学技术的本土化时期,重新回到世界科技文明的公共舞台。

然而,从1931—1945年长达十四年的抗日战争(尤其是全面抗战八年),以及之后的内战中断了中国科技现代化的进程,使刚刚起步的中国现代科学技术事业功亏一篑。到1949年11月中国科学院建立时,留在大陆的专业科研人员仅存500余人,全国科技人员不到5万人。中国现代科技百废待兴,亟待重新创业,开始书写新的历史篇章。

参考文献

1. 陈歆文、周嘉华:《永利与黄海——近代中国化工的典范》,济南,山东教育出版社,2006。

[①]中央研究院,蔡元培为首任院长,1935年设评议制,1948年实行院士制。到1949年前,共有13个研究所。

2. 董光璧:《中国近现代科学技术史论纲》,长沙,湖南教育出版社,1991。

3. 顾卫民:《中国天主教编年史》,上海,上海书店出版社,2003。

4. 顾卫民:《中国与罗马教廷关系史略》,北京,东方出版社,2000。

5. 李约瑟:《大滴定:东西方的科学与社会》,范庭育译,台北,帕米尔书店,1984。

6. 刘钝、王扬宗编:《中国科学与科学革命——李约瑟难题及其相关问题研究论著选》,沈阳,辽宁教育出版社,2002。

7. 卢嘉锡总主编,金秋鹏主编:《中国科学技术史(人物卷)》,北京,科学出版社,1998。

8. 卢嘉锡总主编,席泽宗主编:《中国科学技术史(科学思想卷)》,北京,科学出版社,2001。

9. 孟德卫:《莱布尼茨和儒学》,张学智译,南京,江苏人民出版社,1998。

10. 曲安京主编:《中国近现代科技奖励制度》,济南,山东教育出版社,2005。

11. 沈定平:《明清之际中西文化交流史——明代:调试与会通》,北京,商务印书馆,2001。

12. 田淼:《中国数学的西化历程》,济南,山东教育出版社,2005。

13. 吴熙敬主编,汪广仁、吴坤仪副主编:《中国近现代技术史》,上卷、下卷,北京,科学出版社,2000。

14. 张剑:《科学社团在近代中国的命运:以中国科学社为中心》,济南,山东教育出版社,2005。

15. 张九辰:《地质学与民国社会:1916—1950》,济南,山东教育出版社,2005。

进一步阅读材料

1. 陈方正:《继承与叛逆:现代科学为何出现于西方》,序、自序,北京,生活·读书·新知三联书店,2009。

2. 樊洪业、王扬宗:《西学东渐:科学在中国的传播》,长沙,湖南科学技术出版社,2000。

3. 刘钝、王扬宗编:《中国科学与科学革命——李约瑟难题及其相关问题研究论著选》,沈阳,辽宁教育出版社,2002。

4. 刘兵、杨舰、戴吾三主编:《科学技术史二十一讲》,北京,清华大学出版社,2006。

第二十八章

科学技术创新与社会经济发展

科学技术是如何融入社会经济发展当中的呢？18 世纪 60 年代开始的工业革命，特别是英国人瓦特对蒸汽机的改良，引发了从手工劳动向动力机器生产转变的重大飞跃。到了 20 世纪，人们已经开始逐步认识到科学技术创新在社会经济发展中所发挥的日益重要的作用，并不断深化两者之间关系的认知和理解。

第一节　熊彼特与创新概念的提出

早期关于创新的故事或多或少有一些英雄主义的色彩，比如开创了摩尔斯电码的肖像画作家莫尔斯（Samuel Morse，1791—1872），发明了无线电报的马可尼（Guglielmo Marconi，1874—1937），随后他于 1899 年在美国成立了第一个无线电通讯公司——美国马可尼无线电报公司，以及将人类彻底从黑夜的限制中解放出来的爱迪生（Thomas Edison，1847—1931），他于 1876 年建立起来的门罗公园实验室，成为世界上第一个有一定规模的工业研究实验室，他同年还成立了爱迪生电灯公司，后来这个公司于 1890 年重组成立为爱迪生通用电气公司，1892 年与汤姆森-休斯敦电气公司合并，成立至今依然是行业领袖的通用电气（GE）公司。但无疑可以肯定的是，当时科学技术的进展已经以一种令人惊异的速度在改变着包括经济社会在内的整个世界了。

创新可以引发出庞大的社会经济效益这种独特的现象引起了学术界的广泛关注，对创新概念的最初定义要追溯到美籍奥地利人熊彼特（Joseph Alois Schumpeter，1883—1950）早期的工作。1911 年，熊彼特在其著作《经济发展理论》（1912 年英文版问世）中指出："从技术上以及从经济上考虑，生产并没有在物质的意义上'创造出'什么东西……生产意味着把我们所能支配的原材料和力量组合起来。生产其他的东西，或者用不同的方法生产相同的东西,意味着以不同的方式把这些原材料和力量组合起来。只要是当'新组合'最终可能通过小步骤的不断调整从旧组合中产生的时候,那就肯定有变化,可能也有增长,但是既不产生新现象,也不产生我们所意味的发展。当情况不是如此,而新组合是不连续地出现的时候,那么具有发展特点的现象就出现了……我们所说的发展,可以定义为执行新的组合。"①熊彼特指出,这种"新组合"至少包括5种情况:①采用一种新的产品或一种产品的一种新的特性;②采用一种新的生产方法;③开辟一个新的市场;④掠取或控制原材料或半制成品的一种新的供应来源;⑤实现任何一种工业的新组织等。熊彼特的这种"新组合",涵盖了从技术到市场,从制度到组织的一系列关涉到生产发生变化的因素;它可以存在于各种生产要素之间,也可以拓展到科学、技术、经济和社会的广阔层面,是一种"内部自行发生的变化"②。

在熊彼特的另一本著作《资本主义、社会主义与民主》中,他更是将创新的意义提高到整个社会变迁的意义上来:"创造性破坏的过程,就是资本主义的本质性的事实……新产品、新技术、新供应来源、新组织形式(如巨大规模的控制机构)的竞争,也就是占有成本上或质量上决定性优势的竞争,这种竞争打击的不是现有企业的利润边际和产量,而是它们的基础和它们的生命。"③

后来的学者指出,创新机制在熊彼特看来主要有两点:第一,创新本身是源自于企业家精神的新理念同旧的系统惯性之间的斗争[一个非常有趣的例证是个人电脑(PC)和鼠标最初是美国施乐公司发明的,但由于这两项创新同其主营业务复印机之间并无多大关联而最终未能推向市场];第二,由于资源匮乏的普遍存在,保持系统的开放性对于产生出更复杂、更高级的创新尤为重要。④ 总之,在熊彼特经济模型中,能够成功"创新"的人便能够摆脱利润递减的困境而生存下来,那些不能够成功地重新组合生产要素之人会最先被市场淘汰。熊彼特甚至认为,"一个现代企业,只要它觉得它花得起,它首先要做的事情就是建立起一个研究部门,其间每个成员都懂得他的面包和黄油都取决于他们所发明的改进方法的成功"⑤。其实,熊彼特提出创新学说之后,最初并没有受到特别的重视。虽然熊彼特自1932年迁居美国后一直担任哈佛大学经济学教授,其间还担任过"经济计量学会"会长(1937—1941)和"美国经济学协会"会长(1948—1949)等职务。但在很长一

①约瑟夫·熊彼特:《经济发展理论——对利润、资本、信贷、利息和经济周期的考察》,何畏、易家详等译,17,73~74页,北京,商务印书馆,1999。后来,熊彼特在首篇英文版文章"资本主义的非稳定性"(Instability of Capitalism,1928)中首次提出了创新是一个过程的概念,但直到1939年开始出版的《商业周期》(Business Cycles,2卷本)一书才比较全面地提出其创新理论。

②同①,70。

③约瑟夫·熊彼特:《资本主义、社会主义与民主》,吴良健译,149页,北京,商务印书馆,1999。

④Fagerberg, Jan, David C. Mowery, and Richard R. Nelson. *The Oxford Handbook of Innovation*. Oxford: Oxford University Press, 2005:9-11.

⑤约瑟夫·熊彼特:《资本主义、社会主义与民主》,吴良健译,121页,北京,商务印书馆,1999。

段时间内,在经济学中处于主流地位的是凯恩斯(John Maynard Keynes,1883—1946)主义。熊彼特的早期的推崇者并不多,其中包括后来被誉为"现代企业管理学之父"的德鲁克(Peter Drucker,1909—2005),1931 年他访问日本时讲座的听众,如高田保马(1883—1972),以及他在哈佛大学任教时期的一些学生,如中山伊知郎(1898—1980)、东畑精一(1899—1983)和都留重人(1913—2006)等。

但是,随着科学技术及其与社会经济互动的发展,熊彼特的创新学说逐步受到越来越大的重视。在不同的社会与境下,创新被冠以不同的名字连同时代一起被人们传诵,从各种角度为熊彼特的"创造性毁灭"提供证词。其实,熊彼特主义创新概念的最伟大之处,便在于它建立了创新和经济发展之间的良好愿景——或者说创新和社会经济发展本来就是同一事物。[①] 创新在时间上不是均匀分布,而是以蜂聚形式出现的;而且经济长波的繁荣、衰退、萧条和复苏分别对应于创新生命周期中的增长、成熟、下降和上升阶段——也就是说,是在创新生命周期的带动下,经济才出现了长周期的波动。[②] 结合经济长波理论,熊彼特把产业革命看作大的技术创新活动的浪潮,认为每一个长周期都包括一次产业革命及其消化和吸收过程。并把近百余年的资本主义经济发展过程进一步分为 3 个长波,而且用创新理论作为基础,以各个时期的主要技术发明和它们的普及应用,以及生产技术的突出发展作为各个长波的标志(表 28-1)。

表 28-1　　　　　　　　　资本主义经济发展过程的 3 个长波

	长波上升期	长波下降期	主要创新
第一次长波(工业革命长波)	1787—1813	1814—1842	蒸汽机代替水力和煤;铁代替木材
第二次长波(资产阶级革命长波)	1843—1869	1870—1897	纺织工业的出现,铁路和蒸汽轮船的出现
第三次长波(新重商主义长波)	1898—1924	1925—?	钢代替了煤,电力工业和化学工业的创新,内燃机和迪塞尔发动机的出现

资料来源:孟捷:《新熊彼特派和马克思主义长波理论述评》,载《教学与研究》,2001(4),26～30 页。

第二节　高科技时代和创新研究的繁荣

第二次世界大战对于科学技术发展的一个重大影响是政府大规模地投入、组织和介入研究活动中。战争的严峻形势下由于政府的介入和干预,大大提速科学技术的研究活

---

① 王春法:《主要发达国家国家创新体系的历史演变与发展趋势》,49 页,北京,经济科学出版社,2003。
② Duijn, Jacob J. van. *The Long Wave in Economic Life*. London: Allen & Unwin, 1983.

动,扩大了科学技术研究的规模,产生了大量的科学技术成果。到第二次世界大战行将结束之际,如何利用战争期间留下来的科学技术遗产便提到了议事日程上。

1944年11月17日,罗斯福总统给时为战时科学发展局(OSRD)局长的万尼瓦尔·布什写了一封信,要求他就如何能把从战时的经验中已取得的教训运用于即将到来的和平时期的问题提出意见。于是,万尼瓦尔·布什抓住机会在其著名报告《科学——没有止境的前沿》中积极倡议政府对科学研究进行持续的支持:首先,基础研究是技术进步的带路人,而一个在新的基础科学知识方面依靠别国的国家,其工业发展将是缓慢的,国家或私人资助的学院和大学正是基础研究的核心机构;其次,科学顾问和科学咨询机构的形式,可以帮助政府做出准确有效的科技政策决策;最后,政府可以通过对工业和大学研究基金资助的形式,对科技的发展进行干预。因此,鼓励新科学知识的创造和青年科学人才的培养成为联邦政府应该接受的新的职责。5年后,国家自然科学基金委员会(NSF)宣告成立,这也同时开创了政府支持科学技术创新社会建制上的先河。[1]

1957年10月4日,苏联成功地发射了世界上第一颗人造地球卫星。这给美国带来了强大压力,在这种强大压力下,美国当年宣布设立新的总统科学和技术特别助理职位,总统也开始就国家发展的重大方针和政策"主动"向科学家寻求咨询。1976年,美国又通过了《国家政策、组织和优先顺序法案》,使得总统科学咨询机制本身得到了法律保障。法案规定继续在白宫总统府内设立科学技术方面的办公室,更名为科学技术政策办公室,并明确了白宫科技政策办公室(OSTP)是咨询机构和协调组织,而不是资助组织。而到了20世纪80年代,科学顾问的职责已经非常明确——就是为总统服务,而不是代表科学家共同体。[2] 其实,随着20世纪五六十年代立法的技术含量越来越提高,国会委员会"不得不越来越依赖行政部门的专家或那些在议会讨论的问题上存在既得利益的外部群体"。而旨在"针对复杂的科学技术议题为国会提供客观的、不受某个党派影响的咨询报告"的技术评估办公室(OTA),也不过"是国会手中有助于让行政管理部门对国会提出的要求保持忠诚的鞭子[3]。因此,也有人认为,在很长一段时间内"科学实际上被看作一种有价值的,鼓励国家质检进行更多有利于政治、经济和军事合作的文化合作的机制"[4]。

原子能、空间和计算机等技术都是在第二次世界大战期间开始研究的。战争结束之后,在政府的强力支持下,以原子能、空间和计算机技术为代表的高科技呈现出蓬勃发展

①万尼瓦尔·布什:《科学——没有止境的前沿》,范岱年译,北京,商务印书馆,2004。
②樊春良:《科学咨询与国家最高决策——美国总统科学咨询机制的产生和发展》,载《中国软科学》,2007(10),59~67页。
③Susan Cozzens, Edward Woodhouse. "Science, Government, and the Politics of Knowledge". in Sheila, Jasanoff, Gerald E. Markle, James C. Peterson, & Trevor Pinch(eds.) *Handbook of Science and Technology Studies*. Thousand Oaks, London, New Delhi: Sage, 1995:533-553.
④D. Dickson. *The new politics of science*. New York: Pantheon Books, 1984.

的态势,首先是以原子能的释放与利用为标志,人类开始了利用核能的新时代;其次是以人造卫星的发射成功为标志,人类开始了摆脱地球引力向外层空间的进军;电子计算机的利用和发展,更是揭开人类社会发展的新篇章。它们成为高科技产业兴起的领头羊。

1951 年,世界上的第一个高新技术开发区出现了,这就是美国斯坦福大学创办的斯坦福研究园,它成为全球著名的电子工业基地"硅谷"的发源地。斯坦福研究园的创立和发展的成功,带动了美国本土和发达国家高科技园的建设和发展。从 1959 年波士顿 128公路等著名园区的设立到 1980 年,美国共设立了二十多个科技工业园区。英国学习美国的经验,于 1970 年在剑桥市东北角圣山学院一块闲置二十多年的土地上(0.53 平方千米),模仿美国的硅谷建立科技工业园区,其后科技工业园在英国得到进一步发展。1963 年 9 月,日本内阁会议做出决定,在筑波地区建设"筑波研究学园都市",城市的中心地区作为"研究学园地区",有计划地布置实验研究机构、教育机构、商业和服务设施、住宅等,其他地区作为"周边开发地区",实现与研究学园地区的均衡发展。

正是在第二次世界大战以后由于科学技术创新从军用向民用的溢出、高科技产业的兴起,世界经济的发展迎来了第四次长波。

科学技术的长足进步,使得熊彼特的"创新理论"受到西方更多学者的重视,产生了大量的有关研究。20 世纪 60 年代,创新研究终于作为一个独立的研究领域出现。其中一个重要的代表就是以英国萨塞克斯大学科学政策研究中心(SPRU,Science Policy Research Unit,成立于 1965 年)为代表的专门机构的出现。SPRU 不但设立了自己的交叉学科硕士和博士课程,更作为一个平台积极的吸引全世界的学者前来学习和工作。1972 年,创新领域的专门期刊《研究政策》(*Research Policy*)创刊。到了 20 世纪 80 年代以后,欧洲和亚洲很多研究机构(特别是更容易接受社会新需求、新想法和新观念的年轻大学)已经开始仿照 SPRU 创立了交叉学科的硕士、博士研究生培养与广泛的外部基金项目研究相结合的人才培养模式。[1]

1987 年,美国国家研究委员会(National Research Council)在《科技管理:被隐藏的竞争优势》(*Management of Technology:The Hidden Competitive Advantage*)研究报告中,建议将科技管理(Management of Technology,MOT)正式编列为一项独立学科,并且在各个领域推广。[2] 受到该报告的影响,科技管理学科和院系也开始在包括名校在内的世界一流大学中设立。在社会科学出版物中,创新相关论文的增长速度也已经远远超过了社科类论文的总体增长速度(图 28-1)。

---

[1] Fagerberg, Jan, David C. Mowery, and Richard R. Nelson. *The Oxford Handbook of Innovation*. Oxford: Oxford University Press, 2005: 2-3.

[2] National Research Council, and Task Force on Management of Technology. *Management of Technology: the Hidden Competitive Advantage*. Washington, DC: National Academy Press, 1987.

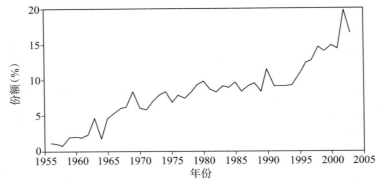

图 28-1　题目涉及"创新"的SSCI学术文章占社科类文章的比例

资料来源：Jan, Fagerberg, David C. Mowery, and Richard R. Nelson. *The Oxford Handbook of Innovation*. Oxford: Oxford University Press, 2005: 2.

第三节　创新的全球化与创新体系

　　进入 20 世纪七八十年代，信息技术特别是互联网技术的发展将全球化带入了新的阶段：在货物与资本跨国流动的基础上，全球范围内也出现了相应的地区性、国际性的经济管理组织与经济实体，以及文化、生活方式、价值观念、意识形态等精神力量的跨国交流、碰撞、冲突与融合。日本对于以美国为首的西方发达国家的强力追赶，也引起了学术界和政策界对于国家竞争力问题的关注。

　　日本是如何成功的？英国学者弗里曼（C. Freeman）研究日本的产业政策，以及通产省对日本创新效率和经济发展的重要作用时发现，日本在技术落后的情况下，以技术创新为主导，辅以组织创新和制度创新，只用了几十年的时间，使国家的经济出现了强劲的发展势头，成为工业化大国。在对日本考察分析的基础上，他使用"国家创新系统"概念来加以概括。[1]

　　创新系统概念的形成，是关于创新研究和认识的深化。熊彼特的创新理论曾被人概括为企业家创新和大企业有管理的创新两个模型。后来的学者将这两个熊彼特技术创新模型合称为"技术推动模型"。20 世纪五六十年代，居于支配地位的一直是这种简单的"线性模式"（the liner model，即认同创新是科学的应用：先有科学研究，然后是开发，最后才是生产和营销）——市场只是被看作研究开发成果的接受者，这个模型更假定了"更多的研究投入"等同于"更多的创新产出"[2]。包括前面提出的以美国为代表的科学资助

　　[1]Christopher Freeman. *The Economics of Industrial Innovation*. Cambridge, Mass: MIT Press, 1982: 212-214.
　　[2]Roy Rothwell. *Industrial Innovation: Success, Strategy, Trends*. In Dodgson, Mark, and Roy Rothwell. (eds.) *The Handbook of Industrial Innovation*. Aldershot, England: E. Elgar, 1994: 33-53.

体制的建立,也是基于这种预设展开的。事实上,在惊叹于熊彼特"创新"预言的同时,学术界也开始对创新"线性模式"进行反思,产生出相互作用模型、链环-回路模型等诸多理论,以及很多有特色的经验和案例研究。

　　这一时期,越来越多的创新事实也证明无论是科技先导还是市场拉动的"线性模式"都过于简单化了,通常的情况都是科学、技术与市场之间的耦合过程。实际的创新是在一个创新企业框架内部技术能力与市场需求相结合的过程中实现的。基于日本经验,国家创新系统理论认为,由私有企业和公共机构组成的组织和制度网络决定了一个国家知识和技术的扩散能力,并影响这个国家的创新表现。创新的社会经济绩效有赖于企业、研究机构、大学等多种创新要素之间相互作用的结论,其实也正是日本能够造就"东亚奇迹"的主要经验。在技术相对落后的情况下,日本正是通过采用大规模引进以美国为主的先进技术并加以应用性改造,同时通过自身的组织创新,才赢得了在创新上的比较优势,从而在国际市场竞争中击败拥有基础科研优势的美国。

　　创新系统这一概念一经提出就受到了学术界的重视,也受到了包括经济合作与发展组织(OECD)在内的诸多国际组织和国家的认同。OECD 国家创新系统项目于 1994 年启动,到 2002 年为止一共经历了 3 个阶段。[①]

　　第一阶段的工作主要体现在将关于国家创新系统的研究从理论上引向深入的努力。作为阶段性研究成果的《进入和扩展科学技术知识基础》报告为成员国创新系统的比较分析提出了一个概念框架:一是要将创新系统的分析与关于知识经济的经济分析结合起来,二是要承认知识分配与知识生产之间的互补,反对技术发明和技术扩散之间的两分法,三是要在一个更大、更复杂的跨国家关系中分析国家创新系统。上述观念在此后OECD 于 1996 年发表的另一份报告《以知识为基础的经济》得到了充分的体现,报告指出,"知识经济的特征之一就是承认知识的扩散与知识的生产同样重要"。报告还倡导成员国的决策者要从知识的分配方面对自己国家,以及其他国家的绩效有更深入的了解。相应地,要认识到由于这种知识分配和知识积累能力的局限而导致的创新潜力的丧失。因此,也需要从这个视野重新考虑关于科学技术活动的指标,既要重新认识已有的指标,也要发展新的指标,特别是要测度创新系统知识分配力的指标。

　　OECD 国家创新系统项目第二阶段,进一步展开了更深入的实证研究和经验研究,以为该项目的政策目的提供依据。这种经验研究沿两条路线展开:一是对 OECD 成员国创新系统的经验分析,一是成立若干专题组对一些重要问题进行综合、深入的实证研究。在研究过程中,不但各成员国关于知识流动和创新过程的国别模式被深刻总结,一套标准化的定量指标和国家制度分析框架也被建立起来。这一阶段的理论贡献之一就是《促

---

①李正风、曾国屏:《OECD 国家创新系统研究及其意义——从理论走向政策》,载《科学学研究》,2004,22(2),206~211 页。

进创新:簇群趋法》报告。作为对"创新簇群专题组"工作的概括和总结,报告指出:在许多国家,创新簇群正在变成新技术、技能人员和研究投资的磁极,创新公司的簇群化有力地推动着经济增长和就业,是国家创新系统建设的一个关键因素。在创新簇群中的"产—官—学"合作已经越来越成为经济发展的必要条件。总结报告《管理国家创新系统》则是第二阶段研究成果的集中体现。该报告从"知识经济中的创新与经济绩效""因国家而异的创新模式""创新公司、网络和簇群"几个方面概括了第二阶段的主要研究发现。《管理国家创新系统》认为,以下 5 个方面的趋向相结合,正在改变成功的创新所依赖的条件:①创新越来越依赖于科学基础与商业部门之间有效的相互作用;②更具竞争性的市场和科学技术加速变化的步伐迫使公司更迅速地创新;③网络化与公司间的合作比以往更加重要,而且越来越涉及知识密集型服务;④中小企业,特别是新型的以技术为基础的公司,在新技术的开发和扩散中有更加重要的作用;⑤经济全球化正在使国家的创新系统更加相互依赖。在这种新的条件下,创新绩效不仅依赖于特定的行动者(如企业、研究机构或大学)如何行动,而且更依赖于它们作为创新系统中的要素如何在地区、国家和国际层次上相互作用。

在第三阶段,OECD 国家创新系统项目的研究更加聚焦,以突出其政策要点。这一阶段力图寻求对国家创新系统中某些最为重要方面的深入研究,也试图为如何在政策上落实国家创新系统方法提供一个更加精确的理解。在这一阶段,该项目除了强调创新政策的新维度之外,还试图为在创新驱动的经济环境中的政策制定过程提炼出更广泛的经验。第三阶段的研究主要集中在 3 个专题:创新公司与网络、创新簇群、人力资源流动。这 3 个专题组的研究成果分别在《创新网络:国家创新系统中的合作》《创新簇群:国家创新系统的驱动器》和《创新的人:国家创新系统中技能人员的流动性》等报告中得到了比较全面地反映。OECD 2002 年发布的国家创新系统项目总报告《推进国家创新系统》则在概要地提炼了这 3 个专题组主要发现的同时,整合国家创新系统项目所有阶段的成果,以形成在创新政策方面贯彻国家创新系统框架的具体建议。具体地说,该总报告要达到的 3 个具体目标:第一,综合地展现 OECD 国家创新系统项目的主要发现,特别是其专题组的发现;第二,为 OECD 国家政府在创新驱动的经济中的作用提供一个更好的理解;第三,为政策制定者提供操作性指南,使他们知道如何贯彻国家创新系统趋法,以在技术和创新政策领域中比较传统的政策制定方式中注入新的价值,而且帮助他们实施那些能够创造出充满活力的创新和经济增长的政策。

进入到新世纪特别是金融危机发生以来,世界主要发达国家纷纷推出了建设创新型国家的发展战略,以期在未来的竞争中占据主动。其频率之快,层次之高,前所未有。

比如,美国在推出一系列报告——《创新美国:在竞争与变化的世界中繁荣》(2004)、《迎击风暴:为了更辉煌的经济未来而激活并调动美国》(2005)、《美国竞争力计划》(2006)的基础上,终于在 2007 年将创新以《美国竞争法》(又称《为有意义地促进技术、教育与科学创造机会法案》)立法的形式予以保证。2009 年,美国再次推出《美国创新战略:推动可持续发展增长和高质量就业》,阐述了清洁能源、电动汽车、信息网络和基础研究领域的新战略,力图在新能源、基础学科、干细胞研究和航天等领域取得突破。

欧盟在第七框架计划(Framework Program 7)中强调要通过欧盟成员国之间的相互合作,以及欧盟国家与第三国之间的合作,开展健康、食品、能源、交通等 9 大领域的研发,并支持 9 大领域以外的前沿技术研发与创新人才培养和创新能力建设。2006 年,发表《创建创新型欧洲》报告,制定全方位欧盟创新战略。同年,又推出《欧洲研究基础设施路线图规划》,提出未来 10～20 年重点发展的研究基础设施。在 2008 年年底举行的首届创新大会上,欧盟还提出依靠创新克服金融危机;成立欧洲创新基金,支持中小企业和科研院所创新等重要措施。

英国于 2004 年制定《科学与创新投入框架(2004—2014)》,强调将科学技术投入置于其他投入之上,并承诺科技投入的增长要高于预计的经济增长速度,特别是在 2014 年实现研究与开发(R&D, research and development)占国民生产总值(GDP)比重增加到 2.5%。同年,还发布了《用知识创造财富》5 年计划,明确纳米技术、先进复合材料、图像技术、生物材料技术和可再生能源等为新技术研发优先领域。在 2008 年发表的《创新国家》白皮书中,英国更是下定了通过增加科研投入、支持企业创新、增加知识交流及技术人才培养、促进创新成果走向市场等推动经济繁荣的决心。

日本也于 2007 年发布《日本创新战略 2025》,将"创新立国"作为新的发展目标,并明确提出建设成可持续的创新国家之口号,推进创新的基本战略:科学技术创新、社会创新、人才创新。2009 年,推出《2009 年技术战略路线图》,涉及信息通信、纳米材料、生物技术、环境、能源、软件、制造等 8 大领域的发展战略。同年,又紧急出台《数字日本创新计划》,强调推动和利用 ICT(信息和通信技术),应对金融危机。

我国也奋力把握机遇,精心谋划未来。在 2006 年召开的全国科技大会上,《国家中长期科学技术发展规划纲要》获得通过。我国做出增强自主创新能力,建设创新型国家的重大战略决策。在 2007 年召开的党的十七大中也指出,提高自主创新能力,建设创新型国家;这是国家发展战略的核心,是提高综合国力的关键;要坚持走中国特色自主创新道路,把增强自主创新能力贯彻到现代化建设各个方面;认真落实国家中长期科学和技术发展规划纲要,加大对自主创新投入,着力突破制约经济社会发展的关键技术。

为了应对金融危机和后危机时代的新形势,我国于 2008 年颁布《关于发挥科技支撑作用促进经济平稳较快发展的意见》(国务院 9 号文件),强调要充分发挥知识和科技的力量决胜"后危机时代"。2009 年,中科院发布《创新 2050:科技革命与中国的未来》系列报告,构建依靠科技支撑的 8 大经济社会基础和战略体系,并探讨解决影响我国现代化进程的 22 个战略性科技问题,提出人口健康、信息、材料等 17 个领域的技术路线图。2010 年,国家发改委提出了《关于加快培育战略性新兴产业有关意见的报告》,对航空航

天、信息、生物医药和生物育种、新材料、新能源、海洋、节能环保和新能源汽车等战略性新兴产业的发展做出了总体部署。

参考文献

1. Kristine Bruland，David C. Mowery，"Innovation Through Time" in Fagerberg，Jan，David C. Mowery，and Richard R. Nelson. *The Oxford Handbook of Innovation*. Oxford：Oxford University Press，2005；349-379.

2. Susan Cozzens，Edward Woodhouse. "Science，Government，and the Politics of Knowledge". in Sheila Jasanoff，E. Gerald，James C. Peterson，Markle & Trevor Pinch（eds.）*Handbook of Science and Technology Studies*. Thousand Oaks，London，New Delhi：Sage，1995；533-553.

3. D. Dickson. *The new politics of science*. New York：Pantheon Books，1984.

4. Jan Fagerberg. David C. Mowery and Richard R. Nelson. *The Oxford Handbook of Innovation*. Oxford：Oxford University Press，2005.

5. Christopher Freeman. *Technology，Policy，and Economic Performance：Lessons from Japan*. London：Pinter Publishers，1987.

6. National Research Council. and Task Force on Management of Technology. *Management of technology：the hidden competitive advantage*. Washington，DC：National Academy Press，1987.

7. Richard R. Nelson. *The Sources of Economic Growth*. Cambridge，Mass：Harvard University Press，1996.

8. 万尼瓦尔·布什：《科学——没有止境的前沿》，范岱年译，北京，商务印书馆，2004。

9. 约瑟夫·熊彼特：《经济发展理论——对利润、资本、信贷、利息和经济周期的考察》，何畏、易家详等译，北京，商务印书馆，1999。

10. 约瑟夫·熊彼特：《资本主义社会主义与民主》，吴良健译，149 页，北京，商务印书馆，1999。

11. 樊春良：《科学咨询与国家最高决策——美国总统科学咨询机制的产生和发展》，载《中国软科学》，2007，(10)，59～67 页。

12. 李正风、曾国屏：《OECD 国家创新系统研究及其意义——从理论走向政策》，载《科学学研究》，2004，22(2)，206～211 页。

13. 王春法：《主要发达国家国家创新体系的历史演变与发展趋势》，北京，经济科学出版社，2003。

进一步阅读材料

1. 克利斯·弗里曼，罗克·苏特：《工业创新经济学》，华宏勋、华宏慈等译，柳卸林审校，北京，北京大学出版社，2004。

2. 约瑟夫·熊彼特：《经济发展理论——对利润、资本、信贷、利息和经济周期的考察》，何畏、易家详等译，北京，商务印书馆，1999。

3. 李正风、曾国屏：《中国创新系统研究——技术、制度与知识》，济南，山东教育出版社，1999。

第二十九章

科学家社会意识的觉醒与行动

20世纪以前,科学家主要专门从事科学知识生产,大多致力于自己所感兴趣的以自然为对象的研究问题,游离于其他社会群体之外,具有相对独立性。20世纪以后,两次世界大战的爆发,严重的经济危机,以及战后各国的社会重构等都严重影响了科学家们的世界观、价值观乃至社会行为。科学家不再脱离社会大众群体,而是主动站在大众群体前面,成为拥有社会意识、敢于为自己的行为承担责任的一个特殊的社会角色。随着科学家社会意识的不断觉醒,随着他们所采取的社会行动越来越具有影响力,20世纪科学技术的高速发展轨迹不断被改变,科学技术开始步入受约束、有理性、可控的发展轨道。

本章主要以帕格沃什运动和切尔诺贝利核电站事故为线索,展示20世纪以来科学家社会意识的觉醒历程,以及其从被动到主动参与承担社会责任的行动过程。

第一节 《罗素-爱因斯坦宣言》与帕格沃什运动

帕格沃什运动不是普通的群众运动,是由罗素①、爱因斯坦②、弗里德里希·约里奥-居里③等著名科学家在20世纪50年代中叶发起的反对核武器和战争的科学家国际和平运动,是"科学家帮助防止和克服科学和技术发明的实际与潜在的有害影响、促进科学和

---

① 罗素(Bertrand Russell,1872—1970)英国数学家、物理学家。
② 爱因斯坦(Albert Einstein,1879—1955)美国物理学家,诺贝尔物理学奖获得者。
③ 弗里德里希·约里奥-居里(Frédéric Joliot-Curie,1900—1958)法国物理学家,核辐射的创始人之一,1935年获诺贝尔化学奖。

技术用于和平目的的社会和道德责任意识的一种表达方式"①。其主要活动是召集科学家年度会议、专题研讨会和专家小组会,议题涉及核武器、生物化学武器、能源、环境、地区冲突、全球安全及太空安全、科学家的责任等。帕格沃什运动在军备控制、核裁军、国际安全等领域享有很高的国际威望,被誉为"世界科学之花"。

一、《罗素-爱因斯坦宣言》的发表

帕格沃什运动的起因是《罗素-爱因斯坦宣言》的发表。《罗素-爱因斯坦宣言》起源于罗素对原子弹和氢弹爆炸后的深邃思考和思想转变。1945 年 8 月,美国空军使用原子弹轰炸日本广岛、长崎后,罗素产生最初的想法,即在苏联拥有原子弹之前,通过先发制人的战争建立世界政府,从而一劳永逸地解决世界和平问题。不过,在 1949 年 8 月 29 日苏联成功爆炸第一颗原子弹,以及 1954 年 3 月 1 日美国在太平洋中部的比基尼岛上成功试爆氢弹后,罗素清醒地认识到,核战争是导致人类同归于尽的苦药,再也不能指望通过建立世界政府来维护全球和平了。

1954 年 6 月中旬,罗素主动给英国广播公司(BBC)写信,呼吁人类在为时还不太晚的时候将自己从全球性的自我灭绝中解救出来。1954 年 12 月 23 日圣诞节前夕,英国广播公司播出了罗素著名的"人之祸"(Man's Peril)演讲。罗素在演讲中警告所有大国和中立国:在一场使用氢弹的世界战争中,朋友、敌人和中立者都将被消灭;不管信仰共产主义,还是反对共产主义,人类和动物都将灭绝。他呼吁所有具有良知的人:牢记自己的人性,忘掉其他的东西。

罗素的警告,对世界各大洲的政府要员、科学家和普通民众产生了强烈的震撼。1955 年元旦过后,罗素收到了潮水般涌来的信件。1 月 21 日,德国物理学家玻恩②首先来信,建议组织诺贝尔奖获得者签署致各国政府的呼吁书。1 月 31 日,法国物理学家约里奥-居里也给他写信,建议起草一份科学家的共同声明,并召集一次有关核武器威胁问题的科学家国际会议。

罗素最初只打算通过广播发出警告,唤醒公众,并没有想到要起草一份科学家宣言和召集一场有关核武器问题的科学家会议。受到玻恩和约里奥-居里建议的启发,罗素着手将"人之祸"演讲改写成一份宣言,并寻求其他科学家签名支持。他首先寻求爱因斯坦的支持。1955 年 2 月 11 日,他给爱因斯坦写信讨论此事,爱因斯坦于 2 月 16 日回信表示赞同。4 月 5 日,罗素把宣言草稿寄给爱因斯坦,4 月 11 日,爱因斯坦在宣言上签了名。

---

①Joseph Rotblat. *Proceedings of the Forty-Fifth Pugwash Conference on Science and World Affairs: Towards A Nuclear-Weapon-Free World*. World Scientific Publishing. Singapore by Utopia Press. 1993:29.

②马克斯·玻恩(Max Born,1882—1970)德国理论物理学家,量子力学的重要创建者,因对量子力学的基础性研究尤其是对波函数的统计学诠释而获得 1954 年的诺贝尔物理学奖。

然而,不幸的是,爱因斯坦于 4 月 18 日因腹部主动脉硬化肿瘤破裂而与世长辞。爱因斯坦的临终签名,被视为"来自象征人类智力顶点的人的临终信息,恳求我们不要让我们的文明为人类的愚蠢行为所毁灭"①。因此,由罗素起草的声明本来叫作《关于核武器的声明》(A Statement on Nuclear Weapons),后来则被称为《罗素-爱因斯坦呼吁》(The Russell-Einstein Appeal),现在通称为《罗素-爱因斯坦宣言》(The Russell-Einstein Appeal)。两位伟人的名字赋予了这份文件特殊的魅力。

后来,加入签名的科学家包括玻恩、布里奇曼②、英费尔德③、约里奥-居里、穆勒④、鲍林⑤、鲍威尔⑥、汤川秀树⑦、罗特布拉特⑧。

1955 年 7 月 9 日,罗素在伦敦举行新闻发布会,公布了《罗素-爱因斯坦宣言》。罗素在宣言中用了很长的篇幅警告人类正面临氢弹战争毁灭自己的危险,发出 4 个重要的呼吁:呼吁东西方的科学家一起召集国际会议,评估大规模杀伤性武器发展的威胁,讨论避免核战争的措施;建议在东西方之间达成禁用核武器、销毁热核武器的裁军协议,逐步缓和"冷战"时期的紧张局势;敦促各国政府放弃世界大战,寻求和平手段,以解决彼此的各种争端;呼吁全人类牢记自己的人性,忘记其余东西。

《罗素-爱因斯坦宣言》后来成为帕格沃什运动,以及"国际青年学生帕格沃什"的行动指南。

二、帕格沃什运动

在《罗素-爱因斯坦宣言》中所呼吁的科学家国际会议首先被付诸实施。1957 年 7 月 7—10 日,来自 10 个国家(包括东西方和中立国家)的 22 名科学家在加拿大的帕格沃什成功地举行了第一次科学家国际会议,讨论如何评估核武器大规模试验的后果,如何控

①Joseph Rotblat. The Early Days of Pugwash. *Physics Today*. Vol. 54, June 2001:51.

②佩西·布里奇曼(Percey Williams Bridgman,1882—1961)美国高气压物理学的奠基者,1946 年获诺贝尔物理学奖。

③利奥波德·英费尔德(Leopold Infeld,1898—1968)波兰物理学家,爱因斯坦以前的亲密同事,爱因斯坦-英费尔德-霍夫曼理论的创始人之一。

④赫尔曼·穆勒(Hermann Joseph Muller,1890—1967)美国遗传学家,辐射遗传学的创始人之一,1946 年获诺贝尔生理学-医学奖。

⑤莱纳斯·鲍林(Linus Pauling,1901—1994)美国首次研究将量子力学用于化合物探索的创始人,1954 年获诺贝尔化学奖,1962 年获诺贝尔和平奖。

⑥塞西尔·鲍威尔(Cecil Frank Powell,1903—1969)英国研究核物理与宇宙射线的创始人,1950 年获诺贝尔物理学奖。

⑦汤川秀树(Hideki Yukawa,1907—1981)日本物理学家,粒子物理中介子理论的提出人,1949 年获诺贝尔物理学奖。

⑧约瑟夫·罗特布拉特(Joseph Rotblat,1908—2005)英国物理学家,1995 年获诺贝尔和平奖。

制核武器和达成全面裁军,以及科学家如何承担社会责任。会议声明指出:"我们深信,科学家在他们的专业工作之外最重要的责任是尽他们的力量去阻止战争,帮助建立一种永久而普遍的和平。他们能做到这一点,即尽他们最大的能力,通过向公众宣传科学的破坏性和建设性潜力来做贡献,并充分利用他们在制定国家政策中的机会来做贡献。"①会议闭幕时,还成立了常务委员会,负责指导继续组织类似的会议。第一次帕格沃什会议被认为"是第一次召开由来自东西方的科学家组织的真正的国际会议",而且证明"科学家们能够为解决因科学发展引起的复杂问题做出重大贡献"②。这次会议成为帕格沃什运动的开端。

1957年12月18—20日,帕格沃什常务委员会在伦敦举行首次会议,决定帕格沃什会议今后以两种小型会议为主,一种讨论紧迫的政治问题,主要针对影响政府;另一种研究科学进步的社会意义,澄清科学家自身的思想,目标是影响政府、在科学家之间搭建沟通的通道、教育公众。

在随后的4年多时间里,科学家们在加拿大、奥地利、苏联、美国连续举行了7次帕格沃什会议,相继讨论了"目前局势的危险及减少危险的方式和手段""原子时代的危险及科学家能为此做什么""军备控制与世界安全""生物与化学战""在纯理论和应用科学方面的国际合作",并在苏联和美国分别开会,两次讨论"裁军与世界安全"。在帕格沃什会议已经连续举行8次、324名科学家相继出席会议后,"帕格沃什"这个名字已经成为科学家对有争议的科学技术成果问题进行成功国际辩论的象征。

1958年9月14—20日,第3次帕格沃什会议在奥地利的基茨比厄尔(Kitzbühel)举行。来自20个国家的70名科学家在讨论未来计划时肯定了帕格沃什会议的成果及其存在价值。9月19日,会议公布了著名的《维也纳宣言》,认为一场全面的核战争将是一场空前严重的世界性灾难,在大规模杀伤性武器的时代,人类必须把消除包括局部战争在内的所有战争确定为自己的任务。宣言指出科学家们有3种特殊的责任:有义务让他们的人民和政府牢记,需要鼓励国际信任和减少相互恐惧的政策;有责任为人类的教育做出贡献,加深人们对科学的空前发展所带来的危险和潜力的理解,消除人们对战争和暴力的美化;认识到他们对人类和他们自己国家的责任,通过促进科学与国际合作,为建立和发展各国之间的相互理解与信任做出贡献。《维也纳宣言》是反映帕格沃什运动的宗旨和目的的纲领性文件。

1962年9月3—7日,来自36个国家的175名科学家在伦敦举行第10次帕格沃什会议,与会科学家们正式接受"帕格沃什科学与世界事务会议"与"帕格沃什运动"的称

①Joseph Rotblat. *Science and World Affairs*:*History of the Pugwash Conferences*. Dawsons of Pall Mall, London. 1962:47.

②同①,10-11.

号。这也意味着,帕格沃什会议已发展成公认的各国科学家参与国际政治事务的国际运动。

帕格沃什会议最初的议题围绕核武器、核裁军、军备控制、世界安全与科学家的社会责任,后来扩大到生物化学武器控制、太空武器控制、教育与人口增长、环境与发展、科学家的国际合作、对发展中国家的科学援助、欧洲安全措施、裁军的经济问题、地区冲突、战争根源、艾滋病、恐怖主义等领域。

参加帕格沃什会议的科学家队伍从最初的物理学家、化学家、生物学家和律师扩大到病毒学专家、精神病专家、政治学家、经济学家、军事历史学家、战略家、国际问题专家、社会学家等,还包括一些政府的科学与军控顾问、大学和科学院的领导人、前任和未来的政府高官、联合国和其他国际组织的要员。科学家因为自己的研究能力与学术成就,作为个人被邀请参加会议,既不代表某个组织,也不代表某个国家和政府。此外,还有国际组织的观察员、科学工作人员、嘉宾、科普作家和青年学生应邀出席帕格沃什年度会议。

帕格沃什会议通常采取 3 种形式:年度会议、专题研讨会与系列专题研讨会。据不完全统计,至 1999 年年底,帕格沃什会议总共举行了 250 多次年会、专题研讨会和专家小组会,有 1 万多人与会,3 500 多人成为帕格沃什成员。至 2009 年 3 月 5—6 日"重启印巴对话前景"会议在巴基斯坦伊斯兰堡召开,已经召开了 347 次帕格沃什会议(Meetings)[1]。2009 年 4 月 17—20 日,第 58 届帕格沃什年会(Conference)以"公正、和平与核裁军"为主题,在荷兰海牙召开。

三、帕格沃什运动的主要贡献

"冷战"期间,帕格沃什运动为核裁军与和平做出了独特的贡献:一方面,充当东西方沟通的渠道,在幕后帮助化解战争危机,防止核战争的爆发,积极参与调解地区武装冲突,帮助尽快结束局部战争;另一方面,通过举行一系列专题研讨会、专家小组会和秘密会议,辩论停止和缓和军备竞赛的具体措施,在官方谈判之前首先在科学家之间达成一致,为官方谈判和签订政府级的官方协定铺平道路,缓和国际紧张局势。

帕格沃什科学家直接参与幕后调解,帮助化解战争危机,尽快结束武装冲突。例如,1962 年 10 月,"古巴导弹危机"之初,美国的帕格沃什科学家请帕格沃什秘书长给苏联同行转发电报,请求他们去说服苏联政府召回运载导弹前往古巴的苏联船只,以避免与美国舰船发生武装冲突。同时,他们答应请求美国政府避免采取轻率鲁莽的行动。时任秘书长的罗特布拉特准备在伦敦召集一个由苏联和美国有影响的科学家参加的紧急会议,帮助解决危机。苏联和美国的最高当局很快为这样一个会议开了绿灯,双方同意在伦敦

---

① Pugwash Newsletter Vol. 46, Summer. 2009:77-80.

举行会议。尽管"古巴导弹危机"在会议召开之前就解决了,但是美、苏最高当局批准这次科学家会议,则显示了帕格沃什提供的沟通渠道的重要性。

又如,为了帮助结束越南战争,帕格沃什召集了两次小型的科学家会议。第一次会议于 1965 年 8 月在伦敦举行,美国和苏联各有 3 名科学家参加,英国有 2 人,讨论了结束战争的客观条件。第二次会议于 1967 年 6 月在巴黎举行,法国和美国各有 3 名科学家参加,苏联有 2 人,还有帕格沃什的秘书长,讨论了使双方回到谈判桌的具体条件,并同意法国科学家组成代表团前往河内,向越南政府转告美国政府结束战争行动的条件。法国科学家代表团前往河内传递信息。1968 年春天,美国和越南之间开始官方谈判,被认为是法国科学家代表团沟通的直接结果。①

"冷战"时期,帕格沃什运动曾做出的贡献主要包括:协助签署《部分禁止核试验条约》②、《核武器不扩散条约》③和《反弹道导弹条约》④等国际条约;开展全面和彻底裁军、全面禁止核试验、禁止导弹飞行试验、无核武区、切断核原料的生产、反潜战、反击力量战略、限制战略武器等议题的会谈。

尽管核裁军条约的缔结和其他军控措施的谈判是多种因素共同作用的结果,但是帕格沃什科学家功不可没。1995 年 12 月,帕格沃什运动的创始人之一——约瑟夫·罗特伯拉特教授⑤及其组织机构"帕格沃什科学与世界事务会议"由于为核裁军与和平所做的贡献而共同荣获诺贝尔和平奖。这充分表明,帕格沃什运动在"冷战"期间发挥的特殊作用赢得了世界的公认。1995 年 12 月 10 日,挪威诺贝尔委员会主席弗朗西斯·塞耶斯泰德(Francis Sejersted,1936—   )在颁奖典礼上说:"尽管主要在幕后工作,但是,帕格沃什运动一直接近决策者。它一直为他们充当沟通的渠道,并且通过它的专长和洞察力,为他们的讨论提供前提。帕格沃什运动在促使诸如 1963 年《禁止核试验条约》、1968 年《禁止核武器扩散条约》、1972 年限制战略武器第一阶段会谈和生物武器协定的军备控制协定的过程中扮演了不容忽视的角色。通过长期不懈地努力,它也一直是自'冷战'结束以来如此从根本上改变核裁军思想的主要贡献者。"⑥

①Joseph Rotblat. *Scientists in the Quest for Peace:A History of the Pugwash Conferences.* The MIT Press,1972:34.

②《部分禁止核试验条约》(*The Partial Test Ban Treaty*)全名是《禁止在大气层、外层空间和水下进行核武器试验条约》,1963。

③《核武器不扩散条约》(*Treaty on the Non-Proliferation of Nuclear Weapons-NPT*)又称《防止核扩散条约》或《核不扩散条约》,1968。

④《反弹道导弹条约》(*Treaty on the Limitation of Anti-Ballistic Missile Systems-ABM*)简称《反导条约》,全称《限制反弹道导弹系统条约》,1972。

⑤约瑟夫·罗特伯拉特(Joseph Rotblat,1908—2005),英国物理学家,1995 年诺贝尔和平奖得主。

⑥Francis Sejersted's Nobel Speech, Lecture given by the Chairman of the Norwegian Nobel Committee, 10 December 1995, Oslo, Norway, http://www.pugwash.org.

"冷战"结束后,帕格沃什继续致力于防止任何大规模杀伤性武器扩散;建议采取具体的步骤,消除所有核武器、生物和化学武器;加强针对平民的常规武器的发展、生产和转移的国际监测和限制;把战争本身的发生率减到最少,并最终消除战争;寻求创造性的方法,赶在武装冲突爆发之前解决争端,并很快结束已经发生的武装冲突,使其破坏最小。

帕格沃什运动的兴起和发展表明:尽管最终的决定权掌握在国家的政治和军事领导人手中,但是科学家通过理性分析和客观探索,辩论有争议的国际政治问题,影响大众媒体、科学国际共同体和政府决策者,保证科学和技术用于人类的利益,而不是人类的毁灭,应该能够履行自己独特的社会责任,为解决世界难题做出积极的贡献。

第二节　从切尔诺贝利核电站事故到安全文化的兴起

帕格沃什运动标志着科学家群体在战后对由科学技术飞速发展给人类社会和自然环境造成恶果进行反思。"冷战"时期,世界上共造出 130 亿～160 亿吨当量(相当于 100 万颗在广岛使用原子弹的威力)的核武器。制造、拥有核武器,使战争的性质发生了根本的转变:核战争会使全人类面临死亡的命运。在帕格沃什运动及其他不同利益集团作用之下,"冷战"双方保持对峙而克制的局面,世界上除局部地区外,基本上没有发生更大范围的战争。问题在于:人类在抑制了核战争爆发危机之后,是否从此处于和平而安全的生活环境中呢?

1962 年,美国海洋生物学家卡逊撰写了《寂静的春天》一书,开拓了现代环境运动。她出于科学家的社会责任,首次揭示了滥用滴滴涕等长效有机氯杀虫剂所造成的环境污染问题,预言人类过分依赖技术成果不考虑环境代价将造成不可挽回的生态灾难。"这是一个没有声息的春天。这儿的清晨曾经荡漾着乌鸦、鹅鸟、鸽子、鲣鸟、鹪鹩的合唱,以及其他鸟鸣的音浪;而现在一切声音都没有了,只有一片寂静覆盖着田野、树林和沼地。"[①]

尽管卡逊在书里虚设了一个城镇寂静的春天,遗憾的是她的警告不幸言中。1986 年,一个可怕而寂静的春天降临世间。

一、切尔诺贝利核电站事故

1986 年 4 月 26 日(星期六)1 点 23 分 40 秒左右(莫斯科时间),坐落在苏联乌克兰共和国境内的切尔诺贝利核电站第 4 号机组相继发生两次爆炸,4 号反应堆屋顶被掀翻,

---

①R. 卡逊:《寂静的春天》,吕瑞兰译,4 页,北京,科学出版社,1979。

8吨多强辐射物质被喷射到空中,致使核电站周围6万多平方千米土地受到严重放射性污染,带有高放射性物质的气流在不到一周之内弥漫全球。到1986年年底,有31人直接死于急性放射病,数十万当地居民、救援军人、事故清理人员受到严重放射性辐射。切尔诺贝利核电站周围半径为30千米地区被列为禁区,区内原有的11.6万居民被迫移居他乡,区内的飞禽走兽、宠物牲畜被射杀掩埋。1986年的春天,一个曾经人声鼎沸、生机盎然的新型核电工业区——切尔诺贝利变为死寂的生物禁区。切尔诺贝利核电站事故(简称"切尔诺贝利事故")作为历史坐标,打破了人类无忧无虑"和平利用"原子能的美梦。

切尔诺贝利核电站建于1977年,共有4个原子核能发电机组。出事故的第4号机组核心设备是1000兆瓦①级石墨慢化压力管式沸水反应堆(RBMK-1000),于1983年11月投产。切尔诺贝利核电站位于苏联基辅市(今属乌克兰)东北160千米处,其西面3千米处是核电站的生活区,名为普里皮亚特镇,拥有4.9万居民;核电站东南15千米处是拥有人口1.25万人的切尔诺贝利镇。② 普里皮亚特河流经核电站汇入欧洲第三大河——第聂伯河,最终流入黑海。

切尔诺贝利核电站事故经过是这样的。第4号机组原定于1986年4月底停堆维修。停堆前机组人员未经上级部门批准擅自决定进行机组惰转试验③。

1986年4月25日7时10分,4号机组工作人员开始筹备惰转试验并打算尽快结束试验。在试验前违规切断了事故冷却系统和事故自动保护系统。

4月26日0时28分,机组工作人员降低反应堆功率到200兆瓦以下(按规定工作反应堆功率不能低于700兆瓦),致使反应堆发生中子中毒。工作人员试图通过调控反应堆能量达到减缓中子中毒速度的目的,再次违规逐渐从反应堆中取出控制棒。

26日1时22分30秒,由于反应堆活性区中控制棒的数量过少,堆内链式反应失控,在0.01秒内链式反应放出的热能迅速增长1500~2000倍,堆内核燃料温度陡然提升2500~3000摄氏度,产生过量蒸汽,引起反应堆的第一次爆炸——高温高压蒸汽热膨胀,震裂了机组工作大厅的工程管道,掀翻了重达500吨的反应堆屋顶,使反应堆暴露在空气中。

1时23分40秒,发现事故的反应堆操作员按下事故停堆紧急按钮。与此同时,第一次爆炸后落下的重物压坏了反应堆活性区的上部,大量燃烧着的石墨和其他碎片落入反应堆活性区,从而引发反应堆活性区各种化学反应,继而在3秒钟内迅速生成近5000立方米的氢气,氢气和反应堆控制中心大厅的空气混合成易爆的空气-氢气混合物,由此引

———————————
①兆瓦是核电站装机容量的单位,即衡量发电机组的设计最大功率的单位。
②苏联国家原子能利用委员会:《切尔诺贝利核电站事故及其后果》,载《核动力工程》,7页,1986,7(6)增刊。
③惰转试验指在给涡轮发电机断电、断气后,检验发电机能否借助电机自身的惰性继续发电。

发第二次爆炸,时间大约在 1 时 23 分 48 秒。这次爆炸把反应堆中的大量放射性物质喷射到空中并引发大火。[①] 在两次爆炸中有两人死亡。

1 时 30 分,值勤的消防队员到达现场,及时扑灭了 4 号机组大厅屋顶的火焰,成功阻止了火焰向邻近的 3 号机组蔓延。

凌晨 5 时,反应堆厂房内的火焰被全部扑灭。[②] 为了避免扩大事故并便于检修,与此同时,原来正常运行的 3 号机组停堆。

二、切尔诺贝利事故的后处理、原因调查和后果评估工作

切尔诺贝利事故的后果令人始料不及,不仅当时苏联的科学家无法对此做出准确判断,就是后来陆续到来的其他国家原子能专家、生态问题专家也没能在短期内做出全面结论。但科学家们的工作为苏联政府采取援救措施起到了重要作用。

4 月 26 日 6 时,108 人被送到医院抢救,其中 24 人住院治疗。[③] 苏联部长会议主席雷日科夫(Nikolai Ivanovich Ryzhkov,1929—)在接到苏联能源部部长阿·马约列茨的电话报告后,立即组织了由原子能、反应堆、化学等方面的科学家、工程技术专家、医学工作者、政府要员和克格勃情报人员组成的政府委员会,着手调查事故原因并采取应急措施。

26 日 20 时,第一批政府委员会成员到达切尔诺贝利事故现场,经过初步调查得出以下结论:"核电站 4 号机组的涡轮机组正在进行非正式试验时,接连发生两次爆炸,反应堆机房被炸毁,数百人受到核辐射,两人当场死亡,辐射情况非常复杂,暂时还无法做出最后的结论……政府委员会已经按照各自的专业和分工划分成若干小组开始工作,但必须派军队参与事故处理工作,急需大型直升机,另外还需要化学部队,越快越好……政府委员会决定将紧靠核电站的普里皮亚特镇的居民紧急疏散……1 000 多辆汽车正连夜赶往普里皮亚特镇,乌克兰铁路局向普里皮亚特镇发出三趟专列。与切尔诺贝利毗邻的几个区也派出代表参加了政府委员会的工作,他们正在紧急确定附近临时撤离居民的地点。"[④]

27 日早晨,国防部派遣直升机和防化兵赶到切尔诺贝利,与政府委员会的专家一起调查事故后果,做出空投灭火材料,熄灭仍在燃烧的石墨,覆盖放射性物质,同时撤离居民的决定。14 时至 17 时,4 万多名普里皮亚特镇的居民紧急撤离。129 名严重受辐射伤

---

①Борис горбачёв,*Чернобыльская авария : причины,хророника,событий,Выводы*,(22декабря2002года),http://n-t. ru/tp/ie/ca. htm.

②苏联国家原子能利用委员会:《切尔诺贝利核电站事故及其后果》,17 页。

③苏联国家原子能利用委员会:《切尔诺贝利核电站事故及其后果》,26 页。

④尼·雷日科夫:《大动荡的十年》,王攀等译,李永全校,170~171 页,北京,中央编译出版社,1998。

员被直接空运到莫斯科治疗。

28日晨,瑞典测得放射性烟云。21时,苏联政府首次简要报道切尔诺贝利核电站事故。

4月29日至5月2日,政府委员会确认以第4号机组为圆心、以30千米为半径的"隔离区",决定撤离"隔离区"内所有居民(从4月27日到8月中旬,约撤离11.6万人),射杀并掩埋"隔离区"内的飞禽走兽。禁止食用"禁区"的奶类、肉类,禁止饮用露天水源的饮用水。调入2600名防化兵和400辆汽车,开始清洗污染区。

到5月6日,入院治疗人数上升至3454人(其中有471名儿童),367人确诊为放射性病(包括19名儿童),34人为重症患者,179人被送往莫斯科6号医院(其中有2名儿童)。[①]

从4月27日至5月10日,直升机大约往4号机组空投了4000吨混合物(其中,包括1760吨沙土、1400吨铅、800吨白云石、40吨含硼混合物),[②]初步封存了事故反应堆,使放射性释放物数量从4月26日的12兆居里(MCi)降至0.1兆居里。[③]

至8月中旬,共计大约60万军人和事故清理人员参与了建筑封闭4号反应堆的"石棺"、清除其余3个机组的放射性污染物、保护地下水系等项重要工作。

1989年10月,苏联政府为了平息公民对产生切尔诺贝利事故的不满情绪,请求国际原子能组织(IAEA)参与切尔诺贝利事故原因调查和后果评估工作。

1986—2005年,IAEA应苏联及俄罗斯政府的请求,通过开展"切尔诺贝利计划"(1989—1991),召集了25个国家、7个组织和11个实验室的200位专家开展了50个实地调查任务,评估了受切尔诺贝利事故影响最严重的苏联境内白俄罗斯、乌克兰和俄罗斯3个加盟共和国的辐射状况。

1996年8月8—12日,IAEA在维也纳召开"切尔诺贝利事故后10年后果总结"国际会议,此次会议汇集了800多名来自71个国家从事辐射防护、核安全、医学、环境和工程等方面研究的专家,来自31个国家的208名记者和包括白俄罗斯总统、乌克兰总理、俄罗斯和法国的部长等在内的多国政要,交流、分析、总结了切尔诺贝利事故发生10年后与核辐射相关的后果,为进一步采取减轻事故后果的措施,以及进行国际合作提供决策依据。

2003—2005年,IAEA先后举办了3届由政府官员、专家,以及媒体、公众参加的"切尔诺贝利论坛",在国际社会建立公共信息平台,公开切尔诺贝利事故对环境和人类健康

---

① Алла Ярошинская, *Чернобылъ совершенно секретно*, p. 273.

② Благотворительный фонд Ярошинской. *Ядерная Энциклопедия*, p. 265, Москва, Благотворительный фонд Ярошинской,1996.

③ 同②。

所造成的影响,探讨缓解事故影响的实施方案。

在"切尔诺贝利论坛"的框架下,IAEA 分别组成了由国际原子能机构负责协调研究环境的放射性污染及其后果的专家组[即"环境专家组(EGE)",包括来自 13 个国家和国际组织的 36 名专家]和由世界卫生组织负责协调以研究人类的医疗健康为主题的专家组[即"健康专家组(EGH)",包括来自 13 个国家和国际组织的 45 位专家]。

2005 年 4 月 18—20 日,在维也纳国际原子能机构总部召开了第三届"切尔诺贝利论坛"。与会代表讨论并通过了由"环境专家组"和"健康专家组"的技术报告。

"环境专家组"报告的主要结论包括:

切尔诺贝利核事故泄漏放射性物质总量达 14×10^{18} Bq,欧洲在超过 20 万平方千米的面积的土地上 ^{137}Cs 活度超过 37 kBq/m^2,其中 71% 的区域位于白俄罗斯、乌克兰和俄罗斯;早期最重要的放射性核素是 ^{131}I,后期主要发挥作用的核素是 ^{137}Cs 和 ^{134}Cs,其中 ^{137}Cs 在森林以某些地区水鱼中含量超标,可造成人体内照射;在距离反应堆 30 千米区域的隔离区内,辐射对动植物产生了急性副反应,导致松树、土壤中无脊椎动物和哺乳动物死亡率升高和动植物丧失生殖能力等。

"健康专家组"报告的主要结论包括:

切尔诺贝利事故中受到辐射人群主要有三类,即 60 万清理人员、11.6 万从高污染区内撤离的当地居民和 27 万事故后滞留在污染区内未迁移的居民,他们吸收的辐射剂量大大超过 100 mSv[①];在白俄罗斯、俄罗斯联邦和乌克兰,1986 年时年龄在 18 岁以下的儿童中诊断出近 5 000 例甲状腺癌;在接触剂量最高的切尔诺贝利事故清理人员中白血病发病率加倍;未来在暴露程度最高的三组人群中可能最终超过 12 万人死于癌症;受辐射人群的焦虑水平为正常人的 2 倍,一些体征为常人的 3~4 倍。

除上述主要结论之外,"切尔诺贝利论坛"专家组还强调了切尔诺贝利核事故给受辐射国家经济造成了巨大的经济损失。以白俄罗斯为例,该国 1991—2003 年间用于处理核事故的资金总额超过 130 亿美元。[②] 白俄罗斯、乌克兰和俄罗斯共有 784 320 公顷的农业土地和 694 200 公顷的原木生产地由于辐射被禁止使用。由此引发失业率升高,私人投资明显减少,人才流失严重,增加了贫困风险。

社会问题也十分严重,主要表现在背井离乡的迁移者虽然得到一些补偿,但仍然受到许多不公正的待遇,一些人在新的定居点与社会团体交流减少,主要依靠政府的扶助

---

①联合国核辐射效应科学委员会认为,全球人类每年受到的平均自然环境辐射剂量大约为 2.4 mSv,正常幅度为 1~10 mSv。对于数量不多的生活在全球已知高辐射环境地区(印度、伊朗、巴西和中国)的人们来说,每年的剂量可超过 20 mSv。没有迹象表明这种情况构成健康危险。

②IAEA,*Chernobyl's Legacy:Health,Environmental and Socio-Economic Impacts and Recommendations to the Governments of Belarus,the Russian Federation and Ukraine*,Vienna:IAEA,2006:33.

和救济生存。在苏联解体后，这些人的生活更加困难。由此引发许多社会不安定因素。

2005年9月6—7日，"切尔诺贝利：回顾过去，展望未来"（Chernobyl：Looking back to go forwards）国际会议在维也纳召开。多个国际机构、多国政府、民众代表、专家和媒体人士在联合国框架内对"切尔诺贝利论坛"的结论、意见和建议达成共识。但也有反对的声音，主要在疾患和死亡人数上有很大分歧。

例如，IAEA报告认为，在当年参加救援的人群中，迄今只有62人直接死于核辐射，切尔诺贝利事故只导致约4 000例甲状腺癌，其他癌症的发病率没有明显增高，最多仅有4 000人直接死于这次灾难。而绿色和平组织（Greenpeace）基于50多份公开发表的科学研究成果，于2006年4月发布报告《切尔诺贝利灾难的健康后果》，指出全球共有20亿人口受到切尔诺贝利事故的影响，27万人因此患癌，其中有9.3万人致死。①

有学者提出两者研究成果出现巨大差异存在3个主要原因。

首先，研究对象不同，人数总量不同。IAEA报告主要针对白俄罗斯、乌克兰和俄罗斯三国的3类人群，并且不包括他们的后代；绿色和平组织则不仅包括上述三国的3类人群，还包括瑞士、挪威、保加利亚、罗马尼亚、奥地利、德国及其他欧洲国家受污染的居民，摩尔多瓦、波罗的海周边国家、高加索地区及中亚和东亚等地区的清理人员，以及上述人群孕育的儿童。②

第二，对慢性和微量辐射的伤害程度的看法存在分歧。IAEA认为低剂量放射对健康几乎没有影响，但绿色和平组织认为即使是微量的辐射也存在危险性。

第三，在事故对遗传的影响方面存在分歧。IAEA认为尚无证据显示切尔诺贝利事故对遗传产生影响，而绿色和平组织则考虑了受到辐射人群的子女。

由此可见，国际社会对切尔诺贝利核事故后果的评估并没有形成最终的统一结论。

关于切尔诺贝利事故的原因分析始终存在多种意见，其中有两种最有代表性的意见。一种意见认为，机组工作人员的一系列违规操作是引发事故的主要原因——"人因说"，因为在1986年4月26日凌晨切尔诺贝利核电站爆炸前，机组工作人员曾连续6次违章操作。③ 另外一种意见认为，切尔诺贝利核电站的大型石墨沸水反应堆（RBMK-1000）本身存在设计缺陷，最重要的问题是反应堆没有安全壳——"技术因说"。

其实，造成切尔诺贝利灾难的原因绝不是单方面的，它深刻地触及苏联体制中的意识形态、社会生活、经济、生态、文化等各方面的问题。比如，反应堆的设计漏洞、以往放射性物质的泄漏事故、辐射病的防治措施等都属于苏联的绝密内容，不仅一般人无从得

---

①Greenpeace，*The Chernobyl Catastrophe Consequences on Human Health*，Amsterdam：Greenpeace，2006：25.

②Greenpeace，*The Chernobyl Catastrophe Consequences on Human Health*，Amsterdam：Greenpeace，2006：11-22.

③Борис горбачёв，*Чернобыльская авария：причины，хророника，событий，Выводы*，（22декабря2002года），http://n-t.ru/tp/ie/ca.htm.

知,就是专家也知之甚少。信息封锁所造成的专家无知,防患手段缺乏是切尔诺贝利灾难发生成为不可避免的必然。另外,专家、公众对原子核能的安全性、对核电站技术安全性的盲目信任,是造成机组工作人员违规操作的思想根源。"不是魔法,也不是敌人的活动使这个受损害的世界的生命无法复生,而是人们自己使自己受害。"①

值得注意的是,随着时间的流逝,切尔诺贝利事故正在被人们慢慢地淡忘。其主要原因也有几点。

第一,20 世纪 90 年代初苏联政府解体,研究切尔诺贝利事故的政府机构、科学家、专家团体也随之解散,相继归入了新的国家和组织。这使得发生在苏联时期的切尔诺贝利事故失去了研究团队这个主体。第二,在此过程中,部分珍贵档案资料丢失。第三,切尔诺贝利事故后,世界核电发展受到了严重挫折,但是,随着石油、天然气资源储量不断减少和环境污染问题日益受到世界各国的关注,为了满足不断增长的电力需求,各国纷纷增加本国电力生产中核能发电的比重。在这样的形势下,淡化、遗忘核事故所带来的灾难成为不可避免的有意识行为。

切尔诺贝利事故带给人类的教训无疑是惨痛的,为了避免悲剧重演,1986 年国际原子能机构在《切尔诺贝利事故评审会的总结报告》(№.75-INSAG-1)中首次提出"安全文化"(safety culture)术语,以后陆续在 1988 年、1991 年和 2002 年出版了一系列安全丛书。从理论到实践层面对"安全文化"进行了深入研究。

从"帕格沃什运动"到"切尔诺贝利核电站事故"的后处理,不难看到:现代科学家已经不能仅局限于某个领域或滞留在科学共同体成员内部从事活动;科学家仅满足于自身的社会责任觉醒也远远不够;科学家需要承担起更为重要的社会责任,需要与政治家、企业家、军人,乃至普通民众合作,共同应对由于科学技术对人类社会、对自然环境所带来的不可逆转的恶性后果。这些都是 20 世纪以来人类赋予科学家的历史使命。

<h1 style="text-align:center">参考文献</h1>

1. IAEA. *Environmental Consequences of the Chernobyl Accident and their Remediation*: *Twenty Years of Experience*, Vienna: International Atomic Energy Agency, 2006.

2. А. Ярошинская. *Чернобыль-совершенно секретно*, Москва: Другие берега, 1992.

3. Б. А. Чепенко. *Неизвестный Чернобыль*: *история*, *события*, *факты*, *уроки*, Москва: Издательство МНЭПУ, 2006.

4. Благотворительный фонд Ярошинской. *Ядерная Энциклопедия*, Москва: Благотворительный фонд Ярошинской, 1996.

---

① R. 卡逊:《寂静的春天》,吕瑞兰译,5 页,北京,科学出版社,1979。

5. Борис Горбачёв. *Чернобыльская авария：Причины，хроника событий，выводы.* http://n-t.ru/tp/ie/ca.htm，2002.

6. 曹朋：《对 IAEA 关于切尔诺贝利事故后果研究的历史考察》，清华大学人文社科学院科技与社会研究所硕士论文，2008 年 5 月。

7. 胡国辉：《切尔诺贝利核电站事故与广东大亚湾核电站安全》，载《暨南大学学报》（自然科学版），第 21 卷第 5 期，2000 年 10 月。

8. 胡志绮、张菁：《切尔诺贝利核电站事故初步人因分析》，载《核科学与工程》，第 7 卷第 3、4 期，1987 年 12 月。

9. 胡遵素：《切尔诺贝利事故及其影响与教训》，载《辐射防护》，第 14 卷第 5 期，1994 年 9 月。

10. R. 卡逊：《寂静的春天》，吕瑞兰译，北京，科学出版社，1979。

11. 苏联国家原子能利用委员会：《切尔诺贝利核电站事故及其后果》，载《核动力工程》，第 7 卷第 6 期增刊，1986 年 8 月。

12. 王芳：《探析苏联政府对切尔诺贝利事故的应急处理过程（1986.4.26—1989.10）》，清华大学人文社科学院科技与社会研究所硕士论文，2009 年 5 月。

13. 赵媛：《世界核电发展趋势与我国核电建设》，载《地域研究与开发》，第 19 卷第 1 期，2000 年 3 月。

进一步阅读材料

1. Joseph Rotblat. *Science and World Affairs：History of the Pugwash Conferences.* Dawsons of Pall Mall，London，1962.

2. Joseph Rotblat. *Scientists in the Quest for Peace：A History of the Pugwash Conferences.* The MIT Press，1972.

3. Joseph Rotblat. *Scientists，the Arms Race and Disarmament：A Unesco/Pugwash Symposium.* Tayler/Francis Ltd，London，1982，Unesco Paris.

第三十章

科学史与科学文化、教育和科学传播

第一节　背　景

　　早在 1948 年,美国科学史学科的奠基人萨顿就曾说过,科学史的"主要任务就是建造桥梁——在国际建造起桥梁,而且同样重要的是,在每个国家之内,在生活(好的生活)和技术之间,在科学和人文学科之间建造起桥梁"[①]。

　　在萨顿讲过此话的十来年后,另一件里程碑式的事件出现了:1959 年 5 月 7 日下午 5 时许,英国学者斯诺(Charles Percy Snow,1905—1980)在英国剑桥大学做了一次题为《两种文化与科学革命》的演讲。按照后来有人所做的回顾,斯诺在他的这次演讲中,"至少做成了三件事:第一,他像发射导弹一样发射出一个词,不,应该说是一个'概念',从此不可阻挡地在国际传播开来;第二,他阐述了一个问题(后来化成为若干问题),现代社会里任何有头脑的观察家都不能回避;第三,他引发了一场争论,其范围之广、持续时间之长,程度之激烈,可以说都异乎寻常"[②]。

　　斯诺在他的这次演讲中,首先指出,他相信整个西方社会的知识生活日益被分化成两极的群体,其中一极,是所谓的文学知识分子,而另一极,就是科学家。在这两极之间是一条充满互不理解的鸿沟,彼此缺乏了解,甚至于形成反感和敌意。非科学家大都认为科学家傲慢和自大,认为科学家是肤浅的乐观主义者,不知道人类的状况,而科学家则认为文学知识分子完全缺乏远见,尤其是不关心他们的同胞,在深层次上是反知识的,并

[①] G. 萨顿:《科学的历史研究》,刘兵、陈恒六、仲维光编译,92～93 页,北京,科学出版社,1990。
[②] 见科里尼为斯诺的《两种文化》一书新写的导言,载 C. P. 斯诺:《两种文化》,陈克艰、秦小虎译,1～2 页,上海,上海科学技术出版社,2003。

且极力想把艺术思想限制在有限的时空。相应地,这两群人分别代表了不同的文化,即人文文化和科学文化。以科学家一方为例,虽然其阵营的成员间也并不是完全地相互理解,但他们又的确有共同的态度、共同的行为标准和行为模式、共同研究方法和假设,这种共同性是十分深远和广泛的,甚至能够穿越其他精神模式,如宗教、政治或阶级模式。但是,在对于当下社会产生了如此深远影响科学与相应的科学文化,另一方却有着完全的不理解,而且他相信这种不理解会将其影响扩散到其他方面。这种不理解使整个"传统"文化有一种非科学的味道,而且这种非科学的味道经常会变成反科学,从而对一极的感情就变成了对另一极的反感。

斯诺在详细地论证了科学文化和人文文化这两种对立的文化的存在之后,明确地指出了这种文化上的分裂将会给社会带来巨大的损失。因为文化的分裂会使受过高等教育的人再也无法在同一水平上共同就任何重大社会问题开展认真的讨论。由于大多数知识分子都只了解一种文化,因而会使我们对现代社会做出错误的解释,对过去进行不适当的描述,对未来做出错误的估计。

对于两种文化分裂的原因,斯诺认为主要在于人们对于专业化教育的过分推崇和人们要把社会模式固定下来的倾向。因此,要改变这种状况,只有一条出路,即改变我们的教育。

这里需要注意的有两点。其一,斯诺的演讲像许多其他重要的、开创性的文献一样,其形式还是比较粗糙的,一些定义也并不很清晰。例如,他将其与科学家相对立的,其实还主要是他更为熟悉的"文学知识分子",而非更广泛意义上的人文知识分子。其二,由于当时特定的历史环境和斯诺本人的立场,其实在他讨论两种文化的分裂时,自己更是站在科学这一边。但无论如何,在斯诺的演讲出版之后,在世界性的范围内产生了极大的影响,引起了长达几十年之久的争论,也带动未来在教育和学术研究中的种种新的发展动向。

斯诺所提出的问题在今天的实际的重要意义正在于,无论斯诺当时所讲的是什么,他的立场如何,在经过几十年的争论之后,那些最初的说法也许已经并不是最重要的了,最重要的在于,在斯诺之后,随着时代的发展,两种文化已经具有了与其最早提出时有所不同的内容,其间的沟通、融合问题也表现出相应的发展与变化,而在不同的时期,这些不同的表现形式与内容仍然在不断地引起人们的注意力,成为斯诺命题的延伸。

第二节　科学史与教育改革

一、早期的状况

斯诺在关于两种文化的演讲中,有这样一段话是值得我们在此回顾的。他说:

我在此前说过这种文化分裂不仅仅是英国，也存在于整个西方世界。但是似乎有两个原因使这种现象在英国更明显，一个是我们对教育专业化的狂热信仰，比起世界上东西方任何国家都根深蒂固。另一个是我们倾向于社会形态具体化。我们越想消除经济不平等，这种倾向就表现得越强，而不是越弱，在教育上尤其如此。这意味着像文化分裂这种现象一旦建立起来，所有的社会力量不是促使其减弱，而是使得它变得更僵化。①

在斯诺的这段话中，明确地表现出他认为导致两种文化分裂的根源之所在，以及解决两种文化的分裂必须要通过改革教育来实现。他在剑桥做了最初的关于两种文化演讲的 4 年之后，在他的《再看两种文化》一文中，在谈到纯科学和应用科学之间的关系时，有这样一段文字：

纯科学和应用科学之间复杂辩证法是科学史中的最深刻的问题之一。目前，还有很多我们不能理解的东西。有时引发一项发明的现实需要十分明显。谁都知道为什么英国、美国和德国科学家在彼此互不知道的情况下突然在 1935 年到 1945 年间在电子学上取得了巨大进步。同样显而易见的是，这一十分强有力的技术武器将很快用在从天文到控制论的纯科学研究上。但到底是什么外部刺激或社会关系使鲍耶、高斯和罗巴切夫斯在开始互不知道的情况下，几乎同时研究非欧几里得几何学，而这显然是所有概念想象的领域中最抽象领域之一。找到一个令人满意的答案将会是困难的。②

如果我们把这两段前后相距了 4 年出现的文字联起来阅读的话，会得到一个也许并不十分清晰但仍然可以逻辑上联系起来的推论：为了弥合两种文化的分裂而要在教育中进行的改革，显然是与科学史的研究联系在一起的！

我们在本书"导论"中曾提到，最初较为成形的学科史形态的科学史大约出现在 18 世纪。但比较明确地将科学史与教育联系起来，还要更晚一些。这里我们可以列举几个相关（但绝不是全部）的重要人物、观点和事件。

至少在 19 世纪下半叶，著名科学家和科学史家马赫（Ernst Mach，1838—1916）便已意识到了科学史教育的问题。马赫除了著有影响广泛的关于力学、热学和光学等的历史之外，他在自己的科学教学中，也加进了历史的材料，并开设了一些较专门化的关于特殊领域发展的课程。1873—1876 年，他还支持帮助其助手开设了题为"斯蒂芬和伽利略的物理学""惠更斯和牛顿的光学"和"牛顿时代力学的发展"等课程。③ 稍后，在 20 世纪初，法国科学家和科学史家迪昂（Pierre Maurice Marie Duhem，1861—1916）也大力倡导在物

①C. P. 斯诺：《两种文化》，陈克艰、秦小虎译，15 页，上海，上海科学技术出版社，2003。
②同①，57 页。
③Bluh O. Ernst Mach as a Historian of Physics. *Centararus*，1968（13）：62-84.

理学的教学中使用历史的方法,认为在让学生们接受物理假说方面,显然历史的方法是合法而且富有成效的方法。更值得注意的是,迪昂还是最初在科学的发展和个体理解的发展之间发现类同的人。1922 年,法国物理学家郎之万(Paul Langevin,1872—1946)在一次演讲中,专门论述了科学史的教育价值的问题,着重分析了历史观点在科学教学上所能够和应该起的作用,以及历史观点在将来从事科学教学工作的师资的培养上的重要性。他注意到,在当时法国的中学和大学的科学教学中,人们往往略去了这些课程的历史的一面,而仅注意到它实用的一面,从而使科学教学表现出一种“教条式的畸形发展”的倾向。“但是,为了对一般文化有所贡献,并尽量发挥科学教学对思想的养成所能起的作用,那么,再也没有比过去努力的历史更好的东西了,这一历史由于它触及著名学者的生平和思想的逐渐演进,其内容是很生动的。”“只有通过这种方法才可以培养出承继科学事业的人们,使他们体会到科学的永恒运动和它的人道价值。这种需要对于将来创造新科学的人们是很明显的,对于教育家和对于各种事业的先导者们也是同样重要的,而对于广大群众,对于那些只能满足于在学校读书的那几年所获得的一点文化的人们则是更为重要的。”再者,他认为,研究科学的历史不仅是对于教育学方面和纯科学方面具有上述种种益处,“这种研究还能补充和明确同科学相接近的其他学科的教学”[①]。

除了这种个人的观点之外,在科学团体方面,早在 1917 年,英国的科学促进会就在其一份报告中敦促将历史的方法用于科学教学,认为科学史是一种“溶剂”,能“溶解由学校课程表带来的在文学和科学之间人为的壁垒”[②]。

当然,类似的事例还有一些。正是在这样的有关科学史教育发展的前期背景下,在第二次世界大战后,斯诺提出的两种文化及其分裂的问题,直接地与科学史的教育功能联系在一起。实际上,斯诺并不是第一个提出两种文化及其分裂问题的人,但他是第一位使这一问题引起了人们广泛重视和争论的人。而且,在斯诺提出这一问题之前和之后,许多科学史家和教育家都是将科学史视为连接科学文化和人文文化的一座重要的“桥梁”。

在斯诺之前,第一次世界大战前夕,科学史这一学科就已在美国的大学中被广泛引进,并编写出了既包括科学通史,也包括专科史的教科书。最有代表性的,就是美国科学史学科的奠基人萨顿的实践。萨顿于 1915 年因战争从比利时流亡美国后,从 1912 年起在哈佛大学系统地面向各专业的学生开设科学史课程。如前所述,他早在 1948 年,就已认识到科学史家和科学史教师的主要任务是在国际、在科学和人文学科之间“建造桥梁”。哈佛大学这种注重科学史教育的传统在其校长、物理学家和科学史家柯南特(James Bryant Conant,1893—1978)的支持下,得到继承和发展。柯南特提出了 3 个特别重要的观点。其一,他相信,无论是教育机构还是社会,都在面临一个严峻的问题,即

---

①保罗·郎之万:《思想与行动》,何理路译,113～124 页,北京,生活·读书·新知三联书店,1957。

②Matthews M R. *A Role for History and Philosophy in Science Teaching*. Interchange,1989(20):3-15.

非科学专业的学生缺乏对于科学的理解,而这些将作为未来的选举投票者甚至可能会成为政治家的学生,确实需要理解科学,才能对科学的问题做出明智的决策。其二,他认为,这种对于理解科学的需求,并不一定就是要教给学生数量更多的科学事实,恰恰相反,他所强调的,是要让学生理解科学与社会的关系。其三,也是最重要的一点,就是他认为历史案例的教学,才是让学生获得对科学的必要理解的教育手段。① 在这些观点的指导下,由柯南特主编并于 1948 年出版的两卷本《哈佛实验科学中的案例研究》,也成为科学史教学方面非常有影响的经典文献。柯南特尤其是强调通过科学史教育而使人文—社会科学专业的学生感受到所谓"科学的战术和策略"。在这方面重要的背景是,第二次世界大战后,在美、苏的"冷战"中,由于苏联出乎美国人意料首先成功发射了人造卫星,美国人为加强自己在科学技术方法的实力而重新思考其科技政策,包括对科学教育的改革。人们开始更普遍地相信,科学史这座"桥梁"可以把科学学科和人文学科的"两种文化"统一起来,并认为在学术专业划分越来越细的情况下,科学史完全有权利成为一个独立的专业领域。

在此之后,在美国、法国和英国,在科学史教育方面,还有许多其他的重要进展,这里略去不谈。只是需要指出,在后来的进展中,不仅仅是针对大学和研究生的教育,科学史的教育甚至开始全面地渗透到了基础教育之中。

二、基础教育与科学史:3 个近期进展的实例

关于科学史在基础教育中的渗透,在近十多年来进展最为迅速。这里,只以近年来英国和美国最有影响的 3 份基础科学教育改革文献所反映的观点为例来进行一些说明。

首先,是 1989 年,在英国教育与科学部和威尔士事务部新公布的国家规定的中学科学课程设置中,对科学史教学又做出了比以往更多的要求。② 这份法规性的文件,要求学生和教师了解"科学的本质"。在国家课程设置委员会发表的相应的指南中,甚至出现了"科学是一种人类的建构"这样的提法,这样,从法律上,便要求"学生应逐渐认识和理解科学思想随时间的变革,以及这些思想的本质和它们所得到和利用是怎样受到了社会、道德、精神和文化与境的影响,而它们是在这样的与境中发展起来的;在这样做时,他们应开始认识到虽然科学是对经验进行思想的一种重要方式,但不是唯一的方式。""科学的本质"就是此课程设置所要求达到的 17 个目标中的最后一项。这一目标中还包括若干具体条款,如"学生应……能够给出在诸如像医学的、农业的、工业的或工程的与境中

---

① Hendrick,R. M. The Role of History in Teaching Science:A Case Study,*Science and Education*,1992(1):15-162.

② Pumfrey S. History of Science in the National Curriculum:A Critical Review of Resources and their Aims. *British Journal for the History of Science*,1991(24):61-78.

某些科学的进展的说明,描述新的思想、探索或发明,以及所涉及的主要科学家的生平和时代……能够给出对所接受的理论或解释的变革的历史说明,表明理解这些理论或解释对人们的物质、社会、精神和道德生活的影响,例如,理解生态平衡和对环境的更多的关注,理解对木星、卫星运动的观察和伽利略与教会的争端……能够说明来自不同的文化和不同时代的科学解释怎样对我们目前的认识有所贡献",等等。除了这些与科学史直接相关的内容之外,这份文件还有一些更多与科学哲学相关的要求。从这些要求中,我们可以看出,在目前的科学教学中,科学哲学也像科学史一样得到重视,被提到议事日程上来,并与科学史的教学密切相关。这是一种新的动向和潮流。

其次,是美国科学促进会为力图彻底改革美国中学的科学教育,于1985年开始进行了一项名为"2061计划"的全国性研究。1989年,此计划在一份题为《面向全体美国人的科学》的报告中发表了其建议。在此报告的12章中,第1章就是关于"科学的本质",涉及一些科学哲学、科学伦理学和科学社会学的内容;而第10章则是关于"历史展望",这一部分包括对于一些与科学史有关的知识的教学建议,并指出,有两个原因将某些科学史的知识包括在此建议中。"第一个原因是假如离开了具体事例,对科学事业的发展所做的概括则会很空泛。例如,让我们考虑这样的命题:新的思想受制于它们所产生的环境;它们经常被现行科学体制排斥;它们有时会从偶然的发现中跳出来;它们通常发展缓慢,是许多不同研究人员共同努力的结果。没有历史实例,这些概括无非只是些口号,无论它们提得多么响亮入耳。""第二个原因是,科学发展史上的某些阶段具有超越时代的意义。这些阶段毫无疑问地包括:伽利略的作用转变了我们对地球在宇宙中位置的认识;牛顿证明物体在空中和地球上的运动都有同样的规律,达尔文通过长期观察各种生命的形式,以及它们之间的联系,提出了生物产生的机制;赖尔(Charles Lyell,1797—1875)仔细地记录了地球那令人难以置信的年龄;巴斯德(Louis Pasteur,1822—1895)证实了传染病是由那些在显微镜下才看得见的微生物传播的。在西方文明中,这些故事是矗立在其全部思想发展过程中的里程碑。"相应地,这份报告具体地建议了"对科学知识演进和其影响力具有典范意义的10个重大发现与变革"的科学史教学,它们就是:作为行星的地球、万有引力、相对论、地质时期、地球板块结构学说、物质守恒、放射性和核裂变、物种进化、疾病的性质,以及工业革命。①

最后一个实例,是1996年美国国家科学院推出的《美国国家科学教育标准》。在其中"科学内容标准"的第8部分,题为《科学史和科学的性质》。在对这部分内容的解释中,此文献提到:"学生学习科学的过程中需要理解,科学是它的历史的反映,科学是一个处在不断变化之中的事业。科学的历史与本质之标准建议在科学教学计划包括科学史的内容,借以阐明科学探究的不同侧面、科学的人性侧面,以及科学在各种文化的发展过

①美国科学促进协会:《面向全体美国人的科学》,中国科学技术协会译,123页,北京,科学普及出版社,2001。

程中的作用。"在这份科学教育标准中,规定了从幼儿园到 12 年级所要学习的科学内容、有关科学史的部分。在 5～8 年级阶段,要求学生掌握的是:"许多个人对科学传统做出了贡献。学习其中的某些典范人物可以进一步理解科学探究,理解作为人类奋斗目标科学,理解科学的本质及科学与社会之间的关系。从历史的观点看来,科学是同文化背景的不同个人的实践活动。纵观诸多民族的历史就可以发现,那些成就斐然的科学家和工程师都被看成对本民族的文化做出最杰出贡献的人。跟随科学史的足迹可以发现,科学创新人物要打破当时被普遍接受观念得出我们今天认为理所当然的结论是多么的困难。"而对于 9～12 年级的学生,要求掌握的是:"在历史上,形形色色的文化都对科学知识技术发明做出了贡献。数百年前,现代科学开始从欧洲迅速发展。在过去的两百年间,科学对西方和非西方的工业化做出了巨大贡献。然而,其他非欧洲文化也发展了科学概念,也通过技术解决了人类的许多问题。通常科学中的变革是作为对现有知识的微小修改出现的。科学和工程的日常工作导致了我们对世界理解和我们满足人类需要和抱负的能力的渐进式进步。通过研究科学家个体,研究他们的日常工作和他们在自己研究领域推动科学知识进步的努力,可以学到许多关于科学内部运作和科学本质的知识。"[1]

从以上几份国际上有重要影响的科学教育改革文献可以看出,在中小学(甚至于幼儿园)阶段,科学史都已经被列为其所要学习的重要内容。这可以说是在沟通两种文化方面明显的努力之一。

三、人文主义立场与"科学主义"

我们在本书"导论"中,曾列举了人们对于科学史的功能的各种看法,包括这个学科在教育方面的意义,当然,其中的一些提法,目前在学界也还是有争议的。例如,为什么科学教师在教授"科学的本质"时要考虑"历史的维度"? 就有人认为,至少可以提出三种教育的目的,这就是:①通过科学的参与而达到一种社会意识形态的改变和设计,如反对反科学思潮和恢复科学人性的方面等;②加强方法论的训练;③使学生具有作为公民的社会责任感,实现对科学合理的社会控制。[2] 在这几种目的当中,既包括反对反科学的立场的形成,也包括对于那种极端的缺乏人文立场的"科学主义"的批判性认识。

其实,斯诺在他那篇《再看两种文化》中,曾这样讲:"重大的科学突破,尤其是那些像分子生物学这样与人体紧密相连的重大突破,或者甚至是今后可能在高级神经系统上的突破,将必然同时激起我们的希望和无奈……没有人能预见这样的一个知识革命将意味

---

①国家研究理事会:《美国国家科学教育标准》,戢守志等译,131 页,191 页,241～242 页,北京,科学技术文献出版社,1999。

②Pumfrey S. History of Science in the National Curriculum: A Critical Review of Resources and their Aims. *British Journal for the History of Science*,1991(24):61-78.

着什么,但我相信结果之一将是让我们对我们的同类承担更多的而不是更少的责任。"①斯诺虽然在这里讲的并不是十分清楚,虽然他本人在当时对两种文化的分裂的分析中更倾向于科学一方,但他还是颇有远见的,还是有着某种有限度的人文意识的。在斯诺之后,当人们隔开几十年再进行回顾时,对于那种过于绝对地固守当下科学的科学主义,显然是有着相当的反思的。例如,那位重新以回顾的方式为新版的斯诺的两种文化演讲做了长篇序言的作者,就曾指出:"由于经常要面对如何下定义的问题,人们常常不免为了不同的目的,而希望把一些活动命之曰'科学',别的则一概宣布为'非科学',对此我们必须有所警惕。将19世纪下半叶称为科学的全盛时代,这就可能意味着,只把能获得'真正'知识的方法和研究当作科学,其余则非。许多工作中的科学家心底里一直是这样的想法,偶尔则会有自封的科学发言人把这种想法极度骄纵地宣布出来。但是这一自大而又盲目的实证主义,如今已不像过去那样具有权威性了,人们已经普遍地接受,智力探索的不同方式都能够提供不同类型的知识和理解,其中无论谁都不是别人必须向之看齐的典型。"②也曾有人在近些年来在八种国际科学标准文献中总结出来的对于科学的本质的一些一致性看法,其中第一条,就是认为科学知识——是多元的,而且,还包括像科学知识在很大程度上依赖于观察、实验证据、理性的论据和怀疑,但又不完全依赖于这些东西;来自一切文化背景的人都对科学做出贡献;科学思想受到其社会和历史环境的影响,等等。③而当代像这样的多元的科学观的形成,自然也是以斯诺之后的像科学史、科学哲学和科学社会学等领域中的研究成果为基础的。

这也正像当代科学史学的奠基人萨顿所注意到的,尽管他在主导倾向上也还是更为早期的实证主义科学史观的代表者,但他曾指出:"科学是必需的,但只有它是很不够的……科学史证明,科学对任何人和任何社会都是有价值的;同时,它也证明了科学的不足。"④

第三节　科学史与科学传播

科学传播是近年来国际国内都蓬勃发展的一个交叉领域,一方面,它受到20世纪50年代以后兴起的传播学理论与实践的影响;另一方面,它又受到科学史、科学哲学、科学社会学、科学知识社会学等以科学技术为对研究对象的科学元勘(science studies)领域的广泛关注,尤其在后者的领域里产生了比较丰富的研究成果。

科学传播概念本身有着比较复杂演变的过程,就广义的科学传播而言,还包括与此

①C. P. 斯诺:《两种文化》,陈克艰、秦小虎译,63页,上海,上海科学技术出版社,2003。
②同②,40页。
③McComas, W. F. ,and Almazroa, H. The Nature of Science in Science Education:An Introduction, *Science&Education*,1998(7):511-532.
④G. 萨顿:《科学的历史研究》,刘兵、陈恒六、仲维光编译,8页,北京,科学出版社,1990。

密切相关的科学普及、公众理解科学、科技传播等,而这里则是在比较广泛的意义上使用科学传播这一概念,包括以科学技术为对象,在科学与公众领域内的所有层面上的交流活动,其实,前面讲的(正规)科学教育,也是这种广义的科学传播的一个子领域。

一、科学史对科普作品的影响

最初意义的科普,仅是科学知识从专家到一般大众的单向传播:一方面是拥有大量专业知识的科学家或具有一定科学知识的知识分子;另一方面是科学知识相对缺乏的普通公众,科普的主要目的就是为了使科学知识能够在普通公众间得以普及。随着科学和社会的发展,科普的内容和形式不断变化,出现了新的特征:科普的组织性和政策性日益增强,各国政府开始有计划地直接参与支持科普工作,通过科技政策、组织体系、经费资助,组织和协调科普专业组织、科技团体、大众传媒、企业及大学和其他科研机构,共同促进科普活动的发展;科普受众日益增多,科普的对象更有针对性,许多特定社会群体被纳入科普的对象;由只重视科学知识本身的普及,发展到普及科学知识同传播科学思想、科学精神和科学方法并重;科普的手段和载体日益多样化、现代化等。

从国内外科普作品的发展变化中,我们可以清楚地看到,科学史的影响越来越大,这主要表现在以下两个方面。

首先,科学史能够提高知识普及类型科普作品的科普效果。在知识普及型科普作品中,适当引入科学史的背景或视角,能够提高作品的趣味性和内涵,提高科普的效果。科学史能揭示科学知识产生和发展的历史脉络,有利于公众对科学知识的理解和整体把握;科学史中具体的科学事件,有利于受众将科学知识具体化、形象化,便于理解和记忆;科学史中有关科学家的故事,有利于竖立科学的形象,提高公众对科学的兴趣。

其次,科学史可以成为科学文化型科普作品的直接内容。这里所说的科学文化型科普作品,主要是指那些在传统科普作品的基础上,进一步发展出的虽然也包含科学知识的内容,但其传播的重点是科学的历史和相对系统化的科学观的科普作品。这样,科学史的研究成果本身就是科普的内容之一,在科学文化型科普作品中,科学史可以作为作品的主题和核心内容。科学史的史料素材和研究成果,为科学文化型科普作品提供了广阔发挥的空间。科学文化类科普作品,在普及科学史的过程中,不但传播了科学知识,还传播了科学方法、科学精神和系统化的科学观,有利于公众理解科学的本质。

二、科学史对新型科学传播的影响

"新型科学传播"的概念,是指与传统科学普及相对应的,以双向、互动的交流为特点的"科学传播"。在国际上,这类科学传播活动发展迅速,包括像欧洲的"共识会议"(consensus conference,指由公众参加,按照一套标准程序,在通过了解各种背景和不同观点的前提下,对有争议的科学技术发展和应用问题经充分讨论而达成并发布"共识"的组织活动)、"科学商店"(science shop,指针对科学技术相关的社会问题,站在公众的立场上向公众提供专业性的科学援助的机构)、美国的"外展活动"(outreach,指前沿科学研究机构面对公众的展示和服务活动,产生于美国"冷战"结束后的社会背景下,在某种程度上,外展活动也是科学界为得到公众支持而进行的一种公关策略)、日本的"科学的市民运动"和"科学咖啡馆"(就某个涉及与经济、文化、日常生活相关的科学技术话题,由相关的专家和对这个话题感兴趣的普通人,在平等的关系下,近距离、面对面地直接对话、讨论、交换意见的一种公众参与科学的活动),等等。这些新型的科学传播活动类型,是在新的形势下和新观念下对传统科普方式的突破,并且正在与传统科普一道共同产生着越来越大的影响。

科学史对新型科学传播的影响,主要是一种更深层意义上的影响。这种影响一方面表现为一种历史的过程;另一方面表现为一种理念的交织互动。从科学观的角度来看,外史研究中对科学知识内容的社会史考察,开始关注科学及科学知识的社会建构性和与境性。在这一背景下,传统科技决策机制中专家主导权地位的建立,公众以地方性知识对专业知识和专家集团形成的冲击,公众参与科技决策的可能性与必要性等问题,也成为科学史研究关注乃至直接考察的对象。科学史不但为新型科学传播提供了素材、知识背景和内容,更提供了理论支持和思想资源。

三、科学史对科学传播立场与理论的影响

在科学传播理论的变化中,科学史的研究纲领及科学史带来的科学观的变化对科学传播的影响大致有这样几个方面。

首先,新的编史学纲领的科学史研究带来了对传统一元科学观的批判和反思,也促进了新的多元科学观的倡导和确立。同时,这些新的编史学纲领还为科学传播带来了新的研究视角和分析方法。例如,女性主义科学史将性别的社会建构因素带入科学传播领域,直接影响了科学传播与性别的研究;人类学进路的科学史强调的与境性为科学传播理论模型的变迁特别是与境模型的提出提供了理论来源;科学修辞学进路的科学史为科学传播中的文本分析特别是隐喻研究提供了理论借鉴。多元科学观与新的视角和方法一起,为科学传播理论突破原有的单一的线性模型和缺失模型,在更加开放、平等、互动的意义上进行科学传播实践,提供了丰富的理论支持和实践手段。

其次,科学史带来科学观的变化推动了科学传播理论模型的变革。

①对"缺失模型"的颠覆。科学传播中最初的"缺失模型",是指认为公众对科学一无所知,要由专家对之进行科学知识"灌输"的这样一种传播立场。在科学传播领域、传统中,科学的客观性、普遍性使得科学拥有了在共识建构中的绝对主导权的合法性;而科学

的独立性、完备性和权威性使得科学家获得了政治权力。而在后库恩时代的科学史研究，特别是建构主义、女性主义、人类学、修辞学等后现代编史学纲领的科学史研究，通过大量的案例研究，对科学的绝对客观性和普遍性发起了挑战，甚至在一定程度上重新解释了科学的客观性和普遍性，也在一定程度上消解了科学共同体在科学传播中的先验的权威地位。

②对"对话模型"的反思。科学技术争议背后隐藏的科学体制的权力结构，对话中的话语体系，公众的意见和科学家的专业知识之间的对称关系，这些因素才真正影响着公众与科学的关系，以及公众在科技决策中的作用。而这些问题，仅仅通过表面上的对话和参与是无法解决的。对这些深层问题的质疑、批判和试图寻求解决方案，需要来自科学史等科学元勘研究的理论支持，而科学史研究所带来的科学观，特别是后库恩时代的新编史学纲领下的科学史所带来的科学观的变化，能够为这些科学传播深层问题的揭示和解决提供理论资源。

③公众对科学的批判性理解。"公众对科学的批判性理解"关注传播内容的意义，主张在更大的社会文化背景中去理解这种意义，并强调意义背后的价值与利益。其中，涉及公众对科普文本的解读，也涉及公众在科普的构造中的作用。对这些问题的质疑和思考，已经超出了科学传播理论的范畴，同样需要来自科学元勘研究的理论营养，科学史作为科学元勘中基础并重要的一个学科，以其特有的研究视角和方式，能够为"公众对科学的批判性理解"提供历史维度的批判视野和由具体案例研究所体现出的对传统科学观的反思和突破。

科学史研究者直接进行科学传播实践，推动了科学传播理论和实践的发展。他们有效地推动政府制定公共科技政策，组织新型科学传播活动，培养科学传播人才。他们将科学史的研究视角和研究成果带入科学传播领域，推动了科学传播政策的转变，促进了科学传播形式和内容的变革。

参考文献

1. C. P. 斯诺：《两种文化》，陈克艰、秦小虎译，上海，上海科学技术出版社，2003。
2. G. 萨顿：《科学的历史研究》，刘兵、陈恒六、仲维光编译，北京，科学出版社，1990。
3. 詹姆斯·E. 麦克莱伦第三、哈罗德·多恩：《世界史上的科学技术》，王鸣阳译，上海，上海科技教育出版社，2003。
4. 刘兵、江洋：《科学史与教育》，上海，上海交通大学出版社，2008。

进一步阅读材料
1. 刘兵：《认识科学》，北京，中国人民大学出版社，2004。
2. 刘华杰编：《科学传播读本》，上海，上海交通大学出版社，2007。

第三十一章

社会性别视角下的科学史

19世纪末以来,西方科学史的研究经历了多次重大变化。每一次重大变化都受到了哲学、社会学等领域新思潮、新观念的推动和影响,由此产生了新的科学观、科学史观和编史传统,开辟了科学史研究的新领域和新方法,科学史学科本身也因此而得到重大发展。

社会性别视角下的科学史的兴起和繁盛是近四十余年的事情,它缘于20世纪60—70年代的女权运动,女性主义学者对科学领域性别问题的关注,推动了女性主义STS研究包括女性主义科学史研究的发展。社会性别视角下的科学史亦可称为女性主义科学史,意指女性主义学者将社会性别(gender)视角纳入对科学史的研究,从而揭示出与其他科学史研究纲领不同的历史图景。

第一节　兴起背景

"女性主义"(Feminism)①一词大约是在1910年进入英语词汇的,它既特指19世纪和20世纪试图消除妇女受限制现状的女权运动,在此基础上进一步被理解为解放所有妇女的政治和实践;同时也指关于性别的政治、经济和社会平等的主张和理论,以及被进一步理解为一种思想和分析的方式。尽管关于"女性主义"至今尚未形成统一定义,但从广泛意义上看,它仍可划分为女权运动实践与女性主义学术研究两大部分。其中,学术

---

①女性主义和女权主义对应的英文词汇均为"feminism",国内学界有的将其译为女权主义,有的译为女性主义,有的译为女权/女性主义;本书的译法以女性主义为主,体现其以社会性别为分析视角的理论研究的特征,而将妇女运动实践直接译为女权运动,以沿袭传统译法并彰显妇女运动争取平等权利的特点。

理论研究源于运动实践,反过来它又进一步指导了实践,并在实践中得到检验、批判和发展。

一、女权运动与女性主义学术思潮

现代意义上的女权运动主要指 19 世纪下半叶以来的两次大的妇女运动浪潮。第一次浪潮始于 19 世纪末左右,它在第一次世界大战期间达到顶峰,到 20 世纪 20 年代逐渐消退。这一时期的妇女除要求改善她们在教育、就业和家庭中的地位之外,最为重要的一个目标就是争取参加政权。第二次女权运动浪潮开始于 20 世纪 60—70 年代,最早兴起于美国,一直持续到 80 年代。与第一次浪潮相比,这一时期的运动除了在政治、经济和教育方面继续争取与男性平等的权利之外,开始强调"女人不是天生的,而是社会制造的"等主张。

比较而言,第一次女权运动浪潮强调女性作为"人"生来所应获得的与男性平等的权利,主张在现有社会体制结构内部进行改良,以提高妇女的社会地位;第二次女权运动浪潮则开始关注两性之间的差异,并认为这种差异是造成性别不平等的原因,强调性别更多的是社会文化的范畴,看到了整个社会的父权制结构是女性受压迫的深层根源,甚至在此基础上还进一步强调女性的经验和生活方式的重要性。尤为重要的是,第二次运动浪潮为女性主义学术研究提供了沃土,各个流派的女性主义理论竞相争辉,成为这次浪潮的鲜明特色。

以主要观点来区分,女性主义学术思潮大致包括自由主义女性主义、激进女性主义、马克思主义和社会主义女性主义、精神分析和社会性别女性主义、存在主义女性主义、后现代女性主义、生态女性主义和多元文化与全球女性主义等多个流派。[①] 其中,自由主义女性主义旨在父权制的内部进行改良,为妇女争取平等的教育权等,激进女性主义则主张彻底铲除父权制,从法律、政治结构和社会文化制度出发进行变革;马克思主义女性主义认为妇女受压迫的根源在于财产私有制和资本主义制度本身,社会主义女性主义则认为资本主义和父权制都是妇女受压迫的根源;精神分析女性主义侧重关注男女两性的社会性别身份的认同过程,社会性别女性主义则注重探讨与女性气质有关的美德和价值问题;存在主义女性主义认为妇女受压迫的根源在于她的"他者性",后现代女性主义则认为"他者性"存在变化和差异,女性不能被定义和僵化;多元文化和全球女性主义强调女性身份是破碎的,具有多重根源;生态女性主义则认为避免自我毁灭的唯一方式在于加强我们之间以及我们与自然世界之间的联系。

尽管这些流派分别从各自的学科背景出发,从不同的角度关注不同的性别问题,同

---

① 罗斯玛丽·帕特南·童:《女性主义思潮导论》,艾晓明等译,1~11 页,武汉,华中师范大学出版社,2002。

时对很多问题的看法还存在激烈的内部冲突,但它们之间仍然具有诸多共同点。不管它们关注的主题多么不同,这些理论流派的最终目标均在于实现本领域里的性别平等。女性主义的科学批判和科学史研究正是女权运动浪潮和女性主义理论思潮影响下的产物。

二、女性主义与科学

在女权运动浪潮中,人们为妇女争取受教育权、就业权,涉及对自然科学领域妇女受歧视现状的考察和关注,因而要求提高妇女在科学领域的地位。此外,还有一些运动,例如妇女健康运动和反核和平运动,直接关系到女性的身体、医疗、卫生和健康等主题,不仅促使人们开始把科学领域中的性别歧视和性别不平等问题提高到学术研究的高度上,也推动他们从性别视角去反思科学本身:科学的本质究竟是什么?科学能否被看成父权制行为表现极为明显的领域?近代科学是否应被看成父权制的重要方面?延伸到科学史研究,人们开始询问,科学在历史上为何成为男性主导的领域?女性科学活动如何被男性史家忽略或边缘化?女性主义科学史研究就是要回答这样的一系列问题,揭示科学的男性主导性及其客观价值、工具理性、对自然的开发和剥削等将女性排斥在科学之外的过程。

女性主义学者罗塞(S. V. Rosser)曾将与科学有关的女性主义研究划分为 6 个方面:①科学教学与课程设置的改革,旨在科学的课程和方法中纳入更多关于女性的信息,以吸引和培养更多的女性进入科学领域;②科学中妇女的历史,旨在寻找以往科学史中被忽略的女性,承认和肯定她们在科学中所做的贡献;③科学中妇女的当前地位,即运用量化统计等社会学研究方法考察女性在科学领域的现状;④女性主义科学批判,旨在揭示科学实验和科学理论对于女性本质的错误规定,认为这些为证明女性社会地位低劣提供依据的科学研究是"坏"科学;⑤女性气质的科学,旨在探讨女性从事科学研究的方式同男性是否存在差异,强调女性的文化视角和经验对于科学研究的独特影响;⑥女性主义科学理论,主要探讨社会性别意识形态是否会影响科学的方法和理论,是否存在性别中立的科学以及科学的客观性等问题。[①] 其中,主要与女性主义科学批判相关,哈丁(Sandra G. Harding,1935—)区分出 5 种不同的研究:①平等研究,解释妇女在教育、就业方面受到的历史性阻碍,探讨女性受歧视的心理、社会机制;②通过对生物学、社会科学和技术的运用与滥用的研究,揭示科学服务于男性中心主义、种族主义歧视的方式;③分析科学研究的问题、方法是否负载理论,探讨是否存在客观的、价值无涉的科学;④运用文学批评、历史解释和心理分析的方法解读科学文本,尤其是通过隐喻分析等揭

---

①Sue V. Rosser. Feminist Scholarship in the Science: Where Are We Now and When Can We Expect a Theoretical Breakthrough?. *Hypatia*,1987,2(3):5-17.

示科学的客观性神话;⑤女性主义认识论研究。①

除此之外,还有其他学者做过类似的划分,他们的概括从总体上反映了相关女性主义研究的多样性及其内在联系。必须指出的是,女性主义科学史并不局限于罗塞所说的第2条,实际上,当女性主义学者致力于变革科学教育制度和课程设置,揭示生物学和医学对女性本质的错误规定,讨论社会性别意识形态对科学发展的影响,反思科学客观性观念,并探讨女性从事科学研究的方式同男性是否存在差异,以及女性主义科学是否存在时,往往都离不开从历史的维度对社会性别与科学的关系进行分析。从这个意义上看,女性主义科学史贯穿了整个与科学相关的女性主义研究的各个方面,构成了其他研究的重要基础和支撑。

第二节 社会性别视角的引入

如上文所言,女性主义科学史研究并不局限于"科学中的妇女史"研究,它是以女权运动为社会来源的女性主义学术思潮向科学史领域拓展的产物;那么究竟什么是女性主义学术意义上的性别视角? 这一视角下的科学史研究与传统的妇女科学史研究相比,究竟有何独特之处?

一、传统妇女科学史研究

在常见的科学史书籍中,人们会发现所提到的科学家大多都是男性。为此,早期的妇女科学史研究常常致力于挖掘和寻找历史上的女科学家,以证明妇女对科学发展所做的贡献,从而恢复女性在科学史上的地位。从14世纪到19世纪,百科全书的形式一直是关于科学中妇女历史的最常见类型的著作,其编者们把这作为一种策略,以论证妇女能获得了不起的成就,她们应该为当下的科学机构所接纳。至1913年,美国天主教神父赞姆(J. A. Zahm)的《科学中的妇女》是第一部较为详尽地论述科学妇女的专著,但这些早期的零星研究均非专业科学史家所为。20世纪二三十年代,科学史作为一门独立学科逐渐发展起来,随后强调科学与社会关系的"外史"研究开始占上风,妇女和性别问题依然没有受到专业科学史家的重视。例如,默顿关于17世纪英格兰科学技术史的研究,发现英国皇家学会62%的初创成员都是清教徒,探讨了清教主义与科学技术发展的关系,但他忽视了这些成员100%都是男性!② 直到20世纪70年代,女性主义学者将关注的目光投向了包括科学在内的广泛领域,寻找和挖掘科学史中被忽略的杰出女性,开始成为

---

① Sandra Harding. *The Science Question in Feminism*. Ithaca:Cornell University Press,1986;20-24.
② 刘兵:《克里奥眼中的科学:科学编史学初论》(增订版),100～101页,上海,上海科技教育出版社,2009。

早期女性主义科学史研究的主要内容。其中,关于富兰克林(Rosalind Elsie Franklin, 1920—1958)、居里夫人(Maria Sklododowska Curie,1867—1934)和梅特纳(L. Meitner)等伟大女科学家的研究往往都被用来说明女性对主流科学做出的伟大贡献。

这些历史研究当然是有意义的,但无论这种工作多么细致,就像人们所能预料到的那样,以此方式挖掘出来的女科学家的人数与男性相比,终究是极少数。它们只是在关于男性精英的科学史中"填补"了女性精英的故事,却仍然不能回答"为什么女科学家如此之少"的问题。直至 20 世纪 80 年代初,美国女科学史家罗茜特(M. W. Rossiter)的《美国妇女科学家》一书才开始走出精英史的路线,在肯定女性对科学所做贡献的同时,开始考察科学的体制、结构及相关的价值标准问题。这一研究标志着相关研究从"精英妇女"转向"普通妇女",从"填补女性"走向"反思科学"的过渡。

二、社会性别概念的引入

女性主义科学史之所以能在西方科学史学史上产生影响,关键就在于它走出了"填补模式"和"精英模式",开始反思和批判科学制度与文化中所内含的性别偏见。在这一转变过程中取得的一个重要进展,就是"社会性别"概念的形成。它的提出既构成了女性主义学术研究的概念基础,同时也为其提供了独特的分析视角。

早期女性主义学者的首要任务是纠正妇女在社会和政治思想史中的缺席状态,改变各个领域存在的性别歧视现象。在 20 世纪中叶的主流话语中,生理性别的差异(sex difference)被认为是两性社会差异的根源。直到 20 世纪 60 年代末以后,对妇女本身的研究和对两性生理差异的研究开始让位于对两性性别标签的研究。[1] 在一些社会学的研究中,学者们发现人们给两性设定的形象不同,对他们的行为所给出的要求和规范不同,对他们的社会价值和个体价值的期许也不同。

随着这类关于男女两性性别角色定型的研究的开展和深入,女性主义学者认识到,女性扮演的性别角色并非由生理因素决定,相反,它是社会文化不断规范的结果;人的性别意识不是与生俱来的,而是在对家庭环境和父母与子女关系的反应中形成的;性别意识和性别行为也都是在社会文化制约中培养起来的;生理状况不是女性命运的主宰,男女性别角色是可以在社会文化的变化中得到改变的。[2] 换言之,女性主义学者认为,性别的差异更多的是体现在社会文化维度上而非生理特征上,男性和女性都是由社会塑造出来的,而非生来如此。基于这些认识,美国女性主义学者最先对传统的关于性别和性别

---

①Evelyn Fox Keller. Feminist Perspectives on Science Studies. *Science Technology and Human Values*,1988,13 (3/4):235-249.

②王政:《"女性意识"、"社会性别意识"辨异》,见杜芳琴、王向贤编:《妇女与社会性别研究在中国(1987-2003)》,89~90 页,天津,天津人民出版社,2003。

差异的"生物决定论"进行了严肃的批判,开始区分"生理性别"和"社会性别"这两个基本的学术概念。

　　起初,女性主义学者并没有立即使用 gender(原指语法中的词性,例如阴性词与阳性词)一词来表达性别的社会文化属性,而是使用"性别角色"(sex role)一词来指代社会对两性的规范。但因为 sex role 仍然与 sex(生理性别、性)有明显关联,需要一个没有传统文化包袱的词来表达女性主义学者的新认识,所以自 20 世纪 70 年代,女性主义学者逐渐使用 gender 来表达性别的社会文化属性。他们强调,"生理性别"通常指的是婴儿出生后从解剖学的角度来证实的男性或女性;而"社会性别"则被认为是由历史、社会、文化和政治赋予女性和男性的一套属性,[1]是"在社会文化中形成的男女有别的期望特点,以及行为方式的综合体现"[2],也即社会文化建构起来的一套强加于男女的不同看法和标准,以及男女必须遵循的不同的生活方式和行为准则等。相应地,与"生理性别"相对应的是"男性"(male)和"女性"(female),而与"社会性别"对应的则是"男性气质"(masculine)和"女性气质"(feminine)。

　　社会性别概念的引入,标志着女性主义研究进入了一个新的阶段。它使得女性主义学者不再受制于对性别差异的生物学根源进行探讨,转而关注造成这些差异的社会文化成因;不再执着于区分男女两性的性别差异,转而考察这些差异的内涵及其被建构起来的过程。[3] 对于科学史学者而言,这一概念同样意味着某种新的基本学术立场或研究进路。它不再局限于对被以往研究所忽略的伟大女性科学人物的挖掘和承认,而是日益关注科学中存在的种种关于性别的刻板印象,开始思考科学中性别差异的形成过程,分析科学在社会性别意识形态的发展和变革过程中起到的影响和作用,探讨科学作为一种社会建制具有什么样的社会性别结构和文化特征等问题。

第三节　社会性别视角下的科学史

　　在引入社会性别视角之后,女性主义科学史研究经历了两个主要的发展阶段,形成了多个编史方向。其中,20 世纪七八十年代的研究主要集中在西方科学史领域,编史方向主要包括"解码主流科学的性别化特征"和"重估女性气质的研究方法与科学传统"两个方面。20 世纪 90 年代之后,由于受到第三世界女性主义和多元文化与全球女性主义等思潮的影响,女性主义科学史开始将目光转移到非西方社会,编史方向主要包括"解构科学中性别、种族与殖民问题的交错关系"和"揭示非西方社会科学技术与性别的互动关

---

①凯特·米利特:《性的政治》,钟良明译,40～50 页,北京,科学文献出版社,1999。
②王政:《"女性意识"、"社会性别意识"辨异》,载《女性研究论丛》,1997(1),89 页。
③Evelyn Fox Keller. Gender and Science:Origin,History and Politics. *Osiris*,1995,10:26-38.

系"两个方面。

一、解码主流科学的性别化特征

科学史家约尔丹诺娃(Ludmilla Jordanova,1949—　)认为"科学知识是关涉社会性别的"这一命题至少包含两个方面的含义:"第一,追求知识的形式充满了社会性别的假定。第二,科学知识在内容上依据其解释自然的目标,不断调节着社会性别关系。"[①]这两点实际上既表达了女性主义学者对性别与科学互动关系的一般看法,同时也是女性主义科学史研究的主要内容。

首先,在西方文化传统中,存在一系列影响深远的二分法,例如情感与理智,自然与心灵,主观与客观,私人与公众,家庭与公众等对立概念,这种二分法的前者往往与女性气质相关,后者则与男性气质相关。有意思的是,科学的气质恰恰被定义在后者的范畴之内,因而在科学和男性气质之间似乎具有某种文化和象征意义上的关联,而这种关联正是通过社会对两性气质的不同规定来实现的。性别隐喻表达的正是社会对性别的认识和关于性别的基本假定,分析科学文本中的性别隐喻因而成为女性主义科学史的重要研究方法和内容之一。其中,麦茜特(Carolyn Merchant,1936—　)的《自然之死》追溯并分析了近代机械论自然观取代有机论自然观的过程,揭示了自然和女性之间的隐喻关联,认为近代科学扼杀了有生命的母性自然,从而揭示了近代科学的父权制根源与男性中心主义特征。凯勒(Evelyn Fox Keller,1936—　)的《对社会性别与科学的反思》一书则通过对"近代科学之父"培根(Francis Bacon,1561—1626)的文本进行隐喻分析,较为成功地解释了近代科学自诞生开始便以男性气质为主导的事实。

其次,科学的发展渗透着社会性别观念的影响,反过来这种性别化的科学也对社会性别观念进行重新建构,这正是约尔丹诺娃所提到的第二层含义。这类女性主义科学史研究侧重考察关于性别差异的科学理论的发展历史,焦点往往集中在生物学和医学上,研究的目的在于揭示这类科学研究对于社会性别观念的迎合、说明与强化。其中,希宾格尔(Londa Schiebinger)对古希腊至18世纪的身体观念史和解剖学史,以及贯穿其中的性别问题进行了系统考察,呈献了一幅解剖学、医学与社会性别观念共生变革的历史画卷。以18世纪50—90年代为例,尽管当时的解剖学事实并不能说明两性之间存在本质上的性别差异,有些医生甚至反对将两性差异夸大化的做法,但大多数的解剖学家仍然坚持两性在身体结构和骨骼上的种种差异;这样做是为了给当时社会上流行的"性别互补论"提供生物学的科学支持。而"互补论者"正是通过将解剖学提供的性别差异理论同

---

① Ludmilla Jordanova. Gender and the Historiography of Science. *British Journal for the History of Science*,1993,26:469-483.

关于公共与私人、理智与情感等一系列的二元划分理论结合起来,将女性和女性气质排斥到科学之外的。换句话说,这里存在一个循环的相互强化的关系式,科学定义了性别差异,性别差异反过来又定义了科学。[①]

二、重估女性气质的研究方法与科学传统

科学的性别化特征既表现为主流科学的男性气质化,以及科学对社会性别观念的说明与强化,同时也表现为对非主流的具有女性气质的科学传统和研究方法的排斥。约尔丹诺娃没有提到这一点,但寻找和肯定被边缘化的女性气质的科学传统、被边缘化的科学研究方法与研究风格,分析其被边缘化的原因,却成为女性主义科学史研究的另一个重要方向。

其中,凯勒对美国女遗传学家、诺贝尔奖获得者麦克林托克(Barbara McClintock,1902—1992)的案例研究具有一定代表性。麦克林托克长期致力于玉米细胞遗传学研究,在 20 世纪 50 年代初发现了玉米染色体中遗传因子的"转座",但这一重要发现长期因不为遗传学家共同体所理解而被忽视。直到 30 年后,随着分子生物学的发展,对基因转座的重新发现才使得麦克林托克工作的重要性得到广泛承认。她最终因此于 1983 年获得了诺贝尔奖。凯勒基于对麦克林托克的大量访谈和对其生平、工作、遭遇与科学背景的历史考察,展示出这位女遗传学家独特的研究方法,即对情感、直觉,以及与研究对象实现主客体融合的强调。这种研究方法与主流科学所要求的理性、逻辑,以及与研究对象保持分离的方式完全不同。通过这个故事,凯勒强调了科学研究方法与实践的差异性和多样性及其价值。

比较而言,金兹伯格(R. Ginzberg)则明确表达了对女性主义科学传统进行历史追溯的主张。在他看来,具有女性气质的科学实践可能在整个历史中都存在,只是男性中心主义的记录者没有注意和记录它们。因为它们在传统上未能被冠以"科学"的称号,因而被我们忽略了。为此,同其他的女性主义学者开始恢复女性气质的艺术、政治、精神和社会传统一样,他相信现在也能用女性主义的视角去恢复科学传统中的这部分内容。通过对助产术的历史研究,以及对它与产科学在助产方式、助产死亡率等方面的比较分析,金兹伯格表明助产术并不是一种不发达的、不科学的方法,相反它与产科学分别代表着两种相互竞争的范式,二者在研究立场、研究方法、研究者与研究对象的关系等方面存在巨大差异,不仅不能以现代产科学为标准来批判助产术,相反它恰恰表明了女性气质的科

[①]Londa Schiebinger. *The Mind Has No Sex? Women in the Origins of Modern Science*. Cambridge: Harvard University Press,1989:236.

学传统的重要价值。[1]

三、解构科学中性别、种族与殖民问题的交错关系

20世纪90年代以后,女性主义科学史的重要拓展之一,在于对性别、种族与殖民之间复杂关系进行综合的历史探索。仍以希宾格尔的研究为例,她发现18世纪的解剖学将欧洲男性的人体特征视为人类特征的完美表达,也即最为优越的种族和性别所应具有的特征的表达。以"胡须"为例,18世纪乃至19世纪的解剖学和哲学文献常常将"威严的胡须"视为属于欧洲男性的"荣誉徽章",表征着智慧和权位;反之,女性和美洲土著男性居民不长胡须,则分别是她/他们缺乏贵族气质的确证和属于下等人类甚至特殊物种的标志。显然,这一时期的解剖学在当时关于种族和性别平等的争论中扮演了仲裁者的角色。并且,当时解剖学者提供的女性骨骼图描绘的全部是欧洲女性,他们首先关注的是欧洲女性和欧洲男性的差异,其次是欧洲男性和其他种族男性之间的差异,至于不同种族女性的多样性往往被认为是不重要的。可以说,非欧洲女性在18世纪西方解剖学史中的缺席,正是她们深受种族和性别双重歧视的见证。[2]

比较而言,科学、性别与殖民的交错关系更多地体现为近代科学在殖民过程中对殖民地知识传统与性别关系所产生的影响。以台湾地区日剧时期的殖民医疗问题为例,傅大为(1953—)深入分析了近代男妇产科医师传统逐渐取代产婆传统的"性别/医疗大转换"的过程及其原因,认为是殖民医疗采取的种种性别、殖民策略,包括污名化传统产婆、垄断和控制产钳等妇产科新技术的使用等手段,最终促使近代男妇产科医师传统的确立。这一研究生动揭示了殖民医疗中殖民政治与性别政治之间的复杂关系。在傅大为看来,西方近代医疗和台湾地区传统妇科医疗在认识论上是基本平权的,二者的竞争与取代过程在很大程度上是殖民权力和政治运作的结果。正如他本人所言,"基于一个'后启蒙'的立场,我们不特别去欢呼近代医疗,不去再一次重复'进步医学'的老生常谈,而是要在西方与台湾地区、在地与殖民、近代与前近代、男人与女人这些相对的组合中,不预设任何的优势位置,以取得一个适切的平衡,同时也在一个多元的情境中相互攻错,以造成一个互动的对话"。

四、揭示非西方社会科学技术与性别的互动关系

将关注点聚焦到非西方女性的知识传统上,考察非西方社会性别与科学技术之间复

---

[1]Ruth Ginzberg. Uncovering Gynocentric Science. *Hypatia*,1987,2(3):89-105.

[2]Londa Schiebinger. The Anatomy of Difference: Race and Sex in Eighteenth-Century Science. *Eighteenth-Century Studies*,1990,23(4):387-405.

杂的互动关系,构成了新时期女性主义科学史的另一个重要方面。其中,亚洲尤其是中国和韩国等国家的性别与科技问题逐渐成为关注重点。例如,美国人类学家肯德尔(Laurel Kendall)自 1985 年以来,就通过对韩国萨满医生、产婆和其他从事仪式医术的妇女活动进行历史考察,尤其以韩国女萨满及其所主持的 Kut 仪式为例,展示了韩国女性在私人知识领域的重要位置和强势力量。[①] 尽管从某种程度上看,她更多的是基于一位人类学家的立场来研究这些地区的妇女医疗传统,但社会性别是她的一个重要研究维度。并且,女性身体的医疗规训和女性医疗传统本身就是女性主义科学史研究(尤其是医学史和身体文化史)的一个重要方面。在此,女性主义科学史因其研究对象的民俗性和地方性特征而与人类学研究产生交集,并且因为二者都强调发出当地女性自己的声音,恢复当地女性的知识经验与历史传统,而在思想上产生了深刻共鸣。

就中国古代科技史的性别研究而言,美国历史学家费侠莉(Charlotte Furth)和中国科技史专家白馥兰(Francesca Bray)的工作无疑最具代表性。其中,费侠莉的《繁盛之阴》一书首先分析了中国古代的身体观念及其内含的性别等级差异;然后从妇产科理论与实践中的性别分工、医学文本和话语对女医疗者的污名化、传统妇科理论对巫医、稳婆等宗教仪式医学的排挤等多个方面,对 10 世纪至 17 世纪的中国妇产科性别史给予了深入分析,探讨了这一时期中国妇科知识传统及其变迁的制度背景,揭示了医学话语中社会性别差异的建构方式;最后将目光转向中国古代的临床实践,考察家庭背景中男女医生与他们病人之间的医患关系,以及社会性别观念、阶级观念和家族关系对明代社会男女医学专家从医实践的影响。这一研究充分展现了对非西方、非主流科学知识系统进行社会性别研究的学术魅力。

白馥兰的《技术与性别》则分别考察了中国封建社会家庭住宅建筑技术、纺织生产技术和生育技术领域中的性别问题。其中,通过中国住宅建筑的空间结构、划分分配、性别隔离、空间内的仪式活动等,她揭示出建筑技术文化和社会性别意识形态之间相互呼应与建构的关系;透过古代纺织生产领域的性别劳动分工及其变化,她分析了中国古代妇女在该领域的贡献及其被边缘化的过程;通过医学理论中的母性形象、医学领域的性别分工及女性内部的生育等级,她揭示出中国古代妇女的生育知识、生育角色及医学与性别的互动关系。她的研究展现了对"地方性知识"概念的认同,也即西方与非西方的科学技术系统并无先进与落后之分,它们是平权的两种不同的体系。正如她本人所言,立足于后殖民视角的批判性技术史必须不是为了建构比较性的等级目的而来探讨这些技术系统的地方性意义,而是应当严肃地将其作为关于世界的另外的建构来对待。[②] 这一研

---

① Laurel Kendall. Korean Shamans and the Spirits of Capitalism. *American Anthropologist*,1996,98(3):512-527.

② Ludmilla Jordanova. Gender and the Historiography of Science,483.

究充分反映了 20 世纪 90 年代以后,学术界对科学文化多元性的强调。可以预言,类似的从社会性别、跨文化、人类学和后殖民的多重视角综合考察知识、技术和生产活动的历史,将会给整个科学史研究领域带来更广阔的前景。

第四节　小结与分析

据上文所知,社会性别视角下的科学史与传统妇女科学史从分析视角、研究方向和内容等方面都有很大不同。经过近 40 余年的发展,这一编史进路已在西方科学史学史上占据了重要位置,对于促进整个科学史学科的发展具有重要意义,同时也因其独特性和批判性而遭遇了一些质疑。

一、意义与启发

首先,它为科学史研究提供了新的研究视角和分析方法。约尔丹诺娃曾指出,社会性别将被证明是一个强有力的分析工具,能使得我们对于自身存在和认知的方式更具批判意识,能为我们解释过去提供帮助,它是女性主义科学史研究最为基础的编史原则和分析范畴。[①] 经过实践证明,社会性别视角的出现,对传统科学史研究的确是一种很好的补充。它既带来了对很多历史阶段和历史事件的新解释("近代科学起源的历史"是如此,"中国古代医学、技术史"也是如此),更能关注被其他编史纲领忽略的科学史的新方面。如同哈丁在总结女性主义科学哲学和科学史研究的意义时所言,社会性别如同阶级和种族,是科学思想最为基本的分析范畴,生物学和社会学的模式都可以通过它而得到理解。女性主义的独特之处就在于它将社会性别作为变量和分析范畴,同时还采取一种批判性的姿态。[②]

其次,尽管女性主义科学史的独特性更多地体现在研究立场和批判性态度上,但因其独特的视角,它较其他研究更侧重运用某些具体的分析方法,例如隐喻分析、口述史与访谈等,这些都值得借鉴。如同上文所述,在麦茜特和凯勒关于近代科学起源的研究中,最为基本的研究方法就是隐喻分析。因为隐喻常常表达着人们对于事物的基本认知和评价方式,通过对科学中涉及的性别隐喻进行分析,能揭示出科学中的性别关系及其结构。

再次,在独特的分析视角下,女性主义科学史研究至少为我们开辟了一个新的研究

---

①Francesca Bray. Teqhnology and Gender: Fabrics of Power in Late Imperial China, 11, Berkeley: University of California Press, 1997.

②Sandra Harding. Is there a Feminist Method? in Nancy Tuana, ed. *Feminism and Science*. Bloomington and Indianapolis: Indiana University Press, 1989: 18-27.

主题:科学技术与社会性别的互动关系史。在这一主题下,它又为我们提供了众多可以继续深入研究的子领域:西方科学技术中的社会性别意识形态问题、西方科学技术对社会性别意识形态的不断塑造和建构的问题、西方非主流女性气质知识传统的历史问题、非西方社会科学技术中的性别意识形态问题、非西方社会科学技术对于其社会性别制度和社会性别关系的塑造和建构问题、非西方社会女性气质知识传统的历史问题、西方科学技术在殖民化过程中的性别策略问题等。这其中,任何一个小的领域,都有大量的课题值得研究。

第四,社会性别视角下的科学史,还促进了对相关科学史理论问题的思考。科学史学史上关于"历史的辉格解释""内史与外史的划分"等重要争论,都可以在女性主义科学史这里得到启发。以"历史的辉格解释"为例,它意指使用今天的观点和标准来选择和编写历史的方式。这对于西方科学史而言,意味着与现代科学历史原型无关的那些知识内容将不被重视,或者仅被作为这些原型的反面角色与背景角色而加以说明;对于非西方科学史而言,原本与西方近代科学不同性质的知识,将被作为西方现代科学的历史原型而得以再现和解释,否则这些知识系统就因为不是"科学"而失去科学史研究的合法性。但是,女性主义科学史的研究表明,无论是西方科学史还是非西方科学史,其中为主流科学史研究所忽略的、那些处于边缘位置的女性及女性气质的知识传统,将同炼金术、占星术和其他的神秘思想一起,被赋予科学史研究的合法性。其中,白馥兰关于中国古代社会性别与医学、技术史的研究,便证明了对非西方科学知识的历史研究,不需要以现代西方科学为标准,就可以得到解释和说明。

二、质疑与批评

女性主义学者的一个较共同的特点是为建立一种新的科学观甚至为建立一种新的科学而斗争。在女性主义学者看来,现有的科学及其价值观乃至理论知识,是由一种权力关系建构的,显然不是中性的。因此,女性主义关于科学的研究中一再出现的计划之一,就是设想一种与现有科学不同的科学。凯勒将其描绘成"与社会性别无关的科学",哈丁称之为"后继科学",有的学者则直接称之为"女性主义的科学"。显然,这种倾向在女性主义科学史研究中有明显的体现,它表明了女性主义科学史的科学批判色彩。同时,女性主义科学史研究又较多利用了现代话语理论、精神分析理论,尤其注重对隐喻的分析,这些研究方法很难为传统科学史家所接受。并且它的理论导向又很明显,就是要将女性主义的科学观念纳入对历史的研究之中,这显然增加了人们接受它的阻力。正因如此,女性主义科学史遭遇到了一些质疑和批评。

以西方那场著名的"科学大战"为例,女性主义对科学的研究(当然包括女性主义科学史)成为那些对科学的人文研究缺乏理解的科学主义者们猛烈攻击的目标。尤其是在

《高级迷信》和《沙滩上的房子》这两部专门批判后现代科学观的著作中,科学家们对麦茜特、凯勒、哈丁、希宾格尔等人的论文和著作进行了猛烈的批判。其中,索伯(Alan Soble,1947—　)便对凯勒之于培根话语中的性隐喻的分析进行了批判。他说"就培根广泛使用的各种隐喻而言,我建议我们不要认真对待它们,因为它们是培根有意识地取悦他的听众,或者作为一种在发言时的无意识的情感表露";"培根的隐喻应该被合理地理解为'文字上的修饰',而不应该作为'科学的实质内容'"①。除科学家之外,传统的科学哲学学者和科学史研究学者也对女性主义科学观有所批判。在他们看来,理论上女性主义否认科学具有客观性和普遍性,坚持认为科学是社会建构的产物,科学具有文化多元性和地方性等观念,容易陷入了相对主义的危险;实践上大部分的女性主义科学史研究集中在生物学史、医学史和技术史方面,关于物理学史、数学史等"硬科学"史的研究较少。女性主义学者面对这些质疑和批评,也做出了诸多的回应,这使得女性主义科学批判与科学史研究一度成为争论的焦点。

三、余论

尽管有许许多多不同的意见,女性主义对科学的研究尤其是女性主义科学史研究却依然蓬勃发展起来,成为科学史领域增长速度最快的研究进路之一,产生了令人无法忽视的影响,也逐渐改变了人们对性别和科学及其关系的理解。

回顾过去,自20世纪70年代以来,从纵向上看,女性主义科学史研究从最初的"补偿式"妇女史研究,发展到以社会性别为基本分析范畴的批判性史学,再到进一步强调科学与性别的多元化与差异性,并将关注的目光转向非西方社会科学与性别关系的批判性研究上。从横向上看,女性主义学者对女性在科学中被排斥和边缘化的问题、社会性别如何成为建构科学机构与科学实践的有利因素的问题、科学理论与实践如何建构了性别和社会性别制度问题等多个方面,做了大量的研究。从地域上看,它逐渐从西方国家和地区发展到非西方国家和地区,其中,中国、印度、日本、韩国都有学者在关注妇女史与社会性别研究。尤其值得一提的是,自"科学大战"以来,针对女性主义科学批判与科学史研究的质疑,女性主义学者一方面进一步完善女性主义科学认识论;另一方面,将科学史案例研究逐渐拓展到物理、数学等"硬科学"领域,同时总结并展示女性主义对科学所产生的深刻影响,进一步明确要将学术研究和实践行动结合起来。从总体上看,女性主义科学史研究经历四十多年的发展历程,如今已成为西方科学哲学和科学史界无法忽视的重要的学术力量。

---

①艾伦·索伯:《保卫培根》,见诺里塔·克杰瑞主编:《沙滩上的房子——后现代主义者的科学神话曝光》,324～327页,蔡仲译,南京,南京大学出版社,2003。

　　最后,值得说明的一点是,对于女性主义,人们往往容易望文生义产生许多误解,狭义地看重它与女性天然性别之间的联系。当然,由于历史的原因,女性主义学术是从女权运动发展而来的,其源于追求妇女权利和男女平等的出发点决定了它对女性和性别问题的特殊关注。但在其后来的学术发展中,特别是社会性别视角的引入,已逐渐将天然性别置于次要的位置,更多地探讨作为社会建构物的社会性别。女性主义科学史作为一种学术研究,并非要将男女在科学界的地位彻底颠倒过来,而更多的是强调用边缘人群的视角重新审视和批判科学,并力图通过这种审视和批判提出新的重建方案,以改变存在着严重问题乃至危机的现状。只不过,由于历史的原因和大多数女性仍被排斥在科学之外的现状,而使得妇女成为科学领域边缘人群中的主角,成为女性主义科学史关注的焦点。

参考文献

1. Sandra Harding. *The Science Question in Feminism*. Ithaca：Cornell University Press,1986.

2. 王政、杜芳琴主编:《社会性别研究选译》,北京,生活·读书·新知三联书店,1998。

3. 罗斯玛丽·帕特南·童:《女性主义思潮导论》,艾晓明等译,武汉,华中师范大学出版社,2002。

4. 刘兵:《克里奥眼中的科学:科学编史学初论》(增订版),上海,上海科技教育出版社,2009。

5. 桑德拉·哈丁:《科学的文化多元性——后殖民主义、女性主义和认识论》,夏侯炳、谭兆民译,南昌,江西教育出版社,2002。

进一步阅读材料

1. 卡洛琳·麦茜特:《自然之死——妇女、生态和科学革命》,吴国盛等译,长春,吉林人民出版社,1999。

2. 伊夫林·凯勒:《情有独钟》,赵台安、赵振尧译,北京,生活·读书·新知三联书店,1987。

3. Londa Schiebinger. *The Mind Has No Sex? Women in the Origins of Modern Science*. Cambridge：Harvard University Press,1989.

4. 白馥兰:《技术与性别:晚期帝制中国的权力经纬》,江湄、邓京力译,南京,江苏人民出版社,2006。

5. 费侠莉:《繁盛之阴:中国医学史中的性(960—1665)》,甄橙译,南京,江苏人民出版社,2006。

第三十二章

地方性知识视角下的科学技术史研究

科学技术史研究的进展,往往与新观念、新视角的引入和新资料的发现密切相关。地方性知识是继科学哲学、社会学、社会性别等之后引入的又一新的观念和视角,这一新视角的引入,拓宽了科学技术史研究的对象、内容和方法、使科学技术史的研究从"大历史"深入到微观历史,从西方主流自然科学、技术延伸到非西方主流科学、技术的研究,为我们呈现出一幅科学的多元文化发展的图景。

第一节　地方性知识

一、"地方性知识"观念

"地方性知识"对应的英文是"local knowledge",中文也翻译成"本土知识""本地知识"等。这个概念先后由文化人类学家和科学实践哲学家提出。为我们提供了一种新型的知识观念。

1. 吉尔兹的"地方性知识"观念的提出

来源于人类学领域的地方性知识观念,是美国文化人类学家吉尔兹(Clifford Gilds,亦译格尔兹)在他的著作《地方性知识》中提出的,地方性知识的观念和文化相对主义思想密切相关,带有文化相对主义特征的引入"地方性知识"的研究,是对多元历史的承认和尊重,也是对其他民族的科学文化和智力方式之合法化的认同。

文化是贯穿于人类学领域先后出现的各个学派的主题,对于文化的认识,早期古典进化论学派将人类文化看作单线进化的,从野蛮到蒙昧到文化的过程,认为所有民族都遵循着同一路线进化,都会经历相同的发展阶段,而其后的传播论学派把各种文化看作由各种因素拼凑起来的,文化差异和文化相似性是人们模仿的结果。这两个学派的观点虽有差异,但他们有相通之处,均想说明文化有高低、先进落后、中心边缘之分。其后的历史特殊论学派强调每一个民族的文化都有其自身的特殊历史,所以,理解某一文化最好途径是研究每一民族、每一种族文化的发展历史,该学派还提出文化相对主义观点,认为不存在可分为高低的文化形式,美国人类学家博厄斯(Frans Boas,1858—1942)明确地指出,文化没有绝对的评判标准,每个文化都有存在的特殊性和特定的价值。功能主义学派则强调文化的整体性,考察某一要素应该将其置于整体之中进行研究。结构主义认为,民族文化虽存在多样性和相对性,但是在基层上是共通的。这种主张也支持了种族和文化平等的理论。20 世纪 70 年代出现了文化解释学派,代表人物是吉尔兹,他提出文化解释理论和地方性知识。在他的《文化的解释》一书中,给出对文化的独特理解,他认为文化概念是意义的,不是行为模式,而是"从历史上留下来的存在于符号中的意义模式,是以符号形式表达的前后相袭的概念系统,借以人们交流、保存和发展对生命的知识和态度"①。在他看来文化并不是习俗或人工制品等符号本身,而是这些象征符号表达出来的意义体系。他将文化视为一张由人编织出来的"意义之网",对文化的研究"不是寻求规律的经验科学",而且"一种寻求意义的阐释学科"②。由意义构成的知识当然也不会具备那种"放之四海而皆准"的性质,吉尔兹将其称为"地方性"(local)知识。吉尔兹的地方性知识的概念是与他以人类学家的身份在爪哇、巴厘岛和摩洛哥等地做过田野调查之后,逐渐认识到在西方式的知识体系之外,还存在着各种各样从未走上课本和词典的本土文化知识。在他的《地方性知识——阐释人类学论文集》一书中,将"有意义之世界以及赋予有意义之世界以生命的当地人的观念"定义为地方性知识,其核心思想是强调对具有文化特质的地域性知识的认同和尊重。

人类学家们对原始文化的考察,发现了文化的多种多样的形态,远非西方的知识系统的概念和术语所能把握。西方知识系统原来也是"建构"出来的,从价值上看与形形色色的"地方性知识"同样,没有高下优劣之分,只不过被传统误认成了唯一标准和普遍性的。由此,吉尔兹认为,知识形态从一元走向多元,是人类学给现代社会科学带来的进步。③

2. 劳斯的"地方性知识"观念的提出

来源于科学实践哲学的"地方性知识"观念,是劳斯(Joseph Rouse)在《知识与权力》一书中,从批判理论解释学入手提出的。"我将对科学实践进行分析,并揭示科学实践之理解的地方性和存在性特征。科学知识首先和首要的是把握人们在实验室(或诊所、田

---

① 克利福德·格尔茨:《文化的解释》,韩莉译,109 页,南京,译林出版社,1999。
② 克利福德·格尔茨:《文化的解释》,韩莉译,5 页,南京,译林出版社,1999。
③ 叶舒宪:《地方性知识》,121～125 页,载《读书》,2001(5)。

野等)中如何活动。当然,这种知识能够转移到实验室之外的其他场合。但是,这种转移不能理解为只是普遍有效的知识主张的例证化……我们必须把转移理解为对某一地方性知识的改造,以促成另一种地方性知识。我们从一种地方性知识走向另一种地方性知识,而不是从普遍理论走向其特定例证。"①

科学实践哲学则是把科学看成人类文化和社会实践的特有形式,主要从知识生成的角度分析科学事业,赋予了科学实验以独立的地位,并由实践的情境依赖性,得出科学的本性即地方性知识的观点。这里所谓的地方性知识概念,是指知识的生成、辩护、传播及其应用,都离不开特定情境,诸如特定文化、价值观、利益、技能、仪器设备和由此造成的立场和视域等。②

二、"地方性知识"观念对传统知识观和科学观的批判意义

"地方性知识"观念所具有的对传统知识观的批判,同时也带来对"西方中心主义"科学观的批判。对于科学技术史研究的核心意义是,强调现代西方科学只是"地方性知识"的一种,而不是普遍的唯一的真理。

1. 对一元文化和知识观的批判

来自于不同领域的地方性知识理论,在内涵上存在差异,劳斯的"地方性知识"是对主流科学研究而提出的,而吉尔兹的"地方性知识"是对西方之外的非主流知识体系而言的,虽都具有深刻的批判意义,但我们在本章中所引入的主要是文化人类学意味的地方性知识观念。

对文化评判标准的质疑。我们无意深究人类学发展中各个学派提出的文化观点,对我们重要的是一些学派的核心思想中对文化的单一评判的标准具有批判的意义。如针对单一的文化演进模式、对传统文化与现代文化、东方文化与西方文化的先进和高低的比较,持质疑的态度。文化人类学的历史特殊论、功能主义、结构主义学派的文化相对主义,主张每一种文化的存在都有特殊性和特定价值,对其认识应将其置于原本产生的与境中;民族和文化具有平等性。以赫斯科维奇为代表的文化相对主义思想表述为:"衡量文化没有绝对或唯一标准,只有相对的标准,每种文化具有独特的性质和充分的价值,否认欧美的价值体系的绝对意义;文化没有先进落后、文明野蛮之别,所以要尊重其他民族的任何一种文化;不能借口某个部落没有独立发展能力而进行干涉;全人类文化有本质上的共同性,只不过这种共性有时通过不同的形式表现出来。"③

① 约瑟夫·劳斯:《知识与权力——走向科学的政治哲学》,盛晓明、邱慧、孟强译,77页,北京,北京大学出版社,2004。
② 盛晓明:《地方性知识的构造》,36~44页、76~77页,载《哲学研究》,2000(12)。
③ 吴泽霖、张雪慧:《简论博厄斯与美国历史学派》,载王铭铭编:《西方与非西方》,232~234页,北京,华夏出版社,2003。

对知识评判标准的质疑。从"地方性知识"概念的核心思想看,对文化观的评判标准的质疑是与对知识的评判标准的质疑相关联的。而且,这种质疑是针对近现代知识和西方知识体系的。人类学家对原初不同地区不同民族的社会生产和生活考察发现,在西方知识系统之外,还存在不同文化特质的地域性知识。如美国人类学家康克林在菲律宾的哈努诺族进行调研时发现,当地语言中用于描述植物各种部位和特性的语汇多达一百五十种,而植物分类的单位有一千八百种之多,比西方现代植物学的分类多达五百项。由此可知,世上罕为人知的极少数人使用的语言可能在把握现实某个方面比自以为优越的西方文明的任何语言都要丰富和深刻。"地方性知识"不但完全有理由与所谓的普遍性知识平起平坐,而且对于人类认识的潜力而言自有其不可替代的优势。知识在类型上是多样的,知识在价值上是平权的。任何知识与与境的相关联,知识不可能独立于文化、地域性而产生和发展,知识是地方性观念。所以,"地方性知识"的确认对于传统的一元化知识观和科学观具有潜在的解构和颠覆作用。过去可以不假思考不用证明的"公理",现在如果自上而下地强加在丰富多样的地方性现实之上,就难免有"虚妄"的嫌疑了。①

过去那种以西方科学为标准,就会导致贬低非西方科学、以当代人的科学标准衡量古代人的自然活动,就会导致贬低古代科学。离开特定的情境和用法,知识的价值和意义便无法得到确认。

2. 对知识的多元文化的主张

人类学的一个重要特征是对多元化和多元文化的提倡,以及对"他者"或"他文化"的承认和尊重。

传统的跨文化研究是用西方的"合理性"和"科学性"作为评价其他文化知识的基准。本土群体所具有的所谓传统的知识体系经常被说成是封闭的,落后的、功利的,较西方科学而言总是有局限性的,无法享有科学的权威和可信性。而在地方性知识视角中,对不同民族不同文化情境中的人类认知活动的关注,就足以消解这一比较分析的框架。强调知识的多元文化性,"不同文化在不同时期创造出来的理解自然的方式,应该在平等的基础上作为知识体系来加以比较"②。提倡"从本地人的观点出发"来解释本地人的文化,是对原来不属于知识主流的地方性知识予以重视。不同类型的文化形态是可以并存的,多元的文化和知识的存在不是哲学上论证的产物,而是田野考察中发现的真实状态。

"地方性知识"一定是与当地知识掌握者密切关联的知识。承认一切知识都是"地方性知识",恰恰是对不同民族之文化及智力方式的承认。"承认他人也具有和我们一样的本性则是一种最起码的态度。但是,在别的文化中间发现我们自己,作为一种人类生活

---

① 叶舒宪:《地方性知识》,载《读书》,2001(5),121~125 页。

② 希拉·贾撒诺夫、杰拉尔德·马克尔等编:《科学技术论手册》,盛晓明等译,115 页,北京,北京理工大学出版社,2004。

中生活形式地方化的地方性例子,作为众多个案中一个个案,作为众多世界中一个世界来看待,这将会是一个十分难能可贵的成就。"①

将这些新的知识观念引入科学技术史的研究,对打破以西方近现代科学技术为标准的局限性,转换围绕西方科学技术发展研究科学技术史的思路和方式,就有了理论来源。

第二节 地方性知识的引入对科学技术史研究的影响

一、拓宽了科学技术史的研究对象和领域

1. 地方性知识观念的引入,导致科学多元文化观的确立

地方性知识的引进,对于突破传统的科学、技术概念的界定方式,确立科学的多元文化观起了进一步的推动作用。

就科学概念而言,其长期囿于科学哲学对科学的划界和实证主义哲学的科学观,即科学是脱离社会情境的、纯粹的、抽象的、价值中立的智力活动;科学知识是系统的、实证的、绝对正确的一元普适的知识,科学的历史是不断趋向真理和唯一能体现人类进步的历史。若有对科学的地方性的承认,也包含了许多事先的预设,认为相比较于西方科学而言,是有落后的,讲究失效和功利的具有价值负荷的,总是有局限的,因为"它们被地方性限制在知识生产的社会和文化情境之中了"②。所以,在这里的"地方性"是贬义的。

最近,半个世纪以来,西方科学哲学学界对科学的认知经历了巨大变化,库恩、费耶阿本德(Paul Feyerabend,1924—1994)、罗蒂(Richard Rorty,1931—2007)、布鲁尔(David Bloor)、哈丁(Sandra G. Harding,1935—)等学者对科学客观性和价值中立性进行了集中批判,在科学史界,内史研究和外史研究呈现融合趋势,二者的传统界线逐渐被消解,科学发展的道路被认为并非由其内在的自恰逻辑决定,而是深受具体社会语境的影响和制约。

后殖民主义视角是从欧洲中心文化之外关注和确立科学概念的,在桑德拉·哈丁看来,"科学"将被用于指称"任何皆在系统地生产有关物质世界知识的活动都可以称之为'科学'"。在这种宽泛的科学定义下,所有的科学知识,包括近代西方确立起来的科学,都是所谓的"地方性知识",或者"本土知识体系"。③

---

①克利福德·吉尔兹:《地方性知识——阐释人类学论文集》,王海龙、张家瑄译,19 页,北京,中央编译出版社,2000。

②希拉·贾撒诺夫、杰拉尔德·马克尔等编:《科学技术论手册》,盛晓明等译,115 页,北京,北京理工大学出版社,2004。

③刘兵:《面对可能的世界——科学的多元文化》,6 页,北京,科学出版社,2007。

文化人类学领域中的"地方性知识观念",注重科学的本土化的文化语境,不同历史时期,不同社会和文化情境,不同民族创造出来的理解自然的方式不同,所得到的各种类型的知识都作为一种多元的形形色色的科学,与西方近现代科学知识有同等的价值和意义。西方近现代科学也不过是人类认识和理解自然的途径之一。从多元文化视角拓宽了对科学的界定,科学是具有文化特质的"地方性知识"。

比如,中医是否是科学?在以西方科学比较狭义的界定框架中,中医肯定不是科学,在多元科学的文化观中,不仅中医,许多其他非西方的非主流医学,如蒙医、藏医、印度医等都是科学。从各个民族的文化背景和发展角度看,不同类型的科学不再是简单的排斥了,如果还存在排斥的话,就会带来一种对于那些非主流科学的轻视和误解。近些年来,科学史的研究已经体现了多元文化的科学观念,比如,2002 年 8 月在上海举行的第十届国际东亚科学史会议的主题是"多元文化中的科学史",会后出版的文集所收录的论文涉及数学史、天文学史、医学史、技术史、文化,以及科技思想比较研究等各个方面,充分体现出了"多元性"的特点。

技术也是科学技术史学科的重要概念。在传统技术史、技术哲学领域使用的概念,我们对其深入研究时,发现也存在过于狭窄的问题,因为在它背后所隐藏的,是一种以西方近代技术的发展为模本的对技术的认识,只是反映了近代技术的样式。

早期,人们把技术理解为一种技艺,一种人对自然的变革,一种对人工制品的制造及其相关的文化活动。近代以后,技术革命的发生是在科学革命发生之后,并推动工业生产的发展,人们开始从科学与技术的关系上来理解技术,把技术看作科学的物化过程,是科学理论的应用,故称技术为科学的技术。在这种反映西方近代技术发展模式的框架下,技术史的研究关注的是那些在科学理论指导下的各种重大发明。而对那些与此框架不符的人类的各种发明和技术实践活动被忽略或节略掉了。

如同对科学概念的认识一样,技术概念也随着新视角的引进,逐渐突破了技术的"标准观念"。随着社会学、人类学理论和方法的运用,形成了技术的社会学、技术的人类学研究,使人们认识到技术的演变与具体的社会情境密切相关;技术不仅是工具、机器的制造,技术产品的开发过程,技术知识的产生过程,技术还是政治、经济、文化系统网络中的一个核心元素,存在于整个社会和文化之中,是社会文化的表达和交流方式。如人类学家毛斯(Marcel Mauss,1872—1950)认为技术"是整体社会现象,即它同时既是物质的、社会的,也是符号式的"[1]。

"地方性知识"观念的引入,对打破传统以西方近代技术概念为标准的界定方式,进一步认识技术的多样性和文化特质有重要作用。在多元文化的视角下,技术是一种文化现象,技术并非仅指生产性的技术,还包括日常生活的技术,只有在实际中加强对日常生

---

[1] 刘兵:《人类学对技术的研究与技术概念的拓展》,载《河北学刊》,2004(3),20～23 页。

活的关注,才能够真正体会技术的丰富内涵并在研究中得到体现。技术不再是引起社会变革的那些伟大的发明创造,而是发生在日常生活中的技术实践活动,它强调的是存在于文化和社会之中的技术系统,以及技术与文化之间的互动建构,强调技术是一种社会文化的表达方式和交流方式。①

那么,技术史的研究不再单纯罗列技术发明和创造,而是重视其所属社会的历史情境及当时人们的技术观。

如美国人类学家和技术史家白馥兰(Francesca Bray)从文化人类学角度出发,将技术看作日常家庭生活中的技术实践活动。从根本上将技术史的研究方向,转移到了更为普通日常的生活技术。她将技术看作文化的一种表达方式,一种人们的交流方式,反映了技术与其使用者之间的关系,以及技术与其创造者和使用者的内在的相互建构的关系。

2. 地方性知识观念的引入,导致研究对象和领域的扩展

把地方性知识引入科学史领域,科学的多元文化观确立的同时,势必带来新的研究领域,这些新的领域的研究突破了传统的欧洲中心的科学史、精英科学史,扩展到非欧洲中心的科学技术史,将科学技术史置于世界历史的大背景中论述时,确实给了欧洲之外的文明中的科学技术足够的关注。

在宽泛科学概念框架下,对于西方非主流的科学、技术的研究就有了合法性。在此基础上,才有可能以一种合理或者公正的态度去发现、研究地方性科学、技术的多样性。

研究对象和领域从普适科学到"地方性"科学的扩展。

第一,关注了在过去传统科学技术史框架中看不到的对象。正如席文(Nathan Sivin,1931—   )在《科学史和医学史正发生着怎样的变化》一文中所总结的那样:"到1980年,不少学者把研究从古代转到当代,采用社会学、人类学方法,研究不出名的科学家、管理者甚至患者及其家人,并对社会地位、人际关系、财富、权力、说服手段和受众进行分析。近年来,科学史的研究焦点已经从普适的知识体系转向科学的地方性文化。"②从近几年国内外大量的科学技术史的研究成果看,考察那些处于普适性知识之外的"地方性知识"已成为新的研究趋势。比如,在中国科学技术史的研究中,对于科技事项——如中国剪纸、中国少数民族民居和民间建筑,以及山西"旺火"、镇江香醋的研究等。事实上,这些研究本身已经体现出了对于"科学技术"这一概念范围的扩展。

第二,关注了过去在传统科学技术史中有偏见的对象。在所有的科学都是具有文化特质的"地方性知识",基于这样的立场,对于过去以西方科学为标准而被贴上非科学或伪科学标签的、被排除在科学史研究领域之外的对象,重新纳入科学技术的研究范围。如被说成"民间信仰"的针灸,被当作迷信、公开地排斥其效用的草药学。再如,在著名学

---

① 刘兵:《人类学对技术的研究与技术概念的拓展》,载《河北学刊》,2004(3),20~23页。
② 席文:《科学史和医学史正发生着怎样的变化》,载《北京大学学报》(哲学社会科学版),2010(1),93~98页。

者平格里（David Pingree，1903—2005）的研究中，对古代美索不达米亚、古代，以及中世纪的希腊、印度和中世纪的伊斯兰进行研究，他所研究的科学，有和星座相关的各种天文学，以及它们所采纳的不同的数学理论，还包括占星术、巫术、医学等。还有，既然西方近代主流科学并非人类认识和理解自然的唯一途径，以此为基础的西方医学也并非是人类认识身体和医治疾病的唯一方式，西医和中医一样都是一种"地方性知识"，那么，将中医、中药作为"科学"纳入科学史的对象范围也是必然的。

第三，关注了过去在传统科学技术史中被遗漏的对象。特别是在技术史领域，在以往人们研究包括中国技术史在内的技术史时，都是关注那些与现代世界相联系的前现代技术，如工程、计时、能量的转化、冶金、化工、电力和纺织等技术，因为它们构成了工业化的资本主义世界，推动了西方社会的文明。在这种思想指导下，当辨别重要的技术时，关于那些对社会的本性的形成最有贡献的技术，中国技术史家通常沿袭西方历史学家的样子，关注带来工业世界的日常用品技术——冶金、农业和丝织等。关注技术史上的重大发明创造，而遗漏了那些不起眼却发挥着重要作用的日常生活中的技术。而在技术概念扩展背景下，近些年来，技术史家越来越多地探讨处于边缘位置的日常技术。例如，在中国技术史的研究中，纳入饮食制作技术（蒙古族奶制品制作技术、马奶酒制作技术、大瑶山盘瑶木薯酒工艺考察、豆瓣酱的酱制作技术传承与发展、茶叶技术与文化、壮族传统食品的制作技术），"文房四宝"制作技术，服饰制作技术等。再如，对非西方文化中的医疗者和医疗实践的研究；对技术的仪式性功能的考察，考察医学设备的仪式性功能，而不局限于技术的实用功能的研究；对民族数学的关注。对被遗漏的生活技术的研究，体现不同文化与境中的技术知识的平等观念。

第四，关注了少数民族地区的科学史的研究。例如，蒙古族的传统科学技术史，广西少数民族科学技术史，云南手工技艺，大理白族传统的水磨、水碓、水碾技术等。出现在科学史硕士研究生的选题里，如毡帐建筑技术、马头琴制作技术、铜鼓技术。在这里也有一个转变。对于民族科技史的研究，和一般的传统科学技术史的研究一样，利用古籍文献进行考证研究，若研究对象的科学事件是发生在少数民族地区，或科学家是少数民族，我们一般称为少数民族科技史的研究。其实在考证科学事件的过程时，对其中概念、思想、发明的研究，往往在近现代科学系统内部进行的，寓意是少数民族也对西方现代科学做出了贡献。在其中所蕴涵的民族文化特质并未给予深刻认识，或者说不是关注的重要问题。所以，近年来，学者提倡对民族科技史的研究，应"侧重于对少数民族科学技术文明特殊性的理解，亦即重视对'个案'的内在意义的诠释，甚至不排除理解默会式的解读方法"，即运用人类学的范式去研究"地方社会小传统"。这就导致从少数民族科技史发展到科技人类学。[1]

---

[1] 万辅彬：《从少数民族科技史到科技人类学》，载《广西民族学院学报》（哲学社会科学版），2002(3)，23～26页。

第五,研究对象从主流科学精英到非主流科学的边缘群体的扩展。站在欧洲中心主义立场,对人物的研究局限于"描述少数科学英雄而不是普通人","谁最先做的,谁做得更像现在知识"。在地方性知识观念中,消解了西方科学的唯一、普适的特征,打破了西方科学的神话,也随之放下了精英科学家的身段,还原科学家的真实多元的面貌。同时出现从精英科学家到边缘群体的扩展。例如,在科学技术史发展中对缺席的女性科学家的研究,在妇产科研究中对助产婆的作用的研究等。在"地方性"科技活动中没有旁观者只有参与者。

引入人类学视角,拓宽了科学、技术的概念后,我们在对科学技术研究对象的选择上,持一种多元文化的科学观,在承认西方科学的同时,以更理性的心态来审视和关注中国、其他非西方国家和地区的那些"地方性科学",从而去挖掘在传统科学技术史研究中不仅在内容上,而且在价值是中被"遗漏""忽视",甚至被有意识删去的人物、事件,从而最大限度地恢复一个生动、丰富的历史。

二、科学技术史研究内容的变化

在地方性知识视角下,由于科学、技术概念的宽泛、对象的拓展,也带来了研究内容的变化。

1. 注重非西方科学、技术本身的价值研究

对非西方科学、技术,在传统科学技术史中也有大量的研究,但那是将非西方科学与西方主流科学置于一种割裂状态的研究。

我们以对古代科学技术史研究为例,说明存在以下几种研究倾向。

研究非西方科学是在与西方科学的比对上,说明也有相当于西方那样的科学,"参照现代科学从古代典籍中离析出科学知识和使用技术知识,并就之与西方科学中同类知识进行印证"[①]。比如,勾股定理与毕达哥拉斯定理,天元术相当于解方程,我们便有了相当于解方程的数学。

研究非西方科学对西方主流科学发展所做的贡献,特别是对古代、中世纪时期科学、技术的研究,按照近现代西方科学学科分类模式,对其进行分类分科进行梳理,看看发展出哪些科学、有什么样的技术发明,来确定在世界科学技术发展史上的地位和作用。如对于阿拉伯科学,所关注的主要是阿拉伯科学在整个西方科学发展中的有用部分,对其中的翻译运动的研究;对中国"四大发明"的研究。再如,萨顿对东方的科学的重视,在某种程度上,又是以近代西方实验为参照标准的。在他看来,近代科学是某种具有普适性的东西,是由西方科学智慧和东方科学智慧共同发展而来的,对东方的强调仍然是以西

---

① 袁江洋:《科学史的向度》,武汉,湖北教育出版社,2003。

方近代的普适性为基础。以西方"普适"科学为标准,以西方科学的发展途径当"常规",一旦出现和西方科学或发展不一致的情况,便认为是异常……这样的研究事实上是预设了结论的研究,是把中国的科学发展历史,塞进西方的发展模式中,按照这种模式,就会提出"中国为什么没有产生近代意义上的科学革命?"等。同样在这样的模式下,有与西方一致的地方,被认为是如何进步的证据,而相异之处,则被认为是发展的阻碍。在这样的思路下,不是研究中国实际发生了什么变化,而是研究中国应该发生什么,还是以西方的标准去衡量中国的科技发展历程,而非解释中国过去科学发展的实际。

研究他们是西方主流科学的一种补充,以民间工艺活动为对象,但传统的只是把这些当作重大科学事件的装饰来看,只是一种点缀。

这些倾向的研究,"以现代科学来评价传统知识体系,便如散落的传统技术的珍珠镶嵌在现代科学的框架之中,这种分析固然可以使我们从另一个角度获得对传统知识体系的理解,但是对于传统本身,可能是一种误解"①。

总之,在传统科学技术史中,虽然也关注非西方科学传统的"地方性知识",但在将科学看作严格的、经过经验检验的系统知识的框架下,并没有给予在平等的地位和价值的层面上的认可。

采用文化人类学领域的"地方性知识"观念,对"地方性知识"的研究,是在承认不同文化在不同时期创造出来的理解自然的方式是平等的知识体系的基础上来加以研究的。人类与自然界打交道的方式是多种多样的,形成的科学也是多种多样的,西方近代科学原来也只不过是"地方性知识"的一种,只是他后来的发展、传播和影响超过了其他"地方性知识"而已。这其中有近代自然科学自身的原因,也有其他方面的原因在起作用,而作为史学研究者,所要关注的也包括这些原因。站在多元文化的立场上,最关键的是承认存在着的和存在过的人类对自然的各种各样的系统的认识成果在特定文化语境中都有独立的价值。比如,同样是以民间工艺活动为对象,新的研究要说明这些事件历史本身在其产生的特定社会、文化背景中的独立价值和意义。特别是在对包括中国和其他非西方国家、地区的科学技术史的研究,过去关注的是缺失什么,为什么缺失的问题,转化为其在原本的社会、文化与境中实际发展的过程和产生样式。再如,对中医的研究,"无须在西方文化语境中澄清"是否是科学;也无须以西医为蓝本来描绘中医未来的发展道路。与传统史学研究的区别是将各种各样的"地方性知识"放到其产生的社会、文化与境中认识和评价,去解读其历史和文化意义,考察其实际的发展历程,构成一种多元文化的科学的整体图景。

2. 科学、技术的发展过程的考证转化为事件背后文化意义的解读

采用地方性知识视角,使我们将研究的对象扩展到非西方主流科学、技术的对象。

---

① 田松:《从少数民族科技史到科学人类学》,载《北京科技大学学报》(社会科学版),2006(3),134~140页。

为什么不同民族的认知活动不同，产生了不同的科学、技术，这些问题从以西方科学技术概念为标准的理论框架中是无法解释的。要理解这个问题，需要从其产生的文化背景中去进行解释。当我们在利用考证方法获得其发展的历程，对其独特的存在和价值、意义的研究必然或延伸到文化的问题上。

例如，对科学概念的理解，将科学作为一种文化现象，考察在不同文化语境中的内涵，就会发现科学的多种形象。

再如，对传统技术的研究，"在研究事项和整体文化的关系方面所选的科学技术或者文化事项不能就事论事，必须放到整个文化背景中来考察，也只有在整个文化环境中才能生动地把所研究事项的文化意义和蕴含的内容揭示出来"[①]。比如，对马头琴制作技术的认识，在草原文化语境中考察其诞生过程，会感受到马头琴的制作技术和工艺这些表面的可见形态背后隐含着太多蒙古民族的情感和观念禁忌，从材料的选择（具有神圣性）、造型的设计（具有仿生性）、图案的编排（具有隐秘性）到肃穆的诞生礼（不可或缺性）。蒙古民族并不把马头琴看作一件无生命的工具，而把它看作一种具有灵性、包含丰富情感的文化凝和体。它是材料、工艺与精神的融合体，没有这种精神和观念，马头琴就失去了其本来的意义，因此马头琴只有与蒙古民族的文化结合起来才具备完整的意义和境界。

还表现在对医学的研究，"医学史研究发生了诸多的变化，学者们原来几乎只专注于现代医学理论的演变，而现在则已经转向对社会、文化、经济，以及政治等诸多背景中一些新问题进行研究。而这些背景都是根植于医生和病人头脑之中的，由于深受源自社会学、心理学、人类学和人口学的影响，新兴的社会文化医学史的专家们更强调一些影响因素，比如种族、阶级、性别，以及习俗与职业的联系等，虽然关于该学科的属性问题目前仍然存在一些争议，但业已达成一项共识，即医学史并不仅仅是对过去黑暗到现代科学启蒙这一过程的简单描述"[②]。

科学是具有文化特质的"地域性"知识，文化人类学的任务就是探索背后的文化意义和解释。

三、科学技术史研究中新方法的引入

地方性知识是人类学领域的核心概念，随着这一概念的引入，连带人类学的一些方法也引入科学技术史领域，扩展了原有的研究方法。

1. 田野调查方法

过去，科学史研究主要是以档案文献、史料为研究对象，以文献的考据为主要工作方

---

①刘珺珺：《科技人类学：探索研究的几点体会》，载《广西民族学院学报》（自然科学版），2004，10（1），47～51页。

②江晓原、刘兵：《医学史：不是科学是文化——近年七种医学史著作述评》，载《中国图书评论》，2010（2），30～35页。

法。但随着研究对象的扩展和外史研究,以及科学文化研究趋势的出现,原有的工作方法不能完全满足新的需要。研究的新对象新问题要求新的方法。从对科学事件的考证到文化意义的解读,这种变化使科学史学者的研究吸取人类学的田野调查方法。田野调查有文本调查和实际调查。在实际以及文献的田野中,"对于传统史学只重视精英文本的倾向,田野研究和田野文本是对历史重新解读的重要方法,也是理解平民史、连续史和当事人想法的主要研究手段"①。

田野调查基本上针对传统技术的文化研究而运用。如德国柏林工业大学中国科技历史科技哲学中心的学者傅玛瑞(Mareile Flitsch)对中国的火炕历史所做的研究:"从席地到座椅——技术人类学视角中的热炕",在她的这项研究中,运用了人类学的田野工作,以及其他的方法来研究中国传统的火炕技术,讨论了"中国人使用火炕、炕席、椅子的传统,用人类学方法解释了这些技术的产生、转变及其对人的活动姿势、生活习俗等的影响,展示了一个理解中国文化传统的有趣的思路"②。

2."他者"视角

把研究对象放到各自的与境中进行比较,文化人类学强调"他者"的观念的重要性,提倡站在他人的立场上去著述他人,从研究对象自身文化的观点来看问题。在吉尔兹的解释人类学中,一个极其重要的观念就是"文化持有者的内部视界",强调从文化持有者的内部眼光来看问题,而不是把研究者的观念强加到当地人的身上,不仅是从研究者的视角来对当地的文化现象做出解释和评判。在科学史研究中,对于非西方民族之科学、技术,以及医学史的关注,要求从当地人的自然观、信仰,关于身体的观念等出发来看待自身的历史,突破以西方科学作为评判其他民族智力方式的标准。

如对传统技艺的变迁进行研究时,在田野工作中,把对技艺的持有者、匠人、医疗者的关注放到重要的地位。同时注重他们的观点,将他们对自己所持有的技艺的理解,对该技艺发展历史的陈述,他们如何看待发展和变化等内容纳入科学史的研究中。

3.跨文化比较方法

席文说,如果忽略史境来比较一个事物,不管是概念、价值、机器或是人群,结果一定没有多少意义。

在传统科技史研究中,也用比较方法。比如,在李约瑟(Joseph Needham,1900—1995)的研究中,整体思想的比较观念贯穿于他关于中国科学史的研究之中。但在李约瑟提出"李约瑟难题"的背后,是"潜在地预设了欧洲或者说西方作为一个参照物……在

---

①张小军:《历史的人类学化和人类学的历史化——兼论被史学"抢注"的历史人类学》,载《历史人类学学刊》,2003(1),1~28页。

②张柏春:《日常技术的文化阐释》,载《中华读书报》,2005-08-10。

这种预设的参照物的对比下，更加关心分析的优先权问题"①，李约瑟虽然是以反对西方中心主义为其出发点的，但在他所持有现代科学的"普遍性"的观点，使他的研究并没有超越西方中心主义。他的研究是脱离了中国及西方科学发展的不同历史语境，把西方科学当作"真理"及比较标准。

人类学跨文化比较研究方法，首先，其中蕴涵着对直线进化的观念的否定，反对建立在这种观念上的比较方法。强调每一个社会都有它独特的发展类型，比较是要发现各种文化、各种社会现象的差异点，发现理解世界上丰富多样的文化方式。在进行科学史研究的跨文化比较研究时，要警惕把非西方社会中的认知方式当作西方科学的过去的倾向。这种观念的引入，也是可以使研究者对比附印证性的研究进行反思。

其次，在多元科学观中，把科学看作文化系统的观念，是把西方科学放到与其他民族的"科学"同等地位上来，这就为在比较中平等地看待比较对象奠定了基础。

再次，跨文化比较方法与传统比较的不同还表现在比较的目的和意义不同，在人类学跨文化比较中，主要是认识文化间存在的差异，展示人类文化和科技的多样性，并且在探讨这种差异和多样性存在的深层原因和合理性，而非要做哪个比哪个更先进或落后的判断。在科学技术史中进行比较研究，是要发现各种文化中的"科学"存在的不同，以及多样性存在的原因，而不是以现代西方科学为标准，去发现别的知识体系中存在的"合理"因素。同时，比较是要认识到各种文化之间存在的差异和相同之处，使我们对世界范围内各民族的科学实质有更深刻的理解。②

第三节　地方性知识视角下的科学技术史研究中的中医案例

本节以中医研究的案例进一步说明引入地方性知识观念对科学史研究产生的影响。

对中医和中药的研究，应该是中国科学史一个重要的研究对象和内容，已获得大量的研究成果。反思这些成果，发现研究主要涉及几个问题。

运用文献考证方法，按照年代顺序考察典籍文献中记载的医学家、医学著作、医疗实践等，同时也研究与中国传统文化的关系，如与易、儒、道、释的关系，但在这个关系的名义下，实际进行的是一种单向作用研究，即传统文化对医学的影响。

运用比较方法，对中医与西医的比较研究，但是以西医文化为标准，以有明确的科学概念、理论体系、能够通过实验的检验等西方科学的这些特征为标准，判断中医的科学性，说明中医不是科学，相对西医而言是落后的，继而，以西医发展道路来研究中医的科

---

①刘兵：《若干西方学者关于李约瑟工作的评述——兼论中国科学技术史研究的编史学问题》，载《自然科学史研究》，2003，22，(1)，89～82页。

②卢卫红、刘兵：《科学史、人类学与"跨文化比较研究"》，载《自然辩证法研究》，2006(4)，104～107页。

学化问题。

对中药的研究,根据现代西医理论,借助科学仪器,对中药成分进行化学分析,进而证明其效用的科学性;根据化学分析,重新合成新药。

对于这些研究和认识,近几年,引发了一些讨论。如中医是否是科学,学者们认为关键在于对科学如何定义,在西方近现代科学这一狭义定义中,中医不是科学,但在科学的宽泛的定义下,中医无疑可以认为是科学。再如,对中药的化学成分的分析,一些学者认为这种做法便是将中药从其生长的理论基础和知识语境中抽离出来,按照西医的思维进行阐释和改造,显然已不是传统意义上的"中药"了。

引入地方性知识观念和视角,对其进行重新解读,在国内外已开始这样的研究,并带给我们一些新的认识和结论。

根据文化人类学的地方性知识观念,中医是地方性知识,西医也只是地方性知识之一种;不同民族、不同社会文化语境中的医学在价值上是平等的,没有高低之分。所以,国内学者提出,"中医的地位无须西医澄清"。以现代科学标准来强求中医,就是以一种地方性知识来强求另一种地方性知识,是毫无道理的。从地方性知识强调"语境说"方面分析,对中医的"科学性"、理论、概念的明晰、存在价值、实践有效性、发展路线等问题,关键不要在西方文化语境中去澄清和证明。而是将其置于发源的独特的中国传统文化背景中进行解释。①

国外学者席文对中国古代医学史的研究就是"带上人类学的眼镜"进行的。他对中医的关注点在于"医案""仪式""宗教"及"社会关系"等,这些本身就是文化人类学关注的内容。而且,他站在历史情境之内,关注的是知识的发展过程,而不是结果。从历史情境中找出知识发展的动力和原因。明确认识到,不能将各个文化中的知识以现代科学的标准进行简单的对比,必须充分考虑当时的历史情境,以及与知识体系发展可能相关的各种因素。②

采用文化人类学地方性知识观念考察传统中医史研究的问题,会获得一些新认识。比如,用人类学方法考察中西医对待患者的方式,在西医治疗过程中,患者被简化和"物化"为一个"病"。在对病人诊断一经做出,病人即退到疾病之后,人为的病名概念变为真实的存在,而病人的生活、情感、历史和经历则被略去了。由于这一"物化"过程,西医不可能全面认识"病患"。中医有明显的优势,虽然中医也不是顾及病人所有的方面,但中医强调的是"治人",不是"治病"。中医诊断灵活性强,相对性高,重视"天人相应",从而

---

① 蒋劲松:《中医无须在西方文化的语境中澄清》,见《新京报》,2007-08-13。
② 刘巍:《带上人类学的眼镜看医学史——从席文对中国古代医学史的研究谈开去》,载《广西民族学院学报》(自然科学版),2005(4),55~60页。

可以避免"物化"的局限性。① 从医患关系的考察中,进行了对西医的批判。

采用地方性知识视角研究中医,带来许多新问题的研究,中医中的一些医学概念或具体医疗实践的问题,如上火,用脉来诊治病情的技术,中医的个人经验等;引入新的研究方法,也会对中医本身的价值和意义、对目前有关中医争论的问题等有新的认识。

参考文献

1. 克利福德·吉尔兹:《地方性知识——阐释人类学论文集》,王海龙、张家宣译,北京,中央编译出版社,2004。

2. 约瑟夫·劳斯:《知识与权力——走向科学的政治哲学》,盛晓明、邱慧、孟强译,北京,北京大学出版社,2004。

3. 盛晓明:《地方性知识的构造》,载《哲学研究》,2000(12)。

4. 刘兵、卢卫红:《科学史研究中的"地方性知识"与文化相对主义》,载《科学学研究》,2006(1)。

5. 桑德拉·哈丁:《科学的文化多元性——后殖民主义、女性主义和认识论》,夏侯炳,谭兆民译,南昌,江西教育出版社,2002。

6. 约翰·V.皮克斯通:《认识方式——一种新的科学、技术和医学史》,陈朝勇译,上海,上海科技教育出版社,2008。

7. 伯恩特·卡尔格-德克尔:《医药文化史》,姚燕、周惠译,盛望平校,北京,生活·读书·新知三联出版社,2004。

8. 万辅彬:《从少数民族科技史到科技人类学》,载《广西民族学院学报》(哲学社会科学版),2002(3)。

9. 席文:《科学史和医学史正发生着怎样的变化》,载《北京大学学报》(哲学社会科学版),2010(1)。

10. 叶舒宪:《地方性知识》,载《读书》,2001(5)。

进一步阅读材料

1. 克利福德·吉尔兹:《地方性知识——阐释人类学论文集》,王海龙、张家宣译,北京,中央编译出版社,2000。

2. 乔治·巴萨拉:《技术发展简史》,周光发译,上海,复旦大学出版社,2000。

3. 刘兵:《人类学对技术的研究与技术概念的拓展》,载《河北学刊》,2004(3)。

4. 江晓原主编:《多元文化中的科学史——第十届国际东亚科学史会议论文集》,上海,上海交通大学出版社,2005。

---

① 冯珠娣、艾理克、赖立里:《文化人类学研究与中医》,载《北京中医药大学学报》,2001(6),4~9页。